海底科学与技术丛书

洋底动力学
技术篇

MARINE GEODYNAMICS
FOR TECHNIQUES

李三忠　朱俊江　王光增　等/编著
姜素华　许立青　李园洁

科学出版社
北京

内 容 简 介

本书介绍了洋底固体圈层相关的调查探测、数据处理、模拟分析、科学可视化等系列技术。本书以地球系统科学思想为指导,循序渐进地从洋底浅表系统讲述到洋底深部系统调查、探测与研究的技术体系,最后通过洋底构造数据处理,从多维度构建洋底固体圈层立体多源信息,达到透明海洋的"透视海底"目的,是一本既有基础知识,又有研究前沿技术成果的教学参考书。

本书资料系统、图件精美,适合从事海底科学研究的专业人员和大专院校师生阅读。部分前沿技术和方法可操作性强,适合专业人员研究应用,部分相关知识也可供对海洋地质学、地球物理学、构造地质学、大地构造学感兴趣的广大科研人员参考。

审图号:GS(2020)4296 号

图书在版编目(CIP)数据

洋底动力学. 技术篇/李三忠等编著. —北京:科学出版社,2020.9
(海底科学与技术丛书)
ISBN 978-7-03-066184-5

Ⅰ.①洋… Ⅱ.①李… Ⅲ.①海底–海洋动力学 Ⅳ.①P731.2

中国版本图书馆 CIP 数据核字(2020)第 175924 号

责任编辑:周 杰 / 责任校对:樊雅琼
责任印制:肖 兴 / 封面设计:无极书装

科 学 出 版 社 出版
北京东黄城根北街 16 号
邮政编码:100717
http://www.sciencep.com

北京汇瑞嘉合文化发展有限公司 印刷
科学出版社发行 各地新华书店经销
*
2020 年 9 月第 一 版 开本:787×1092 1/16
2020 年 9 月第一次印刷 印张:34
字数:810 000
定价:368.00 元
(如有印装质量问题,我社负责调换)

序

地球科学近年来对秒级尺度的地震已有深入研究，对百万年尺度的造山运动、10亿年来的板块迁移也有较系统的重建与研究。不同时间尺度分辨率的年代学发展，提升了对千年尺度、万年尺度地质事件的识别能力，然而，迄今人类还是难以认知秒级到百万年级跨时间尺度的连续地质演变过程。计算机科学的发展为跨越时间障碍提供了机遇，数值模拟手段的应用给系统地连续刻画多时间尺度的地质演变过程带来了前所未有的绝好机会。因此，现今地球科学开始深度认知地球的秒级尺度地震动力学过程与百万年尺度造山运动的构造动力学过程的关联，其发展迎来了新曙光。

然而，地球系统是复杂的，由多个子系统构成，这些子系统具有不同的物理状态（气、液、固、超临界等，脆性、塑性、黏弹性、黏性等流变状态）、物理属性（温度、黏度、密度、孔隙度、渗透率等）和化学组成特性（成分、反应、相变）与过程（交代、脱水、脱碳、熔融、结晶、变形、变位），而且不同的子系统各有其动力学演变行为、机制和规律，因此，整体地球系统研究需要开展跨越多时间尺度的同时需要跨越不同相态系统和多空间尺度系统的过程分析，这种跨越性研究迄今存在重重障碍。不过，构建统一的地球系统动力学模型指日可待。为了未来多学科交叉、更精深地认知地球系统，有必要在关注地球表层动力系统研究的同时，侧重突破对地球系统运行有关键作用的固体地球系统动力学问题。

《洋底动力学》分为多卷，为全面认知复杂地球系统而撰写，是以构建整体地球系统为目标而编著的一组教材，工程量巨大，但面向未来，总体集中围绕海底过程及其动力学机制而展开。洋底动力学学科主要内容包括两部分：①地球浅表系统，涉及与物理和化学风化、剥蚀与流体动力侵蚀、搬运、沉积等过程密切相关的从源到汇、从河流到河口并跨陆架到深海的风化动力学、剥蚀动力学、沉积动力学、地貌动力学，特别是涉及与人类活动密切相关的河口海岸带、海底边界层关键带的过程和机制，需要开展广泛深入的总结与研究；②地球深部系统，构建跨地壳、岩石圈地幔、软流圈、下地幔等多个圈层的物质-能量交换过程、机制的海底固体圈层地球动力学，包括不同分类和级别的岩石圈动力学、地幔动力学、俯冲动力学、变质动力学、岩浆动力学、成矿动力学、海底灾害动力学以及宇宙天体多体动力学问题等内容。

《洋底动力学》隶属《海底科学与技术丛书》，受众是地质学和海洋地质学或一些交叉学科的多层次学生与研究人员，而不仅仅是针对地球物理学和地球动力学专门工作者撰写的关于地球动力机制的著述，但书中也不乏一些深入的数值模拟与结果的地质解释概述，它是多个学科领域研究人员沟通的桥梁，也是深入理解地球系统运行规律的工具。

当今，地球科学正进入动力学探索阶段，其最宏伟的目标就是建立整体全时地球系统动力学理论，然而，迄今板块构造理论还没有完全解决动力驱动问题，也没有建立固体圈层的板块动力与流体圈层的动力过程之间的耦合机制，更没有系统揭示板块构造出现之前的固体地球圈层运行规律，特别是传统地球动力学研究并不涉及地表系统流体圈层运行及其与固体圈层的相互作用，因而，迫切需要一个学科桥梁来桥接这个流固耦合方面的缺失知识环节。板块构造动力学问题，迄今仍是板块构造理论的三大难题之一，依然停留在探索研究假说和模拟验证阶段。为了推动相关研究，李三忠教授团队长期学习研究积累，在广泛收集前人已有成果基础上，结合最新动态，耗时巨大，整理编著了这组著作。

传统认为，地幔对流是板块运动的驱动力。但迄今，这仍是一个争论问题，仍然在探索、研究与讨论中的主要问题。不可否认，它可能是驱动地表系统和深部地质过程的基本营力之一。然而，关于地幔对流的本质及其根本机制如何，它又如何控制驱动地质过程等，迄今依然缺乏深刻理解和了解。当然，并不是所有过程都受到地幔对流的影响，但只有当地学研究者对此深入了解时，才会理解何时这些过程产生了关联，进而发现和理解那种相关又是什么。

关于现今地幔对流存在的争议，大部分的焦点争论通过改进模型便可解决，有些争论是合理的，但也有一些争论是无用的。关键是面对现实和实质问题，将来如何探索、积累与发展。

基于这些原因，提供一本可以被地球科学学习者和研究者理解或超越现有地幔对流或地球驱动力认知的书籍是值得的。这就意味着这本书需要有基本的数理基础和运算，但是，要面对未来、开拓新领域、创造新知识，就必须考虑、也要给予一定深度的必备数理知识和思维，以提供引导。所以，该套书可以供本科生到博士生等跨度很大的群体阅读，读者各取所需，可跳跃着阅读，都应有所收获，因此，服务多层次读者也是该套书的初衷。

该套书对基本参数有时以相当简单的术语提出和表达，有时也以深入的数学或者细节清楚地标出，其中无疑也有一些较艰深的数理问题及方程式推导。特别是，以往大量地球动力学专著多被视为地球物理学范畴，高深公式及推导太多，故而很少有地质学者精读。为此，期望该套书能达到让广大地球科学工作者，尤其地质科学工作者，喜读又都能理解的目的。

但是该套书不只是围绕固体圈层动力学问题，它另外一个特点是，还有大篇幅阐述恢复古地表系统的地质、地球化学、地球物理的新方法，为深时地球系统科学构建提供了工具；也关注水圈等圈层中相关的地质过程，如从源区、河流、河口、海岸带到大陆架、深海的沉积物输运动力学，以往，很少研究关注到这些地表系统过程还能与深部地幔动力学相关，即使知道相关，也不知从何处下手来揭示两者的关联。该书为这些新领域的研究提供了新工具和新思路。这些新发展应当也是油气工业部门感兴趣的，不仅是层序地层学由定性向定量发展跨出的一大步，而且由二维走向四维，这是突破板块构造理论囿于固体圈层、建立地球系统科学理论的必然途径，有望催生新的地学革命。

计算机科学快速迅猛发展、计算能力超常规快速提升到 E 级计算的当今，大数据挖掘、可视化分析、人工智能、虚拟现实和增强现实展示等新技术不断融合，推动不断发现现象间新关联的信息时代背景下，地质学家们和海洋地质学家等共同参与地球深浅部动力机制计算及论证显得尤为重要与必要。

总之，天体地球在不停地运动，在地球演变历史的长河中，其基本组成物质——不同深度的固体岩石材料常处在随时间而发生流变的状态下，因而从流变学角度重新认知大陆，乃至大洋，是当今大陆动力学和洋底动力学要共同承担的重大任务。从最本质的宇宙、天体、物理、化学、生物基础理论和定律出发，在地质条件约束下和地质思维考虑中，认识地球系统动力机制及其地质的连续过程，是动力学研究的根本。进行跨时间尺度、跨空间尺度、跨相态的动态多物理量约束下的复杂地球系统动力学探索研究与构建洋底动力学理论是洋底动力学学科要追求的目标。

中国科学院院士

2020 年 4 月 30 日

前　言

　　"洋底动力学"（Marine Geodynamics）自 2009 年在两篇姊妹篇论文中提出，至今已整整十年。在这十年间，地球系统科学也从 1983 年以来的口号、理念，快速进入动力学数值模拟时代，大规模数值模拟将地球系统科学推到了状态清楚、过程明确、动力透明的认知层面。这十年间，我们不曾懈怠，不断积累，不断收集整理，并系统化洋底动力学相关的零零总总。国际著名学者们也以"工匠精神"不断深入而精细研究，提出了很多新概念、新理念，超越了概念的争论或宣传，持续不断地深耕细作和创新，编写了一些相关专著或教材，虽然一些专著依然存在缺陷和视野不足，但给本套《洋底动力学》提供了养分。在团队多年共同努力下，今天新学科著作《洋底动力学》终于付梓出版。本套书以系统而整体的形象面世，以反映当代洋底动力学的全面成就，书中试图以洋底为窗口，构建整体地球系统科学框架和知识体系。

　　洋底动力学是以传统地质学理论、板块构造理论为底基，在地球系统科学思想的指引下，以海洋科学、海洋地质、海洋地球化学与海洋地球物理、数值计算等尖新探测、处理或模拟技术为依托，侧重研究伸展裂解系统、洋脊增生系统、深海盆地系统和俯冲消减系统的动力学过程，以及不同圈层界面和圈层之间的物质与能量交换、传输、转变、循环等相互作用的过程，为探索海底起源和演化、保障人类开发海底资源等各种海洋活动以及维护海洋权益与保护海洋环境服务的学科（李三忠等，2009a）。可见，洋底动力学旨在研究洋底固态圈层的结构构造、物质组成和时空演化规律，也研究洋底固态圈层，如岩石圈、软流圈、土壤圈，与其他相关圈层，如水圈、冰冻圈、大气圈、生物圈、地磁圈之间的相互作用和耦合机理，以及由此产生的资源、灾害和环境效应。

　　洋底动力学学科主体包括两部分：表层沉积动力学（Sediment Dynamics）和固体圈层动力学（Solid Geodynamics），两个核心部分同等重要，因为沉积动力和洋底动力过程共同塑造着这个蓝色星球。其目标是将表层地球系统过程与深部壳幔动力过程有机结合起来，并使之成为地质研究人员参与地球系统动力学研究的新切入点。在地质学领域，地球系统的思想应当追踪到地震地层学和层序地层学的建立与发展。层序地层学被认为是 20 世纪 70 年代油气工业界和沉积学领域的一次革命，它将气候变化、海平面变化、沉积物输运与沉积、地壳沉降、固体圈层的构造作用等过程有机地紧密结合起来。与此同时，古海洋学在 1968 年开启的 DSDP 之后逐步建立起来，为认知全球变化性和深时地球系统拓展了思路，构建了大气圈、水圈、生物圈、人类圈和地圈之间的关联，也被誉为海洋地质学领域的另一场革命。其实，基于海底调查而于 1968 年建立的板块构造理论也开始渗入到各个地学分支学科，该理论是海洋地质学领域的第一场革命，同时是一场范围更广的地学领域理论统一的革命，被誉为第二次地学革命（第一次地学革命是唯物论战胜唯心论）。在轰轰烈烈的板块革命期间，中国错失良机，没有参与到板块理论指导下的对地球各个角落广泛对比的研究中，但就是在这场革命后期，广为普通民众关注的全球变暖或全球变化研究浪潮中，地球科学家潜意识中开启了对地球系统的研究。为此，特别需要大力培养具有全球视野并系统化认识地球的综合性人才，以抢占构建地球系统理论的新机遇。

地球系统科学理念到 20 世纪 90 年代逐渐明晰，凸显了中国古人的"天人合一"思想，进入 21 世纪后，众多学科开始推行"宜居地球"的发展理念，甚至拓展到宇宙中探索"宜居星球"和星际生命，地球系统科学因而被广泛倡导。然而，迄今为止，无论是层序地层学、古海洋学还是地球系统科学，都依然处于对地球表层系统的定性描述或半定量描述阶段，甚至有的还停留在理念思考上，没有真正实现对状态、过程和动力的整体定量描述、模拟、分析，这其中的原因就是自然科学的分科研究碎片化。如今，国内外都开始注意到这些不足之处，积极构建有机关联这些圈层间相互作用的新技术，在高速发展的计算机技术、计算方法、人工智能、大数据、物联网等基础上，大力发展智能勘探技术，开发相关数值模拟技术和物理模拟技术，依托这些强大的软、硬件工具，研究地幔或软流圈、岩石圈、水圈、大气圈和生物圈之间相互作用和耦合过程与机理，进而建立跨海陆、跨圈层、跨相态、跨时长的动态多物理量约束下的复杂地球系统动力学技术、方法与理论体系。可见，将所有圈层耦合一体的洋底动力学应是一个关键切入点。

《洋底动力学》分为多卷，包括先行出版的系统篇、动力篇、技术篇、模拟篇、应用篇和计划中的资源篇、灾害篇、环境篇以及战略篇，主要从物理学、化学、生物学、地质学等学科的动力学基本原理角度对《海底科学与技术丛书》中《海底构造原理》理论的深度解释，是深度认知《海底构造系统》各系统结构、过程和动力的理论指导，也有助于对《区域海底构造》中各海域特征的深度理解，同时介绍了开展相关调查的技术方法。本套书力求系统，试图集方法性、技术性、操作性、基础性、理论性、前沿性、应用性、资料性、启发性为一体，但当今洋底动力学调查研究技术，特别是数值模拟方法、数值–物理一体化模拟技术等发展迅猛，本套书难以全面反映当前研究领域的最高水平，权且作为入门教材或参考书，供大家参考。

本书初稿由李三忠、朱俊江、王光增、姜素华、许立青、李园洁、赵彦彦、刘鑫、戴黎明、索艳慧、楼达、汪刚、刘泽等完成，最终统稿由李三忠、刘博完成。具体分工撰写章节如下：第1章的1.1节、1.5节、1.6节由朱俊江编写，1.2节由许立青编写，1.3节由赵彦彦、李三忠、曹花花、余珊编写，1.4节由李园洁、姜兆霞编写；第2章的2.1.1节由姜素华、汪刚编写，2.1.2节由李园洁编写，2.2、2.4节由朱俊江编写，2.3、2.5节由刘鑫编写；第3章的3.1节由王光增编写，3.2节由王光增、楼达编写，3.3节由李三忠、姜素华、王光增编写；第4章的4.1.1节由刘鑫、索艳慧编写，4.1.2节由朱俊江编写，4.2.1节由刘泽编写，4.2.2节由王光增编写，4.3.1节由戴黎明编写，4.3.2节由王光增编写。

书中很多技术只是引导读者入门的基础知识或者高度简化的概括，相关数学、物理学、化学等高深知识，还需要读者自己查找专门书籍学习。为了方便读者延伸阅读，与《海底科学与技术丛书》的其他几本教材不同，这里强调的技术主要是开展洋底动力学研究的常用技术，但为了系统化，有所取舍。

为了全面反映学科内容，我们有些部分引用了前人优秀的综述论文成果、书籍和图件，精选并重绘了2000多幅图件。书中涉及的内容庞大，编辑时非常难统一风格，对一些基本概念的不同定义也未深入进行剖析，有些部分为了阅读的连续性，一些繁杂的引用也不得不删除，难免有未能标注清楚的，请读者多多谅解。

在本套书即将付梓之时，编者感谢初期为此书做了大量内容整理工作的团队其他青年教师和研究生们，他们是李阳、王誉桦、王鹏程、周洁、刘一鸣等博士后和唐长燕博士；尤其是，张臻、惠格格、周在征、兰浩圆、郭润华等博士生和甄立冰、刘金平、孟繁、王宇、王长盛、欧小林、陈唯、熊梓翔、魏浩天、唐智能、杨国明、吴佳庆等硕士生们为初稿图件的清绘做出了很大贡献。同时，感谢专家和编辑的仔细校改和提出的许多建设性修改建议，本套书公式较多而复杂，他们仔细一一校对，万分感激。也感谢编者们家人的支持，没有他们的鼓励和帮助，大家不可能全身心投入教材的建设中。

特别感谢中国海洋大学的前辈们，他们的积累孕育了这一系列的教材；也特别感谢中国海洋大学从学校到学院很多同事和各级领导长期的支持及鼓励。编者本着为学生提供一本好教材的本意、初心，整理编辑了这一系列教材，也以此奉献给学校、学院和全国同行，因为这里面有他们的默默支持、大量辛劳、历史沉淀和学术结晶。我们也广泛收集并消化吸收了当代国际上部分最先进成果，将其核心要义纳入本书，供广大地球科学的研究人员和业余爱好者参考。由于编者知识水平有限，错误在所难免，引用遗漏也可能不少，敬请读者及时指正、谅解，我们团队将不断提升和修改。

最后，要感谢海底科学与探测技术教育部重点实验室及以下项目对本书出版给予的联合资助：国家自然科学基金（91958214）、国家海洋局重大专项（GASI-GEOGE-1）、山东省泰山学者特聘教授计划、青岛海洋科学与技术国家实验室鳌山卓越科学家计划（2015ASTP-OS10）、国家重点研发计划项目（2016YFC0601002、2017YFC0601401）、国家自然科学基金委员会–山东海洋科学中心联合项目（U1606401）、国家自然科学基金委员会国家杰出青年基金项目（41325009）、国家实验室深海专项（预研）（2016ASKJ3）和国家科技重大专项项目（2016ZX05004001-003）等。

2020 年 3 月 30 日

目　　录

第1章 洋底浅表系统调查与研究技术

"关心海洋、认识海洋、经略海洋"的关键是"认识海洋"。海洋表面水体及内含物质为物理海洋、海洋化学、海洋生物等研究的重点，而海底或洋底的组成、结构及演化是洋底动力学关注的核心。自二次世界大战以来，对洋底的认知直接催生了板块构造理论；至今，板块构造理论提出已经 50 余年过去，期间新的技术不断涌现，人们对海底或洋底的地质地球化学等过程有了更深度的认知。因此，这里遵循认知规律，依然秉承地球系统科学的理念，有所选择地侧重介绍洋底构造由表及里的相关调查和重构技术，以期认识覆盖地球表面三分之二的海底浅表和深部系统的过程与机制，其余常用的地球物理等调查技术，读者可参阅其他相关专业教材。

1.1 多波束测量技术

多波束测量技术是刻画海底地形地貌的核心关键技术，是随着海洋探测技术不断发展而诞生的测深技术。与早期简单的单波束回声测深仪测量技术不同，多波束测量系统是一种多传感器的复杂组合系统。1976 年，数字化计算机处理及控制硬件技术应用到回声测深仪中，催生了第一台多波束扫描测深系统，简称 SeaBeam 系统（Tyce，1987）。自 20 世纪 70 年代问世以来，多波束扫描测深系统就以系统庞大、结构复杂和勘测技术要求高而著称。早期的单波束测深只能提供近岸河道的单点测量值，之后发展的多波束测量技术能够提供比较完整区域的水深资料（Mayer，2006）（图 1-1）。

随着高性能计算机技术、高分辨显示技术、高精度定位技术和各种数字化传感器及相关高新技术的迅速发展，海洋地形地貌勘测的多波束测量技术不断变革，获得了极大的发展。至 20 世纪 80 年代末，商业化实用型多波束测量系统相继问世，各种新型的多波束系统不断被研制出来，并向小型化、多性能、高精度、高集成和综合化的方向发展（李家彪等，1999；胡银丰等，2008），迄今利用精准的导航技术和多波束测量技术，在科考船平台上就可轻松开展深海大洋的测深调查（Hey et al.，1986）和海底填图任务（Mayer，2006）。同时，最新的多波束测量系统具有扫幅宽、全覆盖、高效和高精度的特点，可完成全海深的海底地形探测任务，因而越来越受到海洋科学界、工业界和军事界的重视。多波束测量技术是声学、电子和计算机等高科技最新成就的集成，它的出现对声学探测技术和海底填图都具有划时代的意义（Mayer，2006；胡银丰等，2008）。

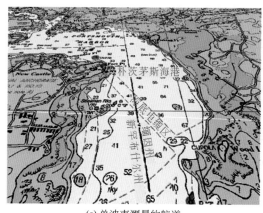

(a) 单波束测量的航道　　　　　　　　　　　(b) 多波束测量的航道

图 1-1　单波束和多波束航道测量效果对比（Mayer，2006）

早期 SeaBeam 系统的换能器安装在船底，同时用 16 个相邻的波束（左右舷各 8 个）探测航迹两侧一定扇区宽度的海底水深，每个波束宽度为 2.66°×2.66°，其横向覆盖宽度为 42.67°，约为水深的 80%。20 世纪 70 年代中后期，美国通用仪器公司设计和研制了用于浅水地区测量的博森（BOSUN）浅水多波束回声测深系统（胡家明，1984），它采用了扇形波束测量技术，有 21 个测量波束，左、右两组换能器阵各有 11 个测量波束，形成一条与测量船航迹线垂直的横向测量带，其覆盖范围为 5°（纵向）×105°（横向），横向覆盖宽度约为水深的 2.6 倍。多波束测量技术已经发展了几十年，目前市场上挪威 SIMRAD 公司的多波束测量技术代表着新一代的最先进的多波束测量技术。SIMRAD 的多波束产品也经历了最早的浅水 EM 3000S 测深系统，发展为较先进的深水多波束 EM 121 测深系统（胡银丰等，2008）（表 1-1）。近几年出现的 SIMRAD EM 122 深水多波束测深系统和 EM 710 已是第四代产品，其采用宽带技术、近场自动聚焦和水体显示等技术，提高了声呐性能，波束数更多，测深点更密，集成度也更高（胡银丰等，2008）。EM 122 系统覆盖宽度最大 37km，单次发射形成两行共 576 个波束，可加密至 864 个测深点，波束角宽最小可达 0.5°×1°。

表 1-1　SIMRAD 公司多波束测深声呐系列及配置

声呐名称	工作频率/kHz	最小可测深度/m	最大可测深度/m	最大覆盖范围	波束数/个
EM 3000S	300	0.5	150	4×D/200m	127
EM 3000D	300	0.5	150	10×D/250m	254
EM 2000-12	200	1	250	3.6×D/300m	111

声呐名称	工作频率/kHz	最小可测深度/m	最大可测深度/m	最大覆盖范围	波束数/个
EM 2000-15	200	1	250	7.5×D/300m	111
EM 1002S	95	2	600	7.5×D/1000m	111
EM 1002	95	2	1000	7.5×D/1250m	111
EM 300	30	5	5000	5.5×D/5000m	135
EM 120	12	50	11 000	6×D/25m	191
EM 121	12	10	11 000	3.6×D/25m	121

资料来源：胡银丰等，2008

多波束测量系统按工作频率可分三类：高频、中频、低频。高于180kHz为高频，36～180kHz为中频，低于36kHz为低频。按测深量程可分为浅水多波束、中水多波束和深水多波束三类。一般工作频率在95kHz以上的均归为浅水多波束，频率为36～60kHz的为中水多波束，频率为12～13kHz的为深水多波束（李家彪等，1999）。多波束数据在实际应用中可以用在海洋工程方面，如航道制图（图1-1），也可以用在大洋探测方面，还可以用于高精度的海底海山三维调查方面（图1-2）。

图1-2 多波束测量的海底海山三维水深变化（Caress and Chayes，1996）

第1章 洋底浅表系统调查与研究技术

3

1.1.1 测量方法与原理

多波束测量系统通过声波发射与接收换能器阵列进行声波广角度定向发射、接收，在与航迹方向垂直的垂直平面内形成条幅式高密度水深数据，能精确、快速地测出沿航线一定宽度条带内水下目标的大小、形状和高低变化，从而精确可靠地描绘出海底地形地貌的精细特征（图1-1和图1-2）。

多波束测量系统测量时比单波束回声测深仪要复杂得多，其以一定的频率发射沿航迹方向窄而垂直航迹方向宽的波束，形成一个扇形声传播区。多个接收波束横跨与船龙骨垂直的发射扇区，接收波束垂直航迹方向窄，而沿航迹方向的波束宽度取决于使用的纵摇稳定方法（吴永亭和陈义兰，2002）。

多波束测量系统的发射基阵和接收基阵采用相互垂直的"T"形结构（图1-3）。发射基阵平行于船体的首尾线安装，而接收基阵垂直于船体的首尾线安装。发射信号和接收信号分别在某一方向上形成较小的方向角，而在垂直的另一方向上形成较宽的方向角，其目的是使测量系统对船体的运动姿态要求降低到最低程度（陈非凡等，1998）。

单个发射波束与接收波束的交叉区域称为足印（footprint）。一个发射和接收循环通常称为一个声脉冲（ping）。一个声脉冲获得的所有足印的覆盖宽度称为一个测幅（swath），测幅在给定水深下对海底的覆盖宽度是噪声水平和海底反向散射强度的函数。每个足印的回声信号包含两种信息：通过声信号传播时间计算的水深和与信号的振幅有关的反射率（吴永亭和陈义兰，2002）。

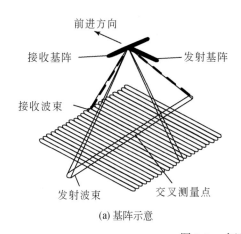

(a) 基阵示意

(b) SIMRAD公司多波束EM 300基阵实物

图1-3 多波束发射和接收基阵示意

多波束测量系统利用换能器基阵产生并发射指定方向的声波信号，波束在不同角度能量不同，具有一定指向性，换能器基阵包含多个直线或曲线排列的发射器，由波束间的相互干涉方式可以确定换能器基阵的指向性，得到预定方向的波束信号。每个波束信号都包含主叶瓣、侧叶瓣和背叶瓣，主叶瓣集中了波束的主要能量。在实际测量过程中，系统尽可能聚集主叶瓣信号强度，抑制侧叶瓣和背叶瓣干扰信号，即换能器基阵的束控，多波束测量系统采用相位加权和幅度加权两种方法进行基阵束控（赵建虎和刘经南，2008）。

多波束测量系统波束的形成原理有两种：束控法和相干法。波束的形成从本质上来说，就是通过波束的选择来计算垂直深度和横向距离，不管多波束测量系统采用的是实际波束还是虚拟波束，所有的多波束测量系统均是通过测定以下两个变量来实现对垂直于航迹水底各点的垂直深度与横向距离计算的：①斜距或者声学换能器到水底每个点的距离；②从换能器到水底各点的声路角（李成钢等，2007）。多波束测量系统利用在特定角度下测量反射信号的往返时间和在特定时间下测量反射回波信号的角度来测定以上两个变量值。

为了清晰解释以上多波束测量系统的原理和计算过程，在此以波束数为16，波束角为2°×2°的单平面换能器多波束系统为例（图1-4），分析多波束测量系统的测深方法。系统声信号的发射和接收由方向垂直的发射基阵和接收基阵组成。发射基阵平行船纵向（龙骨）排列，并呈两侧对称向正下方发射2°（沿船纵向）×44°（沿船横向）的扇形脉冲声波。接收基阵沿船横向（垂直龙骨）排列，但在束控方向上接收方式与发射方式正好相反，以20°（沿船纵向）×2°（沿船横向）的16个接收波束角接收来自海底覆盖面积为2°（沿船纵向）×44°（沿船横向）的扇区回波。接收指向性和发射指向性叠加后，形成沿船横向、两侧对称的16个2°×2°波束。因此，根据多波束测量系统的发射、接收原理，可以把多波束测量系统一次广角度（44°）发射，获得16个定向窄波束的过程，等价地理解为定向发射接收扇区开角为32°的16个2°×2°窄波束。从波束发射和接收的角度看，换能器阵在32°扇区按2°间隔定向发射16个2°×2°的波束，这些波束将以2°×2°的立体角投射海底，在海底形成16个矩形投影区，并在这些矩形投影区内通过反射和散射，回波波束将按入射的路途返回换能器，换能器接收基阵接收并记录各波束回波的到达角和走时。这种发射接收方法使多波束测量系统在完成一个完整发射接收过程后，形成一条由一系列窄波束测点组成的、在船只正下方垂直航向排列的测深剖面（图1-4）。

由于各波束空间上呈扇形排列，波束入射角自中央波束向边缘波束逐渐增大，因此回波信号自中央波束开始主要为反射波，向两侧逐渐过渡到以散射波为主。在多波束测量系统中，当波束入射角不断增大时，回波的反射波振幅将迅速减小，反射波的尖脉冲形态也将随之趋于模糊。当波束入射角较小时，减小了的反射波振幅还可以用变振幅强度处理方法来检测，但当波束入射角足够大时，微弱的反射波信号在背景噪声中将变得无法检测。因此，在多波束测量系统的回波信号检测方法中

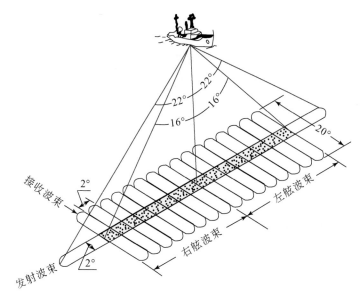

图 1-4　多波束测量系统工作原理示意（李家彪等，1999）

除了使用振幅检测法外，一般还使用相位检测法。相位检测法利用相干原理，通过比较换能器与给定接收单元之间相位差的方法，来检测波束的到达角（同入射角）。随着入射角的增大，相位差也随之增大，从而检测精度也大幅提高，因此相位检测法是一种大入射角波束的有效检测方法。

　　多波束测量中各波束测点的空间位置归算需考虑波束的入射角 θ，在忽略波束射线弯曲的一级近似条件下，各波束测点的换能器下水深 D_{tr} 和距离中心点的水平位置 X 可简单表示为

$$D_{tr} = \frac{1}{2}Ct\cos\theta \qquad (1\text{-}1)$$

$$X = \frac{1}{2}Ct\sin\theta \qquad (1\text{-}2)$$

式中，C 为平均声速；t 为双程旅行时；θ 为接收波束与垂线的夹角，即入射角。

　　同样地，在一级近似的条件下，考虑换能器的吃水改正值 ΔD_d 和潮差值 ΔD_t 后，各波束测点的实际水深和位置为

$$D = \frac{1}{2}Ct\cos\theta + \Delta D_d + \Delta D_t \qquad (1\text{-}3)$$

$$X = \frac{1}{2}Ct\sin\theta \qquad (1\text{-}4)$$

　　随着换能器结构的不断改进和声脉冲信号处理能力的不断加强，目前各种多波束测量系统的脉冲发射扇区开角一般都达到或超过 150°，并且通过多阵列接收电子单元，可产生 120 个以上的波束，从而使多波束勘测发展为由 120 个以上的密集测

深数据组成的一个大于或等于150°照射区域的条幅测量。通过适当调整测线间距，使边缘波束有部分重叠，就可实现全区的全覆盖无遗漏精密地形测量。由于测量区域中测点实现了全覆盖，因此无需像传统回声测深仪那样进行数据内插，更不会损失测线间的水下微地形特征（李家彪等，1999）。

1.1.2　系统组成及技术指标

以多波束 EM 3000 为例，该系统主要由三部分组成（图1-5）：第一部分是多波束采集系统，主要包括换能器阵列、收发器和处理单元等；第二部分是辅助系统，包括定位系统（GPS 导航系统）、船姿（横摇、纵摇、起伏和船舶向）测量传感器和测量水柱声速剖面的声速仪；第三部分是后处理系统，包括数据处理计算机、数据存储设备和绘图仪等（吴永亭和陈义兰，2002）。其他类型的多波束测量系统的基本组成基本与 EM 3000 多波束系统类似，李家彪等（1999）已经详细地列出和对比，此处不再一一详细列出。

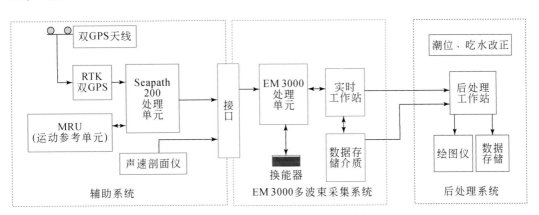

图 1-5　多波束测量系统基本组成（吴永亭和陈义兰，2002）

依据不同多波束测量系统的组成和原理（李家彪等，1999），多波束测量系统的基本技术指标如下。

（1）总体技术指标

典型的声源级：230dB/μPa 中频；220dB/μPa 高频。

典型的波束宽度：1.5°×1.5°，2°×2°，3.3°×3.3°。

测深精度：满足 IHOS-44 标准。

最大测深量程：浅水系统（600～1000m）（95～180kHz）；中水系统（3000～4000m）（36～60kHz）；深水系统（8000～11 000m）（12～13kHz）。

150°扇区开角的最大测深量程：浅水系统（100～150m）；中水系统（350～450m）；深水系统（1500m）。

90°扇区开角的最大测深量程：浅水系统（400m）；中水系统（2000m）；深水系统（11 000m）。

旁瓣压制（发射×接收）：36dB。

（2）发射与接收

工作频率：浅水系统：450kHz，300kHz，180kHz，100kHz，95kHz；中水系统：50kHz，36kHz；深水系统：13kHz，12kHz。

A. 发射

声源级：中频：230dB/μPa；高频：220dB/μPa。

发射频率：4~16Hz（浅水系统），1s或更长，视深度而定（深水系统）。

脉冲长度：浅水系统（0.15ms，0.3ms，1ms或3ms）；中水系统（0.3ms，1ms，3ms或10ms）；深水系统（3ms，7ms，10ms或20ms）。

B. 接收

接收灵敏度：–190dB/V，re 1μPa。

总增益：115dB。

波束角：1.5°，2°，3.3°。

波束间角：1.25°。

输出波束数：100~150个。

接收带宽：5kHz。

TVG（时变增益）：60dB。

可调固定增益：0~30dB/6dB一档。

（3）接口

A. 带有操作控制波特率、奇偶、数据和停止位长度的串行口

位置（NMEA0183GGA格式）。

速度和航向（NMEA0183 VTG格式）。

B. 数字接口

外部触发输入（同步单元）。

触发输出（同步单元）。

发射输出（同步单元）。

C. 其他接口

垂直参考单元的模拟接口（纵、横摇和起伏）。

M/O磁光盘或磁带机（DAT或Exabyte）和外接硬盘的SCSI接口。

线扫记录仪的模拟或数字接口。

彩色打印机接口。

1.1.3 数据处理

多波束测量系统采集的原始数据一般以二进制格式存储，需要经数据处理软件进行提取分析，通过数据整合得到真实的海底地形地貌。多波束数据处理系统首先要对原始的数据格式进行分析，提取出测深数据、图像数据、位置数据、姿态数据等；然后对这些数据进行编辑和数据校正，包括奇异值剔除、数据滤波、数据合并与平滑等，这些操作由手动操作和系统自动智能操作交互进行；最后，由成图软件将处理后的数据进行绘制，供后续研究使用（程秀丽，2014）。

在多波束数据处理中，精确地获得水深数据必须做声速和潮位校正（郑彤等，2009；程秀丽，2014）。不同的多波束系统都有自身的数据处理要求，基本详细的数据处理参见流程图（图1-6），特殊的数据处理需要后处理软件，针对采集的数据进行特殊的改正和数据误差校准处理。因为声波在海水中的传播速度主要与海水温度、盐度及压力有关，海洋声速测量一般分为直接声速测量和间接声速测量。直接声速测量是通过声速测量仪器直接测定海水中的声速，一般通过辅助系统的声速剖面仪测量（图1-5）。间接声速测量是通过测定海水温度、盐度及压力等参数来间接计算出海水声速。目前，主要采用一些经验公式（Wilson，1962；Leroy，1969），较常用和准确的公式是威尔逊的公式（Wilson，1962）

$$V = 1449.14 + V_T + V_P + V_S + V_{STP} \tag{1-5}$$

其中：

$$V_T = 4.5721T - 4.4532 \times 10^{-2}T^2 - 2.604 \times 10^{-4}T^3 + 7.9851 \times 10^{-6}T^4$$

$$V_P = 1.602\ 72 \times 10^{-1}P + 1.0268 \times 10^{-5}P^2 + 3.5216 \times 10^{-9}P^3 - 3.3603 \times 10^{-12}P^4$$

$$V_S = 1.397\ 99(S - 35) + 1.692\ 02 \times 10^{-3}(S - 35)^2$$

$$V_{STP} = (S - 35)(-1.1244 \times 10^{-2}T + 7.7711 \times 10^{-7}T^2 + 7.7016 \times 10^{-5}P - 1.2943 \times 10^{-7}P^2$$
$$+ 3.1580 \times 10^{-8}PT + 1.5790 \times 10^{-9}PT^2) + P(-1.8607 \times 10^{-4}T + 7.4812 \times 10^{-6}T^2$$
$$+ 4.5283 \times 10^{-8}T^3) + P^2(-2.5294 \times 10^{-7}T + 1.8563 \times 10^{-9}T^2) + P^3(-1.9646 \times 10^{-10}T)$$

式中，T 为海水温度（取值在 $-4 \sim 30$℃）；S 为盐度（取值在 $0 \sim 37$‰）；P 为压力（取值在 $1 \sim 1000$kg/cm^2）。

中国海道测量部门使用威尔逊公式进行计算，并在采用中国海区水文资料分析比较后，采用下式进行计算（郑彤等，2009）

$$C = 1449.2 + 4.6T - 0.055T^2 + 0.000\ 29T^3 + (1.34 - 0.01)T(S - 35) + 0.017D \tag{1-6}$$

式中，C 为平均声速；D 为水深。这些参数均以平均值代入计算。

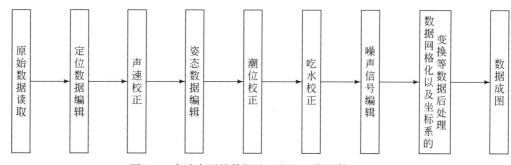

图 1-6　多波束测量数据处理流程（郑彤等，2009）

多波束测量数据处理过程中需要对原始数据进行编辑和改正，原始数据绘制成图可以发现很多水深数据有奇异值（Caress and Chayes，1996），需要对多条波束数据进行核对和校正（图 1-7），在平面等值线图上，一般可以发现许多黑点，反映数据在这里发生叠置或者出现异常值，需要针对此处的数据进行编辑（图 1-8），处理后的数据可以真实地反映水深的空间变化（图 1-8 和图 1-9）。

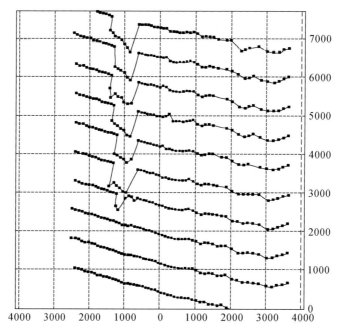

图 1-7　多波束测量数据奇异值的剔除（Caress and Chayes，1996）

点线代表航迹，单位为 m

系统安装时（主要指干坞测量传感器的三维姿态）产生的任何超过安装手册要求的误差，都将会对系统总误差产生影响。安装位置的偏差不但会产生一个位置误差，而且也会产生一个依赖深度的方位误差，对于船舷安装的便携式多波束系统，不具备干坞测量的情况下，多波束测量系统换能器应固定安装在噪声低和不容易产

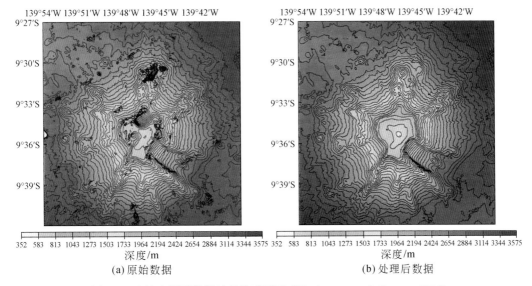

图 1-8　多波束测量数据处理前后平面对比（Caress and Chayes，1996）

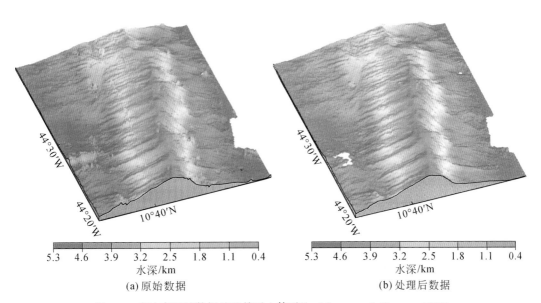

图 1-9　多波束测量数据处理前后立体对比（Caress and Chayes，1996）

生气泡的位置且换能器方向指向船艏，艏向传感器应安装在测量船的艏艉（龙骨）线上，参考方向指向船艏多波束测量系统换能器与运动传感器，定位天线的空间相对关系应测量准确并输入多波束测量系统（肖波等，2012）。

多波束测量数据处理过程中要注意多波束测量系统的误差源，尽量做到减少误差源对多波束系统产生的影响。主要误差源包括运动传感器、艏向传感器、定位系统、声速传感器以及潮汐改正（肖波等，2012）。在多波束系统测量中由于仪器自噪声、海况因素、声呐参数设置不合理或者使用了较大误差的声速剖面，致使测量资料不可避免地存在假信号（噪声），形成虚假地形，从而使绘制的海底地形图与真实海底存在差异。为了提高海底地形图的精度，必须消除这些假地形信号，剔除假信号，恢复、保留真实信息，为后处理成图做好必要的准备（吴自银等，2005）。后处理一般在一些商业的软件中进行，目前可采用的软件包括 Hypack、TEI、CARIS、Eiva、ELAC HDP 4061 和 SeaBeam、SeaView/SeaMapper 等（邢玉清等，2011）。

1.1.4　多波束应用实例

（1）加拉帕戈斯（Galápagos）裂谷系统多波束调查

1982 年在 Galápagos 裂谷系统95.5°W 区域，开展早期多波束调查使用的科考船是"Thomas Washington"，船载的多波束是12kHz Sea Beam 多波束系统。发射声脉冲来自两个 2/3°的波束系统，可以确定穿过航迹的 16 个深度值。超过 3000m 水深的一个椭圆形"足印"，穿过近垂直波束的平均值是 140m，最大约为 160m 穿过边缘波束。船速为 9kn，数据密度为 5 倍的航迹，所以最终的等值线绘图时可以获取 5 个平均足印的深度，可以使用 Sea Beam 导航调整测幅的覆盖（Hey et al.，1986）。多波束调查的水深等值线图清晰地展示了 Galápagos 裂谷系统的海底地形特征，密集等值线分布展示了裂谷系统的边界（图 1-10），彩色充填图更能清晰地展示深水区域分布和裂谷系统的空间展布特征（图 1-11）。

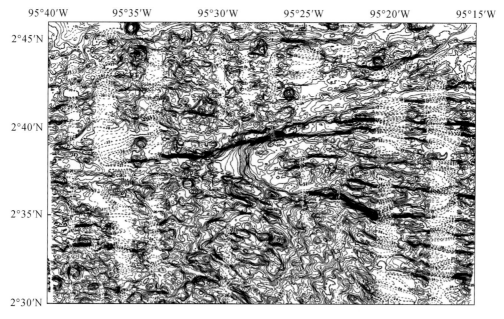

图 1-10　Galápagos 多波束测量水深等值线变化（Hey et al.，1986）

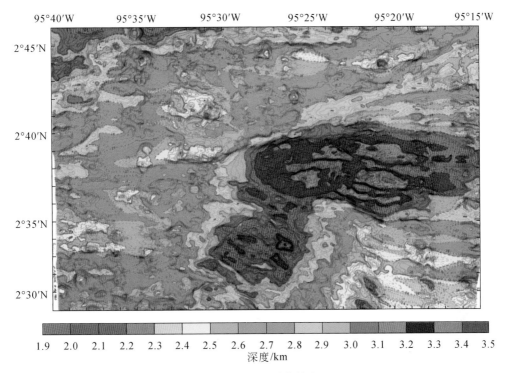

图 1-11　Galápagos 多波束测量水深彩色填充（Hey et al.，1986）

这次多波束调查主要是检验海底岩石圈板块的裂离和海底扩张中心形成时海底裂谷渐进跃迁的假说，可以用来解释许多的海底线性构造（Hey et al.，1986）。多波束调查仅仅是海底调查手段之一，为了更加确证海底现象的解释，还需要同时使用许多其他地球物理调查手段，包括海底磁条带、重力和地震的调查。

（2）澳大利亚西南洋中脊多波束调查

为了寻找 2014 年 3 月 8 日失联的 MH370 客机，2014～2016 年中国、澳大利亚和马来西亚等国组成的调查团队历时两年多，在印度洋开展水下多波束等地球物理调查，利用三艘科考船 MV Fugro Equator、MV Fugro Supporter 和中国海军"竺可桢"号（表 1-2），由不同的多波束系统，对马航失联的区域开展详细搜索和探测，使用 30kHz 和 12kHz 的声呐，波束宽度为 1°×1°和 1°×2°，水平分辨率为 10～105m，垂直分辨率为 0.05m 或者 0.125m（图 1-12）。

表 1-2　寻找 MH370 使用的科考船和多波束系统配置

科考船	声呐型号	制造商	波束宽度	工作频率/kHz	水平分辨率/m	垂直分辨率/m
MV Fugro Equator	EM 302	Kongsberg	1°×1°	30	10～105	0.050
"竺可桢"号 （Zhu kezhen）	Seabat 7150	Reson	1°×1°	12	10～105	0.125

续表

科考船	声呐型号	制造商	波束宽度	工作频率/kHz	水平分辨率/m	垂直分辨率/m
MV Fugro Supporter	EM 122	Kongsberg	1°×2°	12	10～105（垂向） 21～209（径向）	0.125

图 1-12　澳大利亚西南洋中脊多波束测量水深变化（Kornei，2017；Picard et al.，2017）

地理位置图来源：http://marine.ga.gov.au/#/

　　经过一系列步骤的数据处理，精准的海底水深彩色阴影图展示了清晰的澳大利亚西南洋中脊区域海底构造，包括海底火山、扩张构造、断谷（fault valley）等（图 1-12）（Kornei，2017；Picard et al.，2017）。水深图中也清晰地展示了以前海底水深数据很难识别的结构特征，诸如海底断层切割海底火山顶部。高精度的海底水深探测，揭开了澳大利亚西南海域的神秘面纱，发现了以往利用全球卫星重力数据反演获得的水深数据所不能识别的特征。三维海底水深图也清晰展示了从布罗肯海脊（Broken Ridge）到迪亚曼蒂纳海沟（Diamanlina Trench）的海底结构空间变化，发现了一些拆离断块和海沟一侧的残留火山（图 1-13），大大提高了对海底复杂构造的认识。

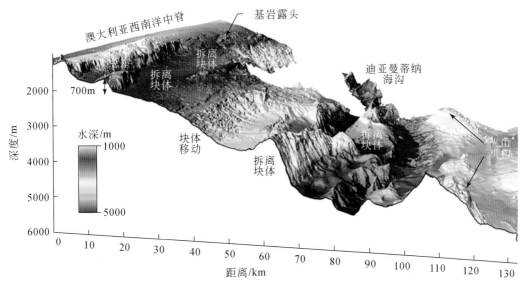

图 1-13　澳大利亚布罗肯海脊多波束测量三维水深变化（Picard et al.，2017）

1.1.5　多波束测量的发展趋势

多波束测量系统的技术和成果，除了科学研究外，已经广泛应用在海洋工程和海洋搜救领域。未来多波束测量技术将重点关注海底多种声学特性的一体化探测，这将成为多波束测量声呐技术的研究热点以及长期的发展趋势（李海森等，2013）。一体化探测的优势体现在于：可以避免多个单一功能声学设备异步异地测量造成的数据融合困难，且节约成本；同时，多种信息的联合获取，可为海洋勘测提供更为可靠的数据支撑。在海底资源调查、海洋工程以及"透明海洋"等科学活动中，不仅需要海底地形地貌、海底浅表底质类型等表面特征数据，也需要面对海底掩埋目标的探测与识别、海底沉积层成因与演化等实际海洋工程应用或科学研究问题，还需要精细浅地层剖面特性及其沉积物类型信息。未来兼具海底地形、地貌、表层底质分类功能于一身的多波束测量声呐可具备浅地层剖面探测能力，将是其在一体化探测能力上的重大技术进步。其中应突破的关键核心技术是：如何解决多波束测量声呐具有发射超高频声波（浅表层信息）与低频声波（浅地层信息）信号相结合的问题，提高地表之下高分辨目标体的识别能力。参量声基阵是目前兼具这一潜能的有效途径，为实现多波束海底特性一体化探测提供了可能（李海森等，2013）。中国的多波束测量技术总体上仍落后于一些发达国家，尤其是超宽覆盖基阵技术、海底散射信号精细信号处理技术、声学海底分类技术、多波束测量声呐现场校准与实验室精密评估技术（李海森等，2013）。

除了多波束测量技术需要海底声学特性的一体化观测外，最近，海底三维反射地震方法也可获得海底水深数据，也大大提高了地形数据的分辨率和海底特征的识别能力（Kramer and Shedd，2017）。例如，在墨西哥湾，利用许多年积累的三维反射地震数据，通过三维地震数据拾取的走时数据，采用 Advocate 和 Hood（1993）的7级多项式时深转换经验公式，据地震走时数据换算深度数据，获取了 14 亿像素的高分辨海底地形图（Kramer and Shedd，2017）（图 1-14）。

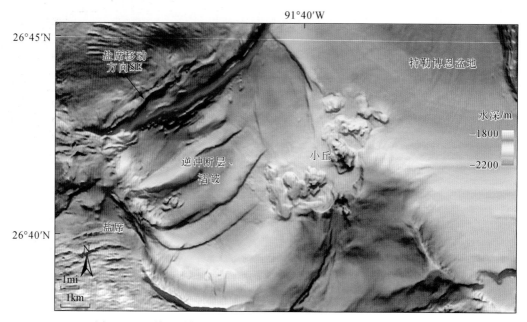

图 1-14　三维地震探测获取的海底水深（Kramer and Shedd，2017）

1mi=1.609 344km，后同

7 次多项式时深转换经验公式如下

$$D = 0.1105 - 5066.9193T + 468.6693T^2 - 554.7107T^3 + 340.7019T^4 - 116.9910T^5$$
$$+ 20.7280T^6 - 1.4658T^7 \tag{1-7}$$

式中，D 为水深（ft[①]）；T 为地震反射单程走时（s）。

通过时深转换后，由于网格空间的变化，部分地区可能会出现数据空缺，为此，需要利用以前的多波束数据来充填空白区域，最终形成完整、全覆盖的高分辨海底地形图（Kramer and Shedd，2017）。通过比较多波束测量水深与三维地震测量的水深，发现三维地震测量的数据可以显著改善多波束数据中的条带假象（图 1-15），同时也大大改善和提高了空间分辨率，识别出许多海底的微小结构。未来海底小范

———————————
① 1ft=0.3048m。

围的高分辨水深数据可能需要三维地震调查来解决，这个可能成为未来水深调查的一个补充手段。

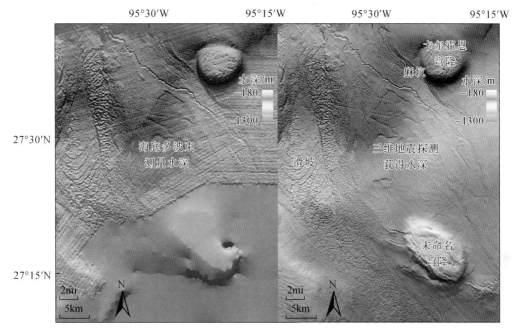

图 1-15　海底多波束测量与三维地震探测获得的水深对比（Kramer and Shedd，2017）

1.2　洋底放射年代学技术

　　洋底地形绝大多数是构造地貌，因此不仅可以用来揭示精细的洋底结构，还可以进一步解释洋底构造演化过程，但仅依赖这些洋底结构之间的交切关系，只能确定这些洋底组构或构造事件的相对时间或演化顺序，而且磁条带也只能反映洋底形成的相对年代顺序。要获得洋底构造或事件的绝对年龄，还需要开展一些年代学测试。

　　现今，虽然大家知道各大洋洋底是近 200Ma 以来海底扩张的产物，但这并不意味着地球上大洋的发展历史仅限于中生代以来。实际上，自从出现了海水和洋壳，就开始了大洋的演化历程。洋底放射年代学技术的研究主体是洋壳及其残留岩体、岩块。洋壳从上到下分为：①未固结的沉积物；②固结的沉积物；③海底基底岩石。因此，洋底放射年代学的主要测年材料是海洋沉积物、海底基底岩石及其残留岩体，还有海底基底岩石或沉积物上的铁锰结壳、结核、珊瑚等。

1.2.1　洋底放射性核素测年方法

（1）测年体系分类

根据测年方法将海洋放射性核素测年方法划分为四大类（表1-3）。

第一类为热年代学法，是考虑了矿物/岩石的封闭温度，通过研究分析矿物晶体放射性母体衰变产生的放射成因子体积累，测定各种地质体形成时代的同位素计时方法。根据放射成因子体，第一类热年代学法进一步可划分为两种：一种放射成因子体为稳定同位素，即同位素地质年代，通常以百万年尺度为基本单位，属于长时间尺度的地质年代学方法；另一种放射成因子为辐射损伤，测年尺度相对较短，属于中短时间尺度的地质测年方法。

第二类为铀系测年法，是利用环境中存在的天然放射系核素不平衡的测年方法。其放射成因子体大多数仍具放射性，其中，放射性子体活度高于母体核素的为累积法，反之为过剩法。

第三类是利用宇宙射线产生的核素进行测年的宇生放射性核素测年法。该方法是利用由入射的初级和次级宇宙射线粒子与靶核之间的任意核反应所形成的核素进行测年的方法。大多数初级宇宙射线（GCR）是由H、He和较重的粒子组成的，它们的加速度是从某些恒星的耀斑或超新星爆炸事件中获得的。早期宇生放射性核素的主体是^{14}C，后期相继发现了多种宇生放射性核素，包括^{3}He、^{7}Be、^{10}Be、^{26}Al、^{32}Si、^{36}Cl、^{41}Ca、^{129}I等（刘广山，2016）。

第四类是人工放射性核素测年方法，该方法以人类利用原子能的事件发生时间在海洋或湖泊沉积物中的记录作为参考时间，进行年代推算。

洋底动力学研究应用最多的是第一类至第三类测年方法。本节重点选取第一类至第三类中常用的方法原理做详细介绍。其中K-Ar和Ar-Ar定年技术部分内容参考了近年来地学高校同位素地质学/地球化学授课素材；沉积物测年方法的应用主要参考了《海洋放射年代学》（刘广山，2016）和近年来发表的相关文献著作。

此外，根据测年对象的差异，将洋底放射测年体系也可以划分为：海底基底岩石及其残留岩体测年体系、深海沉积物测年体系、边缘海沉积物体系三种。

（2）测年尺度及应用

测年尺度是测年方法选择的重要依据之一。一般遵循半衰期规则，将测年核素半衰期的0.5~5倍作为测年时间尺度。随着测年技术的发展和测年介质中核素的浓度的差异，在半衰期测年规则的基础上，核素的测年时间尺度得到不断拓展。20世纪80年代中期以来，放射性碳测年校准工作的完成，代表着放射年代学研究的一次巨大进步，促进了与高温热年代学相重叠的长时间尺度（>10^5a）的同位素地质定

表 1-3　洋底放射性核素测年

类别	测年方法	核素	测年范围	测试材料	应用
热年代学法（同位素地质测年法）	铀/钍-铅法	^{238}U-^{206}Pb ^{235}U-^{207}Pb ^{232}Th-^{208}Pb	$>10^7$ a	锆石、独居石、榍石、磷灰石、沥青铀矿、晶质铀矿、钍石、某些全岩、熔岩流、沉积岩、侵入岩、变质岩	1. 海底基底岩石及其残留岩体的结晶或变质定年； 2. 海底基底岩石热演化历史分析； 3. 深海沉积物定年； 4. 大洋演化历史分析； 5. 全球板块演化历史分析
	氩-氩法	^{40}Ar-^{39}Ar	$>10^3$ a	含钾矿物及岩石	
	钾-氩法	^{40}K-^{40}Ar	$>10^5$ a	含钾矿物及岩石；新生的火山岩及岩石，尤其是第四纪火山岩	
	铷-锶法	^{87}Rb-^{87}Sr	$>10^7$ a	白云母、黑云母、微斜长石、花岗岩、片麻岩等富铷的矿物/岩石；最适合测定中酸性火成岩、沉积岩中的自生矿物、变质岩	
	碘-氙法	^{129}I-^{129}Xe	$<10^8$ a	海底陨石、磷灰石、榍石、海洋沉积物	
	钐-钕法	^{147}Sm-^{143}Nd	$>10^7$ a	海底陨石、月球陨石、月球物质、火星物质等外来物质；镁铁质和超镁铁质火成岩与变质岩	
	铼-锇法	^{187}Re-^{187}Os	$>10^8$ a	海底陨石、金属硫化物、稀土矿物	
热年代学法（辐射测年）	裂变径迹法	辐射损伤	>0.5 a	玻璃、磷灰石、榍石、褐帘石、绿帘石、角闪石、辉石、长石、云母等	
	（U-Th）/He法	辐射损伤	$0\sim10^8$ a	磷灰石、化石、珊瑚、地下水	
	热释光法/光释光法（ESR） 电子自旋共振（ESR）	辐射损伤	$10^2\sim10^6$ a $2\times10^3\sim10^7$ a	陶瓷、燧石、炉灶、珊瑚、骨头、火山灰、海洋沉积物 碳酸盐沉积物、贝壳、骨头、火山灰、海洋沉积物	
铀系测年法（累积法）	^{230}Th 累积法	^{230}Th/^{234}Th	$<3.5\times10^5$ a	海相和陆相碳酸盐岩	1. 海洋沉积物定年，沉积速率计算； 2. 海洋地球化学示踪； 3. 研究海洋环境（海平面、海水温度、海水化学成分）变化
	^{231}Pa 累积法	^{235}U/^{231}Pa	$<1.5\times10^5$ a	海相和陆相碳酸盐岩、包括化石、珊瑚、洞穴碳酸盐沉积物、骨头、石灰华等	
	^{228}Th 累积法	^{228}Th/^{228}Ra	$1\sim10$	海洋生物甲壳	
	^{226}Ra 累积法	^{226}Ra	$<10^4$ a	海水	
铀系测年法（过剩法）	^{230}Th 过剩法	^{230}Th/^{226}Ra	$<10^4$ a	海相和陆相碳酸盐岩、重晶石	
	^{234}U 过剩法	^{238}U/^{234}U	$<1.25\times10^6$ a	化石、地下水、珊瑚	
	^{230}Th 过剩法	^{234}U/^{230}Th	$<3\times10^5$ a	深海沉积物、铁锰结核和结壳	
	^{231}Pa 过剩法	^{235}U/^{231}Pa	$<1.5\times10^6$ a	深海沉积物	
	^{234}Th 过剩法	^{238}U/^{234}Th	100d	浅海快速沉积，颗粒物滞留时间，再搬运与成岩作用研究	
	^{228}Th 过剩法	^{228}Ra/^{228}Th	10a	湖泊、港湾及近岸海洋环境沉积速率，地球化学示踪，沉降速率	
	^{210}Pb 过剩法	^{226}Ra/^{210}Pb	100a	湖泊、港湾及近岸海洋环境沉积速率、地球化学示踪、沉降速率	

续表

类别	测年方法	核素	测年范围	测试材料	应用
宇生	^{3}He法	^{3}He	>100a	橄榄石、角闪石、辉石，基性火山岩	
	^{10}Be法	^{10}Be	$10^{6} \sim 10^{7}$ a	深海沉积物，海洋铁锰结壳和结核	
放射性核素测年法	^{14}C法	^{14}C	$10^{3} \sim 5 \times 10^{4}$ a	火山岩、海水、地下水、碳酸盐岩、生物化石	
	^{26}Al法	^{26}Al	$10^{5} \sim 3 \times 10^{6}$ a	沉积物	
	^{32}Si法	^{32}Si	$100 \sim 1000$	硅质沉积岩、海洋沉积物、地下水	
	^{36}Cl法	^{36}Cl	$<10^{6}$ a	泥质沉积物、洞穴碳酸盐沉积物、蒸发岩	
	^{41}Ca法	^{41}Ca	$<5 \times 10^{5}$ a	含钙沉积物、骨头	
	^{129}I法	^{129}I	$<10^{8}$ a	海洋沉积物、油田卤水、热液体系	
人工放射性核素测年法		^{137}Cs ^{90}Sr $^{239+240}$Pu ^{129}I	1950 年至今	海洋沉积物、湖泊沉积物	湖泊、港湾及近岸海洋环境沉积速率

资料来源：刘广山，2016

年（包括深海沉积物、海底基底岩石及其残留岩体的结晶或变质、变形定年）、大洋岩石热演化历史以及全球板块演化历史的研究。近半个世纪以来，新构造放射性测年技术（$10 \sim 10^7 a$）取得巨大发展和完善，填补了新构造运动变形区岩层年龄的测定和地壳动力学研究相关的空白。其中，铀系测年法和宇宙成因核素技术目前主要应用于晚更新世以来的钙华、海相和陆相碳酸盐岩、蛋白石、深海沉积物、多金属结核、富钴结壳的年龄测定以及沉积速率计算，也可以应用于海水地球化学示踪、海洋环境（海平面、海水温度、海水化学成分）变化的研究，还可以为直接确定断层面年龄和计算断层破裂速率，确定构造变形的时间与幕次提供有力手段，可以更清晰地展示出构造运动与沉积物通量之间的关系。此外，磷灰石、锆石和火山碎屑及其他火山沉积物中磁铁矿的（U-Th）/He 低温热年代学定年技术以及包括火山玻璃裂变径迹分析在内的其他测试方法，加强了对几万年（$10^4 a$）至几千万年（$10^7 a$）时间范围内火山活动和应变标志的年龄测定。上述方法基本上涵盖了所有洋底测年尺度范围（表1-3）。

（3）测年原理

研究发现，离子（如热中子）穿过某物质（如铀）时，瞬时形成大量的能量积累，导致放射成因子体的产生。岩石中矿物晶体的放射成因子体自形成以来，因热扩散或逸散，子体元素以一定的速度离开晶格位置而减少（Braun et al.，2006）。在高温环境下，岩体/矿物中的放射成因子体不断地向外发生扩散，当岩石/矿物冷却到一定温度后，基本上能完全保留放射成因子体，形成一个封闭体系，同时岩体/矿物同位素地质计时开始启动。这一温度，称为同位素封闭温度，简称封闭温度。

地表环境条件下，由于放射性核素衰变不受环境温度、压力、电磁场及自身化学形态影响，因此，封闭体系形成后，其中的放射性核素原子数和放射性活度将按照自身的衰变规律变化，这就是通常所说的指数衰减规律

$$N = N_0 e^{-\lambda t} \tag{1-8}$$

$$A = A_0 e^{-\lambda t} \tag{1-9}$$

式中，N_0 和 A_0 分别是体系形成时测年材料中的母核原子数和活度；N 和 A 分别是测定时样品中该核素的原子数和活度；λ 是衰变常数，与半衰期 T 的关系是 $\lambda = \dfrac{\ln 2}{T}$；$t$ 是体系形成至测定时刻的时间间隔。式（1-8）和式（1-9）称为测年方程。

由式（1-8）和式（1-9）可以看出，放射性核素的原子数和活度是时间的函数，因而可以得到体系形成至测定时经历的时间 t

$$t = \frac{1}{\lambda} \ln \frac{N_0}{N} = \frac{T}{\ln 2} \ln \frac{N_0}{N} \tag{1-10}$$

$$t = \frac{1}{\lambda} \ln \frac{A_0}{A} = \frac{T}{\ln 2} \ln \frac{A_0}{A} \tag{1-11}$$

以上就是利用放射性核素测年的基本原理。所有放射性核素测年方法均建立在以上原理基础之上。

式（1-8）~式（1-11）中，N 和 A 是研究时测定的，T 有表可查，或可以用物理方法测定。为了进行测年，还必须知道 N_0 或 A_0，或者利用 N_0 或 A_0 与其他量的关系，对式（1-8）~式（1-11）进行量变换，达到计算 t 的目的。

原子数 N 和活度 A 之间有如下关系

$$A = \lambda N = \frac{\ln 2}{T} N \tag{1-12}$$

纯物质的质量 m 和原子数 N 之间可以通过阿伏伽德罗常量 N_A 换算

$$m = \frac{N}{N_A} M \tag{1-13}$$

式中，M 为原子量。

（4）表观年龄的地质解释

利用放射性核素体系定年理论公式，如式（1-10）和式（1-11），计算获得的年龄 t 为表观年龄。通常将满足放射性核素体系定年理论条件的岩体/矿物所获得的表观年龄，即岩体/矿物形成封闭体系以来经历的时间，称为冷却年龄/封闭年龄。若测年岩体/矿物是迅速冷却形成的，如火山岩/浅成侵入岩，其表观年龄接近于矿物的结晶/变质年龄，称为事件年龄。测年岩体/矿物形成封闭体系后，因热扰动、动力作用、变质作用和风化作用等引起封闭体系中放射成因子体再次丢失，造成封闭系统破坏的，获得的表观年龄为混合年龄。

1.2.2　洋底放射性核素测年技术应用

（1）海底岩石及残留岩体定年

现代海底岩石以火山岩、辉长岩、超镁铁质岩等为主。此外，海底由于热液活动强烈，且与海水接触较为充分，易发生热液蚀变和洋壳水化，造成海底基底岩石发生不同程度的浅变质作用。古海洋残留岩体一般指蛇绿岩-蛇绿混杂岩。

火山岩：海底火山岩主要由以拉斑苦橄玄武岩-橄榄拉斑玄武岩-石英拉斑玄武岩-拉斑玄武岩-拉斑玄武安山岩组成的拉斑系列火山岩、钙碱性玄武岩-安山岩-英安岩-流纹岩组成的钙碱性系列火山岩和碱性玄武岩-橄榄粗安岩-粗面玄武岩-粗面岩-碧玄岩-响岩组成的碱性系列火山岩组成。玄武岩（拉斑系列）主要由辉石、橄榄石、斜长石和铁钛氧化物及尖晶石组成，它是占绝对优势的大洋火山岩，除上地幔直接出露的地方外，构成了大洋或海底基底的上部。钙碱性系列火山岩主要斑晶矿物为斜长石，常见于活动大陆边缘环境，部分海域以安山岩为主体，部分海域呈玄武岩-安山岩（流纹岩）的双峰态分布特征。大洋洋底大部分为橄榄拉斑玄武岩，洋岛或火山多为碱性玄武岩。

辉长岩：由斜长石、橄榄石、单斜辉石、斜方辉石等主矿物组成，副矿物主要有榍石、角闪石、磷灰石和钛磁铁矿。辉长岩大都与蛇纹石化橄榄岩系列的超镁铁质岩类伴生，分布于洋壳厚度很薄的地段，其分布丰度与扩张速率有关，以西南印度洋洋中脊的 Atlantis Ⅱ 破碎带最为典型。

超镁铁质岩：主要分为三大类，代表洋壳残留的蛇绿岩、代表岛弧基底的阿拉斯加型和与地幔柱或富集的下地幔有关的层状侵入体（张旗，2014）。现代大洋中海底出露的超镁铁质岩以橄榄岩为主，少见辉石岩，分布主要受洋壳厚度、深大断裂、扩张速率和俯冲带等因素控制，常见于大西洋、印度洋洋中脊中央裂谷（太平洋少见）和破碎带、转换断层、汇聚型板块边缘（如马里亚纳海沟、汤加海沟、波多黎各海沟以及西南澳大利亚陆缘）以及红海等地。

花岗岩：至今，在大洋海底未发现成规模的花岗岩体，只是在各大洋（太平洋、大西洋和印度洋）中有零星发现的报道。但是，在减薄陆壳性质的弧后盆地海底常有分布，在大洋热点海山（岛）地壳厚的地方有报道，在印度洋等大陆板块漂移经过的地方也有发现。尽管海底花岗质岩类在大洋海底的分布十分有限，但是其存在似乎是不争的事实。海底花岗质岩类的存在一直是海底扩张学说或板块构造学说难以解释的事实，也是该理论学说反对者最有力论据之一，但微板块构造理论做出了合理解释（Li et al.，2018）。

蛇绿岩-蛇绿混杂岩：分布于造山带中，也是洋底动力学测年的重要对象之一。蛇绿混杂岩是由于洋壳俯冲消减时的铲刮作用，使得古海沟两侧深海-半深海沉积岩（包括滑塌堆积、浊流沉积及复理石等）和产于大洋板块内部的洋岛玄武岩（OIB）以及缝合线两侧陆壳中的各种沉积岩、变质岩、火山岩（如 CAB、CFB、CRB、中酸性火山岩、火山碎屑岩等）及蓝闪片岩岩片等，进入古海沟俯冲带，以岩块或岩片的形式产出，形成蛇绿混杂岩（马中平等，2004）。

对海底基底岩石及其残留岩体进行岩石学、同位素年代学和地球化学研究，不仅对了解大洋盆地演化历史、地幔深部动力学机制和全球板块构造格局演化具有重要意义，也是进一步开展海底矿产-油气资源勘探的需要。

目前，海底岩石定年应用比较广泛的是同位素地质测年技术，常见的有 SHRIMP U-Pb、LA-ICP-MS U-Pb、^{40}Ar-^{39}Ar 测年和 ^{40}K-^{40}Ar 测年、裂变径迹法等。

A. 铀-铅定年技术

铀-铅法是同位素地质测年工作百余年发展过程中使用最多的测年方法（福尔，1983）。由于 ^{238}U、^{235}U 和 ^{232}Th 半衰期较长，因此 U-Th-Pb 法一般只适合于前中生代古海洋残留岩石的年龄测定。但要正确地进行 U-Th-Pb 法定年，必须满足以下条件：①样品保持 U-Th-Pb 的封闭体系，样品形成后未发生子体同位素和母体同位素的丢失或从外界的带入；②合理地选择铅同位素初始比值。

自然界存在 4 种铅的同位素^{204}Pb、^{206}Pb、^{207}Pb、^{208}Pb，除一个非放射成因的稳定同位素^{204}Pb 外，后三个稳定核素分别是放射系^{238}U 经过 8 次 α 衰变和 6 次 β 衰变、^{235}U 的 7 次 α 衰变和 4 次 β 衰变、^{232}Th 经过 6 次 α 衰变和 4 次 β 衰变衰变的产物

$$^{238}U \xrightarrow{\alpha} {}^{234}Th \xrightarrow{\beta} {}^{234}Pa \xrightarrow{\beta} {}^{234}U \xrightarrow{\alpha} {}^{230}Th \xrightarrow{\alpha}$$

$$^{226}Ra \xrightarrow{\alpha} {}^{222}Rn \xrightarrow{\alpha} {}^{218}Po \xrightarrow{\alpha} {}^{214}Pb \xrightarrow{\beta} {}^{214}Bi \xrightarrow{\beta}$$

$$^{214}Po \xrightarrow{\alpha} {}^{210}Pb \xrightarrow{\beta} {}^{210}Bi \xrightarrow{\beta} {}^{210}Po \xrightarrow{\alpha} {}^{206}Pb \tag{1-14}$$

$$^{235}U \xrightarrow{\alpha} {}^{231}Th \xrightarrow{\beta} {}^{231}Pa \xrightarrow{\alpha} {}^{227}Ac \xrightarrow{\beta} {}^{227}Th \xrightarrow{\alpha} {}^{223}Ra \xrightarrow{\alpha} {}^{219}Rn \xrightarrow{\alpha}$$

$$^{215}Po \xrightarrow{\alpha} {}^{211}Pb \xrightarrow{\beta} {}^{211}Bi \xrightarrow{\alpha} {}^{207}Tl \xrightarrow{\beta} {}^{207}Pb \tag{1-15}$$

$$^{232}Th \xrightarrow{\alpha} {}^{228}Ra \xrightarrow{\beta} {}^{228}Ac \xrightarrow{\beta} {}^{228}Th \xrightarrow{\alpha} {}^{224}Ra \xrightarrow{\alpha} {}^{220}Rn \xrightarrow{\alpha}$$

$$^{216}Po \xrightarrow{\alpha} {}^{212}Pb \xrightarrow{\beta} {}^{212}Bi \begin{cases} \xrightarrow{\beta} {}^{212}Po \xrightarrow{\alpha} \\ \xrightarrow{\alpha} {}^{208}Tl \xrightarrow{\beta} \end{cases} {}^{208}Pb \tag{1-16}$$

矿物从岩浆中结晶出来时，部分初始铅与 U/Th 同时进入矿物晶格。现在测定单位重量中^{206}Pb、^{207}Pb 和^{208}Pb 的总原子数，应该是这部分初始铅与矿物中 U 和 Th 衰变所产生放射成因铅之和。测年方程为

$$\begin{cases} ^{206}Pb = {}^{238}U \left(e^{\lambda_{238}t} - 1 \right) + {}^{206}Pb_0 \\ ^{207}Pb = {}^{235}U \left(e^{\lambda_{235}t} - 1 \right) + {}^{207}Pb_0 \\ ^{208}Pb = {}^{232}Th \left(e^{\lambda_{232}t} - 1 \right) + {}^{208}Pb_0 \end{cases} \tag{1-17}$$

式中，t 表示矿物结晶年龄，即 U-Pb-Th 自成为封闭体系以来至今所经历的时间；λ_{238}、λ_{235} 和 λ_{232} 表示^{238}U、^{235}U 和^{232}Th 的衰变常数；$^{206}Pb_0$、$^{207}Pb_0$ 和$^{208}Pb_0$ 为矿物形成时铅同位素初始浓度。

^{204}Pb 是 4 个铅同位素中唯一一个非放射成因的稳定同位素。因此，可以建立等时方程

$$\frac{^{206}Pb}{^{204}Pb} = \frac{^{238}U}{^{204}Pb} \left(e^{\lambda_{238}t} - 1 \right) + \frac{^{206}Pb_0}{^{204}Pb_0}$$

$$\frac{^{207}Pb}{^{204}Pb} = \frac{^{235}U}{^{204}Pb} \left(e^{\lambda_{235}t} - 1 \right) + \frac{^{207}Pb_0}{^{204}Pb_0}$$

$$\frac{^{208}Pb}{^{204}Pb} = \frac{^{232}Th}{^{204}Pb} \left(e^{\lambda_{232}t} - 1 \right) + \frac{^{208}Pb_0}{^{204}Pb_0} \tag{1-18}$$

即

$$t_{206/238} = \frac{1}{\lambda_{238}}\ln\left[\frac{\left(\frac{^{206}\mathrm{Pb}}{^{204}\mathrm{Pb}}\right) - \left(\frac{^{206}\mathrm{Pb}}{^{204}\mathrm{Pb}}\right)_0}{\left(\frac{^{238}\mathrm{U}}{^{204}\mathrm{Pb}}\right)} + 1\right]$$

$$t_{207/235} = \frac{1}{\lambda_{235}}\ln\left[\frac{\left(\frac{^{207}\mathrm{Pb}}{^{204}\mathrm{Pb}}\right) - \left(\frac{^{207}\mathrm{Pb}}{^{204}\mathrm{Pb}}\right)_0}{\left(\frac{^{235}\mathrm{U}}{^{204}\mathrm{Pb}}\right)} + 1\right]$$

$$t_{208/232} = \frac{1}{\lambda_{232}}\ln\left[\frac{\left(\frac{^{208}\mathrm{Pb}}{^{204}\mathrm{Pb}}\right) - \left(\frac{^{208}\mathrm{Pb}}{^{204}\mathrm{Pb}}\right)_0}{\left(\frac{^{232}\mathrm{Th}}{^{204}\mathrm{Pb}}\right)} + 1\right] \tag{1-19}$$

同位素测年方法最常用的是副矿物 U-Pb 定年方法，且中–酸性岩中的锆石和基性岩中的斜锆石（Krogh，1982）是一个广泛分布的富铀矿物，因此，被广泛地应用于 U-Pb 定年。目前锆石的 U-Pb 定年方法主要应用以火成岩中的锆石为测试对象，测定火成岩的年龄，为区域构造、岩浆活动提供年代信息（王海然等，2013）。

由式（1-18）得到，在运算过程中也可以得到 $^{207}\mathrm{Pb}/^{206}\mathrm{Pb}$ 年龄计算公式

$$\frac{\left(\frac{^{207}\mathrm{Pb}}{^{204}\mathrm{Pb}}\right) - \left(\frac{^{207}\mathrm{Pb}}{^{204}\mathrm{Pb}}\right)_0}{\left(\frac{^{206}\mathrm{Pb}}{^{204}\mathrm{Pb}}\right) - \left(\frac{^{206}\mathrm{Pb}}{^{204}\mathrm{Pb}}\right)_0} = \frac{^{235}\mathrm{U}}{^{238}\mathrm{U}} \cdot \frac{\mathrm{e}^{\lambda_{235}t} - 1}{\mathrm{e}^{\lambda_{238}t} - 1} = \frac{1}{137.88} \cdot \frac{\mathrm{e}^{\lambda_{235}t} - 1}{\mathrm{e}^{\lambda_{238}t} - 1} \tag{1-20}$$

因此，不需要测 U、Pb 浓度，只需测定 Pb 同位素组成，即可测定年龄。

如果已知矿物形成时铅同位素浓度 $^{206}\mathrm{Pb}_0$、$^{207}\mathrm{Pb}_0$ 和 $^{208}\mathrm{Pb}_0$，则可由实测得到的 $^{238}\mathrm{U}/^{204}\mathrm{Pb}$、$^{235}\mathrm{U}/^{204}\mathrm{Pb}$ 和 $^{232}\mathrm{Th}/^{204}\mathrm{Pb}$ 与 $^{206}\mathrm{Pb}/^{204}\mathrm{Pb}$、$^{207}\mathrm{Pb}/^{204}\mathrm{Pb}$ 和 $^{208}\mathrm{Pb}/^{204}\mathrm{Pb}$ 计算得到 4 个年龄值，称为表观年龄。原则上说，如果测年条件满足，4 个年龄值相对差异小于 10% 则称为一致年龄，它们的平均年龄值代表矿物的结晶年龄。然而，这种一致年龄在自然界中极为少见，而大部分表现为不一致年龄，且一般为：$t_{208/232} < t_{206/238} < t_{207/235} < t_{207/206}$，引起不一致年龄的主要原因是矿物遭受地质扰动（如变质、热液、风化作用），造成不同子体的铅同位素丢失/铀加入程度不同，这时 $t_{207/206}$ 年龄最接近矿物的结晶年龄。

由于锆石的成因较为复杂，有岩浆成因、变质成因和碎屑锆石等，因此在进行锆石 U-Pb 年龄测定前，必须对锆石进行晶形分析和地球化学特征分析，以区分锆石的成因类型，如岩浆型锆石晶型完好，而碎屑成因锆石表面一般有磨蚀现象。只有这样才能对锆石年龄所代表的地质意义作出合理的解释。

U-Pb 谐和曲线法是排除矿物中因子体铅同位素丢失而引起的年龄误差的常用分

析方法。式（1-17）前两个公式可以改写为

$$\frac{^{206}Pb}{^{238}U} = e^{\lambda_{238}t} - 1$$

$$\frac{^{207}Pb}{^{235}U} = e^{\lambda_{235}t} - 1 \qquad (1\text{-}21)$$

由式（1-21）可知，样品中$^{206}Pb/^{238}U$和$^{207}Pb/^{235}U$比值只是时间t的函数，对于一个给定的年龄值，可得出相对应的$^{206}Pb/^{238}U$和$^{207}Pb/^{235}U$比值。因此，通过选取不同的年龄t，求出一条理论曲线，该曲线称为谐和曲线。

对于一组同物源、同结晶年龄，并遭受同一次后期地质作用而发生不同铅丢失、铀加入的样品，它们的$^{206}Pb/^{238}U$和$^{207}Pb/^{235}U$比值应在一条直线上（称不一致线），该直线与谐和曲线有两个交点，上交点为矿物的结晶年龄，下交点为矿物发生铅丢失的热事件年龄（如重结晶年龄、变质年龄、侵入/喷发年龄）（图1-16）。

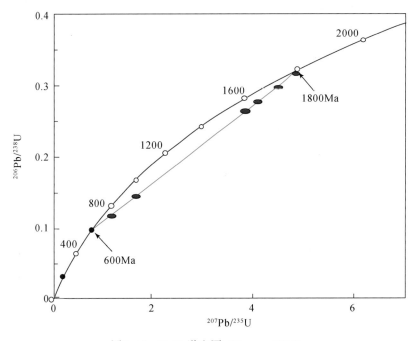

图1-16　U-Pb谐和图（Faure，1986）

锆石U-Pb谐和线法年龄测定至少需要3个以上样品，常规的测定所需要的每个样品量较大。随着同位素制样技术和质谱分析技术的提高，锆石原位分析测试技术得以快速发展。目前被广泛应用的微区原位测试技术，主要有同位素稀释-热电离质谱（ID-TIMS）法、离子探针（SHRIMP）法和激光探针（LA-ICP-MS）法等（王海然等，2013）（表1-4）。

表 1-4　微区原位测试技术

测试技术	优点	缺点
同位素稀释–热电离质谱（ID-TIMS）法	单次测定的精度较高，可分辨十分相近的同位素年龄；可测定的矿物年龄范围广（从中生代到太古宙），并且不需要相应的标准矿物作校正，避免了寻找和制备标准矿物	对实验室的要求高，专业性强，处理程序比较繁杂，费时费力，成本很高；无法进行矿物的微区原位 U-Pb 同位素年龄测定
离子探针（SHRIMP）法	目前微区原位测试技术中最先进且精确度最高的测年方法，具有高灵敏度、高空间分辨率（对 U、Th 含量较高的锆石测年，束斑直径可达到 8μm）、对样品破坏小等特点（束斑直径 10 ~ 50μm，剥蚀深度小于 5μm）	购置费用昂贵、分析速度较慢、成本较高，特别是在多元素分析时需要的测定时间更长
激光探针（LA-ICP-MS）法	具有原位、实时、快速的分析优势和灵敏度高、空间分辨率较好的特点，适合于厘定构造亲缘关系的碎屑锆石研究	测定过程中烧蚀掉的样品多，对样品有严重的破坏性，无法对测试结果进行重现性检测

资料来源：王海然等，2013

因为碳酸盐中 Pb 含量很低（100 ~ 500ppb[①]），而 U 的含量相对较高（50 ~ 100ppm[②]），因此对碳酸盐定年相对困难。皱纹珊瑚能够产生可测量的^{206}Pb 变化。因此，Smith 和 Farquhar（1989）成功地利用岩石 U-Pb 等时线实现了对碳酸盐的定年。

B. 钾–氩法定年技术

钾（K）是地壳中最富集的 8 个造岩元素之一，是许多造岩矿物（如云母、钾长石、黏土矿物和某些蒸发盐矿物）的主要成分。在 K 的 3 个天然同位素^{39}K（93.2581%，辐照可转变为^{39}Ar）、^{40}K（0.011 67%）和^{41}K（6.7302%）中，只有丰度最低的^{40}K 具有放射性，故自然界中由^{40}K 放射性衰变形成的子体同位素量较少。因此，钾–氩法在地质测年中得到了广泛的应用。

钾–氩法最重要的应用之一，是用来标定海底磁异常条带的时标。由于从海底取到可进行钾–氩定年的新鲜岩石很有限，因此，多数研究集中在对陆地上具有很好磁性地层记录的玄武质熔岩。钾–氩法是测定年轻玄武岩的重要方法之一。自该方法建立以来，磁异常条带时标被不断修订。

^{40}K 是放射性同位素，通过 β 衰变和电子捕获两种衰变方式发生衰变。

第一种:^{40}K 通过电子捕获（EC）衰变成^{40}Ar，占^{40}K 总衰变的 10.5%，其衰变反应如下:^{40}K+ e ——→^{40}Ar，记衰变常数为 λ_e。目前关于其衰变常数 λ_e 的推荐值为 $0.581×10^{-10}$/a，相当于半衰期为 11.93Ga。

第二种:^{40}K 通过 β 衰变成为^{40}Ca，占总衰变的 89.5%，其衰变反应为:^{40}K ——→^{40}Ca+β，记衰变常数为 λ_β。^{40}K 的 β 衰变的常数 λ_β 为 $4.962×10^{-10}$/a，相当于半衰期为 1.25Ga。

---

① 1ppb = $1×10^{-9}$。

② 1ppm = $1×10^{-6}$。

^{40}K 的总衰变常数为：$\lambda = \lambda_e + \lambda_\beta = 5.543 \times 10^{-10}/a$。

在一个含 K 的封闭体系中，假设矿物或岩石形成时完全去气，不存在初始 Ar，放射成因 $^{40}Ar^*$ 和 $^{40}Ca^*$ 的增长可表达为：$^{40}Ar^* + ^{40}Ca^* = ^{40}K\ (e^{\lambda t}-1)$。

衰变成 ^{40}Ar 的 ^{40}K 的原子数为 $(\lambda_e/\lambda)^{40}$K，故含钾矿物或岩石中放射成因 $^{40}Ar^*$ 为

$$^{40}Ar^* = \frac{\lambda_e}{\lambda} \cdot {}^{40}K\ (e^{\lambda t}-1) \tag{1-22}$$

式中，t 为由 ^{40}K 衰变成 ^{40}Ar 所积累的时间；$^{40}Ar^*$ 表示由 ^{40}K 衰变形成的 ^{40}Ar。

钾-氩法年龄方程

$$t = \frac{1}{\lambda}\ln\left[\frac{^{40}Ar^*}{^{40}K} \cdot \frac{\lambda}{\lambda_e}+1\right] \tag{1-23}$$

通过测定含 K 矿物中的 ^{40}K 含量和放射成因 ^{40}Ar 的量，可得表观年龄 t。

要确保钾-氩法获得有意义的可靠年龄，除了正确测定衰变常数外，还须满足下列条件：①岩石或矿物中由 ^{40}K 衰变积累的 ^{40}Ar 在地质历史上没有因扩散等丢失，并且矿物结晶后不久即对 Ar 封闭，也就是矿物结晶后快速冷却；②在岩石或矿物形成时及其以后没有外来的 ^{40}Ar（通常称为过剩 Ar 或继承 Ar）加入；③矿物结晶后不久也对 K 封闭，且 K 同位素相对丰度变化只由 ^{40}K 衰变引起，没有同位素分馏作用发生；④需对测定过程中由于仪器内部不可避免地存在的大气 ^{40}Ar 进行扣除校正。

事实上，由于 Ar 是惰性气体，在矿物晶格中，不与其他原子键合，因此，Ar 丢失是可能发生的，故钾-氩年龄代表矿物/岩石冷却到 Ar 几乎无扩散丢失时的温度以来所经历的时间。如果 Ar 丢失明显，钾-氩年龄就会低于矿物或岩石的结晶年龄。

要使钾-氩定年结果有意义，所选矿物和岩石必须含有一定量的 K 并不易发生化学变化，如火山岩中的长石、黑云母和角闪石是钾-氩定年最常用的矿物。新鲜的粗面岩、玄武岩、辉绿岩等也可给出有地质意义的年龄。沉积岩中最合适的是含有海绿石的岩石。

此外，系统中完全除去所有大气 ^{40}Ar 很困难，且部分岩石/矿物中存在过剩 Ar/继承 Ar。因而必须对大气 ^{40}Ar 进行扣除校正或对过剩 Ar/继承 Ar 进行检查。研究表明，大气 ^{40}Ar 或过剩 Ar 的存在对于中生代或更年轻的样品影响较大（Mcdougall et al.，1969），特别是对年轻样品，即使很少的残留氩也会造成很大的年龄偏差。在一些海底火山岩（Darlrymple and Moore，1968）和陆上火山岩中发现了过剩氩的存在，如南太平洋海底玄武岩玻璃，夏威夷 Kapubo 火山熔岩中橄榄石巨晶，新西兰 Aukland 火山玄武岩玻璃，日本 Aira 火山灰中的火山玻璃等（李大明和陈文寄，1999）。角闪石、长石、金云母、黑云母和方钠石中较少出现过剩 ^{40}Ar（Donald et al.，1967）。

据此，McDougall 等（1969）提出将初始 Ar 项扩展为大气 Ar（atm）和过剩 Ar（X）两种，测量的氩气是大气氩、过剩氩与放射成因氩的混合。用测量的 ^{40}Ar 信号

（未经大气 Ar 校正）除以 ^{36}Ar，得到式（1-24）

$$\left(\frac{^{40}Ar}{^{36}Ar}\right)_{测} = \left(\frac{^{40}Ar}{^{36}Ar}\right)_{atm} + \left(\frac{^{40}Ar}{^{36}Ar}\right)_X + \frac{^{40}Ar^*}{^{36}Ar}$$

即

$$\left(\frac{^{40}Ar}{^{36}Ar}\right)_{测} = \left(\frac{^{40}Ar}{^{36}Ar}\right)_{atm} + \left(\frac{^{40}Ar}{^{36}Ar}\right)_X + \frac{^{40}K}{^{36}Ar} \cdot \frac{\lambda_e}{\lambda}\ (e^{\lambda t}-1) \qquad (1\text{-}24)$$

根据测定（Nier，1950），地球大气中 Ar 的同位素丰度为：^{40}Ar 99.60%、^{38}Ar 0.063%、^{36}Ar 0.337%，即 $\left(\frac{^{40}Ar}{^{36}Ar}\right)_{atm} = 295.5$。当所分析的一套火山岩样品来自一个已完全去气的单一体系时，$\left(\frac{^{40}Ar}{^{36}Ar}\right)_X$ 项为零。此时，$\left(\frac{^{40}Ar}{^{36}Ar}\right)_{测}$ 与 $\frac{^{40}Ar^*}{^{36}Ar}$ 可以拟合成一条直线（图1-17）即构成 K-Ar 等时线图。等时线的截距为 295.5，从其斜率可以计算出火山岩的事件年龄（喷发年龄）t。

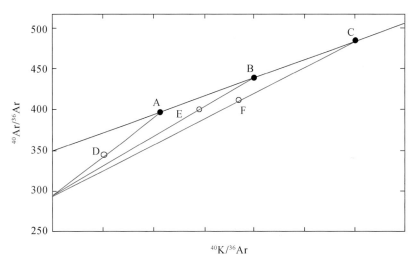

图 1-17　继承 Ar 与放射成因 Ar 混合效应的 K-Ar 等时线示意

事实上，K-Ar 等时线是样品和大气 Ar 之间的混合线。图 1-17 表明，地质样品过剩 Ar 和分析过程大气 Ar 混染的情况，在只有过剩 Ar 和放射成因 Ar 的情况下，数据点组成 A、B、C 排列；但在发生不同程度大气 Ar 混染的情况下，会产生数据点散布（D、E、F）的结果。原则上，K-Ar 等时线图上很好的线性分布，将给出有意义的年龄和初始 Ar 同位素比值。然而，由于这种复杂的大气 Ar 混合作用，有时很好的线性分布的斜率也可能没有任何实际意义。尽管如此，对怀疑有过剩 Ar 的体系，尤其是深成岩体系，进行等时线图处理，仍然是一种很好的检验方法。

K-Ar 等时线法定年可应用于满足同时形成条件外，还满足以下两条件之一的矿物或合适的全岩：①进入所分析矿物或岩石的初始 Ar 具有相同的同位素组成；②所分析的矿物或岩石具有很高的放射成因^{40}Ar，以致这些矿物或岩石在初始^{40}Ar/^{36}Ar比值方面的差异可忽略。

C. 氩-氩法定年技术

氩-氩法定年能够克服传统的钾-氩法因发生 Ar 丢失或存在过剩 Ar 而产生偏差的缺点，而且氩-氩法定年使钾-氩定年中对 K 的测定，转化为测定 Ar 同位素比值（Merrihue and Turner，1966），排除了钾-氩法因需用两份样品测定 K、Ar 的绝对含量以及样品的不均一性产生的误差。因此该方法特别适用于很小或很珍贵样品的定年。

氩-氩法定年的基础是：含 K 矿物中的^{39}K 通过在核反应堆中受快中子照射反应（捕获中子 n，放出质子 p）可转化为^{39}Ar。^{39}Ar 虽然是放射性的，但由于^{39}Ar 具有较长的半衰期（$T_{1/2} = 269a$），在短的质谱分析中可将它当作稳定同位素。

反应式如下

$$^{39}\text{K} + n \longrightarrow {}^{39}\text{Ar} + p \tag{1-25}$$

在照射过程中，由^{39}K 辐照转化为^{39}Ar 的产量可表示为

$$^{39}\text{Ar} = {}^{39}\text{K}\Delta T \int \varphi_{(\varepsilon)}\,\sigma_{(\varepsilon)}\,\mathrm{d}\varepsilon \tag{1-26}$$

式中，^{39}K 为被辐射的样品中该同位素原子数；ΔT 表示辐照时间；$\varphi_{(\varepsilon)}$ 表示能量为 ε 的中子流的能量强度；$\sigma_{(\varepsilon)}$ 表示^{39}K 捕获能量 e 的中子时的截面积（受能量为 ε 的中子所辐照的截面）；ε 表示能量。

据式（1-26）计算^{39}Ar 的量，必须对中子整个能谱进行积分，在现实中难以实现。因此，一般用已知年龄的标样来检测反应堆中子通量。

由式（1-22）和式（1-26）得出，由^{40}K 自然衰变形成的^{40}Ar* 与^{39}K 衰变辐射衰变形成的^{39}Ar 比值为

$$\frac{^{40}\text{Ar}^{*}}{^{39}\text{Ar}} = \left[\frac{\lambda_e}{\lambda}\frac{^{40}\text{K}}{^{39}\text{K}\Delta t \int \varphi_e\,\sigma_e\,\mathrm{d}e}\right](e^{\lambda t} - 1) \tag{1-27}$$

式中，$\left[\dfrac{\lambda_e}{\lambda}\dfrac{^{40}\text{K}}{^{39}\text{K}\Delta t \int \varphi_e\,\sigma_e\,\mathrm{d}e}\right]$ 对于待测样品和标准样品而言具有相同的值，将其作为

单一量，用 $1/J$ 表示，则式（1-27）可简化为 $\dfrac{^{40}\text{Ar}^{*}}{^{39}\text{Ar}} = \dfrac{(e^{\lambda t} - 1)}{J}$，即

$$t = \frac{1}{\lambda}\ln\left[J\left(\frac{^{40}\text{Ar}^{*}}{^{39}\text{Ar}}\right) + 1\right] \tag{1-28}$$

式中，$\dfrac{^{40}\text{Ar}^{*}}{^{39}\text{Ar}}$ 由质谱测定；J 为每次快中子辐射样品的参数，无量纲，可由已知年龄的标准样品计算标定。为了获得一起放入反应堆的每一个未知样品的精确 J 值，需要同时放置数个标样，每一个样品的 J 值由相对于标样放置位置进行内插获得

（Mitchell，1968）。

由于含 K 矿物在核反应堆快中子辐射过程中，除 ^{39}K 衰变形成 ^{39}Ar 外，同时 ^{40}K 发生衰变也形成 ^{40}Ar、^{40}Ca 和 ^{42}Ca 发生衰变形成 ^{36}Ar 和 ^{39}Ar。因此，在计算 $\dfrac{^{40}\text{Ar}^*}{^{39}\text{Ar}}$ 时，除要进行大气氩校正和 ^{37}Ar 的衰变校正外，还要对产生的干扰 Ar 同位素进行校正（Dalrymple and Lanphere，1971）。一般情况下，如果辐照样品满足以下条件：① ^{39}Ar 由 ^{39}K 的中子反应产生；② ^{40}Ar 由从 ^{40}K 衰变产生和分析过程中混染的大气 Ar 两部分组成；③ ^{36}Ar 完全来自大气。

$\dfrac{^{40}\text{Ar}^*}{^{39}\text{Ar}}$ 只需用进行大气校正，不进行干扰校正便可得到能接受的结果，即

$$\frac{^{40}\text{Ar}^*}{^{39}\text{Ar}} = A - C_1 \cdot B \tag{1-29}$$

式中，A 表示实测的 $\dfrac{^{40}\text{Ar}}{^{39}\text{Ar}}$ 的值；B 为实测的 $\dfrac{^{36}\text{Ar}}{^{39}\text{Ar}}$ 的值；C_1 为现代大气氩 $\dfrac{^{40}\text{Ar}}{^{36}\text{Ar}}$ 的值，即 $C_1 = \dfrac{^{40}\text{Ar}}{^{36}\text{Ar}} = 295.5$。

Mitchell（1968）、Brent 和 Lanphere（1971）提出，对于矿物年龄小于 1Ma[①] 且 K/Ca 比值小于 1 的样品，除需进行大气校正外还必须作干扰校正，即

$$\frac{^{40}\text{Ar}^*}{^{39}\text{Ar}} = \frac{A - C_1 \cdot B + C_1 \cdot C_2 \cdot D - C_3}{1 - C_4 \cdot D} \tag{1-30}$$

式中，D 为未知样品中测定的 $\dfrac{^{39}\text{Ar}}{^{37}\text{Ar}}$ 的比值，用于检测干扰的 Ar 同位素比值，由于 ^{37}Ar 是放射性同位素，故 D 值必须监测校正从辐照至质谱分析这段时间内所发生的 ^{37}Ar 的衰变，其衰变因子为 C_1、C_2 和 C_4；C_2 为 ^{40}Ca 受快中子照射反应产生的 ^{36}Ar 的干扰校正参数，即 $C_2 = \left(\dfrac{^{36}\text{Ar}}{^{37}\text{Ar}}\right)_{\text{Ca}}$；$C_3$ 为 K 受快中子照射反应产生的 ^{40}Ar 干扰校正参数，即 $C_3 = \left(\dfrac{^{40}\text{Ar}}{^{39}\text{Ar}}\right)_{\text{K}}$；$C_4$ 为 ^{42}Ca 受快中子照射反应产生的 ^{39}Ar 的干扰校正参数，即 $C_4 = \left(\dfrac{^{39}\text{Ar}}{^{37}\text{Ar}}\right)_{\text{Ca}}$。$C_2$、$C_4$ 和 C_3 可分别用纯 Ca 盐和纯 K 盐经反应堆辐照后测定，它们反映了反应堆中子通量特征。

然而，氩–氩年龄与常规的钾–氩年龄假设条件相同，即放射成因 ^{40}Ar 没有从样品中发生丢失，也没有过剩 ^{40}Ar 的存在，因此，其年龄也受到了同样的局限性。目

---

① 本书中，Ma 代表时间点，与表示时间段的 Myr 区分。

前主要采用两种方法解决这一问题。

a. 氩-氩法分步加热技术

该方法是根据不同矿物中 Ar 的析出特性，选择若干温度段，将矿物或岩石中不同区域的 Ar 从 300～1400℃分阶段加热释放出来，把各温度区间所萃取的 Ar 进行质谱相对丰度测试，并校正计算后得到相应的阶段年龄，最终得到系列年龄。

b. 激光显微探针氩-氩定年技术

它通过激光对样品表面进行加热、熔融，使其中的 Ar 释放出来，释放出的 Ar 通过冷阱收集，分次进入质谱测定。激光剥蚀过程与分步加热技术相似，通过控制激光（强度）产生的温度分步测量，得到对应的系列年龄。

为了给予这一系列年龄有意义的地质解释，对获取的系列年龄可用三种图解处理/分析。

第一种：氩-氩等时线图解法（继承氩）

与传统的钾-氩等时线图解相似，有继承氩的样品通过等时线法可以获得很好的相关性和有意义的年龄，而对于含有过剩氩的样品系统性微弱（Merrihue and Turner，1966；Lanphere and Dalrymple，1971）。同一个样品的单颗粒矿物或岩石实验过程中，利用逐级释放的气体中 $^{40}Ar/^{36}Ar$ 和 $^{39}Ar/^{36}Ar$ 的比值可以确定一系列的点，未受扰动的样品所获得的这些点可以拟合成一条直线［图 1-18（a）］（Merrihue and Turner，1966），而这条直线的斜率等于 $^{40}Ar/^{39}Ar$ 的等时线，该比值与样品年龄有关。等时线截距为给定样品相关的气体中非放射成因氩的同位素比值。通常情况下，等时线截距与大气氩同位素比值相近（295.5），但某些矿物中截距指示的混染氩的比值可能远远偏离现代大气氩。

第二种：反等时线图解法（过剩氩）

氩-氩等时线是放射成因 ^{40}Ar（相对于 ^{36}Ar）和 ^{39}Ar（相对于 ^{36}Ar）两个端元库混合的结果，但等时线的一端是开放的，可以无限延伸［图 1-18（b）］，造成富集放射成因样品点控制线回归，难以精确计算捕获氩同位素组成，且以氩同位素中精度最差的 ^{36}Ar 为分母，导致年龄误差偏大。反等时线图解法为了解决等时线的这一问题，选择以 ^{40}Ar 为分母，$^{36}Ar/^{40}Ar$ 为 y 轴，$^{39}Ar/^{40}Ar$ 为 x 轴，且数据点沿着一条两端封闭的负斜率直线分布［图 1-18（c）］。^{36}Ar 为非放射成因氩，故放射成因 Ar 的组分为 x 轴截距（$^{36}Ar/^{40}Ar=0$）；非放射成因 Ar 为反等时线外延至 y 轴，即 $^{39}Ar/^{40}Ar=0$（因为 ^{39}K 与 ^{40}K 正相关，即 $^{40}K/^{40}Ar=0$）［图 1-18（c）］。部分样品可以揭示，非放射成因氩由两个甚至多个不同组分的过剩氩组成［图 1-18（d）］。

第三种：年龄谱图解法（氩丢失）

如果样品自最初冷却以来一直保持氩和钾的封闭，那么每个区域加热所得到的

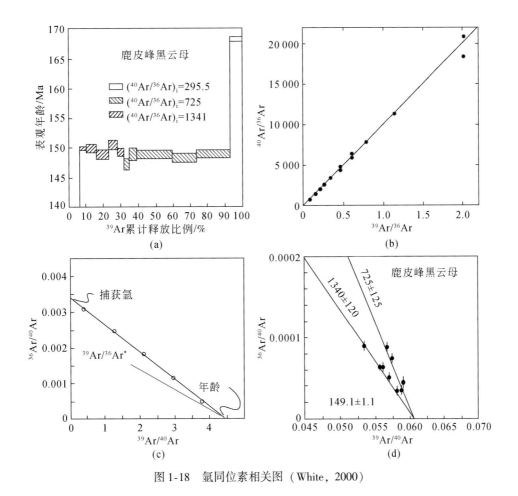

图 1-18　氩同位素相关图（White，2000）

$\dfrac{^{40}Ar^*}{^{39}Ar}$ 比值均匀分布，其计算出的表观年龄应该是一个常数 ［图 1-18（a）］。如果矿

物自结晶形成后，部分遭受热扰动导致 Ar 扩散丢失（如矿物晶体的边部），$\dfrac{^{40}Ar^*}{^{39}Ar}$ 比

值减少，在同一温度下释放出来的气体中，$\dfrac{^{40}Ar^*}{^{39}Ar}$ 比值及其计算的表观年龄会发生变

化，获得低龄信息；而那些对 Ar 禁锢较牢的区域（抵御扰动也强的中心区域）没

有受到影响，出现高年龄信息 ［图 1-19（b）］。图 1-19（c）表示矿物部分遭受热

扰动，氩丢失后，再次恢复封闭体系所显示的年龄分布状况（Turner，1969）。

　　如果样品经历热事件，会造成 Ar 丢失，在不同温度释放出来的 Ar 中，获得的

系列表观年龄会组成年龄谱图。为了构筑年龄谱图，每升高一级温度，所释放的气

体量在质谱仪器中用 ^{39}Ar 离子流的强度来度量。每一级释放的气体画作一横档（沿

x 轴方向），其长度代表占样品释放 ^{39}Ar 总量的比例，其在 y 轴方向上的高度位置等

于校正后的 $^{40}Ar^*/^{39}Ar$ 比值（此比值与年龄正相关）［图 1-19（a）］。在谱图中，相

对平坦的年龄值为坪年龄。从年龄谱图上确定可靠的结晶年龄，取决于识别出一个坪年龄。坪年龄识别的严格标准是，一系列连续逐级释放具有相似$^{40}Ar^*/^{39}Ar$比值（在平均值的2σ标准偏差范围内）的Ar占总释放Ar量的50%以上（Brent and Lanphere，1974）。但在很多情况下，确认坪年龄并没有那么严格。而且，部分表面上看似很好的坪，并不一定就有意义。一般经历热事件的样品在低温阶段出现低年龄（可能接近事件年龄、变质–热扰动年龄），在高温阶段有可能保存高年龄（接近样品成岩年龄、结晶年龄）（Turner，1969）。一般情况下，Ar-Ar年龄谱图的坪年龄可以归纳为以下6种情况（陈文，2003）（图1-20）：全部点组成一个平坦的年龄谱［图1-20（a）和（b）］，如果样品没遭受后期变质作用，这个坪年龄代表矿物的结晶年龄［图1-20（a）］；如果遭受了后期变质作用，这个坪代表矿物的变质年龄［图1-20（b）］；存在两（多）个坪，最理想的情况下，高温坪代表矿物结晶年龄，低温坪代表矿物变质/后期热扰动年龄［图1-20（c）］，也可能低温年龄没有实际地质意义［图1-20（d）］，还可能高温没有实际地质意义［图1-20（e）］，甚至均没有地质意义［图1-20（f）］。

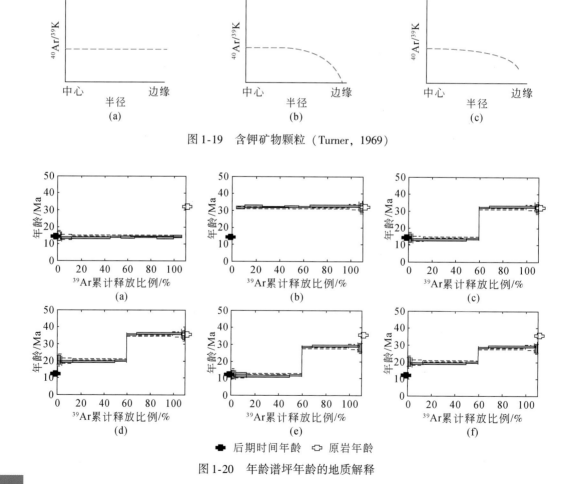

图1-19　含钾矿物颗粒（Turner，1969）

图1-20　年龄谱坪年龄的地质解释

■● 后期时间年龄　▢ 原岩年龄

因此，氩-氩法最有用的应用是研究历史复杂、有后期氩丢失的样品。有时氩-氩的坪年龄图也能够探测过剩^{40}Ar 的存在，即马鞍形（saddle-shaped）的坪年龄图（图 1-21）表示有过剩^{40}Ar 存在。

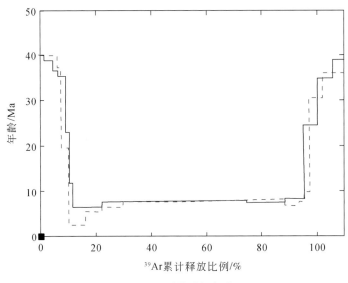

图 1-21　马鞍形坪年龄

（2）海底岩石的热演化历史

根据 Arrhenius 方程，核素在一定温度（T）下的扩散率（D）为（Dodson，1973b）

$$D = D_0 \cdot e^{-\frac{E}{RT}} \tag{1-31}$$

式中，D_0 表示的核素在极限高温下的热扩散率；E 为核素扩散活化能；R 为摩尔气体常数 [8.314 472J/（mol·K）]。由此可见，元素的热扩散率是对温度极其敏感的函数。在一定温度范围内，核素系统的冷却历史呈线性变化。实验室得出温度与退火时间的函数，并将其外推至地质时间尺度（Laslett et al.，1987），用以研究地质历史岩石/矿物的热演化历史。

对各种同位素定年体系来说，计时并不是在矿物、岩石形成的那一瞬间就开始计算的，而是必须当岩石/矿物/损伤温度冷却到能使该计时体系达到封闭状态时开始计时。通常将这个温度称为封闭温度，得到的年龄则为表观/表面年龄。导致岩石冷却的原因主要有两个：一是岩浆、热液、变质作用等地质事件，二是构造或侵蚀导致岩体上部物质剥离（Richter and McKenzie，1978）。因此，热年代学的测年结果可以分为三种年龄：事件（结晶/变质）年龄、冷却年龄和混合年龄（Brown and Gleadow，2000）。

热年代学是在热扩散理论的基础上，考虑了封闭温度，利用各种方法和手段研究矿物晶体放射性母体衰变产生的放射成因子体随时间积累与其因热扩散而发生丢失的关系，将年龄结果解释与构造事件、变质事件或岩浆热事件中所形成或重结晶的矿物以及变形改造的岩石矿物的热演化历史联系起来，定量地给出地质作用过程温度–时间轨迹的理论和研究方法。

由于同一岩体同种方法不同矿物或同种矿物不同方法的封闭温度不同（表1-5），所测量的同位素地质年龄也会不同。岩石中不同矿物，多种方法测定同位素年龄的手段构成了岩石矿物的热年代学体系（图1-22）。

表1-5　常见矿物封闭温度对比　　　　　　　　（单位：℃）

测试矿物	测年方法	封闭温度	参考文献
锆石	U-Pb	700±50	Harrison et al.，1979；Wagner and Haute，1992
全岩	Rb-Sr	650~700	Harrison et al.，1979
角闪石	K-Ar	520±20	Steiger，1964
	^{40}Ar-^{39}Ar	500±25	Copeland et al.，1995
黑云母	^{40}Ar-^{39}Ar	375±25	Faure，1986
	^{40}K-^{40}Ar	300±50	Hurford et al.，1991
钾长石	^{40}Ar-^{39}Ar	250~300	Copeland et al.，1995
	^{40}K-^{40}Ar	160±30	Dodson，1973
锆石	裂变径迹	225±25	Naeser et al.，1980；Hurford et al.，1991
磷灰石	裂变径迹	110±25	Naeser et al.，1980；Hurford et al.，1991
	（U-Th）/He	75±7	Wolf，1997

资料来源：吴珍汉，2001

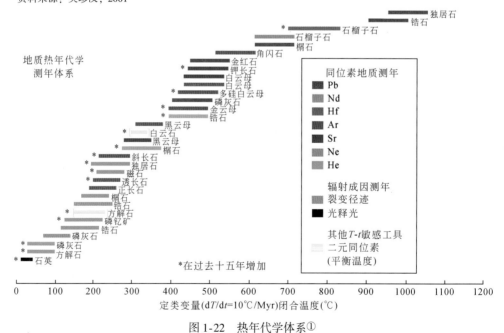

图1-22　热年代学体系[1]

[1]　National Academies of Sciences，Engineering，and Medicine 2020. A Vision for NSF Earth Sciences 2020-2030：Earth in Time. Washington，DC：The National Academies Press. https://doi.org/10.17226/25761.

通过确定区域地质体不同矿物 U-Pb、Rb-Sr、K-Ar 冷却年龄（同位素年龄）和裂变径迹年龄，结合不同矿物的封闭温度，可重建区域地壳构造–岩浆热事件的冷却历史（图 1-23）。

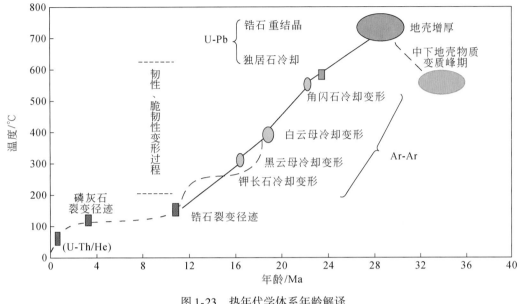

图 1-23　热年代学体系年龄解译

热年代学研究能灵敏地反映浅部地壳变化过程与地表条件的影响，使得该方法能够应用于研究其他同位素方法无法奏效的地壳浅层所经历的冷却和升温事件，包括定量确定地壳浅部所经历的热事件（岩浆侵入/喷出、变形/变质）、侵蚀事件的时间、幅度、速率及空间分布特征。

受采样和测年条件限制，目前，海洋热年代学研究主要是利用上述同位素地质测年方法和下文提及的（U-Th)/He 测年法以及裂变径迹法为代表的辐射年代学方法，获得单个样品（如海底基底岩石残留、大洋玄武岩、大洋磷灰岩、海底碳酸盐岩及部分海底沉积物）的同位素地质年龄，解译为地质体的冷却年龄，此外尚未见岩心剖面的热年代体系系统的研究报道。

A. 裂变径迹测年法

铀在自然界中存在三种同位素 ^{234}U、^{235}U 和 ^{238}U。^{238}U 在自然状态下可以自发裂变，也可以通过热中子引起裂变。^{238}U 在发生自发裂变时在矿物内会留下损伤痕迹，称之为裂变径迹。裂变径迹分为两类：①矿物中的铀，其存在的历史过程中，会自发地产生裂变，裂变碎片所造成的损伤区，称为自发裂变径迹；②样品送反应堆照射，吸收中子后，^{235}U 产生裂变，裂变碎片所造成的损伤区，称为诱发裂变径迹。

样品中 ^{238}U 的数量是铀核总衰变次数 N 与时间 t 的函数，即 $N=^{238}U(e^{\lambda_D t}-1)$，

其中，^{238}U 为^{238}U 原子的个数，λ_D 为^{238}U 的总衰变常数。

自发衰变并能够产生径迹的次数 N_s 占总衰变次数 N 的比率为 λ_f/λ_D。其中，λ_f 为^{238}U 的自发裂变衰变常数。因此，样品衰变时间 t 的计算公式为

$$t = \frac{1}{\lambda} \ln\left(\frac{\lambda_D}{\lambda_f} \frac{N_s}{^{238}U} + 1 \right) \tag{1-32}$$

式中，t 为裂变径迹年龄；λ_D 和 λ_f 为分别为^{238}U 的总衰变常数和自发裂变衰变常数；N_s 为^{238}U 自发裂变径迹个数；^{238}U 为^{238}U 原子的个数。

天然铀中^{238}U/^{235}U 为常数（137.88）。因此，通过测量样品^{235}U 的裂变面积（σ）和中子通量（φ），可以确定^{238}U 原子的含量。因此，^{238}U 自发裂变径迹个数可以通过测量自发径迹密度来确定。

计算式（1-32）进行如下转化

$$t = \frac{1}{\lambda_D} \ln\left(\frac{\lambda_D \varphi \sigma c I \rho_s}{\lambda_f \rho_i} + 1 \right) \tag{1-33}$$

式中，t 为裂变径迹年龄；λ_D 和 λ_f 为分别为^{238}U 的总衰变常数和自发裂变衰变常数；ρ_s 和 ρ_i 分别为自发裂变径迹密度和诱发裂变径迹密度；φ 为热中子通量；σ 为^{235}U 裂变热中子诱发裂变面积；I 为^{235}U 和^{238}U 的大然同位素丰度比；c 为常数，取值 1/137.88。

目前，磷灰石裂变径迹年龄的校正方法主要有两类：一种是绝对方法，直接精确测量热中子流通量计算获取年龄值；另一种方法为 Zeta（ζ）常数校准法（Hurford，1990），利用年龄的标准样品和标准铀玻璃对矿物进行多次刻蚀，获得 Zeta 校准常数进行校准。由于自发裂变衰变常数 λ_f 和准确的中子通量 φ 不确定，导致径迹年龄测定误差较大，因此 Zeta(ζ) 常数校准法是目前较为精确且最常应用的方法。

裂变径迹产生的同时便开始愈合，并随着温度的升高而变短。裂变径迹的这种特性称之为退火。矿物的裂变径迹形成时具有稳定的初始长度（一般为 10～20μm；其中，磷灰石为 16μm，锆石为 11μm）（Green，1986；Laslett et al.，1987；Braun et al.，2006）。裂变径迹仅存在于封闭温度之内，当超过封闭温度后裂变径迹全部消失，冷却年龄归零，称之为完全退火。一般当温度降低到一定程度之后，裂变径迹生成与愈合达到动态平衡，裂变径迹数量基本保持不变。在封闭温度之内与动态平衡之间，称之为部分退火。当然，这种变化需要长期的地质作用，短时间内变化并不明显。

前人对裂变径迹退火性质的研究显示，退火原因除了上述温度之外，矿物的化学成分对裂变径迹的退火作用也具有重要的影响（Green，1986），相对于富 F 矿物，富 Cl 矿物中的裂变径迹的抗退火能力更强。此外，裂变径迹与结晶 C 轴的夹角

也影响矿物的退火性质，裂变径迹与晶体 C 轴平行，其抗退火能力相对于其他方位的径迹更强（Donelick，1991）。

根据裂变径迹具有退火的性质，前人总结出三种典型的裂变径迹曲线解释裂变径迹测年获得的表观年龄（Gleadow and Brown，2000）［图 1-24（a）事件年龄，(b) 冷却年龄，(c) 混合年龄］。这三种年龄的平均径迹长度及其分布形态各不相同。

当岩石快速冷却并经过部分退火带［图 1-24 路径（a）］，其快速冷却的时间基本可以代表其裂变径迹年龄，裂变径迹的特点是整体径迹长度较长（磷灰石平均长约 15um），标准偏差小；当岩石以相对较慢的冷却速率经过部分退火带时［图 1-24 路径（b）］，其裂变径迹年龄值相对图 1-24 路径（a）偏小，裂变径迹的特点是长度分布相对较宽，并向右侧歪斜；如果岩石在部分退火带内部长时间滞留后快速冷却并通过部分退火带［图 1-24 路径（c）］，其裂变径迹年龄值介于进入部分退火带的时间与退出部分退火带的时间之间。

由此可以看出，一般情况下，裂变径迹年龄不能代表样品经过某一临界温度（即封闭温度）的时刻，它与样品通过退火带的详细过程以及滞留时间长短有关，因此，难以直接揭示地质事件所发生的时间时刻。当样品受多期构造热事件影响或者在部分退火带之内长时间滞留时，其裂变径迹年龄一般是一个包含年轻组分和老组分的混合年龄。分析样品是否是混合年龄，现今主要的做法是对样品的单颗粒年龄进行 "χ^2 检验"（Galbraith，1981），当 $P(\chi^2) < 5\%$ 时，裂变径迹年龄是 "混合年龄"，可以通过分析样品的裂变径迹长度分布特征及标准差、单颗粒年龄等资料，分析详细的热历史信息；而当 $P(\chi^2) > 5\%$ 时，样品年龄属于同组年龄，反映了样品遭受完全退火之后的冷却历史。

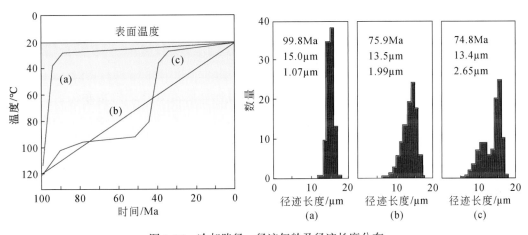

图 1-24　冷却路径、径迹年龄及径迹长度分布

B. U-Th/He 测年法

^{4}He 又称 α 粒子，是^{238}U（铀系）、^{235}U（锕系）和^{232}Th（钍系）放射性衰变产生的。

$$^{238}U \longrightarrow {}^{206}Pb + 8\,{}^4He + 6\beta^-$$

$$^{235}U \longrightarrow {}^{207}Pb + 7\,{}^4He + 4\beta^-$$

$$^{232}Th \longrightarrow {}^{208}Pb + 6\,{}^4He + 4\beta^-$$

根据同位素定年公式可得

$$^4He = 8\,{}^{238}U\left(e^{-\lambda_{238}t}-1\right) + 7\,{}^{235}U\left(e^{-\lambda_{235}t}-1\right) \tag{1-34}$$

式中，t 为累计时间；^{4}He、^{238}U、^{235}U、^{232}Th 为时刻 t 矿物中的元素含量；$\lambda_{238}=1.551\,25\times10^{-10}$，$\lambda_{235}=9.8485\times10^{-10}$；$\lambda_{232}=0.494\,75\times10^{-10}$；$^{238}U/^{235}U=137.88\pm0.14$。

因此，可以通过测点矿物样品中放射性衰变产物^{4}He、母体同位素^{238}U 和^{232}Th 同位素含量获得 U-Th/He 的年龄。测定^{4}He、^{238}U 和^{232}Th 元素含量多采用质谱法，包括热电离质谱（TIMS）和 ICP-MS，也可用放射性计数法测量^{238}U 和^{232}Th 含量。

早在一百年前，U-Th/He 定年法就已经被提出，但由于测试仪器的限制及测试结果偏年轻等原因，该项技术并未得到广泛应用。直到 Zeitler 等（1987）发现磷灰石 He 年龄封闭温度（低温）的冷却年龄，(U-Th)/He 年龄有可能作为一种低温温度计，这项测年技术才引起广泛的关注。U-Th/He 的最大优点是对低温条件敏感。研究表明，磷灰石氦封闭温度为 45 ~ 90℃（冷却速率为 10℃/Myr 时，封闭温度为 75±7℃）比任何其他已知定年方法的同位素封闭温度都要低。因此，该技术可用于地质体定年、低温热年代史演化、地形地貌演化等研究。

目前，海洋学研究中 U-Th/He 法主要测定形成于 0 ~ 10^6a 的碳酸盐岩和磷灰岩。研究发现，海洋碳酸盐岩和磷灰岩中钍同位素含量很低，可以假设封闭体系形成时，^{232}Th 含量为零。由于^{235}U 丰度很低，因此海洋碳酸盐岩和磷灰岩的^{4}He 主要来源于^{238}U 及其子体衰变。

（3）近海地质过程示踪与测年

近海是指近邻海岸的一定宽度的陆域与海域内海陆互交作用的地带，兼有独特的海、陆两种不同属性的环境特征，是地球上水圈、岩石圈、大气圈、生物圈和人类社会相互作用最频繁、最活跃的地带。20 世纪 80 年代后，近海强烈的水动力地质作用、气候变化以及活跃的人类活动，造成近海系统成为承受压力最大的生态系统。各国政府和相关机构对近海研究给予了高度关注，开展了一系列涉及近海研究的全球变化研究计划和海洋科学技术发展计划，如国际地圈-生物圈全球变化研究计划（IGBP）、全球联合海洋通量研究（JGOFS）、全球海洋生态系统动力学研究计划（GLOBEC）、海岸带陆海相互作用计划（LOICZ）以及全球海洋观测系统

（GOOS）海岸带模块等，有力地推动了对近海系统的多学科交叉与整合研究（高峰等，2007）。

河口海岸沉积速率是近海研究的一个重要方面，它能综合体现沉积过程的特征，是确定沉积环境的定量指标。长期平均的河口海岸区的沉积速率反映了河口海岸地质历史的形成和发育，而短期的平均沉积速率可以反映本区现代沉积动力以及水体与沉积物的交换过程（王永红和沈焕庭，2002）。由于天然放射性核素具有灵敏度高以及核素衰变不受外界干扰等优越性，放射性核素示踪和定年技术，尤其是铀系^{210}Pb和人工放射性核素^{137}Cs测年技术已经被广泛用于湖泊、近海沉积速率、泥沙物源示踪、水团运动及颗粒物滞留时间等现代地质过程的研究工作。

A. ^{210}Pb 测年

铀系测年是利用环境中存在的天然放射性核素不平衡的测年方法，其子体核素大都仍具有放射性。铀系测年法根据测年材料中子体与母体核素的相对活度分为两大类：子体活度低于母体的，称为子体累积法；子体活度高于母体的，称为子体过剩法。^{210}Pb是铀系测年过剩子体核素，最早见于20世纪60年代对冰雪年龄的测定，70年代开始用于海洋沉积物测年（王永红和沈焕庭，2002）。

由式（1-14）、式（1-15）、式（1-16）可知，自然环境下，天然放射系如铀系、锕系和钍系等，均经历了多次α衰变和β衰变，以不同的比例在不同相中分配，形成不同介质中放射系或其他某段衰变链不平衡–子体核素活度（不等于母体核素活度）其某段衰变链，放射性核素衰变的子体核素仍是放射性的核素，因此，子体核素将继续衰变，直到子体核素为稳定核素为止，形成级联衰变。在地质过程、生物过程和化学过程作用下，天然放射性核素，形成封闭体系后，体系由不平衡向平衡过渡，这种过程成为天然放射系测年的物理基础。

假设衰变链A_1—A_2—A_3，各核素初始原子数（$t=0$时）分别为A_{10}、A_{20}、A_{30}，衰变常数分别为λ_1、λ_2、λ_3，时间t时各核素的原子数分别为A_1、A_2、A_3。可得方程

$$A_3 = A_{30}e^{-\lambda_3 t} + \frac{\lambda_3 A_{20}}{\lambda_3 - \lambda_2}(e^{-\lambda_2 t} - e^{-\lambda_3 t})$$

$$+ A_{10}\lambda_2\lambda_3\left[\frac{e^{-\lambda_1 t}}{(\lambda_2 - \lambda_1)(\lambda_3 - \lambda_1)} + \frac{e^{-\lambda_2 t}}{(\lambda_1 - \lambda_2)(\lambda_3 - \lambda_2)} + \frac{e^{-\lambda_3 t}}{(\lambda_1 - \lambda_3)(\lambda_2 - \lambda_3)}\right] \quad (1-35)$$

据式（1-35）可知，在级联方程中，任何一种放射性核素单独存在时，其衰变服从指数衰变规律；当多级衰变核素混合在一起时，除第一个核素外，子体核素原子数或核素的变化不再服从单一的指数衰变规律，任何一子体核素原子数或核素的变化，与前面所有核素有关，但只要知道每一个核素的衰变常数和初始原子数或活度，就可以求算出任意时间各元素的原子数或活度。

子体过剩法测年基础是天然放射性核素在水循环过程中，发生自然分馏，导致子体核素在沉积物中过剩，且过剩部分的活度将以自身衰变速度变化。由式（1-35）可得 A_1 和 A_2 分别为

$$A_1 = A_{10} \mathrm{e}^{-\lambda_1 t}$$

$$A_2 = A_{20} \mathrm{e}^{-\lambda_2 t} + \frac{\lambda_2 A_{10}}{\lambda_2 - \lambda_1} \left(\mathrm{e}^{-\lambda_1 t} - \mathrm{e}^{-\lambda_2 t} \right)$$

子体过剩法测年以子体核素半衰期为参考标准，当 $\lambda_2 \gg \lambda_1$ 时，$A_2 - A_1 = (A_{20} - A_{10}) \mathrm{e}^{-\lambda_2 t}$，即

$$t = \frac{1}{\lambda_2} \ln \frac{A_{20} - A_{10}}{A_2 - A_1} \tag{1-36}$$

除 ^{210}Pb 外，常用的子体过剩法有 ^{234}Th 过剩法、^{230}Th 过剩法、^{231}Pa 过剩法、^{226}Ra 过剩法、^{210}Pb 过剩法、^{228}Th 过剩法、^{234}Th 过剩法。主要的测年材料包括珊瑚礁、海洋沉积物、多金属结核、富钴结壳。

海洋沉积物中的 ^{210}Pb 来源有两个：一是来自于大气沉降用于年代测定的过剩 ^{210}Pb，二是沉积矿物 ^{226}Ra 衰变形成补偿 ^{210}Pb。因此，两种方法可以用于确定沉积物样品 ^{210}Pb 本底值，一是以不再随深度的增加而减少的 ^{210}Pb 值作为本底值，二是通过测量的沉积物中的 ^{226}Ra 含量来确定 ^{210}Pb 本底值（王永红和沈焕庭，2002）。

B. ^{137}Cs 测年

^{137}Cs 是 1954～1964 年由于核试验被释放到自然界中的一种人工核素，其半衰期为30.23年，可以有效地测定近百年的近海沉积速率。目前检测出的 ^{137}Cs 剖面最大峰值深度对应 1963 年时标，最后一个峰值检出深度对应 1986 年时标，有些地方还具有 1973 年峰值的特征（王福和王宏，2011）。由于 ^{137}Cs 易被土壤、沉积物，尤其是含有黏土矿物的土壤吸附，并且易测量，花费较合理，自 20 世纪 70 年代末期 Delaune 等首次利用 ^{137}Cs 测定海岸盐沼沉积速率以来，^{137}Cs 年代学方法已广泛用作环境放射性示踪元素来研究海洋、河流和湖泊沉积物（王永红和沈焕庭，2002）。

（4）深海沉积物测年

形成于水深 500m 以深的深海沉积物是海底沉积物的主体组成部分。深海沉积物以深海黏土（生物碎屑组成<30%，无机深海沉积）和钙质软泥（生物碎屑组成>30%的碳酸盐）为主，覆盖了大部分深海区；其次为硅质软泥（生物碎屑组成>30%的蛋白石）和冰川沉积物。钙质软泥主要分布于高纬度海域边缘，如南极洲周围和北太平洋海域（都是硅藻软泥），也见于赤道太平洋带（放射虫软泥）。冰川沉积主要（86%）分布于南极洲边缘带，部分（11%）北极地区可见，少量分布于冰岛等北大西洋高纬度区和低纬度高山区。

与陆地和近海沉积物相比，深海沉积物受区域因素影响较小，连续记录了大洋

演化过程和全球环境变化，是洋底动力学和海洋环境学研究较为理想的介质。但由于深海采样困难且深海沉积物放射核素测年方法更为复杂，放射性核素测年方法在深海沉积物中远没有近海那么普及。

深海沉积物绝对年龄测定已有报道的有：^{231}Pa 累积法（Ku，1968）、^{230}Th 累积法（David and Thurber，1965）、U-Th/He 法、^{230}Th 过剩法、^{231}Pa 过剩法、^{231}Pa/^{230}Th$_{ex}$ 比值法、^{230}Th$_{ex}$/^{232}Th 比值法等铀系测年方法；^{14}C 和 ^{10}Be（Sellén et al.，2009）等宇生放射性核素方法；裂变径迹法、热释光法、光释光法和 ESR 法（业渝光和 Dona，1993）等辐射成因法。相对年龄测定方法中以生物地层法和磁地层学方法在深海沉积物测年中应用最为广泛。此外，氧同位素、碳同位素、锶同位素、钕同位素、锇同位素等同位素地层学方法也有报道（刘广山，2016）。

（5）海底碳酸盐岩定年

铀系法和 U-Th/He 测年法主要用途是进行碳酸盐岩年代学研究。典型的测年材料是石笋和珊瑚礁。

铀系子体累积法的基本假设是体系形成时，测年材料中子体核素是亏损的，具体以 ^{231}Pa 累积法为例。^{231}Pa 是铀系 ^{235}U 经过一个 α 衰变和一个 β 衰变形成的 [式（1-15）]。由式（1-35）可知

$$^{231}Pa = \frac{\lambda_{231}\,^{235}U_0}{\lambda_{231}-\lambda_{235}}\ (e^{\lambda_{235}t}-e^{\lambda_{231}t})\ +^{231}Pa_0 e^{-\lambda_{231}t} \tag{1-37}$$

式中，^{231}Pa 和 ^{235}U 为样品的测量值；^{231}Pa$_0$ 为样品 ^{231}Pa 的初始值（体系形成 $t=0$ 时）。

当体系形成时 ^{231}Pa 为零，则

$$^{231}Pa = \frac{\lambda_{231}\,^{235}U_0}{\lambda_{231}-\lambda_{235}}\ (e^{-\lambda_{235}t}-e^{-\lambda_{231}t})$$

即

$$t = \frac{-1}{\lambda_{231}}\ln\left(1-\frac{^{231}Pa}{^{235}U}\right) \tag{1-38}$$

当体系形成时 ^{231}Pa 不为零。如果不能得到 ^{231}Pa$_0$，则可以利用等时线法求解（Luo and Ku，1991）。

常用的子体累积法有 ^{231}Pa 累积法、^{230}Th 累积法、^{228}Th 累积法。子体累积法主要用途是进行碳酸盐和海底热液硫化物年代学研究。

由于碳酸盐中 Pb 含量很低（100～500ppb），而 U 的含量相对较高（50～100ppb），在地质时期，皱纹珊瑚能够产生可测量的 ^{206}Pb 变化，因此岩石 U-Pb 等时线另一个比较成功的应用例子是对海洋碳酸盐矿物的定年（Smith and Farquhar，1989）。

此外，深海沉积物中的生物碎屑、有孔虫、沉积淤泥中的有机碳和无机碳、碳酸盐岩等均是下文提及的 ^{14}C 宇生放射性测年常用的海洋沉积物测年材料（Moon et

第 1 章 洋底浅表系统调查与研究技术

al.，2003）。

(6) 海底矿床定年

海洋是一座巨大的资源宝库，蕴藏了丰富的有机和无机矿产资源。按照海洋环境及分布海底主要有石油、天然气水合物、磷钙土、多金属软泥、铁锰结核、富钴结壳和热液硫化物等矿产，其中前两者为有机矿产。

A. ^{129}I 测年

由于碘具有较强的亲生物性，可以和有机物一起运移，利用 ^{129}I 测年和示踪技术可研究海洋中有机矿床（天然气水合物、油气）、盐卤水（地热）等资源的形成和输运过程。天然的碘同位素在海水中，甚至全球表层储库中均匀分布，^{129}I 的相对丰度为 1.5×10^{-12}，比较恒定。该值可作为年代计算的初始 ^{129}I 丰度。按照半衰期规则，^{129}I 半衰期为 15.7Myr，可进行 $8\sim80$Myr 时间尺度的年代测定。因此，^{129}I 测年是海洋沉积物古近纪和部分新近纪测年最为合适的时标。其实，早在 20 世纪 60 年代就有学者（Raynolds，1960；York and Farquhar，1972；Elmore et al.，1980）提出，可以利用 ^{129}I 进行测年，但直到加速器质谱仪的引入，该方法才得到广泛应用。目前，还未见到直接用 ^{129}I 测定海洋有机矿物质年龄的报道，通常利用 ^{129}I 测定海洋有机矿床伴生物质，间接获得海洋有机矿床的年龄，如通过测定天然气水合物岩心孔隙水中的 ^{129}I，限定天然气水合物形成时间（Fehn et al.，2012）；用 ^{129}I 测定/示踪碳氢化合物/石油伴生卤水，推测石油形成年龄和过程（Liu et al.，1997）。

B. 海底热液体系

海洋热液活动多发生在其下有强烈的岩浆作用、张性构造发育的海底区域，如洋中脊、弧后盆地、岛弧和热点火山活动区、大型构造破碎带等，以洋中脊最多（翟世奎，2018）。一些岩浆活动强烈的大陆坡也可见热液系统，只是不发育硫化物，因为海水淋滤的母岩不同而存在差异。在洋中脊新生洋壳的初始沉积为热液沉积，若地形高于碳酸盐补偿深度（CCD），则堆积碳酸盐沉积；地形深于 CCD（或随着向外扩张深度加深），则接受深海黏土、钙质软泥和硅质软泥沉积，然后进入不同的大洋环境接受不同种类沉积。初始的热液沉积也有一定的规律，最先沉积出来的是闪锌矿、黄铜矿、白铁矿、方铅矿等硫化物，其次是含铁硅酸盐，最后是铁锰氧化物。不同的热液沉积物代表了岩浆热液作用的不同阶段（Binns et al.，1993；杜同军等，2002）。海底热液硫化物形成于岩浆热液作用的早期，铁锰氧化物形成于晚期。因此，对深海沉积物，尤其是形成于扩张中心并随海底扩张远离热液口的热液物质定年，可以研究洋壳运动速率，探讨洋底的演化过程。

此外，海底热液硫化物测年也是海底矿产资源研究的需求。海底热液活动区的区域裂隙发育，海水沿着这些裂隙下渗至地壳深部，加热后萃取岩层中的金、银、铜等金属元素从热液口喷出。热液多金属元素从热液口喷出后，与海水反应形成热液多金属矿物，如金属硫化物、硫酸盐、氧化物、碳酸盐、硅酸盐等，在海底堆积形成海底矿床（图 1-25）。其中，喷发的低温热液与海水反应形成由硫酸盐矿物构成的"白烟囱"，高温还原型流体形成由硫化物矿物组成的"黑烟囱"（翟世奎，2018）。

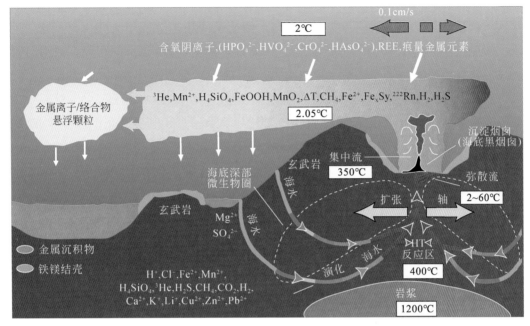

图 1-25　深海多金属沉积物矿产产出位置及过程示意

海底热液沉积物大多赋存于 2000m 以上水深的海底热液活动区。由于样品采集难度大，虽然对于海底热液沉积的研究可追溯到 19 世纪初，但较大量的研究在最近几十年（约翰，1988）。人们除了关注热液过程形成富集金属的沉积矿物外，热液循环过程也是洋底动力学研究的基础过程。热液体系测年主体包括盐卤水和地热流体。

海底热液矿物常用的测年方法有 ^{230}Th 累积法（王叶剑等，2011；Wang et al.，2012），^{210}Pb/Pb 比值法、^{228}Th 累积法（Takamasa et al.，2013）、^{228}Ra/^{226}Ra 比值法和 ESR 法（Takamasa et al.，2013），其形成时间尺度在 $10 \sim 10^5$ a。

（7）深层水的示踪与测年

^{14}C 测年法是早期宇生放射性核素测年的主体，在海洋放射性年代学中除用于上述海底碳酸盐岩定年外，最主要的一个用途为深层海水地球化学的示踪与定年。

自然界中 ^{14}C 是宇宙射线产生的中子与大气中的 ^{14}N 作用产生的

$$n + {}^{14}\text{N} \longrightarrow {}^{14}\text{C} + p \qquad (1\text{-}39)$$
$$\downarrow \beta$$
$$^{14}\text{N}$$

式中，p 为质子。

由上式可以看出，N 与 C 在地表储库中是无限循环的，^{14}C 在宇宙射线和大气 N 的联合作用下从大气中迁出，与地表物质（大气圈、生物圈、水圈）交换，同时衰变为 ^{14}N。假设大气中 N 浓度是恒定的，且宇宙射线的强度也是不变的，则地球表层 ^{14}C 产生的速率也是恒定的。在上述反应循环过程中，^{14}C 达到动态平衡。当生物死亡，以碳酸盐或其他颗粒态发生沉淀时，碳交换停止，^{14}C 按照衰变规律变化。所以，如果获得碳交换停止时 ^{14}C 的含量，并测定时介质材料中 ^{14}C 的含量，则可计算研究对象所经历的时间。

已知 ^{14}C 的半衰期为 5730a，按照半衰期规则，^{14}C 的可测年范围为 3 ~ 30ka。随着技术进步，目前 ^{14}C 的测年尺度可以拓展到 2 ~ 50ka，可涵盖全新世和晚更新世。研究表明，式（1-8）和式（1-9）中，N_0 和 A_0 的值分别是 0.2258Bq/gC 和 1.176×10^{-12}，且不同高度、不同纬度的大气中，CO_2 的 ^{14}C 浓度差异较小，所以，N_0 和 A_0 的值可看作全球统一的 ^{14}C 初始浓度，利用式（1-8）~ 式（1-11）计算 t。

一般来说，海水的年龄是指海水分子从表层传送至深层所经历的时间。海水中的 ^{14}C 直接来源于大气，表层海水与大气间存在 ^{14}C 的平衡交换。当表层水体运动离开海表时，^{14}C 通过混合作用向深层海水扩散，同时进入 ^{14}C 的衰变计时，故海水中的 ^{14}C 随深度增加呈指数衰减。因此，在海洋学研究中，人们通过测量海洋中 ^{14}C 的分布计算大洋深层水的年龄，用海水中 ^{14}C 的浓度相对于标准平均海水的 ^{14}C 的富集的千分率 δ^{14}C 表示，明确深层水的输运路径与大洋环流尺度，即

$$\delta^{14}C = \left(\frac{标准}{样品} - 1\right) \times 1000$$

国际计划 GEOSECS-Geochemical 通过 ^{14}C 等同位素地球化学示踪研究，揭示了深于 3000m 的深层水从北大西洋至南大洋，南大洋至北印度洋和北太平洋，逐渐变老。大洋断面研究（Ocean Section Study）（1972 ~ 1978）建立了全球大洋对流模型（图 1-26），即大洋传送带（Great Ocean Conveyor Belt）。

（8）海洋古环境演变

A. ^{14}C 剖面

海水中的无机碳来源于大气，在光合作用下，海洋中的浮游植物吸收无机碳转化为有机碳，并通过物理（海洋环流）、化学（海洋化学反应）、生物过程（食物链），完成有机碳在不同形态的分配（Druffel et al., 1992）。通过对海底沉积物中浮游和底栖生物化石的 ^{14}C 研究，可建立古海洋 ^{14}C 剖面，分析海洋中碳的分配、转移和循环，探讨古洋流对流型式。通过对比现代和古代洋流型式的演化规律，探讨古海洋洋流变化与气候（如冰期）、古磁场等的关系，认识大洋水体演化的内在规律，为人类了解、认识现在和未来地球表层系统的演化趋势及对人类产生的影响提供科学依据（刘广山，2016）。

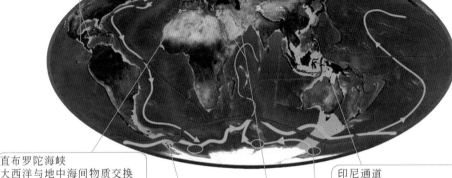

弗拉姆海峡
北冰洋与世界海洋的唯一深水连接，
实现北冰洋与挪威-格陵兰海间的物质交换；
中中新世开始打开

巴伦支海
允许大西洋暖水流入北冰洋的浅海通
道。可能古近纪-新近纪暴露于在空
气中，第四纪由于冰川活动达到当
前深度

格陵兰-苏格兰海脊
与冰岛火山作用有关的活动海底山脊，其
地形变化控制着高密度极地海水从北欧海
流向大西洋；早-中始新世发生沉降，
新近纪变化显著

白令海峡
连接北冰洋和太平洋的一条浅
而狭窄的海水通道，在中新世
末期首次被淹没

巴拿马海峡
连接南北美洲、阻断大西洋和
太平洋低纬度物质交换的狭窄
通道；形成于早上新世

直布罗陀海峡
大西洋与地中海间物质交换
的狭长海水通道；中新世末期
通道关闭导致地中海干涸

印尼通道
一个现存的狭窄浅海通道，影响
着自太平洋流入印度洋的热带表
面流活动;形成于早上新世

德雷克海峡
南极洲和南美洲之间的一个深海
通道，为南极环流的形成提供了
条件；晚始新世至中新世打开

塔斯曼闸道
南极洲和塔斯马尼亚之间的深海
通道，为南极环流的形成提供了
条件；中晚始新世打开

特提斯洋
白垩纪至始新世连接印度洋和大西洋的
主要热带海水通道。东特提斯洋于渐新世
至中新世期间闭合

图 1-26　全球大洋对流模式①

B. Nd、Pb 同位素示踪

　　海水中 Nd、Pb 同位素组成主要来源于陆地，其在海水中的滞留时间小于海水
的循环周期，且只受陆源添加和水体混合（各洋流流动混合）控制，不受生物、营
养盐、水温和蒸发等因素影响，因此成为古洋流和古物源演变更为有效的示踪剂。
沉积柱中鱼齿、水成 Fe-Mn 氧化物可以记录海水的演化，是研究海洋 Nd-Pb 同位素
长期演化的主要材料。

　　① Koppers A，Coggon R. 2020. Exploring earth by scientific ocean drilling，2050 science framework.

C. 铀系测年法和 U-Th/He 测年法

珊瑚的生长对水温、盐度、水深、光照等条件有严格的要求，因此，可以利用珊瑚礁研究海洋环境的变化，包括海平面变化/海水表层温度变化、海水化学成分变化等（Thurber，1965）。铀系测年法和 U-Th/He 测年法可用于珊瑚礁研究。

1.3 古地表系统重构技术

地史时期的全球古地理重建一直是地质学家们研究的兴趣所在。魏格纳于 1912 年根据大西洋两岸非洲板块与美洲板块海岸线的相似性做出了第一版石炭纪泛大陆再造图。随着古地磁学的发展以及板块构造学说的兴起，到 20 世纪 50~60 年代，全球古大陆再造的思想、方法和手段等方面都取得重大进展。至今，从古大陆再造到古地理重建、从固定论到活动论再到计算机三维可视化成图、从单一因素作图到多因素综合制图，古地理重建方法日渐成熟。尤其是近几十年来计算机的发展和广泛应用，极大地推动了古大陆再造及成图技术的进步。因此，目前古大陆再造再次成为全球构造和地球动力学研究的热点（Smith et al., 1972；Scotese et al., 1979；Smith and Briden，1980）。

这里提出"古地表系统"概念，侧重古海洋相关研究，即利用古地磁、古生物、古构造、古环境等多种相辅相成的方法，来定量研究或重建三维立体古地理格局、古地表系统。并且，通过全球尺度上古海陆格局、古海平面、古水深、古温度、古盐度、古 pH、古地貌、古生物以及古气候等方面的重建方法技术，来阐述全球古地表系统重建的可能性。这里着重介绍定量重建古地表系统的方法。

中国于 20 世纪 70 年代开始进行古大陆再造的相关研究，并基于古生物和岩相古地理出版了一系列中国古地理图集（刘鸿允，1979；王鸿祯，1985；刘宝珺和许效松，1994），但仅限于引用和增加中国的一些资料（王鸿祯等，1990）。古地理重建从以固定论为主、到以活动论为指导核心、再到三维可视化的三代变迁。美国芝加哥大学的 Ziegler 等（1979）、英国剑桥大学 Smith 等（1999）和澳大利亚悉尼大学 Müller 等（2018）在制图和软件方面取得了比较大的成就，并分别应用计算机自动成图的方法对古生代以来的古海陆、古板块格局、古水深进行了再造。20 世纪 90 年代互联网开始广泛应用于地学领域，交换数据和取得成果的效率迅速提高。在全球构造研究中，以冈瓦纳古陆和潘吉亚超大陆研究为代表的国际合作逐步建立了一系列的地学数据库和专门化软件，如 Paleomap Project、Plate Tracker System 以及全球古地磁数据库等。从 1985 年起，中国也开始应用计算机进行较为系统的古大陆再造，并作出了从震旦纪至古生代末的一系列古地理概略图件。值得一提的是，中国学者制作的全球古大陆再造系列图件曾于 1996 年的第 30 届国际地质大会上展出

（赵玉灵等，2001）。古地理重建对于石油、天然气等矿产资源的预测、勘探以及开发具有十分重要的指导和现实意义，同时，对古环境变化、古环流结构模拟、古海洋内物质搬运和能量传输等研究具有重要科学意义，值得深入探索。

古板块的聚合和分离会给不同地史期间的地质参数带来一定的变化，形成一系列的古地理和古环境响应。通常板块的聚合会伴随着古大洋的闭合，产生强烈的褶皱−逆冲作用或造山运动、联合古陆的形成及随后冰川事件的出现。与此同时，伴随着生物种群和门类的集体减少其至绝灭、海平面变化等过程；而板块的分离则往往产生强烈的裂陷作用、火山作用和洋壳增生（蛇绿岩套），同时伴随着联合古陆的解体、生物种群和数量的激增、新生大洋增多以及海平面升高等。此外，还有古地磁、古温度、古水温、古盐度、古 pH、陆地气候环境和条件等环境及地球化学特征等方面的变化（Williams，1981；龚一鸣，1997）。因此，可以从古地磁、古气候、古生物、古环境等方面，再借助同位素年代学，恢复古海陆格局、古山高、古水深、古构造格架等参数，实现古地理的三维重建（即古地理系统）。这里综合介绍和比较各种方法之间的差异，以及如何综合运用这些方法重构或建立一个较为完整的三维立体古地表系统（图 1-27）。而值得注意的是，对于不同比例尺的重建及制图，所使用的方法也针对性地有所侧重，这里着重综合讨论全球尺度的古地理重建方法。

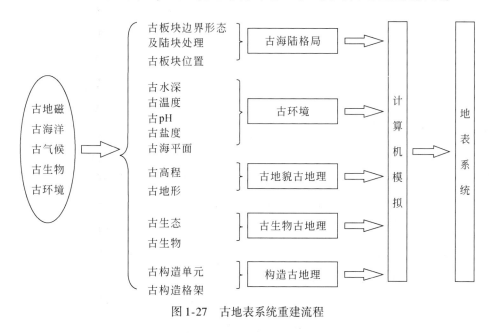

图 1-27　古地表系统重建流程

1.3.1　古海平面变化

海平面变化曲线能够帮助建立实用的沉积预测模型，广泛应用于各种地质勘探过程中，而且提供了大陆边缘基准面的长期变化趋势以及内陆河道侵蚀和淹没的长周期基线变化，有助于重建岩性油气藏和烃源岩分布迁移的规律。在局部构造影响和地层变形最小（或构造可以校正）的地区，海平面变化曲线有助于进行一级对比。海平面高低的相对幅度和频率、陆架海侵凝缩段的范围和性质（当有机质积聚时），以及大陆架暴露和大陆架下切持续时间等都是勘探的重要标准。

（1）古板块重建法

长周期（$10^7 \sim 10^8$ a）全球海平面波动一直是生物地理学、气候变化和生物演化的驱动力（Hay and Pitman，1973）。但是相对于短周期至中周期（$10^3 \sim 10^6$ a）的海平面变化（Miller et al.，2005），由于长周期海平面变化受到许多潜在驱动因素，如洋中脊长度、扩张速率、大洋面积、沉积速率、地幔对流、地幔柱或大火成岩省侵位以及冰川体积等制约（Miller et al.，2005），人们对长周期海平面变化了解甚少。许多大陆，尤其是北美、欧洲和非洲等地区，都曾被海水淹没。特别是在80Ma的晚白垩世，海平面达到峰值，随后海平面持续下降（Hallam，1963）。地球表面热边界层的增厚和冷却，会使得远离洋中脊的海底逐渐下沉（Turcotte and Oxburgh，1967）。目前已经发表的大多数长周期海平面变化调查主要是依据年代-区域和深度-区域分布的分析。Pitman（1978）开创了基于洋底的年代-区域和深度-区域分布估算洋底深度及体积随时间变化的方法。Rowley（2002）回顾了这些重建的工作，并认为在Pangea超大陆裂解之前，没有发生大规模大洋盆体积变化和相关海平面变化。与此相反，Kominz（1984）部分重建了最近80Myr洋中脊（等时线）变化曲线，并估算出海平面在230m+135m/−180m变化。Xu等（2006）根据类似的方法，总结出自65Ma以来，洋壳生长速率降低了20%~30%，同时海平面下降了125~250m。

Harrison（1994）主要根据Kominz（1984）的洋中脊体积分析，认为80Ma时海平面比现代高242m。Haq等（1987）重建了古海洋沉积物沉降历史，并采用Harrison（1994）的观点，利用古海洋沉积物现在抬升的高度估算出长周期海平面变化的幅度。与此相反，Miller等（2005）在Watts和Steckler（1979）及Watts和Thome（1984）研究的基础上，根据北美新泽西州大陆边缘地层剖面估算出80Ma海平面仅比现代高40m，远远低于Haq等（1987）的估算量。而Watts等（1979，1984）认为，全球海平面变化信号可以从北美东部海岸的沉积记录中分离出来。

Müller等（2008a）全面重建了早白垩世以来（140Ma）全球海底年龄和深度分布，来模拟地史上洋壳生成、沉积厚度和洋盆深度以及洋盆面积对不同时段海平面波动的影响。此外，还利用地幔对流模型来检验Miller等（2005）的海平面变化曲线，并验证Miller等（2005）所认为的白垩纪以来除了热沉降外，新泽西州不受构造过程影响的假设。这个假设使得Miller等（2005）认为，新泽西州大陆架边缘地层的区域海平面变化能够代表全球海平面变化。

地球长周期海平面变化历史（图 1-28）表明白垩纪（145～65Ma）出现广泛的海泛，随后内陆海逐渐消退。然而，已发表的资料中，晚白垩世海平面变化幅度的差异可达半个数量级，比现今海平面高 40～250m。Müller 等（2008a）根据海洋地球物理资料重建古洋盆，模拟得到白垩纪晚期海平面比现在海平面高 170m（变化范围为 85～270m）。根据北美向东俯冲的法拉隆板块的假设，Müller 等（2008）应用地幔对流模型估算出新泽西州在过去 70Myr 沉降了 105～180m。因此，根据新泽西州陆架边缘地层获得的海平面变化与洋盆重建相一致（图 1-28）。

（2）层序地层学方法

一个多世纪以来，许多地球科学家根据地层数据来解释海平面变化，Vail 等（1977）首次利用地震-地层方法解释古生代海平面变化历史。Haq 和 Al-Qahtani（2005）介绍了显生宙阿拉伯台地海平面变化的区域历史，并将其与最新综合海平面变化曲线进行了比较（图 1-29 和图 1-30）。

不过，大多数古生代海平面变化记录的是二级事件，循环周期大部分>5Myr。地层是一个由多级沉积层序叠加的沉积旋回，受控于因果机制，包括高频率的米兰科维奇尺度上的气候旋回（一般从 1m 到数米厚）、三级（大部分持续时间从 1Myr 到 2Myr）和四级（持续时间<0.5Myr）的海平面升降旋回，以及持续时间几个百万年的构造旋回。实际上，很难将三级和四级旋回的地层有效分开。根据保存地层的厚度、露头好坏、剖面在台地-斜坡-盆地体系中的位置以及生物年代资料的质量，可以识别任何剖面上的年代地层。Haq 和 Schutter（2008）识别出了三级层序，但是也不可避免地包括了一些四级层序。古生代高频率旋回分布更广泛，但时间上更明显地指示了四级旋回（~0.4Myr），如早寒武世、中泥盆世、中到晚石炭世和二叠纪等。

Haq 和 Schutter（2008）提供了一个模拟古生代海平面变化的强大工作模型，能更好地限定年代，并在对剖面进行反回剥时更精细。其研究结果表明，长期海平面变化曲线，包括寒武纪到早奥陶世间的海平面上升、中奥陶世（大坪期到早达瑞威尔期）海平面明显下降、早—晚奥陶世海平面的大幅上升，直至古生代凯迪早期海平面达到最高值（估计为 ~225m），之后奥陶纪末期（晚凯迪期到赫南特期）海平面急剧下降，一直持续到早志留世。在早志留世余下的时间内，海平面又开始上升，一直到中志留世（中温洛克期）的海平面达到最高。随后从晚志留世（罗德洛期）到早泥盆世（埃姆斯期）海平面一直下降。中泥盆世海平面开始另一次长周期的上升，在晚泥盆世早期（弗拉期）达到极值。弗拉期/法门期界线上海平面略有下降，然后在法门期早期恢复。长周期海平面变化曲线显示了海平面在泥盆纪晚期（晚法门期）逐渐下降，并在泥盆纪—石炭纪界线附近间断下降（图 1-30）。

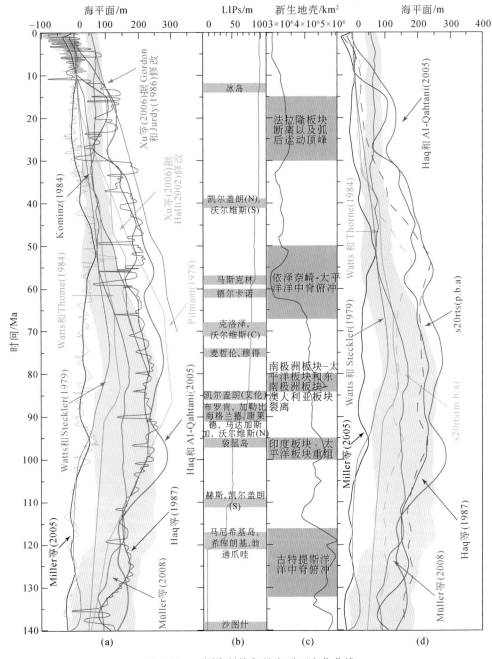

图 1-28　不同资料恢复的海平面变化曲线

（a）应用 GDH-1 板块模型年龄–深度校正，根据洋盆平均深度和面积变化，重建的 140Ma 以来海平面变化曲线（红色）和误差包络线（反映了基底年龄–深度的误差）（深紫色）（Stein C A and Steins S, 1992），并与 Kominz（1984）（洋红色）、Haq 等（1987）（深蓝色）、Miller 等（2005）（黑色）以及 Haq 和 Al-Qahtani（2005）（深绿色）、Miller 等（2005）（黑色）、Watts 和 Steckler（1979）（紫色）、Watts 和 Thorne（1984）（浅绿色）、Pitman（1978）（浅蓝色）和 Xu 等（2006）的两条曲线（浅和深橙色）进行对比。Haq 等（1987）、Haq 和 Al-Qahtani（2005）和 Miller 等（2005）的海平面曲线已应用余弦拱低频滤波器进行处理，代表了长期海平面变化。Haq 等（1987）和 Miller 等（2005）的初始海平面变化曲线用细线表示。（b）大火山岩省导致的海平面变化（100m 累积）。（c）140Ma 以来的全部新生地壳，主要构造运动用蓝线表示。（d）Miller 等（2005）未校正（黑色）和 70Ma 后校正新泽西州陆架边缘的构造沉降的海平面变化曲线。其中 70Ma 后的校正曲线是基于 s20rts 地震层析成像模型（Ritsema et al., 2004）的纯反演地幔对流（p. b. a）（紫色）和修改的反演地幔对流（m. b. a）（浅紫色）与计算的洋盆体积变化导致的长周期海平面变化（红色）以及 Haq 与其合作者（Haq et al., 1987；Haq and Al-Qahtani, 2005）和 Watts 与其合作者（1979, 1984）模拟曲线的对比

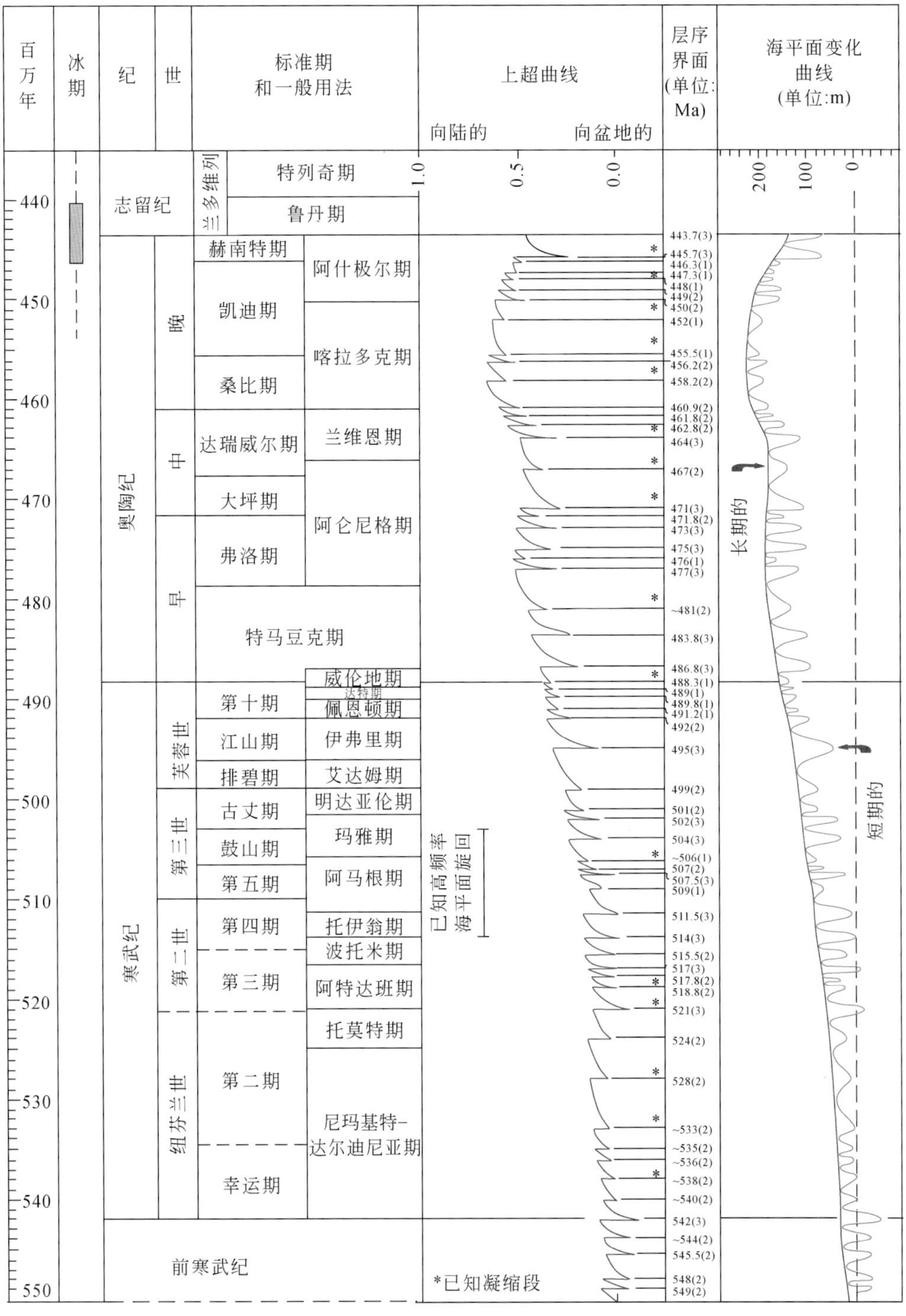

百万年	冰期	纪	世	标准期和一般用法		上超曲线			层序界面（单位：Ma）	海平面变化曲线（单位：m）
						向陆的		向盆地的		

图表纵轴刻度：440、450、460、470、480、490、500、510、520、530、540、550

上超曲线刻度：1.0　0.5　0.0
海平面变化刻度：200　100　0

纪	世	标准期	一般用法
志留纪	兰多维列	特列奇期	
		鲁丹期	
奥陶纪	晚	赫南特期	阿什极尔期
		凯迪期	喀拉多克期
		桑比期	
	中	达瑞威尔期	兰维恩期
		大坪期	阿仑尼格期
	早	弗洛期	
		特马豆克期	
寒武纪	芙蓉世	威伦地期	
		第十期	佩恩顿期
		江山期	伊弗里期
		排碧期	艾达姆期
	第三世	古丈期	明达亚伦期
		鼓山期	玛雅期
		第五期	阿马根期
	第二世	第四期	托伊翁期
			波托米期
		第三期	阿特达班期
			托莫特期
	纽芬兰世	第二期	
			尼玛基特-达尔迪尼亚期
		幸运期	
前寒武纪			

层序界面年龄标注（Ma）：
443.7(3)
445.7(3)
446.3(1)
447.3(1)
448(1)
449(2)
450(2)
452(1)
455.5(1)
456.2(2)
458.2(2)
460.9(2)
461.8(2)
462.8(2)
464(3)
467(3)
471(3)
471.8(2)
473(3)
475(3)
476(1)
477(3)
~481(2)
483.8(3)
486.8(2)
488.3(1)
489(1)
489.8(1)
491.2(1)
492(2)
495(3)
499(2)
501(2)
502(3)
504(3)
~506(1)
507(2)
507.5(3)
509(1)
511.5(3)
514(3)
515.5(2)
517(3)
517.8(2)
518.8(2)
521(2)
524(2)
528(2)
~533(2)
~535(2)
~536(2)
~538(2)
~540(2)
542(3)
~544(2)
545.5(2)
548(2)
549(2)

已知高频率海平面旋回

长期的　短期的

*已知凝缩段

图 1-29　寒武纪—奥陶纪全球海平面变化（Haq and Schutter，2008）

地质时间和标准以及区域阶段是根据 Gradstein 等（2004）和 Ogg 等（2008）模拟获得。左侧是根据绝对年龄标准划分的地层。大陆冰川时间是根据量化的时间尺度确定的。每个图右边部分是叠加的曲线，曲线是区域基准线根据剖面估算相对陆地或盆地方向移动的测量线。柱状图上标注出显著凝缩段的地层（用星号表示），层序界面上的生物地层年龄（根据剖面和辅助剖面估计）标注在下一个柱子上。括号内的数字表示半定量估计每次短周期相对变化幅度：小幅度，1（<25m）；中幅度，2（25～75m）；大幅度，3（>75m）。柱状图上用垂向短线表明已知的高频率海平面旋回和凝缩段的时间周期。右边是海平面变化曲线，包括长周期和短周期（三级）海平面变化（用点线表明可能是四级变化）。已应用剖面标准化长周期和短周期海平面变化曲线，柱子中的垂直点线代表了估计的海平面

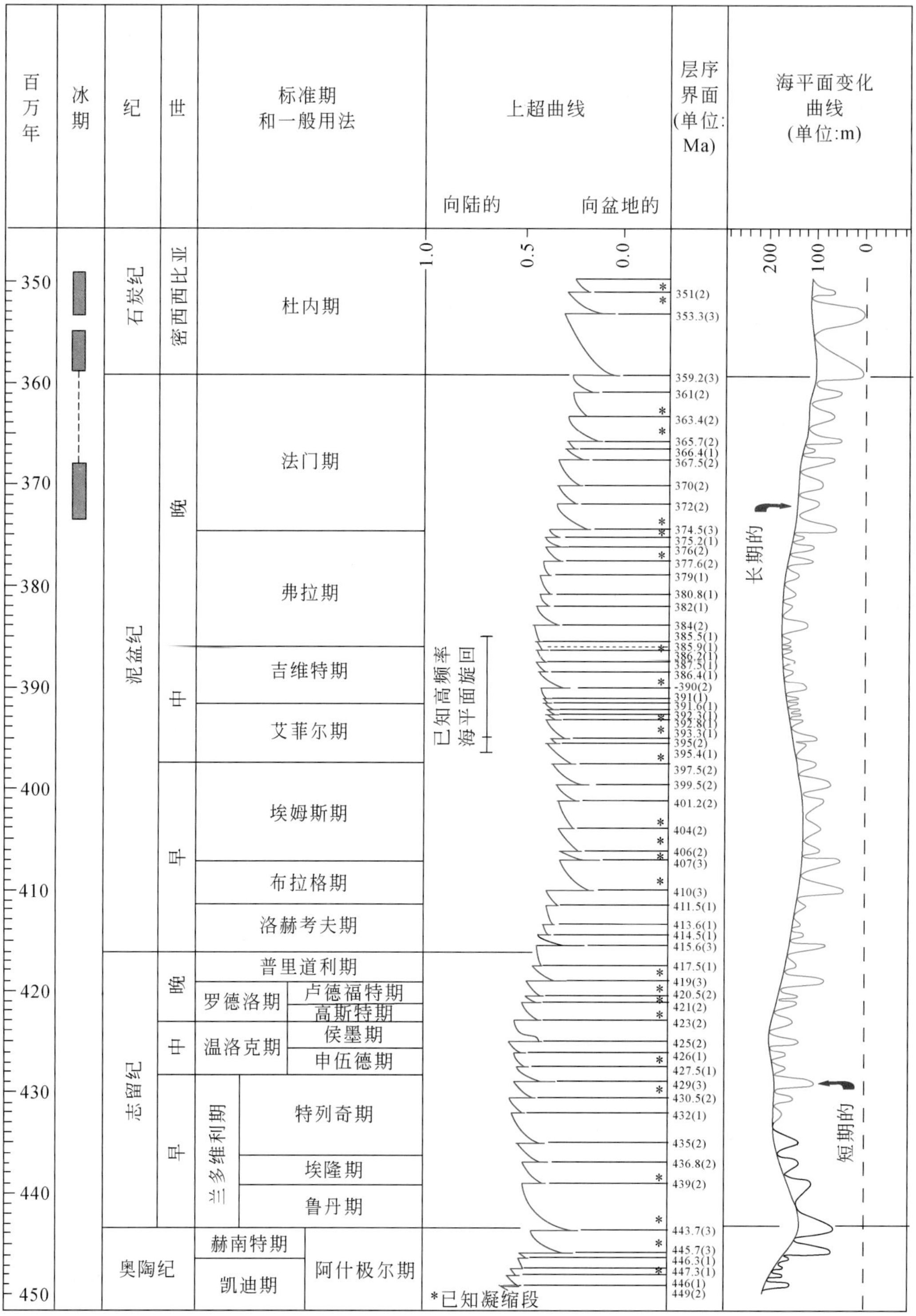

百万年	冰期	纪	世	标准期和一般用法	上超曲线		层序界面(单位:Ma)	海平面变化曲线(单位:m)
					向陆的	向盆地的		

图 1-30　志留纪—泥盆纪全球海平面变化（Haq and Schutter, 2008）

海平面短暂恢复后，在密西西比亚世持续长时间下降，密西西比世晚期（密西西比世/宾夕法尼亚世边界附近）达到最低点。在宾夕法尼亚亚世（莫斯科期）出现再一次海平面长周期的上升（虽然与以前的所有海平面比上升并不明显），一直持续到宾夕法尼亚世末期（格舍尔期），随后在二叠纪早期（阿瑟尔期）小幅下降。早二叠世其他时段内海平面都比较稳定，但在二叠纪中期（沃德期）海平面开始大幅下降，最终在晚二叠世早期（吴家坪期）达到早古生代海平面的最低点。随后，在二叠纪末期（长兴期）海平面恢复，但一直到三叠纪早期都处于较低的位置。

短周期（三级层序）的海平面变化周期一般从~0.5~3.0Myr（除早—中密西西比期），现在已识别出172个不同的三级事件（周期），每周期平均持续时间约1.7Myr。在某些区间，地层剖面优先保留四级周期，表明可能受长周期轨道偏心率的控制。目前为止，已识别出4个这样的时段：中寒武世（托伊翁期到玛雅期）、中泥盆世（艾菲尔期到吉维特期）、中到晚石炭世（维宪期到卡西莫夫期）以及早到中二叠世（亚丁斯克期到卡匹敦期）。不过，四级周期的地层分布范围可能更广。人们并不清楚更高的频率是否完全是由较高的沉积速率或潜在的信号（即长期轨道效应）控制的。高频周期（发育在石炭纪和二叠纪）中，两个较年轻的时段与已知冰期的周期是一致的，但两个较的长时段（中寒武世和中泥盆世）则没有冰川记录（Caputo and Crowell，1985）。

应该指出的是，从早密西西比期到中密西西比期，大部分三级周期的持续时间似乎非常长（达到~6.0Myr）。虽然其他时间（如寒武纪到早志留纪）的三级周期偶尔也可能会持续较长的时间（3~5Myr），但是早密西西比期到中密西西比期一致出现的长周期可能是由于该时期时间尺度存在问题（杜内期与维宪期也是非常长的，可能是相同的原因）。

人们无法追踪所有古生代短期（三级和四级）海平面变化的原因。古生代28%的海平面变化是由冰川作用导致的，但是其余时间海平面变化的起因尚不清楚（Caputo and Crowell，1985；Eyles and Young，1994；Isbel et al.，2003）。因此，冰盖的进退不应是古生代海平面波动的唯一根本原因。不过，由于古生代冰川记录支离破碎，所以这个问题目前仍争议很大。与此相反，其他的、非气候的及偶然的因素也可能导致了海平面的短期变化，这仍有待发现。

目前，已经明确了古生代（542~251Ma）大部分的海平面变化，但仍无法得知整个地史时期海平面变化。Haq和Schutter（2008）利用克拉通边缘和克拉通盆地的地层剖面重建了整个古生代海平面的波动历史，并估算了个别海平面波动的时间和幅度，但很难准确估算海平面变化的幅度。海平面长周期变化表明寒武纪海平面逐渐上升，在晚奥陶世达到峰值，短暂平稳后在赫南特冰期显著降低。随后海平面位于高体系，但海平面大规模降低出现在志留纪中期，接近中/晚泥盆世边界和石炭纪的末期。海平面低位出现在早泥盆世，接近密西西比亚世/宾夕法尼亚亚世边界及晚二叠世晚期。

显生宙海平面变化的恢复现在还存在很大争议。尽管大家一致认为三叠纪—白垩纪和奥陶纪—志留纪存在两次海平面极值，但是海平面变化的幅度依然存在很大争议。例如，对远高于现代海平面的白垩纪海平面：在91Ma时，海平面比现在高266m（Haq et al.，1987；Haq and Schutter，2008）；在86Ma时，海平面比现在高242m（Hallam and Cohen，1989）；在84Ma时，海平面比现在高61m；在82Ma时，海平面比现在高22±42m（EXXO Petroleum Company，1988）；在53Ma时，海平面比现在高79m（Miller et al.，2005）。所有的曲线都根据国际年代地层（2010版本）进行了时间校正。古生代共有172个海平面变化事件，变化幅度从几十米到125m（图1-29～图1-31）。

（3）地形方法

构造过程对地球上地形（如高山和深渊）的控制是复杂的。尽管构造-地形之间的联系能够很好地解释并能够直接进行模拟（如年龄和深海盆地深度之间的关系），但是其他的方面，如构造变形形成的轮廓与侵蚀形成的轮廓，却很难模拟。Vérard等（2015）探索性地将洛桑大学2D（称为UNIL）模型模拟的地球动力学地形，转化成地球表面的3D地形面。根据统计分析，Vérard等（2015）应用理论公式将模拟中的各种地形特征，如碰撞带、大陆边缘、岛弧、等时线磁条带等，转化成深度或高度，以契合现代的地形分布。这种方法虽然比较粗糙，但却适用于地球上的任何地方和任何地质时代。下面的公式适用于ETOPO1［地形和海洋测深的地球表面1弧分度地形模型，如1′×1′网格地形、Amante和Eakins（2009）中的数据、ETOPO1与全球地形、沉积地层厚度］。

A. 海底地形

全球洋中脊深度与洋壳产生速率之间呈线性相关（图1-32）

$$Z_{洋中脊} = -3.542 \times (洋壳增生速率 - 27.481) - 830.54 \tag{1-40}$$

式中，$Z_{洋中脊}$是洋中脊的深度（m），它是洋壳增生速率（mm/a）的函数。ETOPO1地形已经用大地网格数据点重新采样以避免高估北极区域分布。海域的数据（Z，m为单位）已利用Airy均衡模型进行沉积物厚度校正

$$Z = (ETOPO1 - 沉积物的厚度) + \beta \tag{1-41}$$

这里

$$\beta = ((\rho_w - \rho_s)/(\rho_w - \rho_M)) \times h_s \tag{1-42}$$

式中，ρ_w为海水密度；ρ_M为地幔密度；ρ_s为沉积物平均密度；h_s为沉积物厚度。

但是，由于压实作用，所以给定体积沉积物的平均密度（ρ_s）随着沉积物厚度（h_s）（m）发生变化。应用Winterbourne（2009）计算密度（ρ_s）

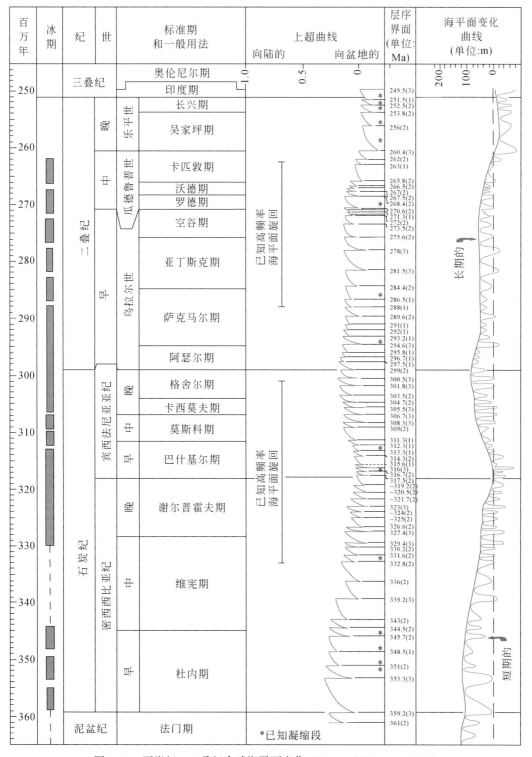

图1-31　石炭纪—二叠纪全球海平面变化（Haq and Schutter，2008）

$$\rho_s = \frac{1}{h_s} \int_0^{h_s} (\varphi \times \rho_w + (1 - \varphi) \times \rho_{颗粒}) \quad (1\text{-}43)$$

而且

$$\varphi = \varphi_0 \times \exp\left(\frac{-Z}{\lambda}\right) \quad (1\text{-}44)$$

式中，φ 是一定深度 $Z(m)$ 下的孔隙度，在 0m 处，孔隙度 $\varphi_0 = 0.056$，4500m 处由于压实作用波长衰减；$\rho_{颗粒} = 2650\text{kg/m}^3$ 是沉积物中固体颗粒的密度；ρ_W 和 $\rho_{颗粒}$ 分别是水和固体颗粒的密度，分别取值 1027kg/m³ 和 3150kg/m³。这里可以从 Laske 和 Masters（1997）的全球图中获得沉积物的厚度，不过也可以用 NOAA 的半球地形（非全球覆盖）进行检验。

对 ETOPO1 测深数据进行沉积物校正后，与洋底年龄具有一定的关系（图 1-33），尤其是与 Stein C A 和 Stein S（1992）所支持的两个显著差异板块模型相反。Stein C A 和 Stein S（1992）的板块模型认为，< 20Ma 时，半空间冷却（HSCM）模型是年龄的平方根；而年龄较老时，整个板块冷却模型（PCM）是年龄的指数。Vérard 等（2015）认为，利用 Turcotte 和 Schubert（2002）所给的表格得到的 PCM 模型，能更高效模拟水深–年龄，为

$$W = \frac{\rho_M \alpha_V (T_M - T_0) Z_{岩石圈}}{\rho_M - \rho_w}\left(\frac{1}{2} - \frac{4}{\pi^2}\exp\left(-\frac{k\,\pi^2 t}{z_{岩石圈}}\right)\right) \quad (1\text{-}45)$$

式中，W 是海底深度（m），是年龄（t）的函数，以百万年（Ma）为单位。

假设洋底温度是（$T_0 = 0\,^\circ\text{C}$），以上公式可以改写成

$$W = Z_{洋中脊} + \frac{4\,\rho_M \alpha_v T_M Z_{岩石圈}}{\pi^2(\rho_M - \rho_w)} \times \left(-1 + \exp\left(-\frac{k\,\pi^2 t}{Z_{岩石圈}^2}\right)\right) \quad (1\text{-}46)$$

最佳模拟是利用随机反演的方法，参数如下：

$\alpha_V = 3.133 \times 10^{-5}/\text{K}$，代表了热扩散系数；

$T_M = 1305.33\,^\circ\text{C}$，代表了板块底部的温度；

$Z_{岩石圈} = 104\,431.81\text{m}$，代表了冷却板块的厚度；

$k = 3.542 \times 10^7 \text{m}^2/\text{Ma}$，代表了热对流。

其中，$k = (\kappa/(\rho_M \times C_p))$，$\kappa$ 是热传导率 [W/(m·K)]，ρ_M 是地幔的密度（kg/m³），C_p 是比热 [J/(kg·K)]。

全球海沟测深数据应用 ETOPO1（$Z_{海沟}$）处理后，与估算深度进行对比。根据大洋基底进入俯冲带的年龄，可以得到一个线性方程（图 1-33）

$$Z_{海沟} = 1.764 \times Z_{PCM} + 2234.9 \quad (1\text{-}47)$$

式中，Z_{PCM} 为被动大陆边缘板块厚度。

应用 ETOPO1 和沉积地图（Laske and Masters，1997）处理后，获得的深海平原

（如距离任何活动或被动边缘 12°，而且不包括海山和平原地区）与洋底年龄呈线性相关。根据 Airy 均衡模型，洋底上沉积物高度（$\varepsilon_{沉积物}$），如顶部或叠加在式（1-47）给出的 PCM 公式之上，可用以下公式计算

$$\varepsilon_{沉积物} = 37.5t \tag{1-48}$$

式中，t 指大洋基底的年龄。

B. 火山地形

火山地形如活动热点、不活动的海山和高原可以用以下方法进行估计。

1）洋底的起伏可以用洋底深度加上地形进行重建（应用 PCM 模型）。在给定的现今地球［Vérard 等（2011）基于现今地球进行统计获得］高程平均值上，对"高原脊"需要增加 1537m，对"火山峰"需要增加 4500m。

2）陆地火山地形可以根据年龄，按照"火山峰"的平均值增加 1250m 或"高原脊"的平均值增加 1000m（如侵蚀，减 293m）方法进行计算。293m 代表了现今大陆热点火山和溢流玄武岩的高程平均值（Vérard et al.，2011）。衰减系数是 PCM 的函数。

C. 洋-陆过渡带的地形

废弃裂谷有关的被动陆缘、裂谷和盆地都具有类似的地球动力学演化过程（Vérard et al.，2015）。随着大陆裂离，构造沉降会导致裂谷轴快速加深，同时裂谷肩抬升。不过，随着时间的推移，裂谷肩会发生热沉降。所以需要考虑到以下情况。

1）裂谷槽沉降超过 7Myr，如果裂谷停止发育，那么地堑就会按照盆地沉降曲线的"充填方程"被逐渐充填。

2）如果裂谷发育成洋盆（也就是陆壳消失，大陆岩石圈地幔剥露或洋壳出现），形成被动陆缘，那么洋陆边界（COB）可以根据 PCM 函数计算深度。

3）裂谷和被动陆缘的也可能受海深-年龄函数关系制约，与 PCM 有关。

被动陆缘上的沉积楔可以用平衡剖面进行拟合。长度和高度相似的地区，可以用洋陆边界（COB）的形成时间进行计算。沉积物的堆积量（沉积楔和深渊的位置）可以根据 Flögel 等（2000）所定义的沉积物通量进行计算。不过，线性关系应合理简化。

活动陆缘和大洋俯冲带可以用函数拟合并参考剖面进行模拟。海沟深度和高山高度与俯冲带洋底年龄有关。大洋内部俯冲带的洋内弧高度可以根据水体次表层到达深度计算。需要注意的是，残留弧可以通过拟合现代地形的高斯函数进行计算，如马里亚纳残留弧、劳海盆洋中脊。

D. 陆地区域的地形

大陆上平原的平均高程一般为 +240m，能够代表全球现代 0～1000m 的区域（如果不考虑造山带的影响）。克拉通地区平均高程一般为 +450m。尽管自陆壳出现

几亿年以来，平均大陆高程（the mean continental altitude，MCA）经常发生变化，但是可以采用 Flament（2006）合理估算的显生宙克拉通和平原的常见高程。

对于世界上大多数造山带的横剖面来说，都可以用简单的高斯函数合理估算地形（如阿尔卑斯山），还可以用一个大概的"剥蚀函数"对造山带的地形变化历史进行模拟。因此，高斯函数的极大值代表了山脉外表高程的增加过程，而且表明陆-陆碰撞在首次出现的 15Myr 之后达到最高点。因此，高山的最高值在准平原化过程中一直是不断减小的。

E. 方法局限性

由于板块构造模型重构的局限性，模型生成的地形仅仅是地质特征类型和年龄的函数，这里的地质特征是指模型的特征，如被动大陆边缘、裂谷和盆地（与裂谷有关）、活动大陆边缘、大洋俯冲带、残留弧、活动和非活动碰撞带。模拟生成的地形与拉伸/缩短量或任何局部流变无关。由于沉积作用不能反映局地气候变化，也不能反映局部碎屑输入量的变化，所以大陆区域的模拟并没有包括湖泊或河流输入，也没有模拟深海扇的沉积作用。不过，所有深海扇的沉积物堆积量估计占海洋沉积物堆积总量可能不到 0.01%（$10^{14} \sim 10^{15} \mathrm{m}^3$），所以通常可以忽略深海扇的沉积作用。

岛弧的地形与俯冲板块的俯冲速度或角度无关。相对于海沟，岛弧的位置是固定的（2.3′，当前平均距离）。最后，需要注意到模型中没有考虑冰后回弹（均衡反弹）或与动态地形有关的影响。

F. 与现今资料的对比

当合成地形（图 1-32）重建的 0Ma 地形（即从 600Ma 重建到现今的地形）与实际地形（用 ETOPO1 拟合）［图 1-32（a）］进行对比时，二者之间的差异［图 1-32（b）］基本为零（平均值＝+13.2m）［图 1-32（d）］。这一偏差值与动态地形（特别是在冰岛或南非）、冰后回弹作用（特别是在北美洲和格陵兰岛）以及深海沉积（如孟加拉扇，沉积物厚度未超过 20km）有关。

但是，由于海洋水体的体积（即 0m 以下的体积）为 $1.3343 \times 10^{18} \mathrm{m}^3$，而用 ETOPO1 获得的体积为 $1.3360 \times 10^{18} \mathrm{m}^3$，所以，一般认为海平面之上的拟合地形可以准确限定，形成的泥沙总量（$1.575 \times 10^{17} \mathrm{m}^3$）与沉积物厚度图提供的体积（$1.956 \times 10^{17} \mathrm{m}^3$）也能够进行比较合理的对比（Laske and Masters，1997）。模型中 1000m 以上的地形容量（$1.273 \times 10^{16} \mathrm{m}^3$）与 ETOPO1 模型获得的体积（$2.503 \times 10^{16} \mathrm{m}^3$）相似。最后，0m 等高线的位置接近真实的海岸线［平均值差距＝70.4km；对比图 1-32（e）与（a）和（c）］，获得的海平面也是合理的（-1m）。因此，地球动力学重建三维地形的发展首次提供了 600Ma 以来完整的合成地形。随后的模拟表明，简单的合成地形可以相当好地近似实际地形，足以检验构造对古气候指标的影响。

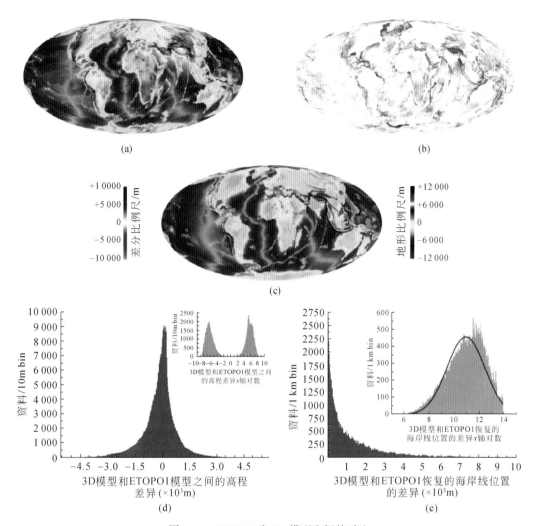

图 1-32　ETOPO1 和 3D 模型之间的对比

（a）用 ETOPO1 恢复的真实的地形（Amante and Eakins，2009）；（b）用 3D 模拟和 ETOPO1 之间的差异；（c）用
3D 转换的合成地形重建的 0Ma（即现今）地形；（d）3D 地形模型和 ETOPO1 地形模型之间的高程差异（平均值
$m=+13.2m$），数据分布接近拉普拉斯函数（但是可信度可能达不到 95%，请参考插入的 x 轴对数）；（e）应用 3D
模型和 ETOPO1 恢复的海岸线位置的差异（$m=70.4km$；插图是 x 轴对数和最佳高斯拟合线）。这个图与 NEFTEX
地球动力地形模型的差异比较小

G. 与 Sr 同位素值的对比

锶同位素比值变化一般反映了造山带剥蚀量的变化。碰撞带古老陆壳暴露区
的 $^{87}Sr/^{86}Sr$ 比值会增大。尽管 Sr 同位素比值的变化一般与全球构造活动有关，但是
Sr 同位素比值的长周期变化仍不是很清楚（Veizer et al.，1999；McArthur et al.，
2001）。由于很难准确估计深时的泥沙通量，所以泥沙通量受到多个假设的影响。
相对而言，$^{87}Sr/^{86}Sr$ 值可能代表了整个显生宙中最可靠的同位素记录［例如，
Fransçois 和 Walker（1992）］（图 1-33）。为了得出造山带体积（m^3）与 Sr 同位素

比值同位素变化（Ø）（无量纲单位）之间的关系，Vérard 等（2015）将数据进行标准化（图1-33）

$$X_i = (\mu - x_i)/\sigma \qquad (1\text{-}49)$$

式中，X_i 是指相对于给定值 x_i 的标准值；μ 是平均值；σ 是数据库的标准偏差。

除了"循环"作用导致 Sr 同位素比值变化之外，总体上 Sr 同位素比值从 550Ma 到 150Ma 逐渐降低，然后迅速增大至目前的 Sr 同位素比值。尽管造山带目前的体积增长不太明显，但是曲线变化的总趋势与此类似。值得注意的是，由于未考虑到 600Ma 之前造山带的体积，所以造山带体积变化曲线上 550Ma 之前的显著低值与地形模型的偏差有关。因此，尽管许多文献上表明构造运动影响了 Sr 同位素比值，但 Vérard 等（2015）首次证明了大陆地形和 Sr 同位素比值变化趋势之间的关系。

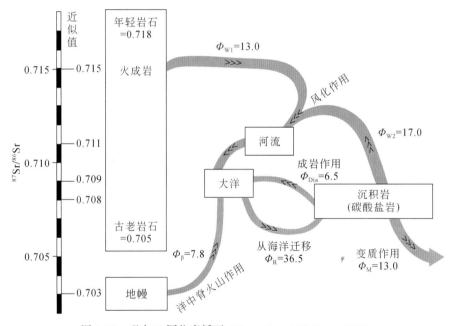

图 1-33　现今 Sr 同位素循环（François and Walker，1992）

垂向轴表明不同储库 Sr 同位素比值的近似值；储库之间的 Sr 通量（Φ_w）为 ×10⁹ mol/a（或 ×10¹⁵ mol/Myr）

为了进一步研究 Sr 同位素记录中构造与气候的信号，Vérard 等（2015）建立了一条合成曲线（图1-34）。Sr 同位素比值被认为代表了海水的值，随着其他储库水体输入量的变化而发生改变（图1-33）（François and Walker，1992；Richter et al.，1992；Berner，1994）。可以用以下参数来模拟现今的 Sr 同位素比值的变化曲线。

1）洋中脊未蚀变玄武岩典型 $^{87}Sr/^{86}Sr$ 值是 0.703。根据 UNIL 模型，Berner（1994）之后的学者认为，最新玄武岩的 Sr 通量与生成地壳变化量之间呈线性关系。Sr 通量（Φ_β）是

$$\Phi_\beta = F_\beta \times (\Pi_{\text{地壳}}(t) / \Pi_{\text{地壳}}(0)) \tag{1-50}$$

式中，$F_\beta = 0.78 \times 10^{16} \text{mol/Myr}$，代表了目前玄武岩的 Sr 通量；$\Pi_{\text{地壳}}(t)$ 和 $\Pi_{\text{地壳}}(0)$ 分别代表了模型中时间 t 和目前洋壳产生的速率（km^2/Myr）。

2）沉积物的 Sr 同位素比值一般是 0.708。Sr 是通过成岩蚀变过程从沉积物（$\Phi_{\text{蚀变}}$）输入到海洋中的。不过，这个 Sr 通量一般不随时间变化

$$\Phi_{\text{蚀变}} = F_{\text{沉积}} \tag{1-51}$$

式中，$F_{\text{沉积}}$ 为沉积物通量。这里的 $\Phi_{\text{蚀变}} = 0.65 \times 10^{16} \text{mol/Myr}$。

3）沉积物的 Sr 同位素比值（0.708）也与风化作用有关。风化作用会影响陆壳的 Sr 同位素比值，火山岩的 Sr 同位素比值比较稳定，从年轻火山岩的 0.705（变化范围为 0.704 ~ 0.706）变化到年老火山岩的 0.718（变化范围为 0.710 ~ 0.730）（Holland，1984），而目前的值为 0.715。因此，可以通过三种观点证实（图 1-34）。

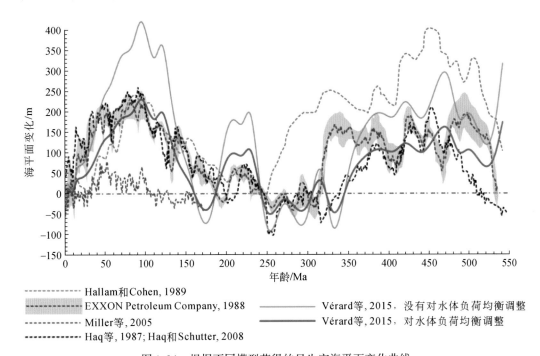

图 1-34　根据不同模型获得的显生宙海平面变化曲线

蓝色曲线是 EXXON Petroleum Company［1988；EXXON Petroleum Company 编辑的 Haq 等（1987）、Posamentier 和 Vail（1988）、Ross C 和 Ross J（1987，1988）的资料］；绿线是 Hallam 和 Cohen（1989）获得的海平面变化曲线；黑色线是 Haq 等（1987）获得的中生代—新生代海平面变化曲线和 Haq 和 Schuuter（2008）获得的古生代海平面变化曲线；紫色线是 Miller 等（2005）获得的中生代和新生代海平面变化曲线。地球动力学重建图进行三维转换后，对水体负荷进行均衡调整之前（橙色）和之后（红色）的海平面变化曲线。所有曲线按 2010 版国际地层表调整到同一时间时段

如 Berner（1994）所言，风化作用形成的 Sr 通量（$\Phi_{\text{风化}}$）是固定的

$$\Phi_{风化1} = F_{沉积}$$

$$\Phi_{风化2} = F_{造山带} \qquad (1\text{-}52)$$

选定的风化通量（$\Phi_{风化}$）与 Flögel 等（2000）提出的沉积物通量曲线有关

$$\Phi_{风化1} = F_{沉积} \times (\Phi_{沉积}(t) / \Phi_{沉积}(0))$$

$$\Phi_{风化2} = F_{造山带} \times (\Phi_{沉积}(t) / \Phi_{沉积}(0)) \qquad (1\text{-}53)$$

式中，$\Phi_{沉积}(t)$ 和 $\Phi_{沉积}(0)$ 分别代表在时间 t 和现今用 3D 地形模型计算的碎屑沉积物通量（kg/Myr）。

风化通量（$\Phi_{风化}$）与模型中造山带体积成正比

$$\Phi_{风化1} = F_{沉积} \times (V_{造山带}(t) / V_{造山带}(0))$$

$$\Phi_{风化2} = F_{造山带} \times (V_{造山带}(t) / V_{造山带}(0)) \qquad (1\text{-}54)$$

式中，$V_{造山带}(t)$ 和 $V_{造山带}(0)$ 是根据 3D 地形模型在时间 t 和现今计算的造山带体积（m^3）。

在所有情况下，$F_{沉积} = 1.7 \times 10^{16}$ mol/Myr，代表了现代沉积物的 Sr 通量；$F_{造山带} = 1.3 \times 10^{16}$ mol/Ma，代表了造山带风化形成的 Sr 通量。

综合的 Sr 同位素比值，可以用以下公式表示

$$\text{Sr}_{同位素比值} = (1/\Sigma\Phi) \times (\Phi_\beta \times 0.703 + \Phi_{蚀变} \times 0.708 + \Phi_{风化1} \times 0.708 + \Phi_{风化2} \times 0.715)$$

$$(1\text{-}55)$$

最终海平面变化曲线见图 1-34。相比之下，Berner（1994）应用 GeoCar II 模型（图 1-34 中的浅蓝色曲线）进行同样的计算，Berner（1994）在该模型中用了 Engebretson 等（1992）和固定的 UW 拟合了陆壳的产生，但是获得的曲线与测定的 Sr 同位素曲线一致性不是很好。

合成和测量的 Sr 同位素曲线之间的差异，可能代表了不同时段 Sr 通量的变化和/或不同储库 Sr 同位素比值的变化。为了建立与气候无关的模型，先假设不同时段 Sr 通量不变，然后检验不同储库的 Sr 同位素变化。

由于火成岩和陆壳之间的 Sr 同位素差异最大，因此，Vérard 等（2015）首先检验了火成岩和陆壳之间的 Sr 同位素变化。这种情况下，先前的方程可修正为

$$\text{Sr}_{同位素比值} = (1/\Sigma\Phi) \times (\Phi_\beta \times 0.703 + \Phi_{蚀变} \times 0.708 + \Phi_{风化1} \times 0.708 + \Phi_{风化2} \times f(\delta))$$

$$(1\text{-}56)$$

这里，$f(\delta) = 0.718$ 是两条曲线的最大差值，而 $f(\delta) = 0.715$ 是最小差值。

上述修正公式表明，当 $\Phi_{风化}$ 固定的情况下，测量数据（Prokoph et al.，2008）和 Sr 模型之间的相关系数为 75.2%（情形 1）；当 $\Phi_{风化}$ 与沉积物通量有关时（情形 2），二者的相关系数为 38.6%；当 $\Phi_{风化}$ 与造山带体积有关时（情形 3），相关系数为 82.2%。特别是情形 3 中的 Sr 同位素比值需要进行以上校正，使得 Sr 同位素比

值与造山带体积相关时才更有意义（图1-34）。Vérard 等（2015）发现 Sr 同位素比值与造山带体积之间具一定的反相关关系（尽管相关系数比较低，为−11.0%，但具有明显的反相关性），并认为年轻的造山运动期间，年轻的花岗岩体被交代后表现为低 Sr 同位素比值，而老地壳岩石经历了很长时间的剥蚀导致具有高 Sr 同位素比值。这种假说可以解释 Sr 同位素比值与造山带体积之间的偏移，而且表明次一级变化（或明显的"循环"）过程中，Sr 同位素比值与山体侵蚀有关。不过，由于 Sr 同位素储库体积、通量和演化时间争议比较大，而且最后结果对假设值非常敏感，因此最终结果必须谨慎使用。

H. 与海平面变化之间的对比

地球动力学重建的 3D 地形中，构造驱动海平面变化的恢复首次用来预测显生宙大陆区的淹没范围。Vérard 等（2015）将现今海水的体积置于重建的古代地形上，所获得的海平面变化曲线用橙色标注在图 1-34 中。虽然应用这种方法能够较好地恢复海平面变化的大体形状，但并没有修正海平面变化的幅度。例如，恢复的 95Ma 时海平面位于 +421m 处。不过，由于水柱荷载和岩石圈沉降的影响，海平面的位置必须进行均衡校正。均衡校正后（用迭代法达到平衡），白垩纪的海平面曲线（图 1-34 中的红色）比现今值高出 239m。尽管目前无法观测次一级海平面变化，但是合成的海平面变化曲线与已发表的海平面变化曲线很相似，尤其是与 Haq 等（1987）获得的中生代—新生代以及古生代的海平面变化曲线具有高度的一致性（Haq and Schutter，2008）。另外，合成的海平面变化曲线大大偏离了 Miller 等（2005）提出的海平面变化曲线和相关的分析误差（Kominz et al.，2008），表明了合成的海平面变化曲线可能反映区域性的影响。

Vérard 等（2015）的模型没有考虑到气候的影响，所以他们的结果表明长期海平面变化首先受控于构造驱动。此外，由于模型中假设海水的体积是恒定的，而且结果也与观测数据相符。因此，可以认为至少 600Ma 以来，俯冲过程并没有导致海水大量减少，而且地幔中水的得失量也没有发生明显变化（Holland，1973；Berner，1998；Mühlenbachs，1998；Hay et al.，2006）。

近 20 年来，洛桑大学已建立了超过 600Ma 的地球动力学地形模型，Vérard 等（2015）尝试着将 2D 图转换为 3D 图（即全测高和测深）。虽然合成地形看起来相对粗糙，但它适用于地球上任何地点和任何地质时段。Vérard 等（2015）的模型使人们首次可以对显生宙整个大陆地区海平面变化进行估计。其中最引人注目的是获得的曲线与"测量的"海平面变化之间吻合良好，这意味着海平面长期变化主要受控于构造作用。与此同时，该模型还估计了造山带地形随时间的演化，并对比了其与 Sr 同位素比值之间的关系，而通常认为 Sr 同位素比值能够反映造山带的侵蚀作用。尽管很早以前就已经估算出构造对 Sr 同位素比值变化趋势有重要影响，但是

Vérard 等（2015）的模型首次揭示了这种影响，具有深远的意义。

1.3.2　古海陆格局

恢复了全球古山高和古海平面之后，就可以获得当时的全球海岸线位置，即当时海洋和陆地的全球分布。但是，这种古海陆格局的形成与地表的板块运动历史密切相关，因此全球板块重建也能得到古海陆格局分布和演变。

全球尺度古板块的重建需三个步骤：首先确定各古板块的边界；其次进行必要的陆块划分和处理；最后恢复各个古板块在当时的方位和位置（李翔和张玲华，1989），即要确定古板块的边界、形状及大小，以及板块之间的相对位置、板块的运动速度和总体运动方位等。

（1）确定古板块边界形态及陆块处理

虽然不同地质学家应用不同研究方法获得的超大陆形成具体时间以及离散机制仍存在分歧，但大家公认地质历史时期曾发生过多次超大陆聚散事件（Torsvik et al.，1996；王鸿祯等，1997；Li et al.，1996，2008）。板块运动周期性的离散行为比较复杂，所以要确定古板块的边界首先得明确相应地质历史时期古板块的数量和大小，同时要根据已掌握的古生物、古气候以及地层对比等各方面资料进行约束，正确地对古板块进行拼合与分离。

杨巍然等（1997）根据古地磁场参数（地磁场平均强度、地磁场极性倒转比例、地磁场极性倒转频率、真极移速率等）在地史上的周期性变化与古板块汇聚和离散之间的对应关系，即古地磁场强度高值区与低值区的交替周期、古地磁场极性急剧变化周期、地磁场极性倒转频率高的时期以及地幔（或热点）相对于地球旋转轴的移动速率（真极移速率）周期等，得出了古板块汇聚和离散的规律。虽然这只是作为统计规律得出，但是也可以作为重建板块汇聚或离散周期的依据。

古地磁方法揭示出不同大陆地极移曲线（APWP）是不同的，地磁极的迁移主要是大陆漂移的结果（张用夏，1983）。不同地块古地磁极移动路径之间的相互关系及变化可以指示这些地块相互之间的汇聚和离散（张世红等，1999），板块间的亲缘性或相关性又可以根据岩相古地理以及生物古地理上的证据得到支持。

现今，古板块重建一般以活动论作为其理论基础，但也有固定论的成分。其中，把板块看作刚性块体在地球表面作小圆运动或漂移、在板块边缘变形强烈等观点，遵循活动论的思想；而把板块内部看成是稳定的、仅有垂向起伏运动的观点，又遵循固定论的思想。

现阶段的重建工作主要集中在古板块的拼合，一般是根据现有板块边界简单地按照几何学相似性直接拼接到一起。而对于古板块边界的聚合，即碰撞造山带与缝合带，很多时候由于资料不足，无法获知碰撞或俯冲时古板块的消减量或变形缩短量（或伸展量），很难恢复碰撞前的古板块边界。所以，板块重建时，更注重的是地史时期古板块在地球表面的位置和范围，以及古板块同相邻板块之间的相对位置与相互作用关系。对于地质资料较丰富、板块边缘演化模式较清楚的地区，也可以根据具体情况对板块边界进行模式化处理（王成善等，2010）。这也是今后古板块重建应该解决的问题之一。目前，通过层析成像技术有可能揭示中生代以来的洋壳板块消减量。同时，古生物古地理可以提供全球的古生物及古生物群化石分布面貌、沉积相、碎屑锆石年龄谱对比分析，为时空上具可对比意义的地块或地层提供亲缘性佐证；全球沉积事件对古气候变化的响应也可以作为古板块聚合或分离相应构造事件的约束条件（Vail et al.，1977）。

（2）古板块位置的确定

运用地磁学研究确定古板块的位置，是迄今为止最为有效和可信的手段。古地磁在 20 世纪 50 年代至今的古地理重建中具有革命性的意义，它使得古地理重建不再仅仅是定性分析而是开始进入定量–半定量研究阶段，同时古地理图不再受现今经纬度的限制。

可靠的古地磁数据可以提供两个方面的资料：第一，用来确定大陆或陆块的古纬度和古方位；第二，如果两个大陆（或陆块）的极移曲线都比较完善，则可以利用极移曲线的拟合确定大陆（或陆块）之间的相对位置（朱日祥等，1998；张世红和王鸿祯，2002；朱利东等，2008）。

运用古地磁方法可以迅速而简便地得到古纬度值及其长期变化。操作方法是：将岩石样品进行退磁分析处理，获得原生磁化方向，进而获得磁倾角 I 和磁偏角 D，依据公式：$\mathrm{tg}I = 2\mathrm{tg}P$，即可求出古纬度 P 值（方国庆，1991）。如果条件允许（如无混杂堆积），还能确定出某微陆块相对稳定陆块或微陆块间的相对旋转量（李朋武等，1997）。而对于古经度的计算至今未取得较大进展，金鹤生（1993）曾推导出运用古地磁计算测点古经度的数学公式，虽然不是唯一解，但在一定程度上也可以作为估计测点古位置的一个参考值。

假设参考陆块在重建时期内相对稳定，则古地磁方法可以比较陆块的古地磁极视极移曲线（APWP），也可以确定古陆块的相对运动量、所属地块 APWP 的收敛和发散所指示的陆块分离或缝合的年龄等信息。在构造作用比较强烈的造山带或俯冲带，考虑到局部旋转和变形的影响，可以采用纬度漂移量的对比方法，采样点纬度与古纬度的差值即为纬度漂移量（李朋武等，2003）。

微陆块的旋转运动研究曾应用过古地磁多参考点的方法。由于不受局部构造旋转、构造倾伏、混杂堆积等复杂地质条件的影响，古地磁倾角数据相对于偏角数据来说相对可靠得多（李朋武等，1997）。然而，运用古地磁所计算得到的并不一定就是正确的，其多解性及数据本身的不确定性，决定了相关解释工作还要结合其他地质资料对其进行检验和校正。

（3）古板块再造的计算机建模

用计算机的辅助成图，以古地磁数据为基础，结合同位素年代学，利用球面欧拉几何公式计算板块的古纬度，并对板块的运动过程进行模拟与仿真，是目前计算机技术、古地磁学、古板块再造综合应用的一个主要发展方向（吴信才，1998）。

现今计算机技术的发展，特别是地理信息系统（GIS）技术的推广以及全球空间数据库（如 ORACLE、Geodatabase、GPMDB 等）的建立，推动了全球古地磁数据管理平台的开发，实现了古地磁数据的可视化管理、查询以及快速分析功能，如 Schettino 开发的 Paleo-continental Map Editor 使用的数据库中包含了全球古地磁数据库的一个子集，李朋武等（2002）在地理信息系统平台上利用 ArcInfo 8.0 软件，建立了中国及邻区 29 个地块的古地磁数据库，总计汇编了 1461 个古地磁数据等，都进一步增强了全球古地磁数据在地质与构造研究领域的可用性。

目前，已有不少学者对古大陆再造的软件系统进行了研发。Scotese（1976）最早给出了关于板块构造的二维连续动态重建图，从此开始了广泛的地史时期古板块构造演化动态重建工作。Ziegler 等（1985）研究了中生代、新生代和古生代的古大陆再造的计算机成图方法，Duncan（1994）用 C 语言编写了简单的板块运动软件，用于研究早期大陆的形成和解体过程。Torsvik 和 Smethurst（1999）、Torsvik 等（2017）和 Müller 等（2008b）先后开发的 GMAP、Gplates 软件功能强大、逻辑结构清晰，但是以文件的方式来管理大数据，与使用数据库方式比较起来，显得有些欠缺，但近来已取得突破。另外，以 Scotese 等（2014）为主开发的一系列古大陆再造的相关软件大都基于 ArcGIS 平台，陈晓洁（2003）以 VB6 在 MAP INFO 的平台上二次开发了古大陆再造软件，龚福秀等（2009）采用 ArcGIS 的 VBA 开发了欧拉极计算、板块球面旋转等一系列 GIS 工具插件。这些都充分显示了基于 GIS 的古大陆再造软件研发是未来的发展方向之一。田辉等（2011）基于板块旋转欧拉极所建立的数学模型在 GIS 平台上开发了活动古大陆再造 2.0 版本系统，主要功能模块包括：数据管理、板块还原模拟以及古地形地貌复原，主要实现古地理图分析、三维古地貌还原等，其具有连续自动地计算板块的位置、模拟运动轨迹等功能，再结合板块边界、生物区带、古气候环境为基础的定性分析和古地磁、古生物、古气候的数据定量计算，对于多方位研究古板块的运动规律十分有利。赵玉灵等（2001）在 Arcview GIS、Citystar 等平台上建立了基于同位素年代学数据开发的古大陆再造地理信息系统（PCRGIS），从同位素年代学数据的收集、整理入手，通过同位素年代学数据库的建立，绘制了关于同位素地质年龄演化的一系列基本图件。然而，PCRGIS 只能利用若干个不连续的图形（或平面）来对古大陆的变迁过程进行分析，而不能进行连续性的分析，另外，该方法也不能用于进行详细的深部岩石圈演化变迁的研究。但是，当前古地理再造和古板块重建结合使用最多的还是 Gplates 和 Citcoms 结合的四维演变重建、拟合、仿真和模拟，从结合地球大数据、层析成像成果的地幔深度到地表响应形成统一而连续的 4D 地球动力学重建方案，这一未来趋势非常显著。

1.3.3　古水深的恢复

古水深是众多古环境指标的一个很重要的限定因素，在确定了地史时期海陆大体格局之后，定量恢复古水深和古高程就显得尤为迫切。针对不同尺度盆地，计算古水深方法不同，这里重点关注全球尺度古地理重建，故侧重古洋盆海水深度的计算，其他略作讨论。以往获取古水深主要有三个途径，即古生物资料、地球化学资料和沉积相资料（刘学锋等，1999）。另外，板块构造理论建立过程中确定的洋壳年龄与海水深度存在的联系也具有重要应用价值。

（1）古生物方法

具水深意义的生物标志，比如钙藻（范嘉松和吴亚生，2002）、底栖有孔虫与浮游有孔虫（Scott and Medioli，1978；汪品先等，1986；王建和杨怀仁，1995）、珊瑚群落（Dodge et al.，1983；廖卫华，2000）、介形虫与颗石藻（邹欣庆和葛晨东，2000），可以半定量地确定古水深。可以说，古生物方法半定量研究古水深最早出现在古地理重建当中的。早在 20 世纪 50 年代，国外就有科学家探索用浮游有孔虫与底栖有孔虫的比值（P/B），或浮游有孔虫含量（$P\%$），来反映古水深（Phleger and Parker，1951；Grimsdale and Van Morkhoven，1955）。尔后，在不同海区进行了定量研究（Wright，1977；Berger and Diester-Haass，1988；Zivkovic and Babić，2003；Arias，2006），得出适合不同海区的定量关系。浮游有孔虫含量与水深之间满足下式

$$\ln H = a + b \cdot P \quad \text{或} \quad H = e^{(a+b \cdot P)} \tag{1-57}$$

式中，H 为水深（m）；P 为浮游有孔虫含量；a、b 为常数，且不同海区有差别。如，李学杰等（1994，2004）对南海西部进行大量系统的取样与分析，探讨了浮游有孔虫含量与水深的相关关系。陆架区（水深<200m）两者满足对数关系，拟合结果为

$$\ln H = 0.021P + 3.208 \quad \text{或} \quad P = 46.89\ln H - 150.38 \tag{1-58}$$

对于水深大于 200m 的半深海-深海区，拟合结果为

$$H = -526.3P + 52\,105.2 \quad \text{或} \quad P = -0.0019H + 99.03 \tag{1-59}$$

不同种类的有孔虫适宜生活的水深范围不同，故可以根据有孔虫种类来估算水深。但是这只能作为参考和估计，不能定量指示水深。郭秋麟和倪丙荣（1990）讨论了化石分异度与古水深之间的关系，通过 Th/U 比值（王学军等，2008）与氧化

还原环境的关系，利用自然伽马能谱测井，建立了水深曲线。其优点是较易获得，制约因素少，Th/U 比值基本只与水深有关，可以获得连续的曲线。虽然这种方法只能反映水深的相对变化，但对于研究全球洋盆发展阶段及格局演化十分有效。此外，还可以利用生物的机械适应性来确定古水深，如刺球藻的形体随水深增大而增大，故可根据不同类型的刺球藻来推测古水深；多甲藻在水深较大的暖水环境中数量较多，先利用现今刺球藻含量与其水深的对应关系得到回归方程，再利用回归方程反推，代入岩心中刺球藻的含量，即可得到古水深（张玉兰等，1994）。邹欣庆和葛晨东（2000）在定量研究近海岸古水深中运用并建立了理想海岸环境下颗石藻的标准分布模式，进而计算出古水深，这或许能为定量研究深海区古水深提供一种模式，具有一定的引导意义。介形类与孢粉组合、痕迹化石特征、干酪根类型等多种信息也可以用来综合推断沉积期的古气候、古水深、水介质特征（刘振东和孙宜朴，2010）。

（2）地球化学方法

利用沉积地球化学特征与水深关系也可以半定量-定量计算古水深，如沉积物的颜色，特别是泥岩的原生色，可以直接反映沉积时水介质的氧化还原条件，间接反映水体深浅；在不同沉积环境中，沉积物对不同种类微量元素进行吸附、络合或释放的程度不同，会导致不同的元素丰度。因此，元素丰度在很大程度上可以反映沉积时的水介质条件，如 Sr/Ba、Sr/Ca、Mn/Fe、V/Ni 比值等，在一定程度上都可以反映水体深浅（鲁洪波和姜在兴，1999）。蔡毅华等（2002）通过运用多金属结核中 $CaCO_3/Fe_2O_3$ 比值，阐述了其与古水深及中太平洋海盆地质演化的关系，结果显示 $CaCO_3/Fe_2O_3$ 比值与古水深之间存在着负相关关系。不过这一比值的变化只能指示海底构造运动及水深变化的大体趋势，并不能定量指示古水深。

不同水深具有不同的元素组成和同位素含量分布特征。根据元素富集特点，即可定性地描述水体深浅（陈中红和查明，2004；万锦峰等，2011）。研究表明，Th/U 比值的大小与古水深具有密切关系，即 Th/U 比值小，趋向于还原环境，沉积时期水体相对较深；Th/U 比值大，则趋向于氧化环境，沉积时期水体相对较浅。因此，利用自然伽马能谱曲线获得的 Th、U 曲线，根据 Th/U 比值与氧化还原条件的关系、氧化还原条件与水深的关系，可间接获得古水深范围。Th/U 比值曲线可以近似地看作古水深相对变化曲线，能够反映出古水深相对变化的旋回性。在鄂尔多斯盆地孟坝地区延长组地层中的应用显示，古水深由数个旋回性变化组成（王学军等，2008）。但是，运用地球化学的方法定量恢复古水深也存在诸多问题：一是难以保证所测量研究区内的元素含量为同生沉积时的含量，或不向研究区外迁移或由研究区外富集而来；二是某些沉积矿物会影响特定元素的含量，加上各矿物抗风化能力不一，容易加大测定结果的不准确性。

吴智平和周瑶琪（2000）提出了一种运用沉积岩中钴（Co）含量推算古水深的新方法，公式如下

$$V_s = V_0 \times N_{Co} / (S_{Co} - t \times T_{Co})$$
$$h = 3.05 \times 10^5 / (V_s^{1.5}) \qquad (1-60)$$

式中，V_s 为某样品沉积时的沉积速率（mm/a）；V_0 为当时正常湖泊中泥岩的沉积速率（mm/a）；N_{Co} 为正常湖泊沉积物中钴的丰度（%）；S_{Co} 为样品中钴的丰度（%）；t 为样品中镧的含量/陆源碎屑岩中镧的平均丰度（%）；T_{Co} 为陆源碎屑岩中钴的丰度（%）；h 为古水深（m）。张才利等（2011）通过上述方法计算出鄂尔多斯盆地延长组长 7 段古水深为 45.39~128.38m。

（3）沉积岩相方法

岩相古地理图（图 1-35 和图 1-36）不仅能反映岩性的分布状况，还能反映形成这些岩石时的古地貌格局。而且通过沉积相分布与古水深存在的半定量关系，可得到沉积区岩石形成时的水深：冲积–河流相一般水深为 0m；扇三角洲相水深不大于 30m；滨湖相水深小于 5m；浅湖相为 5~20m；深湖相为 20~100m 或更深；滨海相为 0~10m；内浅海相为 10~50m；外浅海相为 50~200m；半深海相为 200~2000m（王敏芳等，2006）。

地层厚度与水深之间的关系也可以恢复大陆架的古水深。水深与沉积速率、沉降幅度、沉积厚度之间均存在联系，地层厚度在一定程度上能够定性反映沉积环境的水深，并在一定情况下可以定量恢复古水深。在应用过程中，需首先恢复地层的原始沉积厚度，其与地质年代之比就是古地层的沉积速率，将所得沉积速率与深水环境和浅水环境下的沉积速率进行比较，便可确定地层形成时的水体深度（董刚和何幼斌，2010）。这种方法理论上是可行的，但由于沉积补偿点和基准面确定的难度以及差异沉降量的不可知性，只有在沉积补偿点和基准面能够确定、差异沉积量可以忽略不计的条件下，才能根据地层厚度定量恢复古水深。

（4）沉积物的分布

沉积物分布具有如下规律：暗色泥岩、油页岩多形成于深水还原环境；浊积岩主要形成于风暴浪基面之下；具有强烈生物扰动的红色、绿色及杂色泥岩，具有各种交错层理的砂岩，主要赋存于风暴浪基面之上的滨浅湖及河流等环境中；白云质泥岩主要发育于滨浅湖环境。湖相暗色泥岩中有机碳的丰度变化与水深呈现正相关关系，随着水深加大，有机碳的含量明显增加。浅湖区暗色泥岩有机碳含量为 1.16%~2.0%，氯仿沥青"A"含量为 0.04%~0.16%；深湖区暗色泥岩有机碳含量为 2.44%~5.28%，氯仿沥青"A"含量为 0.251%~0.667%。同时，鱼、鱼鳞、介形虫及瓣鳃类主要分布在浅湖–半深湖沉积区。在深湖区，底栖生物化石缺乏，水平层理发育，富含丰富的黄铁矿颗粒，缺少陆源碎屑物质，有机碳含量高（庞军刚等，2009）。

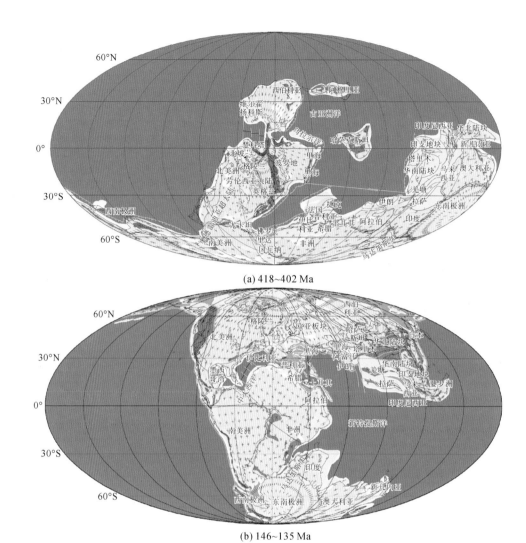

(a) 418~402 Ma

(b) 146~135 Ma

图 1-35　全球早泥盆世和晚侏罗世—早白垩世早期构造古地理图（Golonka et al.，2006）

1. 洋中脊和转换断层；2. 俯冲带；3. 逆断层；4. 正断层；5. 转换断层；6. 山脉；7. 陆地；

8. 冰盖；9. 浅海和大陆坡；10. 深海盆地

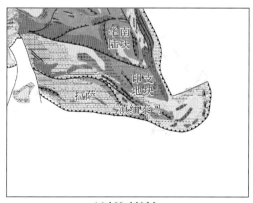

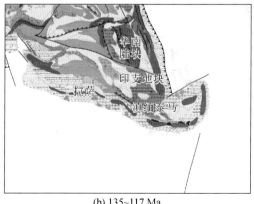

(a) 166~146 Ma

(b) 135~117 Ma

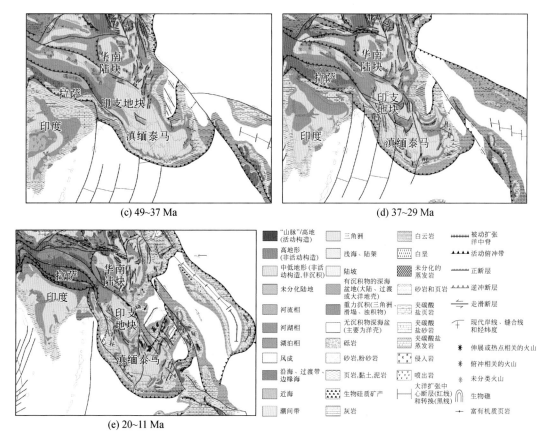

(c) 49~37 Ma

(d) 37~29 Ma

(e) 20~11 Ma

图 1-36　东南亚地区侏罗纪和早白垩世、新生代岩相古地理格局演变（Golonka et al.，2006）

图例：
"山脉"/高地（活动构造） | 三角洲 | 白云岩 | 被动扩张洋中脊
高地形（非活动构造） | 浅海、陆架 | 白垩 | 活动俯冲带
中低地形（非活动构造，非沉积） | 陆坡 | 未分化的蒸发岩 | 正断层
未分化陆地 | 有沉积物的深海盆地（大陆、过渡或大洋地壳） | 砂岩和页岩 | 逆冲断层
河流相 | 重力沉积（三角洲、滑塌、浊积物） | 夹碳酸盐页岩 | 走滑断层
河湖相 | 无沉积物深海盆（主要为洋壳） | 夹碳酸盐砂岩 | 现代岸线、缝合线和经纬线
湖泊相 | 砾岩 | 夹碳酸盐蒸发岩 | 伸展或热点相关的火山
风成 | 砂岩，粉砂岩 | 侵入岩 | 俯冲相关的火山
沿海、过渡带、边缘海 | 页岩，黏土，泥岩 | 喷出岩 | 未分类火山
近海 | 生物硅质矿产 | 大洋扩张中心断层（红线）和转换（黑线） | 生物礁
潮间带 | 灰岩 | | 富有机质页岩

（5）沉积构造

湖泊沉积过程中可发育各种类型沉积构造，其类型取决于水体深浅和水动力条件。概括起来，盆地的深水、较深水区（>20m）主要形成微细水平层理、连续韵律层理；深水浊积岩具复理石构造，槽模、沟模是其特征沉积标志；浅水地区（1~20m）层理类型多样，间断韵律发育，波痕、冲刷侵蚀构造较发育；干裂、雨痕等层面构造都是反映沉积物暴露水面（<1m）的标志，不同沉积构造与水深关系复杂，也与湖面或海面开阔程度有关（杨克文等，2009）。

（6）自生矿物和微量元素

自生矿物如铝、铁、锰结核等，均按照各自的化学规律形成，其形成过程除与特定环境有关外，还与水深有间接关系。常用的标志矿物是含铁自生矿物，其氧化环境到还原环境依次为赤铁矿、褐铁矿、菱铁矿、黄铁矿，对应水深依次为 0~1m、1~3m、3~15m、>15m。含铁矿物的差异主要显现在岩石颜色上，尤以黏土层的颜色判断水深最为直接。根据上述特点，郭彦如等（2002）对查参 1 井下白垩统进行了古水深确定，发现古水深的旋回性变化很明显，古水深的突变处与钻/测井解释的三级层序界面相符合，进一步证实了层序地层划分的正确性。同时，三级层序内部的古水深微小变化反映了准层序的叠置关系。

(7) 古洋盆水深

古洋壳形成以后，其区域性水深的变化主要受到岩石圈热沉降、沉积物充填及压实的影响。如果岩石圈中某一区域因受热使得温度高于周围区域，在保持质量不变的情况下，其体积增大，从而导致此区域地表或海底隆升，水深变浅。洋中脊洋壳则因冷却和下伏地幔岩石圈厚度增加而隔热的双重效应，洋中脊大洋岩石圈在向两侧扩张运移的过程中，不断变冷、变重，使得海底面不断沉降，水深变深；且随着年龄的增加，这种沉降量可达数千米。洋壳的沉降量通常伴随着其年龄和水深而不断增长，洋壳年龄-水深之间也有着密切关系。因此，还可以通过研究当今洋壳年龄与水深之间的定量关系，恢复古大洋海水深度。

无论基于前文板块空间模型还是基于板块冷却模型的岩石圈沉降公式，都是将地壳年龄作为水深的主要控制因素（Parsons and Sclater，1977；McKenzie，1978；Stein C A and Stein S，1992；Hillier and Watts，2005；张涛等，2011）。根据洋底各项参数（包括表面温度、地幔温度、热扩散系数、热导系数、热膨胀系数、海水密度、地幔密度以及洋中脊轴部深度），取其平均值，拟合出当今大洋洋壳年龄与海水深度的关系如下

$$H = 2500 + 350\sqrt{t} \tag{1-61}$$

式中，H 为海水深度，单位为 m；t 为洋壳年龄，单位为 Ma。在这一基础之上，考虑海水参与对于俯冲作用的影响，对比得出弧后盆地的菲律宾海洋壳年龄与水深关系如下

$$H = 3222 + 366\sqrt{t} \tag{1-62}$$

将这两个公式对比可见，同年龄的弧后盆地小洋盆的水深比大洋洋壳的要深，原因在于俯冲板片对地幔楔的冷却效应，但相关的动力地形研究尚未开展。

Hillier 和 Watts（2005）通过研究北太平洋洋壳年龄-水深关系，消除了海底地形地貌的影响，总结得出正常洋壳与水深之间的关系为

$$h = 3010 + 307\sqrt{t} \qquad (t<85\text{Ma}) \tag{1-63}$$
$$h = 6120 - 3010\exp(-0.026t) \qquad (t>85\text{Ma}) \tag{1-64}$$

Stein C A 和 Stein S（1992）根据热流数据与水深数据的相关性，提出如下改正公式

$$h = 2600 + 365\sqrt{t} \qquad (t<20\text{Ma}) \tag{1-65}$$
$$h = 5651 - 2473\exp(-0.0278t) \qquad (t\geqslant20\text{Ma}) \tag{1-66}$$

式中，h 为海水深度，单位为 m。

由式（1-66）可见，岩石圈沉降并非洋壳年龄的线性函数。假定从洋壳生成初期至今，洋壳热沉降量为 D_1；从初期至重构的某年龄时，地壳热沉降量为 D_2（图 1-37），故计算重构年龄的古水深时，热沉降修正项应为现在的沉降量 D_1 与所需重构年龄的沉降量 D_2 之差 ΔD（$\Delta D = D_1 - D_2$）（图 1-37）。

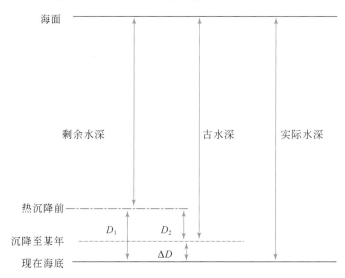

图 1-37　仅考虑热沉降影响的古水深修正

沉积物对水深数据的影响有两方面：一是因沉积物的堆积而产生的充填与压实综合作用，会导致水深变浅；二是沉积物的负载会使得岩石圈发生均衡调整，导致沉积基底变深（张涛等，2011），当沉积物被移除后会出现均衡效应（图 1-38）。因而要对这两个影响进行校正，这些综合修正大约是现代沉积物厚度的 0.6 倍（Hayes et al.，2009）。

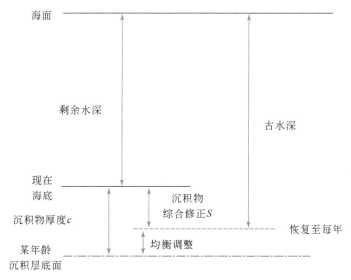

图 1-38　仅考虑沉积物影响的古水深修正

Crough（1983）利用公布的深海钻探计划（DSDP）资料，选取北大西洋最深的 3 个站点（391 站位、397 站位和 398 站位）数据，计算了沉积物厚度修正值与沉积物厚度的关系（Crough，1983），张涛等（2011）对此修正值也进行了拟合，得到如下关系

$$S=c-0.000\ 14c^2-0.22c^3 \tag{1-67}$$

式中，S 为沉积物厚度，单位 m；c 为沉积物厚度，单位为 m。

在研究区域缺少实际沉降速率信息的情况下，可假定在每个时间段内沉降速率为常数。经以上热沉降（ΔD）和沉积物效应（S）两项修正后，古水深为

$$PB=B-\Delta D+sPB-\Delta D+S \tag{1-68}$$

式中，PB 为古水深（正值）；B 为观测的现今水深值（正值）；D 为热沉降值，s 为沉积修正值，单位均为 m。

虽然洋壳年龄与古水深之间这种定量关系明显，但是即使在现今，各大洋扩张速率不同，热流值参数也不同，这种年龄–水深关系很难有普适性，若再将其运用到恢复古大洋水深，则需要对洋中脊扩张机制与大洋岩石圈冷却模式进行更深入的研究。

由于洋底沉积物年龄比较老，所以沉积厚度比较大。但是，深海沉积物的厚度也受控于纬度，多项表面修正后的全球沉积物厚度表明，沉积物厚度与洋壳年龄和纬度有关（图1-39）。这里运用这个模型来估算洋底沉积物总厚度及其静水压实量随时间的变化。但是，不确定性很难限定，三叠纪平均沉积物厚度的不确定性为±15m，而白垩纪的不确定性为±25m。Müller 等（2008a）通过增加主要洋底高原和沉积物的厚度，重建了海底深度，依此类推，可制作一系列的古深海水深图（图1-40），进而依据这些图就能够计算出不同地史时期的洋壳面积和平均厚度。

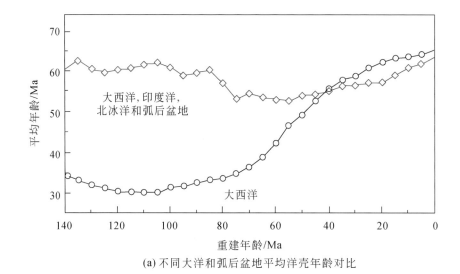

（a）不同大洋和弧后盆地平均洋壳年龄对比

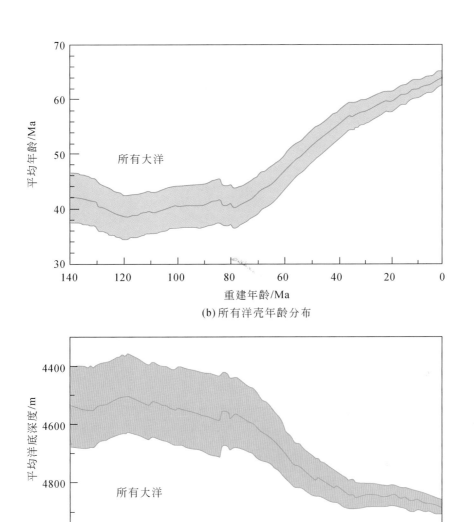

(b) 所有洋壳年龄分布

(c) 140Ma以来平均洋底深度分布

图 1-39　洋壳年龄–重建年龄–平均水深关系

（a）包括太平洋、印度洋、大西洋、北冰洋盆地和所有的弧后盆地的平均洋壳年龄。从120Ma到现在，大西洋平均年龄从30Ma增加到65Ma。相对而言，其他洋盆的平均洋壳年龄变化比较小（最大差在10Myr），这对太平洋平均年龄随时间保持不变的观点提出了挑战（Cogne et al., 2006）。（b）从140Ma到现在，洋壳年龄在1Myr间距内的分布趋势图，外部是年龄误差网格线。（c）根据GHD-1深度计算模型年龄误差所得到的不确定值（Stein C A and Stein S，1992）。（a）和（b）中纵坐标平均洋壳年龄大的时期，说明洋壳扩张速度快，反之则小，可见白垩纪大洋扩张速率快于新生代，白垩纪洋壳必然相对新生代较热，因而水深必然较浅，这也表现为西太平洋比东太平洋发育更多的海山

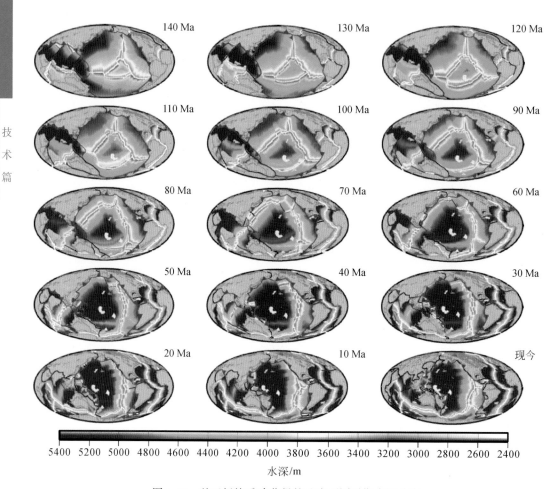

5400 5200 5000 4800 4600 4400 4200 4000 3800 3600 3400 3200 3000 2800 2600 2400

水深/m

图1-40 基于板块重建获得的地史不同时期水深分布

根据洋壳古年龄等值线建立的洋底深度和 GDH-1 水深模型（Stein C A and Stein S，1992），结合不同时期

沉积物厚度和主要洋底高原，重建的不同时期水深（Müller et al.，2008a）

1.3.4 古温度的恢复

（1）同位素古水温计

A. 氧同位素

早在 1947 年，Urey 就指出二氧化碳–水–碳酸钙系统中氧同位素的分馏作用与海水温度存在相关关系。Emiliani 和 Geiss（1959）首次应用氧同位素记录证明了米兰科维奇假说，并开始建立 MIS（Marine Isotope Stage）。根据稳定同位素的分馏原理，方解石生物壳体的氧同位素在碳酸钙和海水的体系中会发生如下交换反应

$$1/3CaC^{16}O_3 + H_2^{18}O \longrightarrow 1/3CaC^{18}O_3 + H_2^{16}O \tag{1-69}$$

当这种反应达到平衡时，两种不同相态的氧同位素丰度比值 α（分馏系数）是

温度的函数（O'Neil et al., 1969），公式如下

$$1000\ln\alpha = 2.78 \times (10^6 T^{-2} - 3.39) \qquad (1\text{-}70)$$

式中，$\delta^{18}O_s$ 为有孔虫的 $\delta^{18}O$ 值；$\delta^{18}O_w$ 为当时海水的 $\delta^{18}O$ 值。

这就奠定了利用 $\delta^{18}O$ 测定表层海水温度的基础。据此，可以根据碳酸盐-水之间的分馏，获得有孔虫中温度与碳酸盐和水氧同位素之间的关系为（Shackleton，1974）

$$T = 16.9 - 4.38 \times (\delta^{18}O_s - \delta^{18}O_w) + 0.10 \times (\delta^{18}O_s - \delta^{18}O_w)^2 \qquad (1\text{-}71)$$

实际上，在低温条件下，温度与碳酸盐的氧同位素之间呈现线性关系（Tarutani et al., 1969）

$$T = 16.9 - 4.0 \times (\delta^{18}O_s - \delta^{18}O_w) \qquad (1\text{-}72)$$

Shackleton 和 Boersma（1981）通过对全球大量深海沉积样品的研究，在借用参考值海水 $\delta^{18}O_w = -1.2‰$ 的前提下，恢复了始新世（距今 50Myr）表层海水温度，计算结果与其他学者的分析基本一致。进一步的研究表明，始新世纬向表层海水温度梯度不超过现在的 1/2，揭示了始新世洋流将更多的热量输送到了极地，因而始新世南北极都没有冰盖发育。

此外，珊瑚骨骼的氧同位素温度计同样被很好地应用于表层海水温度的重建。Weber 和 Woodhead（1972）首先发现珊瑚骨骼的 $\delta^{18}O$ 与表层海水温度之间存在相关关系。随后，许多学者对珊瑚骨骼的 $\delta^{18}O$ 进行了研究（Weil et al., 1981）。余克服等（1999）对雷州半岛造礁珊瑚 *Porites lutes* 月分辨率的 $\delta^{18}O$ 进行分析，发现实验获得的 $\delta^{18}O$ 结果与海口海洋观测站记录的 1995 年 1 月至 1997 年 7 月平均表层海水温度存在线性关系，关系式为

$$T = -1.505 - 4.567 \times \delta^{18}O \qquad (r = -0.94) \qquad (1\text{-}73)$$

随后，有关砗磲壳体的报导也逐渐出现。这些研究表明，砗磲成年之后的内壳层高分辨率呈现出很好的年周期变化，并且与周围海洋环境达到同位素平衡，Elliot 等（2009）则发现澳大利亚附近的砗磲符合如下的平衡方程

$$T = 21.8 - 4.69 \times (\delta^{18}O_{碳酸盐} - \delta^{18}O_{海水}) \qquad (1\text{-}74)$$

$\delta^{18}O$ 随温度的变化率约为 $-0.213‰/℃$。当然不只是有孔虫、珊瑚和砗磲等生物，腕足、箭石等壳体的 $\delta^{18}O$ 与海水温度也存在相关性（Voigt et al., 2003；Korte et al., 2005），也可以用来指示不同地质历史时期的温度变化。

硅质岩中的 $\delta^{18}O$ 值也可以用来重建古海水温度。硅质岩的氧同位素（$\delta^{18}O_{硅质}$）和沉积水体的氧同位素（$\delta^{18}O_{水}$）之间的分馏为

$$\Delta^{18}O = \delta^{18}O_{硅质} - \delta^{18}O_{水} \qquad (1\text{-}75)$$

该分馏与温度之间的关系为

$$1000\ln(\Delta^{18}\text{O}) = (3.09 \times 10^6 T^{-2}) - 3.29 \qquad (1-76)$$

当已知 $\delta^{18}\text{O}_{硅质}$ 和 $\delta^{18}\text{O}_水$ 时，可恢复古海水温度。但由于 $\Delta^{30}\text{Si}_{水-硅质}$ 不能够精确测定（根据从水体沉积和黑烟囱附近沉积的硅质岩，$\Delta^{30}\text{Si}_{水-硅质}$ 可能为 $-1‰$ 或 $-3‰$），所以需要根据氧同位素来辅助 Si 同位素恢复古海水温度（Robert and Chaussidon, 2006；Marin-Carbonne et al., 2012, 2014）。需要注意的是，利用 $\delta^{18}\text{O}$ 值重建古水温的方法仍受多重因素的影响而存在偏差，如水-岩交换作用过程中的不平衡、成岩作用、生态效应、古海水的 $\delta^{18}\text{O}$ 值（Hudson, 1977；Knauth and Lowe, 1978；Hudson and Anderson, 1989；Robert and Chaussidon, 2006）、pH 以及 CO_3^{2-} 浓度等因素的影响，实际应用中需要多加注意。例如，已有的实验表明，海水 CO_3^{2-} 浓度的升高会导致有孔虫壳体 $^{18}\text{O}/^{16}\text{O}$ 比值降低（Spero et al., 1997）。此外，全球"冰期效应"和入海河流淡水的收支变化，也会干扰海水的 $\delta^{18}\text{O}$ 值，进而影响海水温度的重建。

B. 钙同位素

钙是生物骨骼的主要组成部分，不易受到环境和成岩蚀变作用的改变。对不同海域、不同深度的海水大量测试结果表明，全球海水的钙同位素组成具有均一性（Zhu and Macdougall, 1998；De La Rocha and DePaolo, 2000；Schmitt et al., 2001）。现今海洋中钙元素的滞留或居留时间 t_{Ca} 约为 $10^6 a$，而大洋之间海水交换混合时间约为 $10^3 a$，因此，同一时期海水的钙同位素可认为是恒定的（Broeker and Peng, 1982），约为 $1.88‰$（Hippler et al., 2003；Farkaš et al., 2007a, 2007b；Amini et al., 2009；Valdes et al., 2014）。

Skulan 等（1997）对钙同位素分馏的生物控制因素进行了研究，发现不同生物体中钙同位素值差别不大，但较轻的钙同位素优先进入生物体，所以他们认为自然界钙同位素分馏主要是由生物分馏导致的。利用有孔虫等海洋生物的钙同位素揭示古海洋温度变化，是国际研究的热点之一，并取得重要进展。根据对 G. *kullenbergi*、袋拟抱球虫（G. *sacculifer*）、N. *Pachyderma* 的研究结果，Zhu 和 Macdougall（1998）首次发现有孔虫钙同位素分馏与温度、种类有关：对于同一种的有孔虫，低温海水中生长的有孔虫具有更低的 $\delta^{44}\text{Ca}$ 值更低，与海水的分馏更大；而对于不同种属的有孔虫，温度对分馏的影响是次要的。他们发现，当温度升高 $1℃$，N. *pachyderma* 的 $\delta^{44}\text{Ca}$ 随之升高 $0.1‰$，即温感梯度为 $0.1‰/℃$（李亮和蒋少涌，2008）。De La Rocha 和 DePaolo（2000）发现底栖有孔虫 G. *ornatissima* 的温感梯度为 $0.15‰/℃$。为了考察钙同位素作为古海洋温度计的适用性，Nägler 等（2000）在实验室人工培育浮游有孔虫袋拟抱球虫，并根据 $19.5℃$、$26.5℃$、$29.5℃$ 的 $\delta^{44}\text{Ca}$ 值，得到的拟合线为

$$1000\ln\alpha = 0.24 \times T - 8.15 \qquad (1-77)$$

当温度升高，细胞的生长、钙化速率也随之加快，那么生物碳酸盐所展现的钙同位素温感效应，就有可能受这些速率的控制。然而，在对颗石藻进行一系列的对比实验之后，Langer 等（2007）证实，温感效应直接源于温度，而与生长速率、钙化速率无关。Sime 等（2005）从北大西洋、西印度洋多处钻孔顶部 1cm 的有孔虫遗骸（均<3ka），开展钙同位素研究。他们发现：12 种浮游有孔虫（包括袋拟抱球虫）的 $\delta^{44}Ca$ 值与温度之间毫无相关性。然而，Hippler 等（2006）在大西洋处海域捕获袋拟抱球虫，基于年平均温度，获得与 Nägler 等（2000）一致的温感梯度（图 1-41）。这表明，尽管海表温度（SST）会随季节变化而波动，但是年平均温度的确能反映出生物的生长过程。

不过，对绝大多数碳酸盐而言，钙同位素的温感效应都不明显（~0.02‰/℃），如图 1-41 所示。Lemarchand 等（2004）提出的平衡分馏假说认为，这种微弱的正相关并非源于钙同位素本身，而是 H_2CO_3 电离常数对温度的连锁响应：温度升高，电离常数随之升高，溶液中 $[CO_3^{2-}]$ 与 $[HCO_3^-]$ 升高，过饱和指数 Ω 与沉降速率 R 升高，最终导致 $\Delta^{44}Ca$ 的升高。理论计算表明，温度对 $\Delta^{44}Ca$ 的间接影响为 ~0.02‰/℃，与实验结果一致。只有当温度变化超过 5~10℃时，才能超越钙同位素的测试误差（0.1‰~0.2‰）。因此，$\Delta^{44}Ca$ 不适合指示温度变化。尽管 Zhu 和 Macdougall（1998）报道 N. pachyderma 的温感梯度为 0.1‰/℃，但此后数年内只有 1 篇会议摘要再次报道。因此，还需要更多的实验数据予以确认。就目前而言，只有袋拟抱球虫具有显著的温度效应。

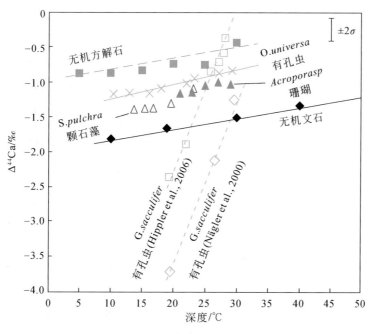

图 1-41　钙同位素温感效应示意

另外，需要注意的是，尽管无机方解石与生物方解石的钙同位素温感梯度一致，然而它们对温度的表现却截然不同，这可能与生长环境有关（Langer et al., 2007）。培育实验是一个简单体系，温度、盐度等参数都是可控制的；而海洋则是一个开放的复杂体系，海水的化学成分相对复杂，Mg^{2+}、SO_4^{2-} 等离子会抑制沉降速率，使得生物方解石富集 ^{40}Ca。而且方解石与文石的差异可能与晶体结构有关（Gussone et al., 2005）：方解石是三方晶系，Ca—O 为 6 次配位；而文石是正交晶系，Ca—O 为 9 次配位。方解石中 Ca—O 键比文石强 60%，因此方解石中富集 ^{44}Ca。

不论如何，温度是影响海洋中无机成因和生物成因钙同位素分馏最主要的因素，也是同位素分馏值方程的基石。钙同位素在碳酸盐与水之间的分馏 $1000\ln\alpha$ 与温度具有较好的线性关系（图 1-41），其中，袋拟抱球虫钙同位素分馏值方程的斜率是其他 $CaCO_3$ 分馏方程斜率的 9~16 倍，所以钙同位素分馏与温度之间的相关性可以作为温度代用指标。主要的方程总结如下：

方解石（Gussone et al., 2003）

$$1000\ln\alpha = 0.026 \times T - 1.39 \quad （有机） \tag{1-78}$$

$$1000\ln\alpha = 0.015 \times T - 1.02 \quad （无机） \tag{1-79}$$

文石（Gussone et al., 2003）

$$1000\ln\alpha = 0.016 \times T - 1.89 \quad （有机） \tag{1-80}$$

$$1000\ln\alpha = 0.015 \times T - 1.94 \quad （无机） \tag{1-81}$$

袋拟抱球虫（Gussone et al., 2003）

$$1000\ln\alpha = 0.24 \times T - 6.76 \tag{1-82}$$

O. *Universa*（Gussone et al., 2003）

$$1000\ln\alpha = 0.019 \times T - 1.39 \tag{1-83}$$

Emiliania huxleyi（Gussone et al., 2006）

$$1000\ln\alpha = 0.027 \times T - 1.68 \tag{1-84}$$

石珊瑚（Böhm et al., 2006）

$$1000\ln\alpha = 0.020 \times T - 1.60 \tag{1-85}$$

Nägler 等（2000）和 Nürnberg 等（2000）对 GeoB1112 钻孔中的袋拟抱球虫进行 Mg/Ca、$\delta^{44}Ca$ 测试，各自重建了 140ka 以来赤道东大西洋的海表温度（SST）。对比结果显示：虽然 $SST_{\delta^{44}Ca}$ 普遍比 $SST_{Mg/Ca}$ 高 3℃，但二者的变化趋势却是一致的。$SST_{\delta^{44}Ca}$ 揭示 MIS-1（13ka 至现今）比 MIS-2（38~14ka）高 3.0±1.0℃，与 $SST_{Mg/Ca}$ 结果（3.0~3.5℃）一致（Nürnberg et al., 2000）。尽管 Nägler 等（2000）取样点较为稀疏（140ka 内仅有 14 个数据点），但其工作具有首创性，为古海洋温度研究开辟了新方向。在修订 $\delta^{44}Ca$ 温度计之后，Hippler 等（2006）对 GeoB1112 进行高分辨率(~2ka)取样，再次确认全新世比末次冰盛期（~20ka）高 2.5~3.5℃。

C. 团簇同位素

团簇同位素是指自然出现的、包含超过 1 个重同位素（稀有同位素）的同位素体（Eiler, 2006），这些重同位素"团簇"在一起而形成化学键（Eiler, 2007）。由于这些同位素体的丰度非常低（通常是 10^{-6} 级别甚至更低），过去的同位素测试仪器很难精确测定其丰度，并且以传统的几何平均值规则或 Bigeleisen 公式为基础的理论体系，从根本上忽略了此类分子的独特性质，导致这些稀有的同位素体在过去的研究中被忽略。因此，团簇同位素是稳定同位素方面没有被广泛研究的一个新领域（Eiler, 2007）。

与传统氧同位素温度计不同的是，碳酸盐团簇同位素温度计是利用矿物晶格中的 ^{13}C—^{18}O 键的相对丰度与温度之间的关系，获得矿物的生长温度，而与其生长的流体的同位素组成无关（Eiler, 2006, 2007），这解决了传统氧同位素温度计受生长流体（水）的 $\delta^{18}O$ 制约的问题。以方解石为例，碳酸盐团簇同位素温度计是基于同位素之间的两个重同位素的交换反应（Eiler, 2011）

$$Ca^{13}C^{16}O_3 + Ca^{12}C^{18}O^{16}O_2 = Ca^{13}C^{18}O^{16}O_2 + Ca^{12}C^{16}O_3$$

Eiler（2007）定义了 Δ_{47} 来定量表示该反应与温度有关的、气体样品中同位素体的丰度偏离随机分布的程度。为了测得 Δ_{47}，需要知道碳酸钙中分子量分别为 47、46、45 的 CO_2 与分子量为 44 的 CO_2 的比值（分别记为 R^{47}、R^{46} 和 R^{45}），以及与之相对应的随机分配的 R^{47*}、R^{46*}、R^{45*} 的值

$$\Delta_{47} = \left[(R^{47}/R^{47*} - 1) - (R^{46}/R^{46*} - 1) - (R^{45}/R^{45*} - 1) \right] \times 1000 (\permil) \qquad (1\text{-}86)$$

式中，R^i 是 m^i/m^{44} 的丰度比（m 为同位素的质量数，i 指某一种同位素）

$$R^{47} = m^{47}/m^{44}$$
$$R^{46} = m^{46}/m^{44}$$
$$R^{45} = m^{45}/m^{44}$$
$$R^{45*} = R^{13} + 2R^{17}$$
$$R^{46*} = 2R^{18} + 2R^{13}R^{17} + (R^{17})^2$$
$$R^{47*} = 2R^{13}R^{18} + 2R^{17}R^{18} + R^{13}(R^{17})^2$$

式中，R^{13} 是 $^{13}C/^{12}C$ 的丰度比；R^{17} 是 $^{17}O/^{16}O$ 的丰度比；R^{18} 是 $^{18}O/^{16}O$ 的丰度比。

获得了正确的 Δ_{47} 之后，就可以利用 Δ_{47} 和温度的标定关系来获得温度。目前，主要依靠实验法和理论计算来建立 Δ_{47} 与温度的标定关系。Guo 等（2009）依据过渡状态理论和统计热力学理论，提出了关于磷酸溶解碳酸盐反应过程中同位素分馏的定量计算模型，并预测了在 25℃ 下磷酸溶解文石、方解石和白云石等 5 类碳酸盐矿物的温度的标定曲线，适用温度范围 13 ~ 1200℃，但是该预测模型未能与实验数据准确地匹配。

实验方法就是在已知的不同温度下，在实验室合成碳酸盐矿物，并测定矿物的 Δ_{47}，然后利用 Δ_{47} 和温度的关系来拟合温度的标定曲线，目前的大多数温度标定曲线均通过此方法获得（公式见下文，其中 T 是开尔文温度）。但是，不同的标定曲线具有不同的温度适用范围。Ghosh 等（2006）最早利用天然形成和实验室合成的无机方解石建立了温度在 $1 \sim 50\,^\circ\text{C}$ 的标定关系

$$\Delta_{47} = 0.0592 \times 10^6 \times T^{-2} - 0.02 \tag{1-87}$$

但后来的研究表明，该温度标定曲线的斜率偏高。Dennis 和 Scharg（2010）利用被动脱气沉淀方解石的方法，测定了沉淀物的 Δ_{47}，建立了温度在 $5.5 \sim 77\,^\circ\text{C}$ 的标定关系

$$\Delta_{47} = 0.0337 \times 10^6 \times T^{-2} + 0.2470 \tag{1-88}$$

为使得温度的适用范围更广，Henkes 等（2013）基于对海洋软体动物和腕足类动物贝壳的研究，建立了适用于更低温度（$-1 \sim 29.5\,^\circ\text{C}$）的温度标定关系

$$\Delta_{47} = 0.0327 \times 10^6 \times T^{-2} + 0.3286 \tag{1-89}$$

Wacker 等（2014）通过对各种成因方解石的测试，建立了适用于 $9 \sim 38\,^\circ\text{C}$ 的标定关系

$$\Delta_{47} = 0.0327 \times 10^6 \times T^{-2} + 0.3030 \tag{1-90}$$

Kluge 等（2015）利用过饱和 $CaCO_3$ 溶液脱气方法以及 $CaCl_2$ 和 $NaHCO_3$ 溶液混合的方法合成方解石，建立了适用温度在 $20 \sim 250\,^\circ\text{C}$ 的温度标定关系

$$\Delta_{47} = 0.98 \times (-3.407 \times 10^9 \times T^{-4} + 2.365 \times 10^7 \times T^{-3} - 2.607 \times 10^3 \times T^{-2} - 5.880 \times T) + 0.293 \tag{1-91}$$

这使得对相对高温碳酸盐的标定成为可能。

上述标定关系主要针对的是方解石矿物，Winkelstern 等（2016）则基于 5 个合成的白云石样品和 4 个天然的白云石样品，建立了针对白云石的温度标定关系

$$\Delta_{47} = 0.037 \times 10^6 \times T^{-2} + 0.287 \tag{1-92}$$

但是发现这个标定关系与针对方解石的标定关系无法区分，进而支持建立统一的标定关系。

Kelson 等（2017）通过多种方法合成了 56 个碳酸盐矿物，并在 $25\,^\circ\text{C}$ 和 $90\,^\circ\text{C}$ 分别溶解，进行 Δ_{47} 的测定，建立了适用于 $4 \sim 85\,^\circ\text{C}$ 的统一的标定关系

$$\Delta_{47} = 0.0417 \times 10^6 \times T^{-2} + 0.1390 \tag{1-93}$$

Bonifacie 等（2017）利用合成和天然的白云石，在两个实验室用不同的程序来测试相同的样品，发现在 $25 \sim 350\,^\circ\text{C}$ 存在较好的标定关系

$$\Delta_{47} = 0.0422 \times 10^6 \times T^{-2} + 0.1262 \tag{1-94}$$

这个标定关系适用于所有的碳酸盐矿物。

由此可见，对温度标定关系的建立经历了从低温到更大温度范围的发展过程，并且建立的标定关系趋向于近似值。

（2）微量元素法

A. 有孔虫壳体 Mg/Ca 比值法

生物壳体在生长过程中，Mg^{2+} 置换其碳酸盐壳体中的 Ca^{2+} 是一个吸热过程，当海水温度升高时，壳体中 Mg/Ca 比值会增大（Lea，1999）。因此，Mg/Ca 比值随温度的变化为 Mg/Ca-SST 温度计提供了理论基础。

Nürnberg 等（1996）通过对袋拟抱球虫壳体的 Mg/Ca 比值测定（Nürnberg et al.，1996），首次得出了该比值与温度（T）的函数关系式

$$Mg/Ca = 0.4717e^{0.825T} \tag{1-95}$$

Wei 等（2007）对 ODP 1144 站位沉积物中的袋拟抱球虫 Mg/Ca 比值进行研究，重建了南海北部过去 26 万年以来的 SST，结果显示从末次冰盛期到全新世，研究区年平均 SST 上升了 3.6℃，氧同位素第 5e 阶段（MIS 5e）的温度比全新世的高，这些结果与该区其他站位 U_{37}^{K} 法（见下文）和其他种类有孔虫 Mg/Ca 比值所估算的 SST 记录一致。

近年来，利用其他生物壳体的 Mg/Ca 比值计算古温度也取得了重大突破，通过对珊瑚、箭石等生物化石中 Mg/Ca 比值等信息的提取，已成功地反演出古海水的温度变化，揭示了早白垩世全球气候由冷到暖的转变。与 $\delta^{18}O$ 法相比，Mg/Ca 比值法不仅可以成功跨越氧同位素温度计中古海水氧同位素组成缺失的障碍，而且结合同种生物壳体的氧同位素资料，还可以计算出古海水的 $\delta^{18}O$ 值，从而对古海水的盐度变化进行综合研究。但 Mg/Ca 温度计也受到多种因素制约，如海水 CO_3^{2-} 浓度、pH 以及有孔虫自身生长发育等。Russell 等（2004）对浮游有孔虫的两个种 *Orbulina universa* 和 *G. bulloides* 进行研究，实验发现在海水 CO_3^{2-} 浓度 $\geqslant 200\mu mol/kg$ 和 pH>8.2 两种情况下，随着 CO_3^{2-} 浓度及 pH 的增大，Mg/Ca 比值降低；反之变化不明显。同时，盐度也会影响生物壳体对 Mg^{2+} 的吸收，尤其在一些高盐海区（盐度>36psu），Mg/Ca 比值受盐度的控制明显大于温度，利用此方法无法正确恢复海水温度（Ferguson et al.，2008）。

B. 珊瑚骨骼 Sr/Ca、U/Ca 比值法

珊瑚在生长过程中，碳酸钙以文石的形式直接从海水中沉淀下来，组成珊瑚的骨骼。其中，Sr^{2+} 以类质同相赋存于骨骼中。珊瑚骨骼的 Sr/Ca 比值由这两个化学元素在文石和海水之间的分配系数 K（P，T）决定（Weber，1973），而 K 和温度相关（Kinsman and Holland，1969），这就奠定了 Sr/Ca 温度计的理论基础。

自 Beck（1992）首次进行了 Sr/Ca 比值与温度关系的研究之后，Sr/Ca 温度计

被广泛应用。韦刚健等（2004）通过分析雷州半岛南部珊瑚全新世高分辨率 Sr/Ca 比值，建立了 Sr/Ca-SST 关系式

$$Sr/Ca = -0.0424(\pm0.0031) \times SST + 9.836(\pm0.082) \tag{1-96}$$

他们利用此函数重建了公元 489～500 年和公元前 539～530 年的月表层海水温度，与中国其他地区根据物候及历史记录获得的气候记录相吻合。

另外，U/Ca 比值也可以估算表层海水温度。韦刚健等（1998）建立了同位素稀释技术与 ICP-MS 相结合的 ID-ICP-MS 分析方法，成功测量了取自南海北部的滨珊瑚样品中的微量 U，并以此建立南海北部近岸海域的珊瑚 U/Ca 温度计，获得 ±0.5℃的温度分辨率。

利用珊瑚骨骼微量元素比值法恢复的古温度具有较高精度，但这种方法易受珊瑚生命效应的影响，因此，应用中需要特别注意不同海区和不同珊瑚所建海水温度计的差异。与 U/Ca 比值相比，Sr/Ca 比值随温度变化灵敏度略低（韦刚健等，1998）。此外，对 U/Ca 比值而言，该比值反映的是 SST 和海水 U/Ca 比值两部分的变化（Shen and Dunbar，1995）。在近海，河水输入量大时，海水的 U/Ca 比值会发生较大变化，温度也会产生很大偏差。

（3）生物标志化合物法

A. $U_{37}^{K'}$ 法

$U_{37}^{K'}$ 是颗石藻 *Emiliania huxleyi* 合成的长链烯酮不饱和度，为 $C_{37:2}/(C_{37:2} + C_{37:3})$，其中，$C_{37:x}$ 表示含 37 个 C 原子和 x 个双键的烯酮浓度。$U_{37}^{K'}$ 是 20 世纪 80 年代末期提出的一种重建表层海水古温度的生物化学指标（Prahl and Wakeham，1987）。实验发现，$U_{37}^{K'}$ 与海水温度呈线性相关关系（Marlowe et al.，1984），因此，$U_{37}^{K'}$ 指标被誉为"分子温度计"。

Pelejero 和 Grimalt（1997）结合现代南海表层海水温度数据，发现在水深 0～30m 平均温度与 $U_{37}^{K'}$ 拟合最佳，得到了适用于南海海区的 $U_{37}^{K'}$-SST 线性方程式

$$U_{37}^{K'} = 0.031SST + 0.092 \tag{1-97}$$

Pelejero 和 Grimalt（1997）利用 $U_{37}^{K'}$ 法对南海的柱样进行研究，重建了过去 22 万年以来南海表层海水的温度状况。研究结果表明，南海南北部海水温度均表现出冰期/间冰期变化，这种变化比同纬度其他海区高 1～3℃，与有孔虫组合估算的温度差异一致，体现了作为边缘海的南海对冰期旋回中环境变化信号具有放大效应。与 $\delta^{18}O$ 和 Mg/Ca 比值法相比，$U_{37}^{K'}$ 法不受沉积物溶解作用和盐度的影响以及碳酸盐补偿深度的限制（Kennedy and Brassell，1992），因此应用范围相对广泛。但长链不饱和烯酮在沉降过程中会被氧化降解，且相对于 $C_{37:2}$ 而言，$C_{37:3}$ 降解更早更快。当 $U_{37}^{K'}$ 值稍低时，随着降解作用的进行，$U_{37}^{K'}$ 值会发生较大变化而超出分析误差范围

（Hoefs et al.，1998）。另外，实验发现当海水温度低于 5℃时，$U_{37}^{K'}$ 与温度拟合较差，相关系数仅为 0.351。因此，$U_{37}^{K'}$ 法不能应用于两极海区（Sikes and Volkman，1993）。而当温度超过 29℃时，已无法检测到 $C_{37:3}$，所以也不能利用 $U_{37}^{K'}$ 法计算高温海域的温度（Pelejero and Calvo，2003）。其他环境因素，如光照和营养状况等也会影响 $U_{37}^{K'}$ 值（Prahl et al.，2003）。目前，$U_{37}^{K'}$ 法仅能精确恢复晚更新世以来的表层海水温度，虽然更早时期也有不饱和烯酮古温度的记录，但其可靠性还有待探讨和研究。

B. TEX_{86} 法

海洋古菌 crenarchaeota 细胞膜中合成的四醚膜类脂物（简称 GDGTs）含有 0 ~ 4 个五元环状结构（DeRosa and Gambacorta，1988）。实验表明，环的个数会随着温度的变化而变化（Gliozzi et al.，1983），由此，Schouten 等（2000）提出一种基于 GDGTs 的重建表层海水古温度的 TEX_{86} 法，他们对全球海区 15 个不同采样点的 44 个表层沉积样品进行了分析，结果显示 TEX_{86} 值与年平均 SST 的相关性最佳。据此，他们建立了 TEX_{86} 与 SST 的线性回归方程

$$TEX_{86} = 0.015SST + 0.28 \quad (R^2 = 0.92)$$ (1-98)

由于海洋古菌 crenarchaeota 无处不在，其合成 GDGTs 的过程也不受表层水体营养状况、盐度等因素的影响（Wuchter et al.，2004），且 TEX_{86} 指标能用于没有或仅有少量能合成长链烯酮的颗石藻类存在的海区以及高温海区（Schouten et al.，2000；Zachos et al.，2006）。因此，与 $U_{37}^{K'}$ 法相比，TEX_{86} 法的应用范围更加广泛。同时，早在阿尔布期（~ 112Ma）以前，海洋中就有大量 GDGTs 存在（Kuypers et al.，2001）。因此，TEX_{86} 法又比 $U_{37}^{K'}$ 法适用的时代更为久远。

然而，该方法也存在一些缺点。由于海洋古菌（如 crenarchaeota）季节性生长对 TEX_{86} 有影响（Schouten et al.，2002），反映的温度可能不是年平均温度而是生物生长的季节温度。此外，沉积有机质成熟度过高会导致 TEX_{86} 估算的温度值偏低（Schouten et al.，2004）；而当水体温度低于 5℃时，TEX_{86} 值随温度变化不明显（Kim et al.，2008）。同时，由于陆相微生物也可以合成部分 GDGTs（I-III），因此陆源物质入海会严重影响 TEX_{86} 古温度的重建。Hopmans 等（2004）根据 GDGT IV 仅来源于海洋古菌（Hopmans et al.，2004），而 GDGT V 在海陆相沉积物中都存在的特点，提出了一个新的指标——BIT，用于指示沉积物中 GDGTs 陆源来源的含量，从而根据 BIT 值估测 TEX_{86} 法重建古温度的偏差，提高古海水温度重建的可靠性。

C. HBI 法

近 20 年来，另一生物标志化合物 HBI（highly branched isoprenoid）引起不少学者的关注。实验发现，海洋硅藻的 4 个属 *Rhizosolenia*、*Haslea*、*Navicula* 和

Pleurosigma 能合成现代沉积物中常见的 C_{25} 和 C_{30} 不饱和 HBI 烯烃（Grossi et al.，2004）。Rowland 等（2001b）研究表明，当盐度和光强不变时，在 25℃、15℃ 和 5℃ 三种不同温度条件下培养硅藻 *Haslea ostrearia*，随着温度的上升，C_{25} HBI 烯烃中双键的个数呈增加趋势。Rowland 等（2001a）对 *Rhizosolenia setigera* 也进行了相似研究，发现其合成物 C_{30} HBI 烯烃双键个数与温度也呈正相关。这就表明 HBI 有望成为重建表层海水温度的一个新指标。

Belt 等（2007）发现，IP_{25}（只含有一个不饱和双键的 C_{25} HBI 烯烃）是由生活在海冰之下的硅藻类合成的（Belt et al.，2007），能指示海冰的变化。Belt 等（2008）发现，IP_{25} 丰度可与利用海冰和硅藻群落重建的表层海水温度很好地对应起来，这表明 IP_{25} 可以作为高纬度海域 SST 的定性指标。Sharko（2010）对从白令海和楚科奇海表层沉积物中提取的 IP_{25} 同该海域表层水温的历史记录进行拟合，发现两者呈很好的相关性，相关系数为 -0.82。

虽然目前 HBI 指标（包括 IP_{25}）应用还较少，但其在重建表层海水温度方面很有潜力，尤其是当 SST<10℃、颗石藻稀少、$C_{37:2}$ 和 $C_{37:3}$ 浓度极低、U^K_{37} 法应用受到限制时（Sachs et al.，2007）。此外，盐度也能够影响 C_{25} HBI 烯烃的不饱和度（Rowland et al.，2001b），且 IP_{25} 不易降解（Sharko，2010）。这些都表明，HBI 指标能很好地弥补其他方法的不足，有待于在将来的研究中应用。

1.3.5 古 pH 恢复

硼是易溶元素，其两种稳定同位素（^{10}B 和 ^{11}B）之间存在较大的相对质量差（^{10}B 和 ^{11}B 相对丰度分别为 19.8% 和 80.2%），导致自然界显著的同位素分馏。海水中溶解态的硼通常有两种形式：$B(OH)_4^-$ 和 $B(OH)_3$，它们在海水中的相对含量分别约为 80% 和 20%，受 pH 控制。硼酸解离方程如下

$$B(OH)_3 + H_2O \longleftrightarrow H^+ + B(OH)_4^- \tag{1-99}$$

由于溶解态的硼受控于 pH，所以 B 同位素也受 pH 的控制，同位素交换反应为

$$^{11}B(OH)_3 + {}^{10}(BOH)_4^- \longleftrightarrow {}^{10}B(OH)_3 + {}^{11}B(OH)_4^- \tag{1-100}$$

该反应的平衡分馏系数<1，因此，相对于 $B(OH)_4^-$，$B(OH)_3$ 富集 ^{11}B 可达 25‰。根据碳酸盐中 B 同位素分馏的理论模型，可建立 $\delta^{11}B$ 理论模型（Pagani et al.，2005）

$$pH = pK_B - \lg\left(\frac{\delta^{11}B_{SW} - \delta^{11}B_C}{\alpha_{4-3}^{-1} \times \delta^{11}B_{SW} + 1000 \times (\alpha_{4-3}^{-1} - 1)}\right) \tag{1-101}$$

式中，pK_B 是 $B(OH)_4^-$ 和 $B(OH)_3$ 之间的溶解系数；$\delta^{11}B_C$ 是碳酸盐矿物中的 B 同位

素；$\delta^{11}B_{SW}$ 是海水的 B 同位素；α_{4-3} 是 B $(OH)_4^-$ 和 B $(OH)_3$ 之间的分馏系数（Pagani et al.，2005；Klochko et al.，2009；Rollion-Bard and Erez，2010）。

现在已有大量的研究用 B 同位素来恢复古 pH，然而，在实际应用过程中必须要小心应用。从已有的测试和经验看，应用 B 同位素之前必须注意以下问题。

1）数据的质量是最重要的，所以应用 B 同位素指标必须要用严格的分析方法及所有样品需进行重复分析。

2）取心位置必须明确，这要根据 B 同位素所指示的内容进行确定（如海洋上升流或海洋变化都没有变化的区域，水体深度应小于溶跃面）。

3）有孔虫样品有严格要求，需用单一种属、适当大小的有孔虫，而且没有明显溶解和重结晶特征，已灭绝的种属必须用现存的种属进行校准。

4）B 同位素只能恢复硼滞留时间（3~5Myr）内海洋的 pH，超过了滞留时间则不能用 B 同位素指示 pH 的变化。对于年龄比较老的样品，则只能研究 3~5Myr pH 的相对变化。

大气 CO_2 浓度（用 pCO_2 表示）受大洋中钙质碳酸盐平衡的控制。如果海水与钙质碳酸盐达到平衡，那么根据以下平衡反应可知大气 pCO_2 受海水 pH 和 Ca^{2+} 浓度的控制（DePaolo，2004）

$$CO_{2(v)} + Ca^{2+}_{(aq)} + H_2O \rightleftharpoons CaCO_{3(s)} + 2H^+_{(aq)} \tag{1-102}$$

$$pCO_2 = \frac{\left[H^+\right]^2}{K_{eq}(T)\left[Ca^{2+}\right]} \tag{1-103}$$

式中，K_{eq} 为上述反应的平衡常数

实际应用过程中，古海水的 B 同位素组成可以重建 pH，再结合钙循环中古海水钙同位素组成估计其 Ca^{2+} 浓度，即可得到古大气的 pCO_2，反演古气候变化。Griffith 等（2008）通过研究深海重晶石的钙同位素组成，重建了近 28Ma 以来的古海水钙同位素组成，结果表明，在 13Ma 至 8Ma 期间，海水的 $\delta^{44/40}Ca$ 约增加了 0.3‰。模型计算显示，13Ma 海水的 Ca^{2+} 浓度快速增加至现今浓度的两倍，而同时海底有孔虫类的 $\delta^{18}O$ 快速增加 0.5‰。这说明当时全球温度下降，进而导致南极冰盖体积增大，海平面下降，风化作用加强，导致输入海洋的钙通量增大，使得海水的 Ca^{2+} 浓度快速增加（Griffith et al.，2008）。

1.3.6 古盐度的恢复

（1）沉积磷酸盐法

沉积磷酸盐法是 Nelson 于 1967 年提出的。他发现，现代或古代的沉积物中，都含有少量磷酸盐矿物。海相沉积物中主要是磷灰石 $Ca_{10}(PO_4)_5(CO_3)(F,OH)_2$，

非海相土壤中主要为磷铝石 $AlPO_4 \cdot 2H_2O$ 和红磷铁矿 $FePO_4 \cdot 2H_2O$ 及羟磷灰石 $Ca_{10}(PO_4)_5(CO_3)(F, OH)_2$。这些含磷矿物可按下列顺序萃取：用浓度为 $500mol/m^3$ 的 NH_4F 提取磷铝石，用浓度为 $500mol/m^3$ 的 $NaOH$ 提取红磷铁矿，用浓度为 $500mol/m^3$ 的 H_2SO_4 提取羟磷灰石（Nelson，1967）。

Nelson（1967）对 Rappahannock 河口三角港、Flower 河、York 河和 Chesapeake 湾、Caniaco 海槽、百慕大陆架（Bermuda Plateorm）、Murray 湖及南卡罗来纳（South Carolina）大陆坡的现代沉积物进行分析发现，磷酸钙/（磷酸铁+磷酸钙）– "磷酸钙比值" 与盐度呈线性关系，其回归方程为

$$F_{cap} = 0.09 \pm 0.026S \tag{1-104}$$

式中，F_{cap} 为磷酸钙比值；S 为盐度。该法对区别半咸水环境很有效。

在宾夕法尼亚州西部的宾夕法尼亚系页岩、俄亥俄州北部的泥盆系页岩及俄亥俄州西部的石炭系页岩中应用这一方法，其结果与古生态法的结论一致。但是，Müller（1969）在德国应用这一方法分析现代、更新世和古近纪、二叠纪、石炭纪等不同时代盆地的黏土岩时，发现大多数结果与地质资料不符。Müller（1969）认为这是由以下原因导致的：①大量的黏土是碎屑成因的；②$CaPO_4$ 在成岩阶段相对富集，而磷酸铁在有 H_2S 存在的还原环境中，常转变为 FeS_2。除此之外，含磷重矿物、含磷酸钙的生物化石对分析结果也有干扰。

（2）同位素法

目前，广泛用来鉴别古地理环境的同位素主要是稳定同位素中的氧、碳、硫等同位素。氧有三种稳定同位素（^{16}O、^{17}O、^{18}O），碳有两种（^{12}C、^{13}C），硫有 4 种（^{32}S、^{33}S、^{34}S、^{35}S）。由于同位素分馏作用，即同位素交换效应、动力效应和其他物理–化学效应等因素，会导致不同环境下形成的地质体具有不同的稳定同位素组成，这是利用稳定同位素恢复古环境及成岩成矿过程的基本原理。通常采用 $^{18}O/^{16}O$、$^{13}C/^{12}C$、$^{34}S/^{32}S$ 的比值来表示元素的稳定同位素组分（刘宝珺和曾允孚，1985）。由于含氧物质分布极为普遍，所以通常可以用氧同位素来恢复古盐度。

大气中二氧化碳的含量低，淡水中溶解的二氧化碳大多来自土壤和腐殖土，这些二氧化碳源的 ^{13}C 大多已耗尽，从而导致了湖泊和河流中的低 $\delta^{13}C$ 值。海洋生物贝壳碳酸盐矿物的 $\delta^{13}C$ 值反映了海水值。

（3）微量元素法

微量元素是指岩石中含量低于 0.01% 的化学元素。依据采样环境、采样组分的不同，应针对性测量不同元素，方可恢复古盐度。

A. 硼元素法

大量研究表明，黏土中硼元素的含量可以指示其形成时水介质的古盐度。由于

自然界中水体硼的浓度是盐度的线性函数，因而黏土矿物从水体中吸收的硼含量与水体的盐度呈双对数关系式，即所谓的佛伦德奇吸收方程（周仰康等，1984）

$$\lg B = C_1 \lg S + C_2 \tag{1-105}$$

式中，B 为吸收硼含量（单位为 10^{-6}）；S 为盐度（‰）；C_1 和 C_2 是常数。此方程式即为利用硼和黏土矿物定量计算古盐度的理论基础。

溶液中的硼一旦被黏土矿物吸收固定后，无论是呈吸附状态或是进入黏土矿物晶格，都不会因后期水体硼浓度的下降而解吸，因而样品的分析结果可作为其最初沉积时的水体盐度标志（李成凤和肖继风，1988）。沉积物吸收硼还受到沉积物矿物类型影响，一般以伊利石对硼的吸收作用为最强，次为蒙脱石和高岭石，叶蜡石中硼元素含量很低（$2 \times 10^{-6} \sim 8 \times 10^{-6}$），相对于黏土岩中其他矿物可忽略不计。

B. Sr/Ca 法

早在 20 世纪 60 年代，古生物学家就已发现，海洋和内陆湖泊中含钙质介壳的生物，如双壳类、腹足类、珊瑚等，其壳体中 Mg 和 Sr 的含量与水体的盐度有关，并利用地层中化石的 Mg/Sr 和 Sr/Ca 判别海相、陆相（Turekian，1964）。湖泊表层沉积物中生长数量众多的介形类，属节肢动物门甲壳纲，故湖泊沉积物分析常采用此法。介形类在生长过程中有 8 次左右的脱壳过程，在沉积物中留下大量的壳体化石。介形类壳体的矿物组成主要是低镁方解石，在生长过程中，它们需不断吸收水介质中的 Ca^{2+} 以维持壳体生长，同时也会吸收少量 Mg^{2+} 和 Sr^{2+} 进入壳体。因此，介形类壳体中的 Mg 和 Sr 的含量会随水介质中 Mg 和 Sr 离子浓度的变化而变化（De Deckker et al.，1988）。

20 世纪 80 年代后期，元素测试技术和精度提高，已可精确地测定微体化石壳体 Mg、Sr 含量。Chivas 等（1985，1986）率先通过野外采样及实验培养，对多个种属介形类壳体及其宿生水体的微量元素进行研究，获得了介形类壳体 Mg、Sr 含量与其宿生水体中 Mg^{2+}、Sr^{2+} 含量的分配系数，并探讨了介形类壳体中微量元素与湖水盐度、温度的关系。其中，某一特定属种介形类壳体的 Sr 含量与其宿生水体中 Sr^{2+} 含量的分配系数 $K_d(Sr)$ 的表达式为

$$K_d(Sr) = (Sr/Ca)_{介形类} / (Sr^{2+}/Ca^{2+})_{湖水} \tag{1-106}$$

通常，湖水的 Sr^{2+}/Ca^{2+} 与盐度呈正相关关系（Williams，1966），其关系式为

$$Sr^{2+}/Ca^{2+} = AS + B \tag{1-107}$$

式中，S 为湖水盐度；A，B 为常数，可根据现代湖水 Sr^{2+}、Ca^{2+} 含量与盐度的测定获得。将以上两式合并，即可获得定量计算古盐度公式

$$S = 1/A \left[(Sr/Ca)_{介形类} / K_d(Sr) - B \right] \tag{1-108}$$

式中，介形类壳体的 Sr/Ca 比值适用于湖泊沉积岩心中的介形类壳体，因而通过分

析湖泊沉积钻孔岩心中介形类壳体的 Sr/Ca 比值，可以定量恢复湖泊的古盐度。

前人对澳大利亚 Keilambete 湖、阿尔及利亚 Hassiel Mejna 地区全新世湖泊沉积物、撒哈拉北部全新世湖泊沉积、中国青海湖 12ka BP 以来沉积物、美国 Devils 湖、克什米尔地区晚第四纪地层、西班牙 Baza 盆地早更新世湖泊沉积中所含介形类的微量元素开展了大量研究。加拿大艾伯塔（Alberta）地区的资料表明，海相页岩中 Sr/Ca 比值低，淡水页岩中 Sr/Ca 比值高。这些研究都证明了利用 Sr/Ca 来定量恢复古盐度是行之有效的（Engstrom and Nelson，1991）。沈吉等（2000）对内蒙古岱海古盐度定量复原的研究就是依据上述原理，他们首先获取了 Sr 分配系数，再取得 A、B 的常数值，最后进行岱海古盐度的定量复原。

1.3.7　古气候和古物源的恢复

在古地表系统演化过程中，古气候也占有很重要的地位，因为气候条件影响到各种地质作用及沉积物和表生沉积矿产的形成（陈建强等，2004；庞军刚和云正文，2013），其研究具有重要经济价值。古气候研究主要聚焦古温度、古湿度、古风场。以往的古气候研究主要集中在解释古温度和古降水方面，而对古风场的研究较少（刘立安和姜在兴，2011）。这主要是由于低黏度、低密度的空气限制了风的搬运能力，以至于地质记录中保存的反映古风场的替代性指标极少。因此，长期以来，古风场研究一直处于劣势（Allen，1993；刘立安和姜在兴，2011）。然而古风场作为大气环流的直接结果，可以为古代大气压力梯度、风暴路径、大气环流模式提供信息（Thompson et al.，1993），对于了解古气候变化有重要作用，对洋底动力学中的沉积动力源区过程研究至关重要，也是未来利用 Badlands 技术开展四维盆地动力学、四维层序地层学、宜居地球重建研究的重要因素。

作为古气候动力学的关键内容，这里主要介绍古风场（古风力和古风向）和古物源恢复的方法。

（1）古风向的恢复方法

古风场的研究包含两个方面的内容：古风向与古风力。在古风场的恢复过程中，古风向的判定是进行古风场研究的第一步，只有判断好风向才能计算研究区的风程，为古风力恢复打下基础。有关古风向重建的替代性指标相对比较容易获得（刘平等，2007；王勇等，2007；Scherer and Goldberg，2007；张玉芬等，2009；刘立安和姜在兴，2011；江卓斐等，2013）。恢复古风向最直观的方法就是分析风成地貌特征。但是风成地貌易被破坏，难以长期保存，一般只能记录全新世以来的风向（刘立安和姜在兴，2011）。

A. 风成沉积物法

风成沉积物是在风的作用下形成的，其组分特征、沉积构造和沉积序列包含了大量的古气候信息。目前用来重建古风向的风成沉积物主要有：风成沙（砂岩）、黄土沉积、红黏土、火山灰等，其中，风成砂岩的利用最为常见和广泛。

在野外露头和钻井岩心中观察到的风成砂岩的交错层理，可用来指示沙丘的形态和迁移方向，从而成为一种良好的古风向指征被广泛运用（Allen，1993）。横向沙丘的交错层理多为板状，前积纹层长而平整，倾向大多指向下风向。因此，通过对风成沙沉积特征的研究，判断古沙丘是否为横向沙丘，并运用前积层倾向重建古风向已经成为一种常用的方法。随着这一方法的应用和发展，具有高角度交错层理的风成砂岩也被作为一种古风向重建指征，并得到了广泛认可。这种类型的风成砂岩能够在地质历史演化过程中长期保存，广泛分布于干旱-半干旱地区以及海（湖、河）岸物源供给充分地区。目前，风成砂岩倾向是恢复古风向时运用最广泛的方法之一，尤其是全新世以前时期的古风向重建（Poole，1962；Bigarella and Eeden，1972；Peterson，1988）。

B. 黏土磁组构分析法

黏土沉积的磁组构分析是近年来沉积学中发展起来的新研究方法，可用于重建古风向。目前，这种方法的应用愈加广泛，已成为利用风成沉积物重建古风向常用的方法之一（Hus，2003；Lagroix and Banerjee，2004；Nawrocki et al.，2006）。其原理主要为：由于风化作用而形成的不规则磁性黏土颗粒，在沉积过程中，受风搬运力的作用，其长轴往往趋向于某一方向排列，从而形成沉积物磁化率各向异向，即磁组构。一般来说，风成沉积物的初始磁化率各向异性主要由当时的地球引力和风力强度决定（张玉芬等，2009），地磁场和重力对风成沉积物磁化率各向异性影响较小（吴汉宁和岳乐平，1997），因此风成沉积物的各向异性主要受到气流的控制。风成沉积物磁化率的最大长轴方向，即最大磁化率方向和主导风向（即常年盛行风）有较好的对应关系，基本平行，其偏差不超过20°（孙继敏等，1995；吴汉宁和岳乐平，1997；吴海斌等，1998）。但是，沉积物中磁组构依然要受到多种因素的影响，很可能会影响古风向重建的结果，所以用来重建古风向的样品最好是干旱-半干旱地区较少受到扰动的风成沉积物（Tang et al.，2003；刘立安和姜在兴，2011），而气候潮湿地区或受生物扰动强烈的样品很难获得令人满意的结果（Hrouda，1982；Tarling and Hrouda，1993；刘立安和姜在兴，2011）。

C. 间接指征古风向的水成沉积构造法

风除了直接作用于沉积物，还可以驱动其他介质运动并在沉积物中留下能够重建古风向的痕迹。面积广阔的地表水体就是一种常见的联系风力和沉积物的介质（刘立安和姜在兴，2011；姜在兴，2016）。各种地表水体中，湖泊水体运动相对简单，主要受控于风场作用，在特定条件下通过细致分析可以提取出重建古风向的指征（刘立安和姜在兴，2011；姜在兴，2016）。例如：①湖泊沉积中存在单纯由风浪作用形成的波痕，这种波痕的波脊走向一般垂直于风向，不对称波痕的陡侧倾向往往与下风向一致，因而根据这类波痕的构造特征，提取出单纯由风浪作用形成的波痕可以重建古风向（Krist and Schaetzl，2001；Pochat et al.，2005）；②湖海凸岸的沙嘴延伸方向受古水流控制，一般和泥沙纵向运动方向保持一致，然而在开阔湖泊风驱或风生水流的作用下，沙嘴的延伸方向也能大致反映其形成时的古风向（Nutz et al.，2015），此方法的运用前提是需要正确识别风驱水流控制的沙嘴（刘立安和姜在兴，2011）；③湖泊滨岸带破浪成因的破浪沙坝，其走向近似地与波浪的传播方向垂直，波浪是水与风摩擦后产生的结果，所以在多数情况下波浪传播方向与风向一致（Jiang et al.，2014；姜在兴，2016），并且破浪沙坝的横剖面通常表现出不对称性：迎风侧具有角度缓而延伸范围长的特点，背风侧由于受到波浪的来回冲刷作用而角度陡、延伸范围短（王俊辉，2016），因此，可以通过对单个滩坝砂体的解剖得到沉积时期的古风向；④砾质滩坝中成叠瓦状排列的砾石，是由碎屑颗粒在风浪作用下选择性移动造成的，这种结构也可以为古风向的重建提供信息（Tanner，1996）。

（2）古风力的恢复方法

古风力的恢复是古大气环流研究的重要组成部分，对古气候重建具有重要意义，它的重建能够清晰明了地刻画古大气环流样式，同时对于了解沉积盆地的沉积背景，进而指导石油勘探有重要作用。但在古气候研究中，有关古风力的研究较少，原因是古大气流场活动遗留下来的有效信息极少，难以从地质记录中加以恢复（王俊辉等，2018）。通过仪器测量、记录，能够很容易获得当今的风场特征，但这仅限于过去几十年的时间范围（Young et al.，2011；姜在兴，2016；王俊辉等，2018）。对于地质历史某一时期的古风力，只有通过分析能够反映古风力大小的替代性指标来获取：一方面，风作为一种重要的搬运营力和沉积介质（姜在兴，2010），风级可以通过其搬运沉积物的能力反映出来，因此，可以通过研究地质记录中的风尘沉积、风成沙丘，近似地了解相应时期内风力的强弱（Rea，1994；Xiao et al.，1995；姜在兴，2016；王俊辉等，2018）；另一方面，风除了作为直接的地质营力搬运沉积物，还会作用于水体产生波浪，而风力的大小与波浪要素之间存在定量的风浪关系（姜在兴，2016；王俊辉等，2018）。Tanner（1971）最早提出滨岸带沉积物可以为古波况的恢复提供线索，进而可以根据风浪关系，进一步了解古风力，该观点得到了后期学者的广泛认可（Allen，1981，1984；Dupré，1984；Diem，1985；Jewell，2007；Forsyth et al.，2010）。

A. 古风力的定性判断

迄今，古风力恢复的研究大多停留在定性阶段。沉积物的粒度、成分等可以反映介质的搬运能力，从而成为判别沉积时的自然地理环境以及动力条件的良好载体（姜在兴，2010）。风尘沉积物作为风的搬运物质，广泛存在于地质记录中，其粒度、成分等，记录了沉积时的古风力条件和强度：粗粒组分含量越多、所占比例越大，表明形成时的古风速越快，风力越强。黄土、极地冰芯、深海沉积物被认为是人类了解地球自然历史的三把金钥匙（刘立安和姜在兴，2011），同样也蕴含着能够揭示古风力的信息（王俊辉等，2018）。在第四纪黄土和红黏土的研究中，粒度组成已成为揭示古风场乃至古气候演化的重要证据，并得到了非常广泛的应用（Xiao et al.，1995；Lu et al.，1999；Ding et al.，2001）。经过远距离搬运并保存在冰盖和海洋中的风尘沉积也是古大气场的直接记录，因此在冰盖钻探和大洋钻探的研究中，保存于冰川或远洋沉积物中的风尘沉积物（包括风尘、花粉等）的粒度可以直接反映其形成时的相对风力大小（Rea，1994）。

另外，保存在正常浪基面与风暴浪基面之间的风暴沉积物，由于远离岸线而容易保存下来。风暴沉积物的成岩厚度可以反映其沉积时的风暴能量：风暴岩厚度越大，古风暴强度越强，反之则较弱。因此，风暴岩的厚度也具有一定的古风力指示作用（Brandt and Elias，1989）。

以上所述的各种方法只能获得风尘沉积物形成时古风力的相对大小，还无法应用到古风力的定量恢复中去。

B. 古风力恢复的定量方法

a. 滨岸砾质滩粒度法（BPT 技术）

风作用于水体会产生波浪，风速、风时及风程决定了波浪的大小（Komar，1998），并且风力和波浪的关系可以定量化描述（CERC，1984），因此，根据滨岸带沉积物的粒度来判断古波浪的大小，从而定量恢复古风力。Adams（2003）通过对大盐湖砾质滩的研究，提出通过分析湖岸砾质滩中砾石大小（BPT 技术，即 beach particle technique），求得可搬运滨岸带最大沉积颗粒的临界波浪条件，以此恢复古波况，进而利用风浪关系恢复古风力。该技术的具体原理是基于孤立波理论，借鉴单向流搬运沉积颗粒临界流速的理论及公式，获取搬运砾质滩砾石颗粒的临界波浪条件。具体计算过程如下：①分析近湖泊岸线砾质滩中砾石的大小分布特征，据此确定搬运某颗砾石所需要的临界剪切力；②将临界剪切力转换为搬运这一颗粒的波浪临界流速；③将临界流速转换为破浪波高；④将破浪波高转换为相应的深水区有效波高；⑤根据深水区有效波高、风程等参数，利用风浪关系式计算风压系数；⑥由风压系数得到风速。

利用滨岸带沉积物恢复古波况，进而定量恢复同时期的古风力的方法，为定量计算古风力开辟了新的思路，然而，这种方法的应用存在一定的局限性。这主要是由于湖泊或海洋岸线附近沉积物粒度分布特征受到多种因素的影响：①不仅受到原始风浪的影响，还受到冲浪回流、反射波浪等的影响；②砾质滩砾石的大小很大程度上受到物源区的物质组成、风化作用、搬运过程等的影响，也不能简单地将其粒度大小与风浪条件相关联。因此，根据岸线附近沉积物的大小分布特征得到的临界波浪条件并不能完全真实反映原始古风浪条件。同时，湖泊岸线附近的沉积物通常容易遭受剥蚀，使得沉积记录不完整，无法获得古风力的连续变化过程。另外，由于砾石的形状、分选、粒度分布特征较容易在野外露头中获得，因此这种方法一般适用于露头研究，而当只有钻井数据而没有对应的优质露头时，这种方法的应用受到限制。

b. 破浪沙坝厚度法

基于破浪沙坝成因的"裂点模型"（breakpoint model）或"自组织模型"（self-organizational model），姜在兴（2016）提出了利用破浪沙坝厚度恢复古风力的方法。首先，裂点模型可简单表达为：风作用于湖泊或海盆水体会产生波浪，波浪在向岸传播过程中由于水深变浅会发生破碎，波浪的破碎导致破浪沙坝的形成，即在破浪的扰动下［图1-42（a）］，加之向岸流与离岸流的作用，沉积物向破浪线附近聚集、沉积，进而开始形成破浪沙坝［图1-42（b）］，在水动力、沉积物搬运、沙坝形态的相互反馈作用下生长，最终在坝顶破浪处达到向岸搬运与离岸搬运的平衡，最终破浪沙坝形成，沙坝形态与破浪也达到平衡状态［图1-42（c）］。这种平衡关系最终的结果是无论波浪大小，破浪沙坝的形态始终相似，只是沙坝的位置与规模会有所不同，即只有破浪沙坝的厚度与波浪大小密切相关［图1-42（c）］（Houser and Greenwood，2005；Price and Ruessink，2011；Davidson-Arnott，2013）。与湖岸线或海岸线处的砾质滩相比，破浪沙坝远离岸线发育，容易免遭剥蚀而保存下来。因此，据破浪沙坝厚度确定古风力，能够得到更加准确的古风力。

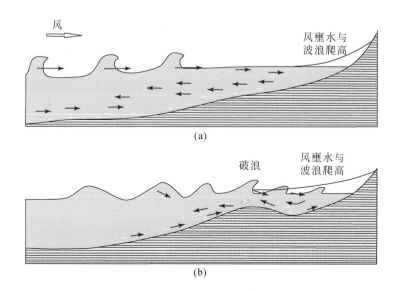

风

风壅水与
波浪爬高

(a)

破浪

风壅水与
波浪爬高

(b)

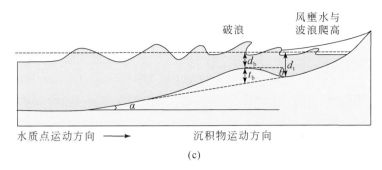

(c)

图 1-42　沿岸沙坝形成的裂点模型（据 Dolan and Dean, 1985; Davidson-Arnott, 2013）

（a）沉积物在向岸流与离岸流作用下搬运；（b）沉积物在破浪线附近集中形成破浪沙坝，最终破浪沙坝的形态、规模与破浪将达到平衡状态，沙坝的形态与规模得以确定；（c）图中各参数代表的意义：t_b 为破浪沙坝的原始厚度（m），d_b 为破浪水深即破浪沙坝坝顶处水深（m），d_t 为破浪沙坝向岸一侧凹槽的水深（m），α 为破浪沙坝的基底坡度，θ 为破浪沙坝向岸一侧的坡度

接下来将对基于破浪沙坝的厚度恢复古风力的定量方法进行说明。

1）利用破浪沙坝与形成沙坝的破浪之间的平衡关系，可以根据破浪沙坝的厚度，估算形成该沙坝的波浪特征，进而可根据风浪关系，恢复产生这些破浪的风场状况。根据破浪沙坝的几何形态，可以得到如下关系式

$$t_b = d_t - d_b + \frac{(d_t - d_b)\tan\alpha}{\tan\theta} \tag{1-109}$$

式中，各参数代表的意义如图 1-42（c）所示，其中，t_b、d_t、d_b 单位为 m。根据 Gallagher 等（1998）和 Thornton 等（1996）的研究可知，$\tan\theta$ 的理想值为 0.63。结合 Keulegan（1948）和 Otto（1912）等的研究成果可知，破浪沙坝向岸一侧凹槽的水深与破浪水深即破浪沙坝坝顶处水深的比值 $d_t/d_b \approx 1.60$，因此，式（1-109）简化为

$$t_b = (0.6 + 0.95\tan\alpha)d_b \tag{1-110}$$

2）根据式（1-110），当破浪沙坝厚度 t_b、形成破浪沙坝的基底坡度 α 已知的条件下，可以计算得到破浪水深 d_b。

3）将破浪水深（d_b）参数换算成破浪波高（H_b），主要依据 Goda（1970）绘制的经验 Goda 曲线。波浪在向岸传播的过程中，波高逐渐增大，在破浪位置波高达到最大之后，随着波能的消耗逐渐变小。因此，根据 Goda 曲线确定的破浪波高 H_b，可近似为该时期波浪的最大波高，即 $H_b \approx H_{max}$。

4）根据破浪波高和已知的波浪统计特征，确定深水区有效波高 H_s。根据波浪的统计特征可知，最大理论波高 H_{max} 是深水区有效波高 H_s 的两倍，即 $H_{max} = 2H_s$（Sawaragi, 1995）。因此，形成破浪沙坝时的破浪波高 H_b 可近似地转换为 H_s，即 $H_b = 2H_s$。

5）根据美国海岸工程研究中心（CERC）的一个相对简单的、应用于简单波况条件的有限风区水体的波浪预测公式，就可以求得风压系数U_A

$$U_A = \frac{H_s}{(5.112 \times 10^{-4}) F^{0.5}} \tag{1-111}$$

式中，F 为风区长度（m）；H_s 为深水区有效波高（m）。

6）根据风压系数和已知的风压系数与风速关系式，确定古风力风速。进一步地，根据美国海岸工程研究中心在1984年的文献中（CERC，1984）提出风压系数与风速的关系式为

$$U_A = 0.71\, U^{1.23} \tag{1-112}$$

式中，U 为水面上方10m处的风速（m/s）。

需要说明的是，一般情况下，气象学中风速是指地面上处的风速，同样，用水面上方处的风速表示古风速。

据此，利用破浪沙坝厚度进行古风力恢复的过程及所需要的参数包括：①准确识别出破浪沙坝，测量出单次形成的破浪沙坝最大厚度，并进行去压实校正，得到原始厚度；②确定所研究的古海岸、古湖泊的古地貌与古岸线，从而得到古坡度以及古风程；③根据破浪沙坝的形态特征与古坡度参数，结合破浪临界条件，将破浪沙坝厚度转换为破浪波高［式（1-110）］；④将破浪波高转换为相应的深水区有效波高；⑤根据深水区有效波高与古风程计算相对应的风压系数［式（1-111）］；⑥根据风压系数计算出风速［式（1-112）］。

c. 砂砾质沿岸坝厚度法

基于冲浪回流与沿岸砾质滩坝的关系，姜在兴（2016）还提出了利用砂砾质沿岸坝厚度恢复古风力的方法。砂砾质沿岸坝的厚度（t_r）近似记录了冲浪回流的极限高度，即湖（海）水向陆方向侵入的极限位置，是风壅水有效波高（H_s）、波浪增水高度（H_{su}）及波浪爬高（H_{ru}）之和（图1-43）（Dupré，1984；Nott，2003），即

$$t_r = H_s + H_{su} + H_{ru} \tag{1-113}$$

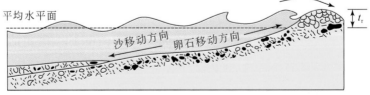

图1-43　波浪对海岸带沉积物的分选作用（伍光和等，2008）

砂砾质沿岸沙坝的厚度（t_r）也与古波况直接相关，进而通过风浪关系计算古

风力。具体计算步骤如下。

根据中国的《堤防工程设计规范》（GB 50286—2013），风暴增水可以通过风场参数、盆地参数表达出来

$$H_s = \frac{K U^2 F}{2gd}\cos\gamma \tag{1-114}$$

式中，K 为综合摩擦阻力系数，此处可取 3.6×10^{-6}；d 为水域的平均水深；γ 为风向与垂直于岸线的法线的夹角；其他参数如前。

根据 Nott（2003）的一个研究实例，波浪增水高度（H_{su}）可以近似为深水区有效波高（H_s）的 10%，波浪爬高（H_{ru}）可以近似为 H_s 的 30%

$$H_{su} = 0.1 H_s \tag{1-115}$$

$$H_{ru} = 0.3 H_s \tag{1-116}$$

将式（1-114）~式（1-116）代入式（1-113）中得

$$t_r = \frac{K U^2 F}{2gd}\cos\gamma + 0.1 H_s + 0.3 H_s \tag{1-117}$$

进而，根据式（1-111）和式（1-112），式（1-117）可以转换为

$$t_r = \frac{K U^2 F}{2gd}\cos\gamma + (1.452\times10^{-4}) U^{1.23\sqrt{F}} \tag{1-118}$$

由式（1-118）可知，在古风程（F）、古水深（d）和古风向相对于岸线的夹角（γ）已知的条件下，古风速（U）可以由砂砾质沿岸沙坝的厚度（t_r）计算出来。

据此，利用砂砾质沿岸坝厚度恢复古风力的具体方法，可以简单表述为：①从沉积记录（如露头、钻井资料等）中准确识别单次形成的砂砾质沿岸坝，并准确记录其厚度；②如果砂砾质沿岸坝经历了显著压实，应进行去压实校正，以获得其原始厚度；③通过沉积记录恢复盆地的古水深；④通过沉积记录恢复古风向；⑤进行古岸线的识别（姜在兴和刘晖，2010），尽量准确地获取古岸线的走向，结合古风向得到古风程和古风向与垂直于岸线的法线夹角这两个参数；⑥根据所获取的以上参数，通过式（1-118）计算古风力。

（3）古物源分析方法

物源区是指盆地中碎屑物质的来源区/母源区，同时包括母源区的岩石类型、气候和地形含义（王成善和李祥辉，2003）。物源分析是对沉积环境的再恢复，以古地理恢复和盆地分析为基本任务，不仅用来推断碎屑物源区母岩的性质和岩石学特征，而且有助于沉积盆地构造背景的确定、古陆和古侵蚀区的判别、古地貌特征的重塑、古河流体系的重构以及气候条件的恢复等（Pettijohn et al.，1987；姜在兴，2016；王成善和李祥辉，2003）。

随着沉积、构造、测井、地震等多种地质方法与化学、物理、数学等原理的交叉，特别是电子探针、离子探针、等离子质谱技术、阴极发光等先进分析测试技术在地质学中的广泛应用，近二十年物源分析方法取得了突飞猛进的发展，并不断得到补充和完善（Morton and Hallsworth，1999；王成善和李祥辉，2003；Weltje and Eynatten，2004；姜在兴，2016）。地球化学和计算机的快速发展使有关物源的研究也从最初的定性化、半定量化朝定量化方向发展，本书据此将目前物源分析的主要方法归纳如下。

A. 沉积学方法

沉积学方法主要依据沉积学原理对碎屑岩进行物源分析，包括利用古水流测量、砾石含量分布图、砂岩含量分布图和粒度分析、砂分散体系等来恢复盆地内部或盆地边缘的沉积搬运方向（姜在兴，2016）。

其中，古水流测量可以通过分析波痕、交错层理、前积纹层、槽模、冲刷痕和砾石的定向排列等沉积现象，用以判断沉积物搬运方向（Potter and Pettijohn，1977；姜在兴等，2005；Ghinassi and Ielpi，2015；杜远生，2018）。砾石含量分布和砂岩含量分布可以通过钻测井资料统计而得，经常用于沉积盆地内物源体系和砂体分散体系规律研究，尤其是砾石的含量和成分的变化能反映物源区方向（Wandres et al.，2004）。砂分散体系分析的空间结构不仅可以指示古水流方向和物源区数量，而且可以有效地揭示物源的影响范围及随时间变化的稳定性。对同一个沉积体系而言，一般的规律是距物源区越近，含砂率值或者砂体厚度越大，它们通常为沉积物的主要搬运通道（焦养泉等，1998）。因此，砂分散体系的展布方向可以指示古水流方向，从而进一步指示物源方向（王世虎等，2007）。

除此之外，还可以根据盆地钻井、测井、地震等资料，经过详细的地层对比与划分，作出某时期的地层等厚图、砂泥比等值线图、沉积相展布图等相关图件，可推断出物源区的相对位置，结合岩性变化、粒径大小及所占百分比、层理、层面构造、玫瑰花状图等古流向资料、古地貌分析，使物源区分析更可靠（姜在兴，2016）。

利用沉积学方法进行物源分析，应当基于大量的野外观测和（或）资料统计之上，分析统计尽可能多的数据点以保证结论的可靠性。沉积学的方法有助于判断盆地内或盆地边缘的沉积物搬运方向、古斜坡的倾斜方向和沉积体的几何形态，但是对于物源区的位置、岩性和构造背景等重要信息，则无法有效恢复（杨仁超等，2013；姜在兴，2016；徐杰和姜在兴，2019）。

B. 岩石学方法

在物源分析中，传统的岩石学研究手段可发挥重要的作用。盆地陆源碎屑岩来自母岩，因此根据陆源碎屑组合可以推断物源区母岩类型。方法主要包括碎屑砾岩物源分析、碎屑砂岩物源分析、造岩矿物发光性分析和重矿物分析等。

碎屑砾岩物源分析：砾岩对近源物源区分析非常有用，能够提供较完整的源区信息，有些是砂岩所不能及的（王成善和李祥辉，2003）。因为砾岩主要分布在盆地边缘，接近于物源区，因此砾石的粒度、成分、百分含量的变化，可以直接反映母岩成分和性质及物源方向。这类砾石的磨圆度和成分成熟度的统计，可以反映其磨蚀程度、搬运距离，以此推测其形成的沉积环境及构造背景。因此，砾石的各种特征是判断物源区、分析沉积环境的直接标志（杨仁超等，2013）。

碎屑砂岩物源分析：许多物源区分析的内容及方法都源自砂岩的研究。砂岩作为母岩风化破碎、搬运和沉积的产物，是最常见的陆源碎屑岩，其岩石的晶屑矿物成分组成可以反映源区的母岩性质，还可以反映构造背景。Dickinson 和 Suczek（1979）、Dickinson（1985，1988）通过统计大量的石英、长石、岩屑、单晶石英、多晶石英、沉积岩屑和火山岩屑等含量，建立了砂质碎屑矿物成分与物源区之间的系统关系表，即迪金森主要物源区划分表（表1-6），并绘制了多个经验判别三角图解，如 QFL、QmFLt、QpLvLs、QmpF、QtF 等。Dickinson 图解方法是研究最细、研究时间最长、最全面、引用最多的一种物源区分析方法，也是最有效的方法之一，至今仍然被广泛应用于物源区的构造背景分析（王成善和李祥辉，2003；陈建强等，2004）。该方法简单易行，可通过野外和岩心取样，磨制薄片及镜下观察进行。但是该方法也存在着诸多问题，如没有考虑到混合物源、风化过程、搬运机制和成岩作用等影响，从而导致物源分析出现偏差（王国灿，2002；杨仁超等，2013；徐杰和姜在兴，2019）。

造岩矿物发光性分析：主要造岩矿物的发光性有助于判别沉积环境和岩石成因，碎屑岩中常见的石英、长石和岩屑多随物源变化而具有不同的发光特征，故也可依据阴极光激发下碎屑颗粒的颜色特征分析物源区母岩性质、方向、分区等信息（Götze et al.，2001；Augustsson and Bahlburg，2003）。但由于长石和岩屑不稳定，在搬运过程中多发生变化，所以常选用石英的阴极发光特征来分析物源。

在阴极射线照射下，具有标准成因意义石英的发光颜色类型主要有三种：①呈蓝光、蓝紫光、紫光的石英形成于深成岩、火山岩或接触变质岩中，在高温（高于573℃）条件下快速冷却形成；②呈红棕光、棕色光、褐色光的石英主要形成于高温（大于573℃）、冷却速度慢的深变质岩（变质的火成岩、变质的沉积岩）中，或者形成于温度为300~573℃的浅变质岩（接触变质岩、区域变质岩、回火的自生石英）中；③不发光的石英是成岩作用过程中形成的自生石英，形成温度一般小于300℃（林孝先，2011；王英华等，1990；徐惠芬等，2006）。

表 1-6　迪金森主要物源区划分

	物源区及构造背景	碎屑构成特征	控屑、供屑条件
大陆块物源区	1. 克拉通内部物源区 地盾和稳定地块内部盆地，张裂大陆边缘的大陆架，大陆坡，大陆隆	富 Q，贫 L，$\varphi(K)/\varphi(P)$ 高	地势起伏小，强烈风化，长途搬运
	2. 隆升基底物源区 大陆基底结晶岩石断隆区，初始张裂带，大陆转换破裂带	富 F 及 Q	地势起伏，快速侵蚀，近距搬运
岩浆岛弧物源区	3. 浅切割岛弧物源区 活动弧造山带，火山链，大陆边缘，火山高地；海沟，弧前盆地和弧后盆地，弧内盆地	P 高，为具斜长石斑晶的火山岩屑，纯净而无气泡和成为包裹体的石英	火山岩发育（多为年轻岛弧），浅层切割
	4. 深切割岛弧物源区 活动弧造山带，火山链，大陆边缘，火山高地；海沟，弧前盆地和弧后盆地，弧内盆地	二长石比例相当，非火山质岩屑程度不同地占主导地位，具气孔和包裹体的石英大于火山源石英	火山岩盖及深成岩基同时提供碎屑，切割到较深的弧根，仍有火山活动
	5. 消减杂岩物源区 受构造隆升影响的消减杂岩体，由变形蛇绿岩和大洋物质组成，沉积物进入弧前盆地（外弧）或海沟	燧石颗粒丰富，可超过 Q+F 的 2~3 倍，含蛇纹石颗粒	消减作用造成构造隆升及变形，遭受侵蚀提供碎屑，碎屑在海沟中又可并入杂岩中
再旋回造山带物源区	6. 碰撞造山带物源区 大部分由沉积-变质沉积岩覆体和冲断岩片组成，其次为蛇绿岩混杂堆积体，正在闭合的洋盆或造山带前陆盆地沿消减带发育的继承性盆地	Q 含量中等，$\varphi(Q)/\varphi(F)$ 高，富沉积-沉积变质岩屑，有再进入大旋回的克拉通碎屑，长石和燧石也可较高	多以浊流形式提供碎屑，碰撞消减作用，缝合线附近的隆升
	7. 前陆隆升物源区 前陆褶皱冲断带及高地；沉积碎屑进入毗邻的前陆盆地，同时接受远处克拉通碎屑	具典型的再旋回砂，富 Q 低 F，可有碳酸盐岩颗粒	隆升剥蚀，褶皱冲断高地使盆地与岩浆弧或缝合带物源隔绝

重矿物分析：存在于陆源碎屑岩中比重大于 2.86 的陆源碎屑矿物被称为重矿物，耐磨蚀、稳定性强，能较多地保留其母岩的特征，在物源分析中占有重要地位（赵红格和刘池洋，2003）。重矿物主要集中于细砂岩和粉砂岩中，其含量一般不超过 1%。重矿物的种类很多，根据重矿物的抗风化稳定性，可将其分为稳定重矿物和不稳定重矿物两类。同时重矿物之间通常具有严格的共生关系，所以以重矿物组合是物源变化极为敏感的指标。重矿物分析主要是进行砂岩的重矿物组合分析，以及重矿物特征指数分析（Morton et al.，2005）。

重矿物组合分析：物源相同、古水流体系一致的碎屑沉积物中，碎屑重矿物的组合具有相似性，而母岩不同的碎屑沉积物则具有不同的重矿物组合。在矿物碎屑搬运的过程中，不稳定的重矿物逐渐发生机械磨蚀或化学分解，因而随着搬运距离的增加，性质不稳定的重矿物逐渐减少，而稳定重矿物的相对含量逐渐升高（徐田武等，2009）。通过分析重矿物稳定和不稳定组分在平面上的分布和变化，进而恢复物源方向和母岩性质，还可以搞清各河流沉积体系的分布范围、扩散方向。

重矿物特征指数分析：由于重矿物各自的物理、化学性质不同，在物理风化、化学风化、水动力分选和搬运中会表现出不同程度的分异，从而导致沉积区的重矿物组合不能充分地反映源区母岩性质。Morton 等（1993）认为，稳定重矿物的比值能够更好地反映物源特征，这些比值被称作重矿物的特征指数（Eynatten and Dunkl，2012），包括 ATi（磷灰石/电气石）-Rzi（TiO_2 矿物/锆石）-MTi（独居石/锆石）-CTi（铬尖晶石/锆石）等重矿物特征指数、锆石电气石–金红石指数（ZTR 指数）来指示物源（Morton et al.，2005）。其中，ZTR 指数是目前最常用的重矿物判别手段，其中 Z、T、R 分别指锆石、电气石和金红石。这 3 类矿物的抗物理风化和化学风化的能力较强，在重矿物组合中最为稳定，因此，高 ZTR 指数常用来指示较高的矿物成熟度和较远的搬运距离，而 ZTR 指数低则指示靠近物源区和搬运距离较短。同时，水动力会影响沉积时的重矿物性质，重矿物组合分析法对源区的精确判别仍存在一定缺陷，在物源分析中，应用碎屑重矿物组合时还应注意不稳定重矿物的组成，因为在某种程度上，不稳定重矿物才具有判别意义（石永红等，2009）。

随着电子探针的应用，重矿物地球化学方法开始应用到物源分析当中。其主要是利用单矿物（如辉石、角闪石、电气石、锆石、石榴子石等）的地球化学分异特征，来判别物质来源（Sabeen et al.，2002；Morton et al.，2004），如利用石榴子石电子探针分析结果，研究物源有其独到的优越性，可使水动力或成岩作用的影响降低到最小（杨丛笑和赵澄林，1996）。此外也有部分学者从重矿物颗粒表面的晶纹和形态入手，分析重矿物从搬运到沉积所受到的地质作用影响，这可以作为物源研究的一个重要补充（Cardona et al.，2005）。

C. 元素地球化学方法

元素地球化学方法包括常量元素、微量元素、稀土元素及同位素分析，已成为地质构造复杂地区研究的有效手段，被国内外学者广泛运用（杨守业和李从先，1999；毛光周和刘池洋，2011；杨仁超等，2013；杨守业等，2015）。

常量元素比值分析：由于常量元素成分上的相对变化与母岩条件息息相关，元素比值的采用，可以减少沉积物在风化、搬运和沉积过程中所受到的物理和化学风化的影响，从而突出物源区的特征信息，因此常量元素比值为精确鉴别物源区母岩性质及构造背景提供了可靠依据（杜世松等，2015）。常量元素分析主要利用电子探针技术，适用于砂岩、粉砂岩和泥岩。分析中主要涉及 SiO_2、TiO_2、Al_2O_3、Fe_2O_3、MnO、MgO、CaO、Na_2O、K_2O、P_2O_5 等的含量，而其主要的分析方法是经典的元素图解法（Blatt et al.，1972；Crook，1974；Bhatia，1983；Rose et al.，1986，1988；Kroonenberg，1994），其中，人们应用较多的、较为成功的是 Bhatia（1983）和 Rose 等（1986，1988）提出的方法。视需要可进行单项、多项或全项分析，主要适用于砂岩和粉砂岩。其中 TiO_2/Al_2O_3 的比值对于识别各种沉积物的物源非常有用，因为在 Al 相对保持不变的情况下，Ti 的含量在不同类型的岩石中是多变的，而且 Ti 和 Al 是所有常量元素中水溶性最差的。

微量元素分析：陆源碎屑岩中的微量元素（包括部分稀土元素）具有较大的稳定性，尤其是 La、Th、Ti、Zr、Sc、Co 等不活泼元素是非迁移性的，在风化、搬运和沉积过程中很少受其他地质作用影响，其含量变化与构造背景之间有着内在的必然联系。不同的岩石组合微量元素分布丰度具有不同的分配状态和类型，利用这些元素分配类型可以用来划分建造类型，确定物源区大地构造背景和构造演化特征（王成善和李祥辉，2003）。该方法的物源区分析是建立在不同岩石组合有不同的微量元素分配基础上。

稀土元素分析：稀土元素（REE）地球化学性质稳定，所以，REE 的分布特征可以用来恢复"原始"母岩性质及特点，REE 的配分型式，即 REE 分布曲线位置的高低、倾斜情况、Ce 异常、Eu 异常以及曲线总体形态，是目前物源区分析中应用最广也最有效的地球化学方法之一。无论是砾岩还是砂岩、泥岩都经常采用标准化后的 REE 分析数据进行对比，解释母岩性质，特别是 Bhatia（1985）总结出的不同构造背景下杂砂岩的 REE 特征值模式曲线、REE 与 K_2O/Na_2O、La/Ya 的关系图、REE 总量变化等有关图解、计算方法等，在物源区母岩性质及构造背景的分析中应用最广（王成善和李祥辉，2003）。

同位素分析：碎屑矿物的同位素组成由于具有不受物质搬运、传输、沉积和外界环境条件变化的影响，仍保留着物源区的同位素特征，直接反映了源区同位素的特点，这些特点使同位素方法广泛应用于碎屑物质源区示踪研究（陈洪云和孙友斌，2008；Chen and Li，2011）。同位素分析可以提供源区母岩的地层年代、地壳组成与演化，以及母岩的次生变化等信息。目前同位素分析中常涉及的方法包括 U-Pb 分析、裂变径迹分析、K-Ar 分析、^{40}Ar-^{39}Ar 分析、Rb-Sr 分析、Sm-Nd 分析以及稳定同位素分析等（王成善和李祥辉，2003），其中，以碎屑锆石 U-Pb 测年在沉积盆地物源分析中的应用最为广泛（Gehrels et al.，2008；Gehrels，2014；杜世松等，2015；徐杰和姜在兴，2019）。

碎屑锆石 U-Pb 测年：锆石作为一种抗物理风化和化学风化能力较强的矿物，可以在不同的风化和水动力搬运条件下仍然保持着最初的物源信息，因此成为物源分析的理想研究对象（Fedo et al.，2003；Gehrels，2014；Lawton，2014；徐杰和姜在兴，2019）。碎屑锆石 U-Pb 测年法首先通过离子探针质谱法（SHRIMP）、激光剥蚀等离子质谱法（LA-ICP-MS）来测定锆石的年龄，再结合阴极发光（CL）、背散射电子图像（BSE）技术、激光拉曼光谱等技术，来讨论锆石的内部结构和分带现象，识别出锆石的继承年龄、结晶年龄和变质年龄，以揭示锆石的成因和复杂发展史。

沉积岩中典型的碎屑锆石种群包含多种年龄模式，反映了不同物源区的贡献（Fedo et al.，2003；Gehrels，2014）。利用碎屑锆石 U-Pb 年龄组成（年龄谱）分析物源时，可以根据各个峰值的分布情况，去对比寻找相应的潜在物源区，并结合区域地质背景、沉积背景、源区岩性组合以及邻近区域的锆石年龄等多种数据，综合分析判断碎屑物质的潜在源区和搬运路径（图 1-44）。图 1-44 中三角洲砂体中碎屑锆石的年龄数据分布，可用于对比潜在物源区的结晶基底年龄，从而确定物源区，同时，还可以大致判断出来自源区 C 的供源更为强烈（徐杰和姜在兴，2019）。

碎屑锆石 U-Pb 测年法已被广泛地用于古代和现代沉积物源体系分析（Eriksson et al.，2003；Yang et al.，2009；Gehrels，2014；Blum and Pecha，2014；Blum et al.，2017；Xu et al.，2017），尤其在古老地层的古地理重建中具有重要意义。Xue 等（2019）基于对华南板块华夏地块中部的乐昌峡群和八村群中的碎屑锆石 U-Pb 定年发现：①埃迪卡拉纪早期 [图 1-45（a）]，乐昌峡群开始沉积（633~542Ma），该群中显著发育的中元古代碎屑锆石（1250~1050Ma），可能来自澳大利亚西部和南极洲东部较老的格林威尔造山带（1300~1050Ma），而相对较少的新元古代碎屑锆石（1000~860Ma）则来自印度东部和南极洲东部格林威尔造山带 [图 1-45（b）]，因为这些年龄的岩石在华夏地块中很少见；②埃迪卡拉纪末期–早寒武世（626~558Ma），八村群底部层位下寨组开始沉积，并发育 985Ma 和 800Ma 两个最高峰值年龄，不存在 1200~1050Ma 的锆石年龄，表明南极洲东部和澳大利亚西部（1200~1050Ma）的沉积物贡献减少，伴随而来的是印度东部和南极东部到沉积盆地的新元古代碎屑（1000~950Ma）的增加 [图 1-45（b）]；③中寒武世，八村群上部层

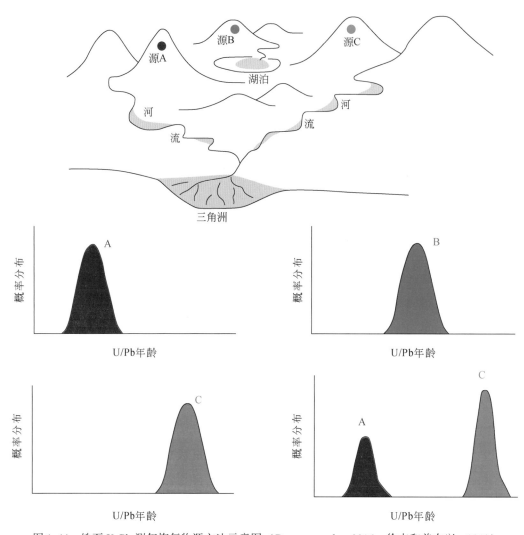

图1-44　锆石 U-Pb 测年恢复物源方法示意图（Romans et al.，2016；徐杰和姜在兴，2019）

位欧家洞组沉积，具有 515Ma、545Ma、625Ma 和 770Ma 4 组峰值年龄，表明沉积物源中缺乏格林威尔碎屑物质的记录，同时，该组大部分碎屑锆石颗粒磨圆和分选较差，显示欧家洞组碎屑物质主体来自于邻近地区［图1-45（b）］，即华夏地块内武夷山地区的新元古代火成岩和变质岩。上述不同阶段沉积物源的变化与构造环境的转变直接相关，物源的首次转变发生在埃迪卡拉纪［图1-45（b）］，其原因可能是由于平贾拉（Pinjarra）造山带（550～520Ma）和/或昆加（Kuunga）造山带的早期阶段（570～550Ma）发育所导致，并使得南极洲东部地块（澳大利亚、南极洲和印度）发生了合并（Xu et al.，2017）。物源的第二次转变发生于中寒武世，可能是昆加造山运动的后期隆升（530～480Ma）导致华夏地块的中部发生暂时和局部的物源变化，碎屑物质均来自于华夏地块内部。

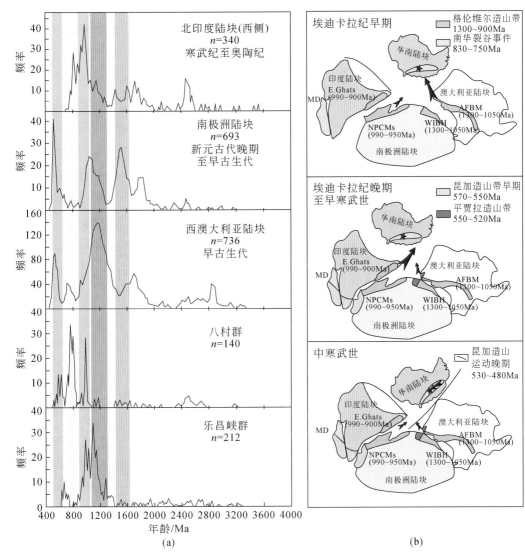

图1-45　华夏地块埃迪卡拉纪-中寒武世碎屑锆石年龄谱与相邻陆块锆石年龄对比

及构造演化模式（Xue et al.，2019）

MD，马达加斯加岛；E. Ghats，东高止山带；NPCMs，北查尔斯王子山；

WIBH，风车岛/邦格山；AFBM，奥尔巴尼-弗雷泽带

在使用碎屑锆石测年恢复物源时，还得结合区域地质背景、沉积背景、源区岩性组合以及邻区或者上游的碎屑锆石年龄等多种数据综合分析；否则，简单地根据碎屑锆石年龄分布，按图索骥寻找潜在的物源区，很可能造成分析的误判。构造环境不仅控制了源区的岩石组合，也塑造了盆地边缘的地形地貌，对物源体系的分布演化具有重要的控制作用。同时，源区的母岩性质、气候条件和古地貌条件也会影响碎屑岩的供给速率和矿物组合（Johnsson，1993；Syvitski and Milliman，2007）。

D. 地球物理方法

地球物理分析方法主要包括布格重力异常分析、测井地质学法和地震地层学法等方法，其虽在物源分析中没有沉积学、地球化学等方法应用普遍，但作为这两种方法的补充，地球物理分析方法还是开始受到了一些研究者的重视（杨仁超等，2013；姜在兴，2016）。

布格重力异常法主要对实测重力异常进行高度改正、中间层改正和正常场改正后，能够反映地壳浅层和深层的地质构造和物质分布。在研究时，通过布格重力异常资料，对研究区现今的基底地貌的高低做一个判断，然后再参考研究区的构造演化史，可以判断出古地形的高低，如果再结合古流向资料，就能大致判断出物源区的位置。另外，通常布格重力异常资料还会和磁场异常资料一起应用，使分析结果更有说服力。测井地质学法主要利用自然伽马曲线分形维数、地层倾角测井来分析古流向，判断物源方向（李军和王贵文，1995；李昌等，2009）。地震地层学可以用来识别对于物源研究和古水系恢复有意义的前积反射结构、沟道侵蚀和充填结构，其中以前积反射结构的识别最为重要，从而确定物源和古水流方向，如黄传炎等（2009）利用地震反射特征勾绘进积方向，详细刻画了渤海湾盆地北塘凹陷古近系沙三段古物源体系。

1.3.8 古地貌恢复

（1）古高程恢复

山脉古高程的定量研究相对比较薄弱。近年来，许多学者对山脉古高程高度的定量化进行了一些尝试。尤其是基于大气降水中稳定氧同位素的定量测高技术受到地学界的广泛关注，并在青藏高原古高程研究中取得了重要进展（Garzione et al., 2000a, 2000b；Poage and Chamberlain, 2001；Rowley et al., 2001；Mulch and Chamberlain, 2006；Rowley and Currie, 2006）。

A. 氧同位素

湖泊、河流的次生碳酸盐和成土碳酸盐中矿物的氧同位素可作为古高程研究的标尺（Drummond et al., 1993；Dettman and Lohmann, 2000；Garzione et al., 2000a）。高原湖泊、河流及周围地区受局部气候和海拔的制约，水温、水的氧同位素组成和水文平衡状况会影响沉积碳酸盐矿物的氧同位素值。不同地区氧同位素组成的系统变化能够反映造山带及高原隆升的空间变化过程。因此，利用当地大气降水的氧同位素组成（$\delta^{18}O_p$）与海拔梯度之间的关系，可以估算古海拔高度（Drummond et al., 1993；Garzione et al., 2000b；Rowley et al., 2001）。

目前，大多数研究是利用方解石的氧同位素进行古高程研究（Garzione et al., 2000b；Dettman et al., 2003；Cyr et al., 2005；Rowley and Currie, 2006）。方解石在

形成过程中会与水进行氧同位素交换。在沉积初期，方解石–水的氧同位素平衡分馏系数主要受温度的控制，即温度每变化5℃，$\delta^{18}O$值约变化1‰。许多学者利用湖相方解石的碳氧同位素，建立了相应的经验关系式，计算山脉隆起的古高程高度（刘晓燕等，2009）。

a. 经验公式

在建立现代大气降水或地表水的$\delta^{18}O_p$值与高程之间的关系的基础上，将今论古，可将建立的关系以及地质历史时期保存的地表水的氧同位素值进行古高程的恢复（Poage and Chamberlain，2001；Hren et al.，2009）。Garzione等（2000b）在尼泊尔中西部喜马拉雅两条逆冲带横断面上获得现代水系支流Gandaki河流流域样品的$\delta^{18}O$，然后与样品有关的高程进行二次线性关系拟合，得出水系氧同位素组成$\delta^{18}O$与山脉高程（h）之间的二次曲线，公式如下

$$\delta^{18}O = (-4.02\times10^{-7}\pm1.26\times10^{-7})h^2 - (0.0012\pm0.0005)h - (8.02\pm0.46)$$

$$(1\text{-}119)$$

由于河流和湖泊的水都是由高程更高的河水汇聚而来的，所以样品的$\delta^{18}O$反映的高程比取样点的实测值偏高。利用氧同位素计算古高程的最重要的前提是所有材料的$\delta^{18}O$值能够反映原始大气降水的$\delta^{18}O$值。

b. 热动力学模式

现代大气的物理学和热动力学的模拟研究表明，冷凝过程中，随海拔的升高，气团的氢氧同位素分馏会递变，如可以根据气团在海平面的相对湿度（RH）、初始温度（T）和低海拔地区的$\delta^{18}O$值推导出高程（H）与氧同位素变化值$\Delta(\delta^{18}O_p)$之间的关系。Rowley等（2001）提出了基于$\delta^{18}O_p$估算古高程的一种新模式，该模式定量分析位于1500±500m高空，即厚达1000m气团内部的物理过程，他们发现在不同高程的垂向上，气团的同位素组成主要受控于低海拔温度（T）和相对湿度（RH）。Currie等（2005）根据Rowley等（2001）的高程（H）与$\Delta(\delta^{18}O_p)$的关系模型，推导出公式

$$H = (-6.14\times10^{-3})\Delta(\delta^{18}O_p)^4 - 0.6765\Delta(\delta^{18}O_p)^3 - 28.623\Delta(\delta^{18}O_p)^2 - 650.66\Delta(\delta^{18}O_p)$$

$$(1\text{-}120)$$

式中，$\Delta(\delta^{18}O_p)$代表了某高程的降水中氧同位素与海平面氧同位素组成之差。

不过，气团在上升过程中会受到外界多方面因素的影响，复杂多变，难以区分具体哪些因素是气团本身变化所导致的。因此，模型的首要假设条件是气团不能受到周围气流的干扰。同时需要注意，假设条件中要考虑海拔对大气降水中同位素组成变化所产生的影响。

Quade等（2007）发现，青藏高原地区地表水的氧同位素值随着纬度变化也呈

规律性变化，他们将公式进行了修改，在 $\Delta(\delta^{18}O_p)$ 值中加入了纬度的影响因素

$$\Delta(\delta^{18}O_p) = (\delta^{18}O_p) - 1.5(°N-喜马拉雅山峰) - \delta^{18}O_o \qquad (1-121)$$

式中，°N-喜马拉雅山峰是研究区域与喜马拉雅山峰的纬度之差；$\delta^{18}O_o$ 值是受印度-欧亚碰撞影响以来大洋氧同位素组成变化和全球温度变化影响校正的值（Zachos et al., 1994；Lear et al., 2000）

B. Δ_{47}

Δ_{47} 可以计算方解石矿物生成时的温度，从而可以根据得出的古温度和区域温度/高程梯度，结合大气降水的 $\delta^{18}O$ 值来恢复古高程（Ghosh et al., 2006c；Lechler et al., 2013；Quade et al., 2013；Huntington et al., 2014）。需要注意的是，碳酸盐矿物沉积后，在埋藏过程中，其初始 C 和 O 键已受到重结晶或外来 C 和 O 的影响而发生重置（Schmidt et al., 2010；Huntington et al., 2011；Spencer and Kim, 2015），不能代表沉积时的温度。Quade 等（2013）将印度的、巴基斯坦的和青藏高原的结果进行拟合，得到高程（H）与 Δ_{47} 所记录温度 $[T℃(47)]$ 之间的相关关系

$$H = -229[T℃(47)] + 9300(R^2 = 0.95) \qquad (1-122)$$

式中，$T℃$（47）是根据土壤中碳酸盐岩的团簇同位素组成 Δ_{47} 计算的温度。该公式说明，随着高程的增大，温度以 4.4℃/km 降低。

Lechler 等（2013）根据 Δ_{47} 计算了内华达中部 Sheep Pass 盆地白垩纪晚期—始新世的年平均温度为 16～20℃，而内华达北部沿岸始新世的年平均气温为 20～25℃，这表明早古近纪 Sheep Pass 盆地的古高程≤2km，同理获得的 Deth 山谷地区中新世中期古高程≤1.5km。Huntington 等（2014）对扎达盆地腹足类化石进行了 Δ_{47} 温度计算，认为晚中新世—上新世湖水的温度要比现在的温度低很多（平均低 9±3℃），这表明当时海拔比现在高～1.5km。他们将恢复的湖水温度进行校正，根据当时的气温/海拔梯度，得出晚中新世—上新世扎达盆地的海拔为 5400±500m。

C. 氢同位素

与氧同位素类似，在气团的爬升过程中，重氢同位素不断冷凝析出，使大气降水和地表水中的重氢同位素持续减少。大气降水中的氢同位素随海拔变化的梯度为 −10‰/km～−40‰/km（Rozanski and Sonntag, 1982；Araguás-Araguás et al., 2000）。生长过程中，高等植物叶片的脂类物质记录了大气降水过程中的 δD 值，所以利用沉积物中保存的高等植物叶片脂类物质 δD 值可反演大气降水中的 δD 值，从而可以进行古高程的恢复。

Jia 等（2008）采集了贡嘎山东坡海拔 1000～4000m 的表土样品，通过植被脂类正构烷烃氢同位素（δD_{wax}）与土壤中保存的大气降水氢同位素值（δD_p）之间的对比分析，发现 δD_{wax} 值与 δD_p 值有很好的线性相关性（$R^2 = 0.76$），与采样点的海

拔或高程也具有很好的二次拟合线性关系（$R^2 = 0.80$）。Jia 等（2015）在伦坡拉盆地运用植物脂类化石中的 δD_{wax} 值和 δC_{wax} 值分别进行古高程恢复，分别得出 $2770\pm530m$ 和 $3040\pm560m$ 的结果。Bai 等（2011）在西昆仑海拔>3200m 的地区，也发现植被脂类正构烷烃的氢同位素值（δD_{wax}）与海拔之间具有很好的线性关系（$R^2 = 0.85$）。Polissar 等（2009）将伦坡拉盆地牛堡组、丁青组中高等植物化石中的 δD_{wax} 值运用到 Rowley 和 Currie（2006）的动力学模型中，得出牛堡组的高程为 3600 ~ 4100m，而丁青组的高程为 4500 ~ 4900m，该结果与 Rowley 等 Currie（2006）的结果一致。另外，一些含水矿物中的水也保存了原始大气降水中的重氢同位素。Gébelin 等（2013）在珠穆朗玛峰用变质岩中含水矿物的 δD 值换算成大气降水中的 $\delta^{18}O$ 值，估算出喜马拉雅山在早中新世晚期的高程可能是 $5100\pm400m$ 和 $5400\pm350m$。

利用保存在高等植物有机脂类化石中的 δD 值进行古高程恢复有以下优点。

1）古沉积物中植物的上表皮脂类中，正构烷烃是普遍存在的，并且在搬运和埋藏过程中很稳定，低温下正构烷烃中的 δD 值不会发生改变（Schimmelmann et al., 2006），而且青藏高原新生代盆地的沉积物多以碎屑岩为主（张克信等，2007，2010），所以这种方法也适用于碳酸盐岩不发育的地区。

2）植物脂类的形成过程比较短，对于大多数植物来说，其形成时间只需要几年，而对于碳酸盐岩中的一些自生矿物，其形成过程则需要 $10^5 a$（Lear et al., 2000）。这种情况下，植物脂类中的 δD 可以进行更高精度的古高程恢复（Jia et al., 2008）。

3）植物脂类 δD 值与源水体中 δD 值之间的相关关系不受温度的影响（Morrill and Koch, 2002；吴珍汉等，2007）。

（2）古地貌恢复

古地貌是控制沉积体系发育的关键因素之一，也是全球古地理重建关注的重点。一般认为，古地貌是构造变形、沉积充填、差异压实、风化剥蚀等综合作用的结果，特别是构造运动，往往会导致盆地面貌的整体变化，是古地貌中最重要的影响因素。前人对古地貌恢复进行了较为深入的研究，无论是思路上还是方法上，都有过大胆的尝试，业已形成了丰富的方法和理论，但是对于经历过多期构造运动改造区域的恢复仍然很难实现。

恢复古地貌的主要思路是在现今地层的厚度、恢复剥蚀厚度的基础上，经去压实校正恢复地层原始沉积厚度，最后结合古水深校正、岩相特征和地震剖面，恢复沉积时期地貌特征（王敏芳等，2006；姜正龙等，2009）。目前，常用的古地貌恢复方法有回剥和填平补齐法、残留厚度和补偿厚度法、沉积学分析法以及层序地层学恢复法（吴丽艳等，2005）。

20 世纪 70 年代末，逐渐发展起来的回剥分析（backstripping analysis）是一项定量的盆地分析技术，最初该技术基于盆地沉降史定量分析（Steckler and Watts，1978；Watts，1982；Allen P A and Allen J R，1990），随后被应用于盆地分析的其他领域，如盆地沉降史分析、盆地类型研究、盆地古构造重建、地壳性质研究（Sawyer，1985）。早在 20 世纪 50 年代，Von Bubnoff 认为，盆地沉积物厚度与盆地沉降之间存在某种关系，并用时间–沉积厚度曲线（也称为布勃诺夫曲线）来代表盆地的沉降史。随后，很多学者作了进一步完善，充分考虑了沉积物压实效应、负载效应、古海平面变化、古水深及构造作用等因素对沉降的影响，并将构造作用引发的沉降从总沉降中分离出来，用构造沉降来定量地反映构造作用对盆地沉降的影响。刘学锋（1997）认为，前人提出的构造沉降量计算公式过高估计了盆地的构造沉降（其系统误差达到44.7%），并较全面地考虑了影响构造沉降的诸因素，将水负载沉降从总沉降中分离出来，最终修正了前人建立的构造沉降量计算公式。

残留厚度和补偿厚度法是在古风化壳的上覆地层中寻找一个比较准确的、能代表古海平面的地层界面（标志层），然后通过该沉积界面与风化壳间的地层厚度进行去压实校正，利用古风化壳上覆充填沉积的标志层至侵蚀面厚度等值线图来镜像反映侵蚀面的古地貌格局。这个标志层必须满足以下几点。

1）必须是全区范围内分布的等时界面，能够代表当时的海平面。

2）该沉积界面离风化壳面越近越好。因为越接近风化壳，风化壳受后期构造活动影响及古地貌的相对起伏的变化越小，该沉积界面与风化壳间的地层厚度越能反映风化壳形成时地形的起伏变化。

3）这个界面必须是一个强波阻抗界面，在地震剖面和测井曲线电性特征上，容易识别和对比。该方法重点突出地层的等时地层格架，利用层序界面的等时性研究古地貌（宋国奇等，2000；田纳新等，2004；韦忠红，2006；庞艳君等，2007）。

利用沉积学方法恢复沉积前古地貌时，主要是利用各种基本地质图件，同时，结合成因相分析、古构造发育特点、古流向分析等多种沉积学分析手段进行综合研究，得出沉积前古地貌的大概轮廓（赵俊兴等，2001，2003；康志宏和吴铭东，2003；郭少斌和孙绍寒，2006）。

古地貌是控制盆地内沉积相发育与分布的主导因素，基准面旋回变化控制着层序地层单元结构类型、叠加式样，因此，可以通过基准面旋回中所处的位置与沉积动力学关系等，对沉积地层进行高分辨率的等时地层对比（吴丽艳等，2005；韦忠红，2006；杨红满和曾大勇，2010）。高分辨率层序地层学中，沉积前古地貌分析也是建立在等时基准面基础上的：结合地震资料，选取等时基准面（即 0 标准层），分别进行去压实校正，恢复当时沉积的真实厚度，进行差异构造校正，最后，综合各种基本地质图件，同时，结合古构造发育特点等求取本区的背景系数，进行背景校正（冯延状等，2007；张春晓等，2010）。

近 10 年来，层拉平方法也是在层序地层学理论和物探新技术基础上发展起来的一种古地貌恢复方法。其基本原理为：假设各层序的原始厚度不变（未受压实作用），在三维地震体中，参照沉积基准面或最大洪泛面，选取对比层序的参照顶底面，将底面时间减去顶面时间，即将顶面拉平，将拉平的面视为古沉积时的湖（海）平面，就可以得到底面的形态，此时底面的形态就可以近似认为是该层序地层沉积前的古地貌。其基本流程如下。

1）对盆地的古地质背景和古构造特点进行分析。

2）选定对比层序的参照顶底面，利用多井合成记录对参照面标准层进行精细解释。

3）利用相关的物探软件（如帕拉代姆公司的三维可视化软件 VOXLGEO 等）进行顶面层拉平操作，得到的底面形态就是该层序地层沉积前的相对古地貌，而要恢复其绝对古地貌，还要涉及剥蚀厚度恢复、脱压实校正及古水深校正等问题，因此层拉平古地貌恢复法不需要进行古水深的校正。但是，该方法在具有斜交前积结构的地区才能有比较好的应用效果（李家强，2008）。

对于造山带古高程的定量恢复，Hay 等（1989）提出了质量平衡的古高程再造方法。其中，质量平衡是指在特定的时间内，研究区表面的构造、侵蚀和沉积过程导致的沉积物侵蚀总量与沉积总量之间质量守恒，根据沉积盆地中沉积物质量计算，按时间将已沉积的沉积物剥离，并将这部分已剥离的沉积物恢复到物源区去。Hay 等（1989）以假设物源区的地形变化总和与沉积区的碎屑沉积质量总和成正比，并以此为基础进行计算。然而，如果物源区发生大幅度构造隆升，则这个假设将产生不可忽略的误差。其后，Métivier 和 Gaudemer（1997）提出了另外一种"质量平衡"法，其中"质量平衡"是指造山过程中通过逆冲和地壳短缩作用在山脉中积累的物质，与侵蚀作用在山脉中损失的物质之间存在质量守恒，前者称为输入通量，后者称为输出通量。这种方法可根据两种因素对古地形分析：一种是盆地中沉积物的分析，另一种是造山带中短缩量的恢复。这种方法充分考虑到构造隆升对古地形的重要影响，但其最后古地形再造结果是二维的（王成善等，2000）。另外，根据古生物特别是古植被的迁移演化历史，也可以帮助定性恢复造山带古高程（魏明建等，1998）。

1.3.9 古生物地理重建

古生物地理的重建是指地史时期地球上的生物面貌和生态系统的恢复。要恢复古生物分布的面貌，首先要收集记录关于古生物化石的有效信息（图 1-46）。前人开展了大量关于地史时期古生物的地理分区、形成演化及其控制因素的研究（张德华，1982；张宏达，1980，1986；张雅林等，2004；宋俊俊，2017）。

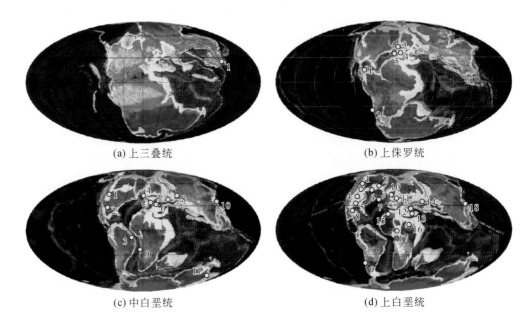

(a) 上三叠统　　　　　　　　　　(b) 上侏罗统

(c) 中白垩统　　　　　　　　　　(d) 上白垩统

图 1-46　中生代龟鳖目生物古地理分布

图上的数字代表了主要的露头。图中标注了龟鳖每一个属的主要出现阶段（或地层阶段）、发现地（与之有关的州省）以及古生物参考资料。（a）上三叠统：1. 中国（贵州），下卡尼阶，半甲齿龟。（b）上侏罗统：1. 阿根廷（新库恩），提塘阶，Neusticemys Notoemys；2. 古巴，牛津阶，Carribemys；3. 英格兰，钦莫利阶—提塘阶，Peobatochelys，Plesiochelys，Portlandemys，Tholemy；4. 欧洲（法国、德国、西班牙和瑞士），牛津阶—提塘阶，Platychelys，Craspedochelys，Plesiochelys；5. 葡萄牙，钦莫利阶—提塘阶，Plesiochelys，Craspedochelys。（c）中白垩统：1. 美国（内布拉斯加州、南达科他州、堪萨斯州），提塘阶，Desmatochelys；2. 美国（得克萨斯州），阿普特阶，未命名的 Sandownidae；3. 巴西（西阿拉），阿普特阶—阿尔布阶，Santanachelys；4. 英格兰，阿普特阶—土伦阶，Sandownia，Lytoloma，Cimochelys，Rhinochelys；5. 法国，阿普特阶—土伦阶，Rhinochelys；6. 意大利，塞诺曼—土伦阶，Protosphargis；7. 俄罗斯西北（别尔哥罗德、伏尔加格勒、萨拉托夫），阿尔布阶，Teguliscapha；8. 乌兹别克斯坦，土伦阶，Oxemys；9. 安哥拉，土伦阶，Angolachelys；10. 日本，土伦阶，Desmatochelys；11. 澳大利亚（昆士兰州），阿尔布阶，Bouliachelys，Cratochelone，Notochelone。（d）上白垩统：1. 加拿大（艾伯塔），康尼亚克阶—圣通阶，Toxochelys，Protostega；2. 加拿大（马尼托巴），康尼亚克阶—圣通阶，Toxochelys，Protostega；3. 美国（南达科他州、怀俄明州），坎潘阶—马斯特里赫特阶，Toxochelys，Archelon；4. 美国（堪萨斯州、科罗拉多州），康尼亚克阶—马斯特里赫特阶，Ctenochelys，Porthochelys，Toxochelys，Prionochelys，Archelon，Chelosphargis，Microstega，Protostega；5. 美国（得克萨斯州），坎潘阶，Terlinguachelys；6. 美国（阿肯色州、田纳西州、阿拉巴马州），Ctenochelys，Porthochelys，Thinochelys，Toxochelys，Prionochelys，Zangerlchelys，Calcarhichelys，Chelosphargis，Protostega，Corsochelys；7. 美国（新泽西州、北卡罗来纳州），康尼亚克阶—马斯特里赫特阶，Bothremys，Taphrosphys，Catapleura，Gyptochelone，Peritresius，Atlantochelys；8. 墨西哥（科阿韦拉州），坎潘阶，Euclastes；9. 阿根廷（内格罗河省），坎潘阶—马斯特里赫特阶，Euclastes；10. 英格兰，康尼亚克阶—坎潘阶，Ctenochelys；11. 欧洲（荷兰、比利时、德国），马斯特里赫特阶，Allopleuron，Glaucochelone，Glyptochelone，Platychelone，Tomochelone；12. 叙利亚，马斯特里赫特阶，Taphrosphys；13. 约旦，圣通阶—马斯特里赫特阶，Bothremys，Gigantatypus；14. 哈萨克斯坦，牛津阶，Turgaiscapha；15. 摩洛哥，马斯特里赫特阶，Ocepechelon，Alienochelys；16. 埃及，马斯特里赫特阶，Arenila，Zolhafah，Taphrosphys；17. 尼日尔，马斯特里赫特阶，Nigeremys；18. 日本，圣通阶—马斯特里赫特阶，Protostega，Mesodermochelys（Bardet et al.，2014）

早在 20 世纪 70 年代国际上就展开了基于计算机的数字化定量研究工作，如美国芝加哥大学 Sepkoski 等近 30 年积累建成的全球显生宙海洋无脊椎动物多样性数据库（Sepkoski，1978，1979，1982，1992，2002）；加州大学圣巴巴拉分校的 Alroy John 等于 1998 年建立了古生物在线数据库 Paleobiology Database（简称 PBDB）[①]，该数据库目前已发展成为全球最大的古生物学专业数据库。截至 2010 年 12 月 21 日，该数据库已汇集了 173 578 个分类信息，以及 100 719 个采集层位的约 89 万条化石产出记录。此外，欧洲也先后建立了大型古生物数据库如 EuroPaleoDB 和 Fossil Record 等。在这些大型数据库中，以 Paleobiology Database 发展最好，自 2001 年至今，发表了大量论文，包括在 *Science* 和 *Nature* 上发表的论文超过 20 篇。大多数古生物数据库都侧重客观记录古生物种属特征与相应出现的地史时期，初步实现了资源的共享与可视化技术，但鲜有与地质真正相结合。为了满足这一实际需求，中国科学院南京地质古生物研究所的杨群、樊隽轩、王玥、罗辉、冷琴等基于互联网、计算机技术的古生物学和地层学综合数据库平台及其服务系统（Geobiodiversity Database，简称 GBDB）[②]，并以此为平台创建了"中国古生物学与地层学专业数据库"（樊隽轩等，2011），且在地球大数据发展背景下，迅猛发展。

结合古生物化石与岩石地层的密切相关性以及同位素年代学的时间限定，为进一步实现定量古生物地理重建提供了又一可行性保障。由于不同的大陆具有不同的生物面貌和生态系统，不同纬度的海洋也具有不同的生物面貌和生态系统，不同的演化阶段同样具有不同的生物面貌和生态系统，所以古生物地理重建也是全球构造古地理重建的基础。例如，利用不同大陆同类古生物分带的相似性对 Wegener 重建全球性 Pangea 超大陆起了重要作用。

1.3.10　构造古地理重建

构造古地理范围可大可小：大的涉及全球或洲际尺度（图 1-47），小的可到盆地等各种构造单元尺度。构造古地理恢复关键在构造要素和沉积要素的确定，成果要表达古构造格局和受其控制的各种古地理特征。

魏格纳最早利用冰川擦痕来重建全球性 Pangea 超大陆，随后重建构造古地理的方法越来越多，实用尺度的范围也不同。"宝塔图"古构造分析方法的基本原理是将构造演化视为"垂直简单剪切变形"过程，但该方法既没有考虑断层造成的水平位移，也没有考虑上覆岩层倾斜造成的岩层铅直厚度与真厚度的差异，更没有考虑

---

① http://www.pbdb.org/或 http://www.paleoDB.org/.

② http://www.geobiodiversity.com/.

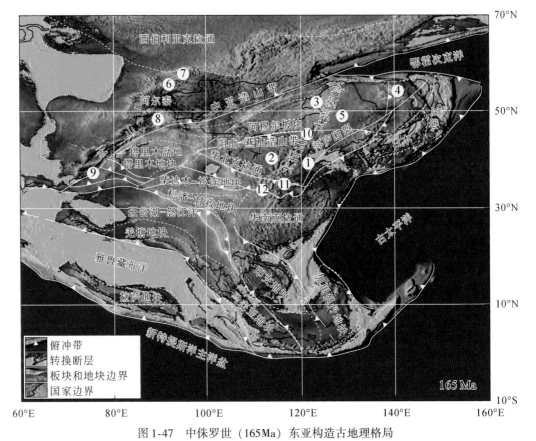

图 1-47 中侏罗世（165Ma）东亚构造古地理格局

1. 渤海湾盆地；2. 鄂尔多斯盆地；3. 海拉尔–塔木察格盆地；4. 蒙古–鄂霍次克造山带；5. 松辽盆地；6. 西萨彦岭；7. 东萨彦岭；8. 准噶尔盆地；9. 车尔臣断裂；10. 索伦断裂；11. 古洛南–栾川断裂；12. 勉略缝合带（Valer'evna 等，2017）

区域不整合面及局部地区的地层剥蚀以及下伏地层的去压实，导致古构造图中等高线数值及其反映的古构造幅度可能不合理（漆家福等，2003）。

随后，1969 年 Dahlstrom 提出了平衡剖面的概念，"地质平衡"开始成为解释构造几何形态和分析构造变形过程必须遵循的最基本原理之一。它包含两个方面的涵义：其一是构造形态的"几何学"上的平衡，其二是构造变形过程的"地质学"上的平衡（漆家福等，2001，2003）。吴应林等（1995）使用"构造岩块分析法"重建了扬子台地西缘早、中三叠世古地理格架，其主要是在研究分析扬子台地西缘地质演化的基础上，划分构造断块，根据这些断块的沉积学及构造运动学资料，结合西缘深部地球物理资料进行构造复位，这也是一种基于"地质学"平衡理论的方法。

Roeder 和 Witherspoon（1978）利用平衡剖面技术，重塑了美国田纳西州东部的岩相古地理，并利用复原的剖面，研究褶皱和逆掩构造区生、储、盖组合原始分布空间的可行性。而 Shaw 和 Suppe（1994）等进一步发展了平衡剖面古构造恢复的思想，不仅定量研究了古构造的变形过程，还探讨了古构造圈闭演化过程中局部变形带的空间分布特点。Gibbs（1983）首次系统地将源于构造压缩区重建的平衡剖面技术用于拉张构造区的古构造重建，自此张性盆地古构造重建日益深入。刘学锋等（1999）利用回剥分析法重建了古构造格局。随着软件技术的开发与成熟，刘学锋等（2003）又发展了自己的技术方法，在原有理论指导之下，将 GIS 技术引入到盆地古构造研究中，成功再造了松辽盆地北部古中央隆起带古构造格局。

吴时国等（1994）从古地磁学、沉积学、古生物地理学、构造地质学和地球化学等方面，综合阐述了造山带构造古地理重建方法；吴根耀（2005，2007，2014）阐述了造山带构造古地理重建过程中要将活动论构造观应用于构造分析当中，并强调古构造重建过程中要注意构造运动中洋盆演化和造山过程的制约关系，从"盆-山"耦合角度认识盆地的动态演化，以原地和非原地的古地理重建相结合且以非原地的古地理重建为主。

重建古构造还需要解决的一个关键问题是恢复地层剥蚀的时间和厚度（何建军等，2011），常用的方法有地层对比法（牟中海等，2002）、参考层厚度对比法（Magara，1976）、沉积速率法、测井曲线法（Dow，1977）、镜质体反射率法、地震地层学法（郝石生等，1988）、最优化方法（张一伟等，2000）、沉积盆地波动方程法（刘国臣等，1995）和磷灰石裂变径迹法（Gleadow et al.，1983）等。每一种恢复方法都有各自的适用性，在实际应用中，应根据研究区的具体情况选择适合本区的剥蚀厚度恢复方法（王敏芳等，2006）。

古地磁在构造运动研究中也能提供一定的帮助。古板块的视极移曲线（APWP）可以指示古板块漂移路径，从而有利于重建古海陆格局；岩层的磁倾角差异可以指示断层。另外，岩石磁化组构（即磁化率各向异性）也可以运用于地质结构分析，如沉积岩的磁性各向异性受沉淀-压实过程的控制，而火山岩则与熔岩流有关，这些对研究沉积盆地古河道的方向或熔岩流动结构十分有效。岩石的延展变形会导致磁性各向异性发生明显改变，可以用来揭示某些褶皱的产生、辨认简单切变运动的方向，研究苏格兰西北岩脉及法国阿尔卑斯山脉的岩石形变（许同春，1985）。不过同时这些结果可能与实验技术、磁化年龄、板块划分或岩石再磁化等相矛盾，同时出现正、反两种不同的结果。这种情况下，结果应慎重考虑。

总之，古地理重建方法发展至今，经历了从单一到综合、从定性到定量、从理论到应用等多方面的发展。现今已出现互动的地史重要阶段的 3D 古地理（主要是古山高、古水深、古洋陆格局）重建成果[①]。这些古地理重建都是建立在多学科基础之上，运用大数据、人工智能等多种手段，综合多种条件因素对研究区进行制

---

① http：//www.scotese.com/.

约，依靠计算机模拟技术，恢复特定地质历史时期的深、浅部地质环境，实现区域地质演化，厘清深时地球系统海陆变迁历史以及板块内部单元划分的一个综合运用的过程。

当下，各地区地质空间数据体已经陆续开始建立，计算机技术，如 GIS 等，日益成熟，各学科方法手段日趋完善和多样化，单纯以板块边界、生物区带、古气候环境为基础的定性分析方法已经显得不够系统，而以古地磁、古生物、古气候以及同位素年代数据为基础定量恢复古地理，将成为古地理系统重建的未来发展趋势。而且，迄今为止，古地理系统并没有考虑古海洋的各种物理海洋要素的重建，中国海洋大学 2010 年集合部分优势学科进行了物理海洋和海洋地质学的交叉研究，尝试进行地史时期古气候和古环流结构重建的数值模拟，但最大的难点是现实数据的时空不均一性制约，使得古海洋中的古温盐结构难以满足数值模拟要求，超过年际尺度的百万年长时间尺度的连续数值模拟尚有很大的不确定性，模拟可信度还有待提高。总之，全球三维古地理重建对于油气藏形成的生–储–盖–圈–运–保等要素的时空分配，以及与海底地形地貌关系密切的天然气水合物成藏和保存的时空演变的快速评价，具有重要的实用价值，但利用该方法开展勘探程度较低地区的相关远景评价还需要紧密结合以二维预测为主的层序地层学。

1.4 古地磁技术

古地磁学是通过解析地质样品中记录的天然剩磁的强度和方向信息，来追踪所研究样品形成过程中地磁场的方向和强度，进而探究地质历史时期地球深浅部动力学过程（Butler，1992；朱岗崐，2005；Tauxe，2010）。古地磁技术在地学研究中得到了广泛应用，最为显著的贡献在于为"大陆漂移、海底扩张和板块构造"提供了有力的证据，同时，在区域地质构造研究以及地层序列定年方面，也发挥着不可替代的作用（管志宁，2005；朱岗崐，2005）。

古地磁在海洋中的应用，主要通过对海洋磁测得到的磁异常数据进行反演分析或者对海底沉积物、岩石进行取心测试，并进行构造和环境信息反演。随着液压活塞取心技术和更先进的活塞取心技术的发展，深海大洋钻探可以获得单个钻孔长达 250m 的岩心。通常使用"U 型管"（u-channels）从岩心上获得连续的古地磁定向样品。"U 型管"是一个横截面是 U 形的矩形管，通常长 1.5m，横截面大约 4cm× 4cm，向下压进岩心可产生连续的样品（Tauxe et al.，1983；Nagy and Valet，1993）。然后，利用专门的磁学设备测量样品的岩石磁学参数、天然剩磁方向和古强度等（McElhinny and McFadden，1999）。

1.4.1　岩石磁学

为系统了解岩石样品中所含磁性矿物的种类和粒度等特征，需要对样品进行详细的岩石磁学性质分析。常用的磁性参数有：体积磁化率（κ）、质量磁化率（χ）、频率磁化率（χ_{fd}）、磁化率各向异性（磁组构，AMS）、等温剩余磁化强度（IRM）、饱和等温剩磁（SIRM）、非磁滞剩磁（ARM）、剩磁矫顽力（B_{cr}），它们的比值也具有一定的指示意义。

（1）磁化率

磁化率是一个衡量物质被磁化强弱的量，也就是磁化强度（M）是外加磁场（H）的正比函数（$M=\kappa\times H$ 或 $M=\chi\times H$），其中的系数就是磁化率（κ，体积归一化；χ，质量归一化）。对磁化率更为准确的定义是 M 对 H 的一阶导数（$\chi=dM/dH$）（刘青松和邓成龙，2009）。频率磁化率 χ_{fd}，是指样品在低频磁场和高频磁场中磁化率值的相对差值，即

$$\chi_{fd}=\chi_{LF}-\chi_{HF}$$
$$\chi_{fd}\%=(\chi_{LF}-\chi_{HF})/\chi_{LF}\times100\% \tag{1-123}$$

式中，χ_{LF} 和 χ_{HF} 分别为低频和高频磁化率；χ_{fd} 和 $\chi_{fd}\%$ 分别为频率磁化率的绝对值和百分数。

影响磁化率的主要因素包括：磁性矿物的类型、粒径、温度、频率和外加场等（刘青松和邓成龙，2009）。

1）对于铁磁性和亚铁磁性物质（如单质铁、磁铁矿和磁赤铁矿），其磁化率最高。相比之下，反铁磁性物质（如赤铁矿和针铁矿）的磁化率则低得多。

2）室温下，粒径小于 SP/SD（SP，超顺磁，superparamagnetism；SD，单畴，single domain）临界值的磁性颗粒，其磁化率随着粒径增加而逐渐增大。当超越SP/SD 的临界值后，磁化率突然降低。SD 颗粒具有最低的磁化率。之后，磁化率随着粒径增加而再次逐渐增大。整体上，磁化率随着粒径变化呈不对称的"V"字形分布。

3）磁化率的频率特性反映样品中是否存在 SP 颗粒。处于超顺磁和单畴临界点附近的颗粒（对于磁铁矿为 2～25nm），并且 SP/SD 颗粒的粒径分布变化不大，χ_{fd} 的变化代表 SP 颗粒含量的变化。当 χ_{fd} 为零时，则可能对应着两种情况：不存在 SP 颗粒，或者存在着非常细小的 SP 颗粒。$\chi_{fd}\%$ 的变化基本反映颗粒的分布。当处于 SP/SD 临界点附近的颗粒的含量固定时，也就是 χ_{fd} 固定时，此时，随着其粒径增大，$\chi_{fd}\%$ 减小。

4）磁化率随温度的变化曲线 χ-T 或 κ-T 与矿物类型和粒径都相关，既可以用来确定磁性矿物的居里温度，也可以用来确定其粒径分布。顺磁性物质的磁化率随着温度增加而降低，服从居里定律 $\chi=C/T$，其中，C 是常数。

5）不同矿物的微观矫顽力（H_κ，在没有热扰动的情况下需要旋转一个磁性颗粒所需要的外场）不同，其磁化率随着外加场 H 的变化，曲线也不尽相同。因此，可以通过研究 κ-H 曲线，来区分一些具有不同矫顽力矿物的行为。

对磁化率更为精确的解释需要引入张量的概念。对于一块样品，在不同方向上测量的磁化率值不一样。磁化强度和外加场之间的线性关系可以用二阶张量来表示，即磁化率各向异性。磁化率各向异性由磁化率椭球体表示，其中三个半轴分别代表磁化率最大轴（K_{max} 或 K_1）、中间轴（K_{int} 或 K_2）以及最小轴（K_{min} 或 K_3）（Tarling and Hrouda, 1993）。由于所有的岩石都具有磁各向异性，岩石在形成过程中所含磁性矿物颗粒会在外界作用下（如重力、磁场、水流或挤压应力等）产生定向排列并最终固结在岩石内部，因此磁化率各向异性可以反映岩石形成时或形成后所经历的变形过程（Parés et al., 1999）。

（2）等温剩磁

当样品暴露于瞬间的（纳秒或毫秒）强磁场下时，样品中矫顽力小于磁场强度的颗粒将沿着外场方向排列，因此会沿该磁场方向产生一个剩磁，这个剩磁即为等温剩磁（isothermal remanent magnetization，IRM）。IRM 随着外加场的增加而增加，直到饱和，最后获得室温下的饱和等温剩磁（SIRM 或 M_{rs}）（Liu et al., 2012）。SIRM 可以在磁性颗粒粒径和矿物成分保持相对稳定时反映磁性矿物浓度。

一种非常有效的确定样品中磁性矿物种类的方法是 Lowrie 三轴等温剩磁退磁技术（Lowrie 3D IRM technique）（Lowrie, 1990）。地质样品中常见的几种重要磁性矿物是：磁铁矿（最大阻挡温度约 580℃，最大矫顽力约 0.3T）、赤铁矿（最大阻挡温度约 675℃，最大矫顽力远大于 5T）、针铁矿（最大阻挡温度约 125℃，最大矫顽力远大于 5T）。可以较为简单地利用这些磁性矿物的矫顽力和阻挡温度的差异，确定它们在样品中的相对重要性（Lowrie, 1990）。

Lowrie 三轴退磁的步骤如下。

1）沿三个正交方向施加三个不同强度的磁场，以获得等温剩磁。第一个磁场沿 X_1 方向，这个磁场应该足以使样品中所有的磁性矿物达到饱和，通常是实验室可以获得的最大磁场，如 2T。第二个磁场沿 X_2 方向，应该足以使磁铁矿达到饱和，但是不足以影响高矫顽力组分（即针铁矿和细粒赤铁矿），如 0.4T。第三个磁场沿 X_3 方向，主要针对低矫顽力矿物，如 0.12T 左右。

2）对样品进行热退磁后，将三个组分的剩磁强度与退磁温度作图，这样就可以通过确定每个组分的阻挡温度谱，来表征样品总的剩磁特征。

Lowrie 三轴退磁的例子如图 1-48 所示。该样品中主要磁性矿物在 550～600℃时，矫顽力小于 0.4T，但大于 0.12T。这些是典型的磁铁矿的性质。此外，该样品中还有少量的高矫顽力（>0.4T）组分，其阻挡温度大于 650℃，这是赤铁矿的特征。

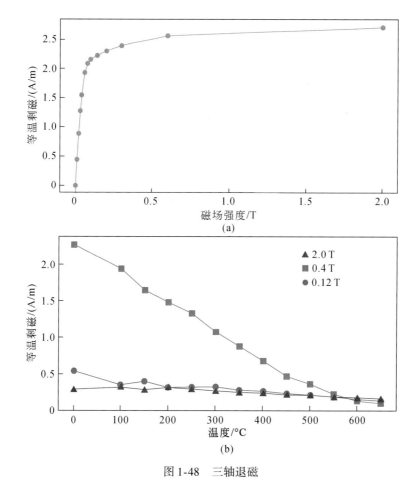

图 1-48 三轴退磁

（a）等温剩磁（IRM）获得曲线。（b）IRM 三轴热退磁曲线。样品在强度为 2T 的磁场中磁化以后，再在另外两个
方向上获得 IRM，磁场强度分别为 0.4T 和 0.12T，图中三个不同矫顽力的组分用不同的符号表示

（3）非磁滞剩磁

样品在一个幅度逐渐衰减的交变场（AF，一般<200mT）中，同时附加一个很小的直流偏转场（DC，一般为几十 μT），统计上会有一些颗粒沿着偏转磁场的方向磁化，当 AF 的幅值衰减到零时，样品获得一个与 DC 场相关的剩磁，称为非磁滞剩磁（anhysteretic remanent magnetization，ARM）（Dunlop and Özdemir，1997）。ARM 与粒径、含量、外加的交变场和直流场的幅值、磁相互作用有关。相比于多畴颗粒，单畴颗粒能够获得更强的 ARM，因此常常应用 ARM 来衡量样品中单畴颗粒的含量。当多畴颗粒的含量比较高时，它对 ARM 的贡献就不能忽略。

ARM 与其他磁性参数的比值也可以指示一些磁性的变化，如磁化率和 ARM 磁化率的比值（χ/χ_{ARM}）经常用来衡量磁性颗粒的大小。对于 SP/SD 和 PSD/MD 的颗粒来说，这个比值与颗粒的大小正好呈相反的关系。对于大颗粒来说，颗粒越大，这个比值越大，但是对于小颗粒来说，这个比值随颗粒增大反而减小。

（4）磁滞参数

样品的磁滞行为严重受控于其中磁性矿物的种类和粒径，因此，磁滞回线可用来确定岩石中磁性矿物的组成。一个特定样品的磁滞回线是该样品中所有单个颗粒的回线的总和。一组具有相同矫顽力谱的磁性颗粒将影响样品的磁滞回线特征。磁滞回线中的3个重要参数是：饱和磁化强度（M_s）、饱和等温剩磁（M_{rs}）和矫顽力（H_c）。此外，将已获得M_{rs}的物质置于反向磁场中，随着反向场的递增，该物质中的剩磁逐渐减少，当剩磁达到零时对应的磁场强度，即为剩磁矫顽力（H_{cr}）。

磁滞回线有几种基本类型，它们可以作为认识地质样品磁滞回线的参考标准。这些典型的磁滞回线如图1-49所示。图1-49（a）表示典型的抗磁性物质（如碳酸盐、石英）的反向线性磁滞行为，图1-49（b）表示顺磁性物质的正向线性磁滞行为。当样品中仅含有少量的亚铁磁性物质且富含含铁矿物（如黑云母、黏土矿物）时，这两种磁滞行为是常见的。当磁性矿物的粒度非常细时，样品呈现超顺磁"磁滞"行为［图1-49（c）］。

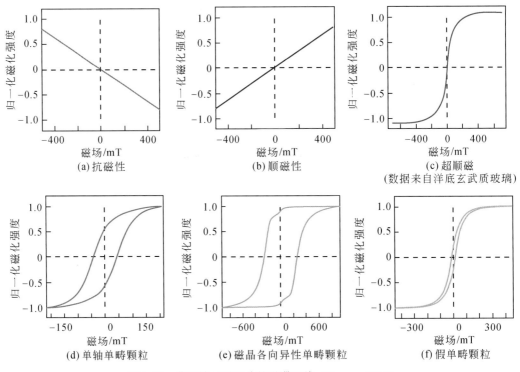

图1-49　典型端元磁组分的磁滞回线（Tauxe，2010）

当磁性颗粒大于某一临界体积时，其弛豫时间将足以使颗粒保持稳定的剩磁。随机排列的稳定颗粒集合体将会产生各种形状的磁滞回线，这些磁滞回线的形状取决于颗粒的各向异性和磁畴状态。典型的磁滞行为如图1-49（d）~（f）所示。图1-49（d）表示以单畴、单轴各向异性磁铁矿为剩磁载体样品特征的磁滞回线。图1-49

（e）表示一种特殊赤铁矿的磁滞回线，其各向异性为磁晶各向异性（六方晶系），特别是该样品的剩磁比（M_{rs}/M_s）非常高，接近于1。最后是一个M_{rs}/M_s值和稳定性都比单畴颗粒要低的样品的磁滞回线，即假单畴（PSD）颗粒的磁滞回线［图1-49（f）］。

不同成分和粒度磁性矿物的混合物，将产生变形的磁滞回线（图1-50）。图1-50（a）表示赤铁矿和单畴磁铁矿混合物的磁滞回线，称之为"鹅颈形"（goose-necked）磁滞回线。另一种常见的是，单畴和超顺磁磁铁矿混合物产生的磁滞回线，称之为"细腰形"（wasp-waisted）［图1-50（b）］或"粗腰形"（pot-bellied）［图1-50（c）］磁滞回线。这些不同的磁滞回线形状表示不同的磁学含义。

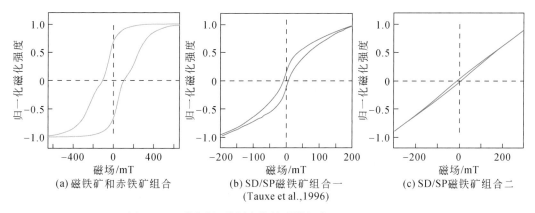

图1-50　不同磁组分混合物的磁滞行为（Tauxe，2010）

（5）比值参数

环境磁学研究中，一些比值参数往往得到更为广泛的应用，这些参数包括M_r/M_s，B_{cr}/B_c，ARM/χ，$ARM/SIRM$等。M_r/M_s和B_{cr}/B_c这两个参数对剩磁状态（超顺磁SP、单畴SD、涡旋votex、多畴MD）和磁各向异性来源（立方晶系、单轴、应力状态）反应灵敏，因此，这两个参数能指示磁性矿物的粒度和形状，为此，Day等（1977）用这两个参数作图（图1-51），称为Day氏图（Day plot）。

根据理论计算，Day氏图可以分为SD、PSD和MD三个区域。PSD代表假单畴，它的剩磁比（M_r/M_s）介于单畴行为（≥0.5）和多畴行为（≤0.05）之间。实际上，几乎所有的地质样品都落在PSD区域，从而导致Day氏图的应用有一定的局限性。

Tauxe等（2002）建议用M_r/M_s与B_c的关系图（图1-52）来代替Day氏图，该图根据磁畴状态和磁各向异性能的起源，应用显微磁模拟技术帮助解释磁滞数据。随着颗粒变长（长宽比a/b达1.5），模拟结果服从点断线的趋势。较长的单畴颗粒将服从单轴趋势，用黑色箭头表示。超顺磁-单轴数值模拟（SPUNS）预测的变化趋势（Tauxe et al., 1996）用蓝色实线表示。具有较大宽度的等轴颗粒的变化趋势沿绿色点线，拉长形颗粒的变化趋势沿红色断线。随着颗粒变得足够大至涡旋剩磁状态，它们在图1-52上的区域为"PSD"。更复杂的颗粒形状，例如交叉的棒状颗粒，产生的M_r/M_s值大于0.5，从而具有极高的稳定性，在图1-52上的区域标记为"复杂形状"（complicated shapes）。随着颗粒增大，这些磁滞数据将服从紫色实线的变化趋势（Tauxe et al.，2002）。

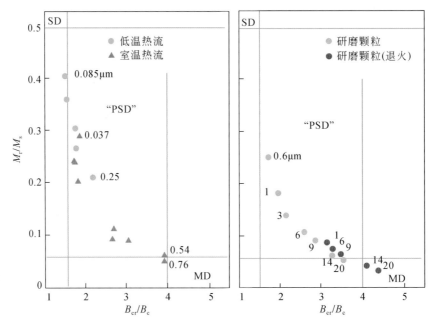

图1-51　Day氏图显示的磁滞参数与磁粒度以及样品处理方法的关系（Dunlop，2002）

MD：多畴；SD：单畴；PSD：假单畴

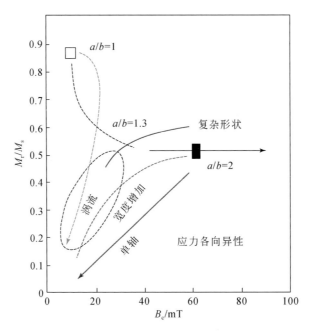

图1-52　M_r/M_s与B_c的关系（Tauxe et al.，2002）

空心方块代表立方各向异性磁铁矿的理论位置

1.4.2　古地磁方向的测量

（1）剩磁测量

古地磁样品的剩磁测量主要在磁力仪上进行。目前精度和灵敏度比较高的磁力仪为岩石超导磁力仪，包括2G-760 U-channel岩石超导磁力仪和2G-755R岩石超导磁力仪。前者具有连续自动精确测量各种古地磁样品的能力，可最大限度满足利用海相、湖相长岩心和大陆深钻样品开展古环境、古气候变化和地球动力学过程等研究；后者主要针对各种标准古地磁单样品的剩磁进行测量。另外，对于强磁性的物质，也可以采用JR-6旋转磁力仪进行测量，该磁力仪测量快速简便，测量灵敏度比超导磁力仪低（朱日祥等，2003）。

（2）退磁技术

有效分离不同剩磁组分的实验室技术有多种。古地磁学研究人员依据（剩磁组分的）弛豫时间、矫顽力及温度之间的关系来实现对低稳定性剩磁组分的清洗（退磁）。退磁技术的基本原理就是弛豫时间越短，颗粒越容易获得次生磁化。交变磁场（AF）退磁的原则是弛豫时间较短的剩磁组分必然具有相对低的剩磁矫顽力，而热退磁的原则是弛豫时间较短的剩磁组分具有相对较低的阻挡温度。

在交变退磁过程中，需要在零磁场环境下对古地磁样品施加一个振荡的磁场。所有矫顽力小于交变退磁场（AF）峰值的颗粒磁矩将随交变磁场方向的变化而变化。当交变磁场的峰值衰减至颗粒矫顽力之下时，这些被"激活"的磁矩将被固定。假定样品具有一定矫顽力范围，那么低稳定性的颗粒将有一半被固定在交变磁场的某一方向上，而另一半被规定在另一个方向上，导致这些低稳定性颗粒对剩磁的净贡献为零。在实际退磁过程中，需要分别在三个相互正交的方向上对样品进行退磁，或在退磁过程中让样品随三个相互正交的方向"翻滚"。

热退磁利用的是弛豫时间与温度之间的关系。在居里温度之下，总是存在这样一个温度，使得弛豫时间缩短为数百秒。当样品加热至这一温度时，所有弛豫时间缩短为数百秒的颗粒均重新随磁场方向排列，这一温度即为解阻温度。如果这时外磁场为零，则所有颗粒将会随机分布，其产生的净磁矩为零。随着温度的下降，并重新回到室温，弛豫时间将按指数规律增大，直至这些磁矩再一次被锁定。通过这一方式，磁稳定性相对低的颗粒对天然剩磁（NRM）的贡献将被清洗掉。另一方面，如果在冷却过程中施加一个直流场，则那些被加热至解阻温度之上的颗粒将随新的直流场方向重新排列，从而获得部分热剩磁（pTRM）。

图1-53给出了逐步退磁的基本原理。最初，天然剩磁（NRM）是由两组不同矫顽力颗粒所携带的两个剩磁组分的矢量和。图1-53左侧的直方图给出了其矫顽力

的分布情况，两个相对应的磁化分量由粗线表示在其右侧图中。在这些样品中，两个剩磁分量是相互正交的。初始状态下，两个分量的矢量和（天然剩磁，NRM）在右侧的矢量图中表示为"+"，在第一步交变退磁之后，低矫顽力颗粒所携带的剩磁被消除，退磁矢量相应地移到第一个远离"+"的圆点处。随着交变退磁场的增大，剩磁矢量（右图的虚线箭头和圆点）逐渐被退去，最终逼近坐标原点。

图 1-53 中给出了 4 种不同类型的矫顽力谱，它们分别对应于显著差异的退磁特征。如两个组分的矫顽力谱完全相互独立，则逐步退磁可以明确无误地确定两个分量［图 1-53（a）］。然而，正如 Hoffman 和 Day（1978）所指出的，一旦两个分量的矫顽力谱有部分重叠，退磁路径就变成了曲线［图 1-53（b）］。如果两个组分的矫顽力谱完全重叠，由于两个分量自始至终被同时消去，因而可能在外观上出现单一分量的退磁路径［图 1-53（c）］。此外，还可能出现图 1-53（d）中一个分量的矫顽力谱完全包含另一个分量的矫顽力谱的情况，这时会出现"S"形的退磁曲线。由于在"真实"的岩石中，两个分量的矫顽力谱完全可能重叠，因此，有必要同时施以交变退磁和热退磁。这是因为两个矫顽力谱完全重叠的分量，很可能不具备重叠的阻挡温度谱；反之亦然（Zijderveld，1967）。

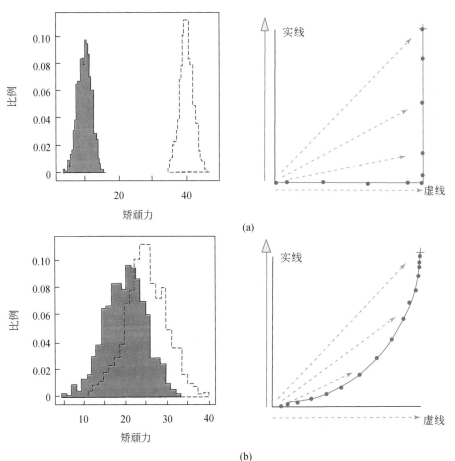

(a)

(b)

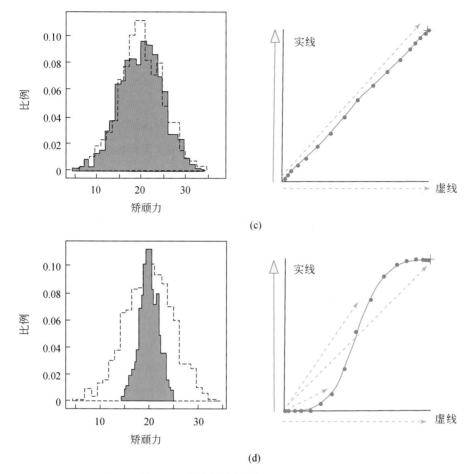

(c)

(d)

图 1-53　逐步退磁原理（Tauxe，2010）

样品中包含两个分别具有独立矫顽力的磁化分量，右侧图中虚线箭头表示磁化分量，左侧图为矫顽力的直方图。初始的天然剩磁（NRM）是两个磁性分量的矢量和，如右侧图中的"+"；逐步退磁清洗掉了那些矫顽力低于交变退磁场峰值的颗粒所携带的剩磁，退磁矢量相应地发生改变。（a）两个组分的矫顽力谱完全相互独立；（b）矫顽力谱的部分重叠，导致两个组分被同时清洗；（c）两个组分的矫顽力谱完全重叠；（d）一个分量的矫顽力谱包含另一个

（3）由退磁数据估计剩磁方向

古地磁实验室退磁的标准流程是，首先测量样品的天然剩磁，然后用本节前文介绍的退磁设备对样品进行一系列退磁。在每一步退磁之后测量样品的剩磁。退磁过程中，剩余磁化强度矢量将不断地变化，直至最稳定组分被分离出来；之后，剩磁矢量将沿直线衰减并最终趋于坐标原点。这一最终出现的（即最稳定的）剩磁分量称之为特征剩磁（ChRM）。

宏观上看，退磁数据是一个三维的问题，因而难以表示在平面上。古地磁学家通常将退磁矢量转化为两个二维平面投影；一个为水平面，另一个为垂直面。这种投影方法可称之为 Zijderveld 图（Zijderveld，1967）、正交矢量投影图或矢量端

点图。

在正交矢量投影图中，投影之一为北向分量（x_1）和东向分量（x_2）组成的水平投影面（实心符号）；而另一个投影为北向分量（x_1）和垂直向下分量（x_3）组成的垂直投影面（空心符号）。古地磁学的正交矢量投影图的绘制习惯与通常的二维平面 x-y 图稍有不同，这里，东向分量 x_2 和垂直向下分量 x_3 是在负 y 方向上。如果把实心符号想象成地图上的点，而空心符号代表垂直投影，则按古地磁学的绘图习惯绘制的正交矢量投影图，更接近实际情况。此外，选择北向分量为垂直轴、东向分量为其右手的水平轴正方向来绘制正交矢量投影图也有其优点。这时，垂直面内的投影是东向分量对垂直向下分量。在剩磁方向东西分量比南北分量更大的情况下，这种正交矢量投影图是很有用的。事实上，水平轴可以选择水平面内的任意方向。

图 1-54 展示了三种常见的退磁特征。在图 1-54（a）、（b）中，样品的天然剩磁（如图中的"+"）指向北北西方向，倾角为正。退磁过程中 NRM 的方向保持不变，这表明 NRM 为单一剩磁组分；样品退磁数据还可以表示在等面积投影图上 [图 1-54（b）]，该样品的退磁数据均集中落在下半球面内的北西方向上。图 1-54（c）显示退磁矢量方向的持续变化直至退磁结束，因而不能可靠地分离出最稳定的、"干净的"剩磁方向。这一退磁结果在等面积投影图 [图 1-54（d）] 上，表现为最佳拟合的退磁平面（退磁大圆弧）。最稳定组分可能位于最佳拟合平面的某一处。图 1-54（e）给出了一种非正式场合下称之为"意大利面式"的退磁结果。在每一步退磁过程中，NRM 的方向几乎没有连续变化，这样的退磁数据是很难解释的，因而通常被删除。

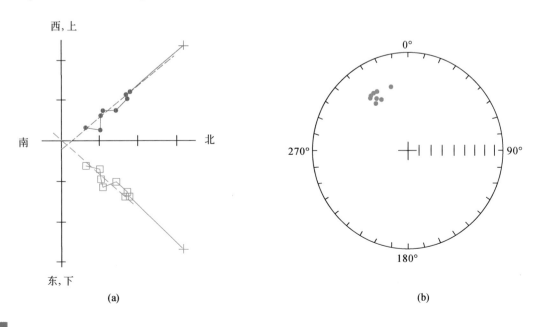

(a)　　　　　　　　　　　　　　　　　　(b)

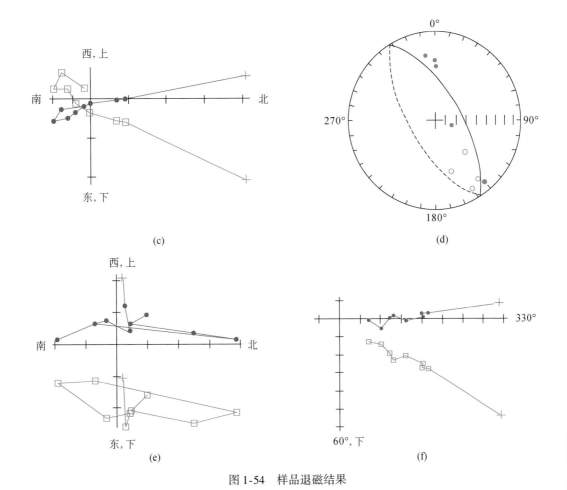

图 1-54　样品退磁结果

（a）单一磁组分的正交矢量投影图，北向分量为水平轴。水平面上投影以实心符号表示，垂直面（北向分量和垂直向下分量所组成的面）内的投影以空心方块表示。用主成分分析法对退磁数据进行分析计算得到的最佳拟合直线以虚线表示。（b）图（a）样品退磁结果的等面积投影图。实心和空心符号分别表示下或上半球面的投影。（c）包含两个稳定性相互重叠的剩磁组分的退磁结果。（d）图（c）样品退磁结果的等面积投影图。最佳拟合平面的轮廓由下半球面内的实线和上半球面内的虚线表示。（e）复杂多磁成分样品的退磁结果。（f）图（a）样品退磁结果在以 330°方向为水平轴的正交矢量投影图上的投影

有些古地磁专家选择将退磁结果绘制成（x_1，x_2）对（H，x_3）的投影图，其中，H 为剩磁矢量的水平投影，等于 $\sqrt{x_1^2+x_2^2}$。在这个有时被称为"分量图"的投影中，两个轴并不是点对点地对应于同一矢量；相反，即使对单一分量，H 也几乎总是不断地改变方向。因此，在每一步退磁时，这一投影的坐标系统总是在不断变化。绘制这种矢量投影图的基本原理是：在传统的古地磁数据的正交矢量投影图中，垂直分量显示的是视倾角，如果期望正交矢量投影图中显示的是真倾角，可以简单地将正交矢量投影图中的水平轴旋转至接近于期望的磁偏角上［图 1-54（f）］，以代替绘制垂直面（H，x_3）内的投影。

（4）差矢量和

当样品中有多个磁成分相互重叠时，等面积投影图也许是退磁数据的最有用表示方式［图1-54（c）~（d），图1-55］。同时，为了描绘退磁数据的矢量特性，有必要绘制其剩磁强度的信息。剩磁强度可以绘制成相对于退磁步骤的强度衰减曲线［图1-55（c）］。然而，当样品存在多个不同方向的剩磁组分时，由于是两个组分的矢量和，强度衰减曲线并不能用来确定阻挡温度谱。因此，考虑差矢量的和（VDS）是很有用的。差矢量和VDS是通过每一个退磁步骤上的差矢量的求和，使得不同分量的贡献直观地显现出来，因而总的磁化强度被绘制成反比于合矢量长度的曲线（图1-55）。

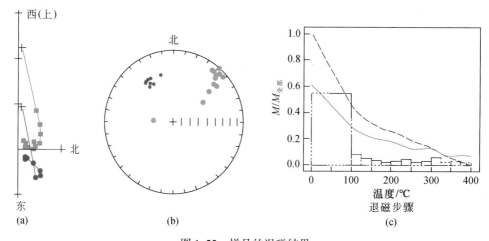

图 1-55　样品的退磁结果

（a）正交矢量投影图，剩磁组分的（矫顽力或阻挡温度）谱严重重叠。（b）等面积投影图。（c）退磁过程中天然剩磁强度衰减曲线（实线），虚线为差矢量和的衰减曲线。长方形区域代表每一步退磁所清洗掉的剩磁强度

1.4.3　古强度的测量

在弱场（如地磁场）条件下，岩石携带的剩磁大小（如热剩磁 TRM、化学剩磁 CRM 和碎屑剩磁 DRM）与岩石形成时外磁场强度呈线性关系，因此，原则上讲，古地磁场强度也可以测定。两者存在下面的关系式

$$M_{\mathrm{NRM}} \propto B_{\mathrm{anc}} = \alpha_{\mathrm{anc}} B_{\mathrm{anc}} \tag{1-124}$$

$$M_{\mathrm{lab}} \propto B_{\mathrm{lab}} = \alpha_{\mathrm{lab}} B_{\mathrm{lab}} \tag{1-125}$$

式中，M_{NRM} 为天然热剩磁强度；M_{lab} 为实验室内获得的热剩磁强度；α_{anc} 和 α_{lab} 是比例常数。如果它们相等，那么

$$B_{\mathrm{anc}} = \frac{M_{\mathrm{NRM}}}{M_{\mathrm{lab}}} B_{\mathrm{lab}} \tag{1-126}$$

如果实验室外磁场和古地磁场的 α_{anc} 和 α_{lab} 相同，即剩磁与外磁场大小呈线性关系，对于单组分天然剩磁（NRM），只要测量其 NRM 大小，让岩石在已知实验室磁场强度下获得一个剩磁，再乘以该比例系数，就可以获得地磁场古强度。

可实际情况并非这么简单，这主要因为：①α_{anc} 和 α_{lab} 可能不相同，例如，样品获得剩磁的能力被改变了，或者所获得剩磁的机制在实验室难以模拟；②剩磁和外加磁场大小并非线性关系；③NRM 可能由多个组分组成，例如，一个原生组分加上一个黏滞剩磁。

（1）热剩磁古强度的测定

单畴颗粒的 TRM 与所加弱的外场（如地磁场）大小呈线性关系。图 1-56 给出了随机排列的粒径为 20～80nm 的单畴磁铁矿颗粒的理论 TRM 获得曲线。大于 80nm 的磁铁矿具有更复杂的磁畴（花状、漩涡状和多畴），可能不符合这条理论曲线。随着颗粒的增大，剩磁与磁场的线性关系逐渐减弱。现今最大地磁场（~65μT）正好在线性区域。事实上，即使磁场达到几百微特，这种线性关系都存在。因此，前文提到的磁场与磁化强度之间呈线性关系的这一假设基本成立。

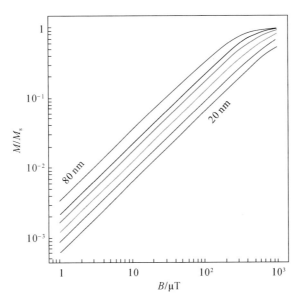

图 1-56　不同粒径磁铁矿颗粒的预测 TRM 值占饱和值的比例与外加磁场的关系

M 为任意外加磁场对应的磁化强度；M_s 为饱和磁化强度。该线性受颗粒大小影响，

对于低于几百个微特的磁场，线性关系存在

古强度测定的第二个假设是实验室和古地磁场的两个线性比例常数相等，即 $\alpha_{anc} = \alpha_{lab}$。只测量 NRM 和总的 TRM 并不能证明这个假设。比如，样品在加热过程中可能发生变化，从而改变样品获得 TRM 的能力，并给出错误的强度结果。在古强度试验中，有几种方法可以用来检验样品获得 TRM 的能力。下面将介绍测定地磁场

古强度的方法：Thellier-Thellier 方法、Shaw 方法、微波方法（即通过微波加热磁性矿物，非磁性部分不受热，从而避免矿物变化）以及 NRM 归一化方法等（田莉丽和史瑞萍，2001）。

A. Thellier-Thellier 方法

Thellier Z 和 Thellier O（1959）根据地磁场及地壳物质的特征，将 Néel 理论用于测定地磁场古强度，即

$$H_a = (\text{NRM}/\text{TRM}) \times H_1 \tag{1-127}$$

式中，H_a 为地磁场古强度；H_1 为实验室外加磁场；TRM 是标本在 H_1 中获得的热剩磁。这种方法的实验步骤为：①测量标本的 NRM；②将标本加热到某一温度 T_i（通常为 100℃），在零场中冷却到室温 T_r，测出剩余的 NRM，记为 $J_n(T_c, T_i)$，T_c 为居里温度；③将标本重新加热到 T_i，在 H_1 中冷却到 T_r，测出剩磁强度 J，这样就可以得到从 T_i 冷却到 T_r 时获得的部分热剩磁 $J_T(T_i, T_r)$，$J_T(T_i, T_r) = J - J_n(T_c, T_i)$；④逐步升高温度（通常加热间隔为 20~50℃），重复步骤②和③，直到 NRM 被完全退掉或标本中磁性矿物发生明显的变化为止；⑤在温度高于 250℃ 时，标本要经过系统的部分热剩磁检验，即将样品再加热到上次加热的温度（例如 200℃），重复步骤③，同样获得 200℃ 时的部分热剩磁。通过比较同温度下两次获得的部分热剩磁，来检测加热过程中矿物的转变，这一种过程被称作部分热剩磁检验（pTRM-check）。将实验得到的一系列数据点 $[J_T(T_i, T_r), J_n(T_c, T_i)]$ 投影到部分热剩磁为横坐标、天然剩磁为纵坐标的平面坐标系中，通过这些点拟合一条直线，直线的斜率 K 为

$$K = H_a/H_1 \tag{1-128}$$

由此，得到地磁场古强度。

B. 修正的 Thellier 方法

这种方法（Walton，1984）类似于 Thellier-Thellier 方法（Thellier E and Thellier O，1959），但在每个温度点至少加热 3 次。在完成 Thellier 方法的步骤②③后，再重复步骤②，即将样品在零场中再次进行热退磁。这样实验室外加场对实验的影响，会在加场前后的两次零场热退磁中消除。在温度点高于 250℃ 后，也同样进行一系列的部分热剩磁检验，来检验加热过程中矿物是否发生转换、是否有化学剩磁生成。所以，在高温度时，每个样品可能要经受 4 次加热。

这种方法的优点是，在外加场中生成热剩磁前后的两步零场热退磁，可以作为检验加热过程中矿物发生变化的方法之一，再加上部分热剩磁检验，这种双重的检验，使得实验数据更具说服力。另外，通过比较两次零场中热退磁的数据，可以对实验过程中是否受到外加场的影响做一定的解释。但是，这种方法增加了加热的步骤，延长了实验时间。

C. Shaw 方法

这种方法（Shaw，1974）的实验步骤为：①在T_r对 NRM 进行逐步交变退磁，测量剩磁交变退磁谱$J_n(H)$；②在步骤①的最大交变场和某一恒定场中使标本获得非磁滞剩磁 ARM（1），再按步骤①处理 ARM（1），测出$J_{ARM(1)}(H)$；③加热到T_c，在H_1中冷却到T_r，获得 TRM，按步骤①处理 TRM，测出$J_T(H)$；④再按步骤②使标本获得 ARM（2），并测出$J_{ARM(2)}(H)$；⑤以交变场为参数，用最小二乘法拟合$J_{ARM(1)}(H)$-$J_{ARM(2)}(H)$，取斜率为 1 的直线段对应的 NRM 和 TRM 的数据拟合 NRM-TRM。直线通过原点，则古强度H_a等于

$$H_a = (J_n(H)/J_T(H)) \times H_1 \tag{1-129}$$

Shaw 方法是在上述方法的基础上提出的，它克服了 Thellier-Thellier 方法费时的缺点，但是失去了 Thellier-Thellier 方法逐段自检是否发生化学变化的优点。这一方法的特点是，利用 ARM 与 TRM 相似的特性得到 ARM 的检验，这对获得可靠的地磁场古强度是有益的。该法通常取交变退磁的高矫顽力部分确定H_a，所以不受黏滞剩磁的影响，但必须把标本一次加热到居里点以上，对大多数标本，这会引起不同程度的化学变化。即使在 ARM（1）-ARM（2）与 NRM-TRM 都呈直线的情况下，也可能存在严重的化学变化，在这种情况下，就会得出错误的结果。该方法的物理基础，诸如 ARM 的性质以及与 TRM 的相关性都很薄弱，远不如 Thellier-Thellier 方法理论基础完善。

D. NRM 归一化

在强度实验中，有些时候由于样品在加热中容易变化，或者样品材料很贵重，不能进行高温实验（如一些考古样品和月岩样品）。图 1-56 显示了一种不用对样品进行加热来计算古强度的方法，即对 TRM 进行饱和等温剩磁（IRM）归一化。对单畴颗粒，其 TRM/IRM 的值与外加场在一定范围内呈线性关系。对不同的磁性矿物，这种线性关系会在不同的外场范围内成立。

Cisowski 和 Fuller（1986）提出，用月岩样品的 IRM 归一化来估计古强度。他们指出，用交变磁场对 IRM 和 NRM 进行部分磁清洗，NRM/IRM 比率可以用来估算古强度值的范围，并给出合理的相对古强度。这种方法基于颗粒均匀的单一磁性矿物的这一前提，并且认为，多畴颗粒的影响可以通过交变退磁来消除。

事实上，对于颗粒均匀的单一磁性矿物，图 1-56 所示的方法只能对绝对古强度值的范围做出大致估计。对于自然样品，颗粒均匀的单一磁性矿物的这一前提却很少能满足，况且多畴颗粒的 IRM 和 TRM 的交变退磁行为并不一致，TRM 比 IRM 要更稳定。然而，如果能够确定磁颗粒的均匀性，这对估计相对古强度是有用的。即使对于确定相对古强度，还是要求单组分剩磁，也建议对 NRM 进行完全退磁，而非一步退磁。

（2）用碎屑剩磁（DRM）来确定古强度

用沉积岩来获得古强度是基于碎屑剩磁（detrital remanent magnetization，DRM）与外加磁场的强度呈线性关系。类比于用 TRM 来确定绝对古强度，为了用沉积岩来确定绝对古强度，需要在实验室用模拟再沉积实验来重现天然剩磁的获得过程。但问题是，在实验室很难模拟这一自然沉积过程。即使原生剩磁是沉积剩磁而不是化学剩磁，剩磁仍然是外加磁场强度、磁性矿物成分和含量以及水体的化学成分等因素的复杂函数。

图 1-57 显示了在理想情况下，在一定磁场强度范围内沉积形成的一些样品的初始 DRM。DRM 与磁场强度（B）并没有呈线性关系，因为每个样品中的磁性矿物含量和种类等不同，造成了样品对磁场的反应（这里称为［a_m］）不同。例如，磁性物质含量多的样品，所拥有的 DRM 就高。如果能够估计［a_m］，例如，通过 IRM、ARM 或者磁化率 χ 进行归一化，那么归一化的 DRM（图 1-57 中的实心圆点）至少反映了外磁场的相对强度。

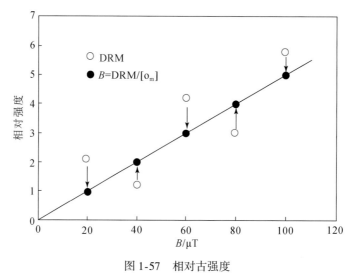

图 1-57　相对古强度

空心符号表示原始的碎屑剩磁（DRM），它不仅与外场强度相关，而且与样品对磁场的反应（magnetic activity）［a_m］有关。当用［a_m］归一化时（见图中的实心圆），DRM 与外场 B 呈线性关系（Tauxe，2010）

由于缺乏 DRM 获得的理论基础，到目前还没有一种简单的方法，来决定适当的归一化参数。考虑了 DRM 理论的许多方面和诸多可能，古地磁专家提出了许多基于沉积物磁学性质的归一化参数，例如，ARM、IRM 和 χ。也许最可靠的是类似于 Thellier-Thellier 方法的逐步退磁/重磁化方法，用 TRM 或者 ARM 作为实验室的剩磁（Tauxe et al.，1995）。

如何判断沉积岩能不能获得相对古强度呢？

1）天然剩磁一定是由稳定性高的碎屑磁性矿物所携带。用于估算相对古强度的 NRM 应该是单一组分。NRM 的性质可以通过逐步交变或热退磁来判断。由磁滞回线和岩石磁学实验获得的其他辅助信息也非常有用。

2）碎屑剩磁没有倾角误差，正负极性数据应该是对跖的。如果可能，应把相应的方向数据绘在等面积投影图中。

3）磁性矿物含量的变化很小（应在一个数量级之内），磁性矿物类型以及颗粒度的变化应尽量小。这些变化可以用两个参数的关系图来检测，例如，IRM 和 χ。这种图应该显示线性关系，并且数据的分散性低。

4）如果相对强度与岩石磁学参数相关，使用这种记录要小心。相关性可以用常规频谱分析来评估。

5）在同一地区相同时间段获得的相对强度记录应该相互可比。

6）具有独立时间标尺的相对强度记录更有用。许多深海沉积物记录被氧同位素或者磁性地层年龄抑或两者一起进行了制约。对湖相沉积物进行定年更难，主要依靠放射性碳同位素年龄。

1.4.4 应用实例分析

（1）板块运动

古地磁技术最初的用途是证实大陆漂移假说。在得到样品记录的地磁场方向之后，所得到的数据定位到各个地质时期中去。如果大陆板块之间不曾发生过相对运动，那么在一个特定时期内的测量值应该得出相同的磁极位置。如果把一个板块的一系列磁极位置画出来，应该构成一条其末端接近现代磁极位置的连续的轨迹，被称为视极移曲线。一个板块的视极移曲线可以用来确定该板块相对于地理极点的绝对位置，两个相邻板块的极移曲线可以用于确定两个板块之间的相对速度（Bulter，1992；Tauxe，2010）。

对于大陆板块，可以得到大量的古地磁极数据，进而构建出视极移曲线，以研究板块的运动历史（Besse and Courtillot，2002）。但是对于大洋板块，由于很难得到洋底的定向岩石样品，这加大了利用古地磁方法进行板块古地理重建的难度。尽管如此，古地磁学者综合了海底磁异常数据以及大洋钻探已有的定向岩石样品的古地磁数据，对大洋板块的古地理重建开展了一系列工作。如 Sager（2006）综合利用深海钻探计划（DSDP）和大洋钻探计划（ODP）几十年内已钻取的大洋玄武岩钻孔的古地磁数据，建立了太平洋板块白垩纪期间（123～80Ma）的视极移曲线。

如图 1-58 所示，92Ma、112Ma 和 123Ma 的磁极位置表现出缓慢移动的特征，其中 123Ma 时的磁极位与旋转轴相差 40°，代表太平洋板块明显的北向运动。92Ma

和 80Ma 期间磁极位置存在 13.6° 的间隔,说明晚白垩期间,板块存在大约 1°/Myr 的快速运动。在 123Ma 之前,玄武岩的古纬度数据很难给出极移特征,但是与磁异常偏转极一致,说明之前存在极位置的南向运动。其中 Ontong Java 高原的数据和太平洋其他地区的数据不一致,尤其是 121Ma 时的磁极位置与其他地区同期极位置相差约 15°,这可能是因为在白垩纪静磁期,Ontong Java 高原是独立板块,并没有拼接到太平洋板块上。

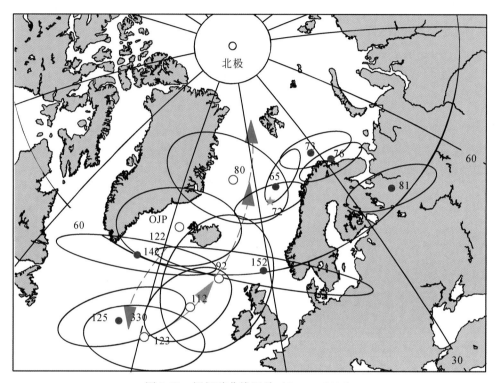

图 1-58　视极移曲线汇总(Sager,2006)

椭圆代表 95% 置信区间。粗箭头代表极移路径,其中黄色虚线箭头代表侏罗纪古地磁极位置南移,而橙色实线箭头代表 123~92Ma 早白垩世—中白垩世期间的极移路径。92~82Ma 的虚线代表极位置的快速移动

(2)洋底构造

岩石形成时获得原生剩磁,如果发生构造运动,处于构造不同部位的岩石就会改变它们生成时的相对位置。这样,保存在岩石中的稳定原生剩磁也随着岩石载体一起改变了空间位置。如果测定现代处于构造各个不同部位的岩石中的稳定剩磁方向,找出它们之间方向相对变化的规律,就可以反过来推断和验证该构造运动发生的方式和方向(管志宁,2005)。

快速和超快速扩张洋中脊上地壳的轴向增生过程一直是国际关注热点(Horst et al.,2011)。Varga 等(2004)对赫斯深渊裂谷(Hess Deep Rift,HDR)内裸露的快速扩张洋壳钻孔定向取样,进行了古地磁实验。采用热退磁和交变退磁的方法,清

洗掉后期的剩磁，每一步退磁之后测量样品的剩磁（图1-59）。辉长岩样品和大部分岩墙样品在温度大于450℃时剩磁可完全去掉［图1-59（a）～（c）］，一些岩墙样品的解阻温度大约为300℃［图1-59（b）］，从而获得了来自东太平洋海隆（East Pacific Rise，EPR）的玄武熔岩、岩墙以及辉长岩样品稳定的原生剩磁的方向。

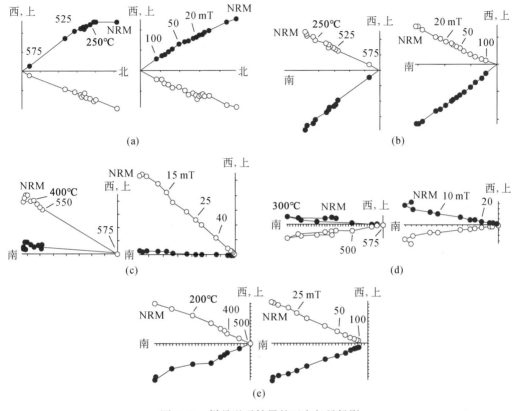

图 1-59　样品退磁结果的正交矢量投影

空心（实心）符号表示投影到垂直（水平）平面上，（a）辉长岩样品和（b）（c）岩墙样品具有典型的高的离散的解阻温度及稳定的 AF 退磁过程；（d）该岩墙样品的热退磁和 AF 退磁曲线都表明样品中存在与特征剩磁反向的正极的次生剩磁；（e）玄武熔岩样品具有较低的解阻温度。刻度线表示 100mA/m（a）或 1000mA/m（b）～（e）

　　采样区的洋壳年龄大约为 1.07～1.48Ma，处于松山（Matuyama）负极性期间（2.581～0.78Ma）（Cande and Kent，1995），大部分剩磁数据表明，样品是负极性磁化，并处于采样点预期的地磁场长期变化范围之内。沿着 HDR 的岩墙和近乎平行于岩墙的断裂带相对东太平洋海隆（EPR）向外倾斜，而熔岩流向着洋中脊倾斜，其下的辉长岩几乎无变形，但存在稀疏的低角度断层。为解释这种构造变形和所有的剩磁数据，Varga 等（2004）提出一个包括两次构造旋转的模型（图1-60）。

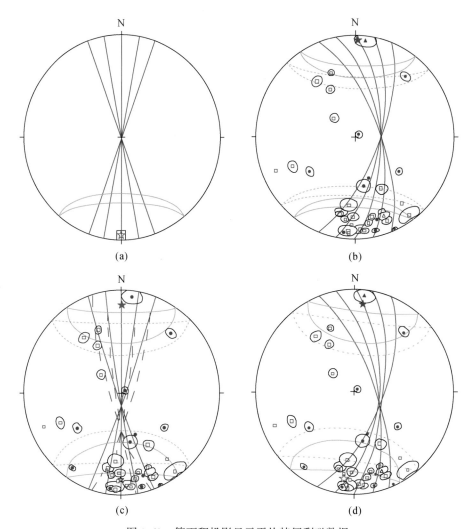

图 1-60　等面积投影显示平均特征剩磁数据

岩墙数据：方框和小圆；玄武岩数据：三角。每个图中，星号代表赫斯深渊研究区域预期的地磁（轴心偶极子场）方向，实心表示正磁极（0°/4°），空心表示反向地磁极（180°/−4°）稍大的实线小圆表示地磁极长期变化的 95%置信椭圆，虚线小圆表示增加 10°用以估计方向误差。实心符号表示投影在下半球，空心符号表示投影到上半球，以特征剩磁数据为圆心的小圆表示 95% 的置信椭圆。（a）赫斯深渊特征剩磁方向和东太平洋海隆（EPR）熔岩增生过程中无洋壳旋转模型的比较，这个模型假定接近南北走向（10°~20°）垂直的岩墙侵入到 EPR。（b）数据和（a）中一样，不过岩墙和预测的地磁极相对水平的南北走向的洋脊轴逆时针旋转 22°（向东）。这个模型表示由于受到平行于洋脊向外倾斜的正断层的凹陷和错断作用，EPR 轴发生倾斜。（c）赫斯深渊洋壳相对水平东西走向的轴顺时针旋转。这个模型描述 Galápagos 扩张中心向西扩展引起 HDR 开启过程中，北高南低（down-to-the-south）正断层的旋转作用。实线和虚线大圆分别表示岩墙进行 10°和 30°的旋转。（d）模型表示关于南北走向水平轴 22°的逆时针旋转和关于东西走向水平轴 10°的顺时针旋转的综合结果

　　1）向外倾斜的平行于 EPR（南北走向）的正断层向东旋转 22°；

　　2）平行于 HDR（东西走向）的正断层向南旋转 10°（根据水深数据结果）。这个模型能较好地解释观测到的剩磁数据和岩墙、熔岩流的走向，以及存在平行岩墙

的断裂带和陡峭微小变形的岩墙切割的地质现象。

Varga 等（2004）进一步根据定向样品的古地磁数据和观测到的 HDR 露头的形态提出了一个解释 EPR 上地壳变形的模型（图 1-61），早期席状岩墙中直立的岩墙和上覆熔岩随着海底扩张过程而逐步倾斜［图 1-61（a）］。平行于岩墙的断层由直立的张性节理产生，这些断层之间的滑动引起岩墙面的旋转，之上的熔岩同样倾斜、滑移和旋转运动产生凹陷，熔岩填充表面的下陷，后期无变形的直立岩墙切割之前旋转的岩墙和断层［图 1-61（b）］。随着扩展和裂陷的继续，断裂带向不同的离散方向发展，随着破碎带的扩展，破碎带逐渐与下层的辉长岩中网状低角度断层和剪切带连接起来，正如现在看到的 HDR 北岩墙的露头状态。

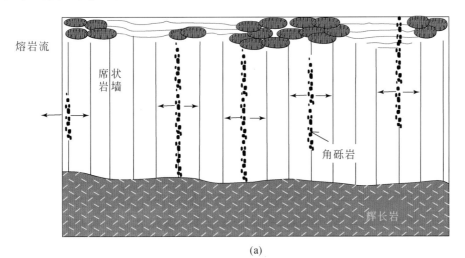

(a)

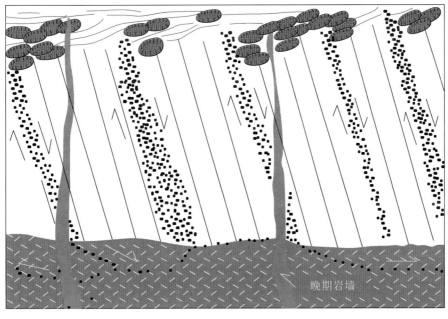

(b)

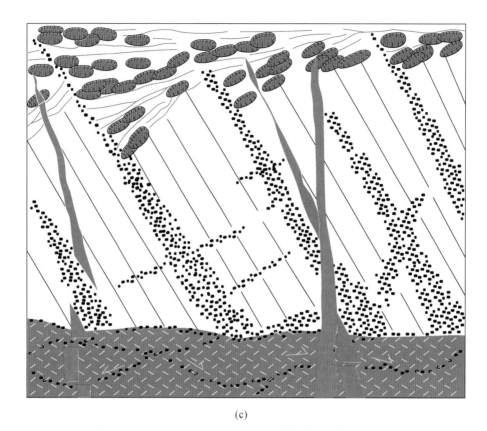

(c)

图 1-61　据 HDR 北墙上露头的地质和古地磁数据结果推断的上洋壳增生过程

(a) 初始扩张中心发育直立岩墙和几乎水平的熔岩流，平行于岩墙的角砾岩带表明初始区域伸展过程中发育张性节理。(b) 伴随着已经存在的节理上平行于岩墙的滑移和岩墙及熔岩流的旋转，水平扩展和垂向裂陷。后期岩墙（灰色）切割倾斜的组合体。(c) 后续的扩展和裂陷导致更多水平熔岩聚集以及底部熔岩和岩墙更倾斜。席状岩墙中平行于岩墙的横切碎裂带与下伏辉长岩中的网状低角度剪切带连接起来。几乎直立的后期岩墙（late dike）切割所有的构造

（3）古气候学

磁性矿物颗粒的搬运、沉积和转化与古气候的演化密切相关。岩石磁学参数综合分析能反映环境中磁性矿物组成、含量和颗粒大小。通过这些参数的变化探索磁性颗粒转化受环境变化影响的过程，为古气候变化过程研究提供代用指标，重建气候环境的变化过程（Liu et al., 2012；符超峰等，2009）。沉积物磁学特征测量为探明样品中磁性矿物的种类、含量及磁性矿物颗粒大小，提供了一种有效的方法，可指示沉积物来源及运移路径，可揭示重要的古海洋学信息。例如，Kissel 等（2009）利用从北向南分布在比约恩（Bjorn）、加达（Gardar）海流和查理-吉布斯（Charlie-Gibbs）破碎带的 6 口钻孔的全新世海洋沉积物序列，追踪了北大西洋的深海旋回（图 1-62）。实验室中测量低场磁化率 κ，施加 100mT 的交变场和 0.05mT 的偏移场，获得非磁滞剩磁（ARM），1T 的脉冲场获得等温剩磁（IRM）以及 S 比率

$(S_{-0.3T} = -IRM_{-0.3T}/IRM_{-1T})$（King and Channell，1991），最后，通过$-1T$到$1T$的磁滞回线得到饱和磁化强度（M_s）、饱和剩磁（M_{rs}）、矫顽力（B_c）和剩余矫顽力（B_{cr}）。实验得出以下结论。

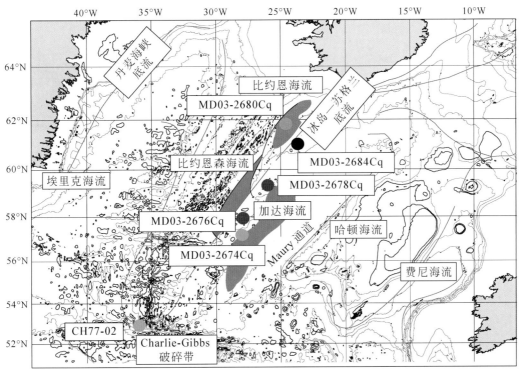

图1-62　钻孔位置分布

底图是东北大西洋的水深（等深线间距500m）。黑色箭头表示这个区域主要的深水物质循环模式（Stow and Holbrook，1984），其中，ISOW，冰岛–苏格兰底流（Iceland-Scotland overflow）；DSOW，丹麦海峡底流（Denmark strait overflow）。主要海流（drift）：ED，埃里克海流（Eirik Drift）；FD，费尼海流（Feni Drift）；HD，哈顿海流（Hatton Drift）；BD，比约恩海流（Björn Drift）；BSD，比约恩森海流（Björnsson Drift）；GD，加达海流（Gadar Drift）；CGFZ，查理–吉布斯破碎带（Charlie-Gibbs Fracture Zones）。灰色区域表示碎屑源区（Stow and Holbrook，1984；Bianchi and McCave，2000）

1）主要载磁矿物是均一的低矫顽力的低钛磁铁矿。

2）ARM-κ图中，所有数据都沿着经过原点的直线密集分组（图1-63），除了CH77-02孔存在更粗颗粒事件。ARM-IRM图中的数据也有相似的特征，磁滞参数结果表明，每个孔的数据也很好分组，这说明每个孔的磁性矿物颗粒大小分布均一。

3）不同孔的磁化率从北向南逐渐降低，$CaCO_3$稀释作用校正之后的磁化率也表现出磁性矿物含量从北到南逐渐减少。磁滞参数也存在从北向南的分布特征，这说明磁铁矿含量逐渐降低。不同孔的ARM-κ图和IRM-κ图从北向南斜率增加，这表明磁性矿物颗粒逐渐变细（图1-64）。

古地磁结果结合其他古海洋学证据表明，这些磁性矿物来源于最北部，因为最粗而最重的磁性颗粒在距离源区最近处沉积；而最细颗粒随着搬运，逐渐沉积在最远处。磁性矿物通过冰岛玄武岩省的底层水搬运和被侵蚀，沿着路径逐渐沉积。

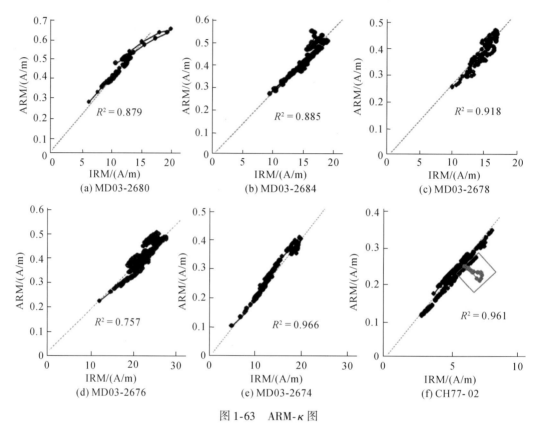

图 1-63　ARM-κ 图

图表明每个孔磁性矿物颗粒大小均一。R^2 是最小二乘法拟合的系数。CH77-02 孔中偏移的
更粗颗粒用灰色矩形表示

（4）地磁场古强度变化

利用古地磁学方法研究地磁场古强度变化，主要包括两种基本记录：来自火山岩、考古材料等的绝对强度，以及来自沉积物中的相对强度或磁异常条带的相对强度记录。

沉积物能够记录地磁场相对强度（relative paleointensity，RPI）的基本原理是：沉积物在地磁场作用下沉积时，沉积物中磁性矿物受地磁场作用排列，并且没有发生后期的成岩作用，则其获得的剩磁与地磁场强度正相关；要获得地磁场相对强度变化就需要对沉积物的天然剩磁归一化，以消除沉积物中磁性矿物含量和粒度对剩磁的影响。

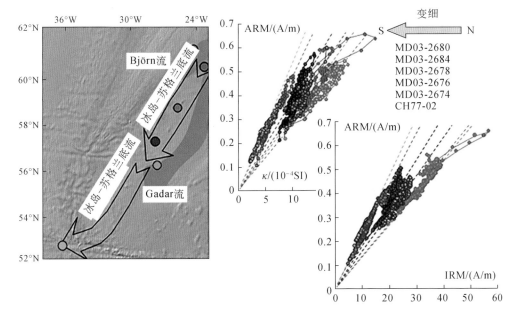

图 1-64　沿着加达海流的磁性颗粒向南更细的趋势

磁性颗粒大小用 ARM-κ 和 ARM-IRM 的记录表示，曲线颜色与左图对应钻孔的颜色一致，
虚线表示每个孔的数据拟合直线

沉积物记录的地磁场 RPI 可以提供地磁场演化的长序列信息，在海洋沉积物研究中得到了广泛应用，受到了越来越多的关注（Yamazaki et al.，1995；Yamazaki，1999；Snowball et al.，2007；孟庆勇等，2009；Yang et al.，2009；葛淑兰等，2013）。例如，Yamazaki 等（1995）利用北太平洋北部和赤道附近的深海沉积物重建了布容期 780ka 以来的 RPI 记录，发现了许多共同的变化特征，可能反映了地磁场强度的真实变化，但也存在一些差异。另外，沉积物记录的 RPI 不仅反映地磁场的演化信息，还逐渐成为一种大范围内甚至全球性地层对比的手段，被广泛用于各种沉积环境的定年（Kent and Opdyke，1977；Stoner et al.，1995；Roberts et al.，1997；Macrì et al.，2006；杨小强等，2006；葛淑兰等，2007）。目前，人们得到了几种可称之为"标准"的 RPI 曲线，包括 Sint-200（Guyodo and Valet，1996）、Sint-800（Guyodo and Valet，1999）、Sint-2000（Valet et al.，2005）等。这些记录在全球范围内的对比具有一致性，与海洋磁异常记录之间亦具有良好的对比关系（Bowles et al.，2003），使得 RPI 曲线越来越多地作为全球地层对比和年代标定工具，尤其在水深大于碳酸盐补偿深度的海域，由于缺少放射性同位素定年材料，RPI 定年变得尤为重要。例如，Yang 等（2009）重建了南海沉积物 130ka 以来的 RPI 曲线，通过与全球的 RPI 记录对比，建立了 130ka 以来的沉积物时间标尺，与 AMS ^{14}C 测年结果基本吻合（图 1-65），为南海沉积物定年提供了新的途径。

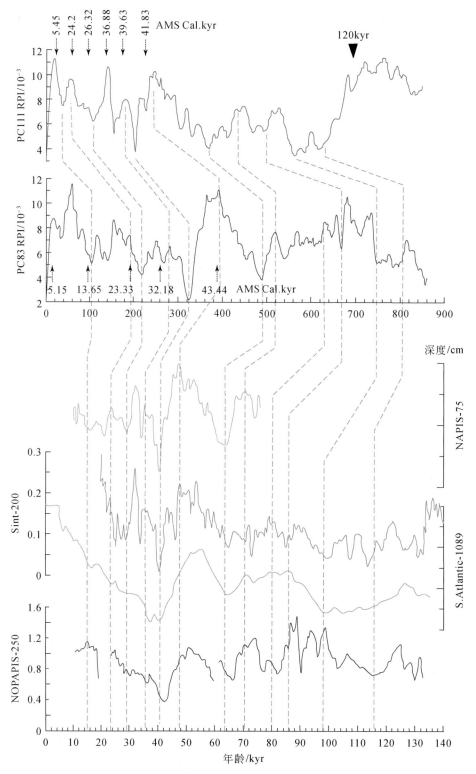

图 1-65　PC83 和 PC111 孔的相对古强度记录与全球其他地区相对古强度记录对比

包括，NAPIS-75（Laj et al.，2000）、南大西洋 S. Atlantic-1089（Stoner et al.，2003）、Sint-200（Guyodo and Valet，1996）

和 NOPAPIS-250（Yamamoto et al.，2007）。PC83 和 PC111 孔的[14]C 年龄已在 RPI 图中标识

（5）海洋沉积物定年

地球磁场极性倒转具有全球性和等时性，所以同一时期的岩石或沉积物应具有同一极性。通过准确地测定岩石的绝对年龄，可以得到过去地磁场正反向倒转的时间序列，称之为地磁场极性年表。该年表中，黑色代表正极性，白色为负极性。利用该极性倒转的时间序列，对照所要研究地层中实测得到的正向、反向极性条带的分布情况，可以确定相应岩石和地层的年龄。

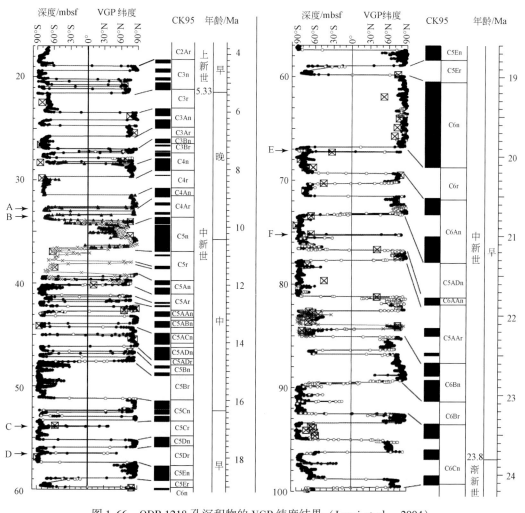

图 1-66　ODP 1218 孔沉积物的 VGP 纬度结果（Lanci et al.，2004）

其中叉号代表随船数据，方框叉号为历史样品数据，黑色实心圆为 U-channel 数据，标准极性柱为 CK95

海底沉积物的沉积剩磁方向记录了其形成时的地磁场方向。大洋深海沉积是连续的，因此可以获得连续的极性变化序列。根据海洋沉积物的极性变化与标准的极性年表对比，可以确定海洋沉积的年龄、沉积速率和各极性事件的持续时间。例如，Lanci 等（2004）对中太平洋 ODP 第 199 航次 1218 孔的海洋沉积物进行了系统磁学研究，根据磁性地层结果（图 1-66），分别在深度 22mcd（meters composite depth）和 96.5mcd 处识别出了上新世/中新世和中新世/渐新世界线，根据沉积物年龄计算的沉积速率为 ~2m/Myr。

1.5 海底观测网技术

近年来，有缆海底观测网发展迅速，加拿大、美国、日本及多个欧洲国家都依据自己的科学目标，建立了相应的有缆海底观测网。本节针对不同国家有缆海底观测网系统的组成和建设，分别进行概述和评论。1978~2010 年日本成功建设了 10 条有缆海底地震观测网，从早期同轴电缆作为主干电缆，发展到使用光电缆连接水下设施。加拿大成功建成了近岸尺度和区域尺度两条有缆海底观测网。美国 2012 年成功建成目前世界上最长的一条区域海底观测网（约 900km）。欧洲国家也正在 10 个海区建立有缆观测网。中国大陆随后建立了海底观测站（东海小衢山），台湾地区也建立了有缆观测网（台湾妈祖）。依据世界上已经建立的有缆海底观测网，分析观测网建设需要的关键技术后，与全球有缆观测网布设有关的遥控水下机器人是关键技术，为此，需要探讨海底观测网今后的发展和面临的挑战。

近年来，世界各国都加快了深海观测和海底传感器技术的研发步伐，特别重视海洋探测、水下声通信、海底矿产资源智能勘探等深海技术。目前，海底观测网主要可分为两大类：无缆锚系–浮标系统和有缆观测网系统。根据观测技术可划分为：海底观测站、观测链和观测网（陈鹰等，2006）。

日本是最早建立有缆观测网的国家，1979 年建成 Tokai 海区观测网，1986 年建成 Boso 海区地震观测网（Antony，2011）。近年来，日本持续建设更为庞大的有缆观测网，如 "DONET"（Dense Oceanfloor Network System for Earthquakes and Tsunamis，密集海底地震和海啸网络系统）（图 1-67，表 1-7）。尽管早期使用笨重的同轴电缆作为主干水下电缆，但系统框架较为完整，总体是由岸基站、海底电缆和水下仪器（海底地震仪、海啸计）组成。美国和加拿大也是较早提出筹建海底观测网计划的国家，其中，最为成熟的有加拿大的 "海王星"（North East Pacific Time-series Underwater Networked Experiment，NEPTUNE）和 "金星"（Victoria Experiment Network Under the Sea，VENUS）海底观测网；美国的 "火星" 观测网（Monterey Accelerated Research System，MARS）和 "海底观测计划–区域尺度节点" 观测网（Ocean Observatories Initiative's Regional Scale Nodes，OOI-RSN）（图 1-67）。同时，欧洲国家也积极加入到海洋观测网建设的热潮中，如 "欧洲海底观测网"（European SeaFloor Observatory Network，ESONET）。

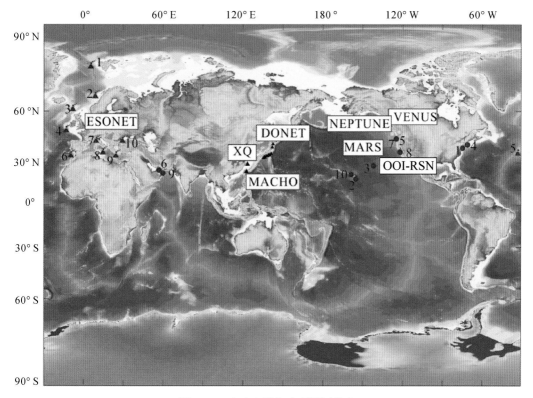

图 1-67　全球有缆海底观测网分布

图中红三角为欧洲海底观测网（ESONET）位置：1. 北冰洋观测网；2. 挪威大陆边缘观测网；3. 北海观测网；
4. 东北大西洋波丘派恩（Porcupine）观测网；5. 大西洋洋中脊亚速尔（Azores）观测网；6. 伊比利亚大陆边缘观
测网；7. 利古里亚海观测网；8. 西西里岛东部海底观测网；9. 地中海希腊 Hellenic 观测网；10. 黑海观测网。红圆
点为美国海底观测网：1. 长期生态系统观测系统（LEO-15）；2. 夏威夷海底火山观测网（HUGO）；3. 夏威夷-2 观
测网（H2O）；4. 马萨葡萄园岛海岸带观测网（MVCO）；5. 蒙特利湾海底长期三分量海底地震台站（MOBB）；
6. 灯塔海洋研究计划 I 期（LORI-I）；7. "火星" 观测网（MARS）；8. 海洋观测计划–区域尺度节点（OOI-RSN）；
9. 灯塔海洋研究计划 II 期（LORI-II）；10. 阿洛哈观测网（ACO）。黄色方形为加拿大海底观测网：1. 加拿大 "海王
星"（NEPTUNE Canada）；2. "金星" 观测网（VENUS）；3. 密集海底电缆观测网（DONET）；4. 其他观测网（参照表1-7）。
黑三角为中国和日本的海底观测网

表 1-7　日本有缆海底观测网络

位置	观测网布设机构	建设年份	电缆长度/km	备注
Omaezaki	JMA	1979	120	同轴电缆
Katsuura	JMA	1986	96	同轴电缆
Ito	ERI	1993	28	光电缆
Hiratsuka	NIED	1996	127	光电缆
Kamaishi	ERI	1996	123	光电缆
Muroto	JAMSTEC	1997	125	光电缆
Kushiro	JAMSTEC	1999	242	光电缆
Muroto	JAMSTEC	2006	300	光电缆

第 1 章　洋底浅表系统调查与研究技术

位置	观测网布设机构	建设年份	电缆长度/km	备注
Omaezaki	JMA	2008	220	光电缆
Kii Penisula	JAMSTEC	2010	450	光电缆

注：数据来源于文献 Antony（2011）和 http://www.nec.com/en/global/ir/library/pr_archive.html

有缆海底观测网遵循海洋科学与技术的协同发展（汪品先，2011），也是继地面/洋面和空间之后的第三个观测平台（汪品先，2007），对大洋洋底动力学的研究有一定的推动作用（李三忠等，2009a，2009b）。传统的海洋调查受到观测时空尺度和传感器的制约，不能很好地揭示海洋中发生的现象和过程的细节（Dickey and Bidigare，2005），海底观测网手段的出现将有助于解决这一技术缺憾。有缆观测网的优点是能够提供不间断电力支撑，实现长期、连续、实时的海洋立体观测，获取不同时间、空间尺度的海洋过程数据，为海洋科学家研究突发性事件的过程（如台风、地震和海啸、海底滑坡）提供翔实和精确的数据，包括数月到几年周期的过程和全球尺度的长期过程数据。有缆海底观测网的缺点是：它是一个固定平台，可移动性差，需要结合船载海洋观测和卫星、移动浮标观测相结合。日本、加拿大、美国以及欧洲国家最近几年的有缆海底观测网，建设的经验和方法，对建立更先进的观测网具有重要意义。

1.5.1　国外海底观测网

（1）日本有缆海底观测网

日本非常重视海底地震与海啸的监测及研究。1979年，日本气象厅建立了两条同轴电缆的在线型（in-line type）海底地震观测网［表1-7，图1-68（a）～（c）］。该系统主要使用96～120km长的同轴电缆作为主干网络的电力和信息传输介质，水下设备由多台海底地震仪（OBS）和海啸压力计组成（表1-7）。20世纪90年代后期，由于海底光纤电缆技术的发展，东京大学地震研究所（ERI）分别布设了两组海底地震观测网，都使用了光纤电缆作为主干网，随后，日本海洋科学和技术厅（JAMSTEC）布设了其他4组海底地震观测网（表1-7）。早期由于同轴电缆价格昂贵，在部分海底通信电缆废弃的机遇下，一些科学家意识到利用废弃的海底长距离通信电缆去建立海底地震观测系统，将是一个绝佳的科学研究机会（Nagumo and Walker，1989；Walker，1991）。1997年1月，东京大学地震研究的科学家在跨太平洋的电缆上建立了海底地震观测站（Kasahara et al.，1998，2001）［图1-68（d）］。1997年3月，日本海洋科学和技术厅建成了第一个光纤电缆连接的海底观测网（Momma et al.，1997）。尽管利用废弃电缆可建设地震观测网，但是其布设过程与维修海底电缆的费用几乎是一样的，仍然很昂贵，此外，废弃电缆的使用寿命也受到制约，因此这样的方法很快就被重新敷设光纤电缆所取代。2006 年在日本文部省资助下，DONET 开始建设，DONET 第一期 2006 年开始在室户（Muroto）海区建设，主要目的是为监测地震和海啸，建立大范围实时海底观测的基础设施，形成一个高密度的网络，开展大范围、高精度的连续观测，其中，海底的 20 个地震台站于 2011 年布设完成（表 1-7）。DONET 第二期从 2010 年开始建设，计划在纪伊半岛安装 29 个地震观测台站、2 个岸基站、7 个节点，2013 年敷设 450km 长的主干光电缆，2015 年系统开始运转（http：//www. jamstec. go. jp/donet/e/donet/donet2. html）［图 1-68（e）］。水下关键设备主要是海底地震仪、海啸压力计和主干光电缆末端多传感器平台。多传感器平台主要由一些测量环境参数的传感器组成，如测流计、声学多普勒剖面仪（ADCP）、温盐深仪（CTD）、温度传感器、水听器、照相设备和石英压力计等［图 1-68（f）］。

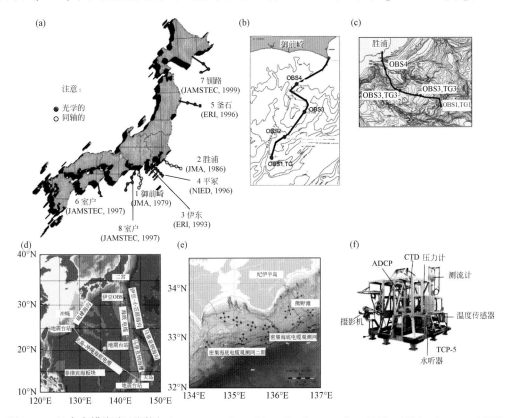

图 1-68 日本有缆海底观测网（Momma et al.，1997；Kasahara et al.，1998，2001；Antony，2011）

（a）1979～2008 年日本海域布设的 8 条有缆观测网； （b）1979 年布设的御前崎（Omaezaki）同轴电缆观测网；
（c）1986 年布设的同轴电缆观测网； （d）1997 年在跨太平洋电缆（Trans-Pacific Cable-1）安装的海底地震仪台站；
（e）密集海底观测网络系统（DONET）的一期和二期布局； （f）主干光电缆末端多传感器平台。

日本海底观测网建设的主要特点是开展早，主干网络由早期笨重昂贵的同轴电缆发展到轻巧的光电缆，海底观测网主要以监测地震和海啸为主要目的，其规划比较长远，组网技术成熟，由海洋高新技术企业日本电气股份有限公司（NEC）做技术支撑。

（2）加拿大有缆海底观测网

加拿大有缆海底观测网主要由"加拿大海洋网络"（Ocean Network Canada，ONC）负责和管理，目前旗下已经建成和运转两个有缆海底观测网络，即"海王星"（NEPTUNE Canada）和"金星"（VENUS）（Taylor，2008）。这两个观测网络都由加拿大维多利亚大学运转和维护，数据通过网络从无人岸基站传输到数据中心（Barnes and Tunnicliffe，2008；Pirenne and Guillemot，2009）。

"海王星"是世界上第一个大区域尺度的、多节点、多传感器的有缆海底观测网（Taylor，2008；Barnes and Tunnicliffe，2008；Taylor，2009）。2008～2009年，首先完成了800km长的多节点环形主干网建设。从温哥华岛阿尔伯尼港（Port Alberni）岸基站开始，观测网穿越了海岸带、大陆坡、深海平原和洋中脊等不同构造环境（图1-69）。该系统水下有6个科学主节点，目前5个节点正式使用，系统

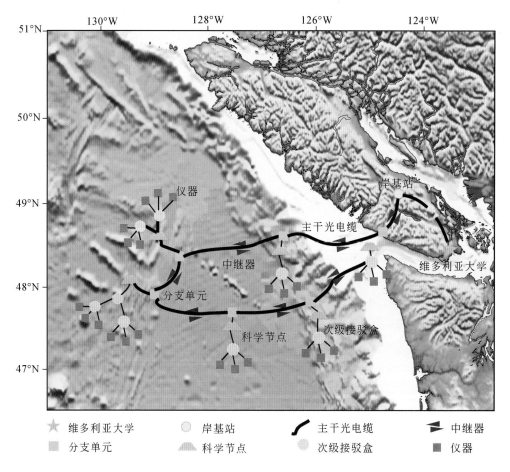

图1-69　加拿大"海王星"海底观测网系统基本结构

提供10kW的电力和4Gb/s的数据传输能力（Barnes and Tunnicliffe，2008；Pirenne and Guillemot，2009）。该区域观测网由5个主要科学主题驱动（Taylor，2008；Barnes and Tunnicliffe，2008）：①板块构造运动及地震动力机制；②洋壳中的流体通量和增生楔内的天然气水合物；③海洋和气候动力机制及其对海洋生物的影响；④深海生态系统动力机制；⑤工程及计算研究。

"金星"观测网是一个近岸尺度的海底观测网，2006年在萨尼奇湾入海口（Saanich Inlet）布设了一条4km长的单节点网。科学节点投放在100m水深处，系统布设在有氧和缺氧转换带的峡湾内，光电缆登陆点位于加拿大渔业和海洋科学研究所（Barnes and Tunnicliffe，2008）[图1-70（a）]。2008年在乔治亚海峡布设了第二条40km长的双节点观测网，两个科学节点从弗雷泽三角洲，延伸并穿过大部分佐治亚海峡[图1-70（a）]。该观测网的科学目标如下（Barnes and Tunnicliffe，2008；Aguzzi et al.，2011）：①调查近岸的海洋和生态过程、三角洲动力学；②依据观测网布设的位置，监测海洋动力环流模式；③大洋变化的修复；④次级生产力对环境的反应；⑤鲸的行为和声学污染；⑥底栖生物群落的反应；⑦海底稳定性、侵蚀和沉积；⑧生态系统反应的早期预警等。

(a)"金星"观测网位置

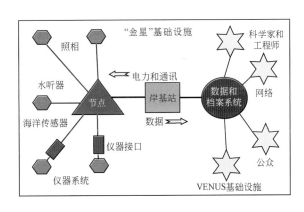

(b) 观测网系统基本结构

图1-70　加拿大"金星"海底观测网系统基本结构（Barnes and Tunnicliffe，2008）

（a）中红三角形表示接驳盒位置；白色实线表示海底电缆

海底布设的仪器主要有测温度、盐度和深度的CTD、O_2传感器、声学多普勒剖面仪（ADCP）、浮游动物声学剖面仪（zooplankton acoustic profiler）、水听器、沉积物捕获器、照相设备和一些自主研制的仪器。

"金星"观测网是通过岸基站连接水下科学节点，由岸基站把数据传输到维多利亚大学数据和档案管理中心（Pirenne and Guillemot，2009），次级水下接驳盒或称科学仪器界面模块（scientific instrument interface module-SIIM）通过次级电缆，直连到不同传感器和仪器［图 1-70（b）］。该观测网也得到了许多高新海洋技术企业的支持，"海王星"的水下基础设施主要由阿尔卡特-朗讯（Alcatel-Lucent）公司设计、制造和安装，全球海洋系统（Global Marine System）公司负责安装 VENUS 的水下光电缆，海洋工厂（OceanWorks）公司为两个观测网提供特殊的网络技术（Barnes and Tunnicliffe，2008；Woodroffe et al.，2008）。

加拿大海底观测网的特点是：以科学目标为驱动，建立了近海尺度的"金星"和区域尺度的"海王星"观测网。观测网系统完善，预留和设计了将来用于扩充的端口，树立了全球有缆海底观测网的典范并建立了相关标准。其核心技术为仪器接口模块（SIIM）。观测网的组建过程中，使用了先进的水下机器人"海洋科学遥控操作平台"（ROPOS）。观测网的建设过程有海洋高技术企业的合作和支撑，如前所述的 Alcatel-Lucent 公司、OceanWorks 公司和 Global Marine System 公司，其观测网数据向全球公开。

（3）美国有缆海底观测网

美国有缆海底观测网起步较早，截至目前，已经建成大约 10 条有缆海底观测网（表 1-8）。从 1996 年建设完成的"长期生态系统观测系统"（简称 LEO-15）（Long-term Ecosystem Observatory），到 2010 年开始建设的"海洋观测计划–区域尺度节点"（Ocean Observatory Initiative's Regional Scale Nodes，OOI-RSN），一直到 2011 年建设的阿洛哈观测网（ALOHA Cabled Observatory，ACO），每一个观测网都有各自的特定科学目标。布设的位置也从海岸带、浅海峡谷地带（如"火星"观测网）到大洋的深海区域（如"OOI-RSN"）。

表 1-8 美国有缆海底观测网

序号	观测网名称	布设单位	建设年份	系统缆长度/km
1	LEO-15	罗格斯大学	1996	9.6
2	HUGO	夏威夷大学	1997	47
3	H2O	伍兹霍尔海洋研究所	1998	—
4	MVCO	伍兹霍尔海洋研究所	2000	4.5
5	MOBB	蒙特利湾水生研究所	2002	52
6	LORI-1	灯塔研发企业	2005	约 120
7	MARS	蒙特利湾水生研究所	2007	52
8	OOI-RSN	华盛顿大学	2010	900

序号	观测网名称	布设单位	建设年份	系统缆长度/km
9	LORI-II	灯塔研发企业	2010	354
10	ACO	夏威夷大学	2011	—

注 "—"表示不定海底电缆长度。

1996年9月，美国新泽西州立大学率先在大西洋新泽西大海湾（Great Bay）海岸带布设了海底长期生态系统观测网（LEO-15）。它是比较早的一个有缆海底观测网，由一条约9.6km长的海底光电缆连接科学节点，系统由布设在15m水深的两个科学节点组成［图1-71（a）］（von Alt and Grassle, 1992; Forrester et al., 1997; von Alt et al., 1997）。观测网岸基站设在罗格斯大学的海洋和海岸带科学研究所内（位于Tuckerton）（Howe et al., 2002）。1992年，伍兹霍尔海洋研究所von Alt教授倡导建立此观测网，以"鱼眼看大洋"的理念，在海底进行长时间的生态系统观测①。

1997年10月，在夏威夷罗希火山顶部，布设了47km长的海底火山观测网（The Hawaii Undersea Geo-observatory, HUGO），岸基站位于夏威夷的霍努阿波（Honuapo）（Duennebier et al., 1997; Duennebier et al., 2002a, 2002b）［图1-71（b）］。罗希火山与热点活动有关，位于海底地幔柱顶部，它是夏威夷火山链中最年轻的火山，火山活动活跃，可利用海底观测网开展长期、连续的观测（Duennebier et al., 2002a）。HUGO观测网的科学目标主要是：对海底火山及相关的物理海洋、生物、地质和声学现象进行观测。作为海底的一个固定站位，有利于科学家在深海大洋环境场所进行科学研究（Duennebier et al., 2002a, 2002b）。HUGO观测网的布设和维护任务由载人潜水器双鱼座V（PISCES V）完成（Duennebier et al., 2002a）。由于主干光电缆的短路问题以及重新敷设费用昂贵，2002年观测网被迫停止运转，所有的观测设备于当年使用水下机器人回收（Duennebier et al., 2002a）。与HUGO观测网相似，1997年在胡安·德富卡板块的洋中脊海山区域，也布设了一个新千年海底观测站（NeMO），重点观测热液喷口附近的与地质、生物和化学相关的科学内容［图1-71（c）］。

1998年9月，在东太平洋海域，利用废弃的通信电缆布设了名为夏威夷-2观测网（The Hawaii-2 Observatory, H2O）的地震系统观测网（Chave et al., 2002; Duennebier et al., 2002b）［图1-71（d）］。该观测网建立在离美国檀香山1750km的海域，这一系统的建立，对全球海洋地震台网的覆盖非常有利（Chave et al., 2002）。

数据传输到岸基站马卡哈（Makaha）后，通过网络传输到夏威夷大学马诺阿（Manoa）校区（Duennebier et al., 2002b）。该系统主要由地震传感器、声学和环境传感器（包括海流计、温度和压力传感器）组成。H2O地震观测系统的主要科学目标

---

① http://www.whoi.edu/main/news-releases/1995-2004? tid=3622&cid=1271.

是：在远海区获取高质量的宽频带地震数据，获取实时高质量的声学数据，频率范围从 0.01Hz 到 100Hz 的数据，传感器数据都使用 16 位的模数转换（Duennebier et al.，2002b；Butler，2003）。其地震传感器埋在海底（Duennebier et al.，2002b），其接收的地震数据传输到美国地震联合会（IRIS）数据管理中心，便于全球地震学家进行下载和研究（Chave et al.，2002）。2003 年 5 月，由于电缆中断，同年 10 月的维修航次也未能最终解决问题，这导致 H2O 地震观测网最终停止运转①。

2000 年，伍兹霍尔海洋研究所在埃德加敦（Edgartown）的南岸建立了一个大约 4.5km 长的马萨葡萄园岛海岸带观测网（The Martha's Vineyard Coastal Observatory，MVCO）（Edson et al.，2000）。根据 LEO-15 观测网的经验，MVCO 有两个科学节点，布设在水深 7~14.5m 的海岸带区域，海底光电缆埋于海底 1~1.5m 深处（Austin et al.，2000；Edson et al.，2000）。该观测网可直接提供给科学家连续观测的海岸带各种条件下的环境参数，包括北大西洋强烈风暴过程、海岸侵蚀、沉积物输运和海岸带生物过程（Austin et al.，2000；Edson et al.，2000）。

2002 年 4 月，蒙特利湾水生研究所（MBARI）和加州伯克利地震实验室（BSL）联合建立了蒙特利湾海底长期三分量地震台站（The Monterey Bay Ocean Floor Broad Band，MOBB）(McGill et al.，2002；Uhrhammer et al.，2002；Romanowicz et al.，2003)，布设的主要目的是：增加地震台站在海域部分的覆盖面，其获得的数据结合地震台站数据，更有利于地震震中的确定（Romanowicz et al.，2003）[图 1-71（e）]。同时，使用遥控机器人文塔纳（ROV Ventana）布设了三分量宽频地震仪、温度传感器、海流计和差分压力计，地震仪传感器被安装在海底 10cm 以下的纤维材料的箱子内，这大大减小了海底噪声的干扰（Romanowicz et al.，2003）。地震台站布设在离蒙特利湾 40km 的 1000m 水深处，目前台站提供的地震数据能够用来确定地震震源机制，分析海底不同源的噪声（Romanowicz et al.，2006）。2009 年 2 月，MOBB 地震台站也与"火星"观测网（Monterey Accelerated Research System，MARS）相连，成为真正意义的有缆海底观测网的一部分②。

2005 年，灯塔实业研发中心（Lighthouse R&D Enterprise）和得克萨斯农工大学的参与者在阿曼海阿布巴卡拉（Abu Bakara）海岸建立了灯塔海洋研究计划 I 期（Lighthouse Ocean Research Initiative，LORI-I）海洋锚系观测系统，2010 年升级为有缆观测网（du Wall et al.，2011；Dimarco et al.，2012）。LORI-I 观测网安装了 5 个科学节点，水深在 67~1350m，2007 年又在系统中安装了一个早期海啸预警系统（STEWS）（du Wall et al.，2011；Dimarco et al.，2012）。第二期开始于 2010 年，在

---

① http://www.soest.hawaii.edu/H2O/H2O_update.html.
② http://www.guralp.com/mobb-gets-attached-to-cable/.

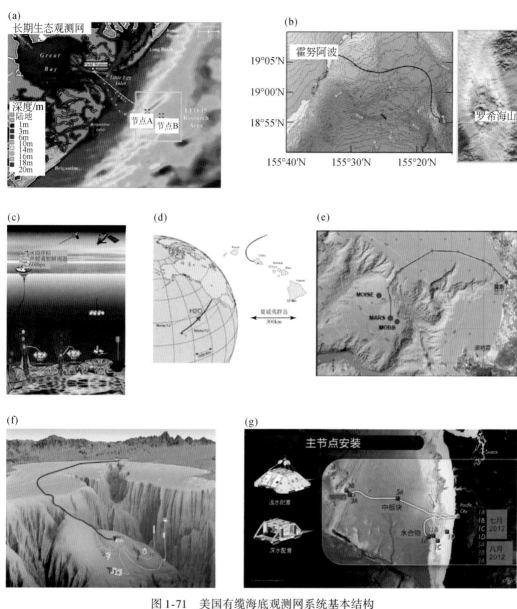

图 1-71　美国有缆海底观测网系统基本结构

（a）LEO-15 观测网位置；（b）HUGO 观测网系统结构；（c）NeMO；（d）H2O 观测网位置；

（e）MOBB 观测网位置；（f）MARS 观测网系统结构；（g）OOI-RSN 系统结构

资料来源：http://www.ooi.washington.edu/story/OOI+Primary+Node+Installation+Begins

阿拉伯海的海岸建立了 LORI-II 有缆观测网，总长 354km 的主干光电缆敷设在海底，两台柴油发电机作为备用电力（du Wall et al.，2011；Dimarco et al.，2012）。2003 年灯塔实业研发中心就已经在阿曼海的苏丹海岸建立了实时的海洋锚系观测系统。2005 年有缆观测系统开始获取数据，主要记录海流流速、压力、温度、盐度、传导率和溶解氧数据（du Wall et al.，2011）。2007 年热带飓风古努（Gonu）经过北阿拉伯海的 LORI-II 观测网和阿曼海的 LORI-I 观测网，两组观测网的数据都显示了

12.5d 的震荡波，记录了热带飓风古努通过深海的整个过程以及水速、温度、盐度和溶解氧的变化（Wang Z et al.，2012）。

2007 年 3 月，蒙特利湾水生研究所（MBARI）成功布设了一个 52km 长的"火星"海底观测网①［图 1-71（f）］。MARS 观测网是一个布设在约 891m 深度的单一科学节点网络，总共有 8 个端口来连接海底仪器。使用直流对直流（dc-dc）转换器，将主干光电缆中的 10kV 高电压降压为 400V 和 48V 提供给科学用户的端口设备（Howe et al.，2006）。

MARS 观测网的目标是：为美国海洋观测计划提供测试平台，测试新的科学仪器和传感器技术，检测水下机器人的维护、布放和回收的能力。该项目于 2002 年得到美国国家自然基金的资助，2006 年 MARS 观测网正式开始建设。Alcatel 公司负责电缆的敷设和安装，经历 2008 年的维修后，MARS 观测网正式运转。目前该观测网由 MBARI 管理和维护。

近十年来，美国又启动了海底观测网络的研究计划。观测网络设计主要包括三个组成部分：全球尺度节点、区域尺度节点、近海尺度节点（ORION Executive Steering Committee，2005）。海底观测计划主要有以下五大科学目标：①气候变化、海洋食物网和生物地球化学循环；②海岸带海洋动力学和生态系统；③全球和板块尺度地球动力学；④湍流混合和生物物理相互作用；⑤流体和岩石相互作用和海底生物圈。

2011 年 6 月，在东太平洋开始布设约 900km 长的区域尺度节点 OOI-RSN 观测网（Ocean Observatories Initiative-Regional Scale Nodes）［图 1-71（g）］。如今命名为"海洋观测计划–区域尺度节点"（OOI-RSN），该计划启动前曾被命名为"海王星"（NEPTUNE）（Delaney et al.，2000）。该系统 2010 年开始进行路由调查，对海底的水深和地形进行详细的前期调查。2011 年 11 月敷设海底光电缆到岸基站"太平洋城"（Pacific City），2012 年布设海底主接驳盒，2013～2015 年安装次级科学节点和锚系。

OOI-RSN 在海底总共布设了 7 个科学节点，其中，在 Hydrate Ridge、Axial Seamount 和 Edurance Array Newport Line 各布设了两个，在 Mid-Plat 布设了一个。同时，也作为将来一个可扩展的位置②，针对以下科学问题，在 Hydrate Ridge 节点重点观测天然气水合物系统：

1）确定天然气水合物对地震响应的时间演化。

2）确定来自海底的物质通量和对海洋化学的影响。

3）理解天然气水合物形成和分解与生物地球化学之间的耦合关系。

在 Axial Seamount 科学节点重点观测活火山的活动，通过传感器监测岩浆喷出

---

① http://www.mbari.org/mars/.

② http://www.ooi.washington.edu/.

期间火山的膨胀与收缩、热液活动以及在喷口处生存的生物群落。在 Edurance Array Newport Line 处，重点观测俄勒冈和华盛顿海岸上升流区的沿陆架及跨陆架海流的变化。负责近海尺度节点的机构有华盛顿大学、伍兹霍尔海洋研究所、俄勒冈州立大学、斯克里普斯海洋研究所、新泽西州立大学、亚利桑那州立大学和加州大学圣地亚哥分校等。

2011 年 5 月，夏威夷大学在瓦胡岛北部 100km，水深 4726m 处，布设了 ACO 有缆观测网（Duennebier et al.，2008；Howe et al.，2011）。ACO 观测网的技术主要使用 HUGO 和 H2O 观测网的技术，它是一个利用废弃的跨大洋通信电缆（HAW-4 SL280m 电缆）建立的观测网，岸基站设在美国电报电话公司（AT&T）的阿洛哈（ALOHA）（Howe et al.，2011）。2007 年 2 月，通信电缆 HAW-4 中断，随后在维修过程中，在电缆中断处连接了水听器和压力传感器。2008 年完成观测系统的部署，由于电缆和连接器的问题，此系统最后以失败告终。2011 年重新成功布设完整的观测系统，数据以 3Mb/s 的传输速度从岸基站传送到夏威夷大学（Howe et al.，2011）。2011 年 5 月使用遥控水下机器人 JASON 布设海底主接驳盒和湿插拔接头，主接驳盒连接到通信电缆的终端，其他传感器连接到主接驳盒，另外也安装了一个 200m 高的锚系系统（Howe et al.，2011）。2011 年 6 月系统开始获取数据，初步的数据结果显示，宽频带和船的声音主要集中在 10Hz，海洋动物（蓝鲸或鳍鲸）的声学图像明显集中在 16Hz 的声学数据范围内（Howe et al.，2011；Oswald et al.，2011），但单一的水听器不能准确确定鲸的数量（Oswald et al.，2011）。ACO 观测网作为一个基础设施，主要是利用废弃的跨大洋通信电缆来观测深海大洋（4726m）的水体属性和声学特征以及海底摄像，从而研究深海平原随时间变化的生物、物理和化学动力过程（Howe et al.，2011）。

美国海底观测网的主要特点是：在科学问题的驱动下建立了近海尺度的 LEO-15、MVCO 和 MARS 有缆海底观测网和区域尺度的 OOI-RSN 观测网。观测网系统完善，发展早，包括不同研究重点的网络，如生态系统网络（LEO-15），地震和火山观测网 H2O、NeMO 和 HUGO。不同观测平台相互连接完善且成熟，如浮标、锚系与有缆海底观测网的连接。观测网的建设具有全球性，包括短期和长期的观测。观测网使用遥控水下机器人（ROVs）、自主水下机器人（AUVs）和水下滑翔机（gliders）等高新技术设备。

（4）欧洲国家有缆海底观测网

在美国、加拿大和日本等国海底观测网计划的引领下，欧洲国家也开始建立自己的海底观测网。由于卫星和船载地球物理调查的局限性，很多海洋科学问题依然不能完全解决，必须采用新的海洋观测技术，使用多参数深海观测技术（Beranzoli et al.，2000；Favali and Beranzoli，2006，2009）。欧洲国家从较早期的无缆移动平台，如 1996 年欧洲之星（GEOSTAR）（Beranzoli et al., 2000），到 1998 年的水下网络"SN-1"观测网，这些观测网持续记录的时间也从开始的 20 天延长到 7 个月（Beranzoli et al., 2000）。同时，人们研制了一些自主式海底着陆系统（Lander），通过船载方式，以 57m/min 的速度自由下落到海底。一直到 20 世纪 80 年代，这些都是主要的海洋调查方式，如荷兰的海底着陆系统"BoBo Lander"、德国的移动着陆系统"Modular Lander"、英国的海底着陆系统"Dobo Lander"和水下摄像系统"Bathysnap"（Favali and Beranzoli, 2006; Person et al., 2006; Puillat, 2012）。这些系统的运行时间主要受到电力和数据存储能力的限制（Person et al., 2006），不能用于长期观测，因此，2002 年之后，开始进入了有缆观测系统的准备工作。

2004 年 4 月，意大利和希腊合作在希腊帕特雷湾布设了海底气体监测模量（Gas Monitoring Module, GMM）有缆观测网（Marinaro et al., 2004, 2006, 2007）。GMM 观测网布设在大约离岸站 400m，水深 42m 处，位于海底富集甲烷气藏的麻坑区（Christodoulou et al., 2003）。观测系统主要利用三脚架装置，配备短期的三个 CH_4 传感器、一个 H_2S 传感器和温盐深传感器（Marinaro et al., 2004, 2006, 2007）。2005 年 1 月，甲烷传感器停止工作，系统虽然仅采集了 201 天的数据，却获取了大量麻坑区甲烷活动的数据，为进一步研究甲烷气体的聚集提供了十分有价值的资料（Marinaro et al., 2007）。

近年来，欧洲国家也开始启动建设更为宏伟的"欧洲海底观测网"（European Seafloor Observatory Network, ESONET），计划在北冰洋、大西洋、地中海和黑海等 10 个海区建立有缆海底观测网（Priede and Solan, 2002; Priede et al., 2004）（图 1-72）。这些有缆海底观测网包括：①北冰洋观测网，重点观测极地气候系统、生物多样性；②挪威大陆边缘观测网，重点观测热盐环流与天然气水合物；③北海观测网，重点观测低纬度到高纬度的热盐输运和湾流；④东北大西洋波丘派恩（Porcupine）观测网，侧重观测海洋深水环境和深海平原生物多样性；⑤大西洋洋中脊亚速尔（Azores）观测网，重点观测生物多样性和极端环境下的生命；⑥伊比利亚大陆边缘观测网，主要监测大陆边缘地震和海啸；⑦利古里亚海观测网，其功能类似于 MARS 观测网；⑧西西里岛东部海底观测网，重点观测地震和板块相互作用；⑨地中海希腊 Hellenic 观测网，重点观测地震和反转流以及深水环境；⑩黑海观测网，观测主要针对缺氧生态系统、天然气水合物。

ESONET 从 2004 年开始直接从欧盟获得资金支持，系统计划敷设 5000km 的主干光电缆，总共经费估计 1.3 亿~2.2 亿美元。2005~2008 年完成设备的研制和开展电缆式、浮标式仪器试验工作，2009 年开始进行观测。ESONET 采用有缆和无缆两种观测站系统，获得的数据资料将参考德国国际海洋数据中心的潘吉亚（PANGEA）系统（Priede and Solan, 2002; Priede et al., 2004）。

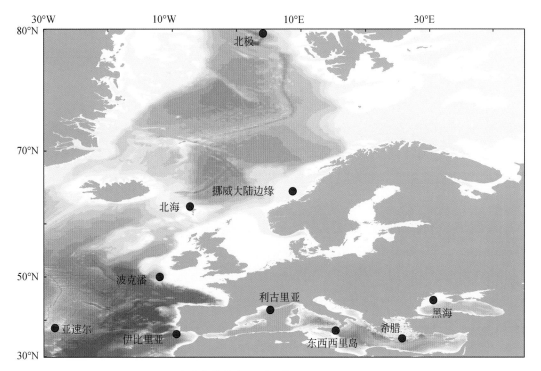

图 1-72　欧洲有缆海底观测网位置（Priede et al.，2004）

欧洲海底观测网的特点是跨不同海区，有各自的科学意义，观测网发展的平台多，包括早期移动平台，计划参与长期有缆观测平台建设的国家众多。

1.5.2　国内海底观测网

目前，国内海底有缆观测网有东海小衢山观测站（许惠平等，2011；张艳伟等，2011），台湾地区的妈祖（Marine Cable Hosted Observatory，MACHO）有缆海底观测网（许树坤等，2005；李昭兴等，2010）和三亚海底观测示范网。中国深海台站建设对将来布设有缆观测网是非常重要的，如西沙台站（李健等，2012；王盛安等，2015），可以为有缆观测网提供双岸基站，从而实现对系统进行双向供电和数据传输，也可以为主干电缆的登陆提供各种保障。

小衢山观测站于 2009 年建成。系统主要由 1.1km 长的主干光电缆、一个海底接驳盒和三种海底设备组成，海底设备为 CTD、声学多普勒剖面仪（ADCP）和浊度仪。电力主要通过水文观测平台的太阳能板提供。MACHO 观测网于 2011 年 12 月建成第一期，主要由一条 45km 长主干光电缆组成。海底仪器主要由宽频海底地震仪、加速度地震仪、CTD、水听器和海啸压力计传感器组成，其系统功能主要用于监测台湾东北部的地震和海啸（许树坤等，2005；李昭兴等，2010）。中国科学院资助的三亚海底观测示范网于 2011 年启动。2012 年 3 月中国科学院南海海洋研究所完成观测网的路由调查。2012 年 11 月主接驳盒和次级接驳盒的水池试验已经成功完成。2013 年 4 月成功敷设 2km 长的主干光电缆。系统由一个科学节点、一个次级接驳盒和水下仪器组成[①]，科学节点布设在 20m 水深处。目前，系统已经开始正常运转。

国内有缆海底观测网的特点是发展起步较晚，观测平台集中在浅水区，如小衢山观测站、MACHO 观测网。东海小衢山在 10m 水深处，MACHO 最深位置在 300m 水深处；连接的海底仪器或传感器数量比较少；重点观测的科学目标比较单一，如 MACHO 仅重点监测地震和海啸，没有安装化学传感器。

1.5.3 有缆海底观测网的关键技术

有缆海底观测网络在构成上，可以分为岸站、海底光电缆网络（一般为主干光电缆和次级光电缆）、科学节点与次级接驳盒、观测网仪器和传感器等海底设备。有缆观海底测网关键技术之一是组网的接驳技术，功能上要能实现近岸、近海和深海等不同需求的接驳盒技术。目前，NEPTUNE Canada 网络中的接驳盒技术是最为成熟和完善的，技术主要使用 OceanWorks 的核心技术。另外，关键技术也包括高压直流输配电技术、水下湿插拔连接器技术和水下网络传输与信息融合技术等（陈鹰等，2006）。对于有缆观测网来说，高压直流输电技术主要受到海底光电缆单位长度电阻的限制，使用直流并联供电，能够使 6.7kW 的电能传输到 3000km 远的区域海底观测网中的设备（Howe et al.，2002；Chave et al.，2004）。

海底传感器和设备受到海水压力、温度等环境因素的腐蚀损伤，以及微生物污损等的破坏，观测网络寿命将缩短。数据的网络传输和安全都需要强大的数据库管理技术，如 NEPTUNE Canada 观测网开发的 Oceans 2.0 软件，能够实现观测数据的实时显示。有缆观测网络的布设和回收技术、系统安装过程中水下机器人的性能和操作人员的操控能力，也都制约着海底观测网的建设。全球有缆海底观测网都使用了水下机器人来安装和维护系统，与有缆海底观测网有关的详细水下机器人信息见表 1-9 和图 1-73。

表 1-9　与全球有缆海底观测网有关的水下机器人

序号	观测网名称	使用的水下机器人	最大下潜深度/m	观测网维护单位
1	NEPTUNE Canada	ROPOS	5000	维多利亚大学
2	VENUS	ROPOS	5000	维多利亚大学
3	DONET	HYPER-DOPHIN	3000	日本海洋科学和技术厅
		KAIKO-II	7000	日本海洋科学和技术厅

---

① http://www.scsio.ac.cn/xwzx/tpxw/201305/t20130513_3838180.html.

序号	观测网名称	使用的水下机器人	最大下潜深度/m	观测网维护单位
4	MARS	VENTANA	1850	蒙特利湾水生研究所
5	HUGO	PISCES V	2000	夏威夷大学
		JASON	6500	夏威夷大学
6	OOI-RSN	NEREUS 3	—	华盛顿大学
		ROPOS	5000	华盛顿大学
7	ACO	JASON	6500	夏威夷大学

(a) ROPOS

(b) HYPER-DOPHIN

(c) KAIKO-Ⅱ

(d) VENTANA

(e) PISCES-V

(f) JASON

图 1-73　全球有缆观测网使用的水下遥控机器人

第 1 章　洋底浅表系统调查与研究技术

海底观测网主要利用的是无人有缆遥控水下机器人，水下机器人有各种类型，包括载人潜器（HOV）、自治水下机器人和遥控水下机器人（封锡盛，2000；封锡盛和李一平，2013）。中国通过 30 多年的自主研发，也研制出了多款海洋机器人（封锡盛和李一平，2013；李一平 等，2016），这些机器人都可以作为中国今后建设有缆海底观测网、进行水下网络维护的基础。通过大洋深水机器人的开发和研制，中国有能力研发水下机器人，服务于将来的海底观测网。

1.5.4 发展趋势和面临的挑战

海洋观测网一直随着海洋调查技术和调查方式的变化而改变。目前，有缆观测网遵循海洋调查技术的变化，从船载定点布设锚系，到使用遥控水下机器人布设实时长期海底有缆观测网，如从 OOI 到 VENUS 和 NEPTUNE Canada 观测网；遵循海洋调查范围变化，从近海到深海，如从近海尺度的 LEO-15、VENUS 到深海区域的 NEPTUNE Canada 和 OOI-RSN 观测网；技术装备从开始单一的传感器，到多参数多传感器的演变；海底观测网络的主干光电缆长度也越来越长，从开始的几千米到几百千米；供电系统也从低压 375V 到高压 10kV 转变；主干网络的布局也从简单到复杂，从单一科学节点单线路到多节点的复杂环形线路。观测系统也在不断扩充功能，观测网络的系统构建日趋完善。

全球有缆观测网已经成功布设在很多海域，观测网的预期寿命是 25 年。其维护费用十分高昂，需要很多参与部门的协调分工，特别是维护单位的船时必须每年有一定时间的保证，而且不同传感器的研制和升级，也需要根据观测网的发展和科学目标需要，及时做出调整。传感器返回的大量数据需要及时的处理和以图像的形式展示，这需要有大数据处理和显示技术。中国海底有缆观测网已经开始建设和完善，观测网的建设和维护需要大量相关科研和技术人员。特别是，对海底观测网维护所需要的 ROVs 技术，需求采取积极的应对政策，采取自行研制和高新技术企业合作的模式。中国海底观测网建设的相关单位，有必要紧跟技术革命浪潮、智能化趋势，积极、深度采用物联网、5G 技术等新一代技术，发展海底观测网关键技术，储备和培养各种与有缆海底观测网有关的关键技术和人员，加强与全球其他有缆海底观测网维护单位的合作和交流，这必将提升中国对全球海底的监测、管控能力和认知能力。

1.6 大洋钻探的驻井观测技术

深海钻探计划（DSDP，1968～1983 年）从 1968 年开始，20 世纪 80 年代之后，大洋钻探计划（ODP，1985～2003 年）、综合大洋钻探计划（IODP，2003～2013

年）以及 2013 年开始的国际大洋发现计划（IODP，2013～2023 年）不断推进，这些钻探计划都是地球科学领域迄今规模最大、影响最深、历时最久的国际研究计划，也是引领当代国际深海探索的科技平台。半个多世纪以来，大洋钻探在全球各大洋钻井三千余口（拓守挺和蒉知潺，2016），所取得的科学成果验证了板块构造理论、揭示了气候演变的规律、建立了古海洋学、发现了海底"深部生物圈"和"可燃冰"，取得了许多科学方面的突破，为地球各圈层相互作用和地球系统科学研究提供了直接的证据（汪品先，2009）。

伴随国际大洋钻探计划以及钻探过程中测井技术的发展，对开展大洋钻探之后的钻孔可以进一步利用，不像以往钻探之后就废弃钻孔，而是可以开展长期的钻孔内观测，应运而生了一种驻井观测技术——Circulation Obviation Retrofit Kit〔CORK，"有循环扰动去除工具箱"（孙连浦和周祖翼，2003）或"海底井塞装置"（季福武等，2016）〕。早期 CORK 装置的概念图非常简单，仅仅是为了密封钻孔的装置（图 1-74）。1991～2002 年，国际大洋钻探计划执行过程中已经在全球范围内开展了十几次 CORK 驻井观测，并已经成功安装在 18 口钻井中（Becker and Davis，2005）（图 1-75，表 1-10）。

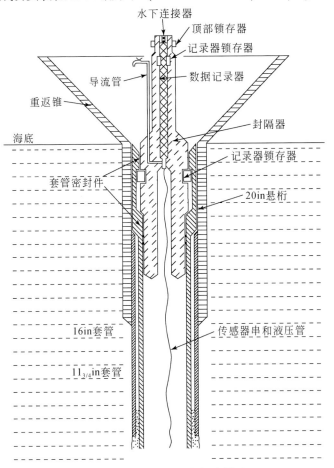

图 1-74　原始海底井塞装置（Original CORK）的概念模型（Becker and Davis，2005）

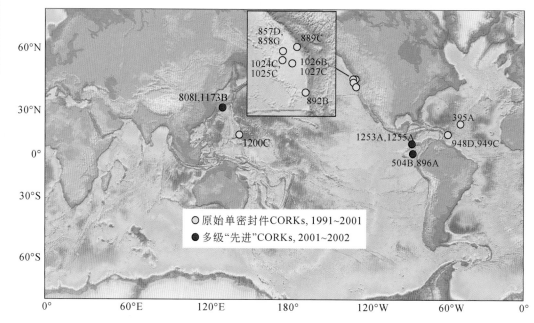

图 1-75　ODP 时期的海底井塞装置（CORK）位置（Becker and Davis，2005）

表 1-10　1991~2005 年大洋钻探航次的 CORK 应用列表

航次/钻孔	类型/年份	压力	温度	流体样品	数据记录
139/857D	CORK/1991	P1	20- 电缆与热敏电阻由 CCC 提供	1/2in FEP 温度管柱	温度数据 12 位记录，压力数据 24 位记录，每 1 小时记录
139/858G				1/2in PFA 温度管柱	
146/889C	CORK/1992	P1	具有指定的击穿的电缆，热敏电阻由 Pls 在充满油脂的聚四氟乙烯胶囊中组装（5×5/8in 直径）	无	12 位温度，24 位压力，12 位倾斜，每 1 小时记录
146/892B					
156/948D	CORK/1994		集成字符串和 3 个显示仪表+Pt RTD 传感器，均带有串行传输的数字信号	无	法国海洋研究机构，每 1 小时记录
156/949C	CORK/1994	P2	CCC 提供的 20- 电缆；10 个热敏电阻 OD 封装于 GEO-01-01 的环氧树脂铸件中，由 PIs 连接	1 套 OS 井下操作系统	12 位温度，24 位压力，每 1 小时记录
168/1024C	CORK/1996	P2	10 个热敏电阻 NT 电缆，带 MAW-2 型接头，SC 制造的热敏电阻由 Pls 组装在 MAW-2 连接器中	每根电缆底部附近有 1 套 OS 井下操作系统	13 位温度，24 位压力，每 1 小时记录
168/1025C					
168/1026B					
168/1027C					

航次/钻孔	类型/年份	压力	温度	流体样品	数据记录
169/857D	CORK/1996	P2	1992 年 CORKs 在 889C/892B 孔中使用的电缆	无	13 位温度，24 位压力，每 1 小时记录
169/858G					
174B/395A	CORK/1997	P2	1996 年 CORKS 在 1024C/1025C/1026B/1027C 孔中使用的电缆	无	13 位温度，24 位压力，每 1 小时记录
195/1200C	CORK/2001	P2	1999 年从 1024C 孔回收的电缆	2 套 OS 井下操作系统	13 位温度，24 位压力，每 1 小时记录
196/1173B	ACORK/2001	P6	无	特殊的 1/8in 不锈钢管到多管	无温度，24 位压力，每 10 分钟记录
196/808I		P7			
196/504B	CORK/2001	P2	由南湾电缆敷设的电缆；PIs 安装的 OD 封装热敏电阻	特殊液压夺冠	24 位温度每 1h 记录，24 位压力每 10min 记录
196/896A		P3			
205/1253A	CORK-Ⅱ/2002	P3	安塔瑞斯的温度记录器	2 套 OS 井下操作系统	24 位海底温度每 1 小时记录，24 位压力每 10 分钟记录
205/1255A				1 套 OS 井下操作系统	

注：1in=2.54cm，P1，单一石英压力计；P2，两个石英压力计；P3，三个石英压力计；P6，6 个石英压力计；P7，7 个石英压力计。

资料来源：Becker 和 Davis，2005

　　CORK 观测装置早期是用来密封钻井口，将安装有环形密封材料的塞子塞入重返锥或再入锥转换连接管或最内侧的套管中，并与之接触密封，则可实现对孔口的密封。该装置在 1989 年的一个研讨会首次提出，当时被称为"钻孔密封装置"（instrument borehole seal）（Becker and Davis，2005），并于 1991 年首次在 Middle Valley 位置成功实施了 ODP 第 139 航次的驻井观测（Davis et al.，1992）。当时，国际大洋钻探计划（ODP）的执行主管 Glen Foss 为其取名为"Circulation Obviation Retrofit Kit"（CORK），其中，"CO"表示防止海底地下原位流体与海底海水交换，"RK"表示不论是早期的钻孔还是近期的钻孔，只要有重返锥，就可以用来布放海底井塞装置（Becker and Davis，2005；季福武等，2016）。

　　该装置和观测技术主要是针对钻孔中的地下流体进行长期观测和取样，或者布设宽频带地震传感器观测海底发生的天然地震，在不同深度的"CORK"装置里面安装各种传感器，包括温度、压力和应力传感器等（图 1-76）。目前的 CORK 装置主要设计为原始海底井塞装置（Original CORK）、先进海底井塞装置（ACORK）、有缆海底井塞装置（Wireline CORK）、Ⅱ 型海底井塞装置（CORK-Ⅱ）和 L 型海底井塞装置（L-CORK），以及发展到后期的海底地震观测井塞装置（SeisCORK）。

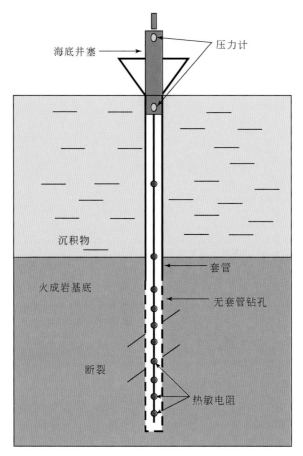

图 1-76　海底井塞装置（CORK）组成（Becker and Davis，2005）

1.6.1　海底井塞装置

（1）早期的海底井塞装置

早期的海底井塞装置是一种单一密封井塞装置（图 1-74）（Davis et al.，1992），主要由三部分组成。

1）井塞体，分布在重返锥的顶部，主要用来封闭钻孔内部的悬挂系统（井塞体是图 1-76 中绿色部分或图 1-77 最顶端部分）。

2）长期观测的传感器链。

3）长期观测的数据记录器。

数据记录弹簧锁分割了数据记录器和传感器链（图 1-77）。这种类型的设计前提是需要合适的套管和再进入钻孔，井塞体主要是用来密封内部的 10.75in[①] 套管的

---

　①　1in=2.54cm。

悬挂器或悬桁，一般安装在钻孔的上部 1.5m 的位置，图 1-77 顶部的大三角形为圆形重返锥。早期使用的井塞装置的再进入套管钻孔有两种：一种是在洋壳结构背景下，使用约 9in 的钻头钻穿沉积层并提取岩心，保留一个开口的钻孔在基底下面；另一种是在俯冲带背景下，完整地钻孔穿透剖面并通过不稳定带。在合适的再进入钻孔建好后，还需要额外 2~3 天时间去布设井塞体和传感器链，以及后续潜水器在井塞体头部位置安装仪器时的着陆平台。

实际上，传感器链主要由热敏电阻器电缆和压力计组成，热敏电阻器电缆分布在数据记录器下面，观测封闭测井内的温度剖面。压力计分布在数据记录器电子舱室的上部，测量海底参考面和封闭井的压力。需要注意的是：传感器链的直径需要小于 3.75in，钻孔内套管悬挂器有 3 种不同的布设尺寸（图 1-77）。早期海底井塞

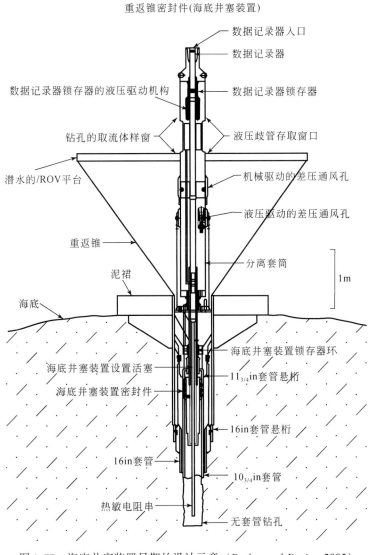

图 1-77　海底井塞装置早期的设计示意（Becker and Davis，2005）

装置存在一些不足，如仅在钻探孔口处密封，不能在同一钻孔中进行不同层位水力学的观测；布放和回收等主要维护工作需要钻探船来完成；传感器观测链的直径受到限制，制约了观测传感器的选用（Becker and Davis，1998）。

（2）先进海底井塞装置

早期海底的井塞装置不能利用单一的钻孔来解决地下水文地质系统不同层位的压力测量，因此，人们设计了一种更为先进的井塞装置，用于解决单一钻孔中的多层分割区流体压力的观测，被称为先进海底井塞装置（ACORK）（图 1- 78）（Becker and Davis，2005）。与早期海底井塞装置不同，ACORK 利用套管和多个封

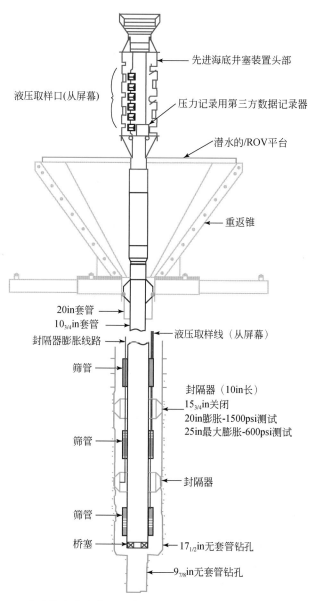

图 1-78　先进海底井塞装置组成和结构示意（Becker and Davis，2005）

$$1psi = 6.894\ 76 \times 10^3\ Pa$$

隔器将孔内的流体分隔成了互不连通的密封层位，可分别对这些层位的流体开展长期观测。ODP 第 196 航次成功布设了两套 ACORK（Mikada et al.，2002），可以边钻边测（随钻）孔内的流体温度和压力。利用随钻观测的数据，可以准确确定 ACORK 需要观测的层位信息，最后将封隔器、传感器等安装在 10.75in 的外套管上的相应位置，密封套管最顶部，能够开展长期的井下观测（图 1-78）。

（3）有缆海底井塞装置

有缆海底井塞装置可以直接使用电缆连接到科考船上，使用船上的专用工具布放（图 1-79）（Becker and Davis，1998；Becker and Davis，2005）。有缆海底井塞装置主要由支持包、封隔器和观测传感器链组成，其中，支持包内部由流体动力单元、数据记录器、动力源和遥测装置等组成。最顶端的封隔器与支持包连接，封隔器和观测传感器链的安装位置根据观测对象来确定。布设有缆海底井塞装置需要稳定的钻孔，并且安装再进入重返锥，不稳定情况下，需要安装套管。布放时，运输工具与支持包软连接，通过控制运载工具，使封隔器和观测传感器链通过再进入再

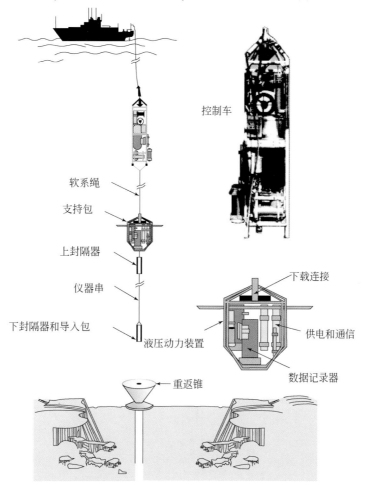

图 1-79　有缆海底井塞装置示意（Becker and Davis，2005）

入锥进入钻孔，之后操作封隔器膨胀，使得运输工具和支持包脱离，完成装置的布放任务（Becker and Davis，2005）。2001 年，斯克里普斯海洋研究所使用运输工具 Control Vehicle 在钻孔 504B 和 896A 成功布放了有缆海底井塞装置，但井塞装置受到缆线载荷的限制，最多只能设计 3 个封隔器封闭层位（Becker and Davis，2005）。

（4）Ⅱ型海底井塞装置

Ⅱ型海底井塞装置是先进井塞装置的更新版本，主要表现在：封隔器可以安装在 4.5in 的套管上，可以附在钻孔内壁，也可以附在 10.754in 套管的内壁；套管底部用黏合剂密封，可以隔离海水和钻孔；采集器（Osmo Sampler）可连续取流体样，还配有温度传感器，可以在采集流体样的同时测量温度变化（图 1-80）（Becker and Davis，2005）。因此，Ⅱ型海底井塞装置的功能比之前的海底井塞装置更加强大和完善，可以实现钻孔流体的分层取样和连续分层观测，因而回收数据和样品时，对钻孔内部的原位流体干扰更小。ODP 第 205 航次成功布设了Ⅱ型海底井塞装置，布设位置在钻孔 1253A 和 1255A 处（Jannasch et al.，2003）。

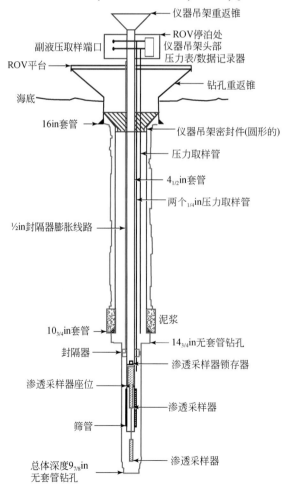

图 1-80　Ⅱ型海底井塞装置结构示意（Becker and Davis，2005）

（5）L 型海底井塞装置

L 型海底井塞装置（L-CORK）基于 II 型海底井塞装置进行了改进，主要增加了直径 10.2cm 的球形阀门，连接着井塞头部与钻孔内部的传感器观测链，安装了流量计，可采集流体样品。L 型海底井塞装置顶部也增加了一个阀门，钻孔内部增加了遇水膨胀的封隔器，主要用来对钻孔进行密封。流体采样器受到带孔的钻铤保护，避免被外部的充填物堵塞，通过脐带管采集孔内的流体（图 1-81）（Fisher et al., 2011; Wheat et al., 2011）。2011 年，IODP 第 327 航次成功布设了 L 型海底井塞装置，布设位置在钻孔 1362A 和 1362B 处（Fisher et al., 2011）。

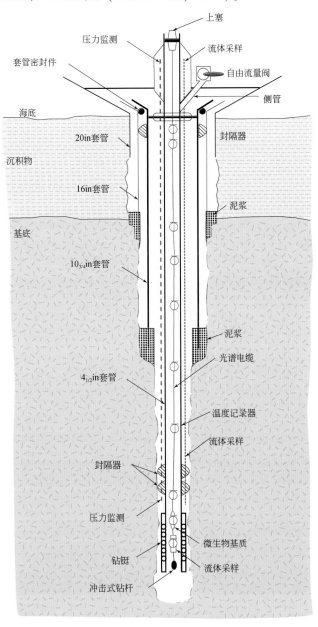

图 1-81 L 型海底井塞装置结构示意（Fisher et al., 2011）

（6）海底地震观测井塞装置（SeisCORK）

海底地震观测井塞装置是一种特殊的井塞装置，主要目的是把短周期宽频带海底地震仪传感器（5~1000Hz）结合到以前的井塞装置中，重点观测天然地震的活动。因为天然地震活动可使岩石发生应变，最终影响岩石孔隙中流体压力的变化。为了观测这一过程，Stephen 等（2006）提出和设计了这种井塞装置。这一革新技术集中了地震技术、水文地质和微生物技术，以提高长期观测的综合能力，可以同步实现各种技术在钻孔中的连续观测（图1-82）。海底地震观测井塞装置主要由以下部分组成（Stephen et al.，2006）。

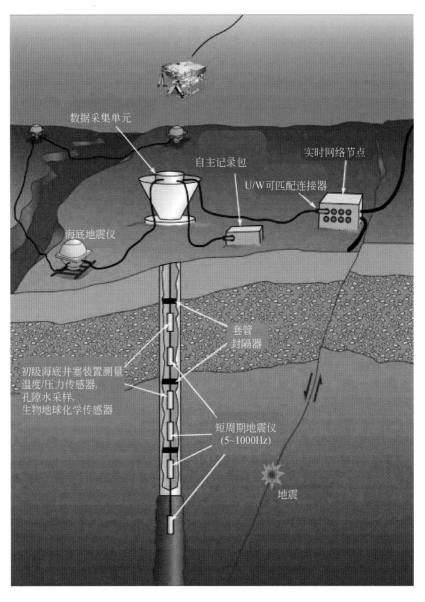

图1-82 SeisCORK 海底观测示意（Stephen et al.，2006）

1）固定在 4.5in 套管上的一连串三分量检波器，每一个检波器用碗形弹簧互相压在一起，每一个检波器通道对应着相应的传感器上。通常 4 个检波器一组，带宽范围是 5~1000Hz，检波器的探头由同轴电缆连接。

2）海底钻孔遥测单元主要用来传输数据。

3）海底的钻井阵列，通过湿插拔连接到主接驳盒。

4）海底数据采集单元，包括一个钻孔遥测单元、PC104 计算机存储、时钟和电力控制单元。海底数据采集单元可以自动记录观测数据，也可以使用遥控水下机器人（ROV）更换，同时回收数据。

5）备用的电池包可以插入或者使用主接驳盒替换。

6）水下声通信。

7）如果其连接到海底观测网，电力供应和授时则可通过电缆由岸基站维持（图 1-82）。

1.6.2 海底井塞装置与大洋钻探应用

（1）大洋钻探使用的 CORK 技术

1992 年，国际大洋钻探计划 ODP 第 139 航次首次使用了 CORK 装置技术，对胡安·德富卡海岭上钻孔内的流体压力和温度进行了长期观测（Davis et al., 1992），成为大洋钻探计划中利用 CORK 装置的经典案例，为进行长期观测和取样地下流体提供了技术保障。之后，许多大洋钻探航次，针对钻探后钻孔内的流体，继续进行长期的井下测量和取样，观测流体压力和温度随时间的变化，观测地壳流体的物理和化学特征。

为了防止钻孔内流体与海水交换，必须对井口进行密封，并使钻孔内的流体恢复至原始状态。大洋钻探计划采取非立管方式（riserless drilling）钻探，故需要安装重返锥，以便钻杆能够再次进入钻井中，重返锥由倒圆锥体返回漏斗（reentry funnel）、支撑平台（support plate）和转换连接管（transition pipe）组成，其中支撑平台平置于井口海底面，与沉积物紧密接触，起到密封的作用。通常，转换连接管内部可安放套管，用于保护钻孔，套管上部边缘配有弹性材料，该材料安装后可形成环形密封。这些都是早期 CORK 装置的基本组成，主要是用来对井口进行密封，方便观测流体的温度和压力变化（图 1-83）。

ODP 第 139 航次后，在钻孔 858G 安装 CORK 耗时 15.5 天，在钻孔 857D 耗时 21.5 天，同时，利用水下机器人 Alvin 在海底花费了 7 个小时，获取了 CORK 测量的数据，实际 CORK 内部的数据记录器每 10 分钟采样一次，回收数据时候修改到 1 小时取样一次，方便机器人快速回收数据（Davis and Becker, 1994）。

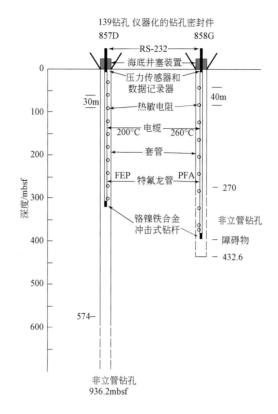

图 1-83　ODP 139 钻孔 857D 和 858G 中的 CORK 装置（Davis et al.，1992）

　　ODP 第 139 航次使用的 CORK 装置连续记录到了温度和压力变化的数据，部分温度记录非常不规则，其噪声可能由压力、流体渗漏、电缆和连接器应变的变化而引起。通过 1 年的记录（1991～1992 年），在最初的两个月时间里，钻孔 858G 内的流体压力持续降低，然而温度稳定，甚至增加（图 1-84）。这一现象可能是由于钻孔 858G 的冷水渗入到 280℃ 的地层内所致，因此，可以通过 200kPa 压力变化来判断冷水是否进入到地层中。第三个月之后，多个压力开始整体上升，部分温度仅仅在钻孔的深部突然发生大的变化（图 1-84，图 1-85），在 7330 小时位置，温度增加超过 200℃。钻孔周边热液活动区的数据分析表明，如果水热区离钻孔较近，在这一时间段内水热区可能不活跃（Davis and Becker，1994）。在数据记录开始之后的第 2 个月、第 4 个月和第 10 个月，钻孔 858G 的压力突然降低几十千帕（图 1-85），第二个压力降低的时间点，降低幅度比较小，持续了两天的时间，同时，温度也相应降低，这可能由流体瞬时流动引起。第一次压力突变改变了 30kPa，温度相应升高了 10～50℃，据此推断，流体诱发的真正压力变化是与海底构造或者水致压裂作用有关，或钻孔中温度变化引起压力变化的长期行为（Davis and Becker，1994）。

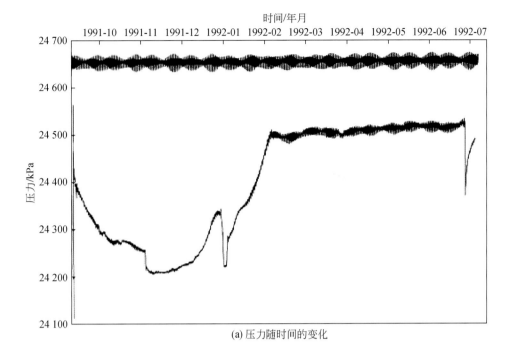

(a) 压力随时间的变化

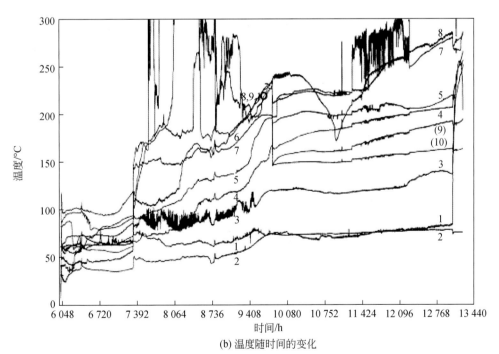

(b) 温度随时间的变化

图 1-84　ODP 139 钻孔 858G 观测的连续温度和压力变化（Davis and Becker，1994）

（b）中数字为不同深度传感器

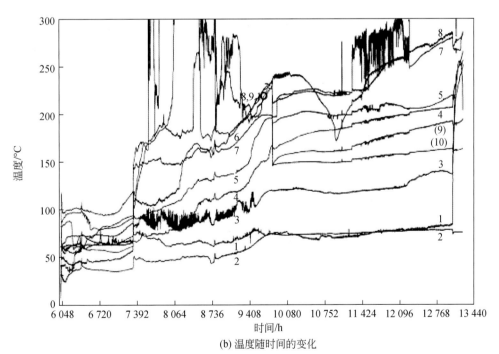第 1 章　洋底浅表系统调查与研究技术

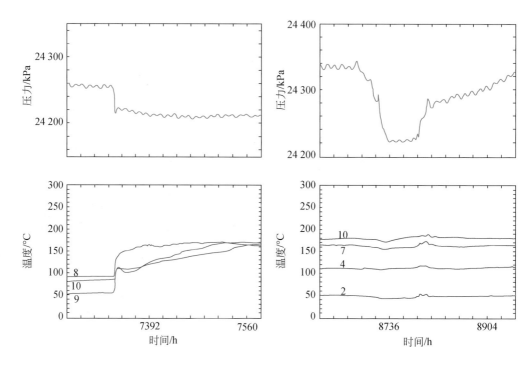

图1-85　ODP 139 钻孔 858G 中选取的时间段数据（Davis and Becker，1994）

（2）先进海底井塞装置（ACORK）在俯冲带的应用

2010 年，综合大洋钻探计划（IODP）第 328 航次使用和安装了一种新设计的可进行长期观测的先进海底井塞装置（ACORK）（图1-86），该装置安装于 1992 年 ODP 第 146 航次打钻的钻孔 889 处（Westbrook et al.，1994；Davis et al.，1995）。这个钻孔位于卡斯凯迪亚（Cascadia）俯冲带的增生楔上（图1-87）。俯冲带内部的增生楔结构蕴含着非常广泛的科学目标，这些问题需要使用先进的井塞装置去解决，包括固结沉积物内部垂向流体流动和平均压力变化状态、增生楔内部的水合物赋存状态和形成模式。使用 ACORK 分层装置能够开展很多与海底流体有关的实验，如岩石力学属性对天然气水合物和自由气的影响、俯冲背景下不同周期的地震滑动引起的应变变化（Davis et al.，2012）。

综合大洋钻探计划（IODP）第 328 航次的钻孔 U1364 靠近 ODP 钻孔 889，ACORK 安装在这个钻孔的原因是：889 钻孔是大陆边缘流体喷出率、增生楔垂向增长量都最大的位置，同时也是地震剖面上似海底反射很强的区域，BSR 指示着海底水合物分布稳定带的底部（图1-87）（Davis et al.，2012）。钻孔 U1364 钻穿到了 336mbsf 的深度，穿过了斜坡盆地大约 90m 厚的沉积物，底部的增生楔沉积物已经发生褶皱和微断裂（图1-88）。通过 ACORK 的井口的传感器，流体压力变化可以被记录下来（图1-86），不同深度与海底压力差变化见图1-89，3 天和 20 天的连续观测压力变化也显示了不同时间段的压力变化（图1-86，图1-90）。以上数据也反映了 ACORK 装置的多层水文隔离系统是一个很好的研究工具，可以详细测量不同层位流体的压力和温度变化。

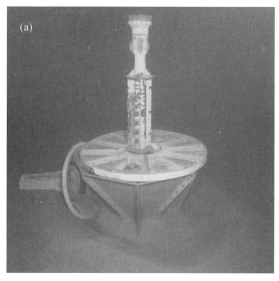

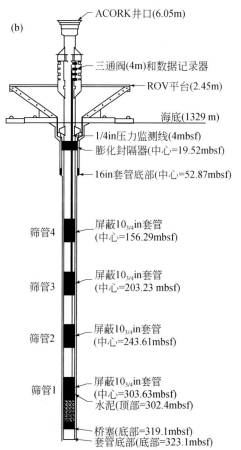

图 1-86　IODP 第 328 航次在钻孔 889 布设的 ACORK 结构（Davis et al.，2012）

177

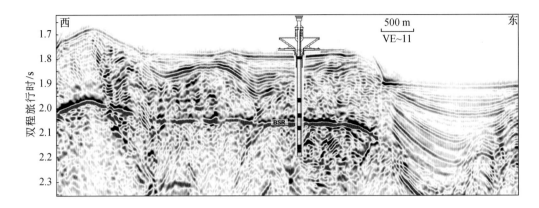

图 1-87　布设 ACORK 的钻孔 889 处增生楔地震反射剖面（Davis et al.，2012）

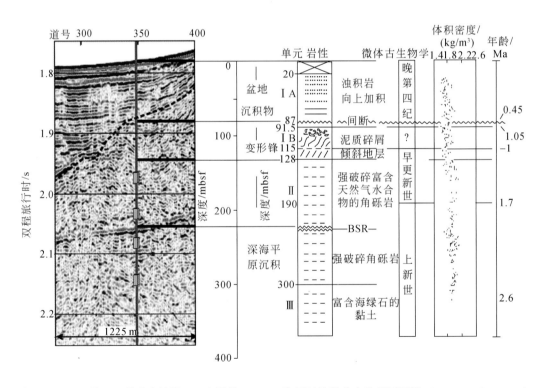

图 1-88　IODP 第 328 航次在钻孔 889 布设的 ACORK 位置以及钻井中的岩石属性（Davis et al.，2012）

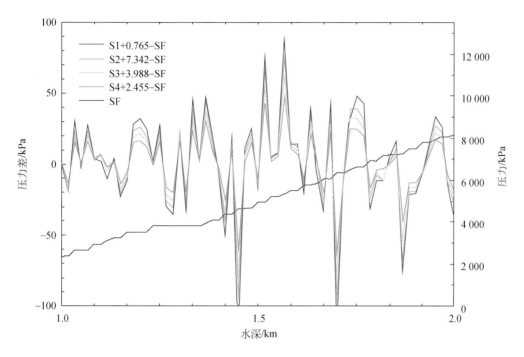

图 1-89　钻孔 U1364 位置的不同深度压力差变化（Davis et al.，2012）

黑线为海底压力变化曲线

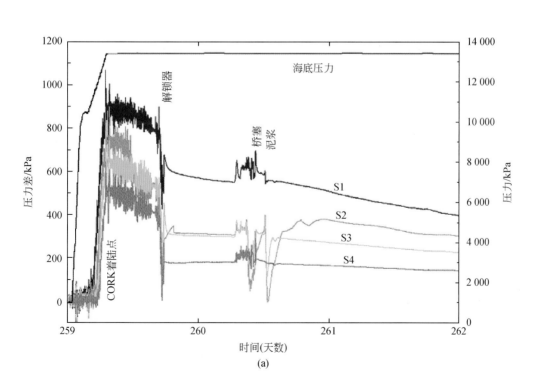

(a)

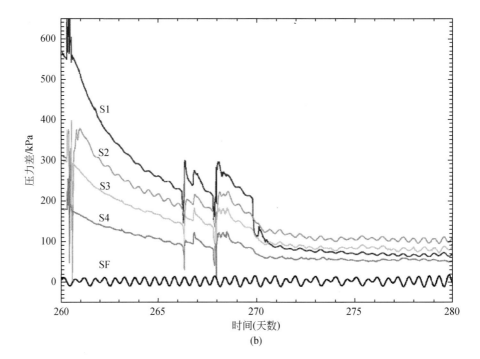

图 1-90　2010 年钻孔 U1364 位置 3 天和 20 天压力差连续变化（Davis et al.，2012）

第2章 ┃ 洋底深部系统调查与研究技术

迄今，构造地质学研究已不再是单纯的几何学、运动学和动力学探索，而是"物质的运动"和"运动的物质"研究并举。由此，在深部构造的探索过程中，提出了深部过程和浅部响应的重要科学命题，开启了地球系统多圈层相互作用的研究，走出了 20 世纪前半叶构造地质主要侧重地表构造形迹和几何学调查的研究范畴，也突破了 20 世纪后半叶板块构造理论指导下大量构造运动学和动力学研究的局限以及几何学研究主要侧重岩石圈尺度构造探讨的桎梏。

尽管 20 世纪后半叶实施了 GGT 全球断面计划，且在陆地上持续开展了 ICDP 计划，在大洋中继续开展着 IODP 计划，目标都是揭示地球深部过程。但至今，人们对岩石圈结构依然不清楚，对软流圈组成、内部结构依然茫然。特别是，发现越来越多的浅部构造和深部构造的关系不甚明了。但可喜的是，大洋构造、大陆构造研究的深入，层析成像技术分辨率的提高，使得人们可以窥见深部结构构造；各种地球化学示踪和地质年代学定年技术，使得人们可以把握和约束深部不均一性、深部过程和事件的时限，揭示出不同构造背景下，岩石圈深部的底侵（underplating）、拆沉、板片窗、地幔柱、地幔崩塌（mantle avalanche）、挤出（extrusion）、块体化（blocking）等复杂过程。

2.1 重磁处理技术

重磁探测也被称为"位场"探测，是以位场理论为基础，以地质体的密度和磁性差异为依据，通过处理、分析和解释重磁异常场以达到解决地质问题的目的。重磁探测属于被动源探测，无需把能量投入地面就可以获取数据，具有快速、经济、面广的特点，从环境角度来说也是非侵入性和无损害的。重磁处理技术已经成为地球动力学研究中一种不可或缺的地球物理手段。本节将结合实例介绍重磁处理在洋底构造与地球动力学研究中的技术与应用，特别是地壳厚度计算、构造单元识别等方面的应用。

2.1.1 海洋重力处理技术

重力勘探始于 20 世纪初，随着陆地、海洋、航空和卫星等高精度重力测量仪器与测量手段的不断创新，数据处理、解释方法也在不断完善与改进，特别是随着近20年来卫星重力测量技术的快速发展，建立了精度越来越高的覆盖全球的重力数据库模型，如 EGM 2008、WGM 2012、V23、GGMplus 2013 等，此外还有精度更高的区域性数据库，这使得重力勘探的应用越来越广泛，特别是在研究地壳深部构造方面发挥了越来越重要的作用。下文将在介绍重力场的组成及校正的基础上，结合实例讨论重力处理技术在洋底动力学研究中的应用。

（1）重力场校正方法

实测重力异常是由地表到地下深部所有密度不均匀体引起的重力效应的叠加，其组成和影响因素主要包括 5 个方面：地球的固体潮、纬度、地形、高程和地表/地下密度分布。为了探明地下物质的分布，必须对实测重力值按照统一的标准进行相应的校正，以便于解释和对比。这些校正包括：①固体潮校正；②正常场（纬度）校正；③地形校正；④中间层校正；⑤自由空气校正（高度校正）。其中，中间层校正和自由空气校正合称为布格校正。

A. 固体潮校正

太阳和月球的引潮力在地球表面形成了潮汐作用，潮汐会使地表的质量分布发生周期性变化，从而在地球的重力场产生周期性扰动，这种扰动称为重力场的固体潮。固体潮校正值的大小取决于地球、太阳和月球三者之间的相对位置，因此，该值与实地测量的地点、日期和时刻有关。固体潮校正值在高潮位为正，低潮位为负。地表同一位置的高、低潮重力差异可以达到 0.3mGal 左右。固体潮校正值（Δg_i）可以用相关表达式进行计算（Longman，1959），不同经纬度、日期和时刻的校正值均可通过计算机的标准程序获得。

B. 正常场（纬度）校正

正常场（纬度）校正是为了消除纬度对实测重力值的影响。地球不是一个完美的球体，卫星重力场显示地球表面在两极地区比较扁，在赤道地区比较凸，这说明地球半径 R 会随纬度发生变化。此外，由于地球自转，实测重力测量值随纬度升高而增大。总体上，地球重力场随纬度的变化会在赤道和两极之间产生 5000mGal 左右的差值，变化率达到了每分 1mGal 左右。因此，必须对地球重力场进行纬度校正。1971 年，国际大地测量协会建立了首个标准参考椭球体（图 2-1），并于给出了参考椭球体上任意纬度正常重力值的计算公式

$$g_\varphi(1971)=g_e(1+0.005\,302\,4\sin^2\varphi-0.000\,005\,8\sin^22\varphi)\text{Gal} \tag{2-1}$$

式中，g_φ（1971）为纬度 φ 处的理论重力加速度值，也称为正常重力场值；g_e 为地球赤道处的重力场值，g_e=978.0318Gal。

1980 年，国际大地测量协会又对上述公式进行了修正

$$g_\varphi(1980)=g_e(1+a\sin^2\varphi+b\sin^4\varphi+c\sin^6\varphi)\text{Gal} \tag{2-2}$$

式中，a，b，c 均为常数

$$a = 0.005\ 279\ 041\ 4$$
$$b = 0.000\ 023\ 271\ 8$$
$$c = 0.000\ 000\ 126\ 2$$

这就是著名的 1980 大地参考系。式（2-2）可以根据纬度计算出任意观测点的正常重力场值，从而对重力场随纬度的变化进行校正，因此，正常场校正也称为纬度校正。

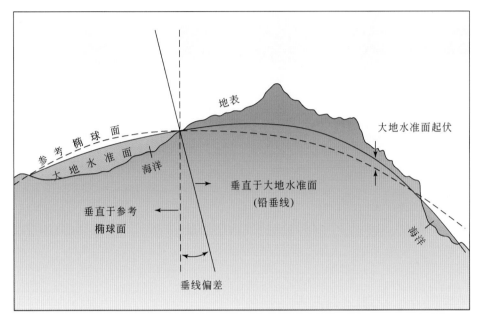

图 2-1　地球实际形状与参考椭球面的分布

C. 地形校正

地形校正是为了消除地形起伏对实测重力场的影响。经过地形校正之后，观测点可以看作位于水平地面上。地形起伏对台站 A 的重力效应可以通过图 2-2 来说明。如果将相对高地形看作山丘，将相对低地形看作山谷，那么山丘产生的额外引力会使 A 处的实测重力值降低，而山谷亏损的引力也会使 A 处的实测重力值降低。也就是说，不论地形相对较高还是较低，都会使台站 A 的实测重力值降低，地形校正值都为正。那么，设任意体积元（dv）的密度为 σ，质量为 dm，坐标为（ξ，η，ζ），A 点坐标为（x，y，z），则体积元对 A 点的引力效应为

$$\delta g_1 = G\sigma \mathrm{d}v/r^2 \tag{2-3}$$

式中，G 为万有引力常量；其他参数为

$$r = \left[(\xi - x)^2 + (\eta - y)^2 + (\zeta - z)^2 \right]^{1/2} \tag{2-4}$$

δg_1 的垂直分量就是对 A 点产生的重力效应，即

$$\delta_g = (G\sigma \mathrm{d}v/r^2)\sin\alpha \tag{2-5}$$

式中，α 为 r 与垂直方向的夹角，即

$$\sin\alpha = (\zeta - z)/r \tag{2-6}$$

那么，总体积 v 产生的重力效应为

$$\Delta g_t = G \iiint \frac{\sigma(\zeta - z)\,\mathrm{d}\xi\mathrm{d}\eta\mathrm{d}\zeta}{[(\xi - x)^2 + (\eta - y)^2 + (\zeta - z)^2]^{3/2}} \tag{2-7}$$

由于体积分很难由解析方法计算，因此一般采用近似积分的方法来运算。先按一定规则将周围地形分割成若干小块，然后计算各小块对 A 点产生的重力效应之和作为总体积 v 所产生重力效应的近似（曾华霖，2005）。

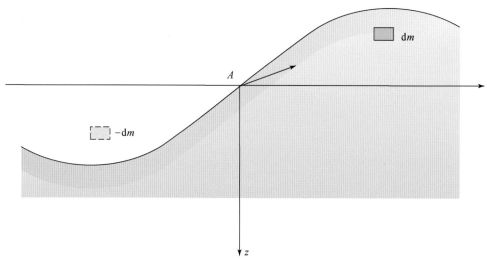

图 2-2　地形对测点 A 的重力效应

D. 中间层校正

中间层校正是为了消除大地水准面上剩余（或亏损）质量对实测重力场的影响。经过地形校正之后，观测点附近的低地形被填充、高地形被消除，观测点可以看作位于水平地面上（图 2-3）。然而，由于观测点 A 与总基点 B 存在高差，A 点与 B 点之间多了一个密度为 σ、厚度为 h 的物质层，称为中间层。随着测点高程的变化，中间层的厚度随之改变，其产生的重力效应也相应发生变化。因此，中间层会对地下物质的重力场产生干扰，需要对其进行校正。

首先，根据铅锤圆柱体中心的重力位公式

$$\Delta g_\sigma = 2\pi G\sigma(z_2 - z_1) \tag{2-8}$$

式中，$z_2 - z_1$ 为圆柱体的厚度设为 t，则

$$\Delta g_\sigma = 2\pi G\sigma t \tag{2-9}$$

Δg_σ 为中间层产生的重力效应，它与中间层的厚度 t 和密度 σ 有关。其中，$G = 6.67 \times 10^{-11} (\mathrm{N \cdot m}^2)/\mathrm{k}^2$，则每增厚 1m，重力异常变化值为

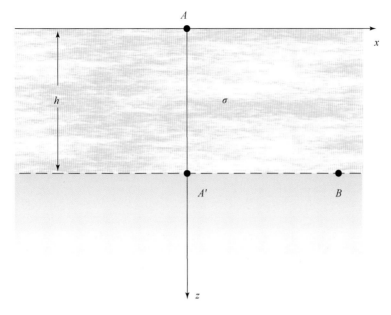

图 2-3　中间层对测点 A 的重力效应

$$\Delta g_\sigma = 0.041\ 88 \cdot \sigma\ \mathrm{mGal} \tag{2-10}$$

如果，σ 取上地壳平均密度 2.67g/cm^3，则

$$\Delta g_\sigma = 0.1115\ \mathrm{mGal} \tag{2-11}$$

通常，在全球性或区域性的重力场中，往往选择大地水准面作为基准面，在陆地上要进行中间层消减，在海洋中要进行中间层补偿。因此，陆域的中间层校正值为负，而海域的中间层校正值为正。

式（2-11）通常被用来进行简单的中间层校正。一般认为，横向上地球表面 167km 以内的范围可以看作是水平的，曲率非常小，因而可以假设中间层物质为水平圆柱体，即图 2-4 中的平板 A。而实际地球表面是存在曲率的，真实的中间层形态应该为图 2-4 中的 B 所示。两个中间层产生的重力效应差异随着范围增大而逐渐加剧，图 2-4 中两侧的点填充区域表示了两者间重力效应之差。因此，完全的中间层校正值应该加上这一差值

$$\Delta g_\sigma = 0.1115h + C \tag{2-12}$$

式中，C 是地球曲率产生的校正值，也称为布拉德校正（Bullard correction），其计算方程为

$$C = 4.46 \times 10^{-4}h - 3.115 \times 10^{-8}h^2 \tag{2-13}$$

式中，C 的单位为 mGal；h 单位为 m。

E. 自由空气校正（高度校正）

自由空气校正是为消除测点高程（或水深）对实测重力场的影响。经过地形校

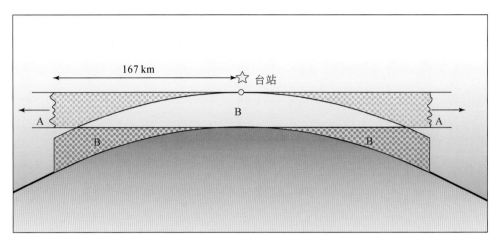

图 2-4　地球曲率对中间层校正的影响

正和中间层校正之后，地形和中间层物质的重力效应已经被消除。然而，观测点仍然位于大地水准面上的上方（或下方）。观测点所在的水准面与大地水准面之间虽然已经没有了产生重力效应的物质，但是，高度的变化还是会对实测重力值产生影响（图 2-5），这就需要将观测点的高度统一换算到大地水准面上，这种校正称为高度校正。由于高度校正时观测点像是被孤零零地悬挂在海平面以上的空气中，所以高度校正又被称为自由空气（间）校正。

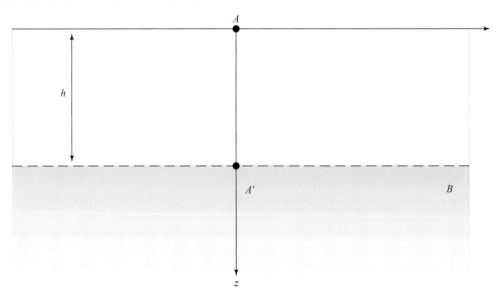

图 2-5　测点 A 高程的重力效应

根据重力加速度的计算方程式

$$g = G\,m_\mathrm{e}/R^2 \tag{2-14}$$

式中，m_e 为地球的质量；R 为观测点到地心的距离。

那么，高程为 h 的观测点 A 处的实测重力值（g_0）与其在大地水准面上的投影 A' 的重力场（g）比值应为

$$g / g_0 = (R+h)^2 / R^2 \tag{2-15}$$

由于地球半径 $R \gg h$，$h^2 / R^2 \to 0$，即

$$g = g_0 (1+2h/R)$$

$$g - g_0 = g_0 (2h/R) \tag{2-16}$$

取地球半径 $R = 6371\text{km}$，$g = 9.81 \times 10^5 \text{mGal}$，则单位高度的自由空气校正值 Δg_h 为

$$\Delta g_h = g - g_0 = 0.3086\text{mGal} \tag{2-17}$$

这里的高程 h 指的是平均海平面之上，因此，陆地上自由空气校正一般为正值，海洋中自由空气校正为负值。根据任意两个观测点自由空气校正值的差值，可以计算出两个观测点之间的高差，因此，自由空气校正值还可以用来测量建筑物或山体的高度。

然而，由于地球的标准空间参考系不是球体，而是参考椭球体，因此 R 不是一个常数，而是会随着纬度而改变的。故而，测点的自由空气校正值受到观测点的高程 h 和纬度 φ 的共同影响，其表达式为

$$\Delta g_h = 0.3086h + 0.00022\cos 2\varphi \cdot h - 7.2 \times 10^{-8} h^2 \tag{2-18}$$

式中，Δg_h 的单位为 mGal；h 的单位为 m。

当测区较小、高程变化不大时，地球的形状用球体近似，可直接用式（2-17）计算。

通常，又将自由空气和中间层校正合称为布格校正，即

$$\Delta g_b = \Delta g_h + \Delta g_\sigma \tag{2-19}$$

布格校正 Δg_b 与观测点的高程 h 和中间层物质的密度 σ 有关

$$\Delta g_b = 0.3086h + 0.00022\cos 2\varphi \cdot h - 7.2 \times 10^{-8} h^2 + 0.04188\sigma h + C \tag{2-20}$$

式中，h 单位为 m；σ 单位为 g/cm^3；Δg_b 单位为 mGal。

需要注意的是，外文文献中有把中间层校正称为布格校正的，有把中间层与自由空气校正合称为高度（程）校正的。

（2）基本重力异常场

以上各项校正逐步消除了固体潮、纬度、地表地形以及高程的重力效应，得到了反映地表/地下的密度分布的 3 种基本重力异常场，即自由空气重力异常、布格重力异常和均衡重力异常，它们是进行重力场处理和解释的基础。

A. 自由空气重力异常

实测重力场经过固体潮校正、正常场校正、地形校正和自由空气校正就得到了自由空气重力异常 g_{FA}，其表达式为

$$g_{FA} = g_0 - \Delta g_i - g_\varphi + \Delta g_t + \Delta g_h \qquad (2\text{-}21)$$

式中，g_0 代表实测重力场；Δg_i 代表固体潮校正；g_φ 代表正常重力场；Δg_t 代表地形校正值；Δg_h 代表自由空气（高度）校正。

由于没有进行中间层校正，自由空气重力异常场没有改变地表的质量分布，只是相当于把中间层物质"压缩"到大地水准面上。因此，自由空气重力异常可以反映地表物质分布与大地椭球体之间的偏差，负值代表地表物质相对亏损，正值代表地表物质相对盈余。

以菲律宾海板块为例（图2-6），海底的海岭、海山和海隆等正地形为物质盈余的区域，在自由空气重力异常场中表现为区域性正异常，而海沟、海槽以及扩张中心等负地形为典型的物质亏损带，表现为区域性负异常，如西菲律宾海盆、四国-

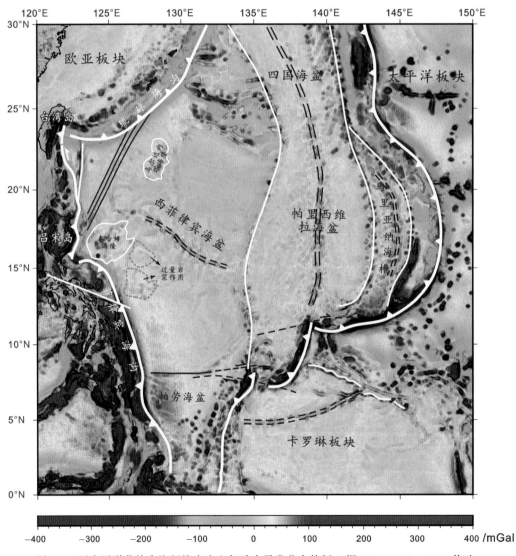

图2-6　西太平洋菲律宾海板块自由空气重力异常分布特征（据 Wang et al.，2017 修改）

帕里西维拉海盆以及卡罗琳海盆。由于海底沉积物密度较低，自由空气重力异常值会随着水深的增大而减小，可以通过自由空气重力异常识别出海底地形地貌与基底构造特征。

B. 布格重力异常

自由空气重力异常经过中间层校正之后就得到了布格重力异常（g_{BA}），其表达式为

$$g_{BA} = g_0 - \Delta g_i - g_\varphi + \Delta g_t + \Delta g_h - \Delta g_\sigma \tag{2-22}$$

式中，Δg_σ 为中间层校正值。经过式（2-22）计算得到的布格异常也被称为完全布格重力异常，而在地形起伏小的平原地区，忽略地形校正而得到的布格重力异常则被称为简单布格重力异常。布格重力异常场中基本消除了海平面以上物质的重力效应，反映的是海平面以下的质量分布。在海洋中，由于中间层校正用固体壳（平均密度为 $2.67\text{g}/\text{cm}^3$）替换了海水，因此海洋布格重力异常普遍为正值。

菲律宾海板块及其邻区的布格重力异常分布特征显示，弧后盆地、大洋板块以及陆缘裂谷内布格重力异常表现为显著的正高值，而岛弧、陆架和陆内地区则表现为相对低值（图2-7）。西菲律宾海盆内本哈姆海隆和乌尔达内塔海隆为显著低值区，反映了这两个海底高地形水深小，地壳厚。深海盆地为明显的高值区，反映水深大，地壳薄。可见，布格重力异常与地形整体上呈"镜像"相关关系，高程越高则布格重力异常值越低，水深越深则布格重力异常值越高。

此外，布格重力异常还反映了地壳厚度的变化。一般来说，布格重力异常值越高说明地壳越薄，反之则越厚。布格重力异常值显示，菲律宾海板块的地壳厚度自西向东具有明显的变化（图2-7）：西部的西菲律宾海盆内布格重力异常值最高，地壳最薄，与太平洋板块的地壳厚度接近；中部的四国–帕里西维拉海盆内布格重力异常值相对较低，地壳发生增厚；东部的伊豆–小笠原–马里亚纳岛弧带内布格重力异常继续降低，地壳最厚。这种地壳厚度的变化可能有以下三个原因：①洋壳年龄有差异，西菲律宾海盆地形成时代最早，密度较大；②扩张速率差异，四国–帕里西维拉海盆是洋–洋俯冲形成的弧后盆地，扩张速率较慢，洋中脊较宽，地壳较厚；③扩张方式存在差异，西菲律宾海盆的扩张中心近似垂直于太平洋俯冲方向，而四国–帕里西维拉海盆的扩张中心与太平洋俯冲方向几乎平行，因而两者扩张的深部动力学机制可能存在差异，岩浆来源和岩浆供给量也存在差异（Wang et al.，2017）。

C. 均衡重力异常

均衡重力异常则是在布格重力异常的基础上，选定某一均衡模式（Pratt模式、Airy模式或Airy-Hayskanen模式等）进行均衡校正而得到的均衡状态的重力异常场，即均衡重力异常（g_C）

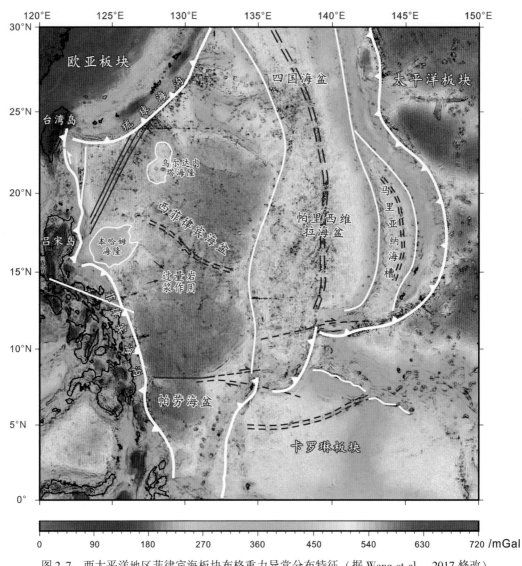

图 2-7　西太平洋地区菲律宾海板块布格重力异常分布特征（据 Wang et al.，2017 修改）

$$g_C = g_{BA} + \Delta g_C \qquad (2\text{-}23)$$

式中，g_{BA} 为布格重力异常；Δg_C 为均衡校正值。

布格重力场总是与地形/水深表现出线性相关关系：在陆地上与高程成反比，在海洋中与水深成正比，这说明陆地之下存在质量亏损，而且亏损的程度与地表高程有关；而海洋之下存在质量盈余，盈余的程度与洋底水深有关。因此，地下质量分布明显对地表存在着"补偿"作用，这种补偿就称为均衡。均衡重力模型主要有 3 种（图 2-8），分别为：①艾里模型；②普拉特模型；③韦宁·迈内兹模型。

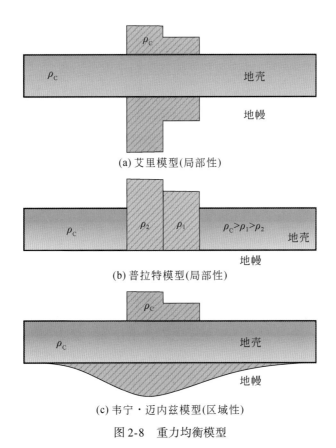

(a) 艾里模型(局部性)

(b) 普拉特模型(局部性)

(c) 韦宁·迈内兹模型(区域性)

图 2-8　重力均衡模型

a. 艾里模型（Airy Root Model）

艾里模型是一种局部性补偿模型。该模型假设海平面之上的物质由于质量过剩而在其正下方形成质量亏损，山脉的正下方会相应地形成"山根"来进行重力场补偿（图 2-8）。通常认为，补偿深度为莫霍面的深度，莫霍面以上的地壳为脆性层，莫霍面以下的上地幔为韧性层，根据阿基米德原理，当区域内处于完全补偿状态时，山根的深度可以根据山脉的高程计算出来，即可以根据局部地区的高程来估算该地区完全补偿厚度的理论值

$$(\rho_m - \rho_C) \cdot T_C \cdot a = \rho_C \cdot H \cdot a \tag{2-24}$$

亦即

$$(\rho_m - \rho_C) \cdot T_C = \rho_C \cdot H \tag{2-25}$$

式中，ρ_m 为上地幔的密度，一般取 3.3g/cm³；ρ_C 为地壳密度，地壳平均密度为 2.67g/cm³，下地壳密度为 2.9g/cm³；T_C 为补偿体的厚度；a 为面积；H 为地形高程。根据该模型，可以估算补偿体理论厚度与地形高度之间的关系为

$$T_C = 6.7H \tag{2-26}$$

也就是说，地形每增高 1km，地壳完全均衡后就会增厚 6.7km。所以，均衡作

用会使地壳向下增厚地形高度的6.7倍左右。如果某地区地壳底部增加的厚度没有达到地形增高的6.7倍，说明该地区处于欠补偿状态，反之，为过补偿状态。地壳将通过壳内质量的迁移继续进行调整，使该区趋于重力均衡。

均衡重力异常为正代表补偿深度不足，说明地壳增厚没有达到理论的补偿厚度；均衡重力异常为负则代表补偿深度过大，地壳增厚超过了理论的补偿厚度。因此，均衡正异常区是处于均衡欠补偿状态，说明地表是沉降的，而均衡负异常区处于过补偿状态，说明地表是隆升的。需注意的是，均衡正、负异常也可能分别是由浅部褶皱带中发育的低密度/高密度异常体或盆地内发育的高密度构造岩片/低密度沉积物所引起的（Mishra，2011）。

b. 普拉特模型（Pratt Model）

普拉特模型也是一种局部性补偿模型（图2-8）。该模型是通过地下密度的横向变化来进行均衡补偿，通常认为造山带底部的岩石密度较小，而海洋底部岩石密度较高，但并没有确凿的证据显示地下岩石密度会随着高程而变化，所以该应用较少，只是由于大洋板块中密度的横向变化较大，可以利用该模型进行均衡补偿。

c. 韦宁·迈内兹模型（Vening Meinesz Model）

韦宁·迈内兹模型也称为挠曲模型，是一种区域性补偿模型（图2-8），该模型认为重力均衡应该由均衡面向下发生区域性的挠曲来进行补偿，而非仅由山体正下方的局部沉降来补偿，而实际上，补偿体的面积确实都是普遍大于地表地形的，因此该模型被广泛接受。

天山造山带分为南天山和北天山，南天山与塔里木盆地相邻，北天山与准噶尔盆地相邻，在新疆地区形成"两盆夹一山"的构造地貌特征，均衡重力异常特征明显（图2-9）。南天山和北天山主要表现为均衡正异常，区域异常值在50mGal以下；山间盆地内主要表现为均衡负异常，区域异常值在-25~0mGal，局部甚至达到-50mGal。位于天山两侧的准噶尔盆地和塔里木盆地分别在山前发育区域性均衡负异常，且幅值很高，梯度大，说明莫霍面的深度远超过均衡导致的补偿深度，推测与塔里木板块和准噶尔地块向天山之下俯冲有关。

（3）全球重力场模型

近20年来，卫星重力测量取得了快速发展。2002年，美国国家航空航天局（NASA）启动了GRACE（Gravity Recovery and Climate Experiment）任务，目标是对地球重力场的变化进行精确成像；2009年，欧洲航天局（ESA）启动了GOCE（Gravity field and steady-state Ocean Circulation Explorer）项目，装备了多个最新研究的技术设备，对地球重力场进行空前详细的观测；2010年，ESA启动CryoSat-2项目，其任务虽本是观测全球的冰层厚度，但由于对海平面高度的观测精度有所提高，因此该项目也被用来建立超高精度的海洋重力模型。

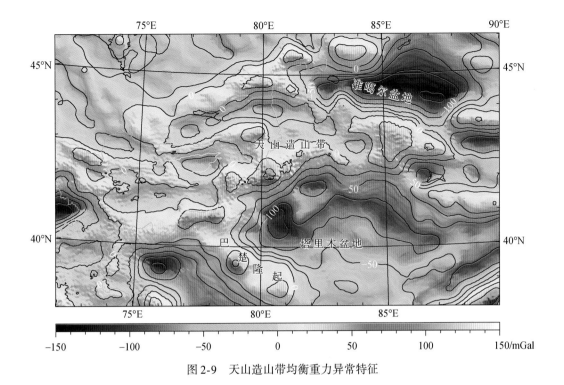

图 2-9　天山造山带均衡重力异常特征

如今，基于陆地、船载、航空、卫星等多种测量手段获取的重力数据建立的全球重力场模型已有 EGM 2008、WGM 2012、GGMplus 2013 等。这些全球重力模型对于地形不明或被较厚沉积物覆盖的洋底构造而言是强有力的研究工具（Sandwell et al.，2014）。

EGM 2008（Earth Gravitational Model 2008）模型是基于地面、测高和航空重力数据建立的覆盖全球的重力异常场模型，由自由空气重力异常和布格重力异常网格数据体组成，网格精度为 $2.5' \times 2.5'$。相对于 EGM 96 模型，EGM 2008 的分辨率提高了 6 倍，精确度提高了 3～6 倍。EGM 2008 模型是全球性重力场建模的里程碑，它的数据精度之高、重力场信息之详细，满足了广泛的应用和要求，凸显了全球统一重力场模型的重要性（Fullea et al.，2008；Pavlis et al.，2012）。

WGM 2012（World Gravity Map 2012）模型在 EGM 2008 的基础上结合全球地形模型 ETOPO 1 进行了全球地形校正，将布格重力异常场修正为完全布格重力异常场，并将网格精度进一步提高到 $2' \times 2'$。此外，WGM 2012 基于艾里-海斯堪宁均衡模型，计算了全球均衡重力异常场（Bonvalot et al.，2012），为研究地壳的垂向运动提供了重力场模型。

GGMplus 2013（Global Gravity Model plus 2013）模型覆盖了全球 ±60° 纬度区域内的所有陆地和海洋，分辨率达到了空前的 200m（Hirt et al.，2013；Sandwell et al.，2014），是综合 GRACE、GOCE 卫星重力数据、EGM 2008 模型以及由地表地形产生的短波重力效应建立的全球超高精度的重力场模型。

（4）重力异常的分离

地球重力场作为地球的基本物理场之一，制约着地球系统内部物质的运动和变化。同时，地球系统内部的所有物理事件均在地球重力场中有所反映，信息非常丰富。在重力资料解释中通常把实测重力异常看作由区域异常和局部异常组成。区域异常主要由分布范围较广的、相对深的地质因素引起的重力异常，如构造背景、地壳厚度、沉积盆地结构等，因此常用于地球动力学研究，属长波异常，其异常幅值大、范围广、梯度小、呈低频。局部异常是由比区域地质因素范围小的研究对象引起的异常，如造山带内部低密侵入体、矿体或基底卷入形成的隐伏构造等，常用于地质资源勘探，属短波异常，其异常幅度小、范围小、梯度大、呈高频。由实测重力异常去掉区域异常后的剩余部分称为剩余异常，习惯上看作局部异常。

重力资料解释地质构造的一个实际问题就是如何确定不同密度地层的分界面深度，这必须先从叠加重力异常中分离出单纯由这个密度分界面引起的重力异常，然后用这个异常进行反演解释。因此，多密度分界面引起的重力异常的分离对其资料解释至关重要。

目前，重力异常分离方法众多，常用的有平均场法、高次导数法、解析延拓法、趋势分析法、匹配滤波法、维纳滤波法、切割法、优选延拓法、小波分析法等。这些方法均有各自的特点和优势，并得到广泛的应用。下面结合实例介绍几种在洋底动力学研究中行之有效的分离方法。

A. 高次导数法

高次导数法就是根据数学原理，对重力异常进行位场转化，从而达到突出目标场源体的目的。重力导数在横向上可以识别地质体的形状，在垂向上可以分辨浅而小的地质体，在一定程度上，通过消除区域性影响因素，可以分离不同深度和大小的异常源引起的叠加异常。在一定的导数范围内，导数的阶数越高，这种分辨能力也越强。

例如，对于不同深度的两个球体（图 2-10），由于小球产生的重力效应比大球小得多，因而很难在叠加异常场识别出小球的存在［图 2-10（a）］，但是通过对叠加异常场进行垂向导数计算，小球的异常特征得到了明显的突出，大球的影响受到了有效压制［图 2-10（b）］。

此外，重力高阶导数可以将几个互相靠近、埋藏深度相差不大的相邻地质体引起的叠加异常分离开来。例如，对于同一深度下两个相邻的球体，很难通过叠加异常场直接判断球体的位置和数量，而经过高阶导数分析可以发现，叠加异常场的 2 阶、3 阶导数可以明显地将两个球体的重力效应分离开来，而且阶数越高，分离效果越好［图 2-11（b）、（c）］。

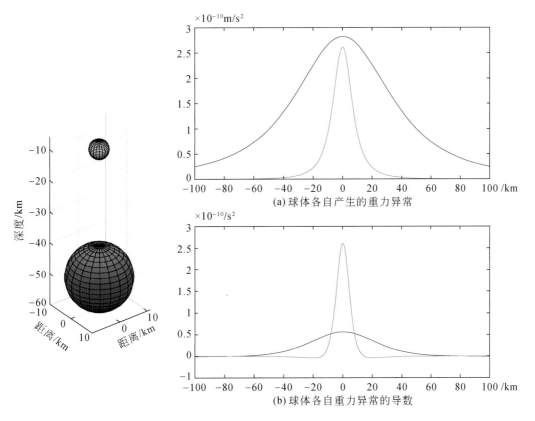

(a) 球体各自产生的重力异常

(b) 球体各自重力异常的导数

图 2-10　两个不同深度、不同大小的球体的异常

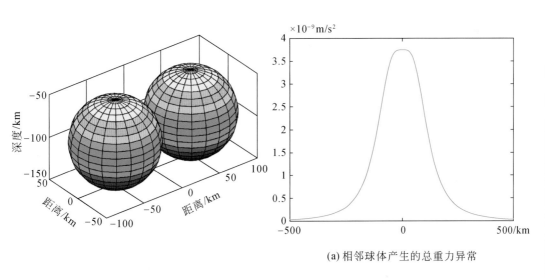

(a) 相邻球体产生的总重力异常

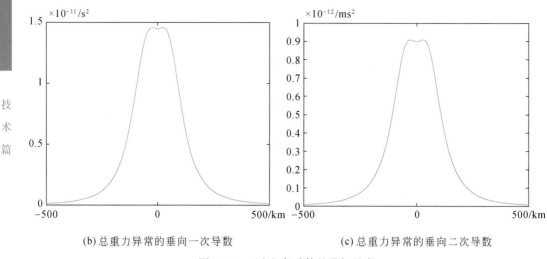

(b) 总重力异常的垂向一次导数　　　　　　(c) 总重力异常的垂向二次导数

图 2-11　两个相邻球体的叠加异常

重力高次导数可以提高重力异常场的分辨率。针对垂向的埋深，重力导数的阶次越高，对异常体的深度越敏感，随着场源体的加深而衰减得越快 [图 2-10（b）]。同样，针对横向的识别，阶次越高，异常范围越小，频率越高 [图 2-11（c）]。高次导数法是将重力场转换到梯度场，目的是为了突出局部场源信息，再结合地质资料可对转换后的位场做出解释。由于大洋地壳的密度横向上变化较大，在洋底构造分析中，重力导数能发挥重要的作用，即可以有效地揭示洋底构造特征。在实际操作中常采用垂向二阶导数，常用的计算公式有以下几个。

哈克（Healck）公式

$$g_{zz} = \frac{4}{R^2} \left[g(0) - \bar{g}(R) \right] \tag{2-27}$$

艾勒金斯（Elkins）公式

$$g_{zz} = \frac{1}{62\,R^2} \left[44g(0) + 16\bar{g}(R) - 12\bar{g}(\sqrt{2}R) - 48\bar{g}(\sqrt{5}R) \right] \tag{2-28}$$

罗森巴赫（Rosenbach）公式

$$g_{zz} = \frac{1}{24\,R^2} \left[96g(0) - 72\bar{g}(R) - 32\bar{g}(\sqrt{2}R) + 8\bar{g}(\sqrt{5}R) \right] \tag{2-29}$$

随着全球重力模型的建立和更新，重力导数所能反映的构造细节也越发精细，根据全球重力模型 WGM 2012 导出的垂向二阶导数数据可以识别尺度为 6km 的地质体。菲律宾海板块的剩余重力异常反映了中下地壳的重力异常分布和基底断裂特征。运用式（2-29）对其剩余重力场进行垂向二阶导数计算后（图 2-12），结合其区域构造特征进行解释，结果显示：导数异常呈簇状排列，走向与洋底构造一致；沿海岭分布串珠状异常，反映浅部物质横向不连续性；转换断层和转换带处出现明显界线，异常发生扭曲和错断；海台和岩浆喷溢区呈点状、团转、旋涡状局部异常，这对异常场源的空间分布具有重要的指向作用。

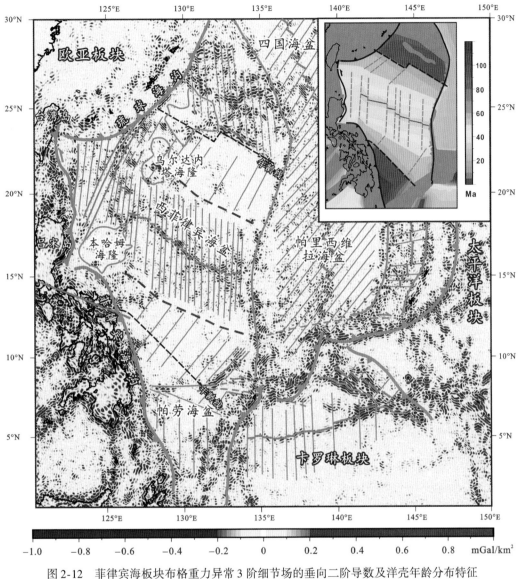

图 2-12　菲律宾海板块布格重力异常 3 阶细节场的垂向二阶导数及洋壳年龄分布特征

（据 Wang et al.，2017 修改）

重力一阶水平导数的物理意义是重力场（g）沿某一方向的变化率，因而可以提高某一方向的横向分辨率。图 2-13（a）、（b）分别为西菲律宾海盆剩余重力场在 0°方向（正北）和 90°方向（正东）上的水平导数。水平导数削弱了区域背景场，甚至消除了海隆与海盆之间的重力场背景差异，唯一突出的是地壳中密度的横向不均匀特征，对断裂和局部构造的位置及走向具有很好的指示作用，不同方向的水平导数能更好地突出垂直于该求导方向的地质体的走向。

重力导数对基底的线性构造特征和横向密度变化比较敏感。断层、破碎带、海岭、海槽等在水平导数和垂向二阶导数中均有响应。垂向二阶导数可以较好地突出被区域场掩盖的侵入体，而水平导数可以突出线性构造的位置与空间展布特征。

B. 解析延拓法

由于重力异常值与场源深度的平方成反比，所以重力场中尺度越小的异常体随观测面高度衰减的速率越快。根据观测平面或剖面上的重力异常值，计算高于（或低于）它的平面或剖面上异常值的过程称为向上（或向下）延拓（曾华霖，2005）。与基于数学原理的多项式滤波法和重力导数等方法不同，解析延拓法是基于物理学原理，利用拉普拉斯方程对重力场进行场源分离。

向上延拓相当于增加了观测者与观测对象之间的距离，具有压制短波异常、突出长波异常的特征，使得细节异常变得模糊而被压制，同时可以加速高频短波异常的衰减，从而实现对实测重力场的平滑，突出区域异常的特征。相反地，向下延拓

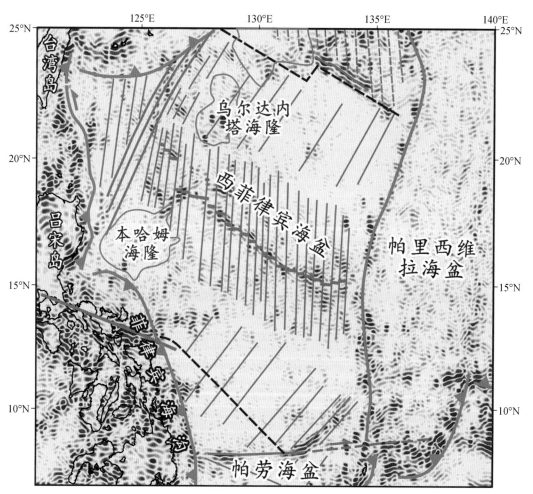

(a) 0°方向

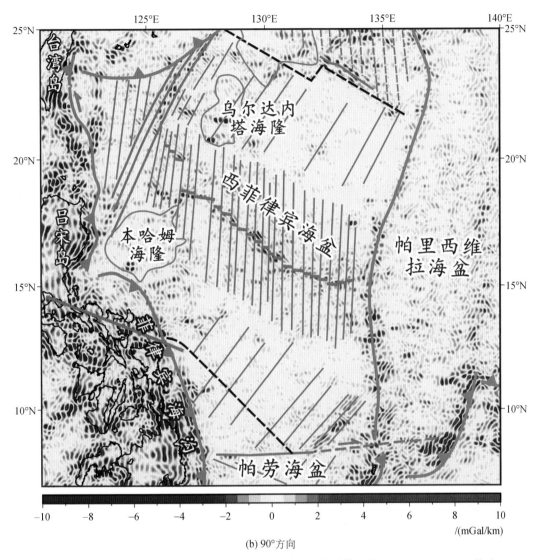

图 2-13　菲律宾海板块剩余重力场 0°和 90°方向水平一次导数（据 Wang et al.，2017 修改）

相当于缩短了观测者与观测对象之间的距离，具有压制长波异常、突出短波异常的特征，可以突出浅部小规模异常特征，而压制深部异常响应的影响，同时由于向下延拓的延拓面更接近场源，异常等值线圈闭的性质与场源体水平截面形状更为接近，因而可用来解释复杂异常源的平面轮廓（曾华霖，2005）。

向上延拓异常值的计算方法：对观测面上的不同半径圆环的重力异常依次取值，同时获得 mh 高度上的延拓值，计算公式为

$$\Delta g(0,0,-mh) \approx \sum_{i=1}^{N} K_i(r_1,r_2,\cdots,r_N,mh)\,\overline{\Delta g(r_i)} \tag{2-30}$$

向上延拓所用的系数见表 2-1。

第 2 章　洋底深部系统调查与研究技术

199

表 2-1　二维异常向上延拓系数 K_i

i	n_i	r_i	$K_{(1)}$	$K_{(2)}$	$K_{(3)}$	$K_{(4)}$
1	1	0	0.043 988 670 2	0.012 440 624 8	0.005 669 198 4	0.003 217 551 2
2	4	0.5	0.146 967 255 8	0.050 860 975 0	0.024 488 592 6	0.014 198 063 8
3	4	1	0.180 179 656 6	0.085 215 079 8	0.044 917 119 2	0.027 017 601 6
4	8	$\sqrt{2}$	0.123 339 016 2	0.097 583 359 6	0.063 056 930 8	0.041 721 991 0
5	12	$\sqrt{5}$	0.152 058 068 6	0.145 586 964 8	0.105 633 132 2	0.074 494 911 2
6	8	$\sqrt{8}$	0.053 345 872 2	0.076 506 351 2	0.071 457 638 8	0.058 412 096 0
7	12	$\sqrt{13}$	0.065 857 758 0	0.099 019 211 6	0.102 263 640 6	0.091 730 604 6
8	12	5	0.052 599 362 4	0.084 744 230 2	0.093 203 675 4	0.086 400 844 4
9	12	$\sqrt{50}$	0.076 513 578 8	0.141 609 699 6	0.188 598 983 4	0.216 781 560 0
10	8	$\sqrt{136}$	0.019 714 994 2	0.037 402 651 4	0.051 574 648 0	0.061 581 933 2

注：i 为圆周号；n_i 为第 i 个圆周上取值点数；r_i 为圆半径；$K_{(1)}$ 为 $K_i(r_1, r_2, \cdots, r_{10}, 1)$；$K_{(2)}$ 为 $K_i(r_1, r_2, \cdots, r_{10}, 2)$；$K_{(3)}$ 为 $K_i(r_1, r_2, \cdots, r_{10}, 3)$；$K_{(4)}$ 为 $K_i(r_1, r_2, \cdots, r_{10}, 4)$。

　　向下延拓异常值的计算方法与向上延拓一致，只是延拓系数（表 2-2）有所差别。

表 2-2　二维异常向下延拓系数 D_i

i	n_i	r_i	$D_{(1)}$	$D_{(2)}$	$D_{(3)}$	$D_{(4)}$
1	1	0	3.780 16	9.284 16	18.411 68	32.062 41
2	4	0.5	−0.702 8	−2.274 3	−5.027 42	−9.274 75
3	4	1	−0.785 1	−2.505 0	−5.489 61	−10.468 3
4	8	$\sqrt{2}$	−0.412 7	−1.255 2	−2.667 82	−4.790 78
5	12	$\sqrt{5}$	−0.435 6	−1.279 8	−2.657 81	−4.694 45
6	8	$\sqrt{8}$	−0.085 5	−0.205 1	−0.360 91	−0.554 76
7	12	$\sqrt{13}$	−0.101 3	−0.240 9	−0.421 54	−0.645 98
8	12	5	−0.069 8	−0.153 6	−0.248 22	−0.350 32
9	12	$\sqrt{50}$	−0.081 2	−0.160 5	−0.231 55	−0.286 44
10	8	$\sqrt{136}$	−0.020 2	0.039 56	−0.056 43	−0.069 37

注：i 为圆周号；n_i 为第 i 个圆周上取值点数；r_i 为圆半径；$D_{(1)}$ 为 $D_i(r_1, r_2, \cdots, r_{10}, 1)$；$D_{(2)}$ 为 $D_i(r_1, r_2, \cdots, r_{10}, 2)$；$D_{(3)}$ 为 $D_i(r_1, r_2, \cdots, r_{10}, 3)$；$D_{(4)}$ 为 $D_i(r_1, r_2, \cdots, r_{10}, 4)$。

　　图 2-14 是菲律宾海板块布格重力异常向上延拓 3.7km 的结果，结合研究区的布格异常分布特征（图 2-7），可以发现菲律宾海板块内部主要由 5 个构造单元组成：西菲律宾海盆、四国–帕里西维拉海盆、马里亚纳海槽和伊豆–小笠原–马里亚纳

（IBM）火山弧。除了位于东部边缘的 IBM 火山弧外，其他构造单元内部为相对稳定的高值区，边界由低异常带组成，代表了各海岭深部的重力场响应，将海盆依次分隔。此外，构造单元内部规模较大的次级构造单元或地形单元也得以突出，通过压制表层异常的干扰，其深部规模、位置和伸展方向在向上延拓重力场中清晰可见。

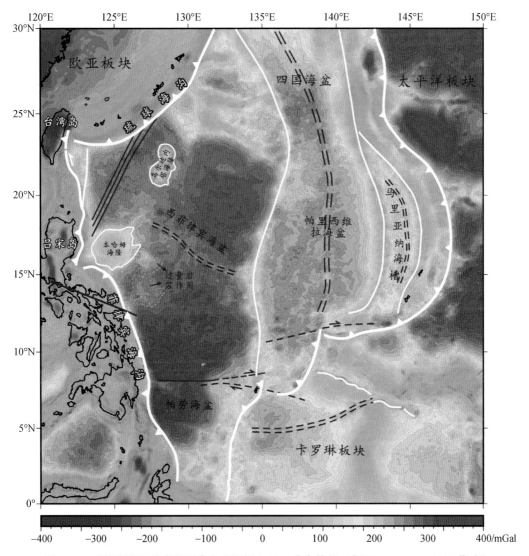

图 2-14　菲律宾海板块布格异常向上延拓 3.7km 分布特征（据 Wang et al.，2017 修改）

C. 小波分析法

小波变换是一种基于 Fourier 变换进行位场转换的计算方法。小波变换具有多尺度分析功能，可以通过控制输出的波长分别进行局部场和区域场分析，是重力场定性和定量解释中最常用的一种处理技术。小波变换通过频率域将不同频率的重力异常信号进行分离，然后将其分别转换到空间域，从而得到不同尺度的重力异常场。不同频率的重力异常信号代表不同大小和深度地质异常体的重力效应，埋深浅、规模小的异常体表现为高频特征，埋深大、规模大的异常体则表现为低频特征（姜文亮和张景发，2012）。

在区域重力调查工作中，一般得到的都是二维重力异常。二维离散小波多尺度分解就是将频率高的那部分逐层剥去，留下频率低的部分，其中剥去的部分称为细节，留下的部分称为逼近。逼近代表区域异常特征，场源深度和规模随着阶数增大；细节代表局部异常特征，场源深度也随着阶数增大。设重力异常为

$$\Delta g(x,y) = f(x,y) \in V_0^2 \subset L^2(R^2) \tag{2-31}$$

式中，V_0 为一维重力位场的取值范围，$V_0 \in L(R)$。

根据小波多尺度分析原理，可以有以下分解，即

$$\Delta g(x,y) = f(x,y) = A_1 f(x,y) + \sum_{\varepsilon=1}^{3} D_1^\varepsilon f(x,y) \tag{2-32}$$

其中，

$$A_1 f(x,y) = \sum_{m_1,m_2 \in Z} C_{1,m_1,m_2} \Phi_{1,m_1,m_2}$$

$$D_1^\varepsilon f(x,y) = \sum_{m_1,m_2 \in Z} d_{1,m_1,m_2}^\varepsilon \Psi_{1,m_1,m_2}^\varepsilon, \varepsilon = 1,2,3$$

式中，A_1 为 1 阶逼近系数；D_1 为 1 阶细节系数。若假定 $\varphi(\cdot)$ 和 $\phi(\cdot)$ 分别为 V_0 的尺度函数和小波函数，则 V_0^2 的尺度函数为

$$\Phi(x,y) = \varphi(x)\varphi(y)$$

小波函数为

$$\psi^1(x,y) = \varphi(x)\phi(y)$$

$$\psi^2(x,y) = \phi(x)\varphi(y)$$

$$\psi^3(x,y) = \phi(x)\phi(y)$$

而系数 C_{1,m_1,m_2}，d_{1,m_1,m_2}^1，d_{1,m_1,m_2}^2 和 d_{1,m_1,m_2}^3 由下式计算

$$C_{1,m_1,m_1} = \sum_{k_1,k_2 \in Z} h_{k_1-2m_1} h_{k_2-2m_2} C_{0,k_1,k_2}$$

$$d_{1,m_1,m_2}^1 = \sum_{k_1,k_2 \in Z} h_{k_1-2m_1} g_{k_2-2m_2} C_{0,k_1,k_2}$$

$$d_{1,m_1,m_2}^2 = \sum_{k_1,k_2 \in Z} g_{k_1-2m_1} h_{k_2-2m_2} C_{0,k_1,k_2}$$

$$d_{1,m_1,m_2}^3 = \sum_{k_1,k_2 \in Z} g_{k_1-2m_1} g_{k_2-2m_2} C_{0,k_1,k_2}$$

其中，

$$h_k = \left[\frac{1}{\sqrt{2}}\varphi\left(\frac{x}{2}\right), \varphi(x-k) \right] = \frac{1}{\sqrt{2}} \int_{-\infty}^{+\infty} \overline{\varphi(x-k)} \varphi\left(\frac{x}{2}\right) \mathrm{d}x$$

$$g_k = (-1)^{k-1} \overline{h_k}$$

而 $A_1 f(x, y)$ 可以继续分解为

$$A_1 f(x,y) = A_2 f(x,y) + \sum_{\varepsilon=1}^{3} D_2^\varepsilon f(x,y) \tag{2-33}$$

最终，重力异常 Δg 可写成

$$\Delta g(x,y) = f(x,y) = A_p f(x,y) + \sum_{j=1}^{p} \sum_{\varepsilon=1}^{3} D_j^\varepsilon f(x,y) \tag{2-34}$$

其中，

$$A_p f(x,y) = \sum_{m_1,m_2 \in Z} C_{p,m_1,m_2} \Phi_{p,m_1,m_2}$$

$$D_j^\varepsilon f(x,y) = \sum_{m_1,m_2 \in Z} d_{j,m_1,m_2}^\varepsilon \Psi_{j,m_1,m_2}^\varepsilon, j = 1,2,\cdots,p; \varepsilon = 1,2,3$$

式中，p 是正整数。

以南海为例，对其重力异常场进行小波多尺度分析。选用 db4 小波母函数，对研究区的布格重力异常场进行二维离散小波变换，得到 1~8 阶的细节场和逼近场分别如图 2-15 和图 2-16 所示。

低阶布格重力异常细节主要反映研究区局部、浅部的小范围异常特征。从图 2-15 中不难看出，1~4 阶细节显示区内局部异常变换平缓，仅在海盆中央和陆地山地区域变化相对较大，其中，1 阶细节异常基本在−1~1mGal，说明该区浅部异常与地形因素有较大的关系。随着阶数的增加，异常开始出现低值与高值的圈闭，并且阶数越高，圈闭的数量越少，圈闭代表的极值却在变大，圈闭形态及异常的走向也发生变化，6 阶以上的高阶细节异常逐渐趋于区域化，异常的范围变宽，受深部构造的影响更加明显。

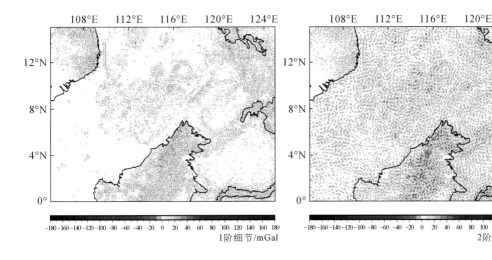

1阶细节/mGal　　　　　　　　　　　　2阶细节/mGal

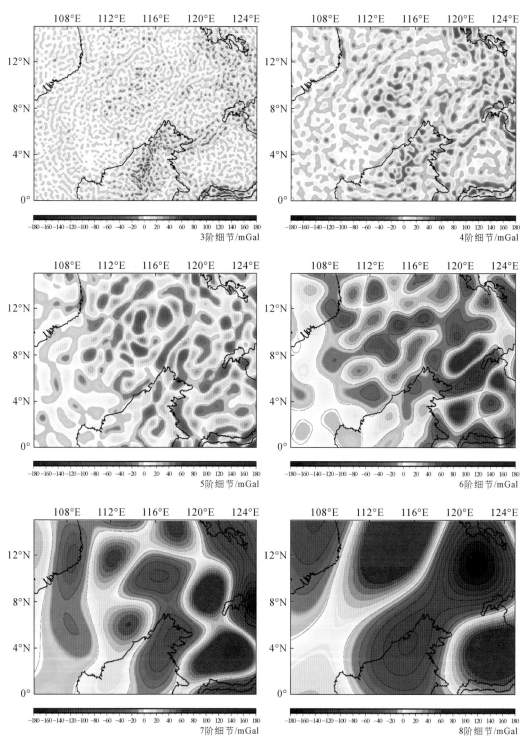

图 2-15　南海地区布格重力异常 1～8 阶细节场（Lei et al.，2016）

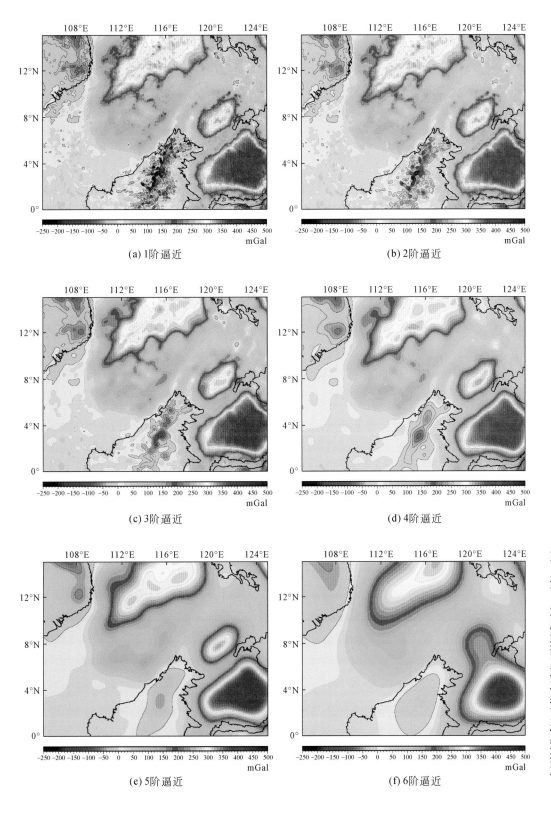

(a) 1阶逼近

(b) 2阶逼近

(c) 3阶逼近

(d) 4阶逼近

(e) 5阶逼近

(f) 6阶逼近

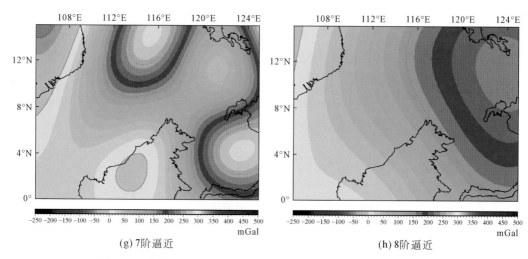

图 2-16　南海地区布格重力异常 1～8 阶逼近场（Lei et al.，2016）

相对于布格异常场，其低阶逼近场的区域场特征变化不大，但随着阶数的增加，高阶逼近场逐渐变得更加圆滑，出现明显的波长变长、梯度减小等特征（图 2-16）。这说明随着阶数的增加，逼近场中的局部场信息在逐渐减弱。例如，从 4 阶逼近场开始，受位于婆罗洲岛西北部的南沙海槽影响，所形成的正异常圈闭正在逐渐减小，直至在 6 阶逼近场消失。

在离散小波变换中，阶数 p 是人为选定的，但是不管怎么选择 p，小波变换出来的低阶小波细节都是一样的，不同的只是小波细节的个数和 p 阶逼近。这一准则对重力异常分解非常有利。低阶小波细节不变准则的启示就是：由于低阶小波细节 D_1 不会随总的分阶数改变，可以按照低阶小波细节的分析结果和对研究目标实际要求最后来确定总分阶数 p。因此，采用这种方法，不需要人为选定阶数 p，同样可以取得客观的重力场小波变换多尺度分解（侯遵泽和杨文采，2012）。

（5）重力异常定量解释

重力异常定量解释是一个反演过程，是在重力资料处理与解释中，根据已经定性解释的重力异常数据建立地球物理模型，并选定一定的反演方法求取场源体的形状、大小、埋深以及物性参数等量化信息。由于异常源的等效性、重力观测数据的有限性和各种误差（观测误差、校正误差、数据处理中的计算误差）的存在，重力异常反演通常是多解的。因此，为了克服反演的多解性，必须在定量解释中充分利用已知的地质资料和各种地球物理资料对反演的解进行约束，这是定量解释取得成功的关键。下面主要介绍几种常用于构造类定量解释的正演和反演模型。

A. 地质异常体正演

以地面上某一点 O 作为坐标原点，Z 轴铅垂向下，即沿重力方向，X、Y 轴在水平面内，见图 2-17。

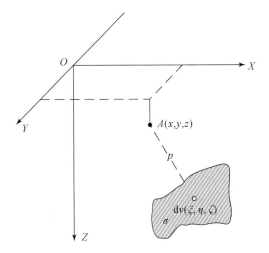

图 2-17　地质体重力异常的计算

若地质体与围岩的密度差（即剩余密度）为 σ，地质体内某一体积元 $\mathrm{d}v = \mathrm{d}\xi\mathrm{d}\eta\mathrm{d}\zeta$，其坐标为 (ξ, η, ζ)，它的剩余质量为 $\mathrm{d}m$，则

$$\mathrm{d}m = \sigma\mathrm{d}v = \sigma\mathrm{d}\xi\mathrm{d}\eta\mathrm{d}\zeta \tag{2-35}$$

令计算点 A 的坐标为 (x, y, z)，剩余质量元到 A 点的距离为

$$\rho = \left[(\xi-x)^2 + (\eta-y)^2 + (\zeta-z)^2\right]^{1/2}$$

则地质体的剩余质量对 A 点的单位质量所产生的引力位为

$$V(x, y, x) = G\iiint_v \frac{\sigma(\zeta-z)\mathrm{d}\xi\mathrm{d}\eta\mathrm{d}\zeta}{\left[(\xi-x)^2 + (\eta-y)^2 + (\zeta-z)^2\right]^{1/2}} \tag{2-36}$$

式中，v 为地质体的体积。

因为 Z 轴的方向就是重力的方向，所以重力异常就是剩余质量的引力位沿 Z 轴方向的导数，即

$$\Delta g = \frac{\partial V}{\partial z} = V_z = G\iiint_v \frac{\sigma(\zeta-z)\mathrm{d}\xi\mathrm{d}\eta\mathrm{d}\zeta}{\left[(\xi-x)^2 + (\eta-y)^2 + (\zeta-z)^2\right]^{3/2}} \tag{2-37}$$

如果地质体的形状和埋藏深度沿某水平方向均无变化，且沿该方向是无限延伸的，这样的地质体称为二度地质体。如将上式中的 Y 轴方向作为二度地质体的延伸方向，η 的积分限由 $-\infty$ 到 $+\infty$，并令 $y=0$，就可得到在沿 X 轴方向剖面上计算二度体重力异常的基本公式。当剩余密度均匀时，可提到积分符号之外，则

$$\Delta g(x, z) = 2G\sigma\iint_S \frac{\zeta-z}{(\xi-x)^2 + (\zeta-z)^2}\mathrm{d}\xi\mathrm{d}\zeta \tag{2-38}$$

式中，S 为二度体的横截面积。

下面以中天山为例，用重力正演模型来计算地壳中低密度异常体的密度和分布特征。地震横波速度模型（图 2-18）显示中天山地壳中可能存在低速-低密异常带，由于对这一低密带的具体分布和物理性质尚不清楚，因此通过重力正演模拟对其进行验证（Li et al., 2016）。

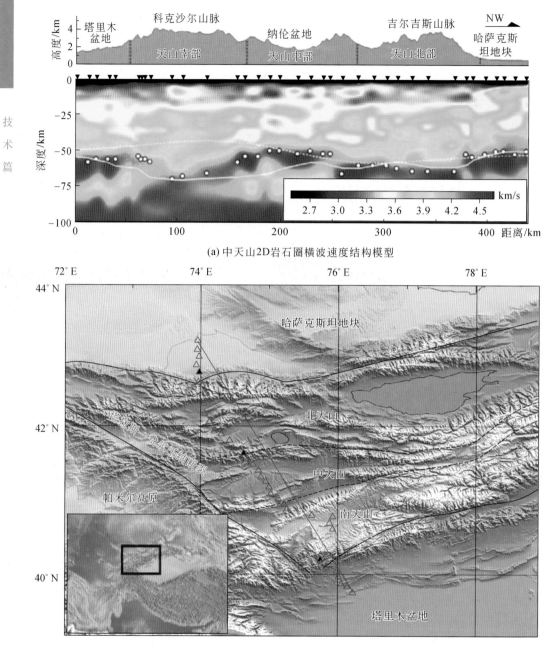

(a) 中天山2D岩石圈横波速度结构模型

(b) 中天山地质简图和地震台站分布

图 2-18　天山深部地球物理剖面

（a）中，黑色三角形代表地震台的位置；白圈代表每个地震台之下由反演的速度模型测算的莫霍面深度；
白虚线代表由接收函数得到的地壳厚度；白实线为根据艾里均衡模型得到的莫霍深度

　　首先，沿地震台站抽取测线，建立一个简单二维地壳密度模型（图 2-18）：根据面波层析成像结果，确定地壳平均密度为 2.8kg/m³，地幔平均密度为 3.2kg/m³；异常体的初始密度根据 Christensen 和 Stanley（2003）的横波速度-密度（V_s-ρ）经验公式进行估算。其次，基于 EGM 2008 模型，沿剖面计算该地区的实测布格重力异常。根据横波速度模型，确定这个低密异常在南天山和中天山的中-下地壳中的位置，并通过不规则二维地质体的重力正演公式进行计算，结果如图 2-19 所示。

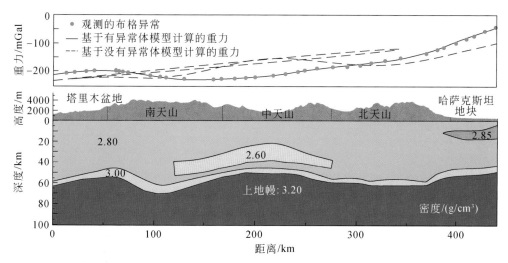

图 2-19　布格重力异常和沿剖面方向地壳-上地幔的简化密度模型

当计算重力值与实测重力值达到高度拟合时，正演模型显示：天山造山带地壳平均密度约为 2.8kg/m³；南天山北部至中天山的中-下地壳中分布一条密度为 2.6kg/m³ 的低密异常带，深度为 25～50km，横波速度为 3.3km/s，比造山带内正常地壳的横波速度低 8% 左右；哈萨克斯坦地块中发育一个高密度层，密度为 2.85kg/m³。这条低速-低密带的形态和深度与大地电磁探测到的下地壳高导区非常相似（Bielinski et al.，2003），因此推测该异常带的形成与上地幔的热物质上涌和下地壳的部分熔融有关；哈萨克斯坦地块中的高密度异常体则可能与基性岩有关（Christensen and Stanley，2003）。此外，在整个研究区范围内，莫霍面上发育一层较薄的高速-高密层，横波速度高于 4.0km/s，密度达到 3.0kg/m³，推测是由于地幔底侵形成的基性/超基性组分（Li et al.，2016）。

B. 地下密度界面正演

在对地球动力学问题进行研究时，常常要对地壳或岩石圈进行分层建模。这时正演对象就不是局部的密度异常体，而是区域性甚至全球性的密度分界面。

a. 单一密度分界面重力异常的计算

设界面起伏的幅度 Δh 远小于其平均深度 h_0，σ 为界面上下物质层的密度差。在圆柱坐标系中，当原点 O 与计算点重合时（图 2-20），界面 S 以上物质层的剩余质量在计算点处引起的重力异常为

$$\Delta g_0 = G\sigma \int_0^{2\pi} \mathrm{d}\alpha \int_0^\infty \mathrm{d}r \int_0^h \frac{r\zeta\,\mathrm{d}\zeta}{(r^2 + \zeta^2)^{3/2}} \tag{2-39}$$

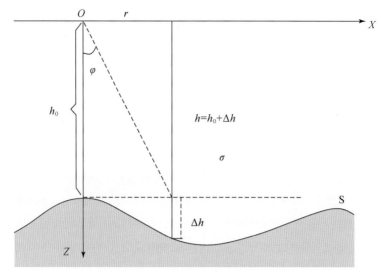

图 2-20　单一密度界面在圆柱坐标系中的坐标及参数

如果密度界面的深度很大，可以将界面 S 与地面之间的物质层分为两个部分计算：一个是厚度为界面最小深度的无限平板，另一个是界面与无限平板底面构成的物质层。设计算点处深度为 h_0，将式（2-39）对 ζ 的积分限分成（0，h_0）和（h_0，h）两部分，则可得到

$$\Delta g_0 = 2\pi G\sigma\, h_0 + u_0 \tag{2-40}$$

式中，

$$u_0 = G\sigma \int_0^{2\pi} \mathrm{d}\alpha \int_0^\infty \mathrm{d}r \int_{h_0}^h \frac{r\zeta\,\mathrm{d}\zeta}{(r^2 + \zeta^2)^{3/2}} \tag{2-41}$$

式（2-40）中等号右边的第一项代表了厚度为 h_0、剩余密度为 σ 的无限大水平物质层引起的异常，而第二项 u_0 则相当于界面 S 相对于 h_0 的起伏所引起的异常。

在上述假设条件下，即 $\Delta h = h - h_0 \ll h_0$ 时，将式（2-41）中的被积函数于 h_0 的邻域内展成泰勒级数，然后略去 Δh 的二次项及更高次各项，则

$$u_0 \approx G\sigma \int_0^{2\pi} \mathrm{d}\alpha \int_0^\infty \frac{h_0 r \Delta h}{(r^2 + h_0{}^2)^{3/2}} \mathrm{d}r \tag{2-42}$$

为能在计算机上应用，可以采用方域计算法来计算 u_0 的值。将测区（计算区域）以间距为 Δx，Δy 的两组直线划分成一系列小方块，每个节点就代表一个横截面为 $\Delta x \times \Delta y$、深度为 h_{ij} 的直立矩形柱体（图 2-21）。

将计算点作为坐标原点，计算范围取 x：$-m\Delta x \sim m\Delta x$；$y$：$-n\Delta y \sim n\Delta y$。则在直角坐标系中

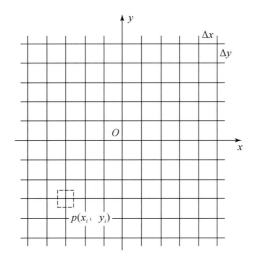

图 2-21　单一密度界面在圆柱坐标系中的坐标及参数

$$u_0 \approx G\sigma \int_{-\infty}^{+\infty} \int_{-\infty}^{+\infty} \frac{h_0 \Delta h \mathrm{d}\xi \mathrm{d}\eta}{(\xi^2 + \eta^2 + h_0^2)^{3/2}} \tag{2-43}$$

上式在计算范围内的二重增量求和式可近似表示为

$$u_0 \approx G\sigma \sum_{i=-m}^{m} \sum_{j=-n}^{n} \int_{(i-\frac{1}{2})\Delta x}^{(i+\frac{1}{2})\Delta x} \mathrm{d}\xi \int_{(j-\frac{1}{2})\Delta y}^{(j+\frac{1}{2})\Delta y} \frac{h_0 \Delta h_{ij} \mathrm{d}\eta}{(\xi^2 + \eta^2 + h_0^2)^{3/2}} \tag{2-44}$$

这样，根据不同计算点下方界面的深度值 h_0 和相应的 $h_{ij}-h_0$ 值代入上式进行计算，便可快速准确地求得各点上的理论重力异常值。

随着位场处理软件（如 Geosoft GmSys、Model Vision 等）的不断更新，密度界面正演建模应用得更加广泛。以新西兰北岛的 Rotomahana 火山湖为例，地质结构为上下两层，主要由上层的火山沉积层和下层基底组成。岩石取样显示：火山沉积层的密度为 2.17g/cm³，基底层密度为 2.67g/cm³，上下界面密度差为 0.5g/cm³。选取两条过湖的剖面 A-B、C-D 进行正演模拟（图 2-22），并通过计算重力值与实测重力值拟合，得到基底面的几何形态和深度（Tontini et al.，2016）。

b. 多个密度分界面重力异常的计算

通常多个密度界面重力异常的计算可分解为几个单个界面异常的计算，如新生洋壳的结构相对简单，用单密度界面正演建模就能解决其结构问题。而在地壳结构较复杂的地区，往往需要运用多个密度分界面的重力场模型才能反映地下真实的地壳结构。下面以 3 个密度分界面为例，对重力场进行正演计算。

设研究区存在 3 个主要的密度分界面：S_1、S_2、S_3（图 2-23），并设各层的密度均匀，分别为 σ_1、σ_2、σ_3，沉积基底的密度为 σ_4，则在地面上一点 P（x，y，0）处，这些密度界面起伏引起的重力异常（Δg_S）（陈善，1987）为

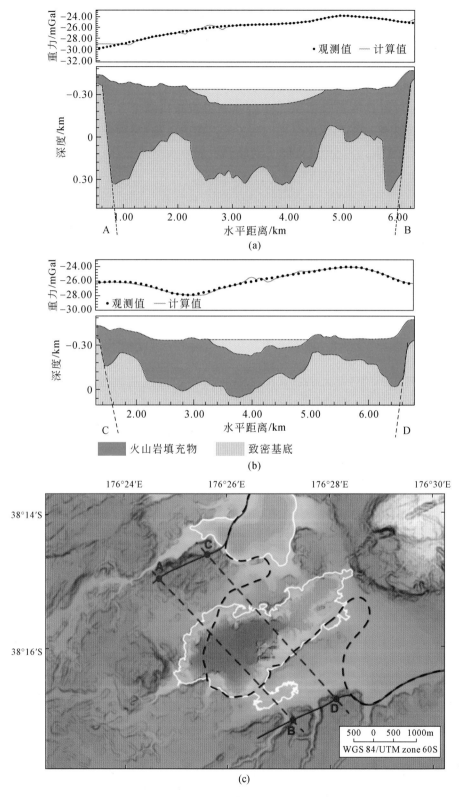

图 2-22　重力正演模型及剖面位置

$$\Delta g_S(x,\ y,\ 0) = -G\Delta\sigma_1 \iint \left| \frac{1}{\left[(\xi-x)^2+(\eta-y)^2+\zeta^2\right]^{\frac{1}{2}}} \right|_0^{\zeta_1(\xi,\ \eta)} \mathrm{d}\xi\mathrm{d}\eta$$

$$-G\Delta\sigma_2 \iint \left| \frac{1}{\left[(\xi-x)^2+(\eta-y)^2+\zeta^2\right]^{\frac{1}{2}}} \right|_0^{\zeta_2(\xi,\ \eta)} \mathrm{d}\xi\mathrm{d}\eta$$

$$-G\Delta\sigma_3 \iint \left| \frac{1}{\left[(\xi-x)^2+(\eta-y)^2+\zeta^2\right]^{\frac{1}{2}}} \right|_0^{\zeta_3(\xi,\ \eta)} \mathrm{d}\xi\mathrm{d}\eta$$

$$(2\text{-}45)$$

式中，G 为万有引力常量；$\Delta\sigma_1=\sigma_1-\sigma_2$；$\Delta\sigma_2=\sigma_2-\sigma_3$；$\Delta\sigma_3=\sigma_3-\sigma_4$；$\zeta_1(\xi,\ \eta)$、$\zeta_2(\xi,\ \eta)$、$\zeta_3(\xi,\ \eta)$ 分别为界面 S_1、S_2、S_3 的深度。记为

$$\Delta g_{S_1} = -G\Delta\sigma_1 \iint \left| \frac{1}{\left[(\xi-x)^2+(\eta-y)^2+\zeta^2\right]^{\frac{1}{2}}} \right|_0^{\zeta_1(\xi,\ \eta)} \mathrm{d}\xi\mathrm{d}\eta \qquad (2\text{-}46)$$

$$\Delta g_{S_2} = -G\Delta\sigma_2 \iint \left| \frac{1}{\left[(\xi-x)^2+(\eta-y)^2+\zeta^2\right]^{\frac{1}{2}}} \right|_0^{\zeta_2(\xi,\ \eta)} \mathrm{d}\xi\mathrm{d}\eta \qquad (2\text{-}47)$$

$$\Delta g_{S_3} = -G\Delta\sigma_3 \iint \left| \frac{1}{\left[(\xi-x)^2+(\eta-y)^2+\zeta^2\right]^{\frac{1}{2}}} \right|_0^{\zeta_3(\xi,\ \eta)} \mathrm{d}\xi\mathrm{d}\eta \qquad (2\text{-}48)$$

则有

$$\Delta g_S = \Delta g_{S_1} + \Delta g_{S_2} + \Delta g_{S_3} \qquad (2\text{-}49)$$

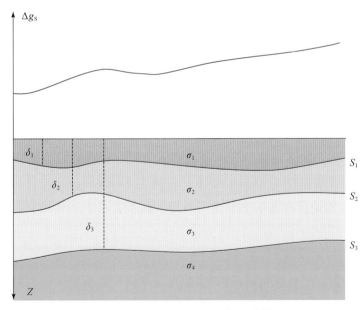

图 2-23　多密度界面的重力场正演模型

下面以印度中央剪切带（CISZ）两侧岩石圈密度结构为例，开展多密度界面重力建模。

根据地震资料确定多密度分界面的初始几何特征和深度，并对各层初始密度进

行赋值，建立初始密度模型（图2-24）。

初始模型结果显示，计算值与观测值存在一定的误差（图2-24），但区域性特征还是具有相关性的，为了消除这种误差，利用地质露头和区域地质资料对初始模型进行反复修正，最终获得计算值与实测值误差最小的，可以逼近研究区实际密度结构的密度模型（Rao et al.，2011），结果如图2-25所示。

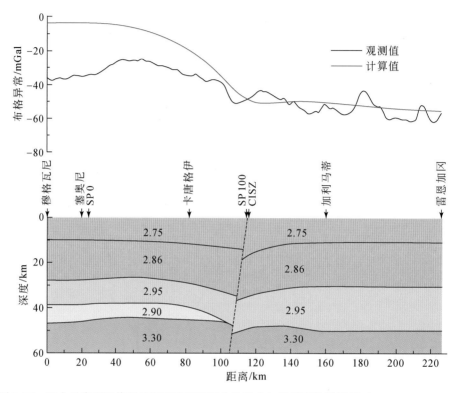

图2-24　重力异常观测值和根据速度模型建立的重力初始模型的计算值（Rao et al.，2011）

模拟结果显示，CISZ地区地壳的密度在横向上具有明显的不连续性。区域地质资料显示，断裂带的左侧为Bastar地体，右侧为Bundelkhand地体。从剖面上看，以CISZ为界，两侧地层存在明显的密度差异，此断裂可能是这两个古元古代微地块之间的一条缝合带。

C. 地下密度界面反演

利用重力数据反演密度界面深度一直是重力学研究的重要内容，而随着全球高精度重力数据的丰富，其在洋底动力学和海洋油气勘探等领域发挥着越来越重要的作用。众多学者（Parker，1973；Oldenburg，1974；刘元龙和王谦身，1977；刘元龙等，1987；王贝贝和郝天姚，2008；Li and Oldenburg，2010）提出了多种利用重力异常反演地下密度界面的方法，按照计算域的不同，可分为频率域反演和空间域反演。空间域反演中研究和使用较多的就是直接迭代法，该方法在未知参数较少的情况下较为有

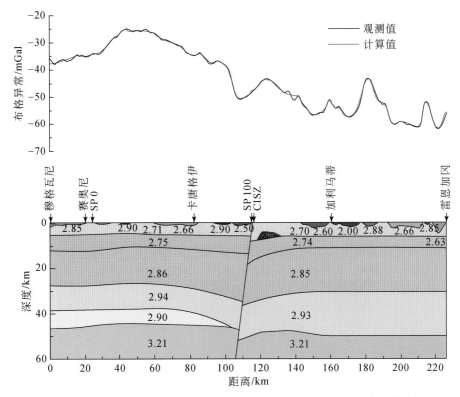

图 2-25 加入小尺度地质构造露头资料约束和修正界面形态与密度差获取的
最终地壳密度模型（Rao et al., 2011）

效，通常采用最小二乘法进行反演。但由于空间域迭代计算需要消耗大量的时间，计算速率慢，Paker（1973）提出了一个重力异常正演计算的频率域快速计算公式。Oldenburg（1974）根据 Parker 公式提出了一种密度界面的迭代反演方法。由于采用了快速傅里叶变换，计算速度很快，下面分别结合实例介绍这两种反演方法。

a. 直接迭代法

直接迭代法的原理是利用无限大平板重力公式逐次逼近和消除剩余异常。在实际操作中，首先根据已知的地质-地球物理资料建立一个初始模型，给定密度差和初始深度值，然后通过正演计算此模型的重力场效应，利用计算值与观测值的差值达到预置精度来得到反演结果。迭代法是重力反演地质界面深度的一种标准技术方法，是提高反演精度的重要手段。以菲律宾海板块中北部为例，下面介绍重力迭代反演计算地壳厚度（Ishihara and Koda，2007）。

研究区的基底深度是已知的，所以只需要反演出莫霍面深度，就可以计算其地壳厚度。初始模型参数主要包括密度差和初始深度：下地壳密度为 $2.8\mathrm{g/cm^3}$，上地幔密度为 $3.3\mathrm{g/cm^3}$，所以莫霍面上下密度差为 $\Delta\rho=0.5\mathrm{g/cm^3}$；菲律宾海板块中北部莫霍面的平均深度为 6km。预置精度为 $g^{(n)}-g^{(0)}-b=3\mathrm{mGal}$。

设第 $n+1$ 次深度计算值为 $d^{(n+1)}$，$d^{(n+1)}$ 是根据第 n 次深度计算值 $d^{(n)}$ 计算得到的

$$d^{(n+1)} = d^{(n)} + (g^{(n)} - g^{(0)} - b) / (2\pi G \Delta \rho) \tag{2-50}$$

式中，G 为万有引力常数；$\Delta \rho$ 是下地壳与上地幔之间的密度差，即 $\Delta \rho = 0.5 \text{g/cm}^3$；$g^{(n)}$ 是根据 $d^{(n)}$ 正演计算的重力效应，通过无限大平板的重力异常公式进行计算；$g^{(0)}$ 为初始莫霍面深度值（$d^{(0)} = 6 \text{km}$）的重力效应；b 为地幔布格重力异常。

第 1 次迭代时，$n = 0$

$$d^{(1)} = d^{(0)} - b / (2\pi G \Delta \rho) \tag{2-51}$$

计算得 $d^{(1)}$ 值后，运用式（2-50）逐次迭代计算。第 10 次迭代计算后，$g^{(10)} - g^{(0)} - b = 2.6 \text{mGal}$，达到预置精度，因此，取第 10 次迭代后的估算值 $d^{(10)}$ 作为莫霍面反演深度。然后计算莫霍面深度与基底深度之差，获得研究区的地壳厚度分布（图2-26）。

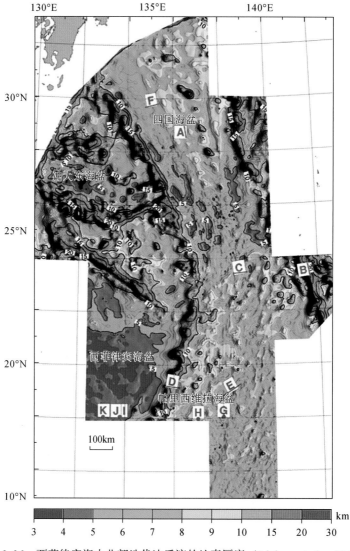

图 2-26　西菲律宾海中北部迭代法反演的地壳厚度（Ishihara et al.，2007）

b. 频率域反演法

目前重力场反演运用较多的便是频率域反演中的 Parker-Oldenburg 迭代反演方法（肖鹏飞，2007；冯娟，2010）。Parker-Oldenburg 迭代反演的公式为

$$F[\sigma(\xi, \mu)\Delta h] = \frac{1}{2\pi G\, e^{-kz_0}} F[\Delta g] - \sum_{n=2}^{\infty} \frac{(-k)^{n-1}}{n!} [\sigma(\xi, \mu)\,\Delta h^n] \quad (2\text{-}52)$$

式中，Δg 为重力异常；$\sigma(\xi, \mu)$ 为二维横向变化密度差。

理论上，只要给定合理的平均深度和界面密度差，就能得到一定精度的结果。以南海为例，基于 EGM 2008 重力场模型，对其中的布格重力异常场进行小波多尺度分解（图2-15，图2-16）。结果发现，小波分解得到的 4 阶逼近场与莫霍面埋深形态特征最为接近，因此，采用 4 阶逼近场作为输入场进行莫霍面深度反演。依据 CRUST 1.0 模型提供的莫霍面埋深数据可以计算出南海地区的平均莫霍面深度为 24.19km。选取莫霍面界面不同的密度差进行反演，并将得到的莫霍面深度与 CRUST 1.0 的莫霍面深度数据进行比较，结果如图 2-27 所示。

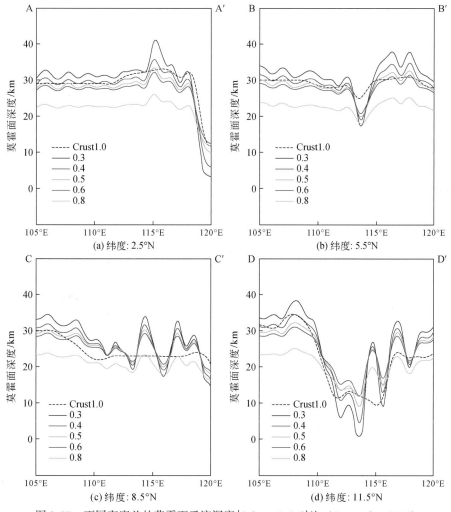

图 2-27　不同密度差的莫霍面反演深度与 Crust 1.0 对比（Lei et al., 2016）

洋底动力学

技 术 篇

AA′、BB′、CC′和 DD′分别代表在纬度为 2.5°N、5.5°N、8.5°N 和 11.5°N 位置处抽取的 4 条测线，沿每条测线抽取用 0.3g/cm³、0.4g/cm³、0.5g/cm³、0.6g/cm³ 和 0.8g/cm³ 这 5 个密度差反演出的莫霍面深度，再将其与 CRUST 1.0 模型（黑色虚线）进行对比。不难看出，在大部分地区，用 0.4g/cm³ 反演的深度值与 CRUST 1.0 更为吻合，因而选用 $\Delta\rho = 0.4g/cm^3$ 来进行反演，结果如图 2-28 所示。但是，由于研究区地质情况复杂，研究范围较大，不同地区下地壳与上地幔的密度差存在差异，例如 CC′和 DD′显示的，随着经度的增加，反而是更大的密度差所反演出的深度与 CRUST 1.0 的相关性更好，这反映出在研究区东北部地区，下地壳和莫霍面的密度差在逐渐变大，可能与吕宋岛至婆罗洲一线的地幔物质上涌和莫霍面抬升有关。

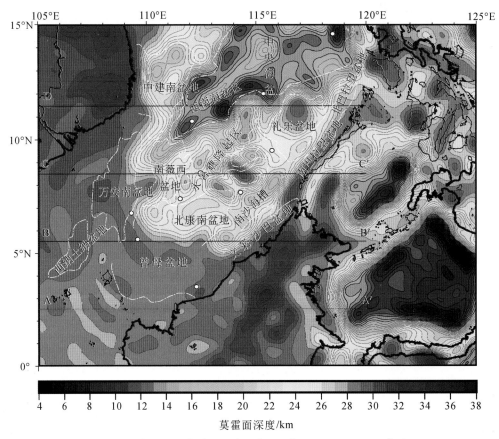

图 2-28　南海地区莫霍面反演深度图（据 Lei et al.，2016 修改）

反演结果显示，南海及其南部地区的莫霍面深度在 4.2~37.5km 变化。中南半岛、婆罗洲岛与吕宋岛等地区莫霍面深度较大，而南海、西菲律宾海、苏禄海和苏拉威西海 4 个洋壳区域莫霍面明显抬升，边界上均发育较陡的梯度带。不同构造单元内莫霍面深度存在差异（秦静欣等，2011）。南海中央海盆内莫霍面深度小于 14km，表现为洋壳特征；南部围绕南海海盆的中建南盆地、北康南盆地、南沙海槽、永暑礁隆起区和礼乐盆地等，莫霍面深度变化较大，总体在 18~24km，最大可达 28km，说明莫霍面发生了强烈隆升，地壳受到强烈的伸展减薄；万安南盆地、曾母盆地、文莱沙巴盆地、南巴拉望盆地和北巴拉望盆地莫霍面深度为 28~30km，表现为伸展减薄的陆壳特征。

（6）地幔剩余重力异常解释

近年来，随着卫星重力测量的快速发展，依据全球重力场模型，可以实现对岩石圈深层密度变化特征的预测，因为重力场中也包含有地幔重力场信息，尤其是在地壳较薄、结构相对简单的大洋区域，地壳的重力效应相对较弱且易于分离，这对提取地幔剩余重力异常十分有利，不仅拓展了地幔剩余重力异常的定性解释，而且为洋底动力学建模提供了新的途径。

以菲律宾海板块中北部为例，根据标准大洋岩石圈分层模型，首先建立一个 4 层初始模型，自上而下依次为海水层、沉积层、地壳层和岩石圈地幔层。各层的密度值分别取 $1.03g/cm^3$、$2.30g/cm^3$、$2.80g/cm^3$ 和 $3.30g/cm^3$。海水层厚度可以直接用研究区的水深数据表示；沉积层厚度可以根据 JOGMEC 地震剖面解释的成果（Higuchi et al.，2007）进行插值，得到与水深数据一致的网格数据体；地壳厚度取大洋地壳的平均厚度 6km。

以自由空气重力异常作为基础重力场，进行相对于地幔岩石圈密度的中间层校正，以消除海平面以下、岩石圈地幔以上的圈层由于密度不均匀产生的重力效应。由于上述各层的密度均小于岩石圈地幔密度，所以此中间层校正值为正值。

由于模型假设海水层、沉积层和地壳层的密度是均匀的，因此经过地幔布格校正得到的计算重力场仍然包含由于地壳内部不均匀产生的重力效应，这些重力效应表现为高频特征，可以通过低通滤波的方法消除。为了使研究区平均布格剩余异常值为 0，将滤波后的异常场整体减去 650mGal，便可得到地幔布格重力异常场（图 2-29）。

地幔布格重力异常消除了地壳的重力效应，反映地幔物质的不均匀性。作为上地幔最主要的密度界面，上地幔顶面的密度差是引起地幔布格重力异常的主要因素。地幔布格重力异常为正代表地幔质量过剩，可定性解释为上地幔顶面凸起，地壳厚度较薄；反之，地幔布格重力异常为负代表地幔质量亏损，可解释为上地幔顶面凹陷，地壳厚度增加。该研究区地幔重力布格正异常主要分布在西菲律宾海盆、冲大东海盆和四国海盆南部。西菲律宾海盆是地幔布格重力异常值最高的区域，区域内幅值大，梯度小；冲大东海盆内地幔布格重力异常值南高北低，正异常带分布在南部边界处，区域内幅值较大，梯度大；四国海盆内地幔布格重力正异常表现为短波特征，幅值小，梯度小，频率变化较高。这些正异常区正好对应地壳厚度较薄的区域，四国海盆南部地壳厚度为 5km 左右，冲大东海盆和西菲律宾海盆内地壳厚

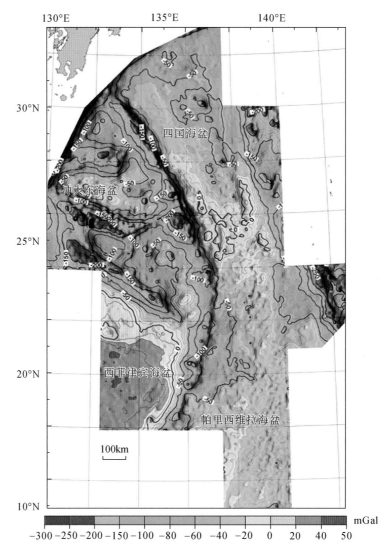

图 2-29　菲律宾海板块中北部岩石圈厚度校正后得到的地幔布格重力异常（Ishihara et al.，2007）

度均低于 5km。地幔布格负异常带则与海岭、海山等地壳增厚的区域相对应，分布在北部冲大东岭脊区和南北走向的九州-帕劳海岭。此外，四国海盆内地幔布格重力异常值西高东低，东部地壳较厚，为 7 ~ 9km；西部较薄，为 5 ~ 7km。

2.1.2　海洋磁力处理技术

海洋磁力观测（简称海洋磁测）是海洋地球物理调查方法之一，其以识别和描述海底岩石圈异常的磁化特征为目的，进行地球磁场探测。海洋磁异常可通过飞机上装置合适的磁力仪在海平面某一确定高度进行观测，卫星磁测也可用于海洋磁异常观测，但这两种观测方式由于远距离的滤波作用，观测结果往往丢失重要的细节信息。在船上或船后装置磁力仪，甚至近底深拖进行航海磁测是最常用的方法，本节提到的海洋磁测指的都是航海磁测。

（1）海洋磁力观测方式

大规模海洋磁测开始于20世纪初期。1905～1929年，美国卡内基研究所先后用专门装备起来的船只和"卡内基"号（Carnegie）无磁性船，在太平洋、大西洋和印度洋等海域进行了测量，取得了大量的磁偏角、磁倾角和水平强度资料（Allan，1969）。第二次世界大战期间，海洋磁力测量用来探测潜艇和海底矿产（Germain-Jones，1957）。这期间使用的海洋磁力观测仪器和观测方式在战后得到不断发展和改善（Heezen et al.，1953；Packard and Varian，1954；Waters and Phillips，1956；Hill，1959）。20世纪50年代末期，斯克里普斯海洋研究所（Scripps Institute of Oceanography）和美国海岸与大地测量局（United States Coast and Geodetic Survey）在美国西海岸进行了详细的海洋磁力勘测（Mason，1958；Mason and Raff，1961；Raff and Mason，1961；Vacquier et al.，1961），开启了全球性的海洋磁力探测的新局面（Hamoudi et al.，2011）。

海洋磁测的主要应用是研究地球洋壳和上地幔在时间和空间所有尺度上的磁化程度，为洋中脊到俯冲带的洋盆结构、年龄和演化过程提供重要约束。其他应用包括被动大陆边缘和主动大陆边缘、洋中脊、转换断层、俯冲带、海山以及破碎带的磁结构和特征的约束等。

航海磁测有三种观测方式：海平面观测、矢量观测和近海底观测。

A. 海平面观测

海洋磁测中常用的是利用拖曳式船载着磁力仪进行测量。工作时，将探头拖曳在船后的海面下数米，用缆将探头连接到船上的仪器主体部分，仪器主体与记录仪连接，在航行中进行测量（管志宁，2005）。

早期观测中常用磁通门磁力仪，仪器的精度有几十纳特（nT）（Bullard and Mason 1961），采样率低、仪器与航船距离近、记录慢等使得误差增加。目前，磁力仪精确度已得到大幅提高，常用三个互相垂直的磁通门传感器，进行矢量磁异常观测。

质子旋进磁力仪于20世纪50年代中期被引入磁力观测，60年代中期取代了磁通门磁力仪，用于大部分的勘察勘探领域，是最常用的海洋磁异常观测仪器。它是利用氢质子磁矩在地磁场中自由旋进的原理，来测量地磁场总强度的绝对值，其精度可达0.1nT（Sapunov et al.，2001）。早期测量中10kn的航船速度、每30s采集一个数据，现在仪器改进到10s。但由于传感器的极化过程中不能采集数据，因此采样率未得到进一步提高。

光泵磁力仪也是一种磁共振类仪器，同质子旋进磁力仪一样，但利用的原理是电子的顺磁共振现象。与质子旋进磁力仪相比，它灵敏度更高（0.01nT），采样率更高（10 次/s），但是玻璃外壳较脆弱，而且存在固有的航向误差，因此，在 20 世纪 70 年代之前，主要利用梯度方法进行观测，现今也常用在海洋磁异常测量中，具有机身轻巧、结构紧凑的优势（Nabighian et al.，2005）。

B. 矢量观测

目前，磁通门磁力仪主要用于矢量观测，分辨率达 1nT。利用磁探头中的三个相互垂直的磁通门磁芯，分别测量地磁场 Δx、Δy、Δz 三个分量。

相比标量观测方式，矢量观测具有一些优势。一般赤道观测到的南—北走向的构造体的磁异常总值接近于零，而矢量观测的磁异常的不同分量表现出显著信号（Gee and Cande，2002；Engels et al.，2008）。另外，二维磁性源的三分量磁异常具有特殊的特征，垂直分量和水平分量相似，相位相差 $\pi/2$（Isezaki，1986），可用来估计异常源是二维还是三维。二维磁性源的三分量磁异常有可能估计出其走向，在沉积层覆盖区域或探测数据稀疏的区域估计构造走向是非常有用的。

为得到精确的矢量观测，需要将磁传感器和惯性运动传感器结合起来。矢量观测可分为两种类型的装置模式：一种是拖曳的矢量磁力仪，即磁通门磁力仪和惯性姿态传感器装置在一起拖在船尾；另一种是船上三分量磁力仪（Shipboard Three-Component Magnetometers，STCM），即船桅上装置三分量磁通门磁力仪和惯性姿态传感器。

C. 近海底观测

海平面观测通常是在海底磁性源上方大于 2000m 处进行数据采集，因而分辨率不高。这里的分辨率不是指仪器的分辨率，而是指记录到磁异常信号的能力。利用海平面磁测，人们能够识别出洋壳记录到地磁场倒转变化的信息（Cande and Kent，1992a，1992b；Gee et al.，1996；Bouligand et al.，2006），但是地磁场古强度细节的变化、海底矿床的状态以及热液喷口的情况等基本无法分辨（Tivey and Dyment，2010）。

通常获得近海底的磁异常剖面有两种方式：一种是利用深拖磁力仪，即水面上的母船用电缆沿距离海底 200～1000m（取决于海底深度和粗糙程度、航船速度以及导航条件）的高度拖曳磁力仪进行观测；另一种是将磁力仪装置在深海潜器，如载人潜水器、遥控潜水器（Remotely Operated Vehicle，ROV）或自主式水下航行器（Autonomous Underwater Vehicle，AUV），最深可探测距离海底 50m 的深度。

（2）误差处理方法

一个位置点的总磁场（total field，TF）观测数据，包括地核场、岩石圈磁场、地球外部磁场以及仪器噪声等。为了得到反映地壳上部结构和构造的磁异常，对观测值需进行船磁校正、地核磁场校正和地磁日变校正等。

A. 船磁校正

船体产生的磁场影响可通过将磁力仪拖在船体后面来降低（Bullard and Mason，1961）。观测过程中磁力仪观测头的旋转会造成信号的振幅和频率误差，为消除船体感应磁场和固定磁场对传感器的影响，除加长拖曳电缆外，还需进行方位测量，测量值经日变改正后，得出方位曲线，用于船磁改正。由于不同纬度地区的磁倾角不同，同一条船在不同纬度地区的方位曲线也不相同。因此，应尽量采用与测区纬度相近地区所作的方位曲线（Hall，1962）。

B. 地核磁场校正

观测到的磁场主要部分来自地球外核的地磁发动机（Campbell，1997）。这种场主要是偶极子场，振幅在 50 000nT 左右。由于地核磁场几乎总是远大于地壳部分的磁场，而且，在全球很多地方梯度很大，因此必须去掉这部分磁场（Nabighian et al.，2005）。

目前，广泛使用的地球磁场模型是国际地球磁场参考场（international geomagnetic reference field，IGRF）（Maus and Macmillan，2005）。最早的参考场是 1968 年建立的，之后在 20 世纪 70 年代中期得到广泛使用（Reford，1980）。1981 年，IGRF 进行了修订，使得 1944 年之后的所有数据是连续的（Peddie，1982，1983；Paterson and Reeves，1985；Langel，1992）。现在 IGRF 每隔 5 年更新一次，利用球谐参数可预测未来几年的地核场，而 1900～2005 年的球谐参数是公开的（Barton，1997；Macmillan et al.，2003）。

C. 地磁日变校正

太阳辐射引起大气电离层的变化，致使磁场发生短周期的变化，这种现象称为日变。通常，地磁场的正常日变振幅为 20～50nT。海水和岩石之间、不同岩性的岩石之间有电导率的差异，致使大地电磁场在海陆和不同岩石的边界发生畸变。这种畸变是一种不规则的磁扰，因地而异，尤其是在海沟和岛弧地区更为明显，这种现象称之为海岸效应。

为了消除地磁日变和海岸效应的影响，通常是建立地磁日变观测站，记录地磁场全天变化。地磁日变观测站应选设在平静磁场区，日变的基线值采取海上工作前某一天的静磁日 24 小时平均值。根据观测值作出日变曲线，用于日变改正。

在海上，探测区域附近没有日变基站的情况下，通常是忽略外部磁场（假定没有日变）或者是用梯度法观测的结果来代替外部磁场。多传感器梯度磁力仪的数据观测可以减少对基站的需求，在海洋质子旋进磁力仪的基础上，人们制造了海洋质子磁力梯度仪。它的基本结构是由两台高精度的同步质子旋进磁力仪、微分计算器、双笔记录器和由同轴电缆拖曳在船后的两个一前一后的传感器组成，传感器间的距离大于 100m。磁扰动场的影响，可由两个相同传感器获得的总磁场强度差值消除，实际上得到的是总磁场强度的水平梯度值。然后，对水平梯度值进行积分，得到消除了日变和海岸效应的总磁场强度值。这样，海洋质子磁力梯度仪作大洋磁测就无须再设置日变观测站，即可消除日变和海岸效应的影响。

D. 定位误差

过去在开阔的海面上精确定位是非常困难的。20 世纪 70 年代之前，在无线电导航网之外的区域天文导航是唯一可用的方法，观测点位置的精确度不低于 1km。90 年代全球定位系统（Global Positioning Systems，GPS）的广泛使用，位置误差可降低到小于 100m，甚至 2000 年后全球范围小于 20m（Nabighian et al.，2005）。

E. 仪器误差

大部分海洋磁测采用质子旋进磁力仪或光泵磁力仪，因为磁通门磁力仪不适合在船上作业。目前质子磁力仪的准确度达 0.1nT，漂移 0.05nT/a（Sapunov et al.，2001）。这种噪声取决于每个航次的仪器，没有准确的估计值，因此不需要去掉。如果对多个航次进行分析时，需要利用交叉点进行取平处理来削弱仪器误差分配。

F. 航向变化校正

近海底观测的数据还需要进行航向变化的校正。自主式水下航行器（AUV）载体存在固有磁场的同时，其在运动过程中还将切割磁感线产生感应磁场。假设载体在水平面进行旋转，将 IGRF 作为磁场参考值，对载体固有的磁场和产生的感应磁场分别进行校正。常规的固有磁场校正是通过在地磁仪三个分量的方向上各引入一个偏移量，使得观测到的磁场数据和参考场之间的差达到最小；感应磁场的校正是通过寻找合适的关于航向角的函数来拟合总观测场（Caruso，2000），比如，cos 函数、线性插值函数和分量缩放函数等（Shah et al.，2003）。

感应磁场的校正 cos 方程可简写为

$$\Delta H_1 = a_1\cos(\text{hdg}-D+a_2)+a_3\cos(2\text{hdg}-2D+a_4)+a_5 \qquad (2\text{-}53)$$

式中，感应磁场校正量（ΔH_1）为航向（hdg）和磁偏角（D）的函数；a_i（$i=1$，2，3，4，5）为待拟合参数，在 AUV 下潜后，让 AUV 转圈获取各方位的磁测资料，再按式（2-53）拟合得到 5 个拟合参数，最后，将所有的磁测资料代入该拟合函数，即可实现 AUV 近海底磁力的方位校正。

G. 其他误差

比如采集时间不准确。通常这些误差容易识别，例如，记录的时间是逆序的或者多个观测值都是相同的数据。数据的异常值可能是仪器误差或者书写误差。仪器误差和书写误差，也可导致记录点偏移和跳跃，如一条航次测线上数据以 100nT、200nT、500nT 等跳跃，这些数据点需要删掉。

以不同角度（比如改变船舶航向等）采集同一个位置的磁异常会出现明显跳

跃，当采集数据缓慢时这种偏差会放大。Bullard 和 Mason（1961）认为，航向不同时船舶会产生这种磁干扰。通常这种跳跃大于 50nT 时需要校正。

（3）信号处理方法

A. 化极处理

海底磁异常的形状受磁性源磁化时的磁倾角和磁偏角、区域地球磁场的磁倾角和磁偏角以及相对于地磁北极磁源体的方向的影响。为简化这种磁异常形状，Baranov（1957）、Baranov 和 Naudy（1964）提出一种数学方法，即化极（reduction to the pole，RTP）。这种方法将观测到的磁异常转换为假定磁化和背景场都是垂直时观测到的磁异常，正如在地磁极观测到的磁异常。这种方法需要磁性源磁化的方向，如果剩余磁化可忽略或者平行于背景场方向，就可认为磁化方向平行背景场。但如果不是这种情况，则化极处理无法得到满意的结果。为了消除由于磁化场的倾角和偏角引起的磁异常形状的不对称性，也就是去掉纬度和磁性源走向对磁异常的影响，除了高纬度数据，所有的数据都需要进行化极处理（Blakely and Cox，1972；Emilia and Heinrichs，1972；Schouten and McCamy，1972；Blakely，1974）。

一种简单的化极方法（Schouten and Cande，1976）是在频率域内乘以一个相位滤波算子 $e^{-i\theta}$，其中 $\theta = I' + I'_R - 180$，这里 I' 和 I'_R 分别为背景场也就是地球磁场和剩余磁化矢量的有效磁倾角。有效磁倾角是矢量投影到垂直于磁性源的走向的倾角（图 2-30），这个参数可以去掉 θ 中的现在磁场的磁偏角（D）、剩磁偏角（D_R）和磁性源走向（A）这三个参数的影响。其中，坐标轴的 X 轴正向垂直于磁性层走向，Z 轴正向垂直向下，N 为地磁北极（图 2-30）。磁性源的走向是指地磁北极和顺时针到 X 轴正向之间的角度，则地球磁场和剩余磁化的有效倾角分别为

$$\tan I' = \tan I / \sin(A - D) \tag{2-54}$$

$$\tan I'_R = \tan I_R / \sin(A - D_R) \tag{2-55}$$

这个相位 θ 与磁性层的深度、厚度以及磁化强度都无关，只取决于背景场和剩磁的方向以及磁性层的走向。

RTP 算子在低纬度非常不稳定，当磁源体走向和地磁倾角接近零时，RTP 算子出现奇异值。为解决这个问题，很多学者提出等效源反演/压制噪声干扰的维纳滤波/高阻方向滤波以及改造化次级因子等不同方法进行研究。Leu（1982）建议低纬度的磁异常化到赤道上而不是两极，这种方法可以克服不稳定性，但是磁异常的形状很难解释。

B. 向上或向下延拓

在一个平面上观测到的磁异常数据可以转换成更高或更低平面观测结果，即向上或向下延拓，这样可以削弱或增强更短波长的磁异常信号（Kellogg，1953）。早期的方法是在空间域引入一系列加权值，当与磁场数据卷积时，加权数近似等于需

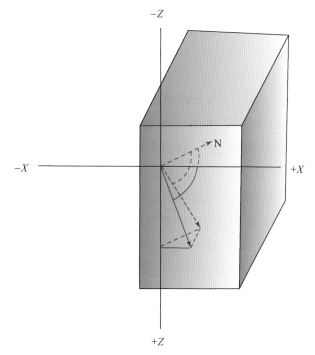

图 2-30　有效磁倾角在 X-Z 坐标系下的示意

X 轴正向垂直于磁性层走向，N 为地磁北极

要的转换（Peters，1949；Henderson，1960；Byerly，1965）。之后这种方法被频率域的方法取代。Dean（1958）最早将傅里叶变换技术应用到解析延拓上。Bhattacharyya（1965）、Mesko（1965）和 Clarke（1969）在这种变换中做出了很大贡献。需要注意的是，向上延拓是非常稳定过程，但是向下延拓却不是稳定过程，需要特殊的技术，比如，滤波响应锥和正则化常用来压制噪声。

　　Schouten 和 McCamy（1972）提出一系列滤波算子，包括向上延拓、向下延拓的滤波算子。这是频率域变换的方法，快速傅里叶变换之后的频率域中，假定水平磁化层产生磁化强度，则磁异常可以看作是磁化强度的函数与大地滤波的乘积（Blakely and Cox，1972；Emilia and Heinrichs，1972；Blakely，1974）。向上延拓和向下延拓的滤波算子是完全实型的，滤波算子是 e^{-ps}，可改变观测异常的观测面（Dean，1958）（图 2-31）。滤波参数 p 是高度，与磁性层的假设无关。因而，滤波器可用在任何二维磁性结构的磁异常。向上延拓的滤波器可削弱高波数并平滑异常的作用。向下延拓的滤波器会增强高波数，提高异常的分辨率。需要注意的是，通常向下延拓与反变换不一样，反变换的滤波器会给出一个给定板状层磁化强度的分布，向下延拓给出的是异常的分布。只有无限厚度的磁性层（上顶＝固定值，下底＝∞）的向下延拓滤波器接近反变换的结果。

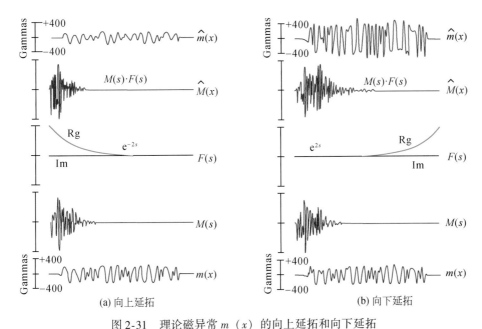

图 2-31　理论磁异常 m（x）的向上延拓和向下延拓

$\widehat{m}(x)$ 是 m（x）的观测平面之上或之下 2km 的平面上理论能观测到的异常

C. 滤波方法

有多种滤波方法削弱高频噪声和长波长的影响，比如滑动窗口

$$\overline{T}(J) = 1/m \sum_{i}^{mJ} T_{m}(i)$$

$$\delta(J) = 1/m \sum_{i}^{mJ} \sqrt{\left[T_{m}(i) - \overline{T}(J) \right]^2} \qquad (2\text{-}56)$$

其中，$i = m$（$J-1$）$+1$。

式中，$\overline{T}(J)$ 与 $\delta(J)$ 分别为第 J 个窗口的平均值与均方差；$T_{m}(i)$ 为磁测数据；m 为窗口大小，$mJ \leqslant N$，N 为磁测序列大小。

Schouten 和 McCamy（1972）提出的余弦锥带通滤波方法也是常用的滤波方法，表达式如下

$$B(s) = 0, s < s_{1}$$
$$B(s) = \left[1 - \cos\pi(s - s_{1})/w_{1} \right]/2, s_{1} < s < s_{1} + w_{1}$$
$$B(s) = 1, s_{1} + w_{1} < s < s_{h} - w_{h}$$
$$B(s) = \left[1 - \cos\pi(s - s_{h})/w_{h} \right]/2, s_{h} - w_{h} < s < s_{h}$$
$$B(s) = 0, s > s_{h} \qquad (2\text{-}57)$$

式中，$B(s)$ 表示滤波算子；s 为频率；s_{h}，s_{1} 分别表示高和低截止点波数；w_{h}，w_{1} 分别表示高和低余弦锥的宽度。

（4）解释方法

瓦因和马修斯（Vine and Matthews，1963）对海洋磁异常形成提出一个经典模型：上地幔部分融化后的物质（玄武质岩浆）连续不断地自洋中脊中央裂缝上升，裂缝两边的块体以每年数厘米的速度向外推移，形成新的洋壳。中央裂缝处上升的玄武质岩浆逐渐冷却，其中所含的磁性矿物在经过居里温度时，因受到当时地球磁场磁化而产生剩余磁性，记录下当时地球磁场的方向和相应的磁场强度。在过去数百万年中，地球磁场发生过多次极性倒转，因此与洋中脊中央裂缝平行的带状洋壳，会交替出现正向和反向磁化的现象（曾融生，1984）。

大部分海洋磁异常的解释是基于瓦因-马修斯的洋中脊块体背向扩张模型。这个模型自从提出到现在只有很少改变。通常这个模型由一系列均匀磁化的矩形块体组成，这个块体几百米厚，具有正向和反向极性，上顶面与基底顶部一致。海洋磁异常的地球年代学和古地磁学的解释主要是解决块体中与过去地球磁场方向变化相关的正向和反向极性边界的位置，因此对磁异常解释的目的是确定瓦因-马修斯模型的地磁场倒转边界。

海洋磁异常解释方法可分为两种：一种是数学物理学的正演问题，即已知形状、体积和磁化强度分布特征的磁性源，计算磁异常；另一种是数学物理学的反演问题，即根据观测的磁异常数据计算磁化强度、磁性源位置和形状。

A. 正演方法

正演方法是基于地质和地球物理先验条件，建立磁性源初始的物理-地质模型。这种方法的核心是将计算模型的异常与观测到的异常进行比较，不断调整模型参数，直到两个异常之间很好吻合。这包括三个步骤：调整模型中磁性源的参数；计算磁异常；比较模型的磁异常和观测结果。磁性源参数主要指描述磁性源的几何形态和磁学性质的参数，例如，剩余磁化的方向、感应磁化的方向以及磁化强度分布等。

基于磁性源的块状模型计算模型磁异常剖面的方法最早是 Vacquier 等（1961）提出并使用的。瓦因-马修斯模型提出之后，计算模型磁异常的方法得到了极大的改进（Talwani and Heirtzler，1964；McKenzie and Sclater，1971；Vacquier，1972；Saltus and Blakely，1983；Won and Bevis，1987）。

最常用的方法由 Talwani 和 Heirtzler 于 1964 年提出，Won 和 Bevis（1987）改进了该方法。在这个方法中，磁性源是无限长的不规则柱体，由半无限长边界、不规则形状的块体组成，块体横截面为不规则形状（图2-32）。

不规则柱体产生的磁异常，可通过重力异常相关的泊松公式推导出，假定柱体的磁化强度只受到背景的地磁场磁化，根据泊松公式可得出总磁异常

$$\Delta H = \Delta H_z \sin I + \Delta H_x \sin\beta\cos I \tag{2-58}$$

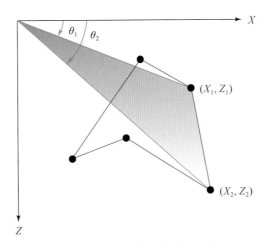

图 2-32   不规则磁性源的示意

式中，I 是磁倾角；β 是从磁北极到 y 负半轴逆时针观测到的柱体的走向；ΔH_z，ΔH_x 分别是磁异常垂直和水平分量，表达式如下

$$\Delta H_z = 2k\,H_e\left(\sin I\,\frac{\partial Z}{\partial z} + \sin\beta\cos I\,\frac{\partial Z}{\partial x}\right) \tag{2-59}$$

$$\Delta H_x = 2k\,H_e\left(\sin I\,\frac{\partial X}{\partial z} + \sin\beta\cos I\,\frac{\partial X}{\partial x}\right) \tag{2-60}$$

表达式中，求导的表达式如下

$$\frac{\partial Z}{\partial z} = \frac{(x_2 - x_1)^2}{R^2}\left[(\theta_1 - \theta_2) + \frac{z_2 - z_1}{x_2 - x_1}\ln\frac{r_2}{r_1}\right] - P \tag{2-61}$$

$$\frac{\partial Z}{\partial x} = \frac{-(x_2 - x_1)(z_2 - z_1)}{R^2}\left[(\theta_1 - \theta_2) + \frac{z_2 - z_1}{x_2 - x_1}\ln\frac{r_2}{r_1}\right] + Q \tag{2-62}$$

$$\frac{\partial X}{\partial x} = -\frac{(x_2 - x_1)^2}{R^2}\left[\frac{z_2 - z_1}{x_2 - x_1}(\theta_1 - \theta_2) - \ln\frac{r_2}{r_1}\right] + Q \tag{2-63}$$

$$\frac{\partial X}{\partial x} = \frac{(x_2 - x_1)(z_2 - z_1)}{R^2}\left[\frac{z_2 - z_1}{x_2 - x_1}(\theta_1 - \theta_2) - \ln\frac{r_2}{r_1}\right] + P \tag{2-64}$$

其中，

$$R^2 = (x_2 - x_1)^2 + (z_2 - z_1)^2$$

$$P = \frac{x_1 z_2 - x_2 z_1}{R^2}\left[\frac{x_1(x_2 - x_1) - z_1(z_2 - z_1)}{r_1^2} - \frac{x_2(x_2 - x_1) - z_2(z_2 - z_1)}{r_2^2}\right]$$

$$Q = \frac{x_1 z_2 - x_2 z_1}{R^2}\left[\frac{x_1(z_2 - z_1) + z_1(x_2 - x_1)}{r_1^2} - \frac{x_2(z_2 - z_1) + z_2(x_2 - x_1)}{r_2^2}\right]$$

式中，x_1，z_1 和 x_2，z_2 分别为任意两点的坐标；θ_1 和 θ_2 分别为这两个点与 X 轴逆时针方向的夹角，r_1 和 r_2 分别为这两个点到原点的距离。

在地质年代学领域，主要利用正向和反向极性的块体组成的磁性层模型，选择的模型要确保模型和观测的磁异常保持很好的一致性。正演过程包括一系列不断调整扩张速率和地磁极性年表中对应的年龄，直到模型和观测到的异常很好地对应。有时，会应用到交叉关联的方法来调整模型到最吻合观测的结果（Loncarevic and Parker，1971；Morgan and Loomis，1971）。为了更方便以及提高效率，使用图形界面展示这种调整过程是很好的办法（Haworth and Wells，1980）。随着软件和计算机技术的发展，出现了专门可视化工具的软件，例如，MODMAG 软件（Mendel et al.，2005）、Magan 软件（Schettino，2012），极大地提高了效率。

MODMAG 软件相比 Magan 软件更常用，它是一种基于 Matlab 的窗口化磁异常正演软件（图 2-33），具有直观化、高效等优点，用户需要输入的参数包括扩张速率、不对称率、跃迁、扩张方向和磁源层的厚度、磁化强度以及地磁场的磁偏角和磁倾角等。其中，扩张方向垂直于磁源层走向，为正北向顺时针到扩张方向的角度，非对称率表示的是洋中脊两侧扩张速率的对称性，同时，考虑到慢速扩张洋壳冷却过程中深部磁化对玄武岩层引起的条带状磁异常所产生的干扰，MODMAG 引入一种因子变量，采用虚拟的扩张速率正演，以便消除深部磁化的干扰（Mendel et al.，2005）。

MODMAG 正演软件所采用的算法是 Talwani 正演公式（Talwani and Heirtzler，1964），这个算法适用于不规则多边形薄层产生的磁异常的计算，具有快速、简单、计算精确等优点，基本原理是将复杂形体切分成多个等厚的水平多边形薄片，任意点的异常为各个薄片异常的综合。洋壳被磁化的部分称为磁源体，其厚度相对于磁异常条带延伸的长度非常小，因此可以看作长度无限延伸、厚度一定的二维磁源层。

B. 反演方法

应用广泛的反演方法有两种：Bott（1967）的线性反演方法、Parker 和 Huestis（1974）的迭代反演方法。

a. 线性反演

假定磁异常观测是沿着水平 X 轴，二维分布的磁性源走向垂直于 X 轴，固定受磁化方向（图 2-34）。Z 轴垂直向下，在 $(x, 0)$ 观测到的磁异常为 $A(x)$。磁化方向平行于 $m(\cos\mu, \sin\mu)$ 观测到的磁异常分量的方向，为 $s(\cos\sigma, \sin\sigma)$，均是在 XZ 平面内观测的。如果不是，需要通过简单的转换变换到这个平面上（Bott et al.，1967）。ξ 为 X 轴上任意一点，磁性源上顶和下底分别为 $z = \eta_1(\xi)$ 和 $z = \eta_2(\xi)$，磁化强度 $J(\xi)$ 只与 ξ 有关。一般需要解决的反演问题是给定磁性源的形状。例如，假定上顶为固定值或根据地形数据得出，磁性源厚度为固定值或根据重力、地震数据得出，从 $A(x)$ 反演得出 $J(\xi)$。

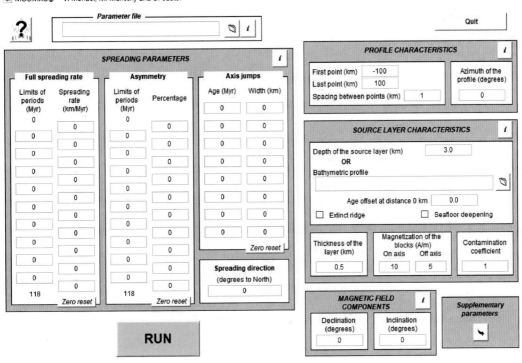

图 2-33　MODMAG 软件的用户界面

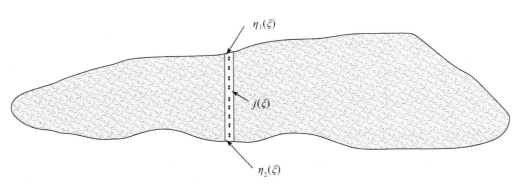

图 2-34　观测磁异常坐标系的示意

根据 Bott（1967）公式

$$A(x) = \int_{-\infty}^{+\infty} J(\xi) K(\eta_1, \eta_1, \beta, (x-\xi)) \mathrm{d}\xi \qquad (2\text{-}65)$$

式中，K 是与 η_1，η_1，$\beta = (\mu + \sigma)$ 有关的核函数。由于 K 与 J 相互独立，反演问题就是一个线性积分方程的解。

假定 $J（\xi）$ 为单位面积的磁矩，式（2-65）可写成

$$A(x) = \frac{1}{\sqrt{2\pi}} \int_{-\infty}^{+\infty} J(\xi) k(x - \xi) \, \mathrm{d}\xi = J * k \tag{2-66}$$

引入一个加权函数 ω，使 $A(x)$ 数据变得平滑

$$A'(x') = \frac{1}{\sqrt{2\pi}} \int_{-\infty}^{+\infty} A(x) \omega(x' - x) \, \mathrm{d}x = A * \omega \tag{2-67}$$

为了加快计算速度，对表达式进行傅里叶变换，$A(x)$ 的傅里叶变换 $\overline{A}(s)$

$$\overline{A}(s) = \frac{1}{\sqrt{2\pi}} \int_{-\infty}^{+\infty} A(x) \, \mathrm{e}^{-ixs} \, \mathrm{d}x \tag{2-68}$$

这样根据式（2-66）、式（2-67），$J(\xi)$ 的傅里叶变换可以变成

$$\overline{J}(s) = \overline{\omega}(s) \overline{A}(s) / \overline{k}(s) \tag{2-69}$$

将式（2-69）代入 $J(\xi)$ 的傅里叶逆变换

$$J(\xi) = \frac{1}{2\pi} \int_{-\infty}^{+\infty} \mathrm{e}^{i\xi s} \frac{\overline{\omega}(s)}{\overline{k}(s)} \int_{-\infty}^{+\infty} \mathrm{e}^{-ixs} A(x) \, \mathrm{d}x \mathrm{d}s \tag{2-70}$$

经过一系列变换后，$J(\xi)$ 可写成

$$J(\xi) = \frac{1}{2\pi^2} \int_{-\infty}^{+\infty} \left\{ \ln|x - \xi| \cos\beta + \frac{\pi}{2} \mathrm{sign}(x - \xi) \sin\beta \right\} A(x) \, \mathrm{d}x \tag{2-71}$$

根据式（2-71）已知磁异常就可计算得出观测平面的方向上单位面积的磁矩，也就是磁性源的磁化强度值。

后来，学者在这种计算方法的基础上进行了改进，但是主要的方法原理没变（Emilia and Bodvarsson，1969；Blakely and Cox，1971；Zakharov，1992）。

b. 迭代反演

这种方法是一个基于傅里叶方法的迭代过程，剖面上观测到的磁异常数据转换成加入了深度数据的磁异常场，得到磁源层的磁化强度模型，与观测到的磁场进行比较。这种方法假定磁源层的磁化强度随深部不变，厚度为固定值，只在垂直于洋中脊方向变化，即二维上的变化，背景场的磁化方向与轴向地心偶极场一致，上顶深度是观测到的地形深度值。

根据 Parker 的方法（Parker and Huestis，1974），观测到的磁异常和磁性源受到的磁化强度，在频率域中满足如下的公式

$$F[M] = \frac{F[A] \exp(|k|z_0)}{\left(\frac{1}{2}\mu_0\right)[1 - \exp(-|k|h_0)]V(k)} - \sum_{n=1}^{\infty} \frac{|k|^n}{n!} F[Mh^n] \tag{2-72}$$

式中，M 为磁性源受到的磁化强度；$F[M]$ 是其在频率域的傅里叶变换形式；k 是频率；μ_0 是真空磁导率；V 是一个包含古地磁场和现代磁场参数以及磁性源走向的参数；A 是在 x–y 平面之上 z_0 高度处观测到的磁异常，$F[A]$ 是其在频率域的傅里

叶变换形式；h_0 为磁性源的厚度；$z=h(x)$ 是磁性层上顶深度的函数；x 是 $x-y$ 平面上沿 x 轴的位置变化。

计算 $M(x)$ 是一个迭代过程，首先假定一个初始值，一般是 $M=0$，代入到式 (2-72) 中，得到一个 $F[M]$，然后进行反傅里叶变换，得到新的 M，再代入式 (2-72)，这样多次迭代直到 M 值几乎不再变化，或者迭代过程明显收敛时，这样就得到剖面中研究区洋壳受到的磁化强度。

需要注意的是，由于式 (2-72) 等号右侧第二项是无穷项的叠加，会增加高波数成分，在反演过程中，短波长和长波长的变化会被放大，在每次迭代之后，都要进行余弦锥带通滤波处理 (Schouten and McCamy，1972)。

考虑到反演具有多解性，存在这样的情况，即磁性源的磁化强度并不都为零，但产生零的磁异常。观测磁异常和磁性源之间存在线性的关系 (相对背景场磁异常值很小)，用下式表示

$$A = L[M] \tag{2-73}$$

式中，L 是线性算子，不为零的磁化强度可能会满足

$$L[a] = 0 \tag{2-74}$$

满足这种关系的 L 中的元素 a 称为线性算子的零化子。存在零化子，反演问题的解就不是唯一的，M 满足式 (2-73)，$M+\alpha a$ 也同样满足，其中，α 是任意标量。

$a(x)$ 零化子可通过解狄拉克函数得到

$$\delta(k) = \sum_{n=0}^{\infty} \frac{|k|^n}{n!} F[a(x)\, h^n(x)] \tag{2-75}$$

式中，$\delta(k)$ 是狄拉克函数；其他参数与前面的一致。

(5) 应用实例

海洋磁力测量成果有多方面的用途。首先，对磁异常分析有助于阐明区域海底地质特征，如破碎带展布、火山岩体的位置等。其次，磁力测量的详细成果可用于编制海底地质图。世界各大洋内的磁异常都呈条带状，分布于洋中脊两侧，由此可以研究大洋盆地的形成和演化历史，也是研究海底扩张和板块构造的资料。

A. 大洋盆地的形成和演化历史

Gibbons 等 (2012) 利用澳大利亚西部边缘深海平原的海洋磁异常数据，重建了冈瓦纳古陆早期裂解过程。综合前人和新观测的数据，可以得到多条磁异常剖面 (图 2-35)，然后利用高通 (300km) 和低通 (10km) 滤波器，平滑所有磁测数据，去掉电磁干扰和噪声。使用 MODMAG 软件模拟洋壳扩张过程中形成的磁异常曲线，磁性层的磁化强度、深度、厚度以及地磁场参数和扩张参数的设置见表 2-3，地磁极性年表选用 CK95 (Cande and Kent，1995) 和 GTS94 (Gradstein et al.，1994)。

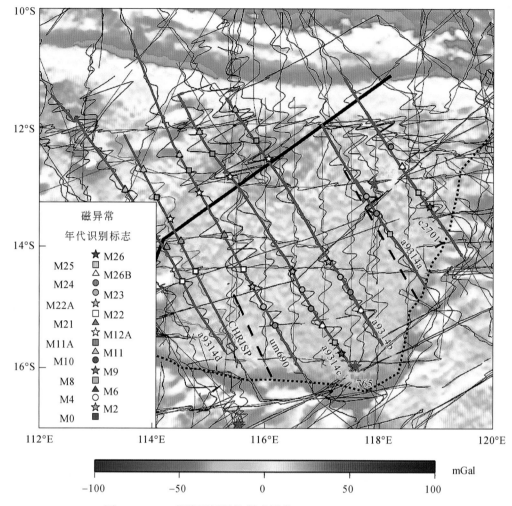

图 2-35 Argo 深海平原的海洋磁异常（Gibbons et al.，2012）

底图是 1′的自由空气重力异常等值线，细黑线表示沿着测线的海洋磁异常，粗灰线表示选择的代表性磁异常剖面，粗黑色虚线表示破碎带，粗黑色实线表示假断层，粗黑点线表示洋–陆边界（COB）。图例表示海洋磁异常上识别出的正极性时，红色五角星表示钻孔的位置

表 2-3 正演模型的参数

参数	Argo 深海平原	Gascoyne/Cuvier/Perth 深海平原
扩张方向/剖面方位	155°	130°
全扩张速率	136Ma 之后 100mm/a 136Ma 之前 70mm/a	70mm/a
洋中脊跃迁	136Ma 在 390km 南	无
磁化层深度	6km	6km
磁化层厚度	0.5km	0.5km

参数	Argo 深海平原	Gascoyne/Cuvier/Perth 深海平原
磁化强度	10A/m	10A/m
磁偏角	1°	−1°
磁倾角	−46°	−55°

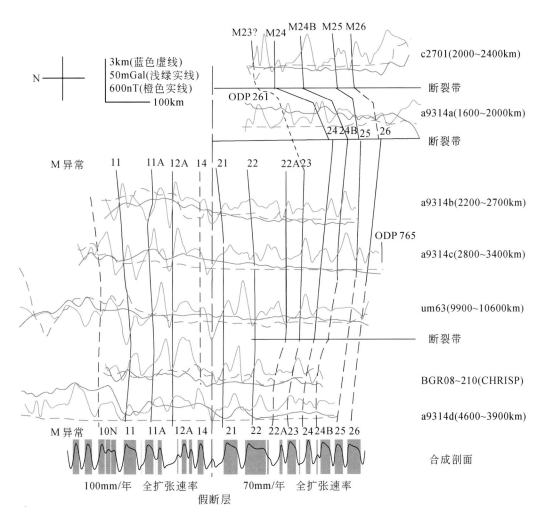

图 2-36　Argo 深海平原中选择的代表性磁异常剖面（Gibbons et al.，2012）

剖面位置见图 2-35，模拟剖面的新生代异常基于 CK95 年表，中生代异常基于 GTS94，磁性层深度 6km，厚度 0.5km

正演模拟的 Argo 深海平原洋壳产生的磁异常（图 2-36）可以用来比较实测剖面和模拟的剖面，也可追踪出两组向北逐渐年轻的磁异常 M26～M21（155～147Ma）和 M14～M10N（136～131Ma），根据磁异常的偏移，确定出两条破碎带。较老磁异常（M26～M21）以两条破碎带为界，东部破碎带具有较大的错移量（大约 100km）。Argo 深海平原中识别出的较老磁异常与前人结果一致（Fullerton et al.，1989；Sager et al.，1992；Heine and Müller，2005），较年轻的磁异常也与最近的模型吻合很好（Heine and Müller，2005）。磁异常解释为 M14 ~ M10，比连续序列推测为 M26 ~ M21 更符合模拟的磁异常模型（Fullerton et al.，1989；Sager et al.，1992）。Argo 深海平原北部具有更高的磁异常强度，这可能表示一个裂离事件。

磁异常 M21 和 M22 在 M14（136Ma）假断层的南部，磁异常强度减弱，可能是 136Ma 附近的洋中脊侵位之后重新熔融造成的。在被火山活动掩盖的 Joey 隆起（Joey Rise）区域，尝试性地识别出了走向 20°的 M12A ~ M10N（135 ~ 131Ma），与 Argo 深海平原剩余的西南部连接。磁异常确定的年龄与深海钻探确定的年龄基本吻合（图 2-37）。对于 Argo 深海平原（Argo Abyssal Plain）晚侏罗世的两个钻孔（Site 261 和 Site 765），在 Argo 东北部的 Site 261，根据基底之上基性玄武岩岩床中的钦莫利阶—提塘阶黏土，确定出年龄是 152Ma，根据枕状玄武岩上提塘阶—贝里阿斯阶的粉砂岩，确定出南部的 Site 765 位置洋壳年龄为 155Ma（Veevers et al.，1974；Gradstein and Ludden，1992）。这些年龄与磁异常解释确定的年龄一致。Site 261 的结果表明，Argo 深海平原东部存在很大的左旋错移。

B. 洋中脊结构特征

Shah 等（2003）在东太平洋海隆 18°14′S 附近，利用水下无人潜器（Autonomous Benthic Explorer，ABE）"自主海底探险者"号获得了近海底高分辨率的磁场数据。ABE 按照预先设定的路线航行，即距离海底 20 ~ 30m，其上搭载的磁力仪以 30 ~ 40m 的间隔采集磁场数据。ABE 下潜主要在夜间进行，因此，日变和太阳活动变化非常小，不需要日变和外部场的校正。另外，ABE 具有很强的位置控制能力，噪声干扰几乎可以忽略。采集的地磁场总场数据首先需要处理的是航向变化的校正。采用的方法是分量缩放方法，采集到的磁场的 x 和 y 分量线性缩放使得控制 ABE 旋转过程中产生总磁场的方差最小。通过这种校正后，均方根（RMS）误差为 50nT，比 cos 拟合函数和线性插值拟合函数的校正 RMS 都小。然后，去掉地球参考磁场，参考磁场模型选择 1995 ~ 2002 年的国际地球参考磁场（IGRF）。

处理后的数据绘制出网格间距 2m 的磁异常等值线图［图 2-38（b）］，这个区域磁异常的主要特征是：中央裂谷底部存在大片的磁高和磁低，研究区域西部线性的低值磁异常平行于洋中脊轴部分布。沿着或横穿脊轴方向的磁异常变化很大，对磁异常进行三维反演可得出研究区域内的磁化强度变化［图 2-38（c）］。结果表明，高的磁化强度异常对应着裂开的枕状小丘，这个磁高与磁性矿物存在少量低温氧化一致。113°21.8′W，18°14.9′S 附近观测到高温的海水异常，这里存在一个相当大的局部磁低，这个低值可能是大量高温热液蚀变或温度在居里温度或解耦温度附近

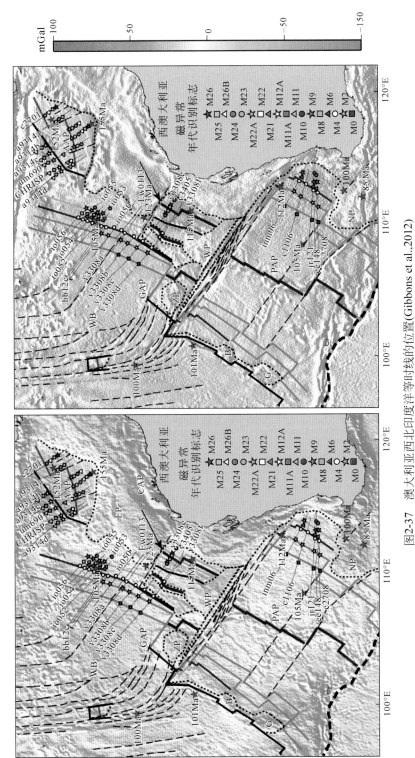

图2-37 澳大利亚西北印度洋等时线洋时线的位置(Gibbons et al.,2012)

AAP：Argo深海平原，CAP：Cuvier深海平原，EP：埃克斯茅斯深海高原，WB：沃顿深海高原，ZP：Zenith洋底高原，WP：沃勒比深海高原，PAP：珀斯深海平原，NP：纳多鲁斯深海平原，G：黑金龙丘，B：巴达维亚丘。年龄等时线标记：M25，浅紫线；M6，浅蓝线；M0，橙色。年代识别标志：M2，M0（橙线）；转换断层（黑虚线），构造边界（相黑虚线），死亡洋中脊（相深红线），COB（虚线），底图左侧是I'的布格重力异常。右侧是自由空气重力异常。红星表示ODP/DSDP钻孔的位置的玄武岩引起的。裂谷西侧的海槽存在轴向上的磁化低值，表明消失的熔岩湖和磁低存在联系。

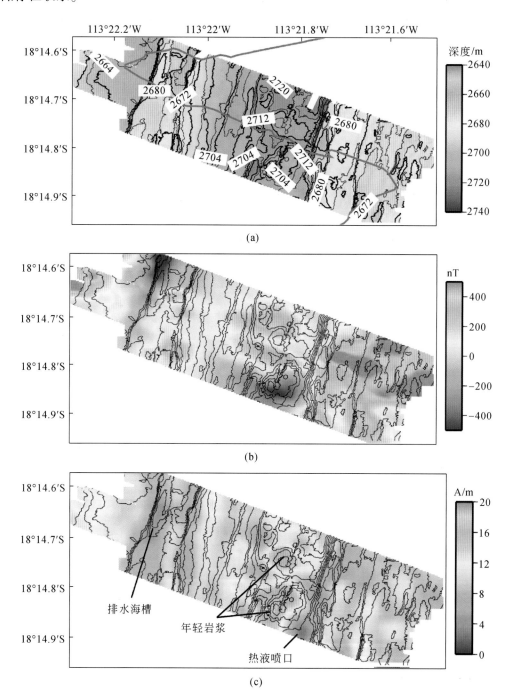

图 2-38　东太平洋海隆 18°14′S 附近的磁测结果

（a）水深图，棕线表示一条"阿尔文"号的航迹线，等值线间隔 4m。（b）向上延拓到 2535m 水深的总磁场图，黑线水深等值线图。（c）三维反演的磁化强度图，注意两个磁化强度高度对应中央裂谷底部的两个枕状小丘，低值对应海槽和热液喷口（Shah et al.，2003）

C. 热液区的磁性特征

一般观测到的洋壳磁异常主要是由海底最上部喷溢的玄武岩浆受到磁化产生，这种磁化主要是富铁的钛磁铁矿的热剩磁，钛磁铁矿对蚀变非常敏感。海底热液系统的酸性和腐蚀性流体可很快蚀变或取代富铁的磁性矿物，降低洋壳岩石的剩磁强度，甚至降到零磁性，因此，热液系统通常表现为不连续的蚀变洋壳，与周围未蚀变岩石相比，具有更低的磁化强度。海洋磁异常观测是一种非常有用的查明海底热液系统几何形态的手段，包括上升通道、矿体位置、尺寸大小以及补给点等基本要素。

例如，Tivey 和 Johnson（2002）利用海洋磁异常观测数据，查明了 Endeavour 洋中脊上热液系统的结构特征。2000 年和 2001 年 Tivey 和 Johnson 两次借助遥控潜水器 Jason，在 Endeavour 洋中脊获得了高分辨率的近海底磁异常观测数据。通过进行航向变化校正，消除遥控潜水器自身磁场和产生的感应磁场的影响，然后从观测数据中减去 2000 年的 IGRF 模型，得到区域磁场［图 2-39（a）］。假定洋壳磁性源厚度为 500m，进行三维反演，计算研究区域的磁化强度变化［图 2-39（c）］，反演过程中，过滤了掉小于 40m 且大于 640m 的高频噪声和长波长成分。另外，由于洋壳形成于布容正极性时期，反演过程中需要加上合适的零化子，使得反演结果的磁化强度大于零，得出强度变化在 0～20A/m，这与研究区岩石样品的剩余磁化强度结果吻合。

磁化强度平面图上可发现，除了 Hulk-Crypto，其余已知的热液口都对应着椭圆形低磁化强度异常。分析磁化强度特征，有以下结论：①低的磁化强度指示着热液系统的位置；②低值异常基本对应热液口的中心，表示热液口下洋壳磁化强度降低非常快；③大部分异常的形状是圆形，表明磁化强度低的区域是由窄的管状源引起的；④死亡热液系统也具有低磁化强度，表明是蚀变而不是热退磁引起了磁化强度的降低。

另外，相邻的热液喷口之间，磁化强度低的区域没有相连，表明上地壳的两个热液系统的向上流动是相互独立的，这与研究区域的热液是由管网状矿脉区供应的推测相吻合。Hulk-Crypto 热液系统没有表现出磁化强度的低异常，原因可能是热液系统比较年轻，磁性矿物尚未热液蚀变，未引起磁性降低。

总之，研究区海底热液系统磁异常特征的分析，证明了存在窄的管状流体通道供应海底热液系统。这些窄的管状通道指示热液流上升区。每个磁低表示一个具有明显海底以下流体管道和热结构的上升区，因而 Tivey 和 Johnson（2002）提出一种符合这些热液系统以下管状流体通道几何形态的洋壳磁化模式（图 2-40）：在 Main Endeavour 海区，磁低沿着半正则模式的裂谷走向以 200m 间距展布，上升流在沿着裂谷轴的不同间段规则分配。

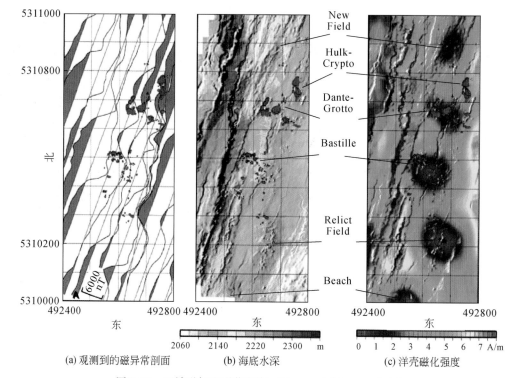

图 2-39　区域磁场和磁化强度（Tivey and Johnson，2002）

图中坐标为通用横轴墨卡托投影，单位 m。（a）中红线表示测线，黑线表示磁异常剖面，灰色阴影表示正磁异常，红色区域表示已发表的 Main Endeavour 海区硫化物烟囱机构（Delaney et al.，1992，1997）；（b）中热液口烟囱位置大致估计，位置误差 ~10m，未与更细节的水深图校正（Johnson et al.，2002）；（c）中圆形低值磁化强度与活跃和不活跃的热液区域对应

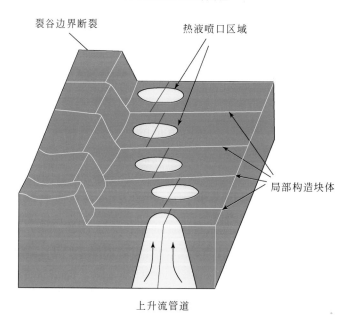

图 2-40　Main Endeavour 海区上地壳中热液循环系统的几何结构

海底表面的热液口位于狭窄的上升区域，这个区域会随着深度变宽。这些上升区沿轴等间距排列，这表明是根据局部构造和横穿轴的循环而不是沿着轴的裂谷轴对流进行分割

D. 地磁场古强度变化

海洋磁异常，除了包含地磁场倒转的信息，还保留有过去地磁场强度变化的记录。

Gee 等（2000）在东太平洋海隆采集了近海底观测的磁异常数据，研究过去 780kyr 地磁场强度的变化（图 2-41），研究区域在整个布容期具有简单的扩张历史，

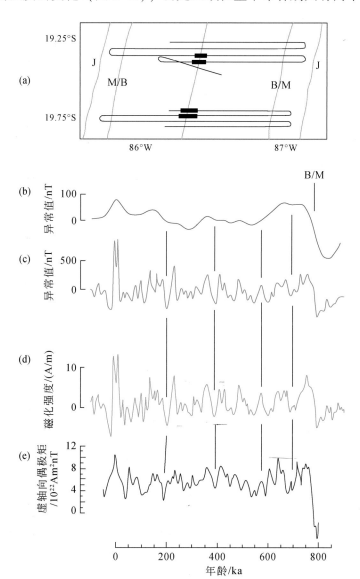

图 2-41　测线位置和布容期沉积层记录与近海底磁异常记录的地球磁场古强度变化（Gee et al.，2000）

（a）为近海底观测和海平面观测的剖面位置图。B/M 表示布容/松山的边界（Brunhes/Matuyama），J 表示贾拉米洛期（Jaramillo）。（b）为海平面磁异常剖面的叠加，测线与近海底观测的一致。（c）为近海底观测的磁异常。（d）为 8 条磁化强度剖面的叠加。反演计算时假定磁性源厚 0.5km，方法选用 Parker（1974）的，由于反演过程中长波长成分难以约束，波长大于 10km 的磁化强度变化在叠加之前被去掉。（e）为沉积层记录到的相对强度记录

没有海山链或明显的轴上不连续的证据，而且属于快速扩张中心，全扩张速率约为142mm/a，因而，这里是研究磁异常变化中地磁场贡献的理想区域。对每条剖面进行化极处理，然后利用洋中脊轴的位置（年龄为零）和布容/松山倒转边界作为控制点，将相对洋中脊的距离转化为年龄，每条剖面延伸到相同的长度上，最后将相互之间相隔至少1km的8条剖面叠加起来。

叠加的近海底观测磁异常剖面，与沉积层得到的相对古强度记录进行比较（图2-41），结果表明，它们具有相同的特征变化，例如，~200ka，~380ka和700ka均存在低值。由于近海底观测会受到地形影响，因而，通过反演叠加的磁异常剖面计算出磁化强度的变化，结果也与相对强度的变化相似。叠加之前的磁异常剖面也保留大部分的特征，包括~420ka时磁异常/磁化强度存在两个波峰。

其他影响磁异常幅值的因素（如地球化学、蚀变、磁性层厚度）不可能在相隔几十千米的磁异常剖面均存在，也不可能碰巧与沉积层的古强度曲线相似。因此，地磁场古强度的变化是这个区域布容期的洋壳记录到的连续磁化强度变化的主要因素。

2.2 反射地震技术

高分辨率三维海洋反射地震P-cable系统，针对海底天然气水合物、储层、海底灾害、海底气烟囱和泥火山等小目标体，在揭示其内部结构和空间分布特征方面已经取得巨大成功。针对海底大洋钻探的目标区，P-cable系统能够提供准确的高分辨率三维地震数据，有利于大洋钻探井位的选取和井位钻探时的评估。

与工业界使用的常规长电缆三维海洋反射地震相比，高分辨率三维海洋反射地震P-cable系统具有简单、高效和经济实用的优点，能够更加高效、快捷地开展海洋地质和地球物理研究工作，有助于对今后中国"深潜"发现的海底"烟囱"开展详细地下高分辨率三维地震结构调查，成为"深潜"方面的一个补充和一个强有力的海底快速立体填图工具。

这里，也将依据实例讨论高分辨率的三维海洋地震P-cable系统的应用，以及在海底气烟囱和泥火山内部结构与空间分布特征方面的科学研究。实际上，在海洋地球物理调查中，开展高分辨率的三维海洋反射地震调查和研究极其必要，针对广阔海域陆坡区海洋天然气水合物、海底泥火山和气烟囱、海底滑坡灾害方面，开展更为精细的三维海洋反射地震调查和相关科学研究，也必将有重大发现。

2.2.1 地震资料采集技术

近年来，随着地震勘探技术的飞速发展，海洋地震数据的采集技术已取得了长足的进步。目前常见的海上地震采集技术主要有海上拖缆（tower streamer，TS）、海底电缆（ocean bottom cable，OBC）和海底节点（ocean bottom node，OBN）等三类（图2-42）（余本善和孙乃达，2015）。

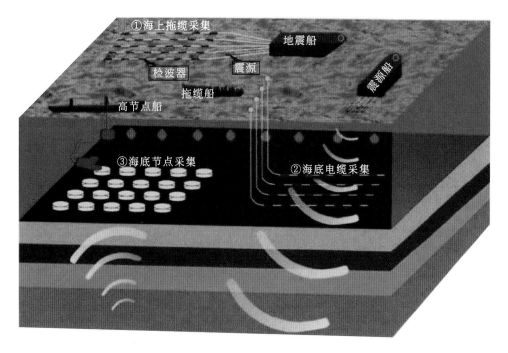

图 2-42　海上地震采集方式示意（余本善和孙乃达，2015）

（1）海上拖缆技术

海上拖缆技术是目前海洋油气勘查的主要技术手段，其最大的特点就是接收地震波的检波器与震源一样漂浮在水下一定深度（图2-42）。常规的海上拖缆技术检波器类型较为单一且排列在同一水面上。近年来，海上拖缆技术开始向上、下双缆采集和倾斜电缆采集技术发展。整体来说，海上拖缆技术具有施工灵活、作业效率高和成本低等特点，但其同时也受风浪、洋流、鬼波、拖缆漂移、采集脚印等多种因素的干扰，施工噪声、高频噪声和多次波等影响较大且只能接收横波，勘探结果不够准确。此外，这种采集作业在水深较浅（小于40m）和固定障碍物较多的地方难以进行。因此，海上拖缆已越来越难以满足海上精细化地震勘探的要求（刘望军，2006；王守君，2012；吴志强等，2013；余本善和孙乃达，2015；吴登付等，2017）。

（2）海底电缆技术

海底电缆与海上拖缆最大的区别在于，其检波器与很重的电缆一起放置于海底保持不动，地震记录船和气枪船相互独立（图2-43）。这种作业方式多用于浅水作业，不仅可以很好地降低障碍物（如采油平台和钻井平台等）的影响，而且还具有较高的检波器定位精度、较小的环境噪声、灵活的观测系统和较好的重复性。目前，四分量海底电缆地震勘探技术（M4C）的使用，使得该方法与海上拖缆相比，在气烟囱污染成像、岩性识别、油气藏预测等方面具有独特的优势。但在敷设海底电缆过程中，海流、潮汐、船速以及检波器沉降速度等都会影响检波器下放的准确性，而复杂的海底地形和水深剧烈变化，也会导致检波器在海底的实际位置与实时得到的导航结果存在偏差。在海底地震采集过程中，还可能受到鬼波的影响，最终会影响地震勘探数据品质（徐锦玺等，2005；张树林，2007；吴志强等，2013；陈浩林等，2014；何进勇，2014；余本善和孙乃达，2015）。

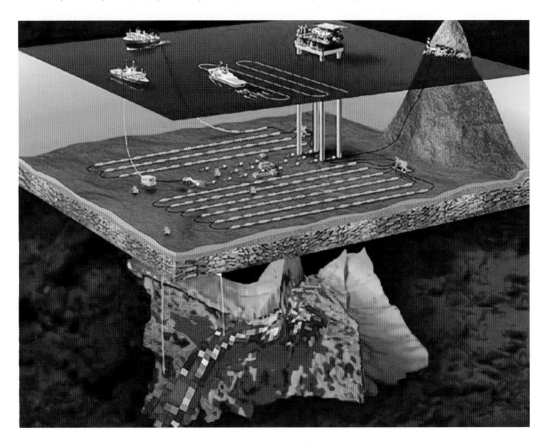

图 2-43　海底电缆地震采集方式示意

（3）海底节点技术

海底节点（OBN）是 Fairfield 公司研发的一种地震仪，不仅克服了以上地震采集技术的不足，大大提高了勘探数据的准确性，也代表了未来海洋地震勘探技术发展的方向（图 2-44）。近年来，海底节点地震采集技术得到了快速发展，SeaBird Geophysical 公司研发的 CASE 系统、CGG 公司研发的 Trilobit（三叶虫）OBS 系统和 OYO Geospace 公司开发的 OBX 系统都与之类似（何进勇，2014）。

Z100系列　　　　　　　　Z700系列　　　　　　　Z3000系列

图 2-44　适用于不同深度的海底节点系列

　　OBN 是一种位于海底，可以独立采集、记录地震信号的多分量地震仪（检波器）。它既摆脱了电缆的束缚，又能够在水下机器人的帮助下灵活部署，定位更准确。它不仅可以在水深较浅和障碍物过多的复杂海域（如近海区、禁采区、暗礁区等）施工作业，在水深变化剧烈的过渡带和深水区也都可以使用（图 2-45），可以精准地固定于海底指定位置，不易受海流、潮汐等诸多因素的影响，且利用四分量数据采集技术得到的数据质量更高（张松等，2011；何进勇，2014；张省，2014；全海燕等，2017）。

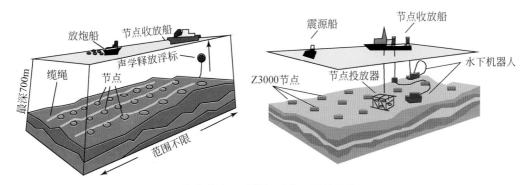

图 2-45　海底节点地震勘探示意（陈浩林等，2014）

　　不仅如此，OBN 气枪船上的激发炮点与海底检波点之间的间距越大，可以形成的偏移距越大，探测到的地层越深。OBN 所采用的独立激发技术和全方位角观测技术，不仅可以节省节点收放时间，发挥气枪工作的高效优势，还可以接收地下各个方向的地震信号，全面了解地下三维地质构造（图 2-46）。四分量数据采集技术所获取的高质量横波数据，结合全方位角信息，可非常有效地对地下裂缝进行预测、解释和评价（陈浩林等，2014；张省，2014；全海燕等，2017）。

　　尽管有以上诸多优点，OBN 技术也有自身的缺陷，相比于海上拖缆和海底电缆，OBN 的每个节点精确布置到指定位置都需要人工的参与，因此节点布置慢，工作效率低。为提高整体工作效率，国外石油公司通常拉大节点间的距离，再通过加密炮点来弥补稀疏采样点的缺陷。这样虽然可以大大提高工作效率，但也降低了地震数据的精确性。这种"高效率"的采集方法在西太平洋活动大陆边缘断裂构造发育区并

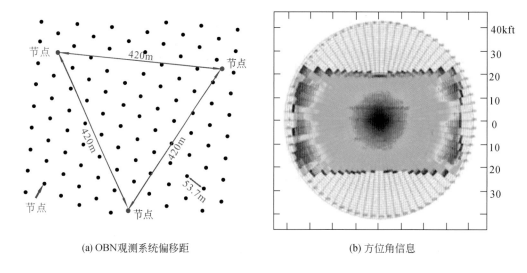

(a) OBN观测系统偏移距   (b) 方位角信息

图 2-46 海底节点地震观测系统设计

不适用，这就造成了勘探成本居高不下。虽然目前 OBN 采集技术仍存在以上缺陷，但相信未来随着 OBN 采集技术的不断发展和完善，以上问题会得到很好的解决，其高效精准的勘探数据一定会为油田更科学合理地开发提供指导（陈浩林等，2014）。

2.2.2　高分辨率三维地震技术

由于信息和计算机技术的发展，国内外石油工业界已经开始频繁使用多缆海洋三维反射地震采集和成像技术（Bangs et al.，2011），虽然利用多缆海洋三维反射地震的成像结果能够准确识别地下复杂体的空间变化，但是，多缆海洋三维地震数据采集费用十分昂贵，导致在学术研究方面很难开展实际的相关应用，大多数研究者都是利用工业界或者全球极少的多缆科考船采集的地震数据开展相关研究（Bang et al.，2011）。

2004 年以来，学术界开发和应用了简易方便的高分辨率三维海洋反射地震调查设施，其中开展三维海洋地震调查的地震震源包括电火花、布默（BOOM）、CHIRP、大容量气枪等（Marsset et al.，2004；Missiaen，2005；Scheidhauer et al.，2005；Gutowski et al.，2008；Vardy et al.，2008，2011；Mutter et al.，2009；Petersen et al.，2010；Bangs et al.，2011；Moore et al.，2011；Thomas et al.，2012）。不同的三维海洋地震调查设施有不同的技术参数和地震分辨率，同时，也针对地下不同的调查目标，绝大多数都是浅层的三维海洋地震调查，穿透深度比较浅但分辨率很高。详细的三维海洋反射地震调查的参数和分辨率见表 2-4。目前，三维海洋反射地震开始使用一种新的简易调查方式，方便灵活，不需要超大的多缆地震调查船，大大节省了调查费用，这一技术被称为高分辨率三维海洋反射地震 P-cable 系统（图 2-47）（Planke and Berndt，2004；Planke et al.，2009；Ebuna et al.，2013）。

表 2-4　不同类型的三维海洋地震采集设备和分辨率特征

序号	系统名称、震源和频率范围	接收	分辨率	目标区域
1	3D CHIRP 调频声呐 1.5～13kHz	11 条电缆@25cm 间距 6 道@25cm 间距	<10cm	100s×100sm² 10sm
2	SEANAP 3D 布默 4.5kHz	8 条电缆@50cm 间距 4 道@50cm 间距	10cm	100s×100sm² 10sm
3	OPU3D 布默 2kHz	8 条电缆@2m 间距 2 道@2m 间距	20cm	100s×100sm² 10sm
4	VHR3D 电火花（250J） 500Hz	4 条电缆@4m 间距 6 道@2m 间距	75cm	1～10km² 10sm
5	3D 单一微型气枪 300Hz	3 条电缆@7.5m 间距 24 道@2.5m 间距	1.2m	1～10km² 100sm
6	HR3D 2 组微型气枪阵 110Hz	2 条电缆@25m 间距 24 道@6m 间距	3.5m	10skm² 100sm
7	P-cable 2 组气枪阵 90Hz	12 条电缆@12.5m 间距 8～16 道@6.25m 间距	4m	10skm² 100sm
8	R/V Langseth 2 组气枪阵 50Hz	4 条电缆@150m 间距 468 道@12.5m 间距	7.5m	100skm² 1000sm

注：本表列举的是非工业界的海洋三维地震采集参数。

资料来源：数据来自 Thomas 等（2012）

高分辨率三维海洋反射地震 P-cable 系统非常适合在 10～50km² 范围内开展探测（Planke and Berndt，2004；Planke et al.，2009；Ebuna et al.，2013）。其快速高效的投放和回收，使得在一次科考航次中可以开展多个区域的三维地震调查任务。2005 年，高分辨率三维海洋反射地震 P-cable 系统开始了它的首次测试航次，任务重点是调查海底泥火山的三维地震结构（图 2-47）。2006 年，在卡迪斯湾和地中海区域开展了海底泥火山的滑塌研究。该系统由英国南安普顿国家海洋中心负责第一期系统测试，2006～2007 年由挪威特罗姆瑟大学、英国国家海洋中心、德国海洋地学研究中心和企业共同参与负责第二期项目的研发任务（Planke et al.，2009）。2008 年，为了进一步研发高分辨率三维海洋反射地震 P-cable 系统的实际应用功能，P-cable 3D Seismic AS 企业在挪威正式成立，随后，该公司与美国加州圣何塞的 Geometrics 公司合作，继续进行该系统的研发和应用，三维系统主要使用短的固态或者充油电缆，船体尾部拖曳的电缆由美国 Geometrics 公司设计①。

---

① http：//www.geometrics.com/files/geoeelsolid.pdf.

图 2-47　P-cable 采集的三维地震数据（据 Planke et al.，2009 修改）

该系统操作简单，可在科考船尾部拖拽数十条短排列电缆（通常 12～24 条），同时记录地震波信号。然而，常规的三维海洋反射地震需要拖拽几条长排列电缆（长 6～10km），同时需要大容量气枪作为震源，因而，需要花费高昂的海上采集费用。高分辨率三维海洋反射地震 P-cable 系统是便携式的，能够快速布放和回收，使用小容量的震源就能记录到地下成像目标体的三维地震结构（Planke et al.，2009）。近年来，国外科研机构已经开展了一些高分辨率的海洋三维地震调查，重点研究海底气烟囱和泥火山的内部结构、与天然气水合物有关的浅层气体和流体的运移，取得了很好的研究成果。因此，这里将重点介绍该系统的基本组成、系统的关键参数以及在海底气烟囱、泥火山方面的实际应用。

2.2.3　P-cable 系统组成

2.2.3.1　系统组成

P-cable 系统主要由一系列的地震短电缆拖拽在科考船的尾部组成，该系统能够在节省费用的前提下高效地开展多剖面的地震数据采集（Planke et al.，2009）。系统主要由科考船甲板上的记录系统和尾部的拖拽部分组成。

船上的记录系统主要包括甲板电缆、电力供应单元、CNT-2 海洋地震控制器以及仪器的支架。甲板电缆长度约为 50m，连接信号缆和电力供应单元，电缆直径约为 19mm。电力供应单元提供 36～72V 直流电给 A/D 转换模量。CNT-2 海洋地震控制器提供通信和对 A/D 模量转换的控制，包括显示数据和将数据写到存储介质中，以及将导航数据写入地震标准格式（SEG-D 或 SEG-Y）的道头中。

船尾部的拖体系统详细组成见图 2-48，拖体系统主要由 12～24 条短排列电缆组成，电缆长度一般在 25～50m，内部水听器间隔约 3.125m，短排列电缆在交叉缆上的间隔一般在 6～12m（图 2-48）（Planke et al.，2009）。多条短排列电缆连接在一条弯曲的交叉电缆上，两侧的分缆器提供张力，能够使交叉缆和短排列电缆保持在水下 2.5m 深度。两条 150～200m 的拖绳拖拽着分缆器，通过 20～30m 的分支线连接交叉缆、拖绳和分缆器（图 2-48），一条信号缆和一条回收线连接在船体上，回收线方便系统的回收作业，而信号缆将短排列电缆记录到的地震信号传输到船上的地震记录器内部，并保存在相应的存储介质中。

2.2.3.2　系统参数

P-cable 系统高效的收放系统可以在一个科考航次采集多个三维立方块体数据。该系统主要的特征是：采集的立方体尺寸范围是 3～300km²；频率范围是 50～250Hz，控制频率是 150Hz；工作水深在 200～3000m；bin 尺寸为 6m×6m；垂直分辨率大约是 1.5m。

P-cable 系统正常工作的船速是 3～5kn，采集数据的地震源可以是任何高频震源（微型 GI 气枪或气枪阵列、电火花、布黙源等）。P-cable 系统在海上一般在 2h 内完成布放和回收的任务，每天可以采集约 25km² 范围内的地震数据体（Planke et al.，2009）（图 2-48）。

2.2.4　P-cable 系统应用

P-cable 系统应用非常广泛，主要针对海底小目标体的详细三维地震结构调查，重点应用在海底天然气水合物调查、海底自由气的识别以及海底气烟囱和泥火山结构的精准填图方面，可以为深水区海底钻探的目标区提供准确的地震数据，方便海底大洋钻探的井位位置选取。此外，P-cable 系统还可用于研究水合物分解引起的海底滑坡的动力机制（Berndt et al.，2012）以及天然气水合物存储结构（Kvenvolden，1993），包括海底气烟囱结构（Petersen et al.，2010；Plaza-Faverola et al.，2011；Hornbach et al.，2012）、流体运移系统（Karstens and Berndt，2015）、浅

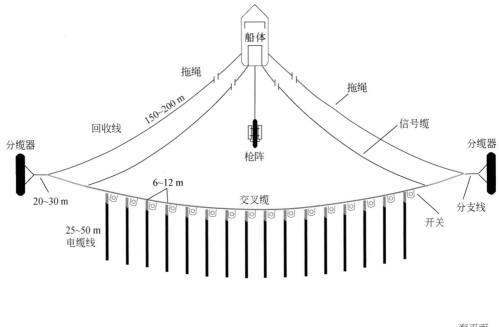

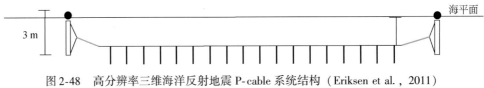

图2-48　高分辨率三维海洋反射地震 P-cable 系统结构（Eriksen et al.，2011）

层气运移通道以及似海底反射（BSR）的三维地震变化特征。此外，也可以用来研究水合物分解所致的气候变化。以下详细实例将展示 P-cable 系统强大的实际应用能力和广阔前景。

2.2.4.1　气烟囱结构和地震特征

2007 年，P-cable 系统采集的三维地震数据清晰地展现了海脊上面的气烟囱结构（图2-49）（Petersen et al.，2010），该气烟囱结构位于斯瓦尔巴（Svalbard）的弗拉姆海峡西部的洋中脊扩张区段。其三维地震数据体采集自 Vestanesa 海脊西部的顶部，该处水深 1200～1300m，在海脊的顶部（Vogt et al.，1994，1999）分布着大量的海底麻坑（pockmark），同时，气烟囱上部的气体火焰表明该区流体流动活跃（Hustoft et al.，2009）。

2007 年挪威特罗姆瑟大学使用了 8～12 条 25m 长的短电缆，总共采集了 23km² 范围的三维地震数据。采集时，主要是用两套 GI 气枪为震源，频率范围在 20～250Hz，气枪总容量为 240in³[①]，以 4kn 的船速，每 10s 放一炮，炮间距大约是 20m

---

① 　$1in^3 = 1.638\ 71 \times 10^{-5} m^3$。

（Petersen et al.，2010）。

利用 P-cable 系统采集的三维地震数据，清晰地展现了气烟囱或者海底沉积层中的通道系统结构，在地震成像剖面中，气烟囱或者通道系统显示为声学透明或不连续反射特征，刺穿了富含天然气水合物的沉积层［图 2-49（b）］。在海底之下160～170m 深处，地震数据清晰地展示了 BSR 的存在，其分布在天然气水合物稳定带的预测深度上，是天然气水合物存在的地震方面的直接证据［图 2-49（d）］（Petersen et al.，2010）。

椭圆形海底凹陷通常为海底麻坑，也指示着流体的集中式流动（Judd and Hovland，2007；Plaza-Faverola et al.，2011；Hornbach et al.，2012）。图 2-49（c）和（d）显示了海底麻坑外围均一的反射振幅特征，而在麻坑内部显示很强的振幅非均一性变化的特征。气烟囱直径在海底表面为 400m，到双程旅行时 2.02s 深处变为 600m，气烟囱中心随着深度也不断变化，其中轴并非直立，而是在麻坑的底部有一定的垂向偏移（Petersen et al.，2010）。

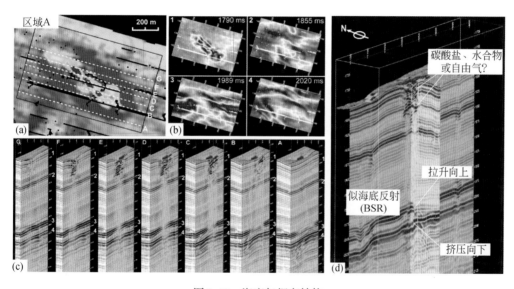

图 2-49　海底气烟囱结构

（a）区域 A 的海底振幅和测线位置；（b）连续不同地震测线展示了气烟囱结构变化；（c）不同地震时间切片，数字标出了不同层位；（d）地震交叉测线处为气烟囱结构（Petersen et al.，2010）

2.2.4.2　泥火山内部结构和地震反射特征

高分辨率反射地震调查技术可用来追踪海底或埋藏泥火山的三维结构空间变化，高分辨率地震反射剖面也可用以分析泥火山的活动期次，查明泥火山活动与海底冷泉、天然气水合物形成以及海底流体活动方式的关系，这些关系对天然气水合物形成机制的研究十分重要。在挤压构造背景下，海底泥火山普遍发育，主要反映了流体集中式流动的特征。在地震剖面上，海底泥火山显示为混杂凌乱的地震反射特征，往往泥火山的形态轮廓表现出"圣诞树"样式的结构（图 2-50）（Perez-Garcia et al.，2011）。

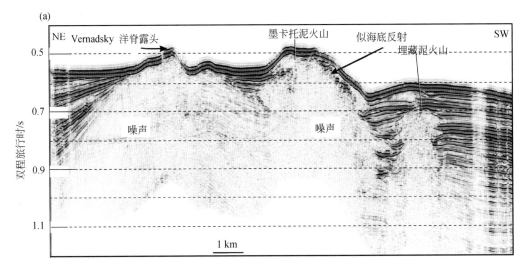

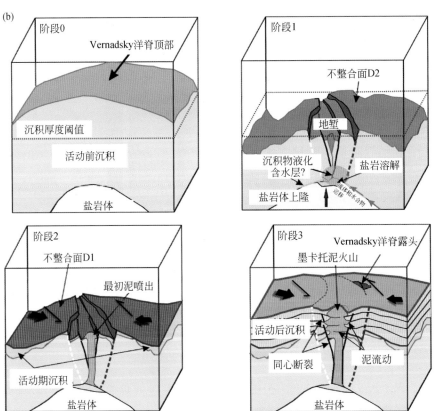

图 2-50　海底泥火山地震和地质结构

（a）P-cable 系统采集并抽取的二维地震反射剖面，清晰显示了墨卡托泥火山和一个埋藏泥火山；

（b）泥火山形成和演化模式（Perez-Garcia et al.，2011）

2006 年，挪威特罗姆瑟大学首次在摩洛哥西北的加的斯湾（Gulf of Cadiz）海底泥火山区域，利用 P-cable 系统采集了高分辨率三维反射地震数据。地震数据清晰显示了墨卡托（Mercator）泥火山和一个埋藏泥火山结构（图 2-50），依据地震反射层特征，两个泥火山具有周期性活动特征。该地震调查使用了 11 条单道电缆，通过交叉缆连接，4 支 40in³ 的 Bolt 气枪为震源，震源频率范围在 30～350Hz，中间频率为 120Hz，Geometrics Geode 24 模拟信号为船上地震记录系统，Konsberg DGPS 为导航系统，其中，在两个分缆器安装两套 DGPS 天线，气枪浮体上安装一套定位天线，船甲板上安装一套定位天线，放炮间距～12.5m，最后，完成由 56 条航迹线覆盖的 9.95km×3.2km 的三维地震工区，地震剖面最大垂向分辨率为 3～4m，水平分辨率为 10～15m（Perez-Garcia et al.，2011）。

在地震反射剖面上，除了在不整合面和一些被泥火山切断的杂乱地震反射面外，每一个构造单元的内部反射特征都连续［图 2-50（a）］。墨卡托泥火山顶部（双程旅行时 0.5s）和埋藏泥火山的顶部（双程旅行时 0.3s）显示了连续的沉积地层，分别显示了直径为 2km 和 0.6km 的泥火山特征［图 2-50（a）］。地震剖面上显示为凸起，主要形成于泥火山活动时期，随后，在泥火山活动的平静期，被埋藏在非火山沉积物之下［图 2-50（b）］，地震剖面识别出了 4 期泥火山喷发活动（Perez-Garcia et al.，2011）。在向上运移的流体中，Cl 和 Na 元素含量大量富集，这表明在墨卡托泥火山底部存在一个大的盐丘，在盐岩顶部，重新活动的盐岩构造作用形成了一个地堑结构［图 2-50（b）］。"L"形地堑侧面也限制了墨卡托泥火山和埋藏泥火山的侧向延伸（图 2-51）。在墨卡托和埋藏泥火山外围的更大区域内，分布着其他 30 多个不同大小的泥火山群，它们喷出时间相近，可能意味着它们来自同一个源区（Van Rensbergen et al.，2005a，2005b）。

在国家"一带一路"倡议下，海洋科学研究领域必须开展海洋地质与地球物理方面的国际和国内合作调查。开展高效的国内外海洋调查，已经是目前重要的发展趋势。常规的长电缆三维海洋反射地震调查手段，由于使用成本高昂，受到一定的限制。然而，高分辨率三维海洋反射地震 P-cable 系统可以很好地解决这一难题，其能够顺利开展不同海域的天然气水合物资源勘查，特别适用于与天然气水合物有关的海底气烟囱和泥火山等小目标体的内部精细结构及空间分布的调查与研究，能够满足今后"21 世纪海上丝绸之路"的海上科学调查和研究任务。为了增强"智力丝绸之路"海洋调查方面的广度和深度，配合中国深潜器的水下调查任务，P-cable 系统是解决地下目标体精细三维地震结构的一个强有力的工具，尤其是在地下流体和小目标体的详细勘查方面起到关键作用。P-cable 系统能够提供准确的三维地震数据，有利于大洋钻探的井位选取和井位钻探时间的评估，因此，高分辨率三维海洋反射地震 P-cable 系统不仅将成为今后海洋海底调查的一个强有力的海底填图

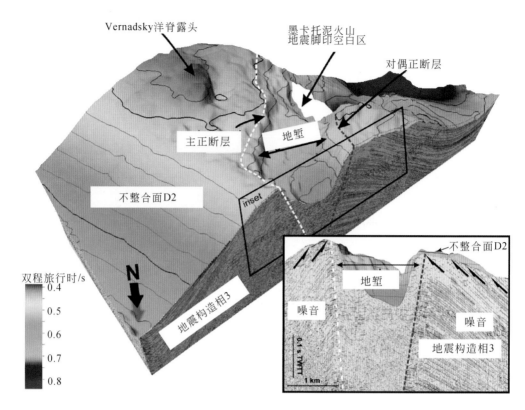

图 2-51　海底泥火山在剥蚀面上的三维地震（Perez-Garcia et al.，2011）

工具，而且将为中国今后大洋钻探科学目标区的详细调查提供新的调查手段。

2.3　震源机制解技术

　　震源机制解，又称断层面解，是用地球物理学方法判别断层类型和地震发震机制的一种技术方法。地震发生后，通过对不同的地震台站所接收到的地震波信号进行分析，即可求出其震源机制解。震源机制解可以揭示出断层是正断层、逆断层还是走滑断层（笠原庆一，1984）。常利用地震波纵波的初动方向的分布状况来推断震源机制，把震源区划分为压缩区和膨胀区相间的 4 个象限（图 2-52 和图 2-53）。一般来说，它们之间可划分出两个正交的平面界面，其中之一为发震断层面（周仕勇和许忠淮，2010）。

　　用地震波初动法求震源机制解，必需的数据是到达各观测台站的地震波方位角、入射角和第一次波动的类型。一般用下半球施密特投影的方式，把一个地震观测台站记录到的这三个数据标识出来（图 2-52 和图 2-53），可以用实心和空心圆圈表示第一次波动的类型。把若干不同台站的这些数据汇总在一起，即可求出震源机

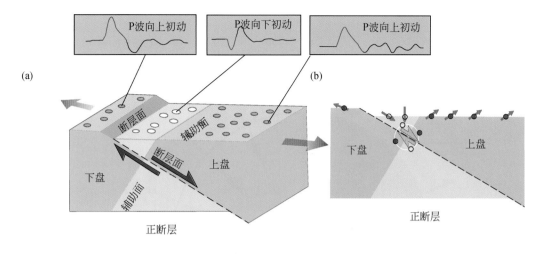

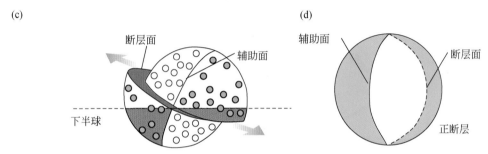

图 2-52　断层及其震源机制解示意

http://bats.earth.sinica.edu.tw/Doc/002.jpg

制解。如图 2-52 和图 2-53 所示，运用"沙滩球"图示，可以很方便地把震源机制解的各参数表示出来。

　　实际研究中，已利用震源机制解方法对世界上不少大地震作出了比较合理的解释。采用断层错动的点源双力偶发震构造模型时，首先汇集各台站记录到的某个地震的资料，将初至波的质点振动方向等资料分别标在震源参考球的施密特网图上，求出两个断层错动构造的点源双力偶模型面的走向、倾向、倾角，以及震源附近主压应力、主张应力的方向等参数。再进一步利用其他相关地质地球物理资料，求得断层的破裂方向、破裂速度与应力降等参数。研究震源机制，对于由主震资料预报强余震的分布以及由地震资料研究构造带的应力分布状况都是很有意义的（胡新亮等，2004；周仕勇和许忠淮，2010）。

　　通常所说的震源机制是狭义的，即专门针对研究构造地震的机制而言。构造地震的机制是震源处介质的破裂和错动。震源机制研究的内容包括：确定地震断层面的方位和岩体的错动方向、研究震源处岩体的破裂和运动特征以及这些特征和震源所辐射的地震波之间的关系。地震震源的研究开始于 20 世纪初。1910 年美国地震

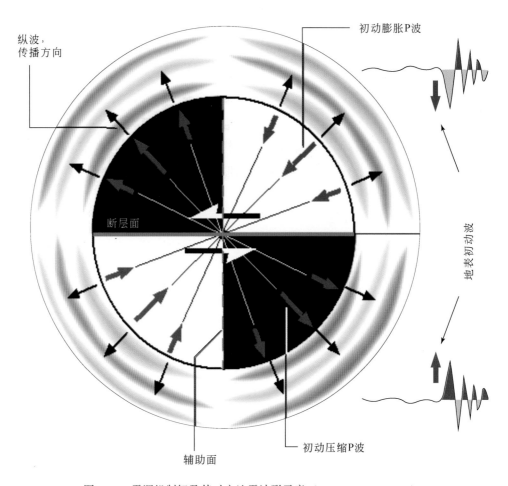

图 2-53　震源机制解及其对应地震波形示意（Frisch et al.，2011）

学家里德提出的弹性回跳理论首次明确表述了地震断层成因的概念。在地震学的早期研究中，人们就注意到，P 波到达时地面的初始振动有时是向上的，有时是向下的。20 世纪一二十年代，许多地震学者在日本和欧洲的部分地区几乎同时发现，同一次地震在不同地点的台站记录所得的 P 波初动方向具有四象限分布。日本学者最早提出了震源的单力偶力系，第一次把断层的弹性回跳理论和 P 波初动的四象限分布联系起来。此后，人们又提出了双力偶力系，事实证明，它比单力偶力系更接近实际。美国学者发展了最初的震源机制求解法，20 世纪 30 年代，第一次利用 P 波初动求出完整的震源机制解（笠原庆一，1984）。

　　地表垂直向地震仪记录到的 P 波震相的初始振动方向，向上的，记为实心圆圈；向下的，记为空心圆圈（图 2-52 和图 2-53）。实心圆圈代表压缩波，因为这种波的到达使台站受到来自地下的一个突然挤压，台基介质体积发生一微量的缩小。空心圆圈代表膨胀波，因为它使台站受到一个突然拉伸，介质体积发生一微量膨胀。每个台站记录的某一特定 P 波震相都可同震源处发出的一根地震射线相对应。以震源为球心，作一足够小的球面，小到球内射线弯曲可忽略不计。这个小球面称为震源球面。从每个台站沿地震射线回溯到震源，都可在震源球面上找到一个对应点。将每个台站记录的 P 波初动方向标到震源球面上去。只要记录足够多，且台站对应点在震源球面上的分布范围足够广，总可找到两个互相垂直的大圆面将震源球面上的实心和空心圆圈分成 4 个部分，即四象限，如图 2-52 和图 2-53 所示。这两个互相垂直的大圆面称为 P 波初动的节面，节面与地面的交线称为节线，节面上 P 波初动位移为零。二节面之一与地震的断层面一致（图 2-53 中绿色实线），而另一个节面称为辅助面（图 2-53 中绿色虚线）。

地震学家曾用作用于震源处的一些集中力系来解释震源辐射地震波的特征。理论计算表明，单力偶系和双力偶系辐射的 P 波，其振幅和初动方向随方位的分布有相同的特点。20 世纪 50 年代前后曾有一场争论，即单力偶系和双力偶系哪一种能反映真实的震源过程。深入研究的结果否定了单力偶系模型而接受了双力偶系模型。这主要是因为尽管二者 P 波的辐射图像一样，但二者 S 波的辐射图像不同，而 S 波的观测结果是支持双力偶系模型的（周仕勇和许忠淮，2010）。

根据地震波观测，按双力偶系点源模式求解震源的基本参数时，除了给出二节面的空间方位外，还常给出所谓 P、B、T 轴的空间方位。B 轴即是二节面的交线，又称零轴，因为该轴线上质点位移为零，也有记为 N 轴的。P 轴和 T 轴都位于同 B 轴垂直的平面内，且与二节面的夹角相等，P 轴位于膨胀波象限，而 T 轴位于压缩波象限。P 轴和 T 轴可分别看成是同双力偶系等效的压力轴和张力轴（胡新亮等，2004；周仕勇和许忠淮，2010）。

常常需要将观测符号在震源球面上的分布、节面或各力轴与震源球面的交线或交点用图表示出来。由于不好直接在球面上作图，需用平面作图来代替，于是出现了多种将球面上的点同平面上的点一一对应起来的投影方法。最常用的是吴氏网和施密特网。二者所取的投影平面都是某个过球心的大圆面。吴氏网又叫等角投影网或赤平极射投影网，球面上的正交曲线投影到平面上后仍保持正交。施密特网又叫等面积投影网，球面上面积相等的区域在平面上的投影面积仍相等。点源辐射的远场 S 波位移矢量是在垂直于地震射线的平面内偏振的。利用 S 波观测研究震源机制时常常利用 S 波的偏振角。将实际地震图上的 S 波记录经过仪器和地表影响的校正后，可求出观测的偏振角。再由不同的点源模型计算出理论的偏振角，根据二者符合的程度即可检验哪种模型符合实际，并可求出模型的参数。按照点源模型，根据远场 P 波和 S 波的观测只能定出地震的两个节面，而不能判定其中哪一个是实际的断层面。为鉴别哪个是断层面，还需要补充其他有关震源的信息，如地表破裂资料、余震空间分布特征等。一般只有对较大的地震才能获得这类资料。由地震波观测鉴别断层面时需要考虑破裂传播的效应，断层面的破裂是从一个很小的区域首先开始的，并以有限的破裂传播速度（一般小于横波传播速度）扩展到整个断层面。根据地震波初至到时测定的震源位置就是破裂起始点的位置（笠原庆一，1984；胡新亮等，2004；周仕勇和许忠淮，2010）。

破裂传播效应对辐射地震波的振幅和周期都有影响。对振幅的影响是使 P 波和 S 波的辐射玫瑰图的对称性减弱。S 波更容易反映出破裂传播的效应，即在破裂前进的方向上，S 波的振幅大大增强了。破裂传播对地震波周期的影响反映为地震波记录的多普勒效应，即在破裂前进的方向上，波的高频成分增强，使脉冲的时间宽度变窄；而在相反的方向上，波的频率变得较低，脉冲时间宽度变宽。有时能从实际地震波记录中分辨出上述振幅和周期（或频谱）随方位变化的不对称性，由此鉴别出哪个节面是断层面，并求出破裂传播长度和传播速度等参数（周仕勇和许忠淮，2010）。

历史上，对震源的研究是沿两条途径发展起来的。一条途径是试图用震源处作用的体力系来描述震源，另一条途径是用震源处某个面的两侧发生位移或应变的间断来描述震源。20 世纪 50 年代提出的震源三维弹性位错理论，将这两种描述方法统一了起来。该理论证明了在产生位移或应变场方面位移位错和双力偶系的等价性，从而肯定了震源的双力偶点源模型的合理性（笠原庆一，1984）。

位错矢量与断层走向一致的断层，称为走滑断层；位错矢量与断层倾向一致的断层，称为倾滑断层。倾滑断层又分为逆断层（上盘向上运动）和正断层（上盘向下运动）。有些断层介于走滑与倾滑之间，但以一种方式为主。当人站在断层一侧，而面向的另一侧是向右运动时，称断层运动是右行的；若面向的另一侧是向左运动，则称断层运动是左行的。如图 2-54 和图 2-55 所示，不同类型的断层对应不同样式的震源机制解。在板块俯冲带处，由于大洋板块俯冲的大陆板块之下，发生在两个板块交界处的地震，主要为逆冲型地震，其震源机制解如图 2-56（a）所示；

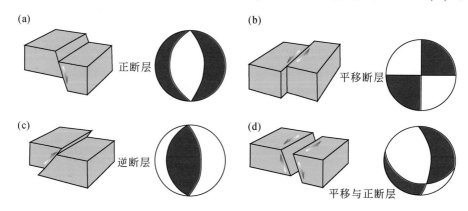

图 2-54　不同断层类型及其对应震源机制解平面图

http://bats. earth. sinica. edu. tw/Doc/003. jpg

发生在洋中脊处的地震，主要为正断型地震，其震源机制解如图 2-56（b）所示；而发生在转换断层以及一些走滑断层处的地震，其震源机制解则如图 2-56（c）所示。需要指出的是，天然地震的震源机制解一般符合双力偶系模型，但人工爆破、塌陷、火山喷发等现象，则往往不符合双力偶系模型，因此，其对应的辐射图样也与狭义的震源机制解不同（图 2-57 和图 2-58）。

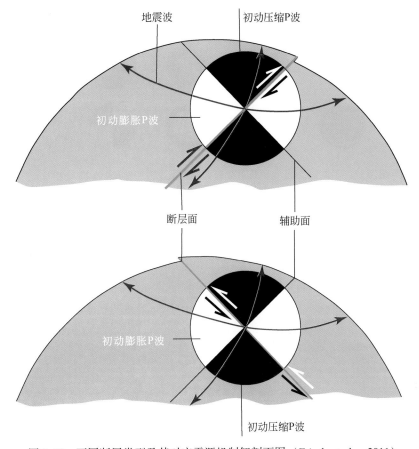

图 2-55　不同断层类型及其对应震源机制解剖面图（Frisch et al.，2011）

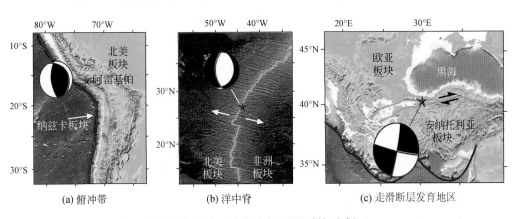

(a) 俯冲带　　　　　　　(b) 洋中脊　　　　　　(c) 走滑断层发育地区

图 2-56　不同构造背景下断层类型及其对应震源机制解实例（Frisch et al.，2011）

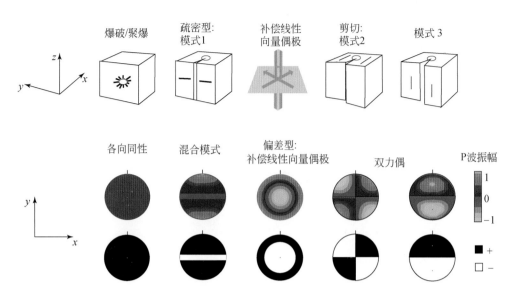

图 2-57　不同破裂模型及其对应震源机制解示意（Finck et al.，2003）

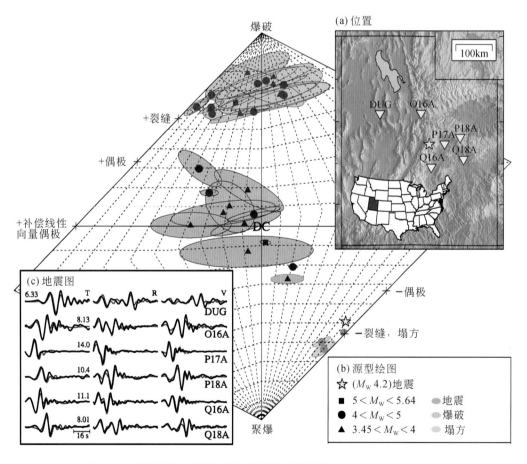

图 2-58　天然地震、爆破与塌方的震源机制实例（Dreger et al.，2008）

从地震波记录测定或估计震源参数时，除利用体波记录外，也可利用面波记录。一般采用波谱分析或拟合地震图等方法进行分析。用波谱分析法时，一般是先求出震源参数同理论震源波谱的某些特征量之间的联系，然后，用傅里叶分析法，从地震记录求出观测的震源波谱和相应的特征量，再根据上述联系，推算震源参数。用拟合地震图方法时，可用尝试法先假定一些震源参数，并选定地球结构参数，然后，计算出观测点的理论地震图，再同该点的观测地震图对比，根据二者是否符合再确定实际的震源参数。也可利用适当的最优化的反演方法，直接求出与观测量拟合最好的震源参数，而不需要反复尝试（周仕勇和许忠淮，2010）。

震源机制解的可靠性越来越受到人们的重视，已有的检验工作证实，早期或者手工作图测定的震源机制解可靠性较差。经比较，由远震波形反演的矩张量解，针对同一地震，不同学者的结果之间差异甚小，可靠性较高；而基于 P 波初动方向，测定震源机制解的格点尝试法所给出的解空间，比其他方法要好。地震活动具有继承性，其震源机制解也并非随机分布，发生在同一条或同一组断层中的地震，往往具有相似的震源机制解（笠原庆一，1984；胡新亮等，2004；周仕勇和许忠淮，2010）。

2.4　海底地震仪探测

海底地震仪（ocean bottom seismometer，OBS）探测是洋壳和上地幔深部结构研究中越来越重要的海洋探测方法之一。与常规的海上地震勘探仪器不同，它是将地震波检波器和记录仪沉放在海底，天然地震或科考船上的气枪产生地震波信号，地震波穿过海底面以及海底深部返回到记录仪。该探测方法主要利用反射波和折射波穿过海底后返回的走时信息，通过射线追踪原理，来研究地壳和上地幔速度结构变化。

2.4.1　海底地震仪特点

海底地震仪探测包括海洋人工地震探测的和海洋天然地震探测，其中海洋人工地震测深的观测方法与陆地上所采用的方法不同，它采用单点仪器观测（一台或几台仪器组成阵列）、多点激发的方式。人工震源通常用船载的气枪或炸药沿着设计的剖面在每个预定的位置上放炮激发，由投放在剖面一端海底的地震仪记录下每次激发产生的地震信号。仪器回收时，由作业船在仪器投放点附近，用水声遥控或仪器内部的定时钟，发出信号，使装有观测仪器的耐压密封容器与沉块分离，使 OBS

浮到水面，方便人们进行打捞。中国很早就开始了相关海底地震仪的研制以及应用，早期开发的 HS1 型海底数字地震仪就是依据人工地震探测方法设计和研制的（郝维城等，1986）。

海底地震仪与近海面的水中检波器相比具有以下优点：①在探测过程中可保持位置不变，避免了海面浮标漂移对地震解释结果的畸变；②海底噪声弱，海底地震仪记录质量一般较好；③由于减少了地震波在海水中的传播路径，海底地震仪能更好地记录深部地壳和上地幔信息；④多分量检波器能够接收纵波，也能直接接收横波，提供的地震波信息量大大增加。

2.4.2　层状介质走时方程

利用海底地震仪可以开展主动源地震（即人工震源）探测，获取地震波震相走时数据后，通常通过正演、反演方法，求解介质的走时方程，获取最佳速度结构模型。本节通过简单的层状介质，推导简单的反射和折射波走时方程，用以解释地震记录剖面走时–距离曲线（时距曲线）的几何关系，分别推导水平层状介质中弹性波的走时曲线、分层界面的反射及其近似表达。

（1）反射震相走时方程

假设模型为两层介质，P 波在第一层与第二层之间的界面上产生反射，接收点位于第一层顶面。根据射线传播原理，得到的走时方程为

$$t = \frac{\sqrt{4h_1^2 + x^2}}{v_1} \tag{2-76}$$

或

$$t^2 = t_0^2 + \frac{x^2}{v_1^2} \tag{2-77}$$

式中，$t_0 = \dfrac{2h_1}{v_1}$ 是该层垂直反射的双程旅行时；h_1 为第一层介质厚度；v_1 为第一层介质中的 P 波速度；x 为 P 波传播距离。

从以上方程可以看出，反射走时曲线是一条双曲线。如果用折合时间剖面来表示，则有

$$t' = t - \frac{x}{v_r} = \frac{\sqrt{4h_1^2 + x^2}}{v_1} - \frac{x}{v_r} \tag{2-78}$$

上式中偏移距取绝对值，这时时距曲线不再是双曲线，它与折合速度 v_r 有很大关系。

对于多层介质模型，第 n 个界面的反射波走时曲线

$$t = 2 \sum_{i=1}^{n} \frac{h_i \cos i_{jn}}{v_i \sqrt{1 - p^2 v_i^2}} \tag{2-79}$$

式中，j 为相对于 i 的下一层介质；p 为射线参数或水平慢度，并且有

$$p = \frac{\sin\alpha_1}{v_{P_1}} = \frac{\sin\beta_1}{v_{S_1}} = \cdots = \frac{\sin\alpha_n}{v_{P_n}} = \frac{\sin\beta_n}{v_{S_n}} \tag{2-80}$$

式中，n 为目标界面；α、β 分别为纵波或横波的入射角和折射角。

（2）折射震相走时方程

假定同样是两层地下结构模型，P 波在第二层顶面产生折射，根据斯奈尔定律，产生折射的临界入射角为

$$i_0 = \sin^{-1} \frac{v_1}{v_2} \tag{2-81}$$

根据射线传播原理，得到走时方程为

$$t = \frac{2h_1}{v_1 \cos i_0}\left(1 - \frac{v_1}{v_2}\right) + \frac{x}{v_2} \tag{2-82}$$

从上式方程可以看出，折射波走时曲线是条直线。

当采用折合时间剖面时，方程为

$$t' = \frac{2h_1}{v_1 \cos i_0}\left(1 - \frac{v_1}{v_2}\right) + \frac{x}{v_2} - \frac{x}{v_r} \tag{2-83}$$

对于多层介质模型，折射波走时曲线为

$$t = \sum_{k=1}^{n-1} \frac{2h_k \cos i_{kn}}{v_k} + \frac{x}{v_n} \tag{2-84}$$

2.4.3 速度分布对地震射线和走时的影响

利用海底地震仪也可以开展被动源地震（即天然震源）探测，获取地震波震相走时数据，通常使用天然地震的分析和处理方法，如较为常规的层析成像方法，研究地球深部圈层结构。利用地震体波研究地球内部结构的方法已有详细分析和总结（金旭等，2012）。地震体波在地球内部各层界面发生反射、折射和转换波等远震地震波特征描述如下。

（1）射线的曲率

射线的曲率可直接由曲率的定义出发求得。如图 2-59 所示，ρ 为射线 FS 上 A 点的曲率半径，h 为地心 O 至 A 点切线的垂直距离。由曲率定义有

$$\frac{1}{\rho} = \frac{\mathrm{d}\omega}{\mathrm{d}s} \tag{2-85}$$

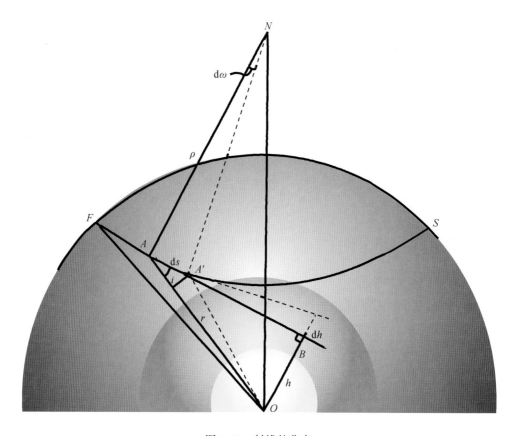

图 2-59　射线的曲率

从图 2-59 可以看出

$$ds = -\frac{dr}{\cos i} \qquad (2\text{-}86)$$

$$d\omega = \frac{dh}{r\cos i} \qquad (2\text{-}87)$$

因

$$h = r\sin i = pv \qquad (2\text{-}88)$$

则

$$dh = pdv \qquad (2\text{-}89)$$

这样

$$d\omega = \frac{pdv}{r\cos i} \qquad (2\text{-}90)$$

将上式代入，则

$$\frac{1}{\rho} = -\frac{p}{r}\frac{dv}{dr} \qquad (2\text{-}91)$$

进一步有

$$\frac{1}{\rho} = -\frac{\sin i}{v}\frac{\mathrm{d}v}{\mathrm{d}r} \tag{2-92}$$

或

$$\left|\frac{\mathrm{d}v}{\mathrm{d}r}\right| = \frac{v}{\rho\sin i} \tag{2-93}$$

（2）速度分布对射线形状的影响

速度随深度的变化，对射线的几何形状有一定的影响。

若 $v(r)$ 随深度变化的增加而增加，即 $\frac{\mathrm{d}v}{\mathrm{d}r}<0$，则 $\rho>0$，射线凹向球面，并有最低点，如图 2-60 所示。

若 $v(r)=c$（常数），即 $\frac{\mathrm{d}v}{\mathrm{d}r}=0$，则 $\rho\to\infty$，射线为一条直线，如图 2-60（a）所示。震源和观测点都在地面时，其走时为

$$T=2\frac{R}{v_0}\sin\frac{\Delta}{2} \tag{2-94}$$

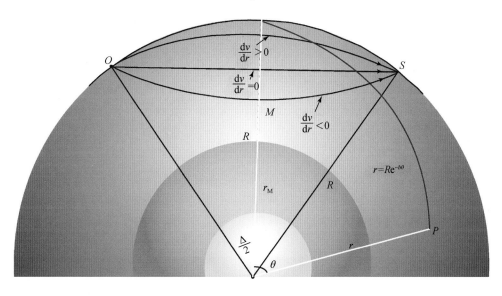

图 2-60　速度分布与射线形状

若 $v(r)$ 随深度的增加而减少，即 $\frac{\mathrm{d}v}{\mathrm{d}r}>0$，则 $\rho<0$，射线凹向球心。此时，速度随深度的变化率 $\frac{\mathrm{d}v}{\mathrm{d}r}$ 有三种情况，分别讨论如下。

1）$\frac{\mathrm{d}v}{\mathrm{d}r}<\frac{v}{r}$。在此情况下

$$-\frac{1}{\rho}=\frac{\sin i}{v}\frac{\mathrm{d}v}{\mathrm{d}r}<\frac{\sin i}{v}<\frac{1}{r} \tag{2-95}$$

即

$$|\rho| > r \tag{2-96}$$

射线曲率较地球表面曲率小，地震射线能出射地面（图 2-60）。

2）$\dfrac{\mathrm{d}v}{\mathrm{d}r} = \dfrac{v}{r}$。在这种情况下

$$-\frac{1}{\rho} = \frac{\sin i}{r} \tag{2-97}$$

对条件等式积分可得

$$v = cr \tag{2-98}$$

式中，c 是常数，所以

$$p = \frac{\sin i}{c} \tag{2-99}$$

或者

$$\sin i = cp = 常数$$

也就是说，地震射线的入射角保持不变，处处相等。

由射线微分方程

$$\mathrm{d}\theta = \pm \frac{p}{r\sqrt{\dfrac{r^2}{v^2} - p^2}} \mathrm{d}r \tag{2-100}$$

可得

$$\frac{\mathrm{d}r}{\mathrm{d}\theta} = -p^{-1} r \sqrt{c^{-2} - p^2} \tag{2-101}$$

即

$$\mathrm{d}r = -br\mathrm{d}\theta \tag{2-102}$$

式中，b 是常数，有

$$b = p^{-1}\sqrt{c^{-2} - p^2} \tag{2-103}$$

积分并解以上各式，得

$$r = R\mathrm{e}^{-b\theta} \tag{2-104}$$

式中，R 是地球半径。该结果说明，此情况下，地震射线呈螺旋状卷入地心。对于 $p = \dfrac{1}{c}$ 的射线，因 $b = 0$，致使 $r = R$，射线是以 R 为半径的圆，即波沿地面传播，[图 2-60（b）]。$\dfrac{\mathrm{d}v}{\mathrm{d}r} = \dfrac{v}{r}$ 称为速度随深度减小的临界条件。

3) $\dfrac{\mathrm{d}v}{\mathrm{d}r}>\dfrac{v}{r}$。由于

$$-\frac{1}{\rho}>\frac{\sin i}{r} \tag{2-105}$$

射线曲率半径总是小于$\dfrac{\mathrm{d}v}{\mathrm{d}r}=\dfrac{v}{r}$情况下的曲率半径，此时的地震射线将比第二种情况更快地卷入地心（图2-60）。

（3）速度异常区对地震射线和走时影响

通常，地球内部的地震波速度随深度增加而增加$\left(即\dfrac{\mathrm{d}v}{\mathrm{d}r}<0\right)$，地震射线凹向地面，但地球内还存在一些速度异常区及间断面，对地震射线和走时曲线有一定的影响（金旭等，2012）。其射线微分方程表述为

$$\frac{\mathrm{d}r}{\mathrm{d}\theta}=\frac{r}{p}\sqrt{\frac{r^2}{v^2(r)}-p^2} \tag{2-106}$$

$$\frac{\mathrm{d}t}{\mathrm{d}\theta}=\frac{r\sin i}{v(r)} \tag{2-107}$$

当以上方程有极小值时，即射线顶点位置$P=\dfrac{r}{v(r)}$时，经运算可求得二次微商

$$\frac{\mathrm{d}^2 r}{\mathrm{d}\theta^2}=\frac{r^2}{v(r)}\left[\frac{v(r)}{r}-\frac{\mathrm{d}v(r)}{\mathrm{d}r}\right] \tag{2-108}$$

$$\frac{\mathrm{d}^2 t}{\mathrm{d}\theta^2}=\frac{r}{v^2(r)}\left[\frac{v(r)}{r}-\frac{\mathrm{d}v(r)}{\mathrm{d}r}\right]\frac{\mathrm{d}r}{\mathrm{d}\theta} \tag{2-109}$$

上式表示随深度变化时速度与射线的关系。r随一条射线不同点而变化，表示随深度变化速度与走时曲线的关系，因不同的射线而异。以上两式中，r均表示射线上任一点至地心的距离。

从以上可看出，射线与走时曲线的变化取决于括号中的值为正还是为负，即取决于$\dfrac{\mathrm{d}v(r)}{\mathrm{d}r}$与$\dfrac{v(r)}{r}$的关系。

如图2-61（a）所示的地球内部r_1到r_2的介质层中，若波速随深度增加而增加的幅度比其上下层都快，即

$$\left.\frac{\mathrm{d}v(r)}{\mathrm{d}r}\right|_{r_2<r<r_1}<\left.\frac{\mathrm{d}v(r)}{\mathrm{d}r}\right|_{r>r_1,r<r_2}<0 \tag{2-110}$$

则该层称为高速层。

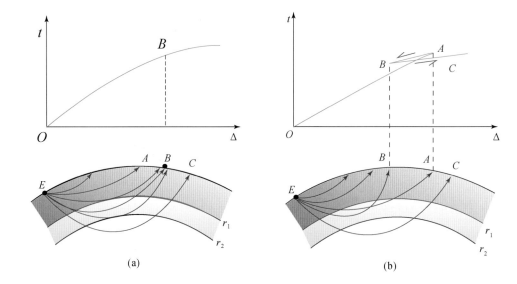

图 2-61　高速层情况

由于射线在高速层中的曲率增大，到达地面时会发生密集甚至汇集于一点出射的现象。走时曲线在射线汇集点处曲率亦增大，使之出现角点。如图 2-61（a）的 B 点所示。

若高速层内的波速随深度增加而增加更快时，会发生射线交叉，即穿透更深的射线在地面出射点的震中距离反而小。这时，走时曲线出现回折圈。如图 2-61（b）中 $A\to B\to C$ 所示。高速间断面是指波在界面上、下方均有 $\dfrac{\mathrm{d}v}{\mathrm{d}r}<0$ 的情况，且界面下层的波速大于上层的波速，但在界面 $r=r_\mathrm{h}$ 处的速度突增。射线及相应的走时曲线如图 2-62 所示。图中的 OA 段为直达波的走时曲线，AG 段对应间断面上的反射波，GA 段在 B 点分叉，B 点为开始出现全反射的临界点，点虚线即表示沿间断面上的绕射波，FD 段则对应于穿过高速间断面的折射波。

若在图 2-63 所示的 r_1 至 r_2 的介质层中，波速随深度增加而减小，该层以外则速度随深度增加而增加，那么 r_1 至 r_2 的层称为低速层，即

$$\begin{cases}\dfrac{\mathrm{d}v(r)}{\mathrm{d}r}>\dfrac{v(r)}{r}\,(r_1>r>r_2)\\[3mm]\dfrac{\mathrm{d}v(r)}{\mathrm{d}r}<\dfrac{v(r)}{r}\,(R\geqslant r>r_2\text{ 或 }R<r_2)\end{cases}\tag{2-111}$$

在 $r_1>r>r_2$ 的层内，由于速度随深度增加而减小，进入该层的射线折向地心方向。直到射线穿过 $r=r_2$ 的界面，抵达 $r=r_3$ 处才出现最低点，然后逐渐向上最终于地面 B 点出射（图 2-63）。

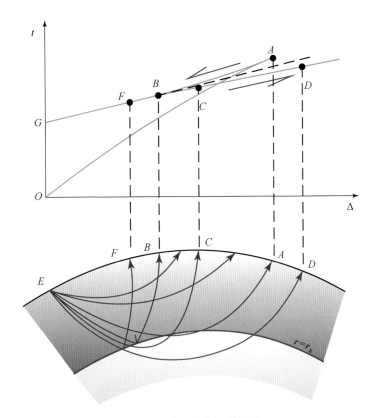

图 2-62　高速间断面的情况

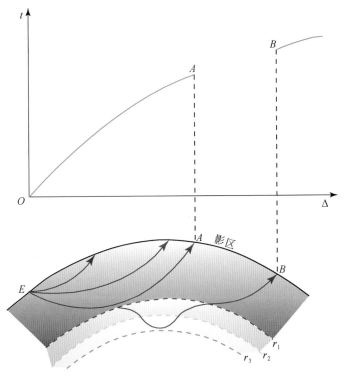

图 2-63　低速层情况

受低速层影响，地面上 AB 段接收不到该类型的地震波而成为"盲区"。走时曲线在相应的震中距离范围内出现"空档"。当 $r=r_L$，界面附近的波速不连续，其上、下都有 $dv/dr<0$，但界面下方的波速小于上方的波速，该界面称为低速间断面。与低速层效应相类似，地面出现一段影区，相应的走时曲线出现"空档"。由于受地核的"焦散"作用，穿过地核的波对应的走时曲线分为两支（图 2-64）。

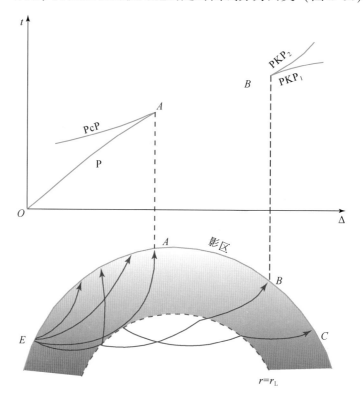

图 2-64　低速间断面的情况

2.4.4　远震地震波类型和应用

（1）远震地震波类型

地球内部介质的层状构造及各层介质物理性质的不同，导致地震波速度不同，且在各分层界面上发生反射、折射及转换等，形成各种各样的波动。因而，远地震波有许多类型，包括地幔折射波、核面反射波、地核穿透波、震中附近的反射波和面波（金旭等，2012）。

地幔折射波是指从震源出发，经地幔后在地面出射的波，通常以 P、S 表示。地幔折射波是在地幔层圈中传播的基本震相，图 2-65 中标示的 P、PP、PPP 和 S、SS、SSS 别是 P 波和 S 波在地表面一次、两次和三次反射的波。PS、SP、PPS、SSP、PSP 和 SPS 等则是 P 波和 S 波在地表面的二次或三次反射转换波（图 2-65）。

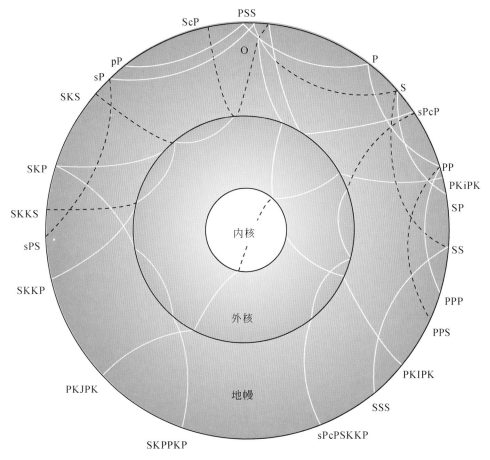

图 2-65　远震体波主要震相射线路径示意

上述诸波不论其名目何其繁多，它们在地震图上的记录特征仍不失其原生波 P 与 S 的本性，不同的只是出射到地面震中距离的远近、到达时间的早晚以及受传播路径上复杂因素的影响，振幅和周期有微小差异。

核面反射波在地幔、地核分界面上反射的波，标以 PcP、ScS。PcS、ScP 是该界面上的反射转换波，它们是研究地核的重要震相。PcP 与 ScS 通常在 30°～40° 很强。PPcP 与 SScS 等表示先在震中附近地表反射，后又在幔、核分界面上反射的波。地核穿透波是穿过地核的波。由于地核有外核、内核之分，中间还有过渡层，因而地核穿透波的种类较多，走时曲线十分复杂（金旭等，2012）。

通常以 "K" 表示纵波在外核传播那一段路径，如 PKP、SKP、PKS 和 SKS，但后面两个震相在穿过外核折向地面时发生了波型转换。PKP 有时亦以 p′ 表示，一般在 143° 后能观测到。p′p′（即 PKPPKP）、p′p′p′等则表示数次在地球表面反射的外核穿透波。对于在外核界面内侧反射一次的波表示为 PKKP、SKKS、PKKS 和 SKKP，反射两次用 PKKKP（P3KP），SKKKS（S3KS）表示（图 2-65）。

P 波通过幔、核分界面进入地核由于速度陡降，因而 G 界面对 P 波是低速间断面，在震中距离105°~143°形成一个明显的盲区（图2-66）。而对Sv波进入地核转换的P波，由于G界面下的速度大于其上的S波速度，故G界面对S波来说则是高速间断面。这样，在70°~110°的震中距离范围内，S波的走时曲线由S、ScS和SKS三支曲线组成。

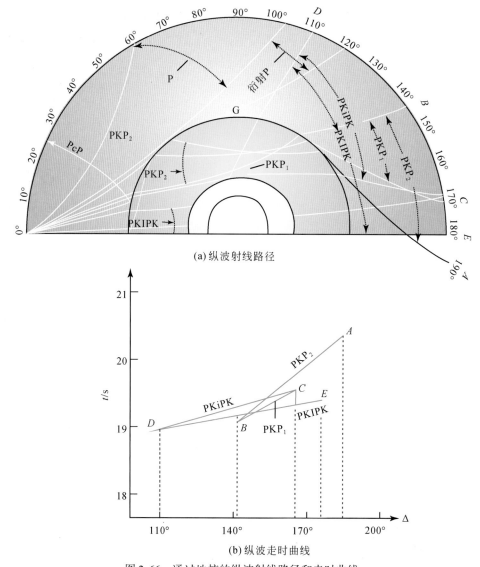

(a) 纵波射线路径

(b) 纵波走时曲线

图2-66　通过地核的纵波射线路径和走时曲线

地震波进入外地核后，速度又逐渐增加，射线凹向核面，再次经过核面折射到地面上，这就是143°开始出现的PKP₁和PKP₂波。由于地核的聚焦作用，两个波都很强。PKP_1出现在143°~168°，PKP2出现在143°~187°（图2-66）。

当认为外核、内核间的界面是过渡层时，还有在该过渡层产生的反射纵波PKiKP，以及经过渡层F折射的纵波PKHKP。通过地球内核的纵波记为PKIKP（P″），横波记为PKJKP。

PKJKP（P″）和 PKJKP 只是理论上推测有可能存在的震相，迄今并未观测到，但 PKIKP 在 110°～142°被观测到（图 2-66）。

穿越地核的地震射线及其相应的走时曲线如图 2-66 所示。图 2-66（a）中 PKP₂ 波的辐射区域 A-B 对应于图 2-66（b）中走时曲线的 A-B 区段。类似地，图 2-66（a），（b）两图中的 B-C、C-D 及 D-E 等亦是一一对应的。B-C 为 PKP，C-D 为 PKiKP，D-E 则为 PKIKP。一些经过外地核的波传播到地面又反射回地幔或外核后再出射的波，记为 PKPPKP，SKSSKS 等。

地核穿透波，尤其是 PKP、SKS 与前述核面反射波 PcP、ScS，对于研究地核性质甚为重要。震中附近的反射波前面已介绍一些，这里主要介绍深源地震的波。对于深震，其一次反射波的反射点多在震中附近，反射前的射线路径远比反射后的短，常以小写字母表示在地表反射之前的路径段。如图 2-65 中的 pP、sP、sPS、sPcP、sPcPSKKP 分别表示震中附近的反射波、反射转换波、核面反射波及外核穿透波等。

远震特别是浅源远震，在地震图上会经常观测到在 S 波后面到达的各种面波震相，主要是勒夫波和瑞利波。远震记录的特征是：震相的种类多，面波发育；波的周期较长；整个记录延续的时间长，有的可达 1.5h。

图 2-67 为杰弗瑞斯–布伦（Jeffreys et al.，1967）走时曲线。震中距 10°以内的走时曲线一般为地壳内传播的波。根据核爆炸结果显示，在 20°以内，各地区的走时曲线很不一致。这说明地下 400～500km 以上的介质沿横向变化较大。20°以外，全球各处的走时变化很小。

（2）地震体波与地壳结构

尽管天然地震震源的时空参数不如人工震源数据那样精准，对探测精度有所影响，但是天然地震方法有其优势：经济且可用资源丰富，研究方法也较多，故仍被广泛采用。

在远震 P 波与 S 波震相之间，有时能清晰分辨出莫霍面上的折射转换波 PS_M 震相，当震中距离较大时，如果忽略震源深度的影响，就可利用 PS_M 与 P 波的到时差测定地壳厚度。

图 2-68 中，设地壳厚度为 H，P 波与 S 波速度分别为 v_{P_1} 和 v_{S_1}，地幔顶部 P 波速度为 v_{P_2}，则 PS_M 波与 P 波的到时差

$$\Delta t = \frac{CB}{v_{P_2}} + \frac{BS}{v_{S_1}} - \frac{AS}{v_{P_1}} \tag{2-112}$$

将依据图 2-68 得到的 CB、BS 和 AS 的表达式代入上式，整理后得

$$\Delta t = H\left[\frac{(\tan i_P - \tan i_S)\sin i}{v_{P_2}} + \frac{1}{v_{S_1}\cos i_S} - \frac{1}{v_{P_1}\cos i_P}\right] \tag{2-113}$$

经简单的三角变换并利用关系式

$$\frac{\sin i}{v_{P_2}} = \frac{\sin i_P}{v_{P_1}} = \frac{\sin i_S}{v_{S_1}} = c \tag{2-114}$$

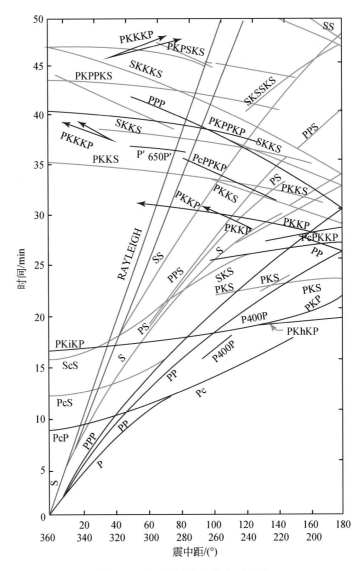

图 2-67　杰弗瑞斯–布伦走时曲线

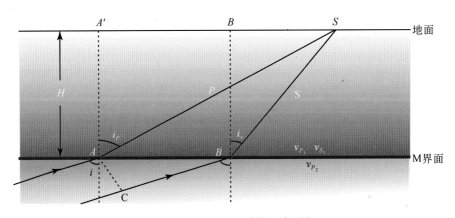

图 2-68　用远震 PS_M 计算地壳厚度

则方程（2-113）变为

$$\Delta t = \frac{H}{v_{P_1}}\left[\sqrt{k^2-(cv_{P_1})^2}-\sqrt{1-(cv_{P_1})^2}\right] \tag{2-115}$$

由此，便可导出计算转换点 B 处深度的公式

$$H = \frac{\Delta t \cdot v_{P_1}}{\sqrt{k^2-(cv_{P_1})^2}-\sqrt{1-(cv_{P_1})^2}} \tag{2-116}$$

式中，Δt 可从地震记录图上量得；$k=v_P/v_S$；c 是初至 P 波视速度的倒数。当震中距在 $30°\sim40°$ 范围以上时，方程中的 $(cv_{P_1})^2$ 变得很小，故可简化为

$$H = \frac{\Delta t \cdot v_{P_1}}{k-1} \tag{2-117}$$

用此方法测定地壳厚度，关键是在地震记录图上准确地识别出莫霍面上的折射转换波 PS_M。PS_M 一般在初至 P 波之后十几秒内到达，当震中距大于 $40°$ 时，不同远震在莫霍面产生的 PS_M 波与 P 波的到时差变化不大，二者波形相似，周期亦相近。PS_M 在水平分向上较垂直分向发育。莫霍面上、下的波速相差越大，P 波入射角也越大，PS_M 波的相对强度就越大。通常 PS_M 波水平分量的幅度是初至 P 波垂直分量的 $10\%\sim80\%$。为可靠起见，识别 PS_M 时最好进行多台相位对比，甚至对记录进行偏振滤波处理（金旭等，2012）。

在震中距 $25°\sim60°$，常记录到射线路径如图 2-69 所示的震相，它是 S 波在地表面 A 点反射转换成 P 波之后又在莫霍面上反射而到达观测点 S 的，记作 SP′震相。该震相一般在 S 波之后 $8\sim15s$ 出现，周期略小于 S 波，垂直分量较水平分量清楚。

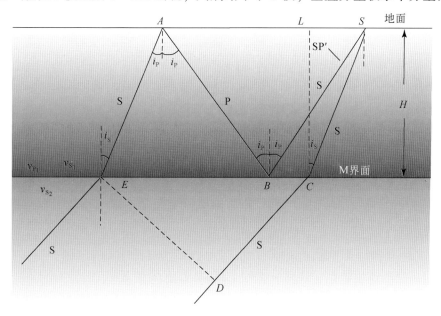

图 2-69　用远震 SP′震相计算地壳厚度

设地壳厚度为 H，纵波与横波速度分别为 v_{P_1} 和 v_{S_1}，地幔顶部横波速度为 v_{S_2}，则 S 点接收到的 SP′波与 S 波的到时差为

$$
\begin{aligned}
\Delta t_{SP'-S} &= \frac{AB+BS}{v_{P_1}} - \frac{CD}{V_{S_2}} \\
&= \frac{2H}{v_{P_1}\cos i_P} - \frac{2H\mathrm{tg}i_P\sin i}{V_{S_2}} \\
&= \frac{2H}{v_{P_1}\cos i_P}\ (1-\sin^2 i_P) \\
&= \frac{2H}{v_{P_1}}\cos i_P
\end{aligned}
\tag{2-118}
$$

因此，台站附近 L 点的地壳厚度

$$
\begin{aligned}
H &= \frac{\Delta t_{SP'-S}\cdot v_{P_1}}{2\cos i_P} \\
&= \frac{k\Delta t_{SP'-S}\cdot v_{P_1}}{2\sqrt{k^2-v_{P_1}^2\left(\dfrac{\mathrm{d}t}{\mathrm{d}\theta}\right)^2}}
\end{aligned}
\tag{2-119}
$$

式中，$k=111.1\mathrm{km}$，为走时曲线斜率。

2.4.5　海底地震仪数据处理

（1）海底地震仪数据校正

首先对不同型号的海底地震仪数据进行格式转换，从仪器格式转换成标准的地震数据格式，如 SEGY 或者 SAC 格式。除了数据格式转换外，数据需要进一步处理，包括炮点位置和时间校正、地震仪海底位置校正、时钟漂移校正、记录的增益恢复、滤波及预测反褶积等。为了更好地识别震相，有时还需要进行水深静校正，以消除地形变化对震相识别的不利影响。

用精确的 GPS 时间，对放炮时间进行控制，一般地震船载气枪的炸测定时以秒为单位，或使用精确到毫秒的精密计时器与震源直接相联。由于航迹相对设计测线会产生一定的偏差，一般偏差为几米到十几米，直接影响震相走时的拾取。对于二维调查测线，用最小二乘法将上面校正后的所有炮点归到同一直线上形成剖面，这一过程称为坐标的局部化。

（2）海底地震仪数据射线追踪

利用海底地震仪数据，通常，采用 Colin Zelt 开发的 RAYINVR 软件及试错法正演、自动反演和分辨率测试等相关程序，对海底地震仪数据进行处理，开展二维射线走时追踪（Zelt and Smith, 1992），其具体工作流程详细如下（阮爱国, 2018）。

1）初始模型的建立：通过分析记录剖面的震相特征，根据多道地震剖面、区域地质资料以及初至波速度结构，建立地壳和上地幔结构的初始速度结构模型。

2）震相的识别：利用RAYINVR自带的软件拾取震相，也可以利用其他拾取震相软件，但要区分不同种类的震相。

3）正演模拟：根据初始模型计算各震相的理论走时曲线，并将该理论计算的走时与实际观测的走时进行对比，遵循从单台到多台、从浅部到深部的原则，用试错法不断修改模型，使理论计算结果逐步向实测曲线逼近，获得一个较理想的模型。

4）反演计算：采用RAYINVR的反演计算程序，逐层对射线密集区域进行反演更新等循环迭代计算，最终使得所有震相总的均方根走时残差最小，获得各台站的理论射线路径和二维地壳速度结构。

5）分辨率测试：将最优化模型作为初始模型，初始模型中添加速度异常，然后利用拾取的震相进行反演计算恢复，将恢复后的模型与初始模型相减得到新的速度异常模型，对比两个速度异常模型的不同，来判断模型的分辨率。

2.4.6 海底地震仪探测实例：南海西北部

被动大陆边缘的岩石圈减薄导致了减压熔融，最终形成了洋壳和减薄的洋-陆转换带。南海北部地球物理调查的多道反射地震数据可用来研究南海北部洋-陆转换带的地震反射特征。研究表明，南海北部洋-陆转换带主要由北部裂陷期下沉区段、中部海山或埋藏海山隆起带（火山岩带）和南部靠近海盆一侧的掀斜断块带组成。火山岩带代表最大地壳伸展区段，也是南海北部高热流分布区段（朱俊江等，2012）。对比以往南海北部采集的反射地震数据和折射地震波速度模型，可圈定洋-陆转换带的分布范围。洋-陆转换带的宽度在南海东北部是225km，中部是160km，西北部是110km。依据零星的大于6级的地震震中分布，揭示了南海北部洋-陆转换带目前仍是一个地震构造活跃带（朱俊江等，2012），南海北部形成过程为介于宽裂谷和窄裂谷之间的模式，其大陆边缘是介于典型火山型和非火山型之间的中间类型（朱俊江等，2012；Zhu et al.，2012）。南海西北部与南海东北部有一些地壳结构差异，因此需要利用海底地震仪进一步开展深部探测。

珠江口含油气盆地分布在南海西北部，新生界沉积厚度变化较大，地壳结构复杂，主要发育在南海北部洋-陆转换带内，一直以来是深部结构探测的重点关注位置。珠江口盆地主要由一系列的隆起和凹陷带组成，整体呈NE-SW向展布，受NE向和NW向断裂的分割，呈现南北分带、东西分块的构造格局。自北向南总体上可以划分为北部隆起带（海南隆起、万山隆起等）、北部坳陷带（珠Ⅲ坳陷、珠Ⅰ坳陷等）、中央隆起带（神狐暗沙隆起、东沙隆起）、南部坳陷带（珠Ⅱ坳陷等）和南部隆起带 5 个构造单元（龚再升等，1997；Zhu et al.，2012，2016）（图 2-70）。

珠Ⅰ坳陷属于北部拗陷带的一个二级构造单元，自南西向北东包括恩平凹陷、西江凹陷、惠州凹陷、陆丰凹陷和韩江凹陷。钻井结果表明：盆地自下而上钻遇了古近系的神狐组、文昌组、恩平组、珠海组和新近系的珠江组、韩江组、粤海组、万山组以及第四系。珠江口新生代沉积厚度图（图 2-70）揭示了几个凹陷带的沉积厚度可以达到 10km，如白云凹陷（Zhu et al.，2016）。

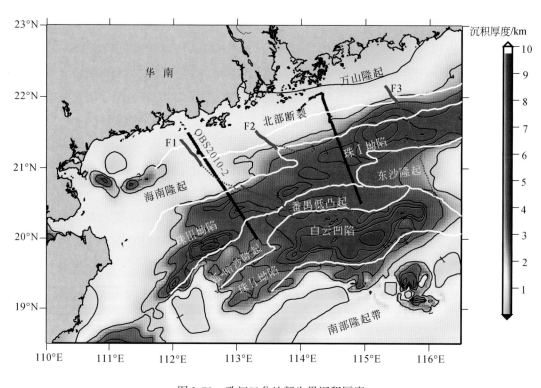

图 2-70　珠江口盆地新生界沉积厚度

南海北部神狐海域位于珠江口盆地的南部，新生界沉积厚度为 4~8km。2010年在南海西北部阳江地区开展了一次海陆联测，在大陆架浅水地区开展海底地震仪探测，探测系统主要由 9 台海底地震仪和 5 台陆上地震仪等组成（图 2-71）。海底地震仪布设在水深 10~100m，间距约 20km，地震测线 OBS2010-2 长约 200km。

地震测线 OBS2010-2 上的海底地震仪台站 OBS08 记录到了清晰的地震震相，其中有来自沉积层的折射震相（Ps）、穿过地壳的折射震相（Pg）以及来自莫霍面的反射震相（PmP）（图 2-72）。通过拾取以上地震震相（蓝点，图 2-72），使用

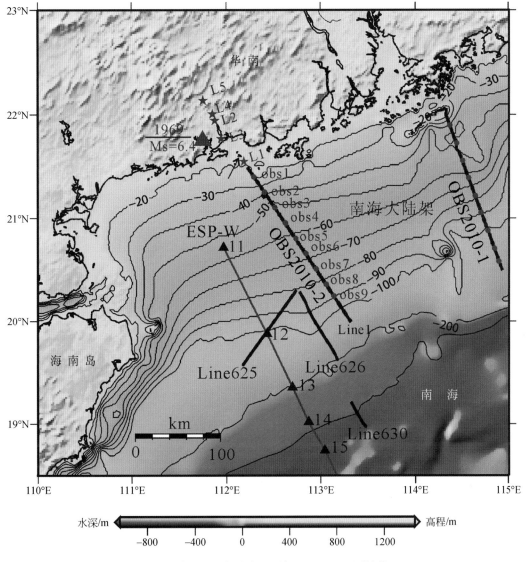

图 2-71　南海西北部海底地震仪 OBS2010-2 测线位置

射线走时追踪以及海底地震仪数据正演和反演方法，获得可靠的地壳和上地幔速度结构模型，通过理论计算的走时（红点，图 2-72），进行震相走时数据的拟合分析（图 2-73），从而搜索最佳的地壳和上地幔速度变化模型。随后，针对获得的速度结构模型做进一步可靠性分析，由于地震反演模拟结果的不唯一性，需要进行模型结果的检测板分析。利用检测板方法中的高斯异常，来分析结果模型的可靠性，针对高斯异常在模型中的特征，进一步使用反演方法，查看高斯异常在反演结果中的恢复程度，分析模型不同空间速度异常的可靠性（图 2-74）。

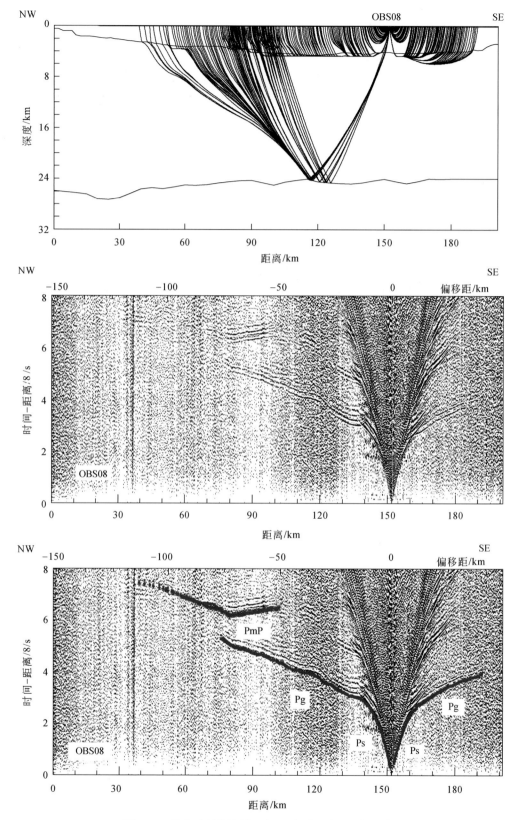

图 2-72　海底地震仪台站 OBS08 走时追踪和震相拟合

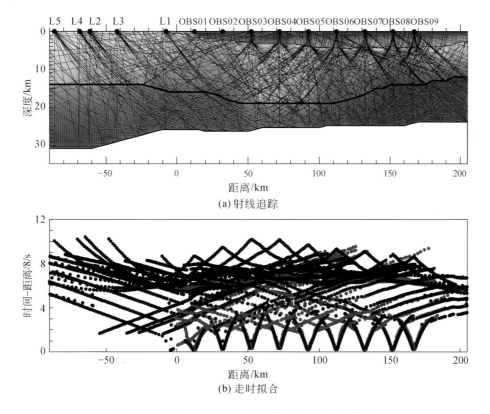

(a) 射线追踪

(b) 走时拟合

图 2-73　海底地震仪所有台站走时追踪和震相拟合

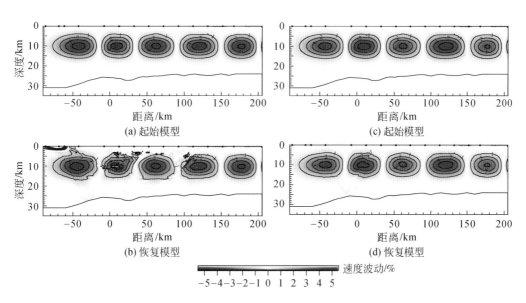

(a) 起始模型

(c) 起始模型

(b) 恢复模型

(d) 恢复模型

速度波动/%

图 2-74　地壳结构反演模型检测板（高斯异常）测试

　　一般海底地震仪数据模型的组建需要一个起始速度模型，依据前期的地震结果或者区域地质背景，可以粗略提供一个起始模型（图 2-75）。通过射线追踪和反演模拟，最终获得一个反演速度结构模型，通过射线覆盖可以基本确定速度结构模型的可靠程度，射线覆盖密集的地方一般可以认为速度结果较为可靠，没有射线穿过的地方就是地震射线没有穿过或者说数据缺失的地方，速度模型的可靠性较差。模型中添加 5 个相同尺度的（半径 20km）高斯异常，放置在模型空间中进行高斯异常测试，使用正负相间变化的异常（正负或者负正模式）（图 2-74），通过反演过程，对比最后的反演结果，查看高斯异常的恢复程度，结果表明不同的异常模式都可以较好地恢复，说明使用的地震数据和结果模型都是可靠的，最终结果模型能够解决相同尺度的反演问题，证明反演模型的结果是可靠的。

海底地震仪探测结果表明，陆架区沉积层 P 波速度为 2.0~4.0km/s，上地壳速度为 5.9~6.3km/s，洋-陆转换带地壳 P 波速度为 5.9~6.5km/s，存在明显的下地壳高速层（>7.1km/s）（图 2-75）。

洋壳和上地幔结构的更多研究还需要其他的地球物理方法作为辅助手段，如长期的海底地震节点观测和海洋可控源电磁法的应用，通过多种方法和手段的研究获得最为综合的地球物理综合解释模型。以下简单讨论两种观测方法的基本内容。

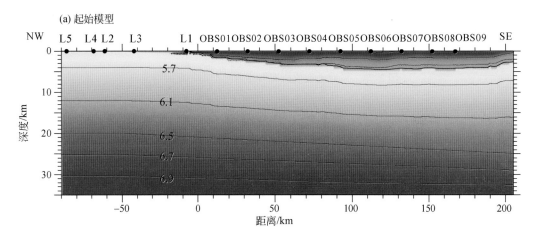

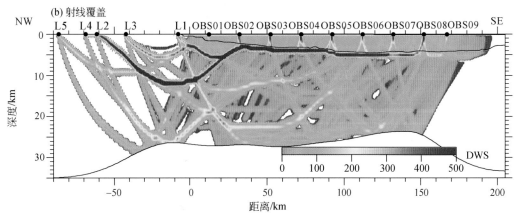

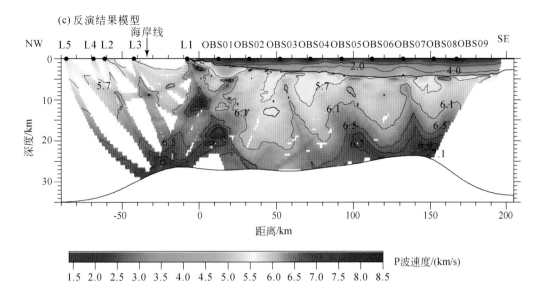

图 2-75　南海西北部神狐海域陆架 P 波速度结构反演结果

2.4.7　海底地震节点及可控源电磁探测

（1）海底地震节点观测

目前，海底地震数据采集主要有海底电缆（ocean bottom cable，OBC）和海底地震节点（ocean bottom node，OBN）两种。海底地震节点比之前者，具有较高的灵活性，不受平台等障碍物影响，系统布放、回收更加方便，数据定位精度有所提高，能够获得全方位保真数据，提高了地震成像质量以及观测数据信噪比。采集使用多分量地震数据，可以压制鬼波，提高成像质量，直接识别油气储层，提高勘探的可重复性，改善油藏监测结果（耿健华，2011）。

OBN 数据采集可实现全方位、高密度和连续生产，效率高，经济效益显著。但相对于常规拖缆采集和处理，OBN 资料接收方式的特殊性，也给资料处理工作带来了挑战，比如：OBN 节点通常沉放在深水区，接收点鬼波周期长，常规预测反褶积方法无法压制；激发点和接收点之间大的高程差使得反射点和中心点偏差大，常规动校正和 CMP 叠加方法不再适用；常规偏移方法假定激发点和接收点位于同一水平面，常规水深静校正方法误差太大，必须考虑将波场延拓至同一水平面或进行双基准面偏移等（张明强等，2019）。

海底地震节点观测方法就是将地震仪直接布放在海底，地震仪自备电池供电，震源船单独承担震源激发任务。当震源船完成所有震源点激发后，回收海底地震仪，下载数据并进行处理与解释。目前，研究海上多波多分量采集技术的公司主要有美国 PGS（石油地球物理服务公司）、法国 CGG（地球物理服务公司）、美国 Western（西方公司）以及挪威 GECO（能源勘探公司）等。这些研究机构自己生产采集设备，并在世界各地（如北海、中东、中国南海等）开展了大量海上多波地震的研究和实际生产工作，取得了良好效果（成景旺，2014）。

2012 年，壳牌尼日利亚勘探生产公司在位于尼日利亚近海的 Bonga 油田进行了海底地震节点（OBN）勘探，并取得了巨大的成功（李斌等，2019）。目前，多家公司研发新型海底节点采集装备，以提高采集精度、降低采集成本、减少作业时间为目标。2017 年，CGG 公司展示了一个对巴西近海桑托斯盆地采集的 OBN 数据进行多次成像的逆时偏移的例子，提出使用 RTMM 方法成像能改善图像质量且降低成本。

近年来，缆系 OBN 施工使得海底地震采集效率得到大幅提高，OBN 技术有了质的飞跃。2016 年，中国石油集团东方地球物理勘探有限责任公司（BGP）承担了沙特阿美红海 S78 区块三维深水节点地震采集处理一体化项目，施工中在复杂的海域用钢索将各自独立的节点串接并沉放到海底，并有针对性地研究了共反射点叠加、镜像成像以及多域去噪等方法技术。2017 年 8 月 10 日至 2018 年 3 月 30 日，BGP 实施了英国 BP 公司印尼 OBN 项目，共完成 196 万炮，面积 884.93km^2。2019 年 6 月 BGP 完成了雪佛龙尼日利亚 OBN 项目，作业区水深 3～25m，是截至目前 BGP 承担的全球范围内最为复杂的油田区 OBN 项目。2017 年，针对东海复杂构造油气圈闭问题，中石化海洋石油工程有限公司上海物探分公司在秋月探区利用绳系 OBS 完成了 440km 的海底节点地震数据采集。2019 年 9 月 15 日在圣安东尼奥举办的第 89 届 SEG 年会上，BGP 与 Sercel 公司宣布推出联合研发的新型海底节点 GPR，与常规节点相比，GPR 具有更轻巧的外观和较传统节点作业时间更长的优势。同时，为了满足行业对灵活性采集的需求，GPR 节点可以通过 ROV 或绳索节点（NOAR）进行布设，其紧凑型的设计把声学定位等 OBN 作业核心功能整合于一体。OBN 在中国海上油气勘探的实践刚刚开始，在浅海有障碍物的海域以及深海油气勘探中具有广阔的应用前景。但由于 OBN 观测环境的特殊性、海底地质条件及地下构造的复杂性，海底节点地震资料处理与成像还有许多问题亟待解决。

（2）海洋可控源电磁法

海洋电磁勘探分为天然场源（Marine MT，海洋大地电磁法）和人工场源（Marine CSEM）两类，而人工场源法在海洋油气资源直接检测中发挥着更为关键的作用。海洋可控源电磁法（controlled-source electromagnetic method，CSEM）仪器包括电磁发射系统和海底电磁采集站（ocean bottom electro-magnetometers，OBEM）两大部分（图 2-76）。目前，国外的一些研究者利用海洋 CSEM 技术对海底天然气水合物和海洋油气资源勘探开展了一些研究和实践，并且取得了一些重要成果。中国有关海洋 CSEM 技术的研究还处于起步阶段，但是随着中国对海底能源勘探的重视，海洋 CSEM 技术无疑会得到巨大发展。

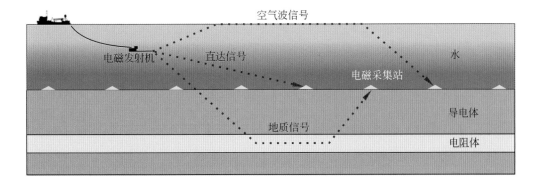

图 2-76 海洋 CSEM 勘探电磁波传播

如今，国外海洋 CSEM 的研究和应用正在如火如荼地开展着。在欧洲和美国，从 20 世纪 80 年代开始至少有三家仪器制造公司不断升级其测量系统。与此同时，Shell、ENI2Agip、StatoilASA 和 Exxon Mobil 等国际知名的油气公司也在积极开展海洋 CSEM 的应用和研究。1994 年，Scripps 公司在南加利福尼亚海域利用海洋 MT 仪器开展了一系列勘探试验。试验结果清楚地反映出海底地层构造的电性结构。此次试验结果使得油气工业界加大了对 CSEM 系统的研发和方法研究的投入，同时也促成了加利福尼亚伯克利的 Hoversten 与 Morrison、AOA 地球物理公司旗下的 Arnold Orange Scripps 组成了强大的电磁科研联盟（沈金松和陈小宏，2009）。1996 年，AOA 地球物理公司使用 Scripps 的仪器设备为 Agip 公司开展海洋 MT 勘探服务，1998 年和 2001 年又分别为 BP 公司和 Agip 公司、Statoil 公司在北大西洋和墨西哥湾开展油气勘探（沈金松和陈小宏，2009）。

国内的电磁探测研究主要是基于人工场电法电磁探测研究和天然场的音频大地电磁探测研究。国内虽然在数据处理方法、理论方法研究、仪器设计研制方面取得了一些原创性的成果，但是总的看来，设计和研制的电磁探测仪器基本上集成度不高、功能单一并且稳定性、可靠性和工艺水平与国外的先进产品还有相当大的差距。中国地质大学（北京）研制出海底大地电磁仪，并且在中国的黄海、东海和南海开展了海洋 MT 研究和试验并且采集到了海底的 MT 数据（于彩霞，2000）。20 世纪 90 年代在国家自然科学基金的支持下，展开了海洋电磁法的研究，同时，在海底伪随机激电方面也进行了相关的研究，提出了海底油气资源的时、频电磁辨识观测方案（罗维斌，2007）。近年来，中国对海洋可控源电磁法的研究和应用获得了前所未有的关注。应该继续开展对海洋可控源的数据获取、反演成像、正演数值模拟等方面的研究，同时把更多新的研究方向、技术、理论知识运用到海洋可控源电磁勘探的试验中。最终海洋可控源电磁法将作为国家勘探海洋油气资源的一种标准评估工具，通过对油气资源的精确勘探和定位，降低外部环境噪声对整个勘探的干扰（陈家林，2014）。

2.5 层析成像技术

2.5.1 层析成像技术简介

Aki 和 Lee 于 1976 年首次提出了地震层析成像方法，并用该方法获得了美国加利福尼亚地区的横向速度不均匀性特征，即三维速度结构（Aki and Lee，1976）。地震层析成像与现代医学的 CT 技术非常类似（图 2-77）。地震层析成像方法可以有效地求得地球内部的地震波三维结构，包括三维地震波速度结构、三维地震波各向异性特征以及三维地震波衰减结构，其主要步骤包括 4 个部分：模型参数化、射线追踪、反演计算以及分辨率和误差分析（Zhao et al.，1992）。

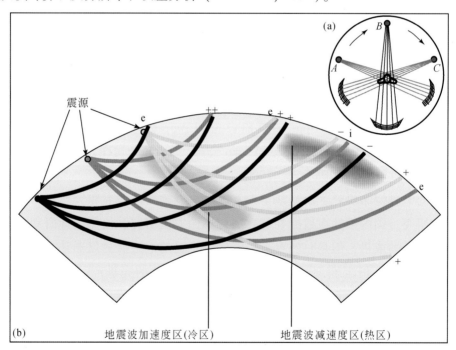

图 2-77　层析成像示意（据 Zhao，2009；Frisch 等，2011 修改）

（a）现代医学 CT 扫描；（b）地震层析成像，蓝色区域表示地震波加速度区（冷区），红色区域表示地震波减速度区（热区），圆圈表示震源，黑色和灰色线表示地震波射线，e 代表地震波如期到达，i 表示地震波部分减速部分加速，−表示地震波减速，+表示地震波加速在最早的地震层析成像研究中（Aki and Lee，1976；Aki et al.，1977），模型参数化的过程是将地球介质划分为许多块体，并假设这些块体内部具有统一的速度、各向同性，求得每个块体的速度，就得到了研究区域下介质的三维速度结构（图2-78）。然而，这样的做法在块体和块体之间会引入人为的速度间断面，这与真实地球存在明显差别。为了改正这一缺点，在随后的研究中，有人开始使用三维网格点来取代块体，空间中任意一点的速度由其周围8个格点处的速度的内插而求得（Thurber，1983）。这样就可以使得地震波速度在三维介质中连续变化，但该方法不允许三维速度模型中存在不连续面（图2-78）。然而，真实地球中确实存在着诸如康拉德面、莫霍面、古登堡面、俯冲板片表面等显著的速度不连续面。为此，有学者在层析成像的模型参数化中首次引入了这些速度不连续界面，从而使得三维速度反演的初始模型及最终成像结果更加趋向于真实的地球内部结构（图2-78）（Zhao et al.，1992）。

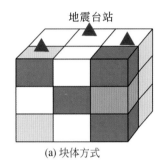
(a) 块体方式

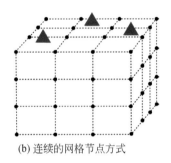
(b) 连续的网格节点方式

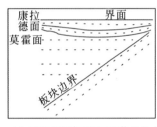
(c) 具有不连续面的网格节点方式

图2-78　地球介质三种离散化方式示意（据Zhao，2009修改）

由于复杂速度界面的引入，使得以往的射线追踪方法（如伪弯曲法）（Um and Thurber，1987）无法适用。因此，有人提出了一种使用斯涅尔定律来处理在速度间断面处的射线追踪问题的方法（Zhao et al.，1992）。该方法不仅适用于任意形态的速度间断面，而且可以对大量的后续震相进行射线追踪，从而把这些后续震相的到时数据应用到地震层析成像中（Zhao et al.，1992，2005）。此外，由于在射线追踪的过程中考虑到了速度不连续面以及介质的三维速度变化，使得理论射线路径更加趋于真实情况，从而可以得到更加精确的理论走时，减小了最终结果的走时残差均方根，因此，所得到的三维速度模型与观测数据更加吻合（Zhao et al.，1992）。

反演计算的过程，即为求解观测方程组 $Ax=b$ 的过程，其中 b 为走时残差数组，A 为系数矩阵，x 为模型参数扰动值数组（Zhao et al.，1992）。沿着每一条地震射线所积累起来的每一个走时残差即为观测方程组中的每一个方程的右端项 b。由于地震射线在所求的三维介质中的分布是不均匀的，因此，观测方程组中的方程并不是完全线性独立的，即系数矩阵 A 为奇异的。这就导致了无法精确求解三维介质中射线交叉不好的部分。具体的求解观测方程组 $Ax=b$ 的方法有很多，如阻尼最小二乘法、奇异值分解法、最小二乘 QR 分解法等。

反演得到的结果只有在进行了充分的分辨率及误差分析之后才具有意义（Backus and Gilbert，1968）。为了检验反演结果的可靠程度，通常使用一个假定的三维速度模型来计算人工合成数据，然后用这些合成数据从一个一维初始模型出发进行反演，看是否能够恢复给定的三维模型，例如，检测板分辨率测试方法、恢复分辨率测试方法等（Zhao et al.，1992）。这些分辨率测试方法可以直观地反映三维介质中射线交叉及结果的可靠程度。如前所述，在射线交叉好的地方，可以较好地恢复给定模型，即分辨率高；而在射线交叉不好的地方，只能部分恢复或者无法恢复给定模型，即分辨率低。

2.5.2　技术流程

以西太平洋地区为例，下面分类介绍层析成像方法的主要流程。

（1）三维地震波速度层析成像

首先将研究区域下的地球介质假设为地震波各向同性的弹性介质，即地震波在地球内部各个方向上的传播速度相同，为了表示研究区的三维速度结构，使用层析成像法（Zhao et al.，1992）在研究区范围内建立三维网格。

初始速度模型：上地壳内的 P 波速度和 S 波速度分别为 6.0km/s 和 3.5km/s，而在下地壳内则分别为 6.7km/s 和 3.8km/s；上地幔中则采用 J-B 速度模型（Jeffreys and Bullen，1940）。俯冲的太平洋板块以及菲律宾海板块被引入到初始模型中，因为前人的研究工作已经很好地把它们的几何形态建立了起来（Zhao et al.，1992，1994，2012；Nakajima and Hasegawa，2007）。俯冲的太平洋板块的初始 P 波和 S 波速度分别比相同深度处上地幔的 P 波和 S 波速度高 4% 和 6%（Zhao et al.，1992，2012），而俯冲的菲律宾海板块的初始 P 波和 S 波速度则分别比相同深度处上地幔的 P 波和 S 波速度高 3% 和 5%。

把震源位置参数和每个网格格点处相对于初始速度的速度扰动作为未知数，三维模型中任意一点的速度扰动由其周围相邻 8 个格点的速度扰动线性插值得出（Zhao et al.，1992）。

使用三维射线追踪方法（Zhao et al.，1992），精确地计算射线路径和理论走时。因为研究区内这些速度界面的几何形态已经被很好地建立起来，所以在射线追踪的过程中，考虑到了康拉德面、莫霍面以及俯冲板块上表面等显著的速度不连续界面（Katsumata，2010；Zhao et al.，2012）。除此之外，沉积层的厚度、地震台站的高程、地形等因素也被考虑在内。

采用阻尼最小二乘法求解大型稀疏观测方程组。在求解过程中，使用参数分离方法（Pavlis and Booker，1980）消去震源位置参数的影响，然后用得到的三维速度结构对震源进行重新定位。为了减小初始速度模型对成像结果的影响，每个格点处最终的速度扰动应减去该格点所在深度的平均速度扰动。

（2）三维地震波各向异性层析成像

大量的实际观测表明，地球介质并不是一个地震波各向同性的弹性介质，而往往表现出明显的地震波各向异性特征，即地震波在地球内部各个方向上的传播速度不同。为此，在研究区范围内，建立三维网格，分别用来表达其三维地震波各向同性速度结构以及方位各向异性特征（Wang and Zhao，2008）。

在前述各向同性速度层析成像的基础上，在每个网格节点处，加入两个各向异性参数（A 和 B），用来表示该网格点处由六方晶系矿物在水平方向上的定向排列所引起的方位各向异性特征（Backus，1965；Eberhart-Phillips and Henderson，2004；Ishise and Oda，2005；Wang and Zhao，2008，2013）。

采用阻尼最小二乘法，求解联立起走时残差与各向同性速度扰动以及各向异性参数的观测方程组（Wang and Zhao，2008）。随后，用每个网格节点处求得的两个各向异性参数（A 和 B），计算用来表达地震波方位各向异性的快波速度方向及其幅值大小。

（3）三维地震波衰减层析成像

地震波速度层析成像与各向异性层析成像的前提假设，都认为地球介质是弹性介质。如果真是这样，那么当一个地震发生之后，所产生的振动会永远地持续下去。然而，真实情况并非如此，一个大地震发生之后，引起的振动会逐渐削弱并最终消失。导致这一现象的原因在于地球并非一个完美的弹性介质，而是具有显著的滞弹性特征（Stein and Wysession，2003）。

所谓的地震波衰减特征，即为描述这种滞弹性特征所引入的概念。高衰减的地区，地球介质偏离弹性介质的程度大，滞弹性特征强；而低衰减的地区，地球介质偏离弹性介质的程度小，滞弹性特征弱。地震波的衰减特征同地震波的速度特征类似，都是地球介质的一种自然属性，表示地震波在该介质中传播时，单位时间内地震波的振动能量转化为热能的程度。

为了定量地描述地震波的衰减特征，引入品质因子 Q。Q 是一个无量纲的值，被定义为

$$\frac{2\pi}{Q} = \frac{\Delta E}{E} \tag{2-120}$$

式中，E 为地震波振动的总能量；ΔE 为每个振动周期内减少的能量，即转化为热能的能量。由此可见，高 Q 值代表了单位时间内（每个振动周期）地震波振动能量转

化为热能的程度低，即介质偏离弹性介质的程度低，滞弹性特征弱，低衰减；而低 Q 值则代表了单位时间内地震波振动能量转化为热能的程度高，即介质偏离弹性介质的程度高，滞弹性特征强，高衰减（Stein and Wysession，2003）。

地震波能量的直观表现形式是地震台站观测到的地震波振幅强弱。地震波的观测频谱 $A(r, f)$ 的一般表达式为

$$A(r, f) = 2\pi f \cdot S(f) \cdot B(f) \cdot T(f) \cdot I(f) \cdot G(r) \cdot R(r) \tag{2-121}$$

式中，r 表示震源距离向量；f 表示频率；$S(f)$ 表示震源频谱；$B(f)$ 表示衰减频谱；$T(f)$ 表示台站场地响应；$I(f)$ 表示仪器响应；$G(r)$ 表示几何扩散；$R(r)$ 表示震源辐射特征。此外，在地震波传播的过程中，其振幅还受到地震波反射、透射以及散射等现象的影响。尽管如此，除衰减频谱 $B(f)$ 以外的其他因素，一般都认为地震是一种弹性过程，在这些过程中，地震波能量并没有转化为热能，而是分散到不同的路径上，从而使得振幅出现强弱变化（Stein and Wysession，2003）。

与频率相关的观测速度谱 $A(f)$ 的表达式（Scherbaum，1990），可以写为

$$A(f) = 2\pi f \cdot S(f) \cdot B(f) \cdot T(f) \cdot I(f) \tag{2-122}$$

如果能够消去场地响应 $T(f)$ 和仪器响应 $I(f)$，并使用震源谱 $S(f)$ 表达式（Brune，1970，1971）

$$S(f) = \Omega_0 \frac{1}{1+(f/f_c)^2} \tag{2-123}$$

式中，Ω_0 零频振幅；f_c 为拐角频率，并结合衰减谱 $B(f)$ 表达式

$$B(f) = \exp\left(-\pi f^{1-\alpha} t^*\right) \tag{2-124}$$

可以得到观测速度谱 $A(f)$ 为

$$A(f) = 2\pi f \cdot \Omega_0 \frac{1}{1+(f/f_c)^2} \cdot \exp(-\pi f^{1-\alpha} t^*) \tag{2-125}$$

其中，

$$t^* = \int_{\text{射线路径}} \frac{1}{Q(s)V(s)} \mathrm{d}s$$

式中，s 表示地震射线路径；V 表示地震波速度；Q 为前述表征介质衰减程度的品质因子；α 代表频率依赖参数。α 的值决定了 t^*（即 Q 值）是否依赖于频率 f。当 $\alpha = 0$ 时，Q 值不依赖于频率 f；当 $\alpha \neq 0$ 时，则 Q 值依赖于频率 f。由此可见，要求得介质的 Q 值，需要已知介质的三维速度结构，并测定相应的 t^*。

首先通过频谱比的方法（Imanishi and Ellsworth，2006；Mayeda et al.，2007），分别求得相邻的一对地震的拐角频率 f_c。所谓相邻的一对地震，指的是震源位置相邻的两个地震，其中一个地震的震级较大，另一个地震的震级较小。如果把这两个地震的观测速度谱 $A_L(f)$ 与 $A_s(f)$ 相比，得到

$$\frac{A_{\mathrm{L}}(f)}{A_{\mathrm{S}}(f)} = \frac{2\pi f \cdot S_{\mathrm{L}}(f) \cdot B_{\mathrm{L}}(f) \cdot T_{\mathrm{L}}(f) \cdot I_{\mathrm{L}}(f)}{2\pi f \cdot S_{\mathrm{S}}(f) \cdot B_{\mathrm{S}}(f) \cdot T_{\mathrm{S}}(f) \cdot I_{\mathrm{S}}(f)} \tag{2-126}$$

由于震源位置十分靠近，使得这两个地震的地震波到达同一地震台站的射线路径基本一致，因此这两个地震沿射线路经的衰减谱也基本一致，即 $B_{\mathrm{L}}(f) = B_{\mathrm{S}}(f)$；地震台站处的场地响应相同，即 $T_{\mathrm{L}}(f) = T_{\mathrm{S}}(f)$；地震台站的仪器响应也相同，即 $I_{\mathrm{L}}(f) = I_{\mathrm{S}}(f)$。故此，这两个地震的观测速度谱 $A_{\mathrm{L}}(f)$ 与 $A_{\mathrm{S}}(f)$ 的比约等于其震源谱 $S_{\mathrm{L}}(f)$ 与 $S_{\mathrm{S}}(f)$ 的比，即

$$\frac{A_{\mathrm{L}}(f)}{A_{\mathrm{S}}(f)} = \frac{S_{\mathrm{L}}(f)}{S_{\mathrm{S}}(f)} \tag{2-127}$$

依据震源谱表达式，得到

$$\frac{A_{\mathrm{L}}(f)}{A_{\mathrm{S}}(f)} \approx \frac{\Omega_{0\mathrm{L}}}{\Omega_{0\mathrm{S}}} \cdot \frac{1 + (f/f_{\mathrm{cS}})}{1 + (f/f_{\mathrm{cL}})} \tag{2-128}$$

其中，两个地震零频振幅 Ω_0 的比等于其地震矩 M_0 的比。

由此可见，通过拟合相邻的一对地震的 P 波或 S 波的观测速度谱的比，可以求得这一对地震的拐角频率以及其地震矩的比。对每对地震分别测量其直达 P 波、直达 S 波、P 波的尾波、S 波的尾波的观测速度谱的比，最终求出拐角频率及其地震矩的比，然后取这 4 组测量数据的平均值。每对地震震源位置之间的距离不超过 50km。

在求得了拐角频率的基础上，依据观测速度谱 $A(f)$ 表达式，通过拟合 P 波和 S 波速度谱的方法，分别求得其观测 t^*。把每个网格节点处的速度（V）与 Q 值的乘积（VQ 值）的扰动作为未知数，在已知三维速度结构的基础上，使用前述层析成像法求得介质的三维衰减结构。采用阻尼最小二乘法求解联立起 t^* 残差与 VQ 值扰动的观测方程组。通过网格搜索的方法确定初始 Q 值模型，为了减小初始 Q 值模型对成像结果的影响，每个格点处最终的 Q 值扰动被减去该格点所在深度的平均 Q 值扰动。

（4）台网外层析成像

在西太平洋地区，限于地震和地震台站分布的不均匀性，特别是海中地震台站的缺乏，常规的地震定位方法无法对发生在俯冲带弧前及弧后海域中的地震进行精确定位。因此，层析成像研究成果大多集中在地震台站分布比较密集的岛弧陆上地区，而海域之下的精细构造特征并没有得到很好的约束，从而限制了人们对弧前大地震的触发机制以及俯冲带动力学过程的深入理解。需要指出的是，地球上所有的巨大地震（$M>8.5$）大多数都发生在俯冲带弧前的海底之下。

基于常规的地震定位方法，对于发生在地震台网之外的地震，其震源的经度和纬度的定位误差不是很大，而震源的深度却难以精确求得。如果不能对地震震源进行精确定位，就无法进行地震层析成像研究。因此，对地震震源进行精确定位，是

地震学研究的基础工作，也是最为重要的一步工作。通常使用 pP、pS、sP、sS 等所谓深度震相对震源深度进行约束。由于这些深度震相的地表反射点非常靠近震中位置（图 2-79），因此深度震相与直达波之间的走时差对震源深度的变化非常敏感。尽管如此，长期以来，这些深度震相往往只能从具有较大震中距（大于 10°）的地震台站所记录到的波形数据中识别出来并加以应用。地震波在传播的过程中，其能量不断衰减并受到透射、反射、散射等过程的影响，使得震级较小的地震（$M <$ 4.5）很难从具有较大震中距的地震台站所记录的波形数据中识别出来。这就导致大量发生在台网外的震级较小的地震震源位置没有得到很好的约束，而无法用于地震层析成像。

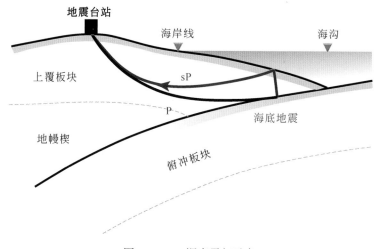

图 2-79　sP 深度震相示意

日本东北大学的学者（Umino et al.，1995）首次从设立在东北日本陆上的地震台网波形记录中识别出了发生在东北日本前弧下的海底地震（$M \approx 3.0$）的 sP 深度震相，并利用该震相，对这些发生在地震台网之外的地震进行了精确定位。记录到 sP 深度震相的地震与台站的距离（震中距）为 150～300km。使用这些重新精确定位后的海底地震 P 波到时数据，首次求得了东北日本前弧海域之下的三维 P 波速度结构（Zhao et al.，2002）。这种层析成像方法被称为台网外层析成像法（Zhao et al.，2007）。该方法的原理如下。

1）首先从每个海底地震的波形记录图中识别 sP 深度震相并读取其到时数据（一般来说，每个地震只需几个 sP 震相到时数据便可）。

2）同时利用 P 波、S 波以及 sP 深度震相的到时数据，对每个发生在地震台网外约 300km 之内的地震进行精确定位（定位误差一般小于 3km）。

3）利用这些海底地震的大量 P 波和 S 波到时数据求得地震台网外部的三维速度结构。

由于地震台网多设立在陆地或者海岛之上，而在海域内则由于资金及技术问题难以建立长久固定台网，台网外层析成像法可以有效利用陆地上的地震台网所记录到的地震波数据，来求得其相邻海域之下的三维速度结构，从而在很大程度上弥补了海域内地震台站缺乏或不足的弊端。台网外层析成像这一强大的功能，被称为层析成像方法中的"陆军海战队"。

　　除了上述层析成像方法之外，还有诸多其他有效求解空间介质三维各向同性与各向异性属性的方法。

第3章 洋底构造数据处理解释技术

近 10 年来，随着数字地球、海洋大数据等不断发展，洋底调查数据的处理技术迅速提升，显示技术也发展到三维动态可视化、虚拟现实、增强现实等阶段，并成为实现"透视海底"、直观呈现海底复杂性的关键。这里侧重介绍当前常用的一些技术，引导构建相关技术体系，有关各种专门处理技术的深入知识，请读者参阅相关专业书籍。

3.1 海域地震资料处理技术

海域地震数据的采集与处理技术密切相关，紧密耦合，是一项复杂的系统工程。与陆上相比，海域地震数据采集需要面对很多技术难题，如采集设备适应性要求高、施工点位控制难、现场质量控制点多以及采集资料信噪比低等。同样，受海水流动、潮汐、波浪以及附近船只航行等因素的影响，不仅检波器可能存在漂浮和移动的现象，海域内各种噪声（如高频噪声和多次波等）干扰也会严重影响采集资料的信噪比、连续性和成像效果，这也意味着海域地震资料的处理技术与陆上有所不同。

对不同的地震采集技术，收集数据所受的干扰因素存在很大差异。其中，海上拖缆采集的数据品质主要受海洋环境噪声、拖缆漂移、气枪子波虚反射波（即鬼波）和复杂的多次波等因素的影响；海底电缆则主要受电缆偏移、激发与接收点不在同一水平面上导致的声波入射和出射路径不对称以及一定程度的虚反射波及多次波的影响。海底节点与海底电缆都位于海底，除节点位置相对固定、偏移量影响小外，其余干扰基本一致，故两者数据处理方法基本一致。

3.1.1 拖缆数据处理技术

针对海上拖缆数据采集过程中所受的海洋环境噪声、气枪子波虚反射波（即鬼波）、复杂的多次波和拖缆漂移等因素的干扰，可分别用海上噪声综合压制技术、子波处理技术、配套多次波压制技术和数据规则化处理技术予以逐步压制或消除。

（1）海上噪声综合压制技术

海上拖缆数据采集过程中，在海流的干扰下，电缆在垂向上起伏抖动可形成垂直条带状的环境噪声，海底崎岖、构造复杂、测线与构造斜交或拖缆特有的检波点漂移会造成侧面反射干扰，而施工船或附近过往船只，则会形成线性或双曲线噪声（图3-1）。这些噪声和干扰会严重影响地震数据品质。因此，需要利用分频压制技术多道识别确定噪声出现的位置，然后根据不同的噪声来源利用海上噪声综合压制技术进行单道去噪。

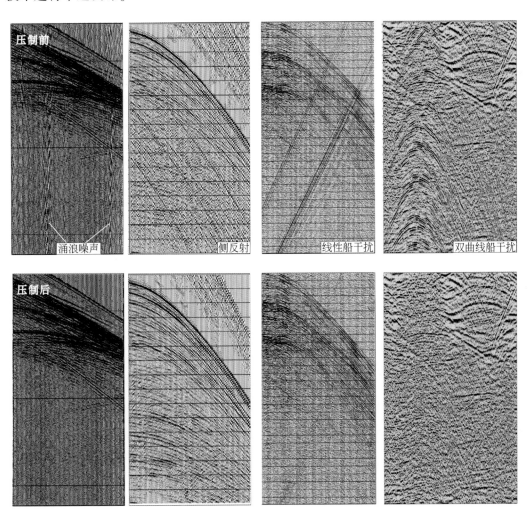

图 3-1　海上噪声类型及压制效果

涌浪噪声可以通过傅里叶域低频滤波级联方法或复杂地震数据稀疏变换方法（OC-Seislet）予以有效压制（勾福岩等，2015）。侧面波主要采用 Radon 变换技术进行滤除。对于线性干扰，通常通过二维滤波进行压制，常见的二维滤波有 FK 滤波、T-X 域线性噪声压制、线性 Radon 变换等。而对双曲线类干扰，需首先检测干扰源的位置，再根据干扰源产生的干扰到达检波点的时间，求取干扰波的速度，然后校平干扰波，在频率–波数域将干扰波消除。

（2）子波处理技术

与陆上勘探不同，海洋中除底部地层外，海面也是良好的阻抗界面，也可以反射气枪激发的高压空气脉冲，并最终被检波器接收，造成子波虚反射波（鬼波）和气泡震荡干扰。这种干扰在海上拖缆数据采集中最为明显，子波虚反射续至相位非常强，导致收集到的地震剖面上波组特征较差（图3-2）（朱书阶，2008；姜丹等，2017）。

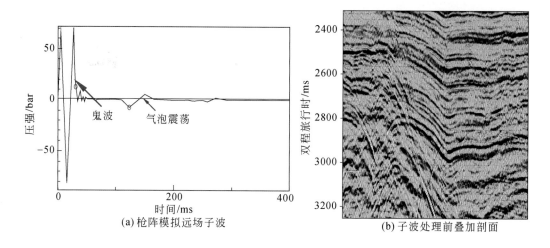

(a)枪阵模拟远场子波　　　　　(b)子波处理前叠加剖面

图 3-2　鬼波和气泡震荡特征及其在地震记录上的响应

对于这种子波干扰，通常首先利用气枪的远场子波模拟得到气枪的子波信号，在此基础上，通过气枪子波反褶积技术处理，消除水层和仪器响应对地震信号的影响，即消除鬼波和气泡震荡影响，改善子波波形。最后，与多道统计子波反褶积和预测反褶积等统计性子波处理技术联合应用，从多道地震记录中提取并压缩子波，改善子波波形一致性、展宽频带，逐步消除子波的续至相位的影响（图3-3）（姜丹等，2017）。

（3）配套多次波压制技术

多次波是指在地下介质中经历多次上行反射的地震波，根据导致反射的最浅反射界面的位置，多分为自由表面多次波和层间多次波两类。自由表面多次波是指地震波在地下经过一定的传播路径，反射回自由表面，在自由表面和海底之间，发生至少一次上、下行反射形成的多次波。层间多次波是地震波在海底下强反射界面发生多次上、下行反射后传到自由表面并被检波器接收的多次波。由于海水表面和海底是两个强波阻抗界面，因此海上地震数据中自由表面多次波非常发育，中深层的反射信号几乎完全被其掩盖。此外，受海底起伏以及中浅层特殊岩性体的影响，海

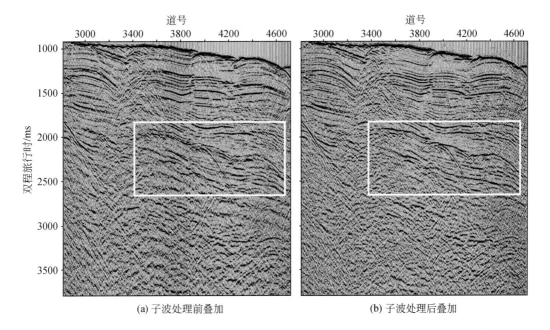

(a) 子波处理前叠加　　　　　　　　　(b) 子波处理后叠加

图 3-3　子波处理前和后叠加剖面特征

上多次波的形成机制复杂，多次波类型较多。这些不同类型与阶次的多次波会与一次波发生干涉，严重影响地震数据品质。因此，多次波通常被当作噪声在地震数据叠前处理阶段进行压制（Verschuur and Berkhout，2006；宋家文等，2014）。

目前，通常依次利用全数据或模型自由表面相关多次波去除方法（即 SRME 或 SRMM）、Tau-P 域反褶积技术和高精度 Radon 变换技术等三类技术，去除不同类型的多次波。其中，SRME 或 SRMM 主要用来去除自由表面多次波。与传统的自由表面多次波压制方法相比，该方法对多次波的周期性、多次波与一次波的波速差异没有特殊要求，对近道自由表面多次波有良好的压制效果。Tau-P 域反褶积把 Tau-P 变换和预测反褶积技术结合起来，可较好地解决预测反褶积压制多次波过程中出现的周期性问题，对构造相对简单区域的短周期多次波有很好的压制作用（图 3-4）。高精度 Radon 变换（图 3-5）不仅可以有效压制侧面波和船干扰，在准确求取波速度且多次波速明显低于一次波时，也可以有效压制简单地质条件下动校正后符合双曲线规律的长周期多次波（孙振刚等，2007；柯本喜，2012；宋家文等，2014；方云峰等，2016；丁维凤等，2017）。

（4）数据规则化技术

在拖缆地震采集过程中，拖缆易受水流的影响而发生横向漂移，导致接收点偏离设计位置、地下反射点分布不均、覆盖次数差异大等问题（图 3-6），给后续处理带来不利影响。叠前数据规则化是拖缆数据处理中消除电缆漂移影响、提高成像效

第 3 章　洋底构造数据处理解释技术

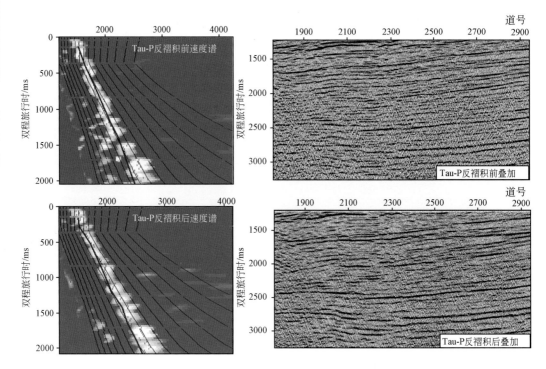

图 3-4　Tau-P 域反褶积技术处理前后的速度谱和剖面特征

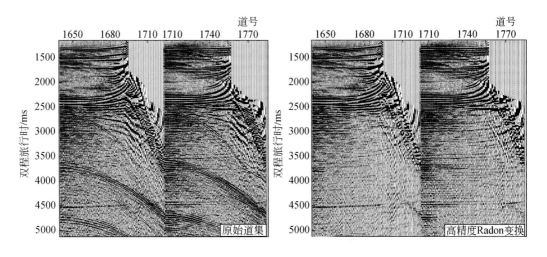

图 3-5　高精度 Radon 变换前后剖面特征

果的必要手段。基于傅里叶变换（分解和重构）的叠前数据插值和基于数据映射理论的 DMO 和 DMO-1 技术，可以使面元、覆盖次数均匀化，面元中心化，偏移距、方位角分布规则化，有效提高成像精度（图 3-6）。其中，叠前数据插值主要解决野外稀疏采样带来的问题，而 DMO 和 DMO-1 则对解决偏移划弧效果更佳（高彩霞，2010；卢明德；2014；王兴芝等，2014，2015）。

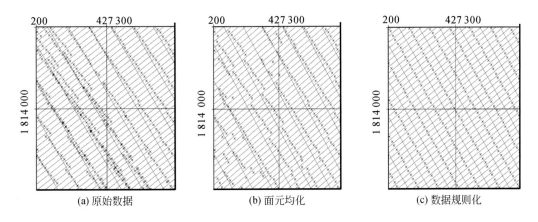

(a) 原始数据　　　　　　(b) 面元均化　　　　　　(c) 数据规则化

图 3-6　数据规则化前后数据特征

（5）叠加和偏移技术

地震叠加以及偏移成像技术是现代地震数据处理的重要手段，叠加技术可压制噪声和多次波，提高信噪比，偏移成像可提高地震数据的横向分辨率。常规的叠加分析通常以速度分析为前提，速度参数是实现共中心点叠加，解决多次覆盖滚动采集所造成的几何校正问题的重要参数。以速度谱为基础，将从单一水平面上采集的数据，通过以速度和时间为参数的双曲线作最佳拟合来求得叠加速度，这一过程即为速度分析。经过速度分析可以将炮检距对旅行时的影响消除，使道集内所有道相加合成一道（图 3-7），即共中心点叠加。这也是正常时差校正、NMO 校正或几何校正的过程。除以上常规校正外，随着技术的发展，现在出现了很多提高速度拟合精度和改善叠加效果的新方法，如高阶动校正、无拉伸动校正、剩余动校正、倾斜界面的动校正（DMO）。

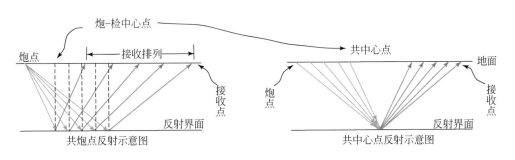

图 3-7　共炮点和共中心点反射示意

地震偏移的目的是把反射波图像恢复成地下地层的真实图像。根据叠加和偏移处理进行的顺序，偏移可分为叠前偏移和叠后偏移。常规偏移处理是在水平叠加资料基础上完成的，即叠后偏移，也叫叠加偏移。这类偏移通常使用圆弧切线法、波前模糊法和绕射曲线（面）叠加法来实现地下地层真实图像的偏移。叠前偏移，也称偏移叠加，是对叠加前的多次覆盖的地震记录先偏移，再叠加。主要通过椭圆切线法、Rockwell 偏移叠加法和 Paturet-Tariel 偏移叠加法来实现偏移。一般来说，叠前偏移资料精度更高，在解决地层倾角大或构造复杂地区比较实用，但由于叠前资料，尤其是叠前深度资料处理过程更为复杂，时间也长，在构造比较简单的地区使用叠后资料可以缩短生产运行周期，节约成本（图 3-8）（杨和乃，1986；宋建国，1999；黄明忠，2007；孙小东等，2008；刘国华，2009；邹少峰等，2016）。

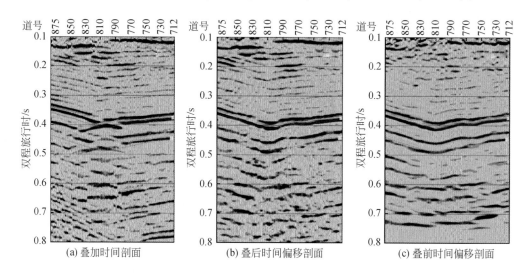

图 3-8　叠加和偏移处理结果（邓国成，2019）

3.1.2　海底电缆和海底节点双检数据处理技术

数据收集方法不同，处理手段也存在差异。针对海底电缆（OBC）和海底节点（OBN）数据采集过程中可能受到电缆或节点偏移、声波入射和出射路径不对称以及一定程度的虚反射波及多次波的影响，目前通常依次采用检波点二次定位技术、基准面校正技术和双检求和技术进行综合处理（张省，2014）。

（1）二次定位技术

敷设海底电缆过程中，海流、潮汐和船速等因素会影响检波器下放的准确性，而复杂的海底地形和剧烈的水深变化，也可能会导致电缆和节点检波器在海底的实际位置与实时得到的导航结果存在偏差，这必然会影响地震数据品质。常规静校正技术只能解决道间时差问题，而不能从根本上解决实际位置的偏差。因此，需要借助二次定位技术来确定检波器位置。

二次定位技术主要有声波二次定位和初至波二次定位两种。由于初至波二次定位不需要专门的设备，投入少且不受水深限制，近年来得到广泛应用。利用这种方法确定检波点实际位置通常分三步：首先以检波点的投放位置为一次定位中心向四周画线形成网格；然后，假设每个网格节点为检波点位置坐标，对道集数据进行线性动校正；最后，分析各个节点的动校正拉平效果，通过不断迭代，直到初至波拉平效果满足要求（图3-9）（杨宝付等，2008；李丽青等，2013）。

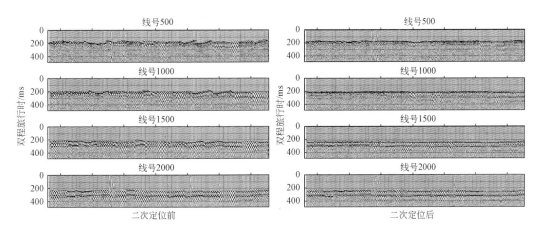

图3-9　二次定位前和后数据特征对比

（2）基准面校正技术

海底电缆和海底节点的观测方式与海上拖缆不同，其炮点和检波点不在同一水平面上，地震波入射和出射路径不对称。在海水较深时，若不考虑射线在水平方向的漂移分量，而仅利用常规垂向时移静校正法处理数据会导致错误的结果（图3-10），故需要将炮点和检波点校正到同一基准面上。

基于波动方程的波场延拓理论，根据波传播过程中的运动学和动力学特征，利用Kirchoff积分渐进法，将波场延拓到新的高度，从而实现基准面校正（Berryhill，1979；Wiggins，1984；金丹等，2011；宋家文等，2014）。波场延拓可有效地沿地震波传播的射线路径把炮点和检波点校正到同一水平面上，故基于波动方程波场延拓理论的处理方法，可使海底电缆地震数据得到更准确的成像效果（图3-10）。

（3）双检求和技术

受海面或海底强反射界面的影响，OBC和OBN双检也会接收比一次反射滞后且与一次波形相似的下行虚反射波（即鬼波）和鸣震多次波。虚反射波在频谱上表现为周期性的陷波。这种周期性陷波的出现受水深控制，通常在浅水区域，虚反射频率很高，陷波点出现在有效频带之外，不会对一般的地震勘探造成太大的影响，但当水深增大，陷波点出现在有效频带范围以内时，就会影响数据品质，故需要进行压制和去除（全海燕和韩立强，2005；王红梅等，2009；张省，2014）。

由于水检和陆检对上行波场的响应极性相同，而对下行波场则相反，故利用双

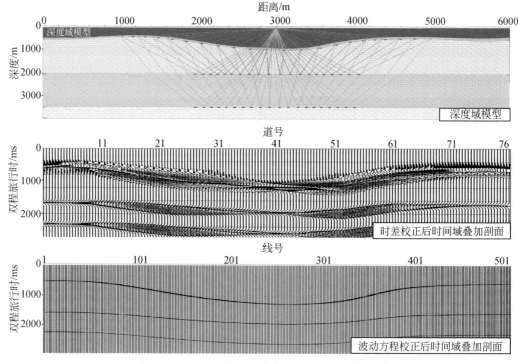

图 3-10　时差静校正和波动方程校正后数据特征

检接收地震数据时，虚反射波在频谱上表现的陷波点在水检和陆检首次出现的位置相位会相反。这时，通过反褶积法处理其中一种检波器地震数据时，只能在陷波点处补进去一些白噪而不是有效信号，但水层混响无法消除（图 3-11），故需利用双检数据合并，利用水检和陆检对下行波响应的差异（即双检数据求和）来压制检波点端鬼波（图 3-11）。这种方法可以较好地削弱鸣震中的下行波场，而不能削弱鸣震中的上行波场，故无法压制微屈多次波。通常需要根据水检和陆检频率响应的差异，拓宽频带后，利用求取的海底反射系数来压制部分微屈多次波（全海燕和韩立强，2005；王红梅等，2009；薛维忠，2013；张省，2014；陈露，2017）。

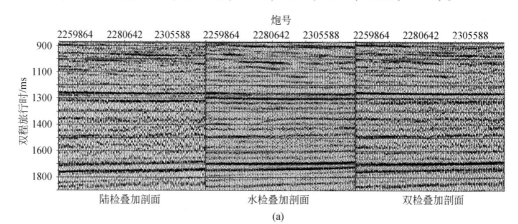

(a)

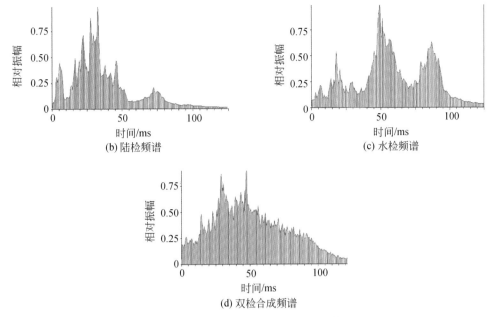

(b) 陆检频谱

(c) 水检频谱

(d) 双检合成频谱

图 3-11　陆检、水检和双检合成处理效果

除以上处理技术外，海底电缆或海底节点数据也需要经过叠加和偏移处理，处理方法与海上拖缆数据一致，此处不再重述。

3.2　地震资料构造解释与工业化制图

地震资料解释是根据各种地震信息，推测地下岩层地质特征的过程。这几乎涉及基础地质和石油地质的所有研究领域，包括地层、构造、岩性、沉积相、生储盖层、孔隙度、流体特征和地层压力等。其中，最常用于构造解释和储层预测，而海底构造更注重前者。地震解释对解释人员的综合素质要求很高，一个高素质的解释人员不仅要掌握扎实的地质知识，了解地震数据采集和处理相关知识，熟悉地震解释的基本概念、原理和相关软件使用技巧，还需要富有想象力和创造力（白斌等，2015）。

3.2.1　地震资料解释基础

地震资料解释的正确与否，决定了地震勘探的成功与否。为正确解释地震资料，解释人员必须了解地震剖面上反射特征与地质现象之间的内在联系，正确理解地震反射波的分辨率及其与地层厚度和地质界面的关系，准确识别各种地质现象在地震剖面上的特征，严格区分地震响应的假象，熟悉地震解释的一般流程和解释原则（Brown，2016）。

地震剖面是地质剖面的地震响应。在地震剖面中蕴藏有大量的地质信息，如反映岩性、地层、断层、褶皱或各类侵入体相互接触关系的地质界面。这些地质界面在地震剖面中表现为具有一定特征的地震反射界面。地震反射界面是波阻抗差异界面，在剖面上表现为波形相似、极性相同（波峰或波谷）的地震同相轴。因此，在地震解释中，可以利用地震同相轴之间的接触关系来判断、反推地质现象。

需要注意的是，在某些情况下，地震反射界面与地质界面可能存在差异，不一定具有一一对应关系。例如，有些相邻地层，因颜色和颗粒粒径的变化能形成地层层面，但不能形成明显波阻抗差异界面，也就形成不了明显的地震反射界面。反之，既无分层界面也无岩性界面的同一岩性地层中，由于内部所含流体成分的差异，如水层与油层的分界面，也可能形成明显的波阻抗差异界面，产生明显的地震反射界面，这种地震反射面则不代表地质界面。

地震资料本质上是声波数据，必然会涉及波的分辨率问题。地震分辨率是指地震勘探可以区分两个十分靠近的物体的能力（云美厚等，2005），一般用距离来表示。地震分辨率通常包括纵向分辨率和横向分辨率两种，分别代表地震在纵向上所能分辨的岩层最小厚度、横向上可以区分地质体的位置和边界的精确程度，即最小地质体的宽度。一般把1/4波长作为地层厚度分辨的下限，数值上在10~30m这一范围。大于这一范围可以分辨，小于该范围则不能分辨。在薄互层地区，地震无法分辨每一个地质界面，地震剖面上的一个同相轴是几十米间隔内许多薄互层界面反射叠加的结果。有些地区地质界面物性差异较大，构造形态明显，如古地形风化剥蚀面、珊瑚礁、断层破碎带等地质界面，由于界面过短或过于粗糙，在地震剖面上，可能无明显的反射界面，只有一些零星的杂乱反射。因此，地震反射界面与地层界面并不具有一一对应的关系。

除包含地质信息外，地震资料中可能还包含与地质现象无关的噪声。这些噪声不具有任何地质意义，往往导致地震解释剖面上出现许多地震假象，这些假象往往出现在时间域的偏移剖面上，给地质构造的正确解释带来了困难。如在海洋地震勘探研究中，常见因地层隆起引起下伏地层同相轴上拉造成的假背斜构造（黄诚等，2013）。另外，大断裂附近近断层面的反射同相轴上拉，远离断层面的反射同相轴下拉，也会形成典型的小断裂假象（图3-12）（黄诚等，2013）。因此，需要分析和研究当地的地质、地理特点，了解引起地震剖面出现异常现象的原因，提高解释的正确性，避免解释陷阱（朱文军和马成明，2003；封从军等，2010）。

在了解地震剖面反射特征和地质界面关系的基础上，可以利用各类解释软件对地震剖面进行解释，一般遵循从"点"到"线"再到"面"或"体"的流程。其中，地层的划分和对比是从"点"到"线"再到"面"或"体"解释地震数据的

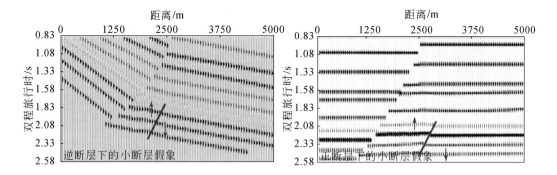

图 3-12   断层类地震假象（黄诚等，2013）

桥梁。地层的划分和对比是一项综合性和系统性的工作，依据测井地质学、地震地层学、层序地层学的基本原理，首先，以钻井、测井、古生物等资料为基础，在测井曲线上识别曲线频率和振幅的突变点，建立单井岩性和电性标志层及辅助标志层，即"点"；其次，通过层位标定方法，实现测井标志层与地震剖面上稳定标志层（标准层）的耦合（即井震结合），对比地震剖面稳定标志层上的削截、顶超、上超和下超特征，来进一步调整层位对比方案，以构建过井构造格架剖面，即实现由"点"到"线"；最后，建立区域上过各散点井的构造格架剖面对比网络，不断修正"点"和"线"上的标定和格架剖面解释，最终达到全区地层等时单元对比的闭合，即由"线"到"面"或"体"（程谦等，2010）。

在充分了解区域地质特征的基础上，进行地震资料解释时，通常需要遵循以下原则：①尊重钻探井地质分层数据，个别钻井分层数据与地震特征不吻合时，在区域地震剖面特征较可靠的前提下，可拉多方向联井测线，综合参考测线上邻近井层位数据和地震剖面特征进行修改；②需充分考虑各构造之间地质上的逻辑性，符合地质学平衡原则；③要严格按照地震解释规则和地震剖面波组特征进行地震构造解释；④地震解释中，局部构造样式和断裂组合，应符合区域应力场的应变原则。

3.2.2   常规地震解释软件介绍

随着地震勘探技术的发展，地震资料所包含的有用地质信息也越来越多。为了满足复杂油气藏勘探的需要，地震综合解释技术也在不断发展，地震解释的精度和可信度也在不断提高。人机联作地震地质综合解释，已成为当下地震资料解释的主流。现在市面上地震解释的软件有很多种，如 Landmark、Discovery、GeoFrame、Petrel、GeoEast、Paradigm Epos 和 Move 等。这些软件通常都包含地质研究、地震解释、测井分析、开发生产动态管理等基础模块。不同软件特色不同，解释效果也存在一定差异。

Landmark 软件是目前国际石油勘探开发领域应用最为广泛的综合地学平台之一,是美国 Halliburton 公司基于 Linux 系统研发的大型地震综合解释一体化数据管理结构及管理工具。Landmark 软件主体由 Openworks 软件平台和应用程序两部分组成,应用程序以插件的形式运行于 Openworks 环境下,其生成的各类数据受 Openworks 规则和标准约束,利于数据的交换、共享和管理。

Landmark 软件集合了目前地质、地球物理、钻井设计、石油工程、采油工程、经济评价、数据管理等领域和相关学科最为先进的处理技术,功能非常全面,可覆盖整个勘探开发过程,包括地震资料解释、三维自动层位追踪、合成地震记录制作、三维可视化解释、地质解释与地层对比、叠后处理、数据体相干分析、地震属性提取、属性分析、地质建模、断层封堵分析、层面与断层建模、储量计算、测井解释、精细目标分析、井位设计等各类技术,可实现勘探到开发一体化流程(图 3-13)。不仅如此,Landmark R5000 版本内置的 DecisionSpace 模块作为开放环境,还允许用户根据自身需求选择不同厂商的应用软件,构建不同的工作流程。这

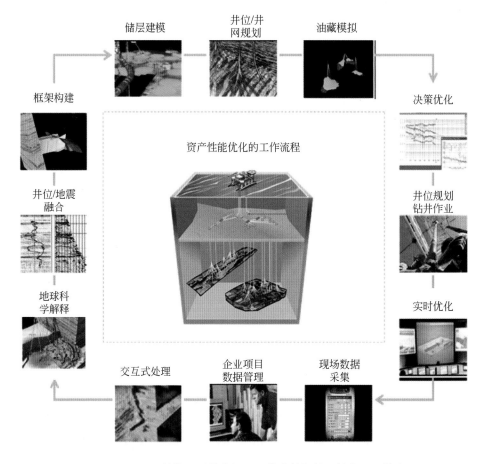

图 3-13　Landmark 软件地震综合解释一体化数据管理结构及工作流程

么景臣 . 2008. 兰德马克勘探综合研究技术说明

不仅简化了新技术和新流程的应用及融合，也为新一代勘探和开发集成软件的研发提供了便利。

　　Discovery 功能与 Landmark 相似，是 Landmark 公司为占有 Windows 市场，而在 Windows 环境下开发的集数据管理、地质分析、地震解释、测井分析、生产动态管理于一体的油藏描述软件。与 Landmark 相比，操作性更为方便，不仅可以进行地质构造、岩性油藏圈闭、测井分析和地质分析等方面工作，也可以进行油藏描述、圈闭研究、储量计算及综合评价，可实现完整的石油勘探开发一体化工作流程（图 3-14）。

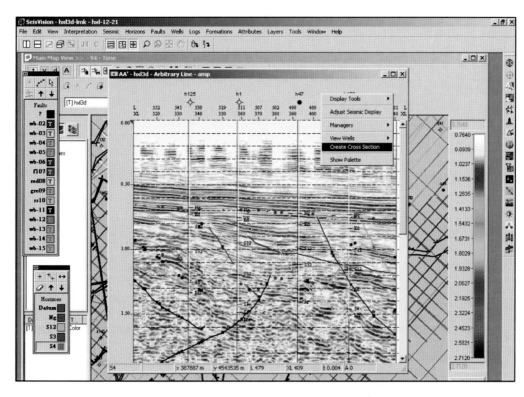

图 3-14　Discovery 地震资料处理软件工作界面

GNT 国际公司 . 2010. Discovery 软件培训手册

　　GeoFrame 是美国 Schlumberger 公司基于 Linux 开发的一体化综合地学研究平台。与 Landmark 一样，GeoFrame 也是目前国际石油勘探开发领域应用最为广泛的综合地学平台之一，但其在解释方面更具优势。GeoFrame 整合了地学数据管理、叠前/叠后地震资料解释、测井处理解释、三维可视化和三维体解释技术、叠前/叠后地震属性提取和分析技术、储层横向预测技术、工业化地学制图等石油地质与地球物理及测井等相关专业的先进技术与方法，不仅可以管理探勘开发生产过程中的各类数据，也可以针对地质目标开展精细测井评价、地质研究、构造描述、储层预测、三维可视化以及油气藏综合评价等（图 3-15）。

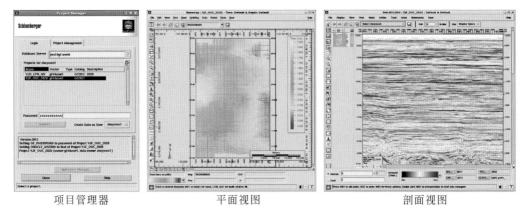

项目管理器　　　　　　　　平面视图　　　　　　　　剖面视图

图 3-15　GeoFrame 地震资料处理软件工作界面

Petrel 是 Schlumberger 公司针对 Windows 系统研发的用来替代 GeoFrame，集地震解释、构造建模、岩相建模、油藏属性建模和油藏数值模拟显示及虚拟现实于一体的大型综合地学软件。其可操作性更强，主要特色是三维可视化建模和虚拟化技术（图 3-16）。Petrel 可以提高用户对油藏内部细节的认识、精确描述油藏的空间分布、计算油气储量和误差、比较风险开发模型、无缝集成油井生产数据和油藏数值模拟器，极大地降低开发成本。此外，Petrel 提供的数字模型及虚拟现实技术，也可以使用户通过声控或其他交互，浸入到工作区的井、储层、圈闭和油藏周围，亲临其境地检查解释成果，调看不同模型和模拟结果，从而达到降低风险、优化决策的效果（罗冬阳等，2017）。

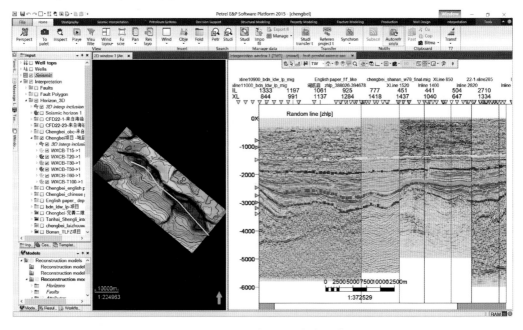

图 3-16　Petrel 地震资料处理软件工作界面

GeoEast 是中国石油集团东方地球物理勘探有限责任公司（东方物探）研发的中国首款具有自主知识产权的大型地震勘探软件，包括核心的 GeoEast 地震数据处理解释一体化系统及若干个相对独立的功能包，整合了地球物理、地质、计算机及高性能计算等多学科先进技术及方法，充分利用先进的高性能计算、可视化及数据共享技术。GeoEast 支持地震数据处理和解释过程中多种数据信息的共享和多学科专家的协同工作，地球物理功能丰富，操作界面友好，运算效率高，可广泛应用于油气勘探与开发的各个阶段（图 3-17）。通过应用功能包的组合，GeoEast 可以实现地震数据处理、地震地质综合解释、处理解释一体化应用三种应用模式。在处理解释一体化应用模式中，地震资料的处理和解释可在同一共享平台上展开，实现数据、信息、多学科间知识共享，使资料处理和解释紧密结合，互为指导与约束，从而提高资料处理和解释结果的可信度。GeoEast V2.0 的研发成功有力提升了中国石油物探技术的国际竞争力，现已成为全球少数能够为油气勘探开发提供全面技术支撑的软件系统之一。

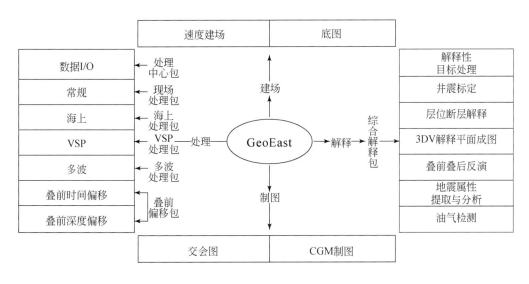

图 3-17　GeoEast 处理解释一体化软件平台

东方地球物理勘探有限责任公司.2015.GeoEastV3.0 解释功能介绍

Paradigm Epos 是以色列帕拉代姆地球物理公司（Paradigm）基于 Windows 和 Linux 开发的分布式数据管理平台，集成了地震资料处理（包括叠前和叠后时间以及深度偏移等）、2D/3D 多工区综合解释、全三维构造解释、油藏描述、油藏模拟及分析、钻井设计与分析等应用软件，各软件可以以插件方式进行组合。平台体系结构分为数据管理、应用软件和可视化环境三个层次，可通过分布式数据管理方式实现各应用软件间底层数据共享和第三方数据库的灵活访问。其应用软件功能完备，可根据工作流程优化组合。协同决策可视化环境处于软件平台的顶端，可将所有综合研究结果协同在统一的可视化环境中，从而为专业协同和一体化工作创造了便利条件（图3-18）。

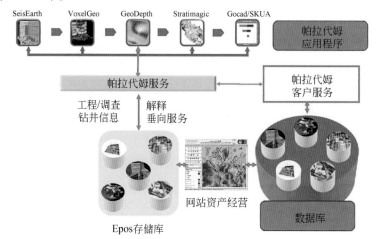

图 3-18　Paradigm Epos 软件勘探开发综合研究平台一体化数据管理结构及工作流程

邓彦涛. 2011. Paradigm 最新解释技术介绍

2D/3Dmove 是一款基于 Windows 开发的交互式三维可视化综合软件，其主要优势在于构造建模、构造恢复与模拟、裂缝预测、流体运移和应力分析等。基于 2D 或 3D 地震资料，从时深转换出发，通过断层滑动、三维去压实、体积空间建立、三维回剥、地层展平等手段，恢复古构造形态（图3-19）。在此基础上，检验断层和层位的合理性，并进一步通过地层正演，模拟地层演变的全过程，从而判断各地

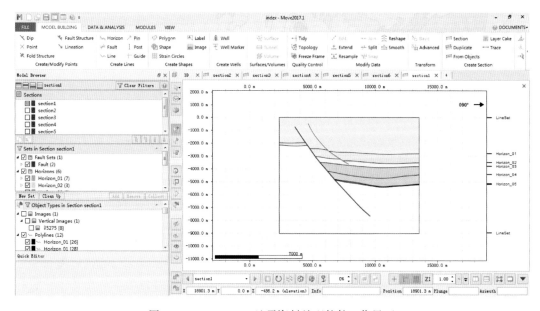

图 3-19　2D/3Dmove 地震资料处理软件工作界面

质时期三维应变场和构造变换情况、地层沉积规律、有利储层分布和油气运聚特点等。其可适用于伸展、挤压、走滑和反转等多种构造沉积体系及油气勘探、开发的各个阶段。

3.2.3 地震资料的构造解释流程

各类软件地震构造解释的大致流程基本类似，通常都包含数据准备、层位标定、区域格架建立、断层和地层的精细解释、等 T_0 图的绘制和构造解释质控（QC）检验等环节（陈树光和陈恭洋，2010；程谦等，2010；金旺林等，2010；张凯等，2010；杨蒙蒙，2011；曹彤和郭少斌，2013）。下面以 Landmark 软件为例，基于地震反射数据，对地震构造解释的一般流程进行概述。

（1）数据准备

在地震构造解释之前，需要对后期所需数据进行整理和质量控制，然后才能进行加载用于后期解释。地震构造解释所需加载的数据，主要有 2D 或 3D Segy 地震数据体、井数据（井位、井名、坐标、井深、海拔等）、井分层、测井曲线［通常包括自然电位（SP）、伽马（GR）、井径（CAL）、声波（AC 或 BHC）、电阻率（R 或 DLL）和密度（DEN）、时深关系（VSP）、井斜、补心海拔、岩性数据等］、叠加速度数据和前期解释数据（若有，包括各类断层和地层数据等）等。

在 Landmark 环境下，数据加载前需先建立 OpenWorks 数据库，即在硬盘中开辟空间，为后续地震工区的建立、地震数据和井数据以及前期解释数据的加载提供基础。

A. 数据库创建

在 Openworks Coommand Menu（简称 OW）-Project 菜单中创建新数据库。创建过程中，需输入表征数据库的参数，如数据库名称、投影系统、测量系统、经纬度、数据空间大小等（图 3-20）。

B. 井数据加载

地震解释中所需井数据主要有井位数据、层位数据、测井数据和时深关系等 4 类。以上数据皆通过 OW-Data 菜单中的 Import 工具导入，其中，前两者选 ASCII Loader，后两者选择 Curve Loader（图 3-21）。选择合适的加载器后，通过编辑数据文件、编辑格式文件和数据加载三步即可完成数据的加载。

C. 地震工区的建立和数据加载

在地震数据加载之前，首先需要建立地震工区，在工区内加载地震数据。地震数据分为 2D 和 3D 两种，两者在一些参数上存在较大差异，如 2D 数据导航数据需单独加载，而 3D 数据则可直接从地震数据中读取，所以 2D 和 3D 地震数据工区的建立和加载需要分开进行，两者步骤基本相同。

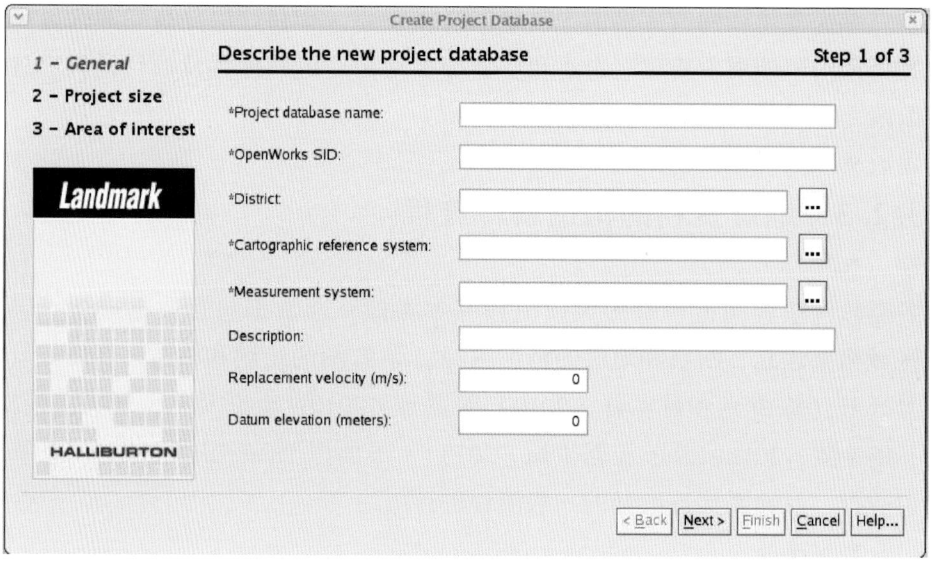

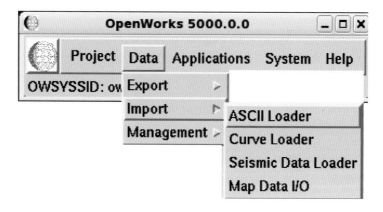

图 3-20　数据创建窗口及重要参数

图 3-21　井数据加载器

地震工区需要通过 OW-Data 菜单下的 Management 子菜单中的 Seismic Data Manger 建立。建立 3D 工区需要输入数据体的线道号以及顶点坐标等关键参数（图 3-22），而 2D 工区无需输入，故在后续地震加载过程中，2D 地震数据需单独加载导航数据，而 3D 工区则没有此步骤。

地震数据的加载需要通过 OW-Applications 菜单下的 Seismic Processing 模块中的 PostStack/PAL 启动器，根据地震数据类型选择已建立的对应地震工区进行加载（图 3-23）。

（2）层位标定

地震解释中，层位标定是联系地震资料和测井资料的桥梁，是构造解释和岩性储层地震解释的基础，是地震与地质相结合的纽带。其目的就是准确定位钻井目的

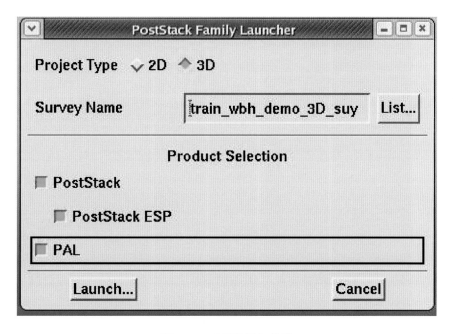

图 3-22　3D 地震工区的建立及所需参数

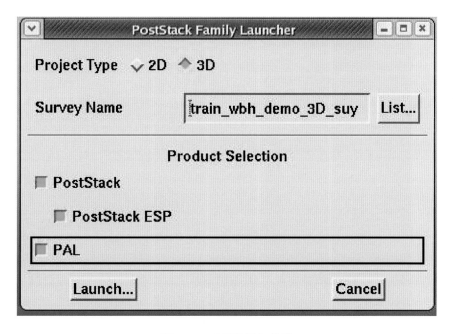

图 3-23　地震数据加载器

层的地震响应与地震剖面上反射同相轴的对应关系，确定各目的层的地震地质特征，提高构造解释和横向预测的精度。层位标定是连接地震、测井、地质的桥梁，只有准确标定，才有可能利用地震资料比较准确地描述地层的几何形态以及其他参数。综合关键井地质分层、岩性、电性组合分析，结合 VSP、平均速度和合成记录等速度资料，利用声波时差和密度曲线等测井曲线制作合成记录，与井旁地震道对比标定，实现"点"位上的地质层位的确定。

在 Landmark 平台上，合成记录需要通过 OW-Applications 菜单下的 Seismic Interpretation 模块中的 SynTool 面板完成。由于相同的声波时差曲线，根据不同的子波制作的合成记录不一致，得到的实际匹配效果也存在差异，故需先后利用雷克子波、实际井旁地震道提取最小相位子波及零相位子波，分别制作合成记录，进行对比试验。其一般流程是：通过声波时差、密度等测井曲线，得到波阻抗曲线和反射系数曲线，然后与雷克子波或提取的地震子波褶积，从而得到合成地震记录。有时SynTool 面板中也会加入其他测井曲线，如伽马、中子、自然电位、电阻率等，可以使解释人员更准确地建立各反射界面与地震同相轴之间的对应关系（图 3-24）。需要注意的是，在实际应用中常出现合成记录和地震剖面难以较好匹配的现象，这就

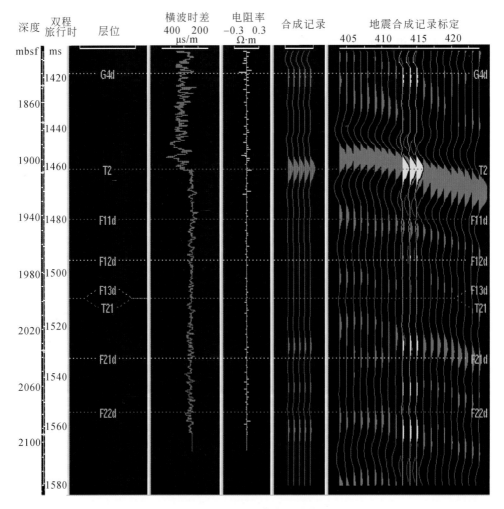

图 3-24 SynTool 合成记录特征

需要对合成记录反复修改，利用提取的子波和其他子波，对合成记录分时间段进行滤波处理，以使合成记录与地震剖面更好地匹配。

（3）区域构造格架

区域构造格架的建立是区域构造解释的基础。利用 Landmark 软件 OW-Applications 菜单下的 SeisWorks 模块来完成。SeisWorks 解释模块可实现 2D/3D 地震剖面和工区底图的显示、层位和断层的常规解释及自动追踪、断层多边形的绘制以及各类等值线的生成等。

在单井地震层位标定基础上，取一定间隔的测线，如过研究区探井和重点区带的地震剖面作为格架剖面，以目的层段的反射特征以及典型地震层序界面作为层位追踪的依据，根据"井间对比—层位标定—格架地震剖面解释—调整—联络测线闭合—井间对比"这一流程，最终确定各地层界面在地震剖面上的反射位置。

同时，依据区域构造和演化特征，在区域构造格架剖面上（图 3-25）完成主干断层（相当于区域上一级、二级或部分三级断层）的初步解释，并在平面上勾绘出初步主干断层分布，逐步实现从点到线、从线到面的逐步控制，建立起能够控制整个工区的构造格架体系。

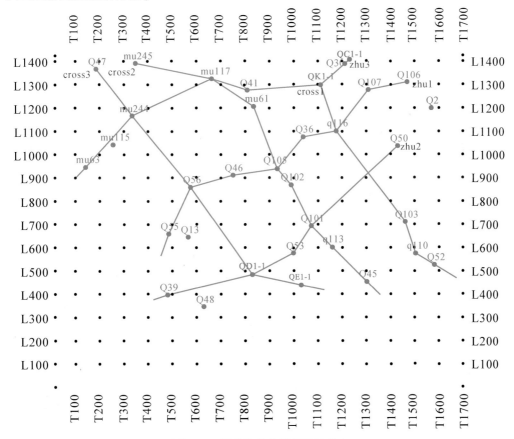

图 3-25　联井构造格架剖面的建立

（4）目标区构造精细解释

在格架剖面解释基础上，以典型剖面为基础进行精细构造解释，按照"先断层、后层位"的解释原则，解释完断层后再逐块"填层"，并以合理的间距进行内插和外延，不断加密解释网络。在解释过程中，可运用多种技术手段，不断修正断层和地层，从而使整体构造解释工作朝着正确和合理的方向进行。这个部分主要基于 Landmark 软件 SeisWorks 模块结合属性模块完成。

A. 断层精细解释技术

在构造格架剖面解释的基础上，可以利用 Landmark 相关模块，采用常规技术和方法与多属性体断层识别技术相结合的方法，进一步精细刻画研究区主断层构造格架。在此基础上，在三维地震区，利用 Landmark 多属性体断层识别技术、二维地震区利用常规技术与断层快速建模技术相结合的方法，解释次级小断层（杨彬和林承焰，2005；凌云等，2008）。

研究区内的主要断层（如一级、二级或部分三级断层）可通过体扫描、剖面解释、平面及空间组合等三方面互相结合和验证进行解释。在三维区块，通常先利用 Landmark PAL 模块提取的各种属性体（如振幅体、相干体、走向属性体、构造体等多种属性体）进行体扫描，初步确定断层规模、位置和平面展布等宏观特征。然后，在原构造格架解释基础上，选取典型剖面，利用变换显示方式（如波形道、色变密度、相位等）、相邻多测线对比、平剖面结合等方法，对断距较大、同相轴错断较清晰、平面延伸较长的主干断层进行解释，以准确地落实主干断层断点位置、断距大小等产状信息，以及断层断穿层位和空间展布特征。最后，依据地质规律，充分利用 Landmark 断层快速建模、多属性体断层识别、相干切片以及断层叠合等技术模块，进一步明确断层平面和空间组合特征。

在完成主要断裂构造格架的基础上，本着"切片定走向、剖面定倾向、联合定产状"的解释原则，利用上述技术，对研究区次级小断层（即部分三级、四级和五级断层）进一步细化，完善工区断裂体系解释（周杰，2006；秦晶晶等，2010）（图3-26）。

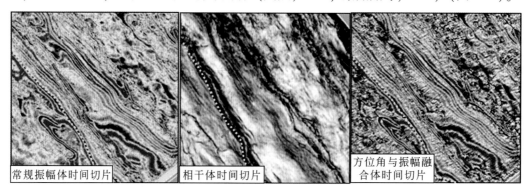

常规振幅体时间切片　　相干体时间切片　　方位角与振幅融合体时间切片

图 3-26　三维区多属性体主干断层联合解释

完成断层剖面解释后，根据断点在目的层顶、底面上的显示特点，就可以清楚认识不同断层的平面特征，依据断点的平面分布情况，断层的性质、倾向、断距变化情况、断点位置以及区域应力场变化情况，来组合和搭接断层，并绘制具有倾向的断层多边形（图3-27），在此基础上进行分类和分级，以明确不同类型和级别的断层空间结构及展布特征。二维地震工区的断层平面组合通常利用 Landmark 断层快速建模技术、三维工区则可利用多属性体断层识别、相干切片、断层叠合等技术和方法，进一步明确断层平面和剖面的空间组合特征。

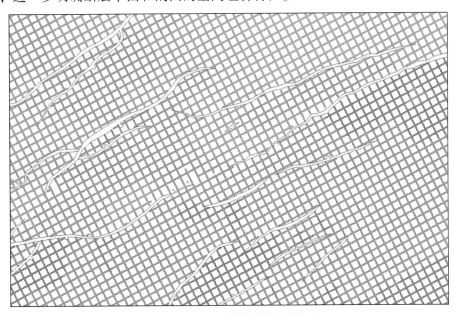

图 3-27　某地区断层平面展布特征

B. 地震层位精细解释技术

地震层位追踪是地震解释工作的关键环节，也是整个地震解释工作的主体。在区域构造格架层位解释的基础上，可以利用 Landmark 层位精细追踪技术、自动追踪技术、块搬家技术以及交叉剖面解释技术，进行层位精细解释。

层位精细追踪技术是指利用局部放大、多窗口对比的方法进行解释，严格按反射波的产状解释，力求准确追踪每一个相位，减小解释层位的波动幅度。

层位自动追踪技术是 Landmark 地层追踪的特色，可以利用 SiesWorks 菜单下的 ZAP 模块来实现。在地震资料品质较好的三维工区，这种方法最为适用。首先，需要在地震剖面反射同向轴波峰或波谷处，设置种子点并设置搜索范围。然后，利用层位自动追踪技术，即可实现全区自动追踪。该方法进行地震解释具有速度快、质量高、解释工作量小的特点，因此得到了广泛应用。

块搬家技术也是 Landmark 地层解释的特色功能。对于断层上下盘或距离较远、不易对比的层位，可以通过创建剖面多边形的方式，将一部分地震剖面提取出来移动到另一部位，以便更为准确地进行层位追踪。这种方法对断层上下盘地层厚度存在差异以及井控程度低的跨断层层位解释，尤其适用。

交叉剖面解释技术是 Landmark 软件的常规功能。沿某一典型剖面进行地震解释时，解释方案可以拓展到与之垂直的剖面上去，根据拓展点的位置可实现地层精细解释。同时，这种方法可以用来修正地震解释过程中形成的跳点，对地震解释方案进行合理的调整。

（5）绘制等 T_0 构造图

等 T_0 图，也叫等 T_0 构造图，是在地震构造解释的基础上，直接根据地震双程反射时间数据绘制的反映某一地层界面的构造图。在地质构造较为简单的情况下，可以反映构造的基本形态，其偏移也小。但当地下地质构造相对复杂时，时间构造图上反映的构造形态与真实的构造形态差别较大。等 T_0 图是后续工业化制图的基础，可以作为地质工作者认识地下构造形态的初始成果图件和质控手段。

绘制等 T_0 图往往具有一定的目的性，通常选择能在全区连续追踪且地震反射特征明显的标准层。这个标准层不仅要代表某一地质时代的主要构造特征，同时也是含油气构造发育的层位。

在 Landmark 软件中，等 T_0 图可以通过 OW-Applications 菜单下的 Z-MAP Plus 模块完成。首先，需要为后续导入或新建的文件设置文件路径；然后，再建立主文件（Master File）和绘图文件（Graphics File）并使之打开，用于分别存储和写入数据文件和图形文件。完成以上步骤之后，Z-MAP Plus 模块就可以调用 SeisWorks 中的地层和断层多边形数据绘制等 T_0 构造图。操作时，首先把 SeisWorks 中的地层和断层多边形数据输出到 Z-MAP Plus 的主文件中；其次，以断层多边形数据为限制文件，对地层数据进行网格化；最后，设置底图并在其内部调用断层多变形文件和网格化文件生成 T_0 等值线图（图 3-28）。

（6）构造解释质控（QC）技术

不同解释人员对地震剖面上同一构造解释时，解释方案可能存在差异。地震解释中，为保证解释的合理性，根据地震解释的一般原则，可采用测线控制法、平衡剖面验证技术以及快速地质建模技术，对构造解释方案的质量进行控制，使其趋于合理。

测线控制法是利用任意地震测线或基干测线对地层或构造解释，进行质控的常规方法。利用任意线或闭合线，对解释层位进行检查，可发现层位跳点并及时进行调整，保证解释的精度；而过构造主干测线以及联络测线与等 T_0 草图相结合，则可对重点构造解释的合理性进行验证。

平衡剖面技术是一种通过恢复剖面构造变形来验证剖面变形前后是否满足几何或质量守恒的质控方法，是验证地震解释方案合理性和研究区域演化史的有力工具。基于平衡剖面验证技术，利用 Landmark 层拉平技术，可以将已变形的剖面恢复

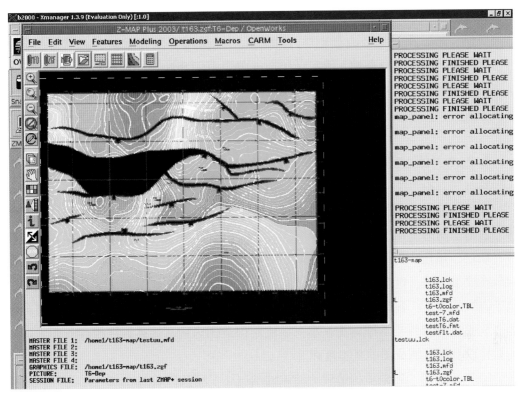

图 3-28　某地区地层等 T_0 构造图

到未变形状态，以验证地层在几何学上是否满足层长或面积守恒，若形变不守恒，则其构造解释不正确（图 3-29）（凌云等，2008）。

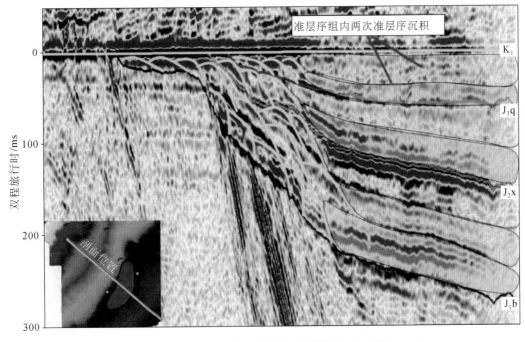

图 3-29　沿白垩系底界层层拉平的平衡地震剖面（凌云等，2008）

快速建模技术是 Landmark 构造解释的特色功能。通过快速地质建模，能够实时监控层位、断层及其组合的合理性。利用断层三维可视化和断面平面三角剖分网格，可以检验断点的合理性，确定断层面的分布范围和断层间的搭接关系，合理地反映构造和断层的空间分布特点，从而进一步明确地层和断层的空间展布特征及规律。

3.2.4 工业化变速成图技术

地震构造图及其他图件，如地层等厚图、特殊岩性体分布图等，都是以地震资料为依据绘制的平面图件，它以等值线（等深线、等厚线或等时线等）以及一些符号（断层、超覆、尖灭等），直观地表示出某一层位的地质构造形态，是地震勘探的最终成果图件，包含翔实的地质信息，具有非常重要的地质意义和经济价值。按照等值线的意义，各类图件又可分为时间域和深度域两种，如地震构造图，可分为等 T_0 构造图和等深构造图两类。本书以地震构造图为例，简述深度域和时间域图件的差异以及深度域成图的基本流程。

等 T_0 构造图，在地质构造较为简单的情况下，可反映构造的基本形态和断裂系统特点，但当地下地质构造相对复杂时，时间构造图上反映的构造形态与真实的构造形态差别较大。深度构造图则是地下构造形态的真实响应，其精度受时深转换过程中速度的准确度及地震剖面质量的影响。这也就对速度的求取和时深转换提出了新的要求。

为保证速度的准确性和时深转换的可靠性，Landmark 利用不同学科先进的技术和方法，专门设计不同模块，来建立速度模型和时深转换，以绘制深度域地质图。故利用 Landmark 绘制地质图，通常依次完成以下三步，即建立速度模型、时深转换和工业化成图。

（1）建立速度模型

为保证速度模型的精度，Landmark 通常利用其特色模块 DepthTeam 进行高精度变速速度建模。其主要原理是以研究区经过线性内插井的时深关系为基础，以地震精细解释的网格化层位为约束，再关联井点分层数据和地震解释层位（hor1）生成伪速度，并以此来控制并校正速度场模型。

以上模型在研究区钻井较少或分布不均时，速度场的空间分辨率会大打折扣。这时，就需要 DepthTeam 模块调用地震处理过程中生成的速度谱（如叠加速度和偏移速度等），进一步提高速度模型的精度。速度谱数据点多而密，且为矢量，不仅可以指示地震速度变化的趋势，也可以反映同一岩层不同部位、不同方向地震速度传播的特点，故可有效提高速度模型的精度（图3-30）。

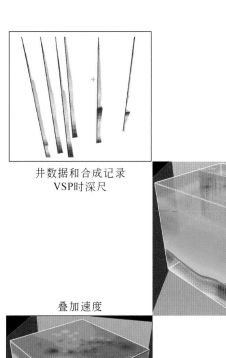

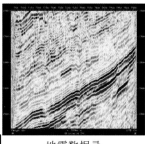

井数据和合成记录
VSP时深尺

地震数据录

叠加速度

地震解释层位

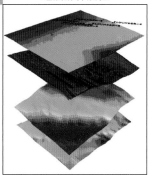

图 3-30　DepthTeam 高精度变速速度建模示意

么景臣 . 2008. 兰德马克勘探综合研究技术说明

　　需要注意的是，偏移速度记录的是均方根速度，一般不能直接用来速度建模，通常利用 DIX 公式反演使其转换成平均速度再加以调用。此外，这种转换的速度谱在构造复杂区域往往效果不佳。这时，需要利用叠加速度谱进行地质建模（图 3-31）。

　　总之，DepthTeam 速度建模提高建模精度不仅具有输入参数多、约束参数多和质量控制方法多的特点，其可视化环境和一体化流程，也为速度建模带来便利。这种速度场模型可以点对点变速成图，有效提高成图精度和成图效率。

　　（2）时深转换

　　在建立速度模型之后，基于速度模型，就可以通过时深转换，把时间域图件转换为深度域图件。Landmark 通常利用 TDQ 模块来完成时深转换。TDQ 是 Landmark SeisWorks、StraWorks 和 Z-MAP Plus 模块间的桥梁，是实现地质和地球物理数据综合解释的必备手段。其本身也可以速度建模，但其主要通过利用井列表中各井的时

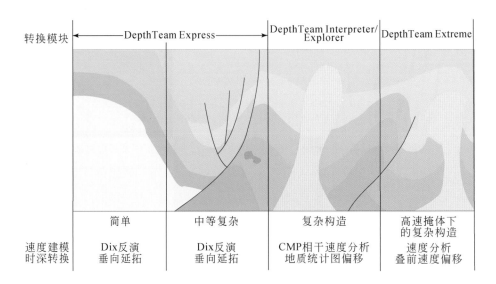

图 3-31 不同构造背景下 DepthTeam 高精度变速速度建模

么景臣 . 2008. 兰德马克勘探综合研究技术说明

深关系进行井间线性内插的方法来建模。这种方法仅适用于构造比较简单的地区，距离井比较远和存在断层的地方速度不太准确。因此，需要调用 DepthTeam 创建的速度模型，进行时深转换。

TDQ 功能非常强大，利用 DepthTeam 所做的速度场或时深关系，不仅可以对等值线网格进行转换，也可以直接用于地震层位、断层面和地震道的转换。因此，如果存在已经完善的等 T_0 图，可以直接将其与对应的速度场相乘得到深度域构造图（图 3-32）。若没有等 T_0 图，需要对目的层位进行时深转换，使其转换成深度域的层位，以备后期成图。

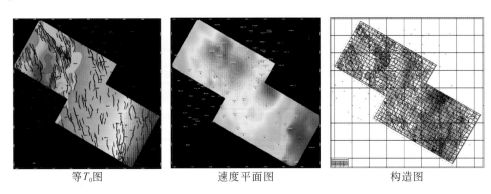

图 3-32 某地区地层 T_0 图经时深转换得到构造图

中国石油勘探开发研究院 . 三维地震构造解释及储层预测

（3）工业化成图

在完成时深转换后，Landmark 会调用特有成图软件 Z-MAP Plus，进行工业化成图。Z-MAP Plus 是 Landmark 内置的绘图软件，它除了能绘制平面图、剖面图和做各种修饰处理外，还可以做各种计算，如精确的网格计算、数据计算、时深转换、坐标转换、图形偏移、交点误差校正以及 3D 图形显示等。

在绘制等 T_0 图时，已经对 Z-MAP Plus 作图的流程，做了较为详细的介绍。下面主要介绍一下作图需要注意的细节。Z-MAP Plus 作图要点是数据输入、网格化和等值线成图。不同类型的图件，输入的数据存在差异。绘制深度域构造图，数据为经过时深转换的深度域层位；而绘制等厚图时，则需要先对深度域的层位相减得到厚度数据，才可以进行网格化和等值线成图。

作为最终成果图件，除等值线和断裂等要素外，作图时还需要设置其他参数和对图件进行修饰，除对等值线进行颜色填充和断层中等值线抽空外，还需要添加图标要素，如添加图形边框、(X, Y) 坐标标记、比例尺图标、图例、图头说明、测线、指北针和责任栏等。这些功能可以利用 Z-MAP Plus 模块的 LABELING Parameters 完成。

3.3　测井解释

测井是探测地下地质信息和能源最重要的手段。地震探勘主要注重勘探的广度，垂向分辨率较低（多在十米以上），可为后续的钻探和测井提供参考。与钻井取心相比，测井则能够提供连续的、受扰动较小的地下地层信息，可对深达几百米甚至几千米的地质剖面的沉积和构造等特征进行细致、准确的描述（厘米级），并判断油、气、水、水合物或其他矿床的存在，是一种非常经济有效的手段。

测井是井中地球物理技术，采用专门的地球物理仪器，在井中原位测量随深度变化的各种地层、岩石物理性质。在科学大洋钻探中，测井是钻井取心分析的重要补充，具有岩心和地震等其他方法难以替代的作用：①测井资料可以用于推断未取心井段地层的岩性；②在取心不全的情况下，测井是岩心深度归位和确定岩性界面的重要依据；③测井与地震资料的结合可以推测钻孔之间地层的横向分布和变化；④测井是联系岩心和地震资料的桥梁或纽带。

3.3.1　测井相关概念和应用

测井技术诞生于 1927 年，早期主要应用于陆地和浅海石油勘探，直到 20 世纪 60 年代末，在深海钻探计划（DSDP）实施期间，开创了深海测井的先河。1969 年

DSDP 第 4 航次在 28、29、31 三个站位成功进行测井实验，获得了人类历史上最早的深海测井记录。该航次使用的测井仪器包括自然伽马、中子测井（含氢指数或孔隙度）、自然电位和电阻率测井（Gealy and Gerard，1970）。此后，测井仪器在大洋钻探中的应用包括仪器种类和测井孔数，逐渐增多。

（1）测井数据的采集仪器

A. 大洋钻探常用测井仪器

目前 IODP 使用的测井仪器主要分为以下三类：一是标准测井仪器，包括三组合测井仪（Triple Combo）、FMS-声波测井仪（FMS/Sonic）及井中地震测井仪（Borehole Seismics）（图 3-33）；二是各种随钻测井和随钻测量仪器，需在航次前确定并获得额外的经费资助后方可使用；三是通过申请即可以使用的其他测井仪器。标准测井仪器始终存放在大洋钻探船上，使用时还可以加挂一个或多个专门的测井仪器。

实际测井时，首先采用三组合测井，开展各种岩石物理和岩性测井基本信息的收集，还可以开展井径测量，为评估井孔状况和测井质量提供重要依据；其次，进行 FMS-声波测井，获取地层的细节特征及声波速度；再次，按科学上的重要性，依次进行各种专门仪器测井；最后，进行紧贴井壁的井中地震测井，这可能对井壁造成不同程度的破坏，同时也是最容易被钻孔卡住的一种测井手段。

a. 三组合测井仪

标准的三组合测井仪由以下仪器中的任意三种组合而成。

加速器孔隙度测井仪（accelerator porosity sonde，APS）：APS 包含一个电子中子源和 5 个探头，可以提供孔隙度、气体探测、黏土评价及井孔校正等方面的信息。

恶劣环境岩性密度测井仪（hostile environment litho-density sonde，HLDS）：APS 通常和 DIT、HLDS 及 HNGS 一起运行（图 3-33），仪器长度为 3.96m（13ft）。

恶劣环境自然伽马测井仪（hostile environment natural gamma ray sonde，HNGS）和增强型数字遥感套筒（enhanced digital telemetry cartridge，EDTC-B）：HNGS 使用两个铋锗闪烁探测器来测量地层自然伽马射线的强度，仪器长度为 25.88cm（0.85ft），主要用于不同测井回次之间的深度对比、确定黏土矿物的类型及矿物成分、探测火山灰层等；EDTC-B 是一种下井仪，它用高速遥测井下调制解调器将两种常用的传感器连接起来，常用于高温、高压环境。EDTC-B 主要用于提供井下测井仪与地面采集系统之间的高速（>1Mbps）通信。此外，它还含有一个闪烁伽马射线探测器，提供自然伽马测量，用于不同测井回次之间的深度匹配。

高分辨率阵列侧向测井仪（high-resolution laterolog array，HRLA）和相量双感应–球形聚焦电阻率测井仪（phasor dual induction-sperically focused resistivity tool，DIT）：HRLA 提供 6 种不同探测深度的电阻率测量结果，包括井筒或泥浆电阻率和

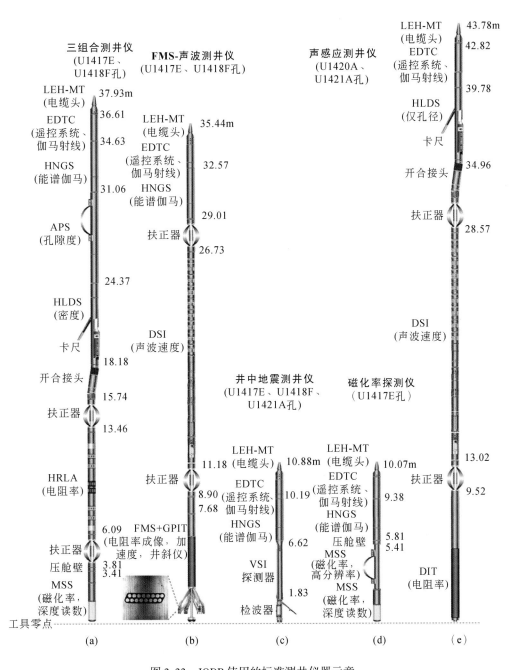

图 3-33　IODP 使用的标准测井仪器示意

（a）IODP 第 349 航次使用的两种三组合测井仪；（b）IODP 第 351 航次使用的 FMS-声波组合测井仪；

（c）IODP 第 351 航次使用的井中地震测井仪；（d）和（e）IODP 第 341 航次新使用的磁化率、声感应

两种测井仪。据 http://iodp. tamu. edu/tools/logging/index. html

5 种探测深度依次增大的地层电阻率。除 FMS 外，它可以与"决心号"钻探船上使用的几乎所有其他仪器兼容，与仅能置于底部的 DIT 不同，需要时它可以置于仪器

串的靠上部位，与MSS之类的仅能置于仪器串底部的仪器组合起来使用（图3-33）；DIT提供自然电位（SP）和深感应（IDPH）、中感应（IMPH）、球形聚集（SFLU）三种不同的电阻率测量结果。由于大多数岩石中固体矿物组分的电阻率比孔隙流体要高几个数量级，所以电阻率主要由孔隙流体的导电性和孔隙空间的数量与连通性决定。DIT一般与APS、HLDS及HNGS搭配使用。DIT内部包含的温度测量在高温环境下很实用。

磁化率测井仪（magnetic susceptibilit sonde，MSS-B）：MSS-B测量井孔地层的磁化率，它有两种垂向分辨率和探测深度。当与斯伦贝谢仪器组合使用时，需置于仪器串的底部，位于压力隔板的下方。多数斯伦贝谢仪器可以置于其上方，仪器长度为540cm（212.6in）。

除磁化率测井仪为拉蒙特仪器外，其余均为斯伦贝谢仪器（图3-33）。

孔隙度、密度、电阻率测井主要用于收集钻遇地层的岩石物理和岩性信息。在沉积物中，这些测井参数总的变化趋势受随深度增加而逐渐增强的固结度的控制；偏离基本趋势住往与岩性变化、石化作用或胶结作用、欠压实（如高孔隙流体压力）、水合物的存在（水合物的存在会导致电阻率和声波速度增加）等因素有关。

b. FMS-声波测井仪

标准的FMS-声波测井仪［图3-33（b）］由以下仪器组成。

偶极声波成像仪（dipole sonic imager tool，DSI-2）：DSI-2由发射部分、接收部分和套筒组成，可以提供几种数字化波形数据采集操作模式。DSI-2主要用于提供地层的纵波和横波速度信息。

地层微电阻率扫描成像测井仪（formation microscanner，FMS）：FMS由4个正交的成像极板组成，每个极板含有16个微电极，测量时它们直接接触井壁。仪器工作时，从极板发射出来的聚集电流进入地层，通过每个极板上的电极阵列测量电流强度的变化，反映了地层电阻率的微细变化。经过数据处理后，电流强度测量结果被转换为用灰度或彩色显示的高分辨率电阻率图像。FMS仪器的长度为7.72m（25.30ft）。在光滑井孔和均匀地层条件下，FMS探测深度约为25cm（10in），垂向分辨率为5mm（0.2in）。FMS的用途主要包括：①确定层面、层理、裂缝、断层及其他构造的倾斜方向和产状；②用于岩心与测井之间的深度匹配和精细对比；③在取心率不完整的情形下，用于岩心在深度上的精确定位；④沉积相和沉积环境分析。

通用目的井斜测井仪（general purpose inclinometry tool，GPIT）：GPIT提供井斜测量，仪器的方位由以下三个参数定义：仪器偏差（tool deviation）、仪器方位角和相对方位（relative bearing）。GPIT使用一个三轴井斜仪和一个三轴磁力仪进行测量并确定上述参数。

增强型数字遥测套筒（EDTC-B）和恶劣环境自然伽马测井仪（HNGS）。这已在三组合测井仪中介绍过。

c. 井中地震测井仪

井中地震测井仪由两部分组成。

通用地震成像仪（versatile seismic imager，VSI）：VSI 用于校验炮（check shot）测量和零偏移距垂直地震剖面（VSP）实验，前者用于获得深度–走时关系，后者用于获取井旁地震记录。井中地震测量的目的是为根据岩心和测井资料标定地震反射层位提供依据。使用时，VSI 仪器的配置包括传感器包的个数、传感器的间距和连接的类型（固定的或灵活的）可以根据需要加以改变。

增强型数字遥测套筒（EDTC-B）：EDTC-B 的主要用途是提供井下仪器与地面采集系统之间的高速（>1Mbps）通信，并提供闪烁伽马射线探测器，用于地震测井记录与其他测井记录之间的深度匹配。

B. 随钻测井仪器

随钻测井（LWD）是钻井过程中获取地球物理数据或进行测井的系统与技术的总称。与"随钻测井"类似的另一个术语是"随钻测量"（measurements while drilling，MWD），专指钻井过程中采集井斜方位数据和钻井力学数据（如井下扭矩、压力或震动）并实时向上传输的过程。LWD 能提供的测井项目通常与电缆测井基本相同，主要包括随钻方位密度中子测井仪（LWD azimuthal density neutron tool，LWD-ADN）、随钻补偿密度中子测井仪（LWD compensated density neutron tool，LWD-CDN）、随钻补偿双电阻率测井仪（LWD compensated dual resistivity tool，LWD-CDR）、随钻声波测井仪（LWD isonic tool）、随钻钻头电阻率测井仪（LWD resistivity-at-the-bit tool，LWD-RAB）等。具体可用的随钻测井项目可访问斯伦贝谢网站[①]。

LWD 与电缆测井在数据质量、分辨率和井壁覆盖率等方面存在一定的差异。LWD 与常规电缆测井的主要区别在于：①LWD 测井仪是真正的大型工具钻铤，是底部钻具组合（bottom hole assembly，BHA）的一部分，钻井过程中 LWD 传感器可以不受妨碍地进行测量，钻井液也可以高速地通过仪器而流动；②LWD 在钻井过程中完成测井工作，可以节省时间，确保钻井决策更准确和快捷、钻井工作更安全和高效地进行；③LWD 可以在井孔条件比较复杂，如斜井或不稳定井孔（如天然气水合物钻井）等，普通电缆测井难以进行的情形下使用。

LWD 传感器的分辨率类似于常规电缆测井，如孔隙度测井的垂向分辨率约为

---

① https://www.slb.com/services/drilling/mwd.lwd.aspx.

30cm，密度和伽马分辨率为15cm。LWD的分辨率部分取决于钻井速率。LWD具有以下优点：①在不稳定的海洋钻孔中获取高质量的测井数据；②LWD数据可以覆盖整个钻井井段；③LWD数据在井孔打开后井壁地层的孔隙度和渗透率尚未发生明显变化时立即采集，因此在相同分辨率前提下LWD数据往往能更真实地反映地层的原位特性；④LWD数据的采集在深度上连续进行，在取心率不足100%的情况下也可以用于岩心样品的深度归位（Goldberg and Saito，1998）。

C. 其他可用的测井仪器

大洋钻探过程中，井中超声成像测井仪（ultrasonic borehole image，UBI）、模块式温度测井仪（modular temperature tool，MTT）、取心筒钻柱加速度计（core barrel drill string accelerometer，DSA）等也可以应用，但需要预先提出申请。

井中超声成像测井仪载有高分辨率换能器（用于发射和接收超声波信号），可提供覆盖井壁的声学图像，包括声波幅度和走时图像。换能器的工作频率有250kHz或500kHz两种，相应的图像分辨率分别为0.51cm（0.2in）和1.02cm（0.4in）。UBI井壁声学图像可用于高分辨率地层分析，确定地层倾角，评价裂缝，还可用于评价井孔稳定性及地应力分析。

模块式温度测井仪是一种灵活的、通用的三组分温度测井仪，主要用于安全评估及水文地质、地热、微生物和天然气水合物研究。

取心筒钻柱加速度计作为一种存储工具，在取心过程中测量和记录钻柱的加速度及环境压力，主要用于钻柱振动分析、升沉评估（heave evaluation）、随钻地震测量的参考信号、流体压力测量、钻井设备性能评价及地质工程分析（如沉积物压实分析）。

（2）测井数据处理

测井是利用各种专门仪器沿井身测量地层不同物理信息，并将所得资料进行综合解释，用以判明地下地质特征以及油气藏和其他矿藏的一种方法。测井数据的采集、测井数据的处理、测井资料的综合解释是测井地层评价的三个重要环节。

根据测井与钻井的时间关系，可以分为电缆测井和随钻测井两类。电缆测井是在钻井之后进行测量的，测井设备由井底向上提升过程中，记录地震剖面的各种信息。随钻测井则是在钻井的过程中，同时测量地层岩石物理参数。两者数据采用数据遥测系统，将测量结果实时送到地面进行处理，两者得到的都是物理参数随深度变化的曲线。

跟地震资料一样，在应用之前测井数据也需要进行预处理，通常包括深度对齐（包括一次下井测井曲线和多次下井测井曲线）、斜井校正（认为地层是水平的）、曲线的平滑处理（去噪）、环境校正［去除井眼（泥浆、井径）、侵入特性、下井仪器、测井速率以及围岩等因素影响］、数据标准化等。

通过预处理之后，测井资料可以用于各类综合解释，将井下各类物理参数转化为地质信息，并可以结合钻井、地质、采油等资料，判断油气层、水层。

（3）测井方法分类

按所研究的地层物理性质，常规测井方法可以分为电法测井、放射性测井、声波测井等多种类型。电法测井侧重研究地层电学或电化学参数，如电阻率、电导率和介电常数等，包括自然电位（SP）和各类电阻率测井等。放射性测井是研究地层核物理性质的各类测井方法的总称，探测的是地层的自放射性强度（GR）、自然伽马能谱（NGS）、伽马射线以及中子与地层介质相互作用（密度测井、岩性密度测井、中子测井和脉冲中子测井等）。声波测井则是研究地层声学性质的测井方式，包括探测纵波传播速度（声速测井）、纵波幅度（声幅测井）和声波全波列等。随着测井技术的发展，常用的测井方法很多，有常规测井方法、生产动态测井方法，还有一些测井新技术和新方法，如成像测井、核磁测井等，详见表3-1。

表 3-1　主要裸眼井测井方法

类别	方法	测量的物理量	方法代号
利用自然现象，无源	自然电位	电位差	SP
	自然伽马放射性	总计数率	GR
		谱测量率 U、Th、K	NGS
		总伽马	HSGR
		无轴伽马	HCGR 或 CGR
	井径	井眼直径	CAL
	井温	井内钻井液温度	T
	井斜	井轴倾角及方位	DEV
利用各种场源激发的信息，包括源、探测器	双侧向	电阻率 R	LLS，LLD
	微侧向	电阻率 R	MLL
	八侧面	电阻率 R	LL8
	微球形聚焦	电阻率 R	MSFL
	双感应	电阻率 C	ILM，ILD
	电磁波传播	e 介电常数传播时间	EPT. TPL
	双频介电	介电常数 200M、47M	
	中子测井（补偿）	含氢指数	CNL
	中子寿命测井	中子俘获截面 Σ、衰减时间	TDT
	碳氧比测井	次生伽马能谱	C10
	岩性密度	光电吸收截面 EP_e	LDT
	补偿密度	电密度 pb	FDC，DC
	核磁共振	质子自旋衰减时间	CMR，MRIR
	补偿声波	声波传播时间	BHC，AC
	长源距声波	声波衰减幅度	LSS
	阵列声波	声波波列 $\triangle t$	

续表

类别	方法	测量的物理量	方法代号
成像测井	微电成像	井壁介质导电性	FMI, EMI, STAR
	井下声波电视	声波反射幅度及时间	USI, CBIL, CAST
	阵列感应	电导率	AIT
	方位电阻率	电导率	ARI
	偶极（多极声波）	声波（挠曲波）传播时间	DSI
	超声成像（井下电视）	声波（挠曲波）传播时间	BHTV
	地层倾角		HDT, SHDT

虽然以上测井方法很多，但一种测井方法一般只能在一定的条件下反映地层的某种性质，无法得到地层的全面认识。考虑到测井成本等问题，现在通常根据实际地质要求，选择既能实现测量目的，又经济实用的测井方法，组成测井系列。这种测井系列以解决地质问题为目的，包括多种类型，如岩性测井系列、孔隙度测井系列等。

相比于岩心和地震资料，测井资料具有以下特点和优势（Goldberg，1997）：①测井资料是原位测量结果；②测井资料是连续观测结果；③测井数据的采样间隔适中，分辨率介于岩心与地震之间。

相比之下，除活塞取心外，岩心取心率很少能达到100%，因此在取心不全的情况下岩心的深度位置变得不明确。此外，岩心易受端部效应及各种钻井扰动的影响，因而岩心资料记录的不是原位测量结果。

（4）测井的应用

陆地上，不同测井方式采集的测井信息与野外露头、地震等资料相结合，可用于解决地层学、构造地质学、沉积学、石油地质学以及油田地质学等多学科地质问题，如地层层位标定及地层格架的建立、地层压力的预测、构造裂缝的定性和定量研究、层理分析和沉积相标定，储层评价以及剩余油分析等。在能源勘探领域，按服务目的，测井技术可分为两类：一是地层评价测井，也叫储层评价，这是测井的基础，很多地质问题都是从地层评价开始；二是生产测井，为油田开发提供动态参数。测井涉及勘探开发的各个领域，本小节主要讲述测井资料在地层评价中的应用。

储集层也称渗透层，最明显的特征是具有孔隙性和渗透性。储集层的类型很多，包括碎屑岩（约占40%）、碳酸盐岩储集层（占50%左右）和火成岩、变质岩（必要条件是裂缝等次生孔隙发育）等各种岩性（表3-2）。因此，岩性识别是测井资料的重要应用之一。

不同岩性所对应的测井曲线的形态特征和曲线的相对幅度存在差异。根据这些差异进行综合分析是识别岩性的常用方法（表3-2，表3-3）。通常，一种测井

表 3-2 火山岩岩性的识别标准

	岩性特征	CAL	AC	DEN	GR	RD	CNL
玄武岩	基性火山岩，SiO$_2$含量45%~52%	曲线平滑，稳定	平滑箱型，平均56.9	平滑箱型，平均2.7	平滑箱型，<35	块状高阻，>100	3.5~34
安山岩	中性火山岩，SiO$_2$含量52%~63%	曲线平滑，稳定	弱齿化箱型，平均56.6	弱齿箱型，平均2.65	弱齿化箱型，35~75	块状高阻，>100	3~30.9
英安岩	中酸性火山岩，SiO$_2$含量63%~68%	曲线平滑，稳定	弱齿化箱型，平均67.2	弱齿化箱型，平均2.47	弱齿化箱型，75~100	块状高阻，>100	2.6~24
流纹岩	酸性火山岩，SiO$_2$含量>68%	曲线平滑，稳定	弱齿化箱型，平均69.2	弱齿化箱型，平均2.43	齿化箱型，100~160	块状高阻，>40	4~24
火山角砾岩	粒径2~64mm	扩径，曲线强烈齿化	强齿化箱型，65~70	弱齿化箱型，<2.5	齿化箱型，>130	<40	11~30.9
凝灰岩	粒径0.05~2mm	扩径，曲线强烈齿化	强齿化箱型>65	弱齿化箱型<2.5	齿化箱型，>170	电阻率变化大	11~30.9

资料来源：梁月霞等，2017

表 3-3 各种岩性的测井响应

岩性	声波时差/(μs/m)	体积密度/(g/cm^3)	中子孔隙度/%	自然伽马	中子伽马	自然电位	微电极	电阻率	井径
泥岩	>300	2.2~2.65	高值	高值	低值	基值	低、平值	低值	大于钻头
煤	350~450	1.3~1.5	Φ_{SNP}>40，Φ_{CNL}>40	低值		异常不明显或很大正异常（无烟煤）		高值无烟煤最低	接近钻头
砂岩	250~380	2.1~2.5	中等	低值	中等	明显异常	中等明显正异常	低到中等	略小于钻头
生物灰岩	200~300	比砂岩略高	较低	比砂岩还低	较高	明显异常	较高明显正异常	较高	略小于钻头
石灰岩	165~250	2.4~2.7	低值	比砂岩还低	高值	大片异常	高值锯齿状正负差异	高值	小于或等于钻头
白云岩	155~250	2.5~2.85	低值	比砂岩还低	高值	大片异常	高值锯齿状正负差异	高值	小于或等于钻头
硬石膏	~140	~3.0	≈0	最低	高值	基值		高值	接近钻头
石膏	~170	~2.3	~50	最低	低值	基值		高值	接近钻头
盐岩	~220	~2.1	接近于零	最低伽玛值最高	高值	基值	极低	高值	大于钻头

曲线所能提供的信息有限且存在多解性。因此，利用测井资料对岩性进行综合判识时，多利用曲线叠合或交汇图来识别，如孔隙度测井曲线重叠法、双孔隙度交汇图版、MID 理论图版、M-N 交汇图版等。这些方法是从测井数字处理技术发展而来的储层岩性、孔隙度、含油性的解释和显示方法，对特殊岩性如火成岩，尤其有效。

测井曲线还可以用于判断储集层的基本参数，如孔隙度（φ）、渗透率（K）、含水/油饱和度（S_w/S_o）以及储层有效厚度（H_e）等。孔隙度指储集层的孔隙空间占岩石体积的百分数，是反映储集层储集能力相对大小的参数。渗透率是指在有一定压差存在时，储层有让流体在其孔道中通过的能力，是描述流体流过岩石难易程度的基本参数。饱和度是岩石孔隙中所含的某种流体体积占岩石体积的百分数，根据流体类型，可以分为含水饱和度、含油饱和度及含气饱和度等。有效厚度指目前经济技术条件下能开采出工业性油气流的油气层的实际厚度，即扣除了不合标准的泥岩夹层、致密夹层。

与陆地不同，大洋钻探中的应用可以针对钻探的地质对象，粗略地划分为以下两类：①海底浅部比较松软的沉积层（包括沉积物和沉积岩）；②沉积层下伏比较坚硬的洋壳基底岩石。大洋钻探测井资料主要广泛应用在软的沉积物、硬的洋壳基底岩石及构造应力场研究方面。

3.3.2　测井解释

（1）测井相分析及地质解释模型

A. 测井相

测井相（facies log）是由斯伦贝谢公司和测井地质分析家 Serra 于 1979 年提出来的。Serra 认为，测井相是"表征地层特征，并且可以使该地层与其他地层区别开来的一组测井响应特征集"。可见，其目的在于利用测井资料（即数据集）来评价或解释沉积相。事实上，这是一个 n 维数据向量空间，每一个向量代表一个深度采样点上的几种测井方法的测量值，如自然伽马（GR）、自然电位（SP）、井径（CAL）、声波时差（AC）、密度（DEN）、补偿中子（CNL）、微球型聚集电阻率（R_{xo}）、中感应电阻率（RIM）、深感应电阻率（RID）。这样一个 9 维向量就是一个常用的测井测量值向量，假设一个地层为 2m 厚共有 16 个采样点，于是一个 16×9 的测井数据集就可以表征这一个地层。当然，为了更清楚地表征地层特征，也可能使用测井测量值计算机处理的结果，如孔隙度（φ）、饱和度（S_w）、渗透率（K）、骨架参数（V_{ma1}、V_{ma2}、V_{ma3}）及泥质含量（V_{sh}）、粉砂指数（S_I）等来表征。

测井相分析就是利用上述测井响应的定性方面的曲线特征以及定量方面的测井参数值，描述地层的沉积相，当然在实际确定测井沉积相中还有赖于地层倾角测井、自然伽马能谱等多方面的资料。测井系统越完善，测井响应质量越好，测井相图反映实际地层沉积相的程度也就越好。然而，由于测井相的间接性，所以测井解释具有多解性和不确定性。

测井相分析的基本原理是：从一组能够反映地层特征的测井响应中，提取测井曲线的变化特征，例如，幅度特征、形态特征等，以及其他测井解释推论，如沉积构造、水流方向等，将地层剖面划分为有限个测井相，用岩心分析等地质资料对这些测井相进行刻度，用数学方法及知识推理确定各个测井相到地质相的映射转换关系，最终达到利用测井资料来描述、研究地层的沉积相的目的。

B. 测井相标志与地质相标志的关系

测井相中数据向量的每一维，都可称作一个测井相标志，而沉积相标志是观察描述沉积相的一个特征标志。这两种相标志之间不存在一一对应关系。经过特定油气田区地质背景的确定，可以经过统计、知识推理，找到判断亚相、微相的组合对应关系。这种关系就是所谓的解释模型。

基于颜色、岩性、结构、沉积构造、粒度分析、古生物、地球化学以及垂向相序列等最主要的相标志，可以确定沉积亚相、微相模型。岩石组合（成分、结构）、沉积构造、粒度分析及垂向序列特征等最基本的相标志，可确定相组、相模型，它们之间亚相、微相差别明显。测井资料依靠常规组合曲线及其处理成果、地层倾角测井曲线及其处理成果，解译其中主要的基本相标志：①岩石组合（类型及结构）；②沉积构造，如冲刷面、层理类型、纹层组系产状及其垂向变化；③垂向序列变化关系（正粒序、反粒序、复合粒序、无粒序）；④古水流。

测井资料解释的相标志是测井沉积学研究的可靠保证，但重要的是需要做好"地质–测井"刻度、反演工作，例如，将已建立的各种地质相标志模型和测井相标志模型精细地对应，使二者紧密结合，实现测井资料在地质相标志刻度下的沉积亚相、微相判别。为此，需要紧紧地抓住"岩心刻度测井"这一中心环节，进行反复刻度和反演，总结出针对不同沉积亚相、微相的测井相标志，用于确定测井沉积相。有两类若干种测井的解释模型最为重要：一类主要用常规组合的测井曲线反映岩性特征、层序特征的测井解释模型；另一类是用精细处理的地层倾角测井的微电导率曲线反映沉积构造、结构及古水流系统的测井解释模型。

（2）岩石组合及层序的测井解释模型

A. 测井曲线的一般特征

a. 常规组合测井曲线

1. 测井曲线幅度特征

测井曲线幅度可以反映出沉积物粒度、分选性及泥质含量等，受地层的岩性、厚度、流体性质等因素控制。一般，高 SP 异常和低 GR 特征反映为颗粒粗、渗透性好的砂岩；反之，低 SP 异常、高 GR 特征反映为细粒沉积物，如泥岩、泥质粉砂岩。在实际应用过程中，应在岩心观察基础上，针对不同地区的地质、地下流体性质等情况，建立适应本地区的岩性与测井信息之间的联系。

2. 测井曲线形态特征

不同的沉积环境，因物源情况、水动力条件及水深不同，造成沉积物组合形式和层序特征（正旋回、反旋回、块状）不同，在测井曲线上反映为不同的测井曲线形态。图 3-34 揭示了常用的测井曲线形态特征与沉积物层序特征、沉积环境之间的关系，但在实际应用过程中，应根据地区情况，建立本地区图版。

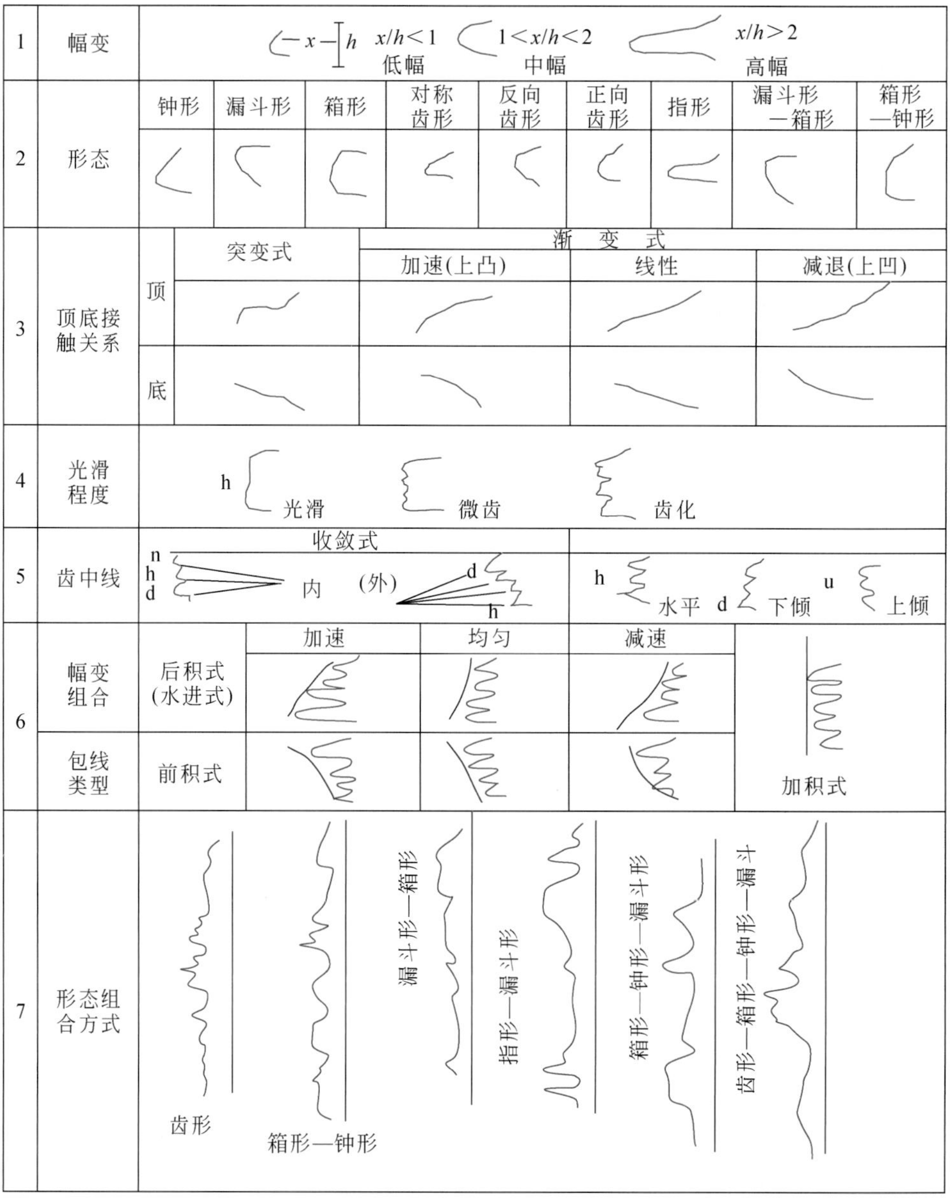

1	幅变	$x/h<1$ 低幅			$1<x/h<2$ 中幅			$x/h>2$ 高幅	
2	形态	钟形	漏斗形	箱形	对称齿形	反向齿形	正向齿形	指形	漏斗形—箱形 / 箱形—钟形
3	顶底接触关系	突变式（顶/底）	渐变式 加速(上凸)		线性		减退(上凹)		
4	光滑程度	光滑		微齿		齿化			
5	齿中线	收敛式 内（外）			水平		下倾		上倾
6	幅变组合 / 包线类型	后积式(水进式) 加速	均匀	减速	前积式				加积式
7	形态组合方式	齿形	箱形—钟形	漏斗形—箱形	指形—漏斗形	箱形—钟形—漏斗形	齿形—箱形—钟形—漏斗形		

图 3-34　测井曲线要素（王贵文和郭荣坤，2000）

1）柱形（箱形），反映沉积过程中物源供应丰富、水动力条件稳定下的快速堆积或环境稳定的沉积。

2）钟形，测井曲线幅度下部最大，往上越来越小，是水流能量逐渐减弱或物源区供应越来越少的表现。

3）漏斗形，与钟形相反，垂向上是水退的反粒序，水动力能量逐渐加强和物源区物质供应越来越丰富的沉积环境。

4）复合形，表示由两种或两种以上曲线形态组合，如下部为柱形、上部为钟形或漏斗形组成，表示一种水动力环境向另一种环境的变化。

各类形态又可分为光滑型和锯齿型，还可进一步细分。

3. 接触关系

顶底接触关系反映砂体沉积初期、末期水动力能量及物源供应的变化速度，有渐变和突变两种。渐变又分为加速、线性和减速三种，反映曲线形态上的凸形、直线和凹形。突变往往表示冲刷（底部突变）或物源的中断（顶部突变）。

4. 曲线光滑程度

次一级变化的曲线形态可分为三级：光滑、微齿、齿化。光滑代表物源丰富，水动力作用稳定；齿化代表间歇性沉积的叠积或各种物理化学量有较大的频繁变化。

5. 齿中线

齿中线分为三类：水平平行、上倾平行和下倾平行。当齿的形态一致时，齿中线相互平行反映能量变化的周期性。当齿形不一致时，齿中线将相交，分为内收敛和外收敛，反映不同的沉积特征。

b. 地层倾角测井微电导率曲线特征

将4条微电导率曲线和常规曲线配合，并对比岩心观察描述，可以得到：①据曲线形态和曲线相似性判断划分岩性及微细旋回；②使用微电导率曲线或其合成的电阻曲线精细研究向上变细或变粗的层序（图3-35）；③均匀砂体明显不同于具细纹层、大型层理的砂岩，其4条电导率曲线相关性检验很差；④根据4条微电导率曲线特征值平行度可以识别划分平行以及非平行层理；⑤精细层理对比线，有些对比涉及所有4条电导率曲线，有些则不全涉及，根据其电导率异常或电阻率异常、所涉及的极板数等，可以做出合理解释，如卵石、透镜体、裂缝及其他特征；⑥张裂缝显示为孤立的导电尖峰。

地层的岩性成分、含流体性质及砂岩的细微特征可以用采样间隔更加细密的地层倾角测井曲线来反映，在含流体性质一定的情况下，粒序变化微旋回特征可以反映为微电导率曲线的包络线（图3-35，图3-36）。而不同岩性转换面则往往是微电导率曲线基线的突变（图3-36）。因而，在常规测井曲线约束下，为研究岩石内部

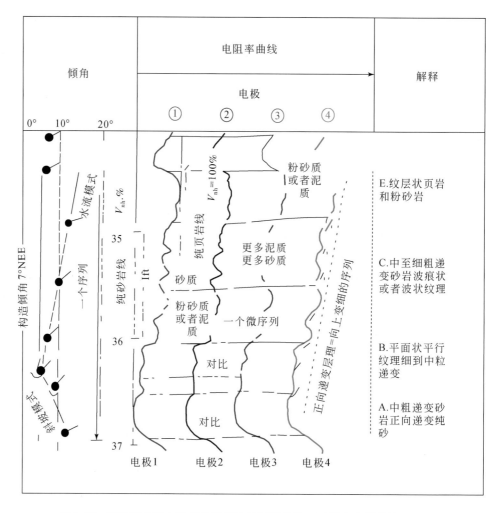

图 3-35　倾角测井微电阻率曲线反映的沉积韵律（王贵文和郭荣坤，2000）

结构变化和成分变化，提供了更细致的方法、手段。

　　c. 层序特征测井解释模型

　　每一种沉积亚相、微相对应的测井曲线形状变化，可以反映其粒序序列变化。通常，用反映岩性、粒序变化的自然伽马（GR）、自然电位（SP）的形态组合来反映每一种沉积亚相、微相的层序特征。通常有 4 种粒序模型：①正粒序模型，一般为钟形，即自然伽马向上逐渐增大，而自然电位为自下而上高负偏向低负偏甚至基线附近变化；②反粒序模型，对应于漏斗形测井曲线，即自然伽马向上逐渐增大，而自然电位为自下而上，由基线或低负偏向高负偏变化；③复合粒序模型，对应于复合形态的测井曲线，即由两个或两个以上钟形、漏斗形自然电位和自然伽马曲线连续变化组成；④无粒序模型，对应于箱形或平直段测井曲线，即自然电位、自然伽马曲线形状自下而上不变或只是微齿化。

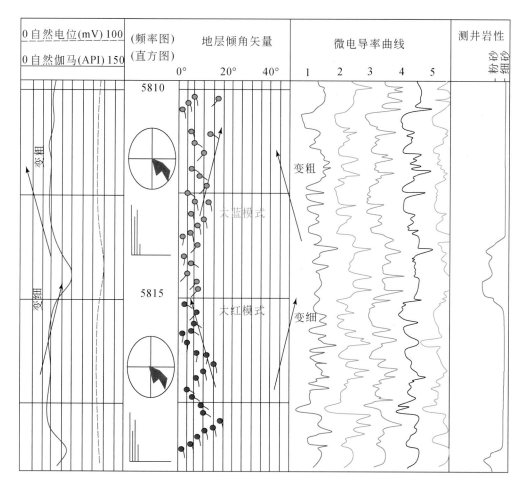

图 3-36　东河 1 井中正、反旋回的实际地层倾角响应实例（王贵文和郭荣坤，2000）

将各种粒序模型对应于各种沉积亚相、微相中，针对沉积学研究中沉积层序呈旋回分布的颗粒大小、岩性粗细变化在测井曲线上的不同反映，可总结出各种沉积亚相、微相的层序变化曲线形态组合特征（图 3-37）。

B. 岩石组合测井解释模型

各种岩性组合类型的计算机定性、定量处理是始终受人们关注的课题。FACLLOG、LITHO 测井相自动分析系统，CLLOG MATIDEN 岩性、测井相自动识别程序，以及基于 SUN 工作站的多元统计模式识别技术和 ANN（神经网络）模式识别技术，让测井岩性分析从手工到计算机定量化，迈出了关键一步。

在计算机处理中，每一种岩性或组合类型主要从曲线及数值本身出发来划分，在研究区的目的层段由关键井的测井响应特征差别区分各种岩性及组合。

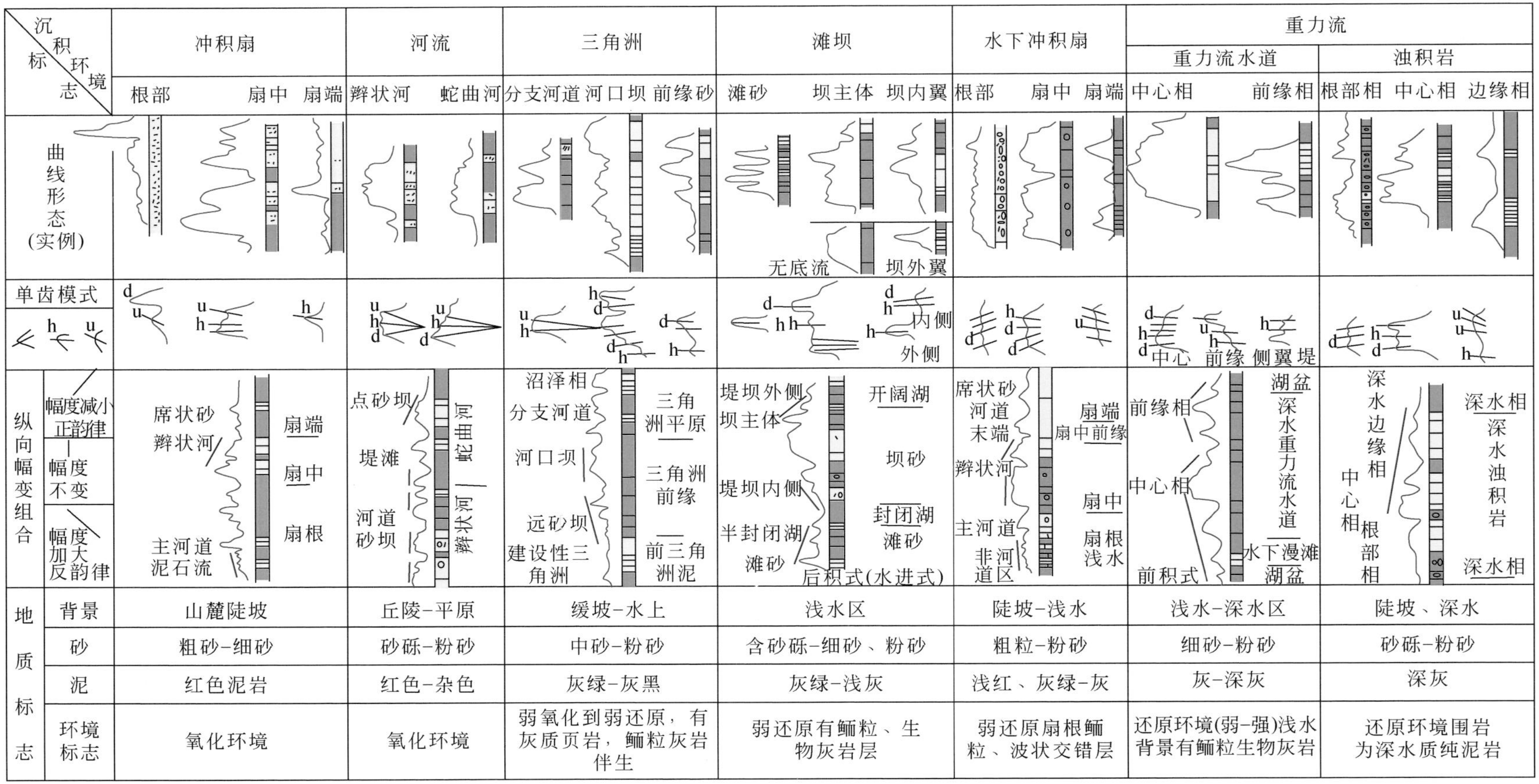

图 3-37 各种沉积环境的自然电位测井曲线形态组合 (王贵文和郭荣坤，2000)

a. 测井曲线参数值

测井曲线的响应特征，自然伽马曲线、自然电位曲线和视电阻率曲线形态、幅度、组合特征等，反映了沉积层的成分、粒度、地层水的性质及内部含有物等，但是不同盆地或同盆地不同层系由于受岩层厚度、相邻岩层性质、岩层倾斜及钻井过程中所用井液的影响不同，表现出不一样的测井响应特征。因此，在测井曲线与沉积相对应的研究中，要选择本区几口沉积研究较详尽的井（段），作为基准井（段），用以进行对比，然后推广出去，反过来，可以以测井响应确定沉积相。当然，在反推时，要考虑全盆地的沉积背景，选择有效的、对应好的一些曲线，并结合地震和地质化验分析，使其更接近地下的客观实际。

b. 测井相图的编制

蛛网图或梯形图直观地表示测井相（图3-38），即以能够反映相特征的各种测

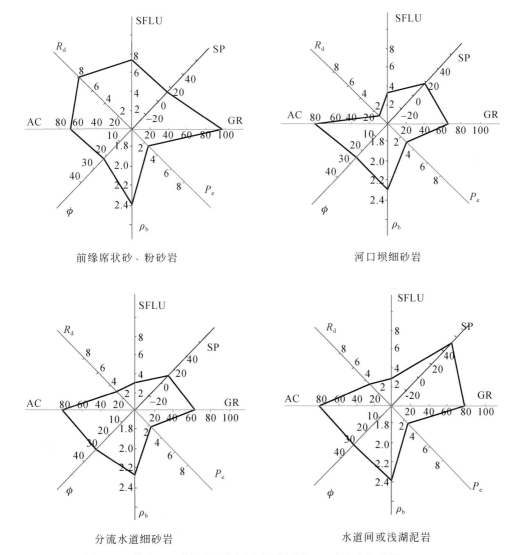

图3-38　某油田4种沉积微相测井相蛛网图（王贵文和郭荣坤，2000）

井参数值为辐射轴或横轴，以不同相之间参数的差别为依据，以图形区分测井相。测井相可以把主要沉积亚相、微相的岩性电性相区分为前缘席状砂的粉砂岩、河口坝细砂岩、分流河道细砂岩和河道间或浅湖泥岩（图3-38）。

C. 沉积结构、构造的测井解释模型

高分辨率地层倾角测井，包含有大量的沉积结构和构造方面的信息，在油田构造的沉积学研究中发挥着重要的作用。斯伦贝谢公司的 HDT 和阿特拉斯公司的 CLS3700 系列四臂倾角仪获得的高分辨率地层倾角测井数据，经计算机处理（TREEDIP 模式识别交互处理），可以得到反映岩石内部界面的倾角和倾向，也可以得到微电阻率环井眼成像，进一步为沉积学研究提供沉积结构、构造、古水流等方面的信息。

通常，地层倾角测井经过长相关对比处理，得到小比例尺（1∶200）的倾角成果图，用于地层构造学解释，包括产状、褶皱、断层、压实后的砂岩体形态、裂缝识别等。而将其应用于沉积学中必须进行特殊的处理，即短相关对比或精细模式识别的交互处理，甚至使用最先进的成像手段，并始终贯彻"岩心刻度测井"的指导思想，在工作中需要通过岩心观察和沉积构造描述，总结测井相标志和沉积相之间的对应关系。

a. 倾角模式与地质解释

地层倾角测井研究构造和沉积时，在矢量图上，可以把地层倾角的矢量与深度关系大致分成4类（图3-39）。

红模式：倾向大体一致，倾角随深度增加而逐渐增大的一组矢量，它可能指示断层、砂坝、河道等。蓝模式：倾向大体一致，倾角随深度逐渐变小的一组矢量，它一般反映地层水流层理、不整合等。绿模式：倾向大体一致，倾角不随深度变化的一组矢量，一般反映构造倾斜和水平层理等。白（杂乱）模式：倾角变化幅度大，或者矢量很少，可信度差，它指示断层面，风化面或块状地层等。

每一种模式的代表性仍是相对简单和存在多解性，尤其是在沉积学研究中，目标是岩石内部的微细层面，那么沉积岩中哪一级层面才能计算出来并组成模式是至关重要的。很显然，只有那些可以切过井筒的中–大型层理沉积构造的变化面，才有可能被地层倾角测井四壁电极探测到，并计算出其产状；而在井筒中不呈平面或在井筒中弯曲变化剧烈的小型层理，是不可能被计算出来的。以上情况在建立沉积构造解释模型时应给予注意。

多种模式的组合关系是判断各级层面相互转换、变化的表征，模式间断处往往是特殊地质事件（冲刷面等），因此，在解释过程中，要充分重视模式本身和它之间的关系。

b. 微电导率插值环井眼成像

微电导率插值环井眼成像，是将电导率曲线按相对大小内插，以一系列不同级

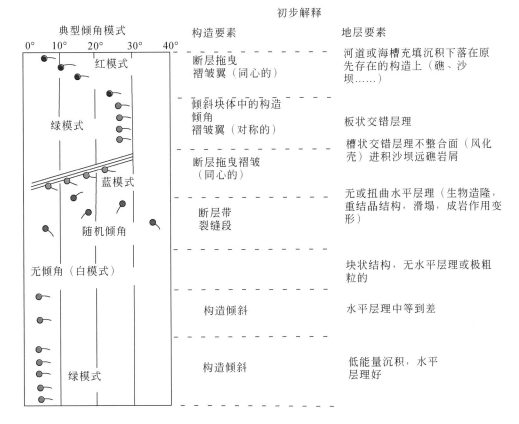

图 3-39　地层倾角模型和与其相关的地质异常（王贵文和郭荣坤，2000）

别颜色表示环井眼电导率大小分布的，可以清楚地显现以下几项特征：①不同电导率大小的电性层和不同的岩性界面很清楚；②电导率逐渐递变，颜色级别逐渐变化，是岩石内部韵律的表现；③电导率异常特征变化段，颜色级别突变是微细层面的反映，以此可参考矢量图模式，判断沉积构造中层理的微细层变化及其组合关系；④成像图中明显的颜色变化层，是检验倾角计算对比准确性的标志之一，一般成像图中明显的层，应在对比计算中准确无误地计算出来相应的矢量点，否则对比就有问题；⑤成像图中颜色变化旋回，应与电导率划分的微旋回一致，并受到常规曲线层序模型的约束，可以在层序内部或其间有清楚的成像图颜色级别递变或界面；⑥成像图中颜色变化呈有规律的密集层状及正弦波状，是层理的发育段，可以结合倾角矢量式进一步解释层理类型。

c. 沉积构造的地层倾角测井解释模型

岩性单元内部和岩性单元之间的层理几何形态和空间关系，是组成盆地充填物成因和地层层序中沉积成因单元的基本特征。在区域和局部这两种规模上描绘"层理形式"和"沉积构型"，能为沉积过程及判断沉积相（沉积环境）提供大量的资料。

层理按其形成的单元从单一细层到层序大致划分为纹层或细层（指一次水流形成的）、层系（一组纹层）、层系组（几组层系）、层序。地层倾角测井相关处理的成果矢量图一般反映地层层序之间的层面，精细的地层倾角处理矢量图和电导率成像一般可以反映层系或层系组以下的各种层理面。

人机交互式地层倾角沉积学处理程序为研究者提供了方便的工作界面，其中的地层倾角矢量和微电导率插值环井眼成像，是用于判断沉积构造及其组成的主要依据。一般认为其矢量的各种红、蓝、绿、白模式及其组合形式是分析微细层理形态、类型的基本方法，同时可以用来分析古水流或沉积物搬运方向、沉积体延伸及加厚方向。这都源于矢量图代表的界面及矢量的趋势模式，是碎屑物质沉积时的水动力能量逐渐变化的真实反映。在工作中，首先要对交互处理的成果，用岩心资料反复刻度，建立正确的地层倾角矢量模式图；然后由已知到未知，从解释模型到未知层段，逐层解释沉积构造及其组合关系。

1. 岩心刻度

把取心段的岩心素描图（沉积构造）的原始产状缩小成1∶10的比例，用于人机交互处理，刻度地层倾角处理成果以特征层（钙质夹层、泥质夹层等）归位，二者对比后地层倾角计算结果和电导率成像与岩心匹配关系较好，且地层倾角矢量清楚地显示出各种层理的模式关系，这是各种沉积构造（层理、冲刷面等）解释模型建立的关键。对照岩心刻度图版可以得出如下结论。

1）以岩心特征标志层，如钙质夹层、泥质夹层，准确无误地将岩心归位到地层倾角处理成果图上。

2）倾角矢量结果与岩心素描的层理各级层面的视倾角相比，基本相符或略大，这是因为岩心素描的视倾角略比真倾角小，而计算结果是正确的。

3）电导率成像的颜色界线和地层倾角模式转换间断处，往往是岩心中岩性界面或者不同沉积构造（层理、冲刷面）的转换位置。

4）岩心上每一种层理类型层系、纹层面组系产状的变化，可以在矢量图中找到对应的矢量点，这为建立层理类型解释图版提供了依据。

2. 沉积构造的测井解释图版

根据辫状河三角洲-湖泊沉积体系、碎屑滨岸沉积体系、海陆过渡相三角洲沉积体系及三角洲沉积体系中出现的主要沉积构造，即层理和冲刷面等，用实际处理的矢量图，建立相应的解释图版。

1）冲刷面（再作用面）测井解释图版（图3-40）。表现为上、下两种不同倾角矢量模式的间断处。

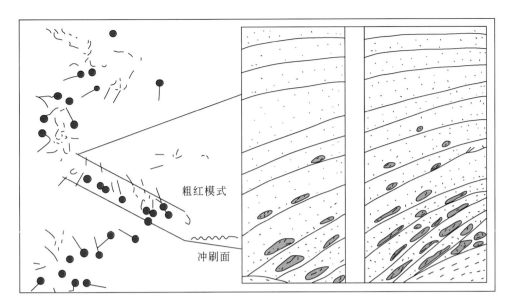

图 3-40　冲刷面和斜层理的测井解释模型（王贵文和郭荣坤，2000）

2）槽状交错层理的测井解释图版（图 3-41）。表现为一群短模式线相连的小红、蓝模式组合，底部往往为模式群间断处显示的冲刷面。

3）板状交错层理测井解释图版（图 3-41）。表现为一组模式线彼此平行的红、蓝模式组合。

4）楔状交错层理测井解释图版（图 3-41）。表现为一组模式线彼此楔形交叉的红、蓝模式组合。

5）水平层理、波状层理的测井解释图版（图 3-42）。这种层理一般表示为小角度绿模式或杂乱模式。在倾角对比处理中难以检测这种小型层理。

6）小型砂纹交错层理。表现为小红、蓝模式或杂乱模式（图 3-42）。

7）浪成冲洗双向低角度斜层理测井解释模型（图 3-43）。表现为低角度的红、蓝模式组合，间互模式的矢量模式方向相反。

8）高角度斜层理测井解释图版（图 3-43）。表现为单一的高角度蓝或红模式。

解释图版是大量岩心资料刻度倾角处理成果图的结果，具有相应层位的统计适应关系，大量的测井沉积学研究证明是可行的，在交互处理中，大量应用于解释沉积构造序列。

3. 层理产状与沉积相

倾角测井资料能够连续地给出某段地层层理的倾角和倾向。层理角度是水动力能量强弱的反映。一般来说，同一环境下水动力能量强，有利于形成高角度斜层理或水平层理，水动力弱时，便于形成低角度斜层理或水平层理。不同的环境，层理角度总体特征也不同，如一般海相地层层理倾角 5°~14°，而河流成因层理倾角经

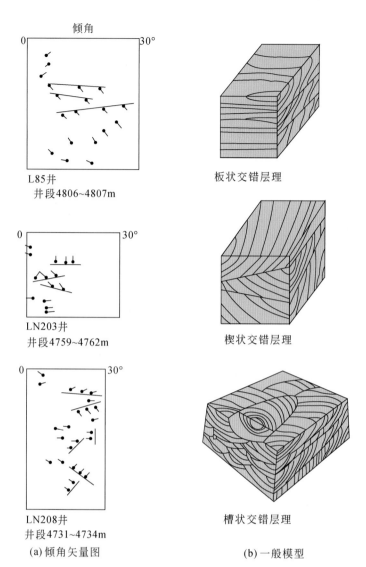

(a) 倾角矢量图　　　　　　　(b) 一般模型

图 3-41　典型倾角矢量模式解释沉积构造示意（薛叔浩等，2002）

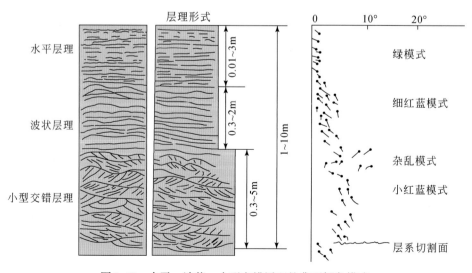

图 3-42　水平、波状、小型交错层理的典型倾角模式

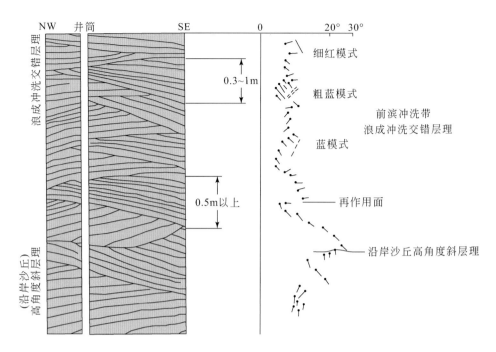

图 3-43 浪控低角度双向交错层理及高角度斜层理的典型倾角模式

（王贵文和郭荣坤，2000）

常超过 25°。同一沉积环境下，层理倾角纵向上的变化是水动力能量纵向变化的反映，这种变化趋势常是区别沉积微相的特征标志。河口砂坝沉积形成时，顶部水动力条件较底部水动力条件强，层理倾角顶部较大，可达 10°～20°，底部较小，只有5°左右，清晰地反映了这种水动力纵向上的变化规律。

4. 沉积体内部充填结构测井解释模型

一个沉积体内部可能由若干个砂层组成。这些砂层之间的相互关系有加积、前积、侧积等，可指示环境。利用地层倾角微细处理成果可进行沉积构造判别，地层倾角资料长相关处理成果可以用来确定沉积体内部结构和外部形态。在长相关矢量图上，可以识别以下几种充填结构（图 3-44）。

1）平行结构。倾角矢量呈绿模式。砂岩层序面或者薄砂层、泥岩层相互平行。常见于席状沉积及海相沉积之中。

2）前积结构。倾角矢量呈蓝模式。水流向前（盆地）推进过程中，由前积作用形成的结构。常见于三角洲前缘和水道中心部位。

3）发散结构。倾角矢量呈红模式。同一时间单元地层向上倾方向减薄，沿下倾方向加厚，反映不均的沉积作用。常见于充填河道边缘。

4）杂乱结构。倾角矢量杂乱，反映块状砂或者测井质量、井眼条件不好。

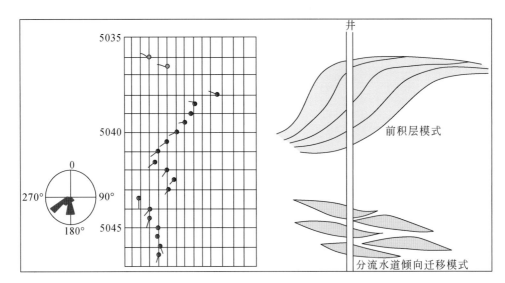

图 3-44　长相关矢量图识别沉积体概念模式（王贵文和郭荣坤，2000）

5. 古水流研究

地质上古水流研究的方法很多，野外测量沉积构造前积纹层的倾角是最直观、最准确的方法。倾角测井能够准确反映沉积构造信息、准确计算层理倾向和倾角。因此，利用倾角资料分析古水流是最重要的方法。有两种方式确定古水流：一种是利用倾角测井微细处理成果图，统计目的段内所有纹层倾向，取其主要方向代表古水流（全方位频率统计法），适用于大范围内古水流分析砂体的内部前积结构；另一种是统计目的层段内所有蓝模式矢量的倾向，取其主要方向代表主水流，适用于大范围的古水流系统研究。

D. 测井沉积学解释逻辑模型

测井沉积学研究首先从单井岩心观察和分析出发，通过提取最能反映地层沉积特征的岩性序列、层序特征、沉积构造、沉积体结构等测井响应，实现单井测井沉积分析。

实践证明，相同构造古地理背景下测井相与地质相之间存在着对应关系，为实现测井相到地质相转化创造了条件。但这种对应关系不是一一对应的，具有多解性、模糊性。因此，在转化过程中必须综合其他资料如地震资料、区域地质资料，同时借助解释经验和地质推理，在岩心资料的基础上，采用数理统计模式识别技术、神经网络技术建立已知岩性、沉积构造等样本与测井响应之间的推理条件。在此基础上，对其他井或未取心段进行逐层岩性判别和沉积相解释，进而对沉积相进行剖面对比，确定各相带的平面展布。

据此设计图 3-45、图 3-46 测井沉积学研究的推理逻辑和逻辑模型，并提出了测井沉积相研究 CALIS 软件包的功能设计要求。

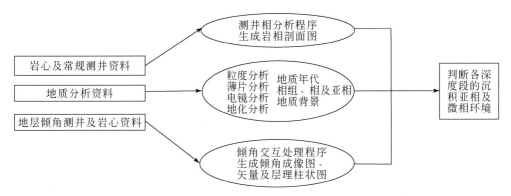

图 3-45　测井沉积学研究的推理逻辑

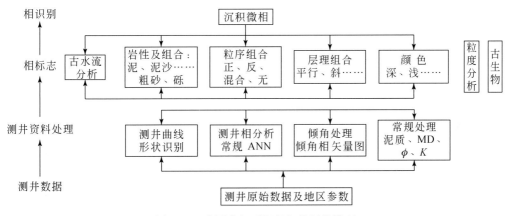

图 3-46　由测井相到沉积相的逻辑模型

（3）地层倾角测井与裂缝预测

裂缝是油气运移的通道和储集的场所，裂缝型储集层已成为油气勘探的主要对象之一。裂缝型油气藏大多分布在各种致密、脆性的硬地层中，如碳酸盐岩、坚硬砂岩、砾岩、火成岩及页岩等。寻找裂缝型油气藏的关键是探测裂缝带，特别是高倾角裂缝带（垂直裂缝）的位置，确定裂缝的发育程度、产状及其分布规律。因为裂缝不仅是重要的储集空间，而且提供了极好的流体渗滤通道，扩大了岩石基块泄油面积，从而提高了油井的供油能力。因此，裂缝是形成硬地层油气高产的主导因素。当碳酸盐岩及其他硬脆性岩石在地应力的作用下产生裂缝时，周围生油岩的油气会沿着裂缝运移聚集，因而，裂缝还直接控制着裂缝型油气藏的形成。普遍认为，寻找硬地层中的裂缝发育带，并按其分布规律布井，是成功进行裂缝型油气藏油气勘探的关键。

裂缝识别采用测井方法，具有成本低、识别能力强、经济效益高等优点，已成为勘探裂缝型油气藏的重要手段。

在低孔低渗透地层（如碳酸盐岩地层）中，识别裂缝是寻找油气储集层的关键。识别裂缝的方法很多，如岩心分析、钻井过程中的钻井液漏失与钻杆落空记录、地层测试、井下电视和井下照相等。测井分析者用测井资料识别裂缝的手段多样，如利用常规测井曲线的特殊变化（体积密度、双侧向电阻率、微球形聚焦电阻率、密度补偿值、井温测井、井径等测井曲线）来识别裂缝。

利用地层倾角测井来识别裂缝，是用测井资料识别裂缝的最有效的方法，它可以给出裂缝井段、裂缝相对密度、裂缝走向等参数。地层倾角测井探测裂缝主要通过装置在同一平面上的 4 个互成 90° 的贴井壁的极板，分别记录高分辨率的微电阻率曲线，较为精确地探测井壁 4 个方位上裂缝的位置和产状。高倾角裂缝通常只在一个或对应的两个极板上显示有一定长度的异常，井下仪器的旋转和裂缝方位的变化使显示的异常不连续，从一个极板过渡到相邻的另一个极板。地层倾角测井资料识别裂缝的方法包括：裂缝识别测井、电导率异常检测、定向微电阻率及利用 SHDT 测井资料的并列电极对比等。

A. 裂缝型储集层特征

裂缝包括断裂、层间缝、裂隙以及破裂等，是岩石结构中内聚力减弱所产生的结果，它在渗透性极低的介质中是一种高渗透率通道。裂缝可分为天然裂缝和人工裂缝（如钻井过程中机械力造成的裂缝）。有效裂缝是一种深入原状地层中的渗透性通道。因此，钻井过程中产生的微细裂缝只要与井孔以外的大裂缝连到一起，这种人工裂缝也有效。

天然裂缝在白云岩、石灰岩中更常见，通常由构造应力引起。因此，天然裂缝都有一定的方向性，由区域应力的方向决定。裂缝走向与区域断层走向一致。人工裂缝可与井孔附近的天然裂缝连到一起，具有方向性，常与天然裂缝走向相垂直。

一般认为，天然裂缝大都直立，因为构造应力产生的裂缝主要是高倾角裂缝，而水平裂缝常由于上覆岩层的压力而闭合，不过这种闭合仍可能有小的缝隙，并为大的垂直裂缝网络提供渗滤通道。在斜井中，无论是垂直或水平裂缝，对于测井仪器来说，都可能是倾斜的。

裂缝通常处于硬地层中，无裂缝层段的井孔通常是圆柱形，且井径近似钻头直径，而在裂缝层段，往往具有椭圆形井眼。从生产的观点出发，连通的有效裂缝在测井资料上通常集中在具有以下特征的层段或区域：①微地震记录上模糊；②露头中观察到了裂缝带；③钻井进尺速度加快；④钻井岩屑中含有填充在裂缝中的晶体；⑤钻井期间钻井液漏失；⑥钻井取心率低，且岩心破碎；⑦测试结果比已知或估计的孔度和渗透率大得多；⑧井与井之间有压力干扰（生产或注入时）。

B. 裂缝型储集层分类

裂缝型储集层岩性复杂多变，具有低孔隙与非均质、双重孔隙结构及多种储渗类型。该类储集层除沉积岩的基质孔隙（或变质岩、火成岩的次生溶孔及气泡）外，还存在着储渗性质不同的裂缝空间。两者组合构成了双重孔隙结构的特点。根据双重孔隙的不同搭配形式，裂缝型储层可分为三种。

基质孔隙型：岩石基质孔隙比裂缝的储油能力大，裂缝孔隙约占总孔隙度的10%。此类储集层中，储集空间和渗滤通道均以孔隙为主，裂缝只对渗滤起辅助作用。

裂缝–孔隙型：裂缝与基质孔隙的储油能力大致相当。在此情况下，储集层岩石骨架相当致密，而裂缝提供了极好的渗滤通道。这是一种理想的孔隙组合，这种地层往往可获得单井高产。

裂缝型：这是基质孔隙度趋于零的情况。根据裂缝组系的不同，又可细分为：高角度裂缝、低角度裂缝和网状裂缝等。在此情况下，所有储油能力都是由裂缝提供的。这类储层的特征是原油初产率高，但在很短的时间内产量就降低甚至失去经济价值。

C. 裂缝识别的几种方法

a. 裂缝识别测井（FIL）

裂缝识别测井的基本原理是：根据钻井液注入裂缝网络时，裂缝表现为高电导率（或低电阻率）异常，以此来显示和识别裂缝，地层倾角测井曲线常常在高阻背景下以低的电阻率异常显示出裂缝。为了增强裂缝的显示，首先适当调整地层倾角测井曲线横向比例尺，使非裂缝层段曲线达到饱和（平直）状态，而裂缝则以明显的低电阻率异常显示出来。在倾角测井的电阻率曲线上，不同类型裂缝的显示特征也不相同：水平缝或斜交缝在每条原始曲线上都有异常显示（图3-47，图3-48），而高角度裂缝只是部分曲线上有异常显示（图3-49）。

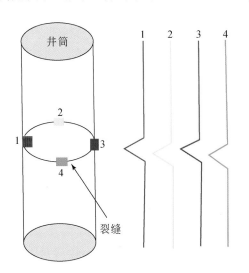

图3-47　水平缝的低电阻率异常

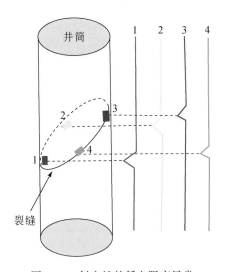

图3-48　斜交缝的低电阻率异常

也可以用两相邻极板曲线的幅度差识别裂缝。按顺序组合相邻两极板的四级重叠曲线（图3-50中1~2，2~3，3~4，4~1），当任一极板通过充满导电钻井液的裂缝时，其电阻率降低，重叠曲线呈现幅度差。高倾角裂缝常以一组或两组的明显幅度差出现，裂缝带的走向可通过1号极板的方位计算求得。图3-50为一口井的高

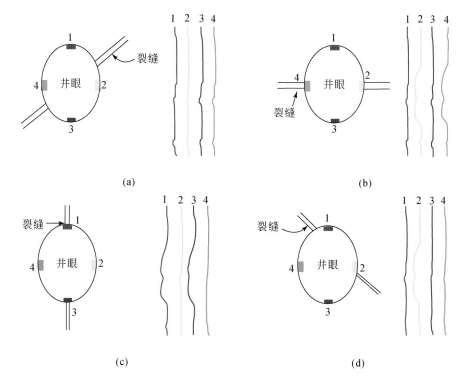

图 3-49　不同走向高角度裂缝的低电阻率异常

倾角裂缝带，裂缝带从 1994m 起被 1 号极板触及，一直延续到 1988.5m，幅度差才消失，说明 1 号极板沿直劈裂缝的凹槽向上滑行。在 1992.6m、1988.7m 处，裂缝宽度较大，延伸最长。由于仪器转动，在 1990.4 ~ 1990.8m、1987.4 ~ 1988.2m 处，又被 3 号极板所探测，在 3 ~ 2、3 ~ 4 极板间显示出很大幅度差。在 1992.5 ~ 1993.5m、1987.5 ~ 1988.2m 井段的裂缝带走向分别为 70°、240°。从电导率异常检测（DCA）可以看出，该裂缝带在 1987 ~ 1994m 井段，被 1 号、3 号极板所探测，裂缝带长 3 ~ 4m，裂缝带走向为北东—南西向（1 号极板 70°，3 号极板 240°）。双井径曲线呈椭圆形，是高倾角裂缝的标志。

　　b. 电导率异常检测（DCA）

　　该方法利用地层倾角测井的原始记录进行处理后的显示，在垂向移动允许范围内所确定的井段上，求出各极板与相邻极板的电导率读数之间的最小正差异，把这个最小正差异叠加在该极板的方位曲线上，作为判别裂缝的标志。该方法根据地层学地层倾角程序（GEODIP）的处理结果，来判别由裂缝识别曲线所获得的地质信息，排除由地层的层理等所引起的假电导率异常，突出与裂缝有关的电导率异常。

　　利用上述方法不仅可识别裂缝，而且可研究裂缝产状，应注意以下几点。

　　1）原始曲线在识别裂缝时，4 条微电导率（或电阻率）曲线在同一深度出现尖峰，是水平缝的反映（图 3-51）；在不同深度处出现尖峰，反映斜交缝；只有一条或在较长深度上出现尖峰，是垂直缝或亚垂直缝的反映（图3-52）。

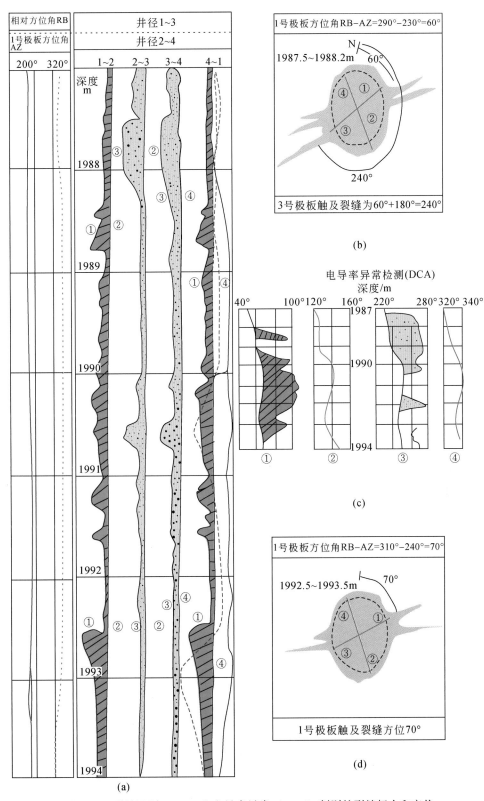

图3-50 裂缝识别（FIL）和电导率异常（DCA）判别的裂缝标志和产状

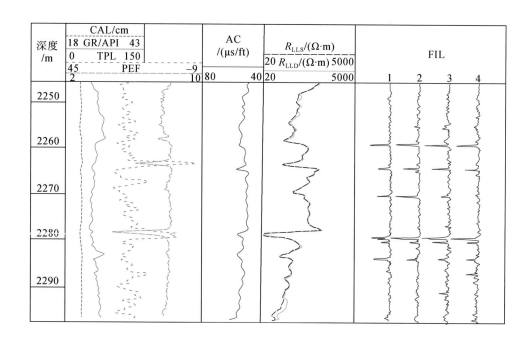

图 3-51　水平缝的尖峰特征

图中，TPL 表示大斜度井测井；PEF 表示光吸收截面指数

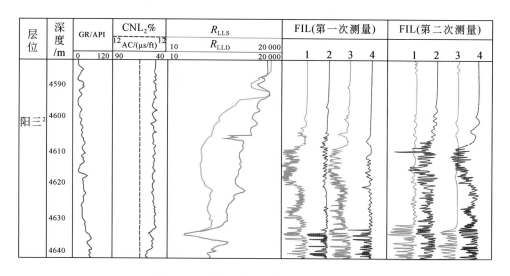

图 3-52　垂直缝或亚垂直缝的特征尖峰

2）由 4 条电阻率（或电导率）曲线两两相减处理得到的结果识别裂缝时，消去了部分层理面、泥质条纹的干扰，有利于突出高角度垂直裂缝和斜交缝，但却失掉了水平缝，这是一个很大的欠缺。

3）电导率异常检测（DCA）结果，不仅能指示高角度裂缝、斜交缝发育的位置，而且方位频率图还可以大体指示裂缝的走向，但也存在上条所述的弊端。

c. 微电阻率曲线重叠法

这是根据地层倾角测井记录再现的 4 条电阻率曲线，将其直接重叠组合，当出现低阻与高阻曲线明显分离并有一定垂向延续长度的异常时，即可作为裂缝的标志。图 3-53 中裂缝方位可由相应的低阻极板的方位推算求得。

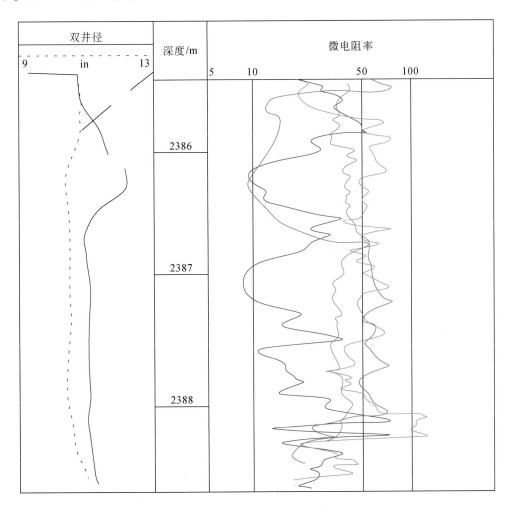

图 3-53　微电阻率曲线重叠法

d. 并列电极对比探测垂直裂缝

在电阻率曲线上，被钻井液充满的裂缝显示为高电导率。如果裂缝系统是铅垂方向或接近铅垂方向，则高电导显示有可能在并排电极的其中一个电极曲线上出现。但用这种方法时要小心，因为两个并排电板的距离仅为 3cm。如果在很长井段中某一电极曲线一直为低电阻率值，则可能是由两种原因引起：确实存在垂直裂缝或仪器工作不正常。

（4）成像测井技术与裂缝预测

要利用成像图进行地质现象的解释和确定，首先需要建立岩心描述与成像图特征之间的关系并形成规律，然后对具体的图像进行特征抽取，最后结合成像测井原理对抽出来的特征进行相应解释。成像测井在描述地层产状方面的应用主要有以下几种。

A. 裂缝识别与评价

成像测井图特别是 FMI 图像，是一种类似于岩心照片的定向伪岩心图像，它是井壁缝洞的直接成像结果，在识别裂缝和溶洞方面有得天独厚的优势，是确定井壁上缝洞发育情况的定量计算缝洞参数的理想工具。用 BORVIEW、FLIP、FRACVIEW、SPOT、POROSPECT 等软件可以对 FMI 图像数据进行定量分析计算，以确定裂缝张开度、密度、发育长度及其他诸如次生孔隙度和原生孔隙度等地质参数。

图 3-54 是火成岩地层中的一段 FMI 图像，图中裂缝表现为低电阻率型的深色曲线（或直线），如果裂缝发育密集，则可能为一曲线簇。图 3-55 第一道显示了裂缝的存在，具有正弦波曲线形状的黑色曲线显示出裂缝的特征，解释后计算出每条裂缝的倾角和倾向。

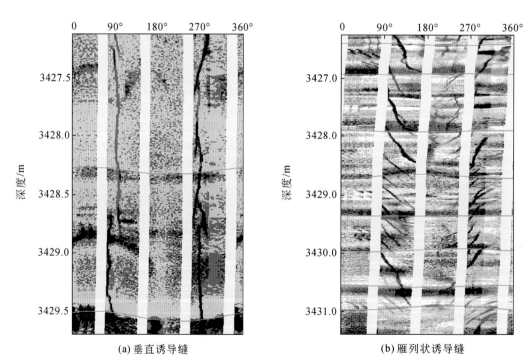

(a) 垂直诱导缝　　　　　　　　　(b) 雁列状诱导缝

图 3-54　FMI 成像测井显示裂缝及其产状

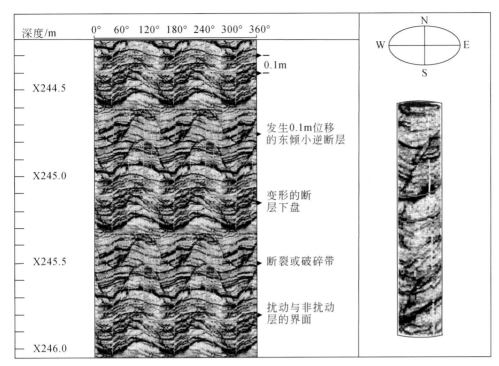

图 3-55 FMI 成像测井显示机械破碎裂缝和高密度钻井液压裂缝

成像图上识别裂缝主要在于鉴别真假裂缝和区分天然裂缝与诱导裂缝。诱导裂缝就是地应力作用下产生的裂缝，其特征是排列整齐、规律性较强，而且其裂缝面形状较规则，缝宽较小，其径向延伸都不大（图 3-55，图 3-56）；天然裂缝的分布则极不规则，裂缝面也不太规则，缝宽有较大变化，径向延伸不确定。同样，许多貌似裂缝的非裂缝，如泥质条带、断层面、缝合线、层界面等，与裂缝特征相比也有许多不同之处。如断层面的两边通常都有明显的层位错动，而裂缝则没有（图 3-57）。又如，与裂缝相比，水平缝合线为地层受到压溶作用形成的不规则或锯齿状线条，两侧有近垂直于缝合面的细微高电导率异常。当压溶作用主要来自上覆岩层压力时，缝合线基本平行于层理面；当压溶作用主要来自水平构造挤压作用时，缝合线基本垂直于层理面（图 3-58）。根据裂缝与井眼椭圆度方向的关系，也可以区分天然裂缝和钻井引起的裂缝（图 3-57）。

B. 裂缝的定量评价

裂缝的定量评价包括计算裂缝的以下参数。

a. 裂缝张开度

由于仪器分辨率的原因，需用有限元法建立裂缝张开度与电导率异常之间的关系，作为一级近似，拟合出如下公式

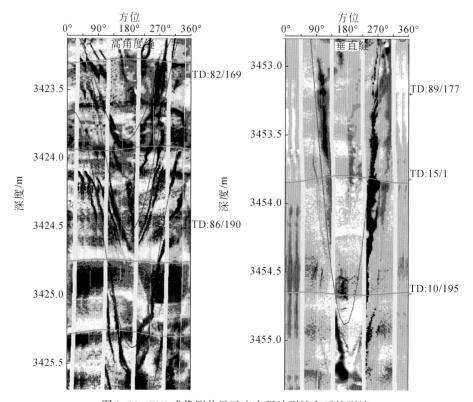

图 3-56　FMI 成像测井显示应力释放裂缝和天然裂缝

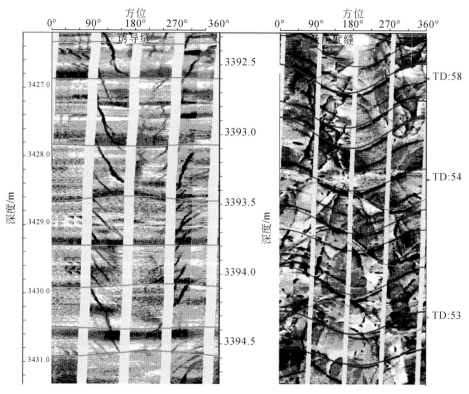

图 3-57　FMI 成像测井显示诱导缝和低角度缝

$$W = cAR_m{}^b \cdot R_{xo}{}^{1-b} \tag{3-1}$$

式中，W 为裂缝开度；A 为由于裂缝存在而输入到地层的附加电流；R_m 为钻井液电阻率；R_{xo} 为地层电阻率；c、b 均为仪器参数，随仪器实际结构而定。

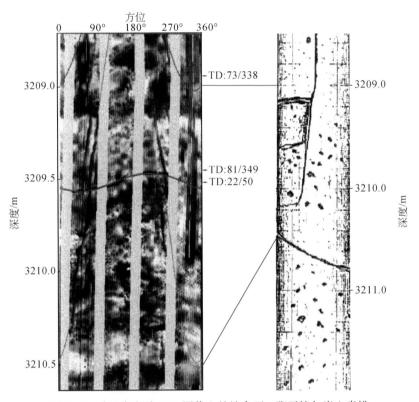

图 3-58　岩心与相应 FMI 图像上的缝合面、张开缝与岩心素描

b. 裂缝孔隙度

裂缝孔隙度的计算公式为

$$P_f = \sum W_i \cdot L_i / (i \cdot \pi \cdot D) \tag{3-2}$$

式中，P_f 为裂缝孔隙度；W_i 为第 i 条裂缝的平均宽度；L_i 为第 i 条裂缝在单位井段（一般选 1m）内的长度；D 为井眼直径。

c. 裂缝密度

通过统计单位井段（一般选 1m）内的裂缝条数，可得到裂缝密度。

d. 裂缝长度

裂缝长度是指单位井段（一般选 1m）内所拾取的裂缝长度的总和。

e. 裂缝倾角和倾向

与井眼斜交的平面裂缝，在成像图上呈现正弦特征线型，可用下式来计算倾角 α

$$\alpha = \arctan (h/D) \tag{3-3}$$

式中，h 为正弦曲线峰值；D 为井眼直径。

同时，正弦曲线最小值（谷值）的方位，代表了该平面裂缝的倾向（图3-59）。

需要指出的是，只有在井眼竖直的情况下，确定的倾角和倾向才是真实的。如果井眼偏斜，那么应该根据解析几何的坐标变换公式，把相对于井眼坐标的裂缝视倾角和视倾向变换成相对于大地坐标系的裂缝真倾角和真倾向。

f. 交互式倾角计算

在图像工作站上进行交互式的倾角计算，可识别出不同的倾斜面，如风成交错层理、层内不整合面以及裂缝。

工作站可以进行构造识别，有选择地提取倾角信息，并把它存入各自的倾角文件中，以便产生倾角和方位频率图（图3-60）。工作站可以在两个极板的 FMS 图像之间追踪倾斜层面，为此最少需要选择三个点（每个相带上至少一个点），根据它可以拟合出一条正弦曲线，它在展开的井壁方位图像上代表倾斜表面的踪迹。当得到满意的拟合正弦曲线和倾斜层面后，即可计算出倾角。除了画出倾角大小和方位外，还可以帮助解释和建立不同成因构造之间的关系。

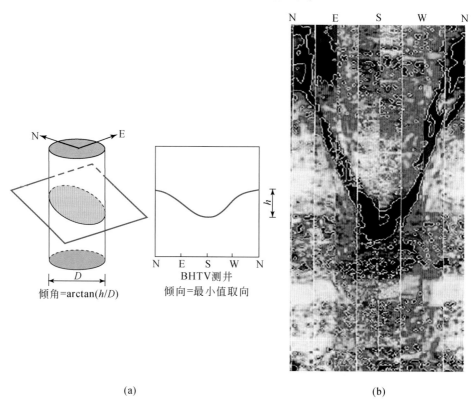

(a)   (b)

图3-59 平面裂缝倾向的确定方法

（a）与井眼相交的平面倾斜裂缝（或层面）的立体示意图、与此裂缝（或层面）与井壁交线的平面展开示意图；

（b）相应的 BHTV 井壁图像

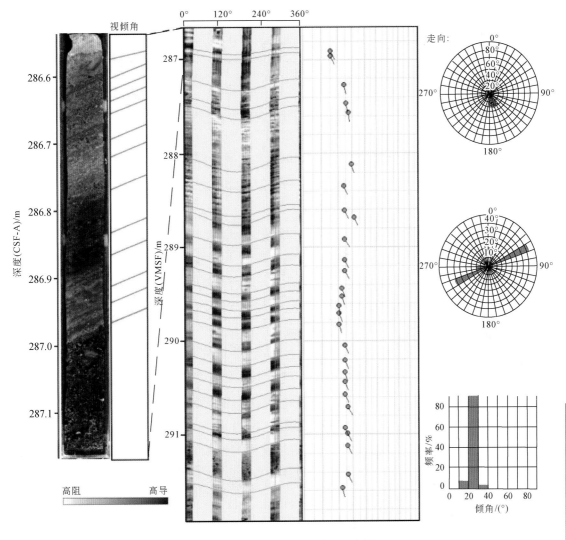

图 3-60 IODP 的 U1348 孔 FMS 图像

3.3.3 测井在海洋勘探中的应用

除了陆地和海洋能源探测外，测井手段也被广泛用于大洋钻探钻井过程中的地层解释，用于解决大洋地层学、构造地质学、沉积学、石油地质学等多学科地质问题。鉴于海洋环境与陆地环境的差异，海洋测井手段对于洋壳的岩性识别和天然气水合物探测方面应用尤为广泛，方法手段也较多。

如 DSDP 第 50 航次中使用了补偿声波测井、补偿中子测井、补偿地层密度测井、双感应、八侧向、自然伽马和高分辨率温度测井等多种常规测井仪器（Boyce，1980）。至 DSDP 中后期，超声成像测井技术（井下电视）开始应用于深海钻探，用于确定取心率低的洋壳基底的岩性、裂缝、蚀变程度、岩石地层变化及地应力状态（最大和最小水平主应力方向）（Hickman et al.，1984；Anderson et al.，1985；Newmark et al.，1985；Newmark et al.，1986）。此外，首次地磁测井是 1979 年 DSDP 第 68 航次在东太平洋哥斯达黎加裂谷 501 孔进行的，用于测量井孔原位磁场方位和磁化能（Ponomarev and Nechoroshkov，1983）。尽管如此，DSDP 阶段进行测井的钻孔比例不到 14%。

1985～2003 年 ODP 阶段，进行测井的钻孔比例超过了 56%（Goldberg，1997），主要原因有两个：①测井技术和钻井方法的迅猛发展；②岩心样品测量结果与原位测井结果之间对比的需要（Goldberg，1997）。

2004～2013 年综合大洋钻探计划（IODP）阶段，测井钻孔数量进一步上升，主要站位几乎都不同程度地进行了测井。

此外，在 1985～2003 年 ODP 和 2004～2013 年 IODP 阶段，各种新的测井方法也不断地应用于科学大洋钻探，如分辨率达 5mm 的 FMS 井壁微电阻率扫描成像测井仪于 1989 年 ODP 第 126 航次执行期间在大洋钻探中获得首次应用（Pezard and Lovell，1990）；ODP 中后期开始，各种随钻测井仪器（Logging While Dilling，LWD）也逐渐在大洋钻探航次中得到应用。2002 年 7 月 ODP 第 204 航次水合物脊钻探期间，还首次进行了取心和随钻测井同时进行的实验（Goldberg et al.，2005）。到 2013～2025 年国际大洋发现计划（IODP）阶段，测井技术已成为常规技术。因此，从事大洋钻探研究的人员要深入了解洋底深部地质特征和过程，必须掌握相关技术。

（1）深海沉积环境与古海洋研究

1950 年，根据地震波的传播速度，将洋壳划分为三个主要的地震层：层 1 为低速的沉积盖层，层 2 的速度与固结沉积物及喷发岩相当，层 3 为块状火成岩。后来，又将层 2 进一步细分为 2A、2B 和 2C 三个亚层（Houtz and Ewing，1976）。大洋钻探测井资料在深海沉积物研究中的应用主要针对层 1，研究包括岩心归位、地层剖面重建、岩性或岩相分析、沉积构造识别、沉积相和沉积环境分析、古海洋及古气候、深时全球变化分析等方面。

A. 岩性和沉积相分析的常规测井法

深海岩石或沉积物类型主要有钙质软泥、碳酸盐岩、硅质岩、玄武岩及其他火山碎屑岩等，部分地区有砾岩、砂岩、橄榄岩、辉长岩等，海底边界层也包括浅表沉积物，因此，研究沉积环境时，对地层单元进行划分（图 3-61 和图 3-62），或识别主要沉积物的岩性、确定矿物成分、分析沉积相、解释沉积环境等，常用的测井包括自然伽马、电阻率、声波、密度、中子测井等（Rider，1990）。

泥质含量常用总伽马、无轴伽马及 U、Th、K 含量测井曲线来估算。黏土矿物类型可以用 Th-K 交会图和 Pe（光电吸收截面指数）-K 交会图来确定。陆源碎屑黏土、重矿物含量高，则可能表现为 Th 含量高。有机质通常 U 含量高，如黑色富有机质页岩常表现为高 U 含量（>5ppm）、低 Th/U 比（<2）特征。砂岩中高 K 含量可能与钾长石或海绿石等含钾矿物有关。

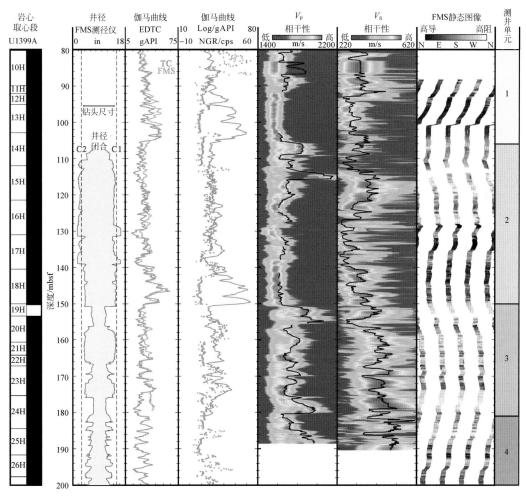

图 3-61　IODP 第 340 航次的 U1399C 孔 FMS 声波系列测井曲线

（据 http：//iodp. tamu. edu/tools/logging/index. html）

沉积相识别包括沉积物的粒序变化和沉积相变化的分析，反映在常规测井曲线的幅度和形态上，钟形曲线解释为向上变细的沉积序列，漏斗形曲线解释为向上变粗序列（图 3-62），但仅适用于砂泥岩地层。常规测井曲线还可以用于解释沉积环境，如可以使用 Th/U 比值估计沉积时的氧化还原程度。

第 3 章　洋底构造数据处理解释技术

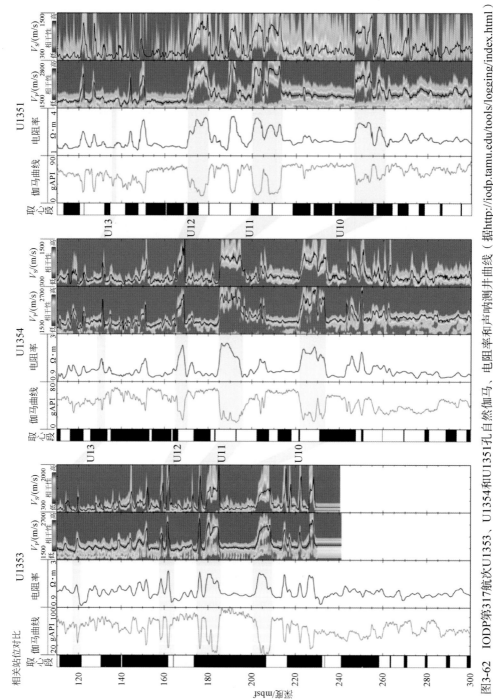

图3-62　IODP第317航次U1353、U1354和U1351孔自然伽马、电阻率和声呐测井曲线（据http://iodp.tamu.edu/tools/logging/index.html）不整合合面U10到U12在测井曲线上具有显著特征，高阻和低伽马，表现为低伽马，指示了陆架的变化特征。三个孔的声呐测井是后航次后研究中作了初步加处理。GR – 伽马曲线；IDPH – 深衰减电阻率测井

B. 岩心归位和地层重建的测井法

大洋钻探，除活塞取心外，取心率往往达不到100%，难以获得完整地层剖面，而且由于地层岩性变化的复杂性及钻井取心技术等方面的限制，更是难以满足研究需要。高分辨率成像测井方法为岩心深度归位和地层剖面重建提供了重要手段。Major 等（1998）在ODP 第160 航次 966F 孔和ODP 第166 航次 1003D 孔碳酸盐沉积物的岩心归位研究中发现，尽管基于光学反射率的岩心扫描图像与基于电阻率的FMS 图像所反映的物理参数不同，但两者均与岩性参数（孔隙流体和黏土矿物含量等）有关，所以本质上是相互关联的。例如，ODP 第166 航次在大巴哈马滩陆坡区钻井揭示，中中新统碳酸盐岩地层中有发育良好的岩性韵律，由深、浅两种颜色的沉积层交替组成，其中胶结良好、电阻率较高的沉积层在岩心和FMS 图像上均表现为浅色，而胶结较弱、电阻率较低的沉积层在岩心和FMS 图像上均呈深色，岩心与FMS 图像之间存在着良好的对应关系（Pirmez and Brewer，1998）。再如，ODP 第129 航次 801B 孔在赤道西太平洋 Pigfetta 盆地，钻遇迄今在太平洋板块所取得的最古老的大洋沉积物，即侏罗系—下白垩统放射虫岩，但这一重要层段的取心率极低，不到10%，影响了相关的岩性剖面重建分析。Molinie 和 Ogg（1992）在岩心标定基础上，对该站位 FMS 图像进行解释，恢复了该井段的地层岩性柱状图，为研究该段地层的演化提供了依据。

可见，高分辨率成像测井资料是沉积物的岩性或岩相分析的重要工具。FMS 图像的颜色反映的是地层电阻率的变化，电阻率与地层的岩性特征有关，包括孔隙空间的大小和数量、泥质或黏土矿物的含量、矿物成分及含量、粒度、胶结作用、流体成分和饱和度等（Salimullah and Stow，1992a；Lovell et al.，1998）。一般情况下，电阻率低为孔隙度高的地层或含黏土的沉积层，因为黏土矿物通常具有较高的阳离子交换能力，通常情况下，随着粒度变细，泥质含量增加，地层的电阻率相应降低（Salimullah and Stow，1992；Pirmez et al.，1997；Lovell et al.，1998）。此外，海底还常见黄铁矿等导电矿物，其存在可以有效地缩短电流通过孔隙空间的路径，导致电阻率显著下降（Lovell et al.，1998）。电阻率高为孔隙度低或胶结致密的地层。利用这些关系，FMS 图像在大洋钻探中已成功地用于岩性或岩相的识别及低取心井段地层剖面的重建，所涉及的岩性包括陆源碎屑浊积岩（如ODP 第126、第129、第155、第180 航次及ODP 第155 航次 931、935、936、944 和946 站位）、火山碎屑浊积岩（如ODP 第126、第129、第155、第180 航次；第126 航次 792E 和793B孔）、深水浊积岩（ODP 第129 航次 800、801 和802 站位）、碳酸盐岩［ODP 第143、第144、第166 航次（图3-63）等，ODP 第143 航次 865A 及866A 孔，ODP 第144 航次 871C 和879A 孔］及滑塌沉积、发育泄水构造的块状砂岩、块状无构造砂岩、钙质火山碎屑浊积岩、深海结核和生物碎屑浊积岩等岩石类型（如ODP 第

129 航次 800、801 及 802 站位)。

沉积岩相和地层重建方面的大洋钻探成果也不少,例如,Pirmez 等 (1997) 利用 ODP 第 155 航次钻探亚马孙海底扇的 FMS 图像,结合常规测井资料,对该区 5 个站位砂质浊积岩段的岩性逐层进行解释,恢复了上述钻孔中砂质浊积岩的沉积剖面。在此基础上,对浊积砂岩层的厚度分布进行了分析。结果表明,在层厚 T 与大于该厚度的砂岩层数 N 的双对数坐标图上,厚度分布表现出了明显的分段性。层厚幂律分布中的尺度指数 B,在薄至中层段小于 1 ($B=0.4$),而在厚至巨厚层段则大于 1 ($B=1.3$)。厚度分布曲线的转折点位于层厚为 0.35m 附近,似乎暗示薄于或厚于该值的砂层分别由不同类型的沉积物重力流过程形成(如薄层由溢出水道的越岸流形成,而厚层则由决口处顺坡而下的席状流形成)。或者说,对厚度的幂律分布而言,薄层不如预期的那样常见,可能仅仅是某些薄层被选择性侵蚀作用破坏的结果。Awadallah 等 (2001) 通过对 ODP 第 180 航次 1118A、1109D 和 1115C 三个钻孔 FMS 资料的逐层解释,构建起了巴布亚新几内亚岸外 Woodlark 盆地完整的上新世浊流沉积地层剖面,发现它们主要由不同比例的泥和递变的砂–粉砂浊积层构成;还发现浊积砂岩和粉砂岩的层数随着地层厚度的增加呈指数减少,并基于该区上新世为持续沉降的裂谷区,地震活动频繁,且已有研究表明地震震级亦服从幂律分布,推测该盆地上新世浊积沉积的成因可能受与裂谷作用有关的地震活动控制。在西太平洋 Limalok 和 Takuyo–Daisan 平顶海山,Ogg 等 (1995a,1995b) 综合 ODP 第 144 航次 871C 和 879A 两个钻孔的岩心及常规测井资料,取得了上古新统至中始新统和下白垩统台地相碳酸盐岩序列,并根据 FMS 图像识别出碳酸盐岩的岩相特征,包括结构、胶结模式及垂向变化趋势,总结出了各类碳酸盐岩的 FMS 图像特征。

Williams 和 Pimez (1999) 在岩心标定前提下,根据 ODP 第 166 航次 1003 和 1005 两个站位的 FMS 图像,在大巴哈马滩陆坡区中中新统中,识别出了以下三种碳酸盐岩成像测井相:相 1 为高导(弱胶结)沉积物,以远洋碳酸盐组分为主;相 2 为高阻(胶结)沉积物,以浅水台地碳酸盐组分为主;相 3 为极高阻(胶结极好)沉积物,主要为钙质浊积岩,有时为硬底(图 3-63)。同时,发现这两个站位的中中新统剖面发育米级旋回,主要由相 1 和相 2 交替组成,相 3 则很少见。

C. 沉积构造识别

沉积构造是沉积物或沉积岩的宏观特征之一,一般为厘米级以上尺度,最适合用高分辨率成像测井图像进行研究。

深海浊流沉积物中递变层理是最常见的沉积构造和最重要的鉴别标志之一。正向递变层理自下而上粒度由粗变细,电阻率表现为由高到低,FMS 图像颜色表现为

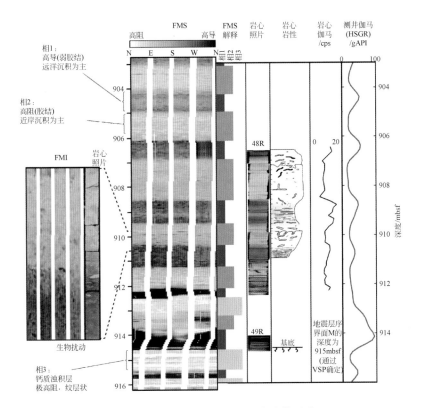

图 3-63　ODP 第 166 航次 1003 站位成像测井

图中展示了三种 FMS 成像测井相（相 1、相 2 和相 3），相 1 和相 2 的韵律性互层（902～912mbsf），钙质浊积层
（914.6～916.2mbsf）及生物扰动构造（Williams and Pirmez，1999）

由浅变深，因而易于识别。有时，正向递变浊积层底部还见有薄层的反向递变层理
段，解释为牵引毯状（traction carpet）沉积，它们在 FMS 图像上的表现与正向递变
层理正好相反，自下而上颜色由深变浅。此外，浊积层与下伏细粒背景沉积物之间
通常为岩性突变面，在 FMS 图像上表现为颜色突变界面。综合这些特征或标志，
FMS 图像已在 ODP 第 126、第 129、第 155、第 166、第 180 航次等多个航次中成功
地用于递变层理的识别，为浊积沉积序列的解释提供了重要依据。

　　弧前盆地火山碎屑浊积岩序列中浊流的古流向恢复可以采用两种办法：一是利
用 FMS 图像对岩心进行定向，然后根据定向后的岩心薄片所揭示出来的颗粒定向排
列方向，可揭示厚层浊积砂岩平行纹理中颗粒的组构特征，进而推断浊流的流向；
二是直接根据 FMS 图像识别砂纹交错层理，根据前积纹层的倾向所指示的砂纹迁移
方向获取古流向信息。如果薄浊积层中交错纹理所指示的砂纹迁移方向数据很分
散，则表明浊流形成于盆地平原环境，其强度较弱，流动路径分散。Hiscott 等
（1992）根据 ODP 第 126 航次 792E、793B 两个钻孔的 FMS 图像，对伊豆-小笠原弧
前盆地渐新统火山碎屑浊积岩序列中浊流的古流向恢复，是一个典型例子，研究人

员发现厚浊积层中砂岩组构数据的方向比较可靠，指示浊流古流向为 150°，大致从北西到南东沿伊豆-小笠原弧前盆地的轴向流动。

FMS 成像测井图像也能识别规模较大的深海遗迹化石（潜穴），它们通常表现为斑块状特征（图 3-63）。在太平洋中西部盆地火山碎屑浊积岩序列中，ODP 第 129 航次 800、801 和 802 三个站位的岩心标定结合采集的 FMS 成像测井资料，对生物扰动构造或遗迹化石进行识别和解释（Salimullah and Stow, 1995）发现，在 FMS 图像上，发育于这些深水浊积岩序列中的遗迹化石多呈斑块状，主要分布于浊积递变层的上部，并识别出了圆形-近圆形斑块、连通斑块或网络、水平-近水平不规则状或波状、星状形迹、特征的管状迹及拇指状凹坑 6 种遗迹相类型。

D. 古海洋和古气候分析

20 世纪 90 年代以来，全球变化得到各界高度重视，于 20 世纪 70 年代基于大洋钻探建立起来的古海洋学因受到大力推动而蓬勃发展。通过深海沉积地层中记录的深时古海洋、古气候记录，可以揭示第四纪以前更早的古环境变化。

如今，不仅研发了一系列替代指标，如碳氧同位素、镁钙比值等，用来描述深海沉积地层的旋回性，而且测井记录作为连续的高分辨率原位地球物理测量结果，在古海洋和古气候研究中也具有其他方法难以替代的作用。一般来说，深海沉积地层中高频旋回主要受米兰科维奇气候周期控制。理论上，米兰科维奇轨道周期（95ka、123ka 和 410ka 的偏心率周期，41ka 的斜率周期和 19ka、23ka 的岁差周期）在远洋沉积物测井记录中是容易探测到的，因为轨道变化引起全球或区域性气候变化，而气候变化影响沉积物的矿物成分或孔隙度。

a. 常规测井数据应用

自然伽马（图 3-64）、密度、电阻率、磁化率、声波时差等，可以探测矿物成分和孔隙度的变化。需要注意的是，来自同一井段的不同测井数据所揭示出来的米兰科维奇周期及其强度可能会有一定的差异。此外，沉积速率过低、强烈的压实改造等因素也可能影响测井气候周期的探测。例如，Williams 和 Handwerger（2005）以南极附近普里兹（Prydz）湾 ODP 的 1165 站位为例，揭示出该站位520m 厚的下中新统沉积物由深灰色含粉砂纹层的黏土岩（等深流沉积）与分米级的绿灰色生物扰动且含冰筏碎屑（ice-rafted detritus，IRD）的黏土岩交互组成，并在常规测井资料记录中发现了这两种岩相的交互性：含 IRD 的绿灰色黏土岩对应于高电阻率、高密度、低自然伽马（与黏土矿物被 IRD 稀释有关），因此根据测井曲线可以获得连续而详细的含 IRD 的黏土层的地层记录，这些含 IRD 的黏土层代表了冰消作用和间冰期，而等深流沉积则代表了冰期；结合用磁性地层学对地层序列的年代进行标定后，确定了主要 IRD 事件的发生时间，结果发现 IRD 的分布受轨道偏心率控制。

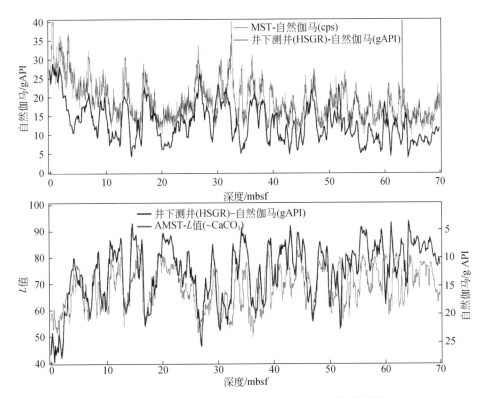

图 3-64　北大西洋 IODP 第 306 航次 U1313B 孔测井曲线

（http：//iodp. tamu. edu/tools/logging/index. html）

U1313B 孔测井曲线与 L 值（$CaCO_3$）的精细对比，表现出高度吻合。井下测井–通过钻柱采集的 65m

以上自然伽马资料。实际值被缩放 5 倍以调整衰减，仅用于绘图目的

b. 高分辨率成像测井应用

这类资料在古海洋和古气候研究方面具有重要的价值。地层岩性的交替或旋回性变化在 FMS 成像测井图像上通过电阻率高低或图像颜色深浅的交替变化反映出来。

1）对于硅质岩，日本海常见瓷状层与燧石层的交互组合。例如，Mereih 和 Tada（1992）基于 ODP 第 127 航次 794B 和 797C 孔在日本海采集的 FMS 资料，发现上中新统地层 FMS 图像具有深、浅交替颜色，经岩心标定后，深色层为瓷状层（porcellanite layers），浅色层为燧石层。而且，空间上相距 360km 之遥的 794B 和 797C 孔中，这种深浅交替的瓷状层与燧石层交互现象仍能很好地对比。他们进而开展了定量互相关和交叉谱分析，发现存在明显的 1.1~1.3m 和 0.6m 两种厚度周期，换算为时间分别相当于 41~48kyr 和 22kyr，前者大致相当于 41kyr 的米兰科维奇斜率周期，后者与 19~21kyr 岁差周期相近。

2）碳酸盐岩通常发育于热带海洋的海底，但随着板块运动发生迁移后，其他海域海底也较发育。其旋回地层记录多数反映同沉积时期的热带古海洋环境变化。ODP 第 166 航次在大巴哈马滩西部大陆坡–盆地断面实施的 1006 站位钻遇中中新统—下上新统沉积序列，沉积序列发育完整，且有精确的测年数据，这有利于 FMS 数据研究古气候周期。研究表明，该站 FMS 图像具有明显的旋回特征，每个 FMS 旋回由一个较薄的高阻层和一个较厚的低阻层组成。针对该站位，根据 FMS 图像解释分别得出的沉积速率序列的谱分析结果表明，沉积速率变化的周期主要有 88kyr、124kyr、440kyr、1800kyr（Kroon et al.，2000；Williams et al.，2002），与已知的轨道偏心率周期类似。综合分析认为，来自大巴哈马滩的沉积物供应与岁差周期同步。巴哈马滩倾向于在海平面高水位期产生和输出碳酸盐沉积物，每个高水位期形成一个沉积旋回，据此可以推断海平面变化亦以岁差周期为主。因此，通过岁差对海平面的控制，在每个岁差周期中台地产生一次碳酸盐供应脉冲。根据 FMS 沉积速率及厚度曲线的分析，在这些脉冲中，输入到盆地的碳酸盐物质的量受偏心率控制，可能由于偏心率调节了岁差辐射周期的幅度，因此调节了海平面变化幅度，因为，海平面上升幅度较大时期，台地产生更多的碳酸盐，高幅度的海平面上升比低幅度的海平面上升将导致更多碳酸盐沉积物的产生和沉积。岁差周期表现为 100kyr、400kyr 和 2000kyr 等多种尺度，表明了偏心率在调节海平面变化幅度方面具有重要作用。此外，1003 孔中碳酸盐岩 FMS 图像也具有明显的旋回特征，由深色相和浅色相交替组成，深色相为高导（弱胶结）沉积物，以远洋组分为主；浅色相为高阻（胶结）沉积物，以台地（浅水）组分为主，偶见钙质浊积岩。假定每个旋回的时间恒定，则根据旋回的个数和厚度可以得出其沉积速率。以生物地层年代为约束，应用各种天文周期试算，最终得出：当旋回周期取 23kyr，即岁差周期时，所得沉积速率曲线与生物地层年代吻合最好，说明中新世富远洋沉积物和富浅水沉积物之间的旋回性交替亦受岁差周期控制（钟广法，2018）。

此外，也有人结合 FMS 成像测井与常规测井和岩心资料，开展过外大陆坡冷水碳酸盐沉积序列的旋回性及其成因研究，识别出了以下三种 FMS 成像测井相类型：呈非均质斑块状 FMS 相，由橙色–浅黄色高阻斑块和黑色高导斑块组成，有由电阻率变化所显示出来的不明显的层理和少量纹层发育段，对应的沉积物富含杂基，含底栖及浮游生物化石，解释为生物扰动沉积物；棕色到深橙色 FMS 相，平行纹理发育，见交错纹理，解释为底流活动产物；高阻段且呈白色 FMS 相，其底界不规则，顶界平坦–不规则，解释为硬底段。这三种相旋回性叠置产出，每个旋回底部由硬底段开始，其上为纹层状沉积物覆盖，旋回上部为生物扰动沉积物。这种相的旋回性与冰期–间冰期海平面旋回具有良好的对应关系。底流活动被认为是相和旋回发育的重要控制因素。在海平面下降晚期和达到最低水位之前，上升流对陆坡沉积物进行改造，导致硬底形成；在海平面下降更晚期及海平面低水位早期，缓坡上沉积物供应相对增多，导致纹层状相的形成，亦是近底层上升流持续活动对陆坡上先前沉积的沉积物再改造的结果；在海平面上升早期，受上升流影响的纹层状相逐渐被生物扰动相覆盖。这一研究表明，看似单调的深水外缓坡沉积序列，实则隐含着独特的海平面变化的记录。

（2）洋壳基底研究

洋壳面积占地球表面的68%以上，但人们对它的了解并不多。一般认为，洋壳的顶部为火山岩（枕状熔岩，地震层2A/2B），其下伏为垂直的席状岩墙（地震层2C），再往下为块状辉长岩（凝结的岩浆房，地震层3）。但是，要验证上述模式，唯有对洋壳实施钻探，获取洋壳样品及原位地球物理测井资料。从DSDP、ODP到IODP，大洋钻探已有多个航次致力于这一目标，钻了数十个钻孔，但是由于洋壳岩石裂隙发育，角砾化及蚀变现象严重，洋壳钻孔的取心率都很低，多数在20%以下，因此关于洋壳及其物理性质方面的很多细节需要靠岩心与地球物理测井资料的综合分析来获得。

A. 洋壳玄武岩的常规测井识别

测井手段被广泛用于国际大陆钻探计划（ICDP）、深海钻探计划（DSDP）、大洋钻探计划（ODP）、综合大洋钻探计划（IODP）和国际大洋发现计划（IODP）钻井过程中的地层解释。通过连续取心资料与测井分析相结合，也可识别玄武岩层喷发相类型、划分喷发韵律，并进行地层测井综合解释，其成果对现阶段陆缘盆地中玄武岩储层测井研究具有适用性和启示性（黄玉龙等，2011；李春峰和宋晓晓，2014）。常规测井曲线包括电阻率、密度、速度等，在大洋基底岩性划分中，天然裂缝和孔隙发育带识别具有重要用途。但常规测井方法的主要缺陷是，常规测井曲线的解释是基于测井曲线幅度和形态的变化划分不同的岩性和蚀变类型，而且常规测井曲线没有方向性，反映的是不同深度地层性质的平均效应，因而分辨率不高，难以准确地确定钻遇地层的岩性和结构，但可以通过对比岩心准确定位显著的岩层与基底界面（Tominaga，2013），如图3-65所示。

1）根据电阻率、密度和速度等常规测井信息的差异，可以划分枕状玄武岩与块状玄武岩。例如，基于DSDP 417D孔测井资料发现（Christensen et al.，1980），基底最上部的电阻率介于$30 \sim 80 \Omega \cdot m$，其中较低值段见角砾，而较高值段（最高达$200 \Omega \cdot m$）则为块状玄武岩。由于干玄武岩在室温下的电阻率介于$103 \sim 106 \Omega \cdot m$，所以很显然，该孔的基底玄武岩可能饱含海水，导致其电阻率明显下降。此外，该钻孔基底最上部的含角砾段纵波速度较低，为$4.7 \sim 5.3 km/s$，但块状玄武岩的速度很高，达$5.8 km/s$。此外，熔岩的纵、横波速度最高，分别为$5.26 \sim 6.35 km/s$和$2.75 \sim 3.81 km/s$；枕状玄武岩的波速明显降低，纵波速度$3.35 \sim 4.84 km/s$，横波速度$2.03 \sim 2.70 km/s$；枕状玄武岩和熔岩的纵横波速度比均介于$1.7 \sim 1.9$。

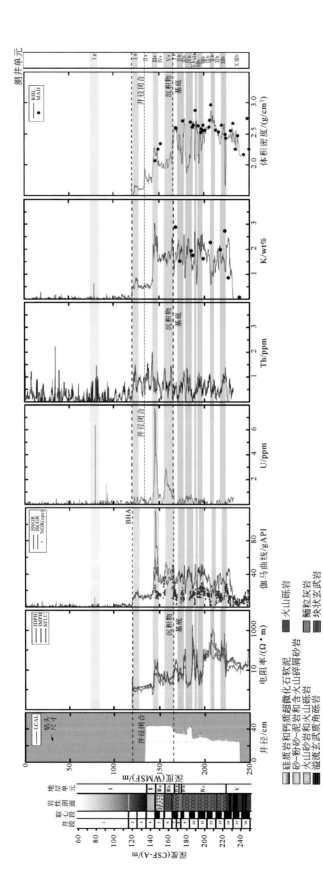

图3-65　IODP第324航次U1349孔测井曲线(http∶//iodp.tamu.edu/tools/logging/index. html)

2) 识别火山岩基底的气孔、孔隙度和密度差异。例如，根据位于加利福尼亚湾的 DSDP 第 65 航次 482C、483 和 485A 三个钻孔测井资料，识别出块状玄武岩的密度高（2.85g/cm³）且分布比较均匀，而枕状玄武岩的密度则变化较大，介于 2.3 ~ 2.9g/cm³，这可能与枕状体之间所含孔隙有关（Gutiérrez-Estrada et al.，1983）。

3) 识别天然裂隙（fissure）、节理（joint）、断裂（fault）等。裂缝对纵波速度的影响不明显，但会导致横波速度降低、V_P/V_S 升高。基底上部较低的纵横波速度与该层段含有大量的孔隙性枕状玄武岩有关（Moos et al.，1990）。声波速度测井中的低速带与裂缝和孔隙带之间存在直接的相关性，声波速度是洋壳上部 2A 层内裂隙充填物质成分及孔隙的良好指示。基底顶部，块状熔岩单元与大的枕状层被裂隙和孔隙破坏，裂隙和孔隙被海水与黏土（比例至少为 2:1）充填。随深度增加，裂隙和孔隙被黏土和沸石充填的程度增加，可能是从 2A 层过渡到 2B 层地震速度增加及渗透率呈数量级下降的原因（钟广法，2018）。例如，Anderson 等（1983）根据 DSDP 第 68 和第 69 航次在哥斯达黎加裂谷（Costa Rica Rift）南缘 501 和 504B 孔获得的井下超声电视成像测井图像，获得了洋壳层 2A 内枕状玄武岩和块状熔岩之间的地层关系及天然裂缝、孔隙带和富含黏土–沸石带的分布。Mathews 等（1984）根据 DSDP 第 78B 航次在大西洋洋中脊 395A 孔地壳上部 500m 获得的电阻率、自然伽马、井径、密度和速度等测井资料认为，该站位所在地壳可以划分为两个明显的地球物理单元：地壳上部 400m 表现为高孔隙度和低速度、密度及电阻率；该段之下，400 ~ 500m，地壳表现为低裂缝孔隙度（1% ~ 2%）、高电阻率（高达 1000Ω·m）及高声波速度（高达 6.0km/s）特征。这两个单元之间的界面可能对应于重要的地球物理不连续面。

B. 岩心归位定向与火山序列重建

通过比较岩心碎片、古地磁资料与 FMS 图像，可以对岩心进行绝对方位的定位和定向，重建洋壳火山岩基底的火山序列剖面。

1) 火山岩岩心定向。例如，Demant 等（1998）利用 ODP 第 152 航次 917A 孔连续的高分辨率 FMS 成像测井资料，对位于东北大西洋格陵兰东南边缘古新世大量的与裂谷作用有关的火山岩岩心进行了归位，恢复重建了该火山岩序列的岩石地层剖面。

2) 恢复火山系统。ODP 第 193 航次 1188 和 1189 两个站位相距 800m，取心率低，分别仅为 6.8% 和 18.3%。Bartetzko 等（2003）根据这两个站位的 FMS 图像，在巴布亚新几内亚 PACMANUS 热液区识别出了三种不同类型的英安岩，分别是连续出熔的英安岩、火山碎屑英安岩及角砾状英安岩。他们据此建立了这两个站位的岩性剖面，并统计了两个站位中地层厚度及不同岩相所占比例，发现 1188 站以厚层的连续出熔英安岩为主，而 1189 站火山岩的单层厚度较薄、岩相纵向变化快，且火山碎屑英安岩和角砾化英安岩的比例较高，由此推断 1188 站在火山系统中处于相对火山口近源的位置，而 1189 站则处在较远源的位置上。

C. 洋壳火山机构特征分析

成像测井图像已被用于确定和解释洋壳的岩性（如熔岩类型）、流动褶皱、气孔、裂缝、岩脉、角砾化及蚀变程度等地层细节特征（图 3-66），进而可以划分火山岩相分带，帮助恢复火山机构特征。

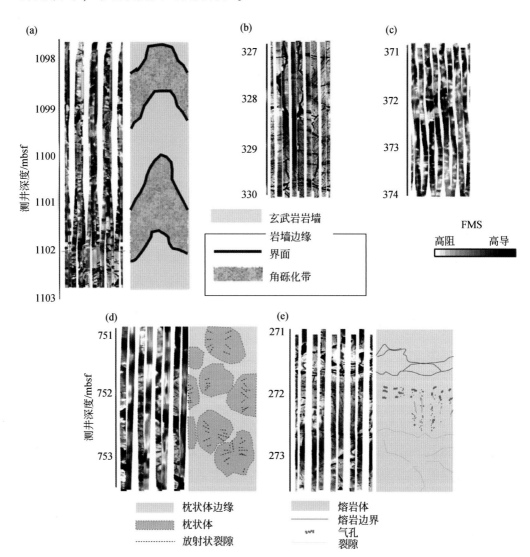

图 3-66　洋壳火山岩 FMS 成像测井相实例（Tominaga，2013）

（a）席状岩墙复合体（ODP 1256D 孔）；（b）块状（席状）熔岩（ODP 1256D 孔）；（c）角砾（ODP 1256D 孔）；（d）枕状熔岩（ODP 1256D 孔）；（e）块状熔岩中指示排气通道的气孔和管状气孔构造（IODP 1347A 孔）

例如，1979～1993 年 DSDP 第 69、第 70、第 83 航次和 ODP 第 111、第 137、第 140、第 148 航次共 7 个航次，对位于赤道东太平洋哥斯达黎加中速扩张的扩张中心以南约 200km 处的 DSDP/ODP 504B 孔，进行了重返加深钻探，揭示了 274.5m 沉积层、571.5m 火山岩段（由枕状体、块状熔岩、角砾岩及少量岩墙组成）、209m 从喷发岩到侵入岩的过渡带，最后进入席状岩墙复合体，于 2111mbsf 完钻（Pezard et al.，1996；Harvey et al.，2002）。它是迄今为止钻入洋壳最深，也是唯一穿透洋壳火山岩段进入到下伏席状岩墙复合体的一个钻孔，提供了最为完整的关于地震层 2 的岩性剖面，已成为研究上洋壳物理、化学结构的参考剖面。Ayadi 等（1998a）结合 504B 孔的 FMS 图像和岩心及常规测井资料，识别出了 4 种类型：块状熔岩、枕状熔岩、薄层熔岩及岩墙，统计得出单个熔岩层的平均厚度为 0.5m 左右。Ayadi 等（1998b）、Tartarotti 等（1998）对 504B 孔 1672m 长的 FMS 图像进行了解释，共识别出了约 34500 条裂缝。裂缝密度分布剖面显示，从洋壳基底顶部向下至 800mbsf，裂缝密度略呈降低趋势；之后，在 800~1100mbsf 井段，裂缝密度增加，该裂缝密度增加带解释为一断裂带，证实了该井段内根据地震及重磁电资料推断的一条大断裂带和其他两条裂缝密集带（400~575mbsf、1700~2100mbsf）。由此推断，504 站位最初位于洋脊轴部附近时，遭受过一次张应力作用，与之伴生的是高温流体循环和广泛的玄武岩蚀变，这一初始阶段与 504B 孔钻遇的主断层有关。类似的但发育较差的变形形成于离开扩张轴之后，因为 400~575mbsf 岩心揭示含有低温共生组合。现今的挤压至走滑应力体制表现为近水平的裂缝，呈分散带状分布于主断裂带内至下部裂缝带内（1700~2100mbsf）。

此外，896A 孔位于 504B 孔东南约 1km 处，为一局部热流极大值区。该孔的主要钻探目的是，与 504B 孔的构造和火山特征进行对比，研究增生加积过程的局部变化。该孔自 179.0mbsf 进入洋壳基底，共揭示洋壳火山岩 290m。取得的岩心以枕状玄武岩为主（57%），其次是块状熔岩（38%）和角砾岩（5%）。与 504B 的喷出岩段相比，896A 孔含有较多的块状单元，角砾化程度较高，但枕状单元较少（Francois et al.，1996）。Brewer 等（1995，1996）融合 896A 孔高质量的 FMS 成像测井图像、岩心及常规测井资料，研究洋壳火山岩地层的结构，识别出了席状熔岩、枕状熔岩和角砾岩等岩性单元，建立了该孔岩石地层剖面，表明该孔下部席状熔岩较丰富，可能对应于洋中脊轴部的火山作用；上部以枕状熔岩（<340mbsf）为主，可能与远离洋中脊轴部的火山作用有关（Brewer et al.，1999）。Francois（1996）根据 896A 孔 FMS 图像，在 225m 火山岩井段内（195~420mbsf）识别出了 7721 条裂缝，平均每米 34.3 条。该孔整个火山岩段极低的电阻率和连续的高声波速度表明，处于地形高部位且具有热流极大值的基底在很大程度上已发生蚀变，与岩心观察结果吻合。

另一个例子是西南印度洋洋中脊，它是一个超慢速扩张中心。ODP 第 118、第 176 和第 179 三个航次钻遇了位于该洋中脊裂谷上的阿特兰蒂斯（Atlantis）滩，是一个海底辉长岩断块。特别是，1987 年 ODP 第 118 航次 735B 孔取得海底下 500m 深度内的岩心，1997 年 ODP 第 176 航次重返该孔加深钻探超过 1500m，整个取心段全为辉长岩，代表了完整的下洋壳剖面，随后 ODP 第 179 航次在 735B 孔北东东方向 1.2km 处钻探了 1105A 孔，井深虽然只有 158 m，但取得辉长岩岩心 118 m，其中 40 ~ 100mbsf 井段取得 60m 含铁钛氧化物的辉长岩，其 FMS 资料极好。Miller（2003）利用岩心标定了该孔 FMS 图像，识别出辉长岩中的垂直或倾斜裂缝、页理和含氧化物段（含分散状氧化物的辉长岩在 FMS 图像上呈斑状外貌），利用面状构造在 FMS 图像上的产状特征对岩心进行定向，综合 FMS 构造产状数据及在定向后的岩心上所测得的构造产状数据认为，出露于阿特兰蒂斯浅滩上的辉长岩，其早期岩浆结晶和变形过程中所受到的主应力方向平行于西南印度洋洋中脊脊轴方向。

（3）天然气水合物勘探

天然气水合物又称可燃冰，是一定条件下碳氢气体（主要为甲烷）与水分子组成的类冰固体化合物，其外貌极像冰雪或固体酒精。它具有分布广、储量大、能量密度高等特点。据估计，天然气水合物资源总量是目前已探明化石能源资源总量的两倍，是未来最具商业开发前景的新型替代能源之一（王丽忱和李男，2015）。

天然气水合物广泛分布于陆地多年冻土区以及海域的大陆坡、大陆架、海台等水深大于300m 的海底以及海底以下数百米的沉积层内，特别是活动陆缘俯冲带增生楔和非活动陆缘的大陆架断褶区。具体可归结为 5 大类（范宜仁和朱学娟，2011）：①大陆多年冻土带地区，如俄罗斯的西伯利亚、中国的青藏高原及主动（汇聚）大陆边缘和被动（离散）大陆边缘，如美国东南部的布莱克海台、西太平洋冲绳海槽；②大洋板块内部，如美国北加利福尼亚-俄勒冈岸外海域；③深水湖泊，如内陆的里海和黑海；④极地地区，如北极巴伦支海、南极罗斯海；⑤西太平洋海域、东太平洋海域、大西洋海域、非洲西海岸海域、印度洋、北极、南极等的多个海槽海湾都发现有水合物分布。

地球物理测井方法能够在原位地层压力和温度条件下测量地层物理特性，是天然气水合物探测和储量评价的重要手段（高兴军等，2003）。天然气水合物的地球物理性质与地层中的岩石骨架、油层、气层和水层，在很多物理性质上存在较大差异，这些差异必然在测井曲线上有其特殊的反映。综合深海钻探计划、大洋钻探计划和多年冻土带天然气水合物产出地的常规测井数据的分析结果发现，天然气水合物层段，无论是在常规测井（低自然伽马、井径扩大、高电阻率、低密度、高中子孔隙度以及低声波时差等），还是在成像测井（显示高亮）和核磁共振孔隙度测井（总孔隙度明显减小）等，曲线上均有明显响应（表3-4）。其中，电阻率与声波测井组合，被认为是识别天然气水合物最有效的方法。

表 3-4   天然气水合物储层的测井响应特征

技术方法	测井响应特征
井径测井	钻井过程中天然气水合物层段的温度和压力条件被改变，会造成天然气水合物分解，从而引发井壁坍塌，表现为井径扩大
自然电位测井	钻头钻进引起天然气水合物分解，造成该井段钻井液离子浓度和活度下降，上下围岩层中相对较高活度地层水向该井段扩散（氯离子的扩散速度比钠离子的扩散速度快），最终使得天然气水合物赋存层段的钻井液中负电荷数增加，因而呈现负的电位异常
自然伽马测井	含天然气水合物的储层段的自然伽马曲线表现为突然减小的特征
声波测井	天然气水合物的纵波时差约为 $80\mu s/ft$，与石英的纵波时差（$55\mu s/ft$）也有很大差别，明显小于水的纵波时差（$190\mu s/ft$，与盐度、温度和压力有关）和天然气的纵波时差（超过 $200\mu s/ft$，取决于气体密度等因素）
密度测井	含天然气水合物层位的密度（约 $0.91g/cm^3$）曲线与非储层相比明显降低，与完全饱和水（$1g/cm^3$）的层段相比略显低值，与天然气（$0.1 \sim 0.2g/cm^3$）差别较大
中子孔隙度测井	中子孔隙度测井在天然气水合物层段响应值略高（相对于同等状态下的水层高出 $6\% \sim 7\%$）
电阻率（电导率）测井	天然气水合物具有不导电的特性，对于双感应测井，天然气水合物层位在深浅电阻率测井曲线上呈现出急剧增高的箱状。如果钻井过程中天然气水合物被分解，则深、浅电阻率曲线测量值能够产生足够的差异而分开
钻井速率	天然气水合物储层中由于胶结属性的影响，使得钻井速率相对较低
钻井液录井	钻头的钻进会破坏水合物稳定存在的条件，天然气水合物分解时释放出大量甲烷到钻井液中，钻井液录井相应井段将有大量的自由甲烷气体显示
成像测井	天然气水合物有较高的电阻率，储层的电阻率因此增高，对应 FMI 图像上的高亮度带
核磁共振测井	天然气水合物层段在核磁共振总孔隙度曲线上显示明显的低值
偶极声波测井	含天然气水合物地层的纵波和横波速度都会增加，一般表现为均匀各向同性
介电测井	冰和水合物的介电常数有显著差异（在 273K 条件下，冰的介电常数为 94，水合物的介电常数为 58）。介电测井成为在永久冻层识别水合物的一种可行方法
γ射线测井	形成水合物过程中的水为纯水，因此，水合物层段的 API 值会比相邻层段的明显增大
电磁波测井	EPT 具有较高的垂向分辨率，相对含水层具有较短的电磁波传播时间

资料来源：赵军，2016

第 3 章　洋底构造数据处理解释技术

375

对水合物储层进行评价，是水合物测井的另一个主要目的。现有评价方法都是在常规油气测井体系的基础上，经推导和修正建立起来的。因此，评价的内容基本一致，包括水合物的分布形态、地层孔隙度、水合物饱和度、水合物的资源潜力等，同时，也涉及储层渗透性的评价，但总体上看，储层孔隙度和饱和度仍是测井评价的重点（宁伏龙等，2013）。

水合物测井的例子如 IODP 第 311 航次的 U1326 孔，在一个抬升的增生沉积物上，开展了伽马、电阻率和声波测井（图 3-67）。其 LWD 数据最为显著的特征是 100mbsf 以上约 20m 的间隔体现为明亮的 RAB 图像和高电阻率（16 次相转换）。其中，电阻率曲线（深感应曲线和球焦未过滤测井曲线）以及纵波速度测井（V_p）在这些间隔内都几乎彼此平行，但是在大约 10m 以浅，与 LWD 电阻率样式类似。电阻率和 V_p 值高时，密度或孔隙度无变化，显著表明存在大量水合物，但是两个孔之间存在偏移，意味着存在明显的侧向变化。事实上，在 U1326 孔的 80~90mbsf，水饱和度可能低于 40%，但是在 RAB 图像上显示为陡倾特征，表明水合物位于 85mbsf 的层位，也表明增生楔的水合物脊上沉积物发生了形变。在约 100mbsf 以深，均一的低电阻率特征表明有少量水合物存在，但除了 U1326 孔的 260mbsf 上部约 2m 间隔处之外。这个间隔部位与 LWD 监测数据中声波波形连续性缺失一致（图 3-67），推断为游离气。

（4）构造应力场分析

层面（bedding）、缝隙（crack）、裂缝（fissure）、破裂（fracture）、断层（fault）、劈理（cleavage）、节理（joint，通常共轭）等面状构造的产状蕴含着重要的构造变动方面的信息，当然，破裂、裂缝则可能是构造成因，也可能是淬火成因，但在洋底玄武岩中的多数缝隙（crack）是淬火成因，而非构造成因。此外，椭圆井孔（borehole ellipticity）或井壁垮塌（borehole breakouts）及钻井诱导缝（drilling-induced fractures）或水力破裂则是现今应力活动的有力证据。井孔周围弹性剪切应力超过岩石的剪切强度时，会引起剪切破坏和井壁垮塌（Zoback et al.，1985），其排列方向与最小水平挤压应力方向一致（Gough and Bell，1982；Plumb and Hickman，1985）；而当井孔内钻井流体的压力超过岩石的抗张强度时，则形成垂直的水力破裂，其排列方向与最大水平应力方向平行（Rummel et al.，1988；Brudy et al.，1997）。大洋钻探获得的声、电成像测井资料，包括井孔超声成像或井下电视、地层电阻率扫描成像、随钻电阻率成像等高质量的成像测井资料，为开展构造特征分析并提取其产状，获得区域构造应力场方向等方面的信息提供了重要途径（图 3-68）。

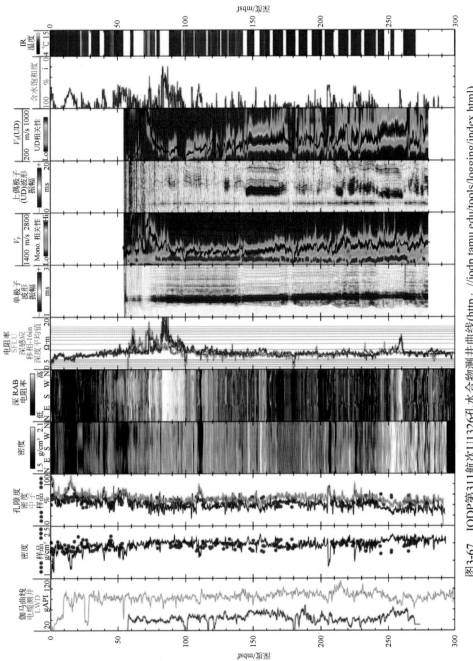

图3-67 IODP第311航次U1326孔水合物测井曲线(http：//iodp.tamu.edu/tools/logging/index.html)

电阻率曲线、深感应曲线和球状聚焦未过滤测井曲线(SFLU, spherically focussed log unfiltered)由测井电缆方式
获得，其余为LWD方式记录。右侧最后一栏为红外测井图像(IR)检测水合物

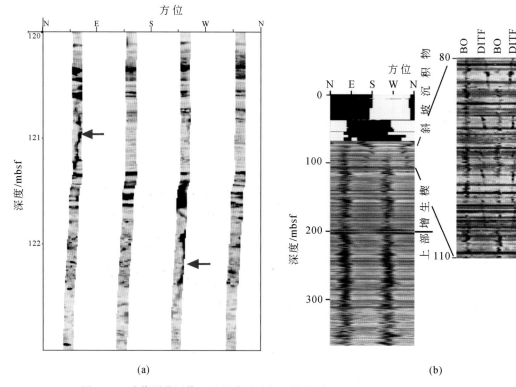

(a)   (b)

图 3-68　成像测井图像显示的井壁垮塌和钻井诱导缝（Chang et al.，2010）

（a）ODP 第 160 航次 966F 孔 FMS 成像测井图像上的钻井诱导缝（箭头所指部位，Jurado-Rodriguez and Brudy，

1998）；（b）C0001 站位随钻电阻率成像测井图像上的井壁垮塌（BO）和钻井诱导缝（DITF）

A. BHTV 图像应用

BHTV 图像可以用于恢复板块绝对运动方向及构造应力场方向。例如，Newmark 等（1985）基于 DSDP 第 83 航次位于东西走向的哥斯达黎加裂谷（Costa Rica Rift）南部约 200km 和呈北东—南西走向的秘鲁-智利海沟西北约 350km 处的 504B 孔，利用 BHTV 图像中井壁垮塌的分布方位，确定了洋壳的水平应力方向为 N114°E±16°，经过磁偏角校正后，井壁垮塌指示的最大水平主应力方向为 N20°E±16°。该结果表明，与 Nazca 板块沿秘鲁-智利海沟的俯冲有关的板片拉力，以及来自于哥斯达黎加裂谷扩张轴向南的推力，共同控制了该区构造应力场的方向。此外，Newmark 等（1986）还基于东太平洋海隆西部 1800km 的 597C 孔 BHTV 资料，得到井壁垮塌方位为 N31°E±25°，指示平均最大水平挤压方向为 N121°E，经磁偏角校正后的方向为 N110°E±25°，并认为是平行于太平洋板块的相对和绝对运动方向，进而解释为该孔应力场主要来自于洋中脊推力。

B. FMS 图像应用

FMS 图像在洋底构造中具有广泛应用，不仅可以揭示岩层产状、区域应力场，而且可以判断断层性质、类型与特征，脉体分布，构造变形过程等。例如，伊豆-小笠原弧前盆地 ODP 第 126 航次 792E 和 793B 钻孔的演化始于渐新世火山弧的裂谷作用，之后进入拉张期。Pezard 等（1992）根据岩心及 FMS 数据识别出了大量的小型正断层、高角度共轭节理及小型脱水岩脉等，将其解释为沉积期后拉张变形作用的产物。通过 FMS 资料所揭示的椭圆井孔变形特征，获得了弧前区现今应力场方向数据，证实了区域应力场分布模式。Chabernaud（1994）利用 ODP 第 134 航次在西南太平洋新赫布里底岛弧区 North Aoba 盆地钻探的 829、832 和 833 站位的 FMS 资料研究，识别出层面、裂缝、小断层和剪切带等构造特征，确定其产状，并将其解释为碰撞引起的变形过程的产物；对 832 和 833 站位 FMS 图像上井孔垮塌和钻井诱导缝的分析表明，盆地东部（833 站位）现今水平挤压方向为 NEE—SWW 方向，该方向在盆地中部（832 站位）略有旋转，转变为 NE—SW 向。挤压方向的变化可能是海脊与岛弧发生碰撞的结果。ODP 第 159 航次 959 和 960 站位于科特迪瓦-加纳边缘脊的北坡及顶部，处在离散的象牙海岸（Ivorian）盆地与一个转换边缘的结合部。地震剖面上，该边缘脊由阿尔布阶同裂谷期碎屑沉积物及不整合覆于其上的土仑阶到圣通阶裂谷期后同转换期的碳酸盐碎屑流沉积物组成，再上为上白垩统—古新统黏土岩和古新统—始新统瓷状岩。Basile 等（1998a）根据 FMS 图像确定地层和断层的产状，研究了该边缘脊的渐进倾斜及同期构造变形过程，揭示出该边缘脊从晚白垩世到始新世逐渐向西北方向倾斜。Ask（1998）根据 959D 孔 550~925mbsf 井段 FMS 数据的分析，确定了最大水平应力的方向。结果表明，井壁张性裂缝指示的加权平均最大水平应力方向为 168°±8°N；而井孔垮塌则较微弱，指示的加权平均最小水平应力方向为 78°±9°N。井壁张性裂缝在深度分布上的变化与该处沉积物由弱压实到强压实的转变相对应。显然，该深度以下沉积岩的强度通常比热应力和构造应力之和还要大。此外，地震及物性资料表明，该深度与被动边缘演化和陆/洋转换断裂作用之间的界面一致。将 959D 孔根据 FMS 数据分析获得的最大水平应力方向，与非洲西部和中北部一级应力区最大水平应力方向、加纳震源机制揭示的最大水平应力方向、大陆边缘走向，进行比较，发现该孔最大水平应力方向几乎垂直于西非和中北非呈东西向的最大水平应力方向，而加纳地震三个震源机制的最大水平应力方向与科特迪瓦-加纳转换边缘的走向之间存在有一个大于 45°的夹角，因此，科特迪瓦-加纳转换型边缘两侧横向强度差异，是所观察到的应力方向的最可能来源，沉积物载荷作用及地壳厚度和密度的横向变化对该区应力场仅起次要作用。

ODP 第 160 航次实施钻探了东地中海地区非洲-欧亚板块边界上的 Eratosthenes 海山和地中海脊上的 Olimpi 泥火山，在 Eratosthenes 海山钻探了 965、966、967 三个站位，发现了白垩系至更新统的地层序列中的多个地层间断面，多数间断面由板块碰撞构造事件形成；Flecker 等（1998）对 965A、966F 和 967E 孔的 FMS 图像进行了分析，得到了层面和裂缝的产状数据，对上述地层间断面的成因进行分析，发现部分间断面上覆及下伏地层单元中，层面和裂缝的产状存在较大的差异，说明这些间断面的成因与构造事件有关，与岩心、薄片等分析取得的认识一致；Jurado-Rodriguez 和 Brudy（1998）则根据该航次 FMS 图像识别井孔垮塌和垂直钻井诱导缝（图 3-68），认为 Eratosthenes 海山区三个钻孔中钻井诱导缝指示现今应力场的最大水平主应力方向在不同构造部位的变化较大，该海山顶部的 966F 孔为 N50°E，海山北部斜坡区的 967E 孔为 N30°E，海山斜坡区较浅部位的 965A 孔则为 N170°E；Olimpi 泥火山东缘的 970A 孔井孔垮塌和钻井诱导缝所指示的最大主应力方向均为近南北向。

ODP 第 161 航次 976B 孔对 Alboran 海西部西班牙大陆边缘南部的一个构造隆起实施了钻探，旨在获取西地中海基岩样品，研究其变质基底构造特征。它是一个发育于碰撞背景下的张性盆地，De Larouzière 等（1999）根据 FMS 图像识别页理和裂缝构造，获取其产状，总共识别出了 1600 条裂缝和页理，揭示出低角度的页理以西倾为主，而高角度（倾角大于 60°）裂缝则多为东倾，与页理正好相反，且主要裂缝发育段集中于基底上部 100m；在 820~880mbsf 井段断层较发育，与拉张–转换走滑应力体制的存在一致，最小应力轴方向为 N80°；但是，位于 Alboran 盆地西部的 976B 孔指示存在一个现今 N80°方向的拉张或转换应力分量，这与地中海最西部欧洲–非洲板块聚敛的实际动力学特征一致。

Basile（2000）利用 Iberia 深海平原 ODP 第 173 航次 1065 站数据，揭示了一个倾斜陆块的顶部中—晚侏罗世前裂谷期沉积单元，其 FMS 成像测井图像提取的层面产状信息，如层面倾向和倾角的变化，表明存在两期构造翘倾事件，较晚一期块体东倾，倾角为 150°，推测与早白垩世主裂谷期有关，与翘倾块体在地震剖面上的表现一致；较早一期发育于晚侏罗世，块体倾向东南，倾角为 150°。

地层微电阻率扫描测井（formation microscanner service）图像，简称 FMS，是个很好的可以恢复原始产状的手段和方法。近年来，FMS 成像测井技术因其直观性而在地质研究的多个方面得到采用，如碎屑岩解释、砂砾岩沉积相研究以及层构造解释等裂缝成因分析中的应用等。所以，FMS 测井技术也被 IODP 第 324 航次所采用。通过第 324 航次实施的 U1347A、U1348A、U1349A 三口钻井中节理、火成岩接触边界、脉体的解释识别成果，综合 FMS 技术可以恢复它们的原始地质产状，据此可研究该海区古构造应力场，为 Shatsky 海隆的成因假说提供准确的科学依据（图 3-69 和图 3-70）。

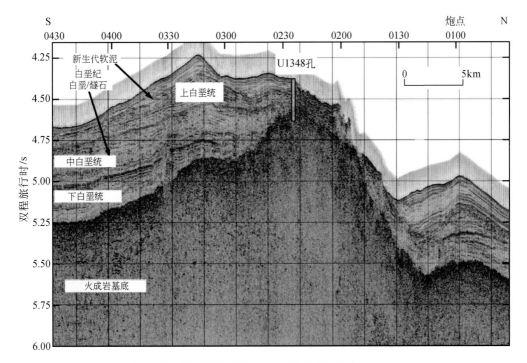

图 3-69　IODP 第 324 航次 U1348 站位地震剖面解释

（http://publications.iodp.org/preliminary_report/324/images/324_F16.jpg）

  FMS 有别于常规测井技术，它具备直观性、高分辨率等特性。FMS 数据体包含全井地下岩层连续的信息，在没有取岩心的井，它可以起到替代岩心或部分替代岩心的作用，而在有岩心的情况下，结合岩心测量的构造产状及室内地球化学分析，它便可以划分地层单元、解释沉积构造、识别地层裂缝、进行构造要素的原始产状恢复和判断古应力方向等。

  海洋调查不同于陆地调查，不能进行露头的直接观测，且因海底覆盖着沉积物，即使潜到海底也很难直接进行海底基岩的地质观测。虽然随着重力、航磁、声呐等技术的发展，对全球范围的海底地形地貌和浅地层有了一些了解，但对解释精细大洋基底内部的构造无论是范围，还是精确性上都是远远不够的。DSDP（深海钻探计划）、ODP（大洋钻探计划）、IODP（综合大洋钻探计划）等大洋钻探计划，取得了大量的海底钻井岩心，有助于观察海底岩石岩性及构造。但因岩心的不连续性、地面岩心方向测量的地质产状不同于真实产状等问题，不利于对岩层连续性分析、古构造应力场的恢复。

  FMS 测井很好地弥补了这一不足，尤其在海底构造要素的原始产状恢复，以及在缺少岩心的井段的构造识别中优势显著。

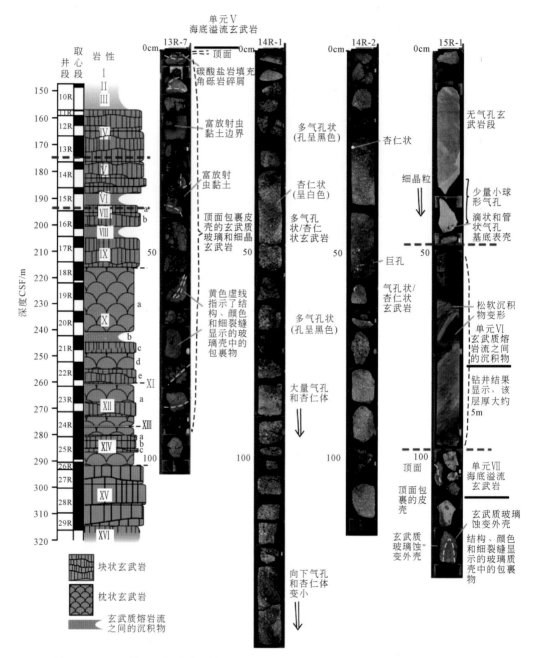

图 3-70　IODP 第 324 航次岩心描述（http：//iodp. tamu. edu/tools/logging/index. html）

图中标注了火山特征为岩心段 324–U1347A–13R–7 到 15R–1 的块状海底溢流玄武岩（单元 V），左侧岩性柱表示了

剖面上下对应面位置（红色虚线），这些岩心剖面展示了原始岩浆特征：弯曲的玻璃壳、气孔分带以及溢流间歇期

沉积物（岩心段 324–U1347A–15R–1，约 5m 厚）

a. FMS 测井复原构造产状的原理

FMS 图像上的颜色显示了电阻率的变化，图像上的颜色为白–黄–橙–黑，其中白色代表电阻率最高，黑色代表电阻率低（如泥岩、裂缝等）。图像通常是二维图像，其中纵坐标是深度坐标，可选用不同的深度比例。横坐标则代表电极方位（图3-71），自左到右分别是 0—90°—180°—270°—360°。

FMS 图像识别地质产状的原理是：任何一个与井轴不垂直或不平行的平面与圆柱形井眼相交，其交面是一个椭圆，对应在展开的平面图上就显示为一条正弦波曲线，正弦波波谷处的方位代表了这个平面的倾向，与之垂直的是这个平面的走向，这个平面的倾角等于正弦波的波幅除以井径。依此可在图像范围内识别出井内地质构造及其产状（图3-71）。

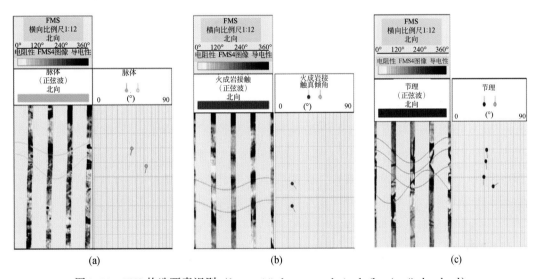

图 3-71　FMS 构造要素识别（http：//iodp. tamu. edu/tools/logging/index. html）

（a）U1349A FMS 脉体识别图；（b）U1348A FMS 火成岩接触识别图；（c）U1347A FMS 节理识别图

（垂直比例尺 1：12）

b. FMS 资料处理过程

钻井获得的 FMS 图像需要进行预处理才能进行解释，基本的处理步骤有：①扫描曲线标准化；②规范化处理；③速度校正；④深度对齐；⑤深度控制；⑥异常数据剔除等。数据处理完毕将有"静态"和"动态"两种图像生成。其中，静态是在全井范围内应用统一的色度等级刻度，而动态则是对井中某一段的图像进行重新刻度，增强了这一段的颜色对比，使小范围的构造特征更加清楚地显示出来。应用斯伦贝谢公司的 GeoFrame 软件进行 FMS 资料的处理，其详细流程简述如下。

1）建立项目：打开 GeoFrame，在 Project Management 下建立一个新的项目，并在弹出 Storage Settings 下选择位置存储项目。之后，弹出 Edit Project Parameters 窗口，在 Display 下的 Set Units 选择 Metric，将测量时的英制转为公制，并点击 Inspect 更改所需要的参数 ［Acoustic Velocity→km/sec、Count Rate→cps、Force→lbf、Magnetic Field Strength→Oe、Porosity→%、Short Length→Inches（in）、Velocity（for LWD ROP）→m/hr］，再在 Set Projection 下点击 Create 选择相应的坐标系等选项（Geodetic datum→World Geodetic System 1984、Ellipsoid→WGS84、Projection→Mercator，最后一项对于 FMS 处理并不重要，但如果不做，有可能会影响软件的后续运行）。

2）建立流程链：连接 Application Manager，点击 Process Manager。在 Process Manager 里选择 Product Catalog，里面提供了标准的 FMS 图像处理流程，也可以自定义流程。标准的流程在 Geology–dip and image Processing–Schlumberger Tools–MicroResistivity Imager（FMI/FMS/SHDT）中。而自定义的流程则在 Catalog Builder 里根据需要添加，最主要的有 Data Load、BorEID、BorDip、BorView、Data Save 等。建立后可以按照流程链里的模块逐步处理。

3）应用流程链里的各模块处理。其中最主要用到的模块是 BorEID、BorDip、BorView，先用 BorEID 模块进行深度偏移、速度校正、均衡化、异常数据剔除等预处理。而 BorDip 模块主要是用工作站求取构造、沉积等产状。BorView 用于最后的构造解释，在完成以上的处理后，便实现了应用 FMS 成像测井资料对原始井下构造的真实产状恢复。

c. FMS 图像解释参考的基本识别模式

解释 FMS 成像测井资料，首先需要充分了解岩心，例如，在 JOIDES Reslution（决心号）考察船上详细的岩心观察和成像图像分析的基础上，进行了 FMS 图像的标定。这次标定参考的基本成像测井解释模式分以下几种。

颜色：按图像上白–黄–橙–黑的颜色变化可分为亮色、浅色、暗色和杂色 4 种模式。

形态：按照图上形态，可分为块状、条带状、线状、沟槽状、斑状及杂乱状 6 种模式。

地球物理信息：按照成像图特征所隐含的地球物理信息可分为高阻层（或高阻抗层）、低阻层（或低阻抗层）、不均一层等。

地质标志：按照成像图特征是否包含地质信息可分为有地质意义的模式和无地质意义的模式。其中有地质意义的模式又可分为：致密层、疏松层、互层、层面、冲刷面、不整合、层理、裂缝、断层、脉体、孔洞缝（玄武岩中的杏仁体、气孔、管状气体通道）、砾石以及对称沟槽模式等类型；无地质意义的模式又可分为：斜纹、木纹、不对称沟槽及白模式等类型。

应用以上几种分类方法并参照岩心照片对井内的地质构造进行综合的多模式规定的解释，且在解释过程中尽量将多种信息考虑进去，这样便会得到比较合理的、效果较为不错的解释结果。

为了获得关于 Shatsky 海隆成因的信息，2009 年 9 月 6 日至 11 月 6 日，IODP 组织实施了第 324 航次，在 Shatsky 海隆钻了 5 口井，从岩心中测量了大量节理等构造要素。但是，由于岩心在钻进或提钻过程中旋转了不知多少角度，所以这些测量的产状都是基于岩心坐标系获得的，其倾向不是真实的。

Shatsky 海隆位于西北太平洋，它主体是起源于早白垩世的一个快速扩张的三节点。钻井揭示，该海隆浅部主要是枕状熔岩和大规模的溢流熔岩。三节点通常位于节理（joint）、缝隙（crack）、脉体（vein）广泛发育的特殊地质环境。此外，在 FMS 图像中火成岩接触界面也清晰可见。

IODP 第 324 航次共进行了 5 口井的取心，其中对 4 口井进行了测井调查，而其中 3 口有 FMS 图像。该图像具备直观具体的特点，有利于将 FMS 成像测井资料结合录井的构造描述数据开展产状恢复，用于研究该区构造应力场分析及构造演化探讨。

吴婷婷等（2010）研究得出，Shatsky 海隆的 TAMU 地块其最大主应力以水平为主，这不太可能与地幔柱有关系，应该形成于洋中脊背景，而偏离洋中脊的 Ori 地块成因可能是地幔柱头成因。这和地球化学研究结果不太吻合，可能是由于地幔柱头形态的不对称性或空间上深、浅部构造的脱耦性，导致力学效应和化学效应的时空位置发生了错乱（图 3-72）。

C. RAB 和 GVR 电阻率成像测井应用

随钻 RAB 电阻率成像测井资料可以分析大陆边缘的构造应力场方向。Ienaga 等（2006）根据 ODP 第 196 航次在日本南海（Nankai）大陆边缘的多个航次所取得的随钻 RAB 电阻率成像测井资料，以及钻井诱导缝和井壁垮塌分析，得出该大陆边缘滑脱带的构造应力场方向的最大水平挤压应力方向分别为 303° 和 310°，与菲律宾海板块向欧亚板块的聚敛方向大致一致。Chang 等（2010）根据 IODP 在 Nankai 弧前增生楔上钻探的 4 个站位（C0002、C0001、C0004 和 C0006）的随钻电阻率成像测井图像，根据井壁垮塌研究不同位置、不同深度构造应力场方向的变化，发现原地应力场在不同的地质构造区存在着差异，这些构造区在横向上或深度上被构造界面分开，浅层（浅部增生楔、弧前盆地和陆坡沉积物）以正断层应力体制为主，但在较深部位（增生楔）最大水平主应力方向有最大应力张量，可能有利于走滑断裂的发育。Lin 等（2010）根据位于日本 Nankai 俯冲带 Kumano 弧前盆地中部的 IODP 第 319 航次 C0009 站位的 FMI 和井径资料，识别出井壁垮

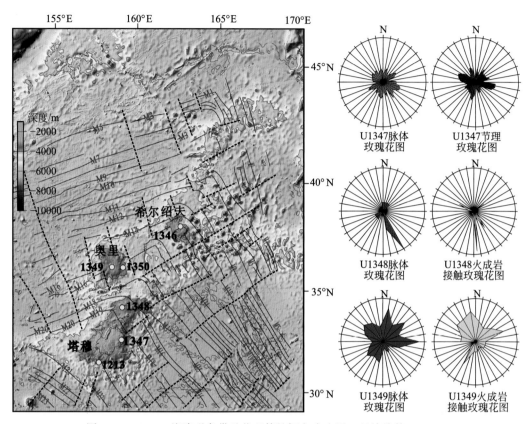

图 3-72　Shatsky 海隆磁条带及节理等的倾向玫瑰图（吴婷婷等，2010）

塌和钻井诱导缝，恢复其最大水平主应力平行于菲律宾海板块与日本之间的汇聚方向。可见，在此之前钻探的三个站位（C0001、C0004 和 C0006）所揭示的最大水平主应力方向几乎都垂直于板块边界，但位于该盆地靠海一侧边缘的第四个站位 C0002，其最大水平主应力方向则平行于陆架边缘或板块边缘。与这些结果不同，位于盆地中部的 C0009 站位的最大水平主应力方向大致平行于板块聚敛方向。此外，C0009 和 C0002 两个站位均穿透弧前盆地沉积物进入到下伏增生楔和陆坡沉积中，二者均表现出了应力方向随深度的顺时针旋转现象。此外，在 IODP 第 308 航次的 U1322 和 U1324 孔，利用 GeoVISION 的测井成像（GVR）也反映了未受扰动的沉积物和扭曲、断错的沉积物（图 3-73）。

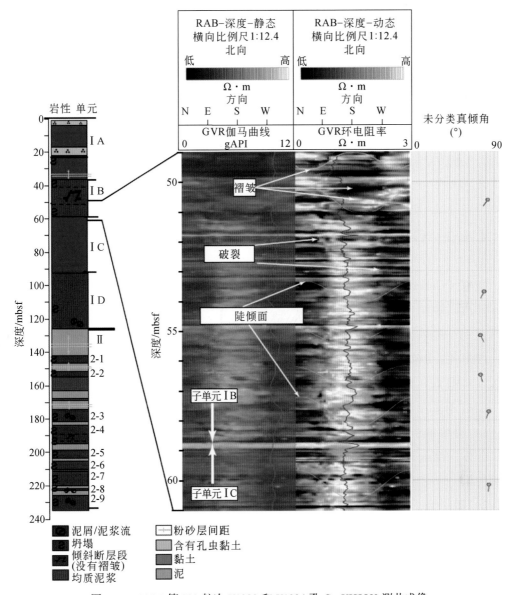

图 3-73 IODP 第 308 航次 U1322 和 U1324 孔 GeoVISION 测井成像

（http：//iodp.tamu.edu/tools/logging/index.html）

第 4 章 | 洋底构造三维可视化技术

4.1 科学制图技术

4.1.1 GMT 应用

GMT（Generic Mapping Tools，通用制图工具）不仅可以用于绘制不同类型的地图，还可以绘制常见的笛卡尔坐标轴（线性轴、对数轴和指数轴）。除此之外，GMT 还有一些数据处理和分析的功能，比如，多项式拟合、数据滤波、线性回归分析等。1988 年，Paul Wessel 和 Walter H. F. Smith 开发了 GMT 的最初版本 GMT 1.0，而最新版本 GMT 6.0 发布于 2019 年。

GMT 有如下特点。

1）开源免费：GMT 是开源软件，其源码遵循 LGPL 协议。任何人均可自由复制、分发、修改其源代码，也可用于营利。修改后的代码必须开源但可以使用其他开源协议。

2）跨平台：GMT 的源码采用了高度可移植的 ANSI C 语言，其完全兼容于 POSIX 标准，几乎不需修改即可运行在大多数类 UNIX 系统上。GMT 官方网站不仅提供了软件源码，还提供了供 Windows 和 MacOS 使用的软件安装包。各大 Linux 发行版中也提供了预编译的二进制版本。

3）模块化：GMT 遵循 UNIX 的模块化设计思想，将 GMT 的绘图及数据处理功能划分到不同的模块中。这样的模块化设计有很多优点，例如，只需要少量的模块；各个模块之间相互独立且代码量少，易于更新和维护；每一步均独立于之前的步骤以及具体的数据类型，因而可以用于不同的应用中；可以在 shell 脚本中调用一系列程序，或通过管道连接起来，进而绘制复杂图件。

4）高精度矢量图：GMT 绘制得到的图件为 PS 格式，即 PostScript，是一种页面描述语言。PS 格式是矢量图片格式，可以任意放大缩小而不失真。GMT 充分利用 PostScript 语言的特性，可以生成高质量的矢量图件，并可以很容易地转换为其他图片格式。

GMT 是跨平台的，可以运行在 Linux 及 Windows 下，当然也可以运行在 MacOS 下。

推荐在 Linux 下使用 GMT，原因如下。

1）GMT 是在 Linux 下开发再移植到 Windows 下的。因而，Windows 版本的 GMT 相对来说有更多的程序缺陷。

2）Linux 自带了众多数据处理工具：gawk、cut、paste 等。

3）Linux 下的命令行和 Bash 脚本相对 Windows 下的命令行及 bat 来说更易用。

GMT 的官方网站[①]，上面提供了程序下载和官方说明文档。GMT 也有大量的中文版学习资源，主要集中在 GMT 中文社区[②]中。该软件在洋底动力学研究中具有广泛用途。

下面介绍应用实例。

A. 线性投影

GMT 可以绘制最简单的线性 X-Y 图。命令为：gmt psbasemap -R10/70/-3/8 -JX8c/5c -Bx10 -By3 -B+t" Linear X-Y Plot" >GMT_ tutor1_ 1.ps。

绘图结果如图 4-1 所示。

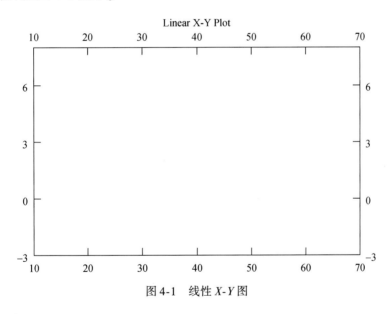

图 4-1　线性 X-Y 图

在这个示例中：

-R10/70/-3/8 设置了 X 轴范围是 10～70，Y 轴范围为-3～8（图 4-1）；

-JX8c/5c 指定了整张图为线性投影，图的宽度（X 轴长度）为 8cm，图的高

①　https：//www. generic-mapping-tools. org.
②　http：//docs. gmt-china. org.

度（Y轴长度）为 5cm；

    -Bx10 -By3 分别设置了 X、Y 轴标注以及刻度的间隔为 10 和 3；

    -B+t" Linear X-Y Plot" 为整张图添加了标题；

    >GMT_ tutor1_ 1.ps，GMT 绘图模块的输出是 PS 代码，因而需要使用重定向符号>将 PS 代码输出到 PS 文件中。

读者在安装 GMT 后，可以尝试如下操作以增进对各个选项的理解。

修改-JX 中的值，修改-Bx 和-By 中的值，修改-R 中的值，增进-P 选项并查看效果。

B. 对数投影

下面展示如何用 GMT 绘制对数 X-Y 图。命令为：gmt psbasemap -R1/10000/1e20/1e25 -JX15cl/10cl -Bxa2+l" Wavelength（m）" -Bya1pf3+l" Power（W）" -BWS >GMT_ tutor1_ 2.ps。

绘图结果如图 4-2 所示。

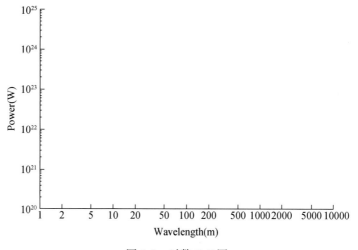

图 4-2　对数 X-Y 图

此示例中：

-R1/10000/1e20/1e25 设置了 X 和 Y 轴的范围；

-JX15cl/10cl 中 l 表明用对数轴表示；

-B 选项中+l 用于指定每个轴的轴标签；

-BWS 表示只绘制图边框左（W）和下（S）边框。

C. 区域地图

GMT 自带了海岸线数据，通过 pscoast 模块可以直接调用。命令为：gmt pscoast -R90/160/-10/50 -JM6i -P -Ba -Gchocolate >GMT_ tutor1_ 3.ps。

绘图结果如图 4-3 所示。

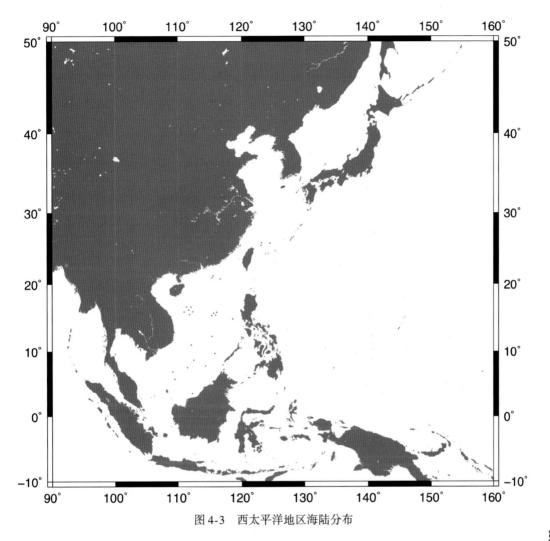

图 4-3　西太平洋地区海陆分布

此示例中使用 pscoast 绘制了西太地区的海岸线。

-R90/160/-10/50 指定了地理区域的范围；

-JM6i 表示使用墨卡托投影，地图的宽度为 6in，高度由投影自动决定；

-Ba 会根据地理范围以及图片大小自动计算出适合的标注和刻度间隔；

-Gchocolate 将陆地区域填充颜色 chocolate。

pscoast 还有很多常用的选项：

-D 选项海岸线数据的精度；

-G 设置陆地区域的填充色；

-S 设置海洋、湖泊区域的填充色；

-W 绘制海岸线，并设置海岸线的画笔属性；

-N 绘制行政边界;

-I 绘制河流;

-L 在图上绘制比例尺。

D. 半球地图

要绘制半球地图,需要指定区域范围为整个地球。图 4-4 绘制了以中国东部大陆边缘为中心的半球图:gmt pscoast -Rg -JA120/20/3.5i -Bg -Dc -A1000 -Gnavy -P -X5 -Y12>GMT_ lambert_ az_ hemi.ps。

图 4-4　使用 Lambert 方位等面积投影绘制半球地图

E. 全球地图

要绘制全球地图,需要指定区域范围为整个地球。可以选用不同的投影方式,不同投影方式的效果如图 4-5 和图 4-6,其中图 4-5 为 Eckert 投影,代码如下:gmt pscoast -Rg -JK90/9i -Bag -Dc -A5000 -Ggreen -Slightblue -Wthinnest > GMT_ tutor1_ 4.ps。

绘图结果如图4-5所示。

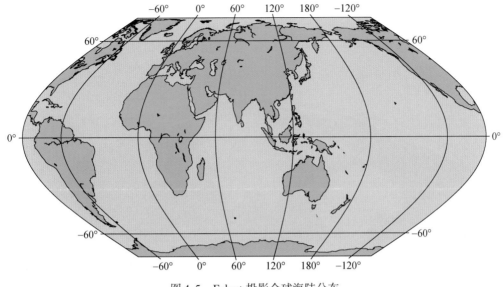

图4-5　Eckert投影全球海陆分布

此示例中：-JK90/9i 表明使用 Eckert 投影，地图中心位于经度 90°，地图宽度为 9in。

F. GMT 模块化制图

在实际作图时，一副完整的图画是由很多部分组成的。GMT 在制图时遵循模块化思想，每个模块只绘制整张图的一部分或一类要素，因而通常一张图需要使用多个 GMT 命令才能绘制完成。绘制的过程中，若想修改图中的某个部分某类要素，只需修改绘制该部分或要素所使用的命令即可，而不会影响其他部分或要素。这就是模块化作图。

GMT 将绘制的图保存在 PostScrip 文件中。一个完整的 PostScript 文件由一个文件头、多个文件内容和一个文件尾组成。默认情况下，每一条 GMT 命令都会生成一个完整的 PostScript 文件的三个部分。因而，若不经特殊处理，多个 GMT 命令生成的 PostScript 文件会因为包含了多个文件头和文件尾而出错。那么在使用多个 GMT 命令绘图时，如何保证第一条 GMT 命令不生成文件尾，中间的 GMT 命令不生成文件头和文件尾，最后一条 GMT 命令不生成文件头呢？办法是用-K 和-O 选项。当命令包含-K 时，不会生成文件尾。当命令包含-O 时，不会生成文件头。

a. 绘制底图

上一节已经介绍了如何画全球地图，所以很容易就用 pscoast 模块把底图绘制出来。

gmt pscoast -JH90/24c -Rg -Bg30 -Gwhite -Sblue -A1000 -Dc >GMT_tutor2_1.ps。

这里补充解释一下：

-JH90/24c 表示使用 Hammer 投影，投影中心为 90°，整张图宽度为 24 cm；

-Rg 相当于 -R0/360/-90/90，即绘制全球范围；

-Gwhite 表示将陆地填充白色，-Sblue 表示将海洋填充蓝色。

效果如图 4-6 所示。

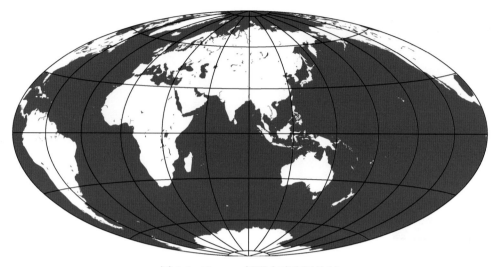

图 4-6　Hammer 投影全球底图绘制

b. 绘制震中和台站位置

一般用五角星表示震中，三角形表示台站，五角星和三角形这样的图案用 psxy 模块绘制，见下面的代码和结果图 4-7。

```
#!/bin/bash
J=H90/24c
R=g
PS=GMT_tutor2_2.ps

gmt pscoast -J$J -R$R -Bg30 -Gwhite -Sblue -A1000 -Dc -K > $PS

#绘制震中位置
gmt psxy -J -R -Sa1.0c -W0.5p,black,solid -Gyellow -K -O >> $PS<< EOF
130.72 32.78
EOF

#绘制台站位置
gmt psxy -J -R -St0.6c -W0.5p,black,solid -Gred -K -O >> $PS<< EOF
```

```
104.39 29.90
13.14 52.50
19.99 -34.52
-77.15 38.89
-52.47 -31.62
150.36 -33.79
76.22 -69.22
EOF

gmt psxy -J -R -T -O >> $PS
rm gmt.*
```

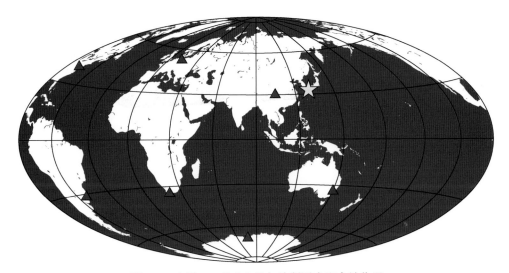

图 4-7　在图 4-6 基础上叠加绘制震中和台站位置

　　绘图参数解释：除了上一步的 pscoast 命令绘制底图之外，又加了几个 psxy 命令。因为行数变多，所以通常会定义使用脚本，并定义变量（比如 $PS ）以简化输入第一个 psxy 命令用于绘制震中位置，第二个则用于绘制台站位置。

　　-S 表示要绘制符号，-Sa1.0c 表示绘制大小为 1.0cm 的五角星，-St0.6c 表示绘制大小为 0.6cm 的三角形。

　　-W 表示画笔的属性，这里用于指定用什么样的画笔绘制三角形或五角星的轮廓。-W0.5p，black，solid 的意思是画笔 0.5p 宽，黑色，实心。

　　-G 表示颜色填充，后面跟颜色的名字；-Gred 表示填充红色；-Gyellow 表示填充黄色。

　　确定了画什么样的符号，还要确定在哪里画。两个 EOF 之间的是命令的输入数据，在这里就是台站位置信息，一行代表一个位置。默认情况下，GMT 认为第一个数是经度，第二个是纬度。最后一个 psxy 命令没有绘制任何东西，其作用仅仅在于向 PostScript 文件加入了文件尾，可以认为这句话的作用是关闭 GMT 绘图。注意相对于上一步的命令而言，pscoast 命令中多了一个 -K 选项，中间的几个 psxy 命令使用了 -K-O 选项，最后一个命令则使用了 -O 选项。

c. 绘制射线路径

psxy 模块除了绘制符号，也绘制线条。下面用 psxy 给图画加上射线路径。psxy 会自动用大圆路径连接地球上的两个位置，不需要额外设置。在前文代码基础上添加代码：

```
#绘制大圆路径
gmt psxy -R -J -W1p,red -K -O >> $PS<< EOF
>
130.72 32.78
104.39 29.90
>
130.72 32.78
13.14 52.50
>
130.72 32.78
19.99 -34.52
>
130.72 32.78
-77.15 38.89
>
130.72 32.78
-52.47 -31.62
>
130.72 32.78
150.36 -33.79
>
130.72 32.78
76.22 -69.22
EOF

gmt psxy -J -R -T -O >> $PS
rm gmt.*
```

用于绘制射线路径的 psxy 命令和之前的命令的区别在于没有了-S 和-G 选项。为了绘制一条线段，至少需要指定两个端点，输入数据中每个>之后的两行数据分别代表一条线条的两个端点位置。结果如图 4-8 所示。

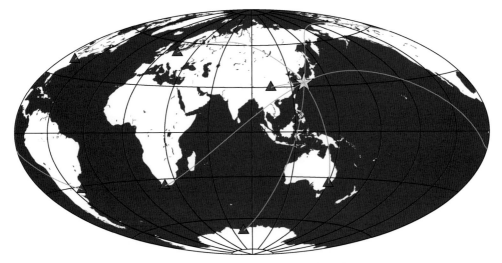

图4-8　在图4-7基础上叠加绘制射线路径

d. 添加台站名

最后还需要往图画里添加台站所在地区的名字。添加文字使用 pstext 模块，结果如图 4-9 所示。在上节代码基础上添加代码，如下所示：

```
#添加文本
gmt pstext -J -R -F+f12p,1,gray+jTL -D-1.5c/-0.15c -N -K -O >> $PS<< EOF
-77.15 38.89 Washington
76.22 -69.22 Zhongshanzhan
EOF


gmt pstext -J -R -F+f12p,1,gray+jTL -D-1c/-0.15c -N -K -O >> $PS<< EOF
104.39 29.90 Zigong
13.14 52.50 Berlin
19.99 -34.52 Bredasdorp
EOF


gmt pstext -J -R -F+f12p,1,gray+jTL -D-0.6c/-0.15c -N -K -O >> $PS<< EOF
150.36 -33.79 Sydney
EOF
```

```
gmt pstext -J -R -F+f12p,1,gray+jTL -D-0.6c/-0.15c -N -K -O >> $PS<< EOF
-52.47 -31.62 Pelotas
EOF

gmt psxy -J -R -T -O >> $PS
rm gmt.*
```

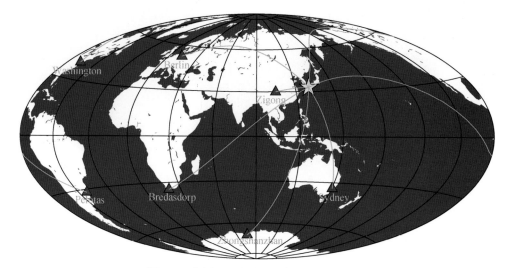

图 4-9   在图 4-8 基础上叠加添加台站名称

绘图参数解释：

EOF 之间的每一行依次是加入的文本的纬度、经度和内容，这与 psxy 类似，只是因为有内容，所以多了一列。之所以没有写在一个 gmt pstext 命令之下，是因为不同位置的文本的具体位置需要些许不同的调整，可以看到每个 pstext 命令的 -D 参数些许不同，下面会给予详细解释。

-F 控制文本的字体、对齐方式等属性；+f10p,1,black 表示使用大小为 10p 的黑色 1 号字体；+j 是控制文本的对齐方式，TL 表示输入数据中的经纬度坐标是文本块的左上角，L 指左，T 指上，LT 和 TL 的含义完全一样。

-D 是在上述坐标的基础上微调。-D-1.5c/-0.15c 是说向左移动 1.5cm，向下移动 0.15cm。

e. 图层的概念

一条 GMT 绘图命令产生一段 postscript 语句在 PostScript 文件里。用 Evince、Acrobat 这类 postscript 文件解释器打开 PostScript 文件时，解释器会依次读取，然后依次显示。后面读取的代码的图层会在前面的代码的图层的上面，简而言之，就是后来者居上。因为震中的黄色五角星先画所以被地震射线盖住了（其实，地名的三角形也是如此，只是因为射线没有那么多所以不明显）。可以调换代码的顺序，就可以把射线的图层放到最下面，结果如图 4-10 所示，代码如下。

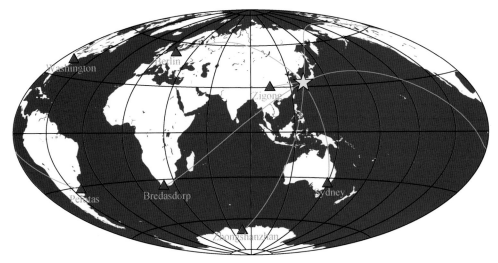

图 4-10　在图 4-9 基础上叠加改变图层位置

```
#!/bin/bash
J=H90/24c
R=g
PS=GMT_tutor2_5.ps
gmt pscoast -J$J -R$R -Bg30 -Gwhite -Sblue -A1000 -Dc -K > $PS


#绘制大圆路径
gmt psxy -R -J -W1p,green -K -O >> $PS << EOF
>
130.72 32.78
104.39 29.90
>
130.72 32.78
13.14 52.50
>
130.72 32.78
19.99 -34.52
>
130.72 32.78
-77.15 38.89
>
```

```
130.72 32.78
-52.47 -31.62
>
130.72 32.78
150.36 -33.79
>
130.72 32.78
76.22 -69.22
EOF
```

#绘制震中位置

```
gmt psxy -J -R -Sa1.0c -W0.5p,black,solid -Gyellow -K -O >> $ PS<< EOF
130.72 32.78
EOF
```

#绘制台站位置

```
gmt psxy -J -R -St0.6c -W0.5p,black,solid -Gred -K -O >> $ PS<< EOF
104.39 29.90
13.14 52.50
19.99 -34.52
-77.15 38.89
-52.47 -31.62
150.36 -33.79
76.22 -69.22
EOF
```

#添加文本

```
gmt pstext -J -R -F+f12p,1,gray+jTL -D-1.5c/-0.15c -N -K -O >> $ PS<< EOF
-77.15 38.89 Washington
76.22 -69.22 Zhongshanzhan
EOF
gmt pstext -J -R -F+f12p,1,gray+jTL -D-1c/-0.15c -N -K -O >> $ PS<< EOF
104.39 29.90 Zigong
13.14 52.50 Berlin
19.99 -34.52 Bredasdorp
EOF
gmt pstext -J -R -F+f12p,1,gray+jTL -D-0.6c/-0.15c -N -K -O >> $ PS<< EOF
```

```
150.36 -33.79 Sydney
EOF
gmt pstext -J -R -F+f12p,1,gray+jTL -D-0.6c/-0.15c -N -K -O >> $PS << EOF
-52.47 -31.62 Pelotas
EOF
gmt psxy -J -R -T -O >> $PS
rm gmt.*
```

G. 绘制带有颜色和阴影的地形和震源机制解图

用到的主要模块有：grdcut，裁切地形数据；grdgradient，制作阴影梯度数据；grdimage，绘制地形；pscoast，绘制政区边界、湿地（水体）、比例尺；psscale，绘制色标图例。代码为：

```
#!/bin/bash
R=105/149/22/52
J=M5.2i
PS=GMT_tutor6.ps
D=ETOPO1_EA.grd
cpt=ETOPO1.cpt
gmt makecpt -Crgb3z.cpt -T0/600/50 -Z >rgb.cpt
gmt gmtset FONT_ANNOT_PRIMARY 10p
```

#裁剪区域地形数据
```
gmt grdcut $D -R $R -GWP.grd
```

#计算区域地形梯度
```
gmt grdgradient WP.grd -A0 -Nt -Gint.grad
```

#利用 psbasemap 确定格网标注等参数
```
gmt psbasemap -R $R -J $J -B10g10 -BwSEN -K > $PS
```

#绘制地形
```
gmt grdimage -R $R -J $J -Bg10 WP.grd -Iint.grad -C $cpt -K -O >> $PS
```

#利用 pscoast 绘制水系、比例尺
```
gmt pscoast -R $R -J $J -N1/0.5p,white -Ia/0.15p,177/178/183 -I1/0.5p,61/99/172
-C81/174/254 -Lg115/50+c50+w500+u+f -K -O >> $PS
```

#绘制震源机制解，数据源自于 www. globalcmt. org

```
gmt psmeca cmtt. d -J -R -Sm0.3 -Zrgb. cpt -L -K -O >> $ PS
```

#绘制地形色标

```
gmt psscale -Dx-0.3i/2.0i +w2.0i/0.15i +ma -C$cpt -G-8000/2000 -By+lm -Bxa
2000f200 -K -O >> $ PS
```

#绘制震源深度色标

```
gmt psscale -Dx-0.3i/0.1i+w1.3i/0.15i+ma -Crgb. cpt -By+lkm -Bxa200f50 -K -O >
> $ PS
```

```
rm gmt. * WP. grd int. grad
```

绘图参数解释：grdcut 指从大区域地形中裁剪出自定义范围的数据（本例中为 105°E ~ 149°E，22°N ~ 52°N），该操作可降低后续梯度计算的复杂度，提高绘图效率。

grdgradient 模块中：-A 设置梯度计算的角度（以北为起始，顺时针计算），也可用-Aazim/azim2 表示计算两个方向梯度并取最大值。-N 表示归一化算法，一般有-Nt（累积 Cauchy 分布）和-Ne（累积 Laplace 分布）两种。-N 后可接参数，具体参考软件帮助手册，一般使用默认即可。

grdimage 模块中：-I 接 grdgradient 计算得到的梯度文件，-C 接地形渲染颜色表文件。GMT 5.4 版本中，-I 若未指定文件，则自动调用 grdgradient 计算梯度。

pscoast 模块绘制行政边界、水体等，为避免被地形覆盖，需在 grdimage 之后进行。-N1/0.5p，white 表示以 0.5p 宽的白色线条绘制国界。-Ia/0.15p，177/178/183 指绘制所有自然河流、人工运河，177/178/183 为线条颜色的 RGB 参数（浅灰）。-I1 表示绘制主要的恒流河，颜色为 61/99/172（深蓝）。-C 绘制湖泊，颜色为 81/174/254（天蓝色）。-L 绘制比例尺，其中 g115/50 指比例尺在图中的位置是 115°E、50°N；+c50 指所绘为 50°N 之处的比例尺；+w500 指比例尺长度为 500km；+u 表示在文字标注后显示长度单位，即 km；+f 表示比例尺样式为黑白相间的 fancy 样式。

psscale 模块绘制图中左侧的两个色标。上下两个色标分别绘制了地形和震源深度颜色表 ETOPO1. cpt 和 rgb. cpt，用-G 表示截断范围。-D 选项表示色标在图中的位置：如第一句中-Dx-0.3i/2.0i 表示第一个色标绘在左下角原点左移 0.3in，上移 2.0in 的位置，+w2.0i/0.15i 表示色标高 2.0in，宽 0.15in，+ma 表示色标的文字标注位于左侧。

结果如图4-11所示。

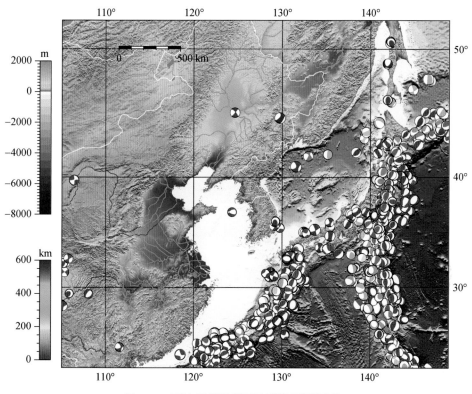

图4-11　西太平洋及邻区地形及震源机制解

H. 绘制带有颜色和阴影的地形图和大洋岩石圈年龄图

在 MacOS 系统中，使用 GMT 4.0，以如下命令绘制东亚地区地形和大洋岩石圈年龄分布图，结果如图4-12所示。图中，NCC 代表华北克拉通；SLB 代表松辽盆地；ECS 代表东海；CCO 代表中国中央造山带；SCC 代表华南克拉通。

```
#!/bin/bash
```

#绘图参数设定
```
gmtset PAPER_MEDIA A4
gmtset PLOT_DEGREE_FORMAT D
gmtset COLOR_MODEL RGB
gmtset LABEL_FONT_SIZE 12
gmtset ANOT_OFFSET 0.02i
gmtset FRAME_WIDTH 0.001i
gmtset ANOT_FONT_SIZE 12
```

```
gmtset TICK_LENGTH 0.05i
```

#从全球地形数据的网格文件中,截取研究区内地形数据网格文件

```
grdcut gebco_08.nc -R100/150/20/55 -fg -Ggebco_EA.nc
grdcut ETOPO1_Ice.grd -R -fg -GETOPO1_EA.grd
```

#从全球地形阴影数据的网格文件中,截取研究区内地形阴影数据网格文件

```
grdcut gebco_08_i.nc -R -fg -Ggebco_EA_i.nc
grdcut ETOPO1_Ice.grad -R -fg -GETOPO1_EA.grad
```

#从全球大洋岩石圈年龄数据的网格文件中,截取研究区内大洋岩石圈年龄数据网格文件

```
grdcut age.3.2.grd -R -fg -Gage_EA.grd
```

#对获得的网格文件重采样

```
grdsample ETOPO1_EA.grd -I3m -GETOPO1_EA_3m.grd
grdsample ETOPO1_EA.grad -I3m -GETOPO1_EA_3m.grad
grdsample age_EA.grd -I3m -Gage_EA_3m.grd
```

#网格文件转 XYZ 格式

```
grd2xyz age_EA_3m.grd >age_EA_3m.xyz
```

#提取 XYZ 文件中的空值

```
awk' $3 ~ /NaN/ {print $1, $2}'age_EA_3m.xyz >age_EA_3m.msk
```

#制作色标文件

```
cpt=age5.cpt
makecpt -Crainbow -I -T0/200/5 > $cpt
makecpt -CDEM_screen.cpt -T0/2000/10 -Z >topo.cpt
makecpt -CDEM_screen.cpt -T0/2.0/0.01 -Z >topo1.cpt
```

#指定输出文件

```
out=Fig_tect.ps
```

#绘制底图

```
psbasemap -JM5.2i -R105/149/22/52 -Ba10f1::/a5f1::NWse -K -P -Y10 -X3.5 > $out
```

#绘制大洋岩石圈年龄分布

```
grdimage age_EA_3m.grd -IETOPO1_EA_3m.grad -Cage5.cpt -J -R -K -O >> $out
```

#在大洋岩石圈年龄空值处绘制灰度地形图

```
psmask age_EA_3m.msk -R -J -I3m -O -K >> $out
grdimage ETOPO1_EA_3m.grd -IETOPO1_EA_3m.grad -J -R -Ctopo_sea.cpt -O -K >> $out
psmask -C -O -K >> $out
```

#在陆地范围内绘制彩色地形图

```
pscoast -R -J -Df -Gc -K -O >> $out
grdimage ETOPO1_EA_3m.grd -J -R -Ctopo.cpt -K -O >> $out
pscoast -Q -K -O >> $out
```

#绘制边框

```
psbasemap -J -R -Ba10f1::/a5f1::NWse -K -O >> $out
```

#绘制剖面线位置(粗黑线)

```
psxy -R -J -m -W1.0p -K -O<<EOF >> $out
105 42
110 42
115 42
120 42
125 42
130 42
135 42
140 42
145 42
EOF
#
psxy -R -J -m -W1.0p -K -O<<EOF >> $out
105 40
110 40
115 40
```

```
120 40
125 40
130 40
135 40
140 40
145 40
EOF
#
psxy -R -J -m -W1.0p -K -O<<EOF >> $ out
105 38
110 38
115 38
120 38
125 38
130 38
135 38
140 38
145 38
EOF
#
psxy -R -J -m -W1.0p -K -O<<EOF >> $ out
105 36
110 36
115 36
120 36
125 36
130 36
135 36
140 36
145 36
EOF
#
psxy -R -J -m -W1.0p -K -O<<EOF >> $ out
105 34
110 34
115 34
120 34
125 34
```

```
130 34
135 34
140 34
145 34
EOF
#
psxy -R -J -m -W1.0p -K -O<<EOF >> $ out
105 32
110 32
115 32
120 32
125 32
130 32
135 32
140 32
145 32
EOF
#
psxy -R -J -m -W1.0p -K -O<<EOF >> $ out
105 30
110 30
115 30
120 30
125 30
130 30
135 30
140 30
145 30
EOF
#
psxy -R -J -m -W1.0p -K -O<<EOF >> $ out
105 28
110 28
115 28
120 28
125 28
130 28
135 28
```

```
140 28
145 28
EOF
```

#绘制板块运动方向箭头
```
psvelo pvel.d -J -R -Se0.012/0.45/0 -L0.1p -G255 -A0.1/0.22/0.15 -K -O >> $out
```

#绘制板块边界
```
psxy -R -J -O -K -m platebound_eastasia.d -W1.5p,black -Sf1.0/0.15lt -Gblack >> $out
psxy -R -J -O -K -m platebound_eastasia_1.d -W1.5p,black >> $out
psxy -R -J -O -K -m platebound_eastasia_2.d -W1.0p,- >> $out
```

#绘制俯冲板块上表面等深线
```
grdcontour -J -R newubpp.grd -C50 -L10/550 -W0.6p,blue -K -O >> $out
grdcontour -J -R newubpp.grd -C100 -L10/550 -W0.6p,blue -K -O >> $out
```

#绘制火山位置
```
awk'NR>=84 {print $2, $1}'voldata_EA |psxy -R -J -St0.12i -Gred -W -K -O >> $out
awk'NR<84 {print $2, $1}'voldata_EA |psxy -R -J -St0.08i -Gred -W -K -O >> $out
```

#绘制玄武岩出露位置
```
awk'{print $1+($2+$3/60)/60, $4+($5+$6/60)/60}'basalt.lst |psxy -R -J -St0.12i -Glightred -W -K -O >> $out
```

#绘制城市位置
```
awk'{print $1+($2+$3/60)/60, $4+($5+$6/60)/60}'city.lst |psxy -R -J -Sc0.05i -Gwhite -W1p -K -O >> $out
```

#绘制火山名称
```
awk'NR==88 {print $2-3.0, $1+0.6,9,0,1,1,"Wudalianchi"}'voldata_EA |pstext -J -R -N -K -O -G0 >> $out
awk'NR==86 {print $2-2.6, $1+0.6,9,0,1,1,"Changbai"}'voldata_EA |pstext -J -R -N -K -O -G0 >> $out
awk'NR==89 {print $2-4.5, $1+0.2,9,0,1,1,"Datong"}'voldata_EA |pstext -J -R -N -K -O -G0 >> $out
```

```
awk'NR==84 {print $2-1.0, $1 -1.1,9,0,1,1,"Jeju"}'voldata_EA |pstext -J -R -N
-K -O -G0 >> $ out
awk'NR==85 {print $2-1.0, $1 -1.2,9,0,1,1,"Ulleung"}'voldata_EA |pstext -J -R
-N -K -O -G0 >> $ out
```

#绘制城市名称

```
awk'NR==1 {print $1+($2+$3/60)/60-1.4, $4+($5+$6/60)/60+0.5,8,0,2,1,
"Harbin"}'city.lst  |pstext -J -R -N -K -O -G0 >> $ out
awk'NR==2 {print $1+($2+$3/60)/60-2.9, $4+($5+$6/60)/60+0.5,8,0,2,1,
"Changchun"}'city.lst  |pstext -J -R -N -K -O -G0 >> $ out
awk'NR==3 {print $1+($2+$3/60)/60-0.2, $4+($5+$6/60)/60-1,8,0,2,1,
"Beijing"}'city.lst  |pstext -J -R -N -K -O -G0 >> $ out
awk'NR==4 {print $1+($2+$3/60)/60-1.2, $4+($5+$6/60)/60-1,8,0,2,1,
"Xi'an"}'city.lst  |pstext -J -R -N -K -O -G0 >> $ out
awk'NR==5 {print $1+($2+$3/60)/60-1.8, $4+($5+$6/60)/60-1,8,0,2,1,
"Qingdao"}'city.lst  |pstext -J -R -N -K -O -G0 >> $ out
awk'NR==6 {print $1+($2+$3/60)/60-1.7, $4+($5+$6/60)/60-1,8,0,2,1,
"Nanjing"}'city.lst  |pstext -J -R -N -K -O -G0 >> $ out
awk'NR==7 {print $1+($2+$3/60)/60-2.2, $4+($5+$6/60)/60+0.5,8,0,2,1,
"Guangzhou"}'city.lst  |pstext -J -R -N -K -O -G0 >> $ out
```

#绘制俯冲板块上表面等深线数值

```
echo 131.2 38.7 8 85 0 1 "500 km"|pstext -J -R -N -K -O -G0 >> $ out
echo 133.7 38.7 8 85 0 1 "400"|pstext -J -R -N -K -O -G0 >> $ out
echo 136.3 38.7 8 85 0 1 "300"|pstext -J -R -N -K -O -G0 >> $ out
echo 138.5 38.7 8 85 0 1 "200"|pstext -J -R -N -K -O -G0 >> $ out
echo 142.2 39.1 8 85 0 1 "50"|pstext -J -R -N -K -O -G0 >> $ out
```

#绘制板块运动速率数值

```
echo 144.7 36.0 9 -20 2 1 "~7 cm/a"|pstext -J -R -N -K -O -G255 >> $ out
echo 133.2 30.9 9 -30 2 1 "~4 cm/a"|pstext -J -R -N -K -O -G0 >> $ out
```

#绘制大洋岩石圈年龄色标

```
psscale -Cage5.cpt -B40:'Age of oceanic lithosphere(Ma)':/:: -Al -D6.2/ -1.0/6/
0.32h -O -K >> $ out
```

#绘制板块名称

```
echo 113.0 50.0 11 0 5 1 "Eurasian" | pstext -J -R -N -K -O -G0 >> $ out
echo 114.2 49.0 11 0 5 1 "Plate" | pstext -J -R -N -K -O -G0 >> $ out
echo 132.5 26.0 11 0 5 1 "PHS Plate" | pstext -J -R -N -K -O -G0 >> $ out
echo 144.5 32.5 11 0 5 1 "Pacific" | pstext -J -R -N -K -O -G255 >> $ out
echo 145.0 31.3 11 0 5 1 "Plate" | pstext -J -R -N -K -O -G255 >> $ out
```

#绘制构造单元名称

```
echo 124.0 28.5 10 0 4 1 "ECS" | pstext -J -R -N -K -O -G0 >> $ out
echo 132.0 41.3 10 0 4 1 "Japan Sea" | pstext -J -R -N -K -O -G0 >> $ out
echo 121.5 34.2 10 0 4 1 "Yellow" | pstext -J -R -N -K -O -G0 >> $ out
echo 122.3 33.2 10 0 4 1 "Sea" | pstext -J -R -N -K -O -G0 >> $ out
echo 114.6 34.5 10 0 4 1 "NCC" | pstext -J -R -N -K -O -G0 >> $ out
echo 112.9 31.2 10 0 4 1 "CCO" | pstext -J -R -N -K -O -G0 >> $ out
echo 111.0 27.0 10 0 4 1 "SCC" | pstext -J -R -N -K -O -G0 >> $ out
echo 122.7 45.5 10 0 4 1 "SLB" | pstext -J -R -N -K -O -G0 >> $ out
echo 142.0 36.1 9 75 4 1 "Japan Arc" | pstext -J -R -N -K -O -G0 >> $ out
echo 144.5 36.1 9 75 4 1 "Japan Trench" | pstext -J -R -N -K -O -G0 >> $ out
echo 140.5 33.6 9 -80 4 1 "Izu -Bonin Arc" | pstext -J -R -N -K -O -G0 >> $ out
echo 126.2 24.9 10 50 4 1 "Ryukyu Arc" | pstext -J -R -N -K -O -G0 >> $ out
```

#绘制剖面编号

```
echo 105.2 42.4 10 0 0 1 "(a)" | pstext -J -R -N -K -O -G0 >> $ out
echo 105.2 40.4 10 0 0 1 "(b)" | pstext -J -R -N -K -O -G0 >> $ out
echo 105.2 38.4 10 0 0 1 "(c)" | pstext -J -R -N -K -O -G0 >> $ out
echo 105.2 36.4 10 0 0 1 "(d)" | pstext -J -R -N -K -O -G0 >> $ out
echo 105.2 34.4 10 0 0 1 "(e)" | pstext -J -R -N -K -O -G0 >> $ out
echo 105.2 32.4 10 0 0 1 "(f)" | pstext -J -R -N -K -O -G0 >> $ out
echo 105.2 30.4 10 0 0 1 "(g)" | pstext -J -R -N -K -O -G0 >> $ out
echo 105.2 28.4 10 0 0 1 "(h)" | pstext -J -R -N -K -O -G0 >> $ out
```

#绘制陆地彩色地形图色标

```
psxy -R -J -O -K -m -W0.5p,black -G255<<EOF >> $ out
105 52
111 52
111 46
105 46
```

```
105 52
EOF
gmtset LABEL_FONT_SIZE 8
gmtset ANOT_FONT_SIZE 8
psscale -Ctopo1.cpt -B0.5:'Topography':/:'(km)': -Al -D0.7/10.1/2/0.3 -O -K >> $out
gmtset LABEL_FONT_SIZE 12
gmtset ANOT_FONT_SIZE 12
```

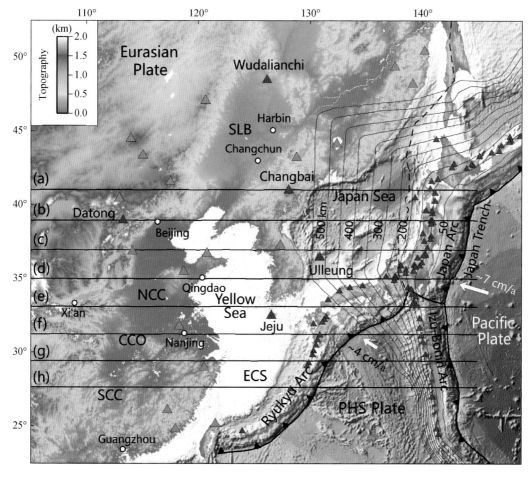

图 4-12　东亚地区地形和大洋岩石圈年龄分布（Liu et al.，2017）

I. 绘制板块构造图

使用 GMT 以如下命令绘制印度洋区域板块构造图，结果如图 4-13 所示。

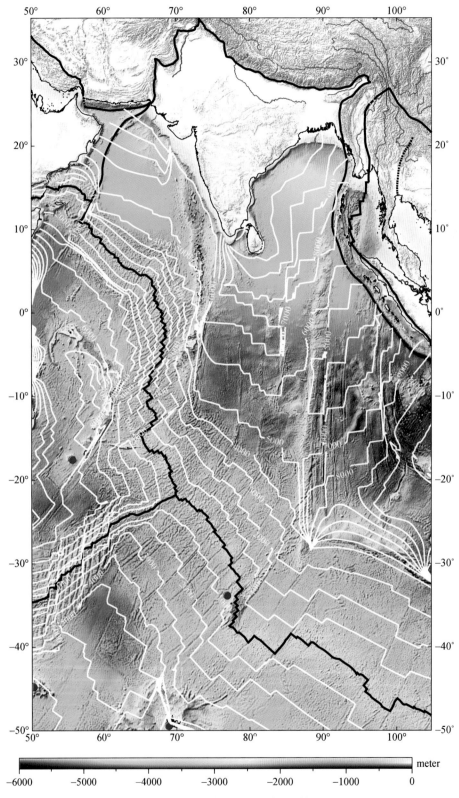

图 4-13　印度洋及周边区域板块构造

需要的参数有：Plate_boundary_present.txt，板块边界位置参数；hotspot.txt，热点位置参数；age.3.6.nc 洋壳年龄参数。用到的主要模块有：makecpt，制作 GMT 的 CPT 文件；pscoast，在地图上绘制海岸线、河流、国界线等；psxy，在图上绘制线段、多边形和符号；grdcontour，绘制等值线；psscale，绘制色条。

#绘图参数设定

```
set D=ETOPO1_Ice_g_gmt4.grd
set ps=IndianOcean4.ps
set incpt=haxby.cpt
set cptf=complexfig.cpt
```

#重新配置色标文件

```
gmt makecpt -C%incpt%  -T -6000/0 >%cptf%
```

#生成底图

```
gmt grdimage %D% -I%D%  -R50/105/-50/35 -JM6i -C%cptf%  -Ba -I -P -K -V >%ps%
```

#生成陆内主要河流

```
gmt pscoast -R -J -W1/0.5p -I1/0.5p,61/99/172 -Da -P -V -K -O >>%ps%
```

#添加板块边界

```
gmt psxy Plate_boundary_present.txt -R -J -B -W1.5p,black -V -K -O >>%ps%
```

#生成热点

```
gmt psxy hotspot.txt -R -J -W0.2p -Sc0.28c -G255/0/0 -V -K -O >>%ps%
```

#绘制洋壳年龄等值线

```
gmt grdcontour age.3.6.nc -J -R -C1000 -L0/13001 -W1.2p,255/255/255 -A+f0.35c -K -O >>%ps%
```

#生成色标尺

```
gmt psscale -Dx7/-1/15/0.4h -C%cptf%  -Bxf500a1000 -By+l"meter" -I -V -O >>%PS%

gmt psconvert -Tf -E300 %ps%
gmt del gmt.history
gmt pause
```

绘图参数解释：-Sc0.28,绘制大小为 0.28cm 的圆；-C1000,等值线之间的间距为 1000；-A,设置标注,+a 角度,+c 间距,+f 字体大小,+k 字体颜色。

J. 绘制地形立体投影图

使用 GMT 4.0 以如下命令绘制印度洋海域的地形立体投影图,结果如图 4-14 所示。

主要用到的模块有：grdview,创建 3D 透视图像或网格曲面；gradcut,从一个网格文件中裁剪出一个所需区域的网格文件；grd2cpt,对已有的 CPT（如 GMT 内置的 CPT）文件进行重采样,并适应目前所使用的数据范围；psscale,绘制色条。

```
#绘图参数设定
set B=98/100/27/29
set PS=3DView.ps


#生成临时范围文件
gmt grdcut ETOPO1_Ice_g_gmt4.grd -Gtopo.grd -R%B%


#生成临时颜色文件
gmt grd2cpt topo.grd -Crainbow -Z >tmp.cpt


#生成三维地形图
gmt grdview topo.grd -R%B% /-10000/10000 -JM10c -JZ6c -Qi -I -Ctmp.cpt -E150/40 -
N -10000+g150/150/150 -Bx5 -By5 -Bz5000+l"Elevation(m)" -BSEWNZ -X3 -Y14c -K -P
>% PS%


#生成色标尺
gmt psscale -Dx7/-2/15/0.4h -Ctmp.cpt -Bxf200a1000 -By+l"m" -I -V -O >>%PS%

gmt del tmp.cpt gmt.* topo.grd
gmt pause
```

绘图参数解释：-Z,设置当前数据对应的 Z 值,并从 CPT 文件中获取 Z 值对应的颜色；-I,增加光照效果；-E,设置方位角和高程以确定视点；-N,将 3D 图的侧面和正面填充颜色；-D,指定色标尺的位置和尺寸；-C,调取 CPT 文件。

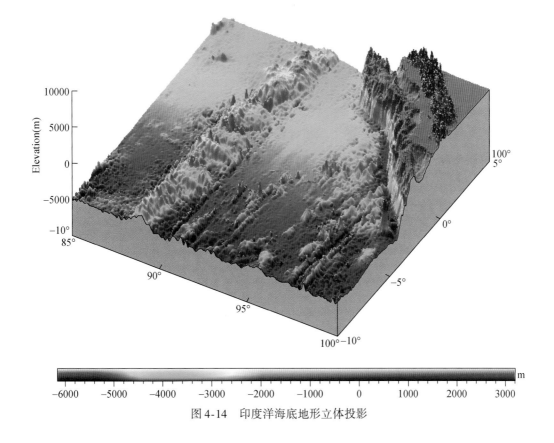

图 4-14　印度洋海底地形立体投影

4.1.2　Matlab 工具

　　Matlab 工具能够广泛地应用于洋底动力学的研究，这一节主要介绍在洋底动力学研究中如何使用 Matlab 工具绘图。这一强大的工具是美国 MathWorks 公司开发的商业数学软件，用于算法开发、数据可视化、数据分析以及数值计算的高级技术计算语言和交互式环境。由于软件的计算和可视化功能强大，已经广泛应用在地球科学的许多方面，特别是地球动力学数值模拟方面（Gerya，2010）。针对 Matlab 工具在地球科学研究方面的应用，Trauth（2006）详细介绍了 Matlab 早期版本的安装以及一些基本的概念，本节不详细介绍 Matlab 工具的基本概念和数学方面的应用，而是重点介绍 Matlab 工具在洋底动力学方面如何发挥它本身强大的计算、绘图和数据可视化能力。通过一些与洋底动力学方面有关的案例分析，介绍如何使用 Matlab 工具编写绘图代码（所谓的 M-files），绘制可视化的成果图件。

　　Matlab 工具在解决洋底动力学科学问题方面可以发挥重要的作用，在更广泛的地球科学研究方面，主要应用在简单的统计分析（单变量统计分析、双变量统计分析、多变量统计分析）、时间序列分析、信号处理、空间数据分析、方向数据分析以及图像处理、复杂数据的非线性分析、适应性滤波和地形分析（Trauth，2015）。Matlab 工具针对的数据结构是矩阵，其他计算机语言如 C、Fortran 称之为数列，针对不同的数据可以绘制相应的一维、二维和三维图件。

（1）简单的变量关系图

依据变量间的函数关系，通过数值计算，利用计算数据绘制变量关系图。图 4-15 主要是利用函数关系式 $y=\sin(x)$，首先利用函数关系式的求解，给定变量的范围，x 变量在 $-4\sim+4$ 变化，取样是 0.01 取一个样点值，利用计算结果绘制曲线图（图 4-15）。这个简单的正弦曲线绘制，在 Matlab 执行区域输入下面指令或者通过保存在 m 文件执行，具体指令如下。

```
x=-4:.01:4;
y=sin(x);
plot(x,y)
```

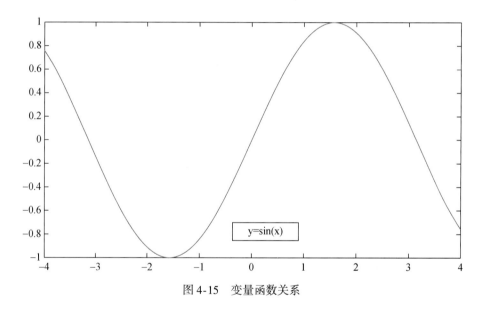

图 4-15　变量函数关系

（2）复杂的多变量关系图

在实际应用中可能需要在一张图中反映多个变量间的关系，多个变量 y_1，y_2，y_3 都与变量 x 之间有一定的函数关系，如：$y_1=\sin(x)$；$y_2=\sin(2*x)$；$y_3=\sin(4*x)$，利用变量之间的关系计算并绘图。图 4-16 反映了三个变量与同一个变量 x 之间的关系曲线图，x 在 $0\sim2\mathrm{pi}$ 变化，蓝色曲线是 y_1 与 x 之间关系曲线，黑色曲线是 y_2 与 x 之间关系，棕色曲线是 y_3 与 x 之间关系（图 4-16）。具体的在 Matlab 命令设计如下。

```
x=0:.01:2*pi;
y1=sin(x);
y2=sin(2*x);
y3=sin(4*x);
plot(x,y1,x,y2,x,y3)
```

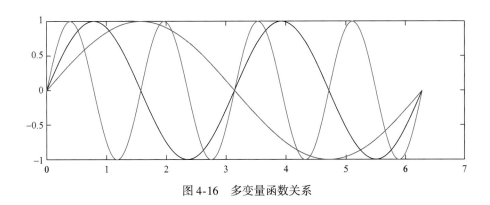

图 4-16　多变量函数关系

对于以上多变量关系式也可以用矩阵形式表达，下面命令与上面绘制的曲线一致。

```
x=0:.01:2*pi;
Y=[sin(x)',sin(2*x)',sin(4*x)'];
plot(x,Y)
```

A. 海底天然地震时间序列图

大洋板块边界是地震频发的地带，特别是全球俯冲带位置，为了对深海大洋区域海底天然地震长时间的数据进行分析，需要对海底天然地震震级和时间进行分析，寻找地震活跃周期，随后对大洋海底发生的天然地震开展长时间序列的观测。震级和时间序列图可以反映地震活跃的周期，同时可以分析海底地震活动强弱频率（图 4-17）。图 4-17 是某一海区 50 年的天然地震震级和时间序列图，横轴是地震发生的时间，纵轴是地震的震级。准备好数据文件（.dat）后，具体的 Matlab 命令如下。

```
load ear.dat;//导入地震数据
plot(ear(:,1),ear(:,2));
axis([1967 2017 0.0 7.9]);
title('Seafloor Earthquakes')
xlabel('Year')
ylabel('Earthquake Magnitude [Ms]')
```

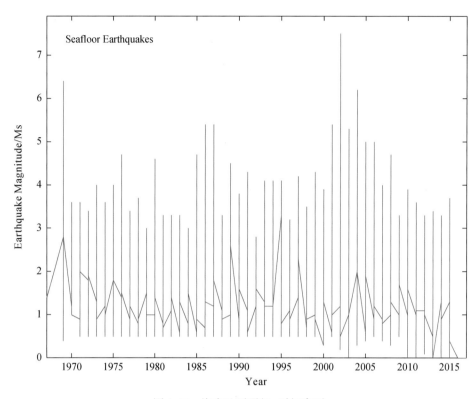

图 4-17　海底地震震级–时间序列

B. 全球海表面温度变化图

　　根据全球海表面温度数据库[①]（Hansen et al.，2010），截取 1900~2017 年的温度逐月变化异常数据，利用 Matlab 可以绘制时间序列变化图（图 4-18）。结果显示，总体温度变化趋势是逐渐升高，数据表明，温度变化幅度介于 0.5~1℃（图 4-18）。具体的 Matlab 绘图命令如下。

```
load Temperature. dat;
plot(Temperature(:,1),Temperature(:,2));
axis([1900 2017-0.6 1.0]);
title('global sea surface temperature anomaly')
xlabel('year')
ylabel('Monthly mean temperature anomaly')
```

　　① GISTEMP Team. 2017. GISS Surface Temperature Analysis（GISTEMP）. NASA Goddard Institute for Space Studies. https：//data. giss. nasa. gov/gistemp/ ［2017-12-04］.

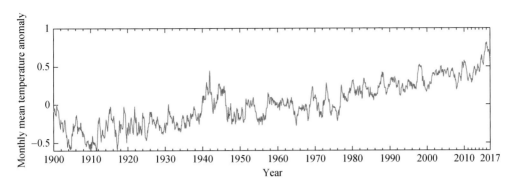

图 4-18　全球海表面温度异常

C. 椭球体和陀螺三维图

在洋底动力学研究中往往需要绘制三维图件表达变量的三维空间变化。如果知道变量的三维空间变化，基本使用绘图命令 surf 就可以完成三维图件绘制。本案例依据 Matlab 内部的函数 ellipsoid 生成椭球体三维数据，然后使用 surf 完成图件的绘制（图 4-19）。具体的 Matlab 绘图命令如下。

```
[x1,y1,z1]=ellipsoid(0,0,0,20,20,12);% 此函数生成椭球体
[x2,y2,z2]=ellipsoid(-20,10,10,8,8,5);
[x3,y3,z3]=ellipsoid(-20,10,-5,7,7,7);
[x4,y4,z4]=ellipsoid(-20,-15,-10,7,7,4);
[x5,y5,z5]=ellipsoid(-25,3,-3,4,4,3);
q1=z1;q1=q1/max(max(abs(q1)));% 此语句生成椭球体表面的颜色
q2=z2-10;q2=q2/max(max(abs(q2)));
q3=z3+5;q3=q3/max(max(abs(q3)));
q4=z4+10;q4=q4/max(max(abs(q4)));
q5=z5+3;q5=q5/max(max(abs(q5)));
surf(x1,y1,z1,q1);hold on;% surf 函数绘制三维椭球
surf(x2,y2,z2,q2);hold on;
surf(x3,y3,z3,q3);hold on;
surf(x4,y4,z4,q4);hold on;
surf(x5,y5,z5,q5);hold on;
axis equal
```

另外，也可以使用函数 cylinder 绘制圆柱面，r 为半径；n 为柱面圆周等分数，最终可用 surf 绘制三维陀螺锥面（图 4-20）。具体的 Matlab 绘图命令如下。

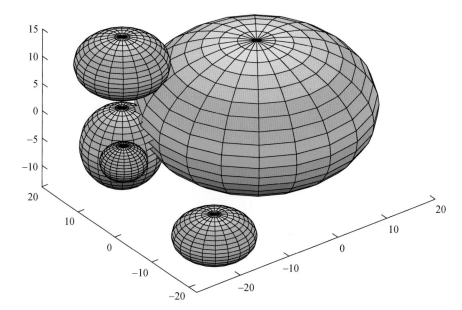

图 4-19　三维椭球体空间变化

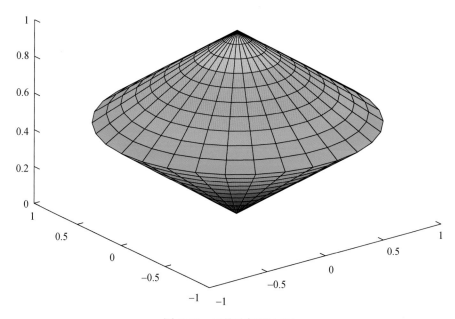

图 4-20　三维陀螺锥面图

```
t1 = 0:0.1:0.9;
t2 = 1:0.1:2;
r = [t1 - t2 + 2];
[x, y, z] = cylinder(r, 30);
surf(x, y, z);
grid
```

（3）海底沉积物年龄与沉积深度关系图

利用海底沉积物的年龄和沉积深度关系，可以分析离散的沉积物年龄与深度数据点之间的相关性，得到二者关系的拟合曲线，通过线性回归分析或者曲线回归分析得到海底沉积物的年龄和沉积深度定量的关系式。利用最小二乘法得到最佳匹配直线方程 $y = b_0 + b_1 x$，b_0，b_1 是回归方程系数，通过对数据的定量分析，求解得到 $b_0 = 21.8$，$b_1 = 5.4$，b_0 值是直线方程在 y 轴的截距，对海底沉积物的年龄和沉积深度数据的分布，使用 95% 的匹配直线表示数据变量之间关系的波动范围（图 4-21）。

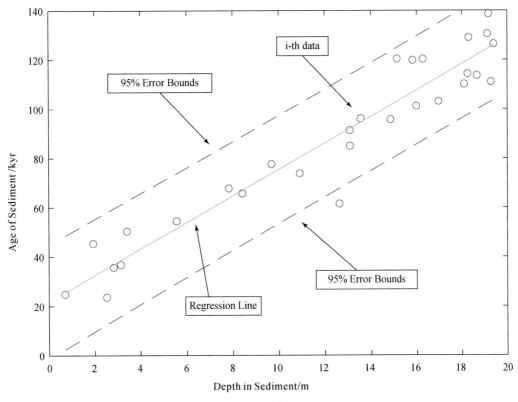

图 4-21　沉积物年龄和深度线性回归分析拟合

在特定情况下，海底沉积物的年龄和沉积深度关系不一定是直线回归分析可以解决的，也就是说二者之间的关系不是线性关系，此时可以使用曲线多项式回归分析解决。如多项式回归线方程为 $y = b_0 + b_1 x + b_2 x^2$，需要分析求解方程的系数，根据输入的海底沉积物的年龄和沉积深度数据，求解得到的系数值为 $b_0 = 74.2$，$b_1 = -7.1$，$b_2 = 1.8$，使用以上的二级多项式方程来表述海底沉积物的年龄和沉积深度之间的统计关系，同时绘制 ±95% 波动范围的回归分析曲线，表示二级多项式可以完全覆盖海底沉积物的年龄和沉积深度之间的关系（图 4-22）。

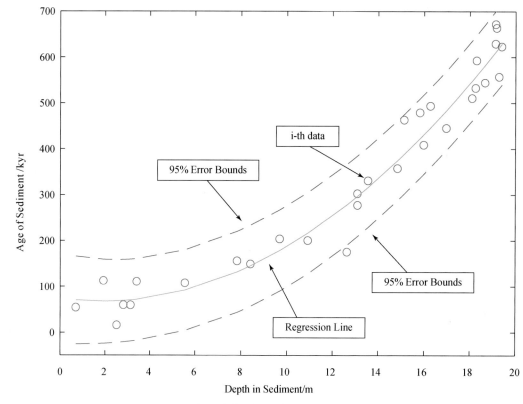

图4-22　沉积物年龄和深度曲线回归分析拟合

根据 Trauth（2015）详细的描述，图4-21 的具体 Matlab 绘图命令如下。

```
clear
rng(0)
meters=20* rand(30,1);
age=5.6* meters + 20;
age=age + 10. * randn(length(meters),1);
axis([0 20 0 140])
agedepth(:,1)=meters;
agedepth(:,2)=age;
agedepth=sortrows(agedepth,1);
save agedepth_1.txt agedepth-ascii
agedepth=load('agedepth_1.txt');
meters=agedepth(:,1);
age=agedepth(:,2);
p=polyfit(meters,age,1)
[p,s]=polyfit(meters,age,1);
```

```
[p_age,delta]=polyconf(p,meters,s,'alpha',0.05);
plot(meters,age,'o',meters,p_age,'g-',...
meters,p_age+delta,'r--',meters,p_age-delta,'r--')
axis([0 20 0 140]),grid on
xlabel('Depth in Sediment(meters)')
ylabel('Age of Sediment(kyrs)')
```

根据 Trauth（2015）详细的描述，图 4-22 的具体 Matlab 绘图命令如下。

```
clear
rng(0)
meters=20* rand(30,1);
age=1.6* meters.^2-1.1 *  meters + 50;
age=age + 40.* randn(length(meters),1);
plot(meters,age,'o')
agedepth(:,1)=meters;
agedepth(:,2)=age;
agedepth=sortrows(agedepth,1);
save agedepth_2.txt agedepth-ascii
clear
agedepth=load('agedepth_2.txt');
meters=agedepth(:,1);
age=agedepth(:,2);
plot(meters,age,'o')
p=polyfit(meters,age,2)
plot(meters,age,'o'),hold on
plot(meters,polyval(p,meters),'r'),hold off
[p,s]=polyfit(meters,age,2);
[p_age,delta]=polyval(p,meters,s);
plot(meters,age,'o',meters,p_age,'g',meters,...
p_age+2* delta,'r--',meters,p_age-2* delta,'r--')
axis([0 20-50 700]),grid on
xlabel('Depth in Sediment(meters)')
ylabel('Age of Sediment(kyrs)')
```

（4）海底磁异常图

利用海底磁异常数据可以表达洋底区域的磁异常特征，根据径向磁异常的正异常和负异常值的变化规律，通过正、反演模型计算分析，确定磁条带的相对大洋年龄以及地下目标体的磁异常特征（图 4-23）。同时也可以绘制区域海底磁异常图，分析平面空间上磁异常的变化（图 4-24）。

　　图 4-23 的 Matlab 命令如下。

```
load Mag.dat;
plot(Mag(:,1),Mag(:,3));
axis([-68 -52 -250 300]);
title('Seafloor Magnetic Anomaly')
xlabel('Longitude')
ylabel('Magnetic anomaly[nT]')
```

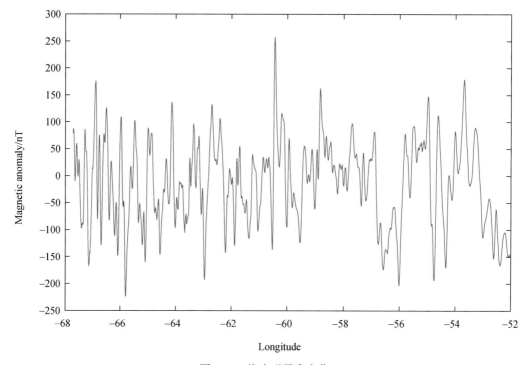

图 4-23　海底磁异常变化

　　图 4-24 的 Matlab 命令如下。

```
grdfile='mag2.grd';
[Z,R]=arcgridread(grdfile);
mapshow(Z,R,'DisplayType','surface');
xlim([-35 -20])
ylim([20 28])
hold on
% 标记
xlabel('x(Longitude)');
ylabel('y(Latitude)');
```

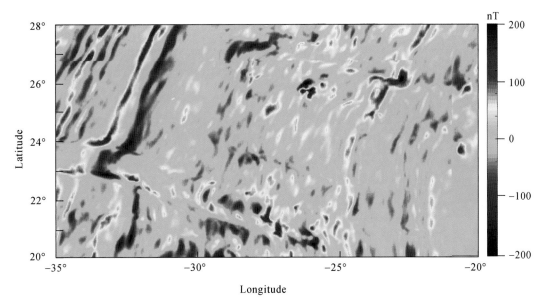

图 4-24　海底磁异常变化平面图

```
colormap jet
my_handle=colorbar;
t=get(my_handle,'YTickLabel');
t=strcat(t,'nT');
set(my_handle,'YTickLabel',t);
```

（5）海底重力异常

利用卫星重力数据，特别是海洋自由空气重力异常，可以表达洋底区域的重力异常特征，通过径向重力异常的正值和负值判别海底不同的构造单元，特别是洋中脊以及转换断层的位置和空间展布特征。图 4-25 展示了海底的重力异常变化平面分布，结合图 4-24 相同区域的磁异常特征，基本上可以反映大洋扩张中心的分布和海底破碎带的展布（图 4-25）。

图 4-25 的 Matlab 命令如下。

```
grdfile='gravity.grd';
[Z,R]=arcgridread(grdfile);
mapshow(Z,R,'DisplayType','surface');
xlim([-35-20])
ylim([20 28])
hold on
% 标记
xlabel('x(Longitude)');
ylabel('y(Latitude)');
```

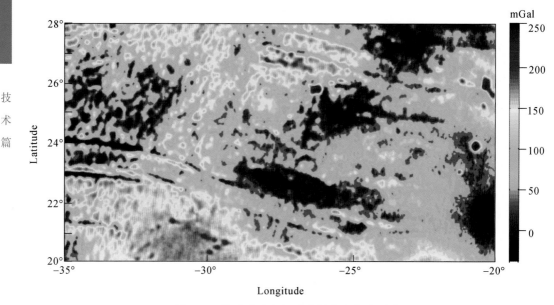

图 4-25　海底自由空气重力异常变化平面图

```
colormap jet
my_handle=colorbar;
t=get(my_handle,'YTickLabel');
t=strcat(t,'mGal');
set(my_handle,'YTickLabel',t);
```

（6）海底水深图

利用海洋水深数据，可以分析海底地形地貌变化特征。通过水深数据的平面变化，可以分析海底基本的构造地貌单元，特别是深水区域，明显的水深变化可以展示海底断层或者破碎带的位置，结合重力和磁力异常变化，分析海底异常的区域，为进一步的地震探测寻找合适的区域（图 4-26）。图 4-26 的 Matlab 命令如下。

```
grdfile='bathy.grd';
[Z,R]=arcgridread(grdfile);
mapshow(Z,R,'DisplayType','surface');
xlim([-35-20])
ylim([20 28])
hold on
% 标记
xlabel('x(Longitude)');
ylabel('y(Latitude)');
```

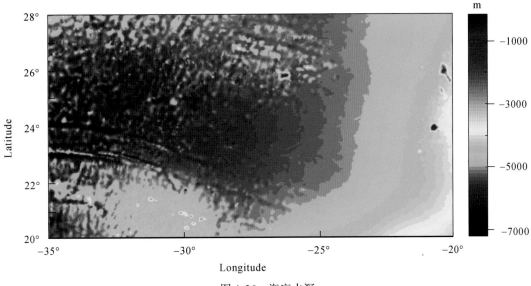

图 4-26　海底水深

```
colormap jet
my_handle=colorbar;
t=get(my_handle,'YTickLabel');
t=strcat(t,'Meters');
set(my_handle,'YTickLabel',t);
```

（7）洋底动力学综合分析界面

在 Matlab 的图形界面应用中，可以使用 Matlab 工具的内部函数实现各种控件的编写。为了方便理解 Matlab 的图形用户界面（GUI）的功能，此处以洋底动力学为研究目标的综合分析界面设计为例，通过控件来实现与洋底动力学有关的海洋地震、海洋重力、海洋磁力和海底水深的综合分析应用界面开发（图 4-27）。一般综合分析需要构建一个平台总界面，需要有数据的输入和成果数据的输出功能模块，同时也需要有实时数据的显示分析功能模块，如图 4-27 右侧主图区的水深数据，通过界面顶部的旋转按钮，可以实现数据的旋转，达到从三维视角来查看采集数据的目的。综合分析界面也可以添加图片，以刻画系统分析的相关内容和标注研究单位的图标，为了今后进一步的开发，也提供其他可操作的"其它"按钮，类似图中"水深""海洋重力"和"海洋磁力"按钮（图 4-27）。利用强大的界面功能以及内部函数，完成洋底动力学综合数据的系统分析。

图 4-27 的具体 Matlab 命令如下。

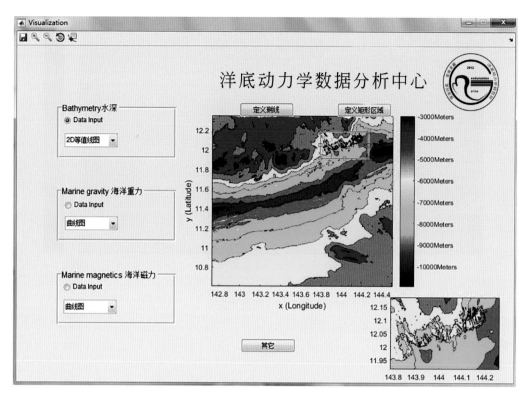

图4-27 洋底动力学综合数据分析用户界面

```
function varargout=View_2(varargin)
% VIEW_2 MATLAB code for View_2.fig
%       VIEW_2,by itself,creates a new VIEW_2 or raises the existing
%       singleton* .
%
%       H=VIEW_2 returns the handle to a new VIEW_2 or the handle to
%       the existing singleton* .
%
%       VIEW_2('CALLBACK',hObject,eventData,handles,...)calls the local
%       function named CALLBACK in VIEW_2.M with the given input arguments.
%
%       VIEW_2('Property','Value',...)creates a new VIEW_2 or raises the
%       existing singleton* .  Starting from the left,property value pairs are
%       applied to the GUI before View_2_OpeningFcn gets called.  An
%       unrecognized property name or invalid value makes property application
%       stop.  All inputs are passed to View_2_OpeningFcn via varargin.
%
```

```
%       *See GUI Options on GUIDE's Tools menu.  Choose "GUI allows only one
%       instance to run(singleton)".
%

% Begin initialization code-DO NOT EDIT
gui_Singleton=1;
gui_State=struct('gui_Name',mfilename,...
                    'gui_Singleton',  gui_Singleton,...
                    'gui_OpeningFcn',@ View_2_OpeningFcn,...
                    'gui_OutputFcn',  @ View_2_OutputFcn,...
                    'gui_LayoutFcn',  [],...
                    'gui_Callback',   []);
if nargin && ischar(varargin{1})
    gui_State.gui_Callback=str2func(varargin{1});
end

if nargout
    [varargout{1:nargout}]=gui_mainfcn(gui_State,varargin{:});
else
    gui_mainfcn(gui_State,varargin{:});
end
% End initialization code-DO NOT EDIT


% ---Executes just before View_2 is made visible.
function View_2_OpeningFcn(hObject,eventdata,handles,varargin)
% This function has no output args,see OutputFcn.
% hObject handle to figure
% eventdata   reserved-to be defined in a future version of MATLAB
% handles     structure with handles and user data(see GUIDATA)
% varargin    command line arguments to View_2(see VARARGIN)

% Choose default command line output for View_2
handles.output=hObject;

% Update handles structure
guidata(hObject,handles);
```

```
% ---Outputs from this function are returned to the command line.
function varargout=View_2_OutputFcn(hObject,eventdata,handles)
varargout{1}=handles.output;


function Seismic1_Callback(hObject,eventdata,handles)
double
% ---Executes during object creation,after setting all properties.
function Seismic1_CreateFcn(hObject,eventdata,handles)
if ispc && isequal(get(hObject,'BackgroundColor'),get(0,'defaultUicontrol-
BackgroundColor'))
    set(hObject,'BackgroundColor','white');
end


function Bat1_Callback(hObject,eventdata,handles)
% ---Executes during object creation,after setting all properties.
function Bat1_CreateFcn(hObject,eventdata,handles)
if ispc && isequal(get(hObject,'BackgroundColor'),get(0,'defaultUicontrol-
BackgroundColor'))
    set(hObject,'BackgroundColor','white');
end


% ---Executes on button press in pushbutton1.
function pushbutton1_Callback(hObject,eventdata,handles)% #ok<* DEFNU>
[filename pathname]=uigetfile({'* .txt'},'File Selector');
fullpathname=strcat(pathname,filename);
global xyz
xyz=textread(fullpathname)


% ---Executes on button press in pushbutton2.
function pushbutton2_Callback(hObject,eventdata,handles)
global xyz
axes(handles.Navigation)
plot3(xyz(:,1),xyz(:,2),xyz(:,3));


% ---Executes during object creation,after setting all properties.
function Navigation_CreateFcn(hObject,eventdata,handles)
% Hint:place code in OpeningFcn to populate Navigation
```

```
% ---Executes on slider movement.
function slider1_Callback(hObject,eventdata,handles)
% hObject    handle to slider1(see GCBO)


% ---Executes during object creation,after setting all properties.
function slider1_CreateFcn(hObject,eventdata,handles)
if isequal(get(hObject,'BackgroundColor'),get(0,'defaultUicontrol Backg-
roundColor'))
    set(hObject,'BackgroundColor',[.9.9.9]);
end


function edit3_Callback(hObject,eventdata,handles)
% hObject    handle to edit3(see GCBO)
double


% ---Executes during object creation,after setting all properties.
function edit3_CreateFcn(hObject,eventdata,handles)
if ispc && isequal(get(hObject,'BackgroundColor'),get(0,'defaultUicontrol-
BackgroundColor'))
    set(hObject,'BackgroundColor','white');
end


% ---Executes during object creation,after setting all properties.
function axes4_CreateFcn(hObject,eventdata,handles)
I=imread('Ship.jpg');
imshow(I)
function edit4_Callback(hObject,eventdata,handles)
double


% ---Executes during object creation,after setting all properties.
function edit4_CreateFcn(hObject,eventdata,handles)
if ispc && isequal(get(hObject,'BackgroundColor'),get(0,'defaultUicontrol-
BackgroundColor'))
    set(hObject,'BackgroundColor','white');
end


function edit5_Callback(hObject,eventdata,handles)
% hObject    handle to edit5(see GCBO)
```

```
%  eventdata   reserved-to be defined in a future version of MATLAB
%  handles     structure with handles and user data(see GUIDATA)
%  Hints:get(hObject,'String')returns contents of edit5 as text
%         str2double(get(hObject,'String'))returns contents of edit5 as a double

% ---Executes during object creation,after setting all properties.
function edit5_CreateFcn(hObject,eventdata,handles)
% hObject     handle to edit5(see GCBO)
if ispc && isequal(get(hObject,'BackgroundColor'),get(0,'defaultUicontrol-
BackgroundColor'))
    set(hObject,'BackgroundColor','white');
end

% ---Executes during object creation,after setting all properties.
function axes5_CreateFcn(hObject,eventdata,handles)
I=imread('Ship.jpg');
imshow(I)

% ---Executes during object creation,after setting all properties.
function axes6_CreateFcn(hObject,eventdata,handles)
I =imread('海洋大学 Logo.jpg');
imshow(I)
% Hint:place code in OpeningFcn to populate axes6
```

4.2　科学可视化技术

4.2.1　ParaView 可视化常规技术

在使用 ParaView 进行地学数据可视化之前，首先需要安装 ParaView 软件。这里基于 ParaView 5.4 版本进行图形可视化介绍[①]。如果没有 ParaView 5.4 的安装程序，可以从 www.paraview.org 网站下载安装包。像大多数其他应用程序一样启动 ParaView。具体来说，在 Windows 系统中，其快捷方式在"开始"菜单中；MacOS 电脑系统中，在"应用程序"中打开此程序；Linux 中，可能需要先设置操作执行

---

① 开源软件，详见 https://www.paraview.org/.

路径，从命令提示符来执行 ParaView。

这里的示例还依赖于可用的一些数据（图 4-28），读者可利用个人已有数据进行实践。

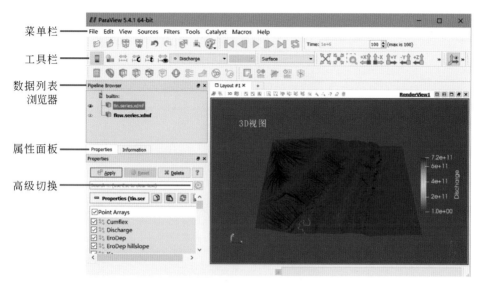

图 4-28　用户界面（GUI）

（1）用户界面

ParaView 首次启动时，图 4-28 显示的布局是默认布局。用户界面（GUI）包含以下组件。

菜单栏：与其他任何程序一样，菜单栏允许使用或访问大部分功能。

工具栏：工具栏提供了最常用的快速访问 ParaView 的功能。

数据列表浏览器：可实现 ParaView 管理数据的读取。浏览器允许查看数据结构，选择列表内的对象。该浏览器以缩进样式显示列表对象，提供了一个静态列表结构。

属性面板：允许查看和更改当前列表对象的参数。属性面板的高级属性可以切换显示或隐藏高级控件。该属性默认与信息选项卡相结合。

3D 视图：GUI 的其余部分用于显示数据，以便于查看、互动并搜索数据。

GUI 布局是高度可配置的，所以很容易改变窗口的外观。工具栏可以移动，甚至隐藏。要切换使用工具栏，请使用"View"（查看）—"Tools"（工具栏）子菜单。

列表浏览器和属性面板都是可停靠的视窗。这意味着这些组件可以自由地在屏幕四处挪动 GUI（图 4-28）。这两个窗口对 ParaView 的操作很重要，所以如果不小心隐藏了它们，然后再次需要打开它们时，可以使用"查看"菜单重新显示。

（2）数据来源

将模拟数据导入 ParaView：使用"Source"（来源）菜单，从文件或数据中读取数据，也可以直接将模拟结果进行加载（图4-29）。

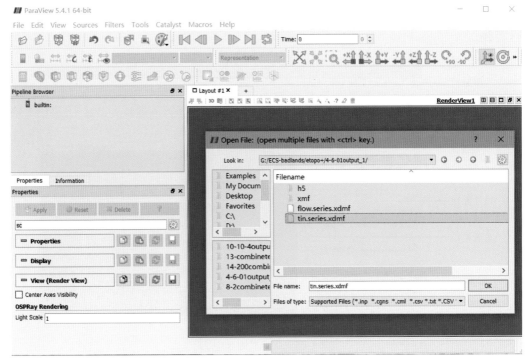

图 4-29　模拟结果加载界面

最好选择 Xdmf Reader 进行数据加载，部分设备可能不支持最新版本的 Top Level Partition 功能（图4-30）。

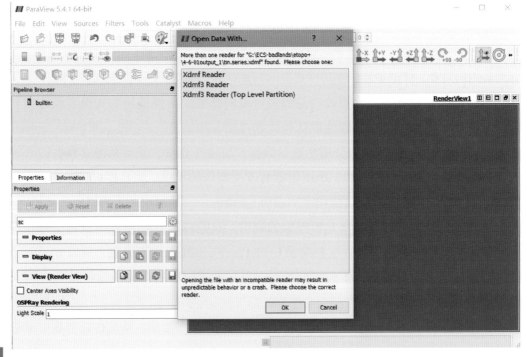

图 4-30　模拟结果加载类型选择

点击"Apply"（应用），就可以把数据显示在工作界面中（图4-31）。

图 4-31　模拟数据显示到工作界面

（3）基本的 3D 交互

以上已经创建了一个简单的可视化对象。在 ParaView 中，如果随后要对它进行交互操作，有很多方法与 ParaView 可视化工具进行交互。这里首先在 3D 视图中对数据的显示方式进行调节。

在 3D 视图中，可以通过拖动鼠标变换模型视角。尝试拖动鼠标的不同按钮，左、右键可以执行不同的旋转、平移和缩放操作，也可以尝试使用"按钮+shift"和"按钮+ctrl"的组合键对数据进行选择。此外，可以在拖动鼠标时，按住 x，y 或 z 键，控制沿 x、y 或 z 轴的移动。

如下是沿着 x 轴方向转动的效果（图4-32）。

如有多点触控的触控板，也可以直接通过多点触控，任意改变观察角度。

ParaView 包含一些工具栏来帮助截图操作。此处显示的第一个工具栏即"Camera"（照相机）工具栏，提供快速访问特定视角的视图。

图 4-33 显示方式为 z 轴正方向向上，对应于该显示模型的正面。

图 4-34 为 z 轴负方向向上的显示，对应于模型的底面视角。

最左边的按钮可实现上一次视角调整操作的撤回功能，同时，也可以重新定位视角方向为初始默认方向，以便看到整个对象。如有多点触控的触控板，也可以直接通过多点触控，对数据执行缩放操作。

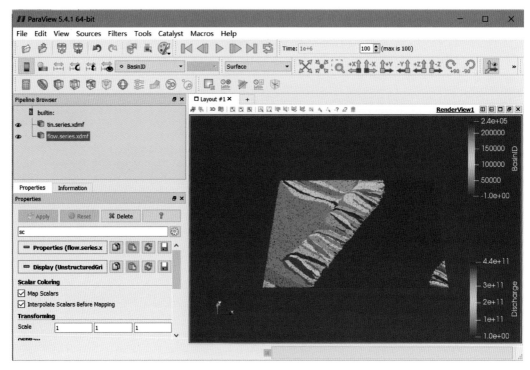

图 4-32　沿着 x 轴方向转动的 3D 交互图

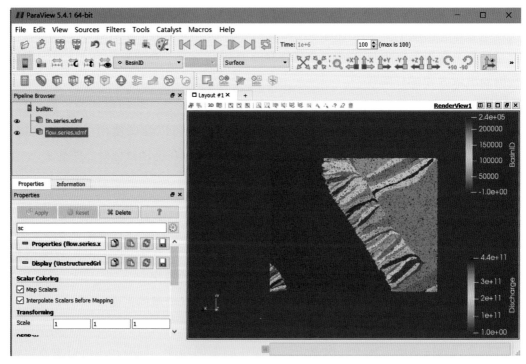

图 4-33　3D 交互俯视图

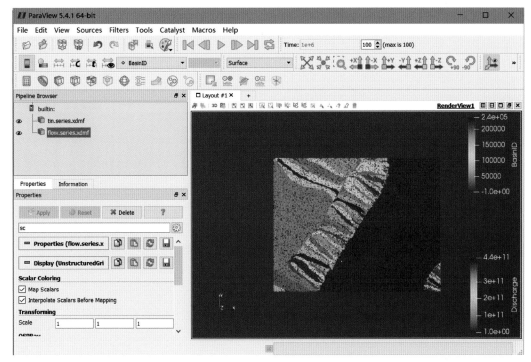

图 4-34　3D 交互 z 轴负方向视角图

最右边的两个旋钮可实现顺时针或逆时针旋转视图。第二个工具栏，控制旋转中心的位置和方向轴的可见性。最右边的按钮允许选择旋转中心，左下边的一个按钮将旋转中心替换为对象的中心。

（4）修改可视化参数

尽管交互式 3D 控件是可视化的重要组成部分，但直接修改数据处理和显示参数是一个同样重要的功能。ParaView 包含许多用于修改可视化参数的 GUI 组件。

ParaView 显示的数据体表面并不是真正的平滑曲面，而是使用多边形的小平面来逼近一个曲面。如果想要更好地表示一个曲面，可以通过增加分辨率参数来创建。对于初始模型数据，可能需要将 z 坐标值调节到合适的倍数，使得地表形态更容易被观察到（图 4-35）。

图 4-35 为没有加倍前的显示状态，图 4-36 中的 z 轴数据为加倍后的，地表形态表现得更为平滑。每个模型的调节量不同，可通过尝试，不断进行修改。

如果工作中将分辨率或其他参数修改为特定值，而不是默认值，可以通过点击"Save current settings"（保存当前参数）按钮来保存喜欢的默认参数，一旦点击了按钮，ParaView 将记住这类对象的首选项，并在创建未来的对象时使用这些参数。相反，如果改变了参数后，想要将它们重置为出厂默认值，可以点击"Restore settings"（还原参数）按钮（图 4-37）。

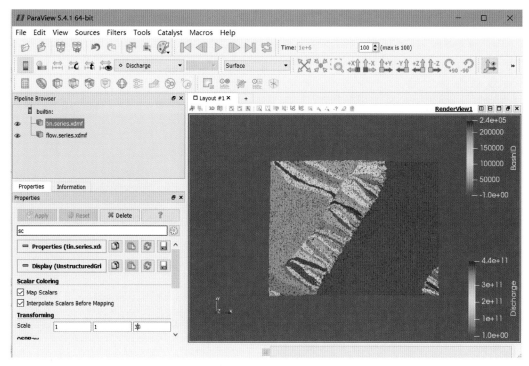

图 4-35　3D 数据体显示

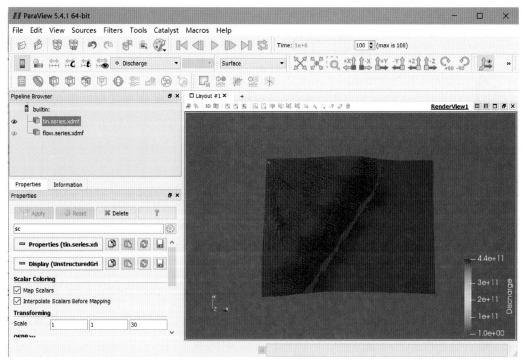

图 4-36　地表平滑操作

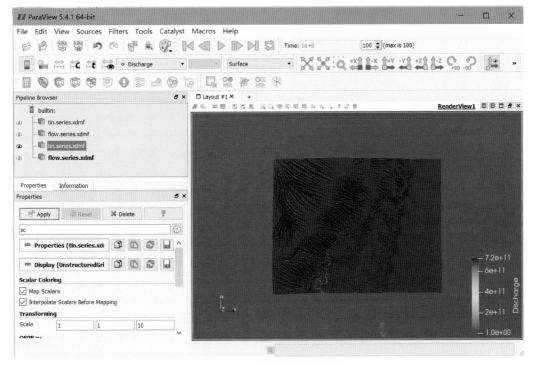

图 4-37　不同数据叠加操作

这里，也可以同时加载两组模型数据。

通过更改"Pipeline Browser"（数据列表）左侧的"Visibility"（数据显示）按钮，显示或隐藏部分数据体（图 4-38）。

现在，可以一次打开多个可视化对象。那么，要将参数从一个对象复制到另一个对象，可以使用"Copy properties"（复制参数）和"Paste properties"（粘贴参数）按钮（图 4-39）。

在"Properties"（属性面板）的顶部还有一个"Search"（搜索框），可以用来快速找到属性。现在尝试在此搜索框中输入搜索词。在"Display"（显示属性）下，可以看到名为"Specular"的选项，它控制了在模型表面看到的高光强度。大多数对象具有相似的显示和视图属性。然后，可以将参数粘贴给其他数据体（图 4-40）。

ParaView 执行大数据可视化时，就算创建对象或更改参数这样的简单操作，也可能需要很长时间，这取决于硬件性能 。因此，采用分阶段的方法，可以在执行操作之前（通过点击 Apply）为特定操作建立所有图层的可视化。但是，在处理小数据时，操作几乎是瞬间完成，因此，点击 Apply 是多余的。在这些情况下，可打开"自动应用"功能。

图 4-38　显示或隐藏部分数据体

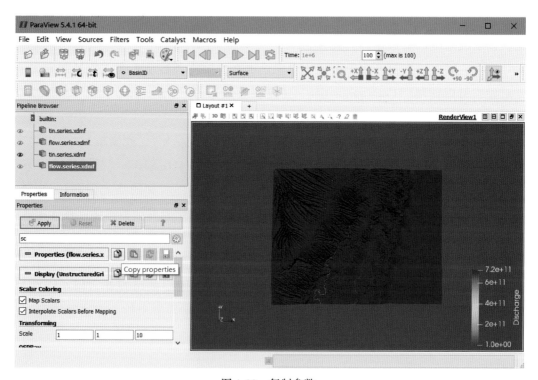

图 4-39　复制参数

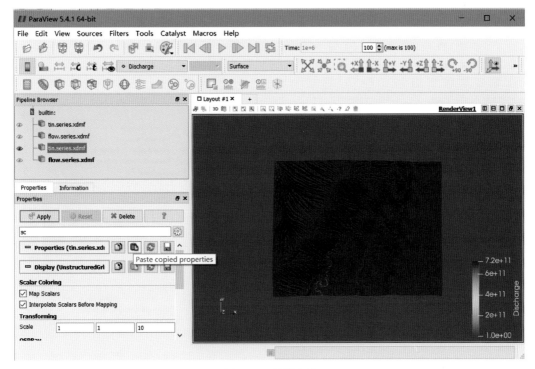

图 4-40　粘贴参数

（5）调色板

正如所期望的，ParaView 允许控制许多元素的颜色。更多情况下，改变一个元素颜色的同时，需要改变另一个元素的颜色。例如，如果将背景更改为浅色，则将该背景上的文本应更改为深色，这很重要，否则文本将无法读取。

为了帮助管理相互依赖的颜色集合，ParaView 支持调色板。可以使用工具栏中的"加载颜色调色板"按钮轻松更改视图的调色板。可以在"Edit－Settings"（Mac 上的 ParaView 首选项）中，查看和设置所有这些颜色。调色板选项卡，也可以通过单击"Color Map Editor"（调色板）按钮并选择"Choose Present"（编辑当前调色板）按钮，进入调色板设置。对数据进行可视化，通常是一个探索性的过程。而该软件支持撤销到上一个保存点的这一功能，往往有助于恢复到以前的可视化状态，（图 4-41）。当然，也可以任意更改调色板的范围。

（6）多视图

多视图偶尔用在科学研究中，可以聚焦到一个变量。但打开多视图前，要先用单视图的方式打开一套数据（图 4-42）。

按下"Split-Horizontal"按钮，当前视图分成两半，右侧空白，随时可用新的可视化对象进行填充。注意右边的视图有一个蓝色的边界。接下来按需求选择合适的属性窗口（图 4-43）。

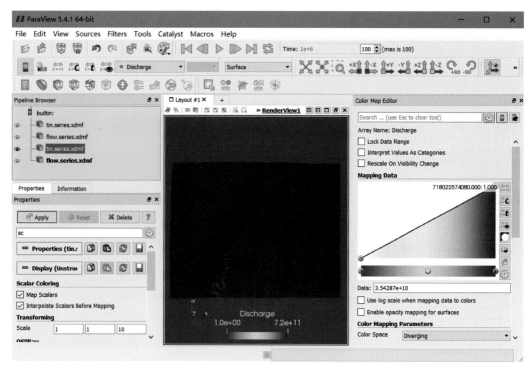

图 4-41　调色板操作

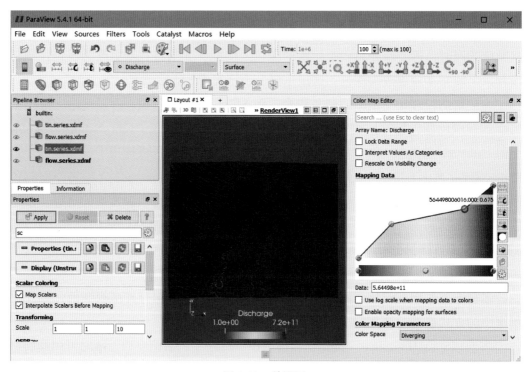

图 4-42　单视图

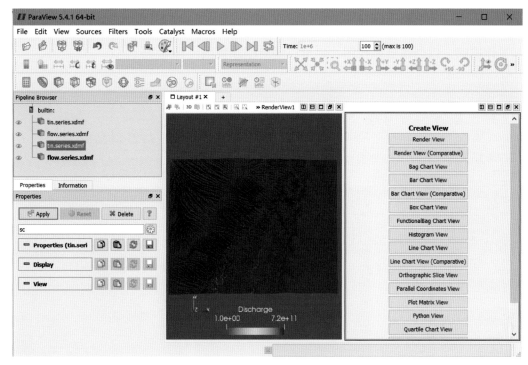

图 4-43　加载第二套数据

如图 4-44 所示，可以将已经加载的其他数据显示在第二个窗口中。

图 4-44　显示第二视图

可以改变第二视图的相应色标，也可以分别改变两个数据体的视角。但请注意，每个视图都有其自己的一组多视图按钮。可以通过使用分割视图按钮，任意分割工作空间，以创建更多视图，也可以随时删除视图（图4-45）。

图4-45　多视图

每个视图的位置也不是固定的。还可以通过单击其中一个视图工具栏（位于"RenderView"所在位置），按住鼠标按钮，并拖动到其他视图工具栏之一，来交换两个视图（图4-46）。也可以通过单击视图之间的空间，按住鼠标按钮并拖动任一视图的方向来更改视图的大小。

（7）关联多窗口

为了帮助探索复杂的可视化数据，ParaView包含了呈现多个数据视图并将它们关联在一起的功能（图4-47）。

选中其中一个窗口的数据体，点击右键后，点击"Link Camera"，然后再点击另一个窗口，即可完成窗口链接（图4-48）。在此之后可以分别对色标进行调节。

移动其中一个窗口数据后，两个数据视角一起变化，方便进行对比对照分析（图4-49）。

图 4-46　交换视图位置

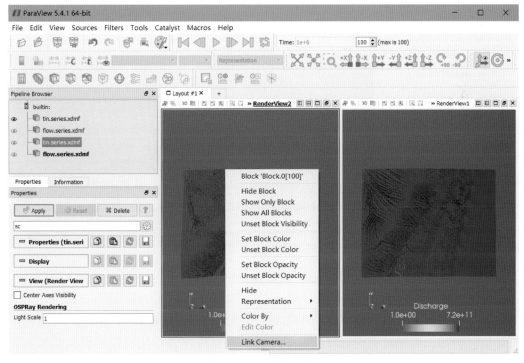

图 4-47　关联视图操作

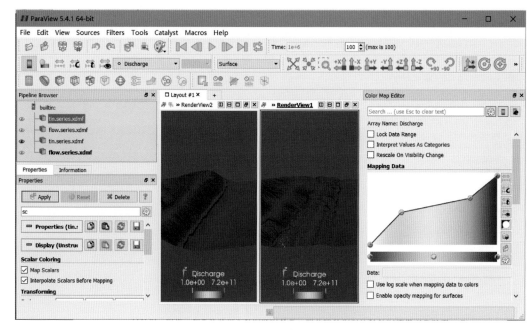

图 4-48　关联视图的色标调节操作

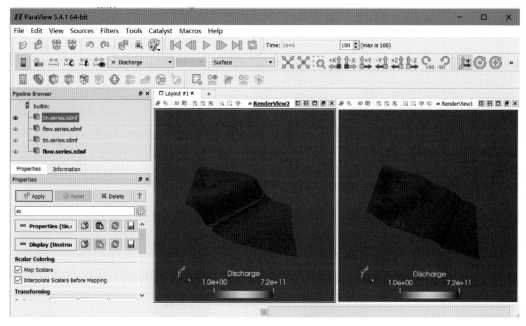

图 4-49　关联视图视角旋转

　　该软件是一个查看初步数据结果的软件，它可以快速查看模拟结果，并对其进行评估。但是，如果要获得更好的成图效果，需要将评估后比较好的模拟结果数据进一步提取出来，然后再用其他的专业软件（例如 GMT、Surfer、3D Max 等软件）进一步处理成图。

4.2.2　地震资料三维可视化技术

随着地震采集和处理技术的不断提高，三维地震数据蕴含越来越丰富的地质信息。传统的三维数据二维化解释的技术手段，即通过主测线（inline）和联络测线（crossline）垂直解释，并结合水平时间切片，来推测和想象地下地层和构造的三维空间结构及形态的技术手段，不可避免地会遗漏或忽略很多构造细节和地层信息，降低三维地震的勘探效果（李更想，2006；张二华等，2007）。地震资料三维可视化不仅能够帮助解释人员全方位理解地震资料的宏观结构和细节特征，还可以进行快速交互处理和解释，充分发挥三维数据体的应有潜力和优势，能够实现真正意义上的全三维地震解释（马仁安等，2003；马仁安，2004）。

按照解释环境的差异，地震三维可视化可分为两类：一类是以小型工作站为基础，通常为供一人使用的桌面可视化解释环境，也就人们常说的"三维可视化"；另一类是以超级计算机为基础，为可供多名地球物理学家、地质学家和油藏工程师同时使用的大型沉浸式可视化解释环境，即所谓的"虚拟现实"（朱海龙，1999；张爱印等，2006）。本节主要对"三维可视化"和"虚拟现实"及其应用现状进行综述，并以 Landmark 中的 Geoprobe 模块为例，对三维可视化在全三维构造解释中的应用进行重点介绍。

可视化是科学计算可视化的简称，是美国国家基金会在 1987 年召开的"科学计算可视化研讨会"上正式提出的。可视化可以把复杂抽象的地震数据转化为通俗易懂的图像，并通过颜色、透明度和动画等实时改变的视觉表现形式呈现出来。这使地震解释人员能够直观、简单明了地观察地下地质现象，发现数据中隐藏的地质规律，判断解释的合理性，大大地促进了科学发现和学科交流，在地震解释中被广泛应用（朱海龙，1999；刘长松，2004；李更想，2006；张爱印等，2006）。

（1）可视化分类和基本原理

按照显示方式或算法的差异，三维可视化可以分为基于面元的面可视化和基于体素的体可视化两类。基于面元的面可视化，首先需要对三维数据场中的层位或断层进行空间成像，生成中间几何面元；然后，以这些面元作为地下空间的三维模型，进行三维可视化联合解释。这种地震解释方法仅利用了数据体中的部分数据，从严格意义上讲，仍具有传统交互解释的色彩，可以认为是传统交互解释的逻辑推广，适用于较为复杂构造的地震解释（姜素华等，2004；刘长松，2004；张二华等，2007）。体可视化不需要构建中间几何面元，而是以完全不同的数据属性（透明度）为基础，"透视"地震体，其本身既是数据体，也是地震模型。体可视化反映的是三维数据场的整体图像，包含所有细节，具有图像质量高、便于并行处理的特点

（朱海龙，1999；马仁安等，2003；马仁安，2004；张爱印等，2006）。

体可视化基本原理是：假定三维地震体中波阻抗界面的反射系数是地下层面的原位三维模型，其实质是地下地质体的构造、地层和振幅属性等信息，在三维空间内的综合反映（马仁安等，2003）。在基于体素的体可视化中，地震数据体中的每个采样点都被转换成一个体素（Voxel）。体素是一种尺寸近似等于面元和采样间隔的三维像素。这些三维像素与原三维数据数据体中的采样点一一对应，由一个 RGB（红、绿和蓝）颜色值和一个透明度可调的灰度变量表示。这样每条地震道就被转换成了一条体素道（图 4-50）。

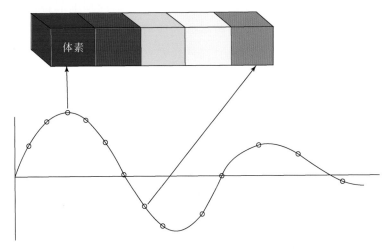

图 4-50　地震采样点与体素的对应关系

体可视化的核心思想就是体素显示和透明度调节。颜色、透明度、光线、运动是体三维可视化的 4 种基本要素。其中，颜色和透明度是可视化最为重要的两种参数，光线对颜色起补充作用，运动则可体现三维效果。在体素中，颜色是表征基于地震数据体提取的属性大小的参数，可以提供地下地质体的各类属性信息，如断层、砂体等构造或沉积信息（图 4-51）。

透明度则是体素中非常重要的属性，是可视化实现的基础。透明度的调节是实现剥离特定体素颜色（即地震属性大小）的方法，也是地震属性量化显示的手段。根据地震属性值的分布特性，利用灰度变量调节器选择需要显示的属性值范围，即可实现对体素颜色的自由选择（图 4-52）。透明度的应用使地震解释人员可以在三维空间内，综合构造、地层和各种属性信息，对地震数据体进行综合解释，直接识别层面、断面和各类地质异常体，为实现全三维地震解释提供了基础。

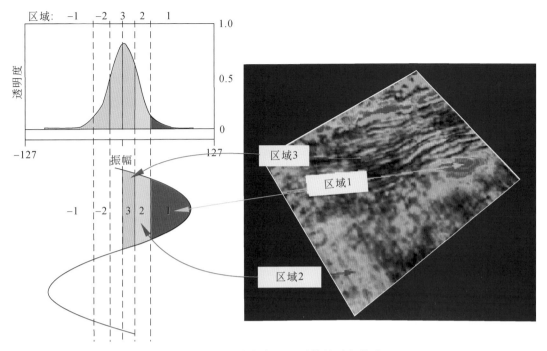

图 4-51　属性振幅与沉积砂体的对应关系

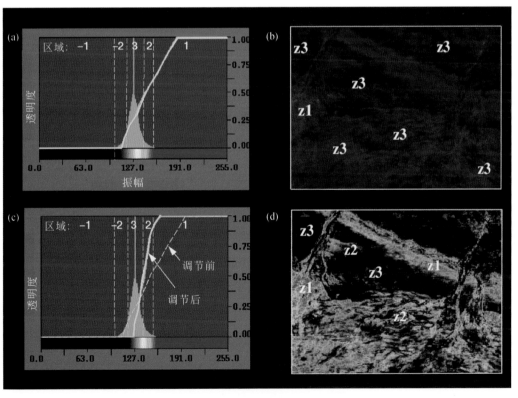

图 4-52　透明度对视觉效果的影响

（2）三维可视化地震解释

三维可视化既是一种解释工具，也是一种成果显示工具。三维可视化地震解释就是基于体元显示和透明度调节等方法，在空间中对地下地震反射特征进行直接评估的过程。基于体可视化技术，不仅可以实现整个地震数据体的完整三维成像，保留其内部细节，也可以通过调节透明度参数，在三维空间内，观察地下地层的构造、沉积特点，并根据体元追踪技术，进行快速解释。这种三维立体扫描和追踪技术，可帮助解释人员快速选定目标，结合精细的钻井标定，就可进行快速准确的解释，因而能够得到广泛的应用。

A. 可视化解释软件及其特点

经过近 30 年的研究，现在国内外很多公司已经开发了三维可视化地震解释的软件，例如，Landmark 公司开发的 Geoprobe、Schlumberger 公司的 Petrel 和 Geoviz、Dynamic Graphic 公司的 Earth Vision、Paradigm 公司的 VoxelGeo、CSD 公司的 TerraCube、LYNX Geosystem 公司的 LYNX、TGS 公司的 Open Inventor（OIV）和 SIM 公司的 Coin3D，等等，中国石油集团东方地球物理勘探有限责任公司开发的 GeoEast V2.0 现在也已具备类似的功能（张爱印等，2006；温庆庆，2008；王昌平，2014；杨鹏，2016）。

与传统解释软件相比，三维可视化软件具备很多优势。首先，能够进行快速图形处理，利用计算机技术的最新成果，如独特的编程技术、多 CPU 并行计算、多管道并行图形处理和高速纹理内存技术，等等，三维可视化软件能够实现三维数据体的实时显示，避免数据体移动或旋转后反复刷新的干扰，使解释者能够快速观察三维数据的连续变化。其次，三维可视化软件有丰富的显示方式和手段，如实时三维体显示、任意方向剖面显示、椅状显示和多种属性体（如频率体、振幅体、相位体和相干体等）同时显示，等等（图 4-53）。为便于观察，还可以对以上数据进行旋转、添加表层纹理、颜色和定向光源照射等（姜素华等，2004）。

此外，三维可视化解释软件还具有先进的解释工具，如断层或地层约束下的单个或多个属性体的体元自动追踪技术、地质体（如河道、断块等）雕刻技术以及地震数据属性计算技术（如相干体、三瞬属性和交互谱分解等计算）等。正是三维可视化软件具备这些优势，才为快速高精度全三维地震解释提供了基础。

B. 三维可视化解释的一般流程

与常规地震解释流程相比，三维可视化解释的工作流程具有很大的不同，它不再是从单条地震测线开始解释，而是在解释伊始，就着眼于整个数据体。其一般流程如下：数据体等各类资料的加载、数据体显示和浏览、目标的确定及解释、视窗或沿层雕刻、综合分析并成图等。利用上述步骤，不仅可以对构造、砂体、特殊岩性体进行三维可视化显示，还可以对复杂断块和沉积储层进行研究，并进行井位设

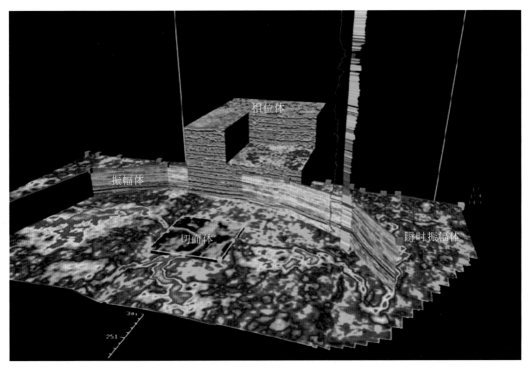

图 4-53　三维可视化各类属性体和井数据

计等。下面以 Landmark 公司的 Geoprobe 为例，对三维可视化解释的一般流程进行介绍（薛典军等，2014）。

a. 数据的加载

与常规数据加载不同，为快速调用各类数据，三维可视化解释所需要的所有数据，都存储在磁盘的可视化工区中，也就是 Landmark 软件中的 Geoprobe 工区。数据可以通过 SeisWorks 转入，也可以直接从外部加载。Geoprobe Data Server 是实现 Geoprobe 工区内数据输入和输出的工具。跟常规地震解释一样，需要加载的数据有地震数据、井数据（井位、分层、时深表、井轨迹和测井曲线等）和原有解释数据等。加载地震数据时，一般需要对数据体进行质量控制，尽量减少地震数据的质量问题，以免影响可视化成果的可靠性。

b. 显示和浏览地震资料

这一步的目的是，通过扫描和浏览地震资料，了解数据体的整体特征，并结合钻井资料，确定目的层段和潜在有利目标。在 Geoprobe 软件中，所有数据体的显示都需要通过探测体（Probe）进行定义和控制。在探测体中，地震数据既可以以数据体的形式显示（图 4-53），也可以通过不同方向常规或任意剖面和切片进行动画观察（图 4-54）。

图 4-54　探测体内不同方向常规剖面和切片显示特征

红、蓝剖面是速度数据，黄色任意剖面是地震数据

　　为更直观地观察地下地质特征，可使用一些非线性的颜色表显示数据，再结合数据体的透明度属性，突出某一部分地震数据的特征，可以增加数据的可视效果，分离出有意义的地质体或地质构造形态（图 4-55）。

　　值得注意的是，若数据加载需要匹配地震合成记录，这一步则首先需要进行井标定。与常规井标定相比，三维可视化空间标定方式更为多样。根据标定方式的差异，可分为单井标定、剖面标定和体标定三种。单井标定方法与常规标定一致，这里不再赘述。剖面标定则是利用已有地震解释，进行连井合成记录标定和井间对比。体标定是利用三维可视化技术，在地震体上显示测井曲线和合成记录，并进行体内连井标定的过程，可实现任意线上的地层对比，并为真正的斜井标定和体解释提供更高的标定精度。三维可视化中，井的显示方式也更为直观和多样，井轨迹、测井曲线、顺井地震剖面、合成记录等数据可同时显示，还可实现合成记录和测井曲线沿井轨迹移动等（图 4-56）。

图 4-55 常规地震数据体与透明度调节后的相干体

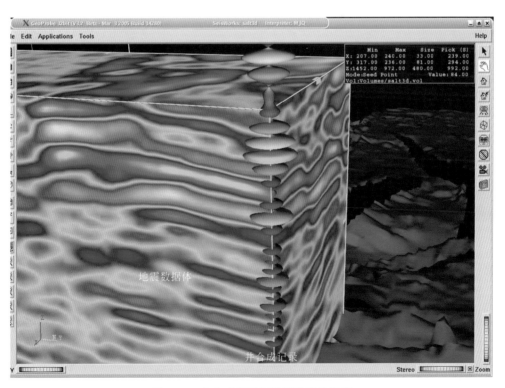

图 4-56 井合成记录与地震数据体标定

c. 目标解释

对全区数据进行快速浏览，确定潜在目标及其大致反射特征后，即可在探测体中对其解释。与常规地震解释类似，也包含断层和地层解释等，但解释方式具有很大差异。常规解释是采用点、线、面结合的方法，进行三维解释，而在三维可视化中，除常规解释手段外，还可进行体解释。

Landmark 中，断层三维可视化解释可以通过 Geoprobe 中的 ezFault 或 ezSurface 模块完成。前者适用于地震品质较好的区域，后者则主要用于岩浆、盐侵入等地震品质差的区域。这两种解释方式可以完全利用三维数据体，在不同剖面上，拾取同一断层控制点后，拖动 Probe 即可实时生成断层面（图 4-57）。Geoprobe 不仅可同时编辑多条断层，还可对断层进行合并和修整，使其更符合地质规律（李阳，2009）。

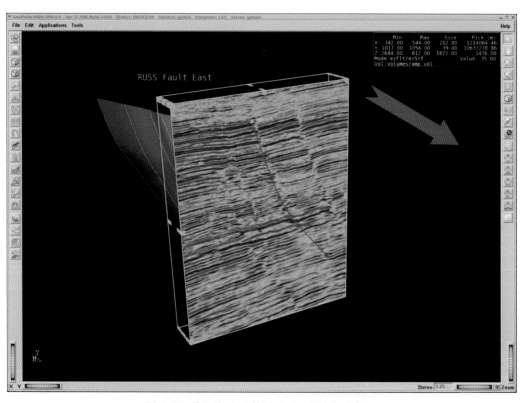

图 4-57　断层解释后拖动 Probe 自动生成断面

完成所有断层解释后，即可在断层的约束下，进行多属性层位自动追踪，并结合人工修改，完成层位拾取。在 Geoprobe 中，层位解释可通过层位（Horizon）或点（Points）模块来实现，两者皆可基于模型相似性原理，利用 ezTracker 进行层位自动追踪。具体流程如下：首先，选择合适的种子点，通常选择波峰或波谷位置；设置相似系数（Score）计算时窗，相似系数越大追踪范围越小，自动追踪多适用于资料较好的地区。需要注意的是，层位自动追踪形成的是一系列点且容易产生一些空洞，这时，需要把 Horizon 转换成 Points 之后，才能对空洞进行修补，利用 Surface 模块网格化形成层面（图 4-58）。

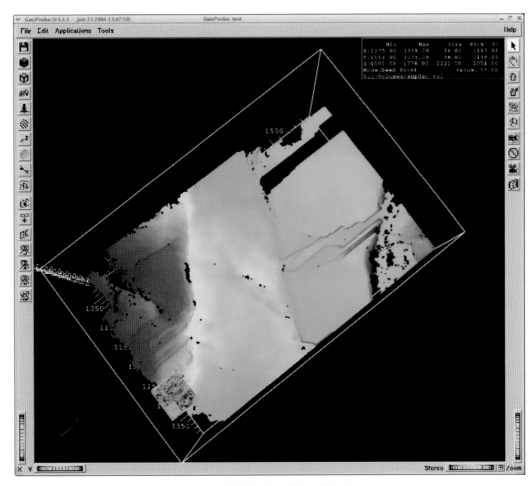

图 4-58 利用种子点自动追踪的层面

d. 地质体雕刻和属性处理

在完成全区断层和地层解释的基础上，对特殊的地质体，如断块、河道、扇体、砂岩透镜体和流体分布等的进一步解释，则需要更为精细的手段，如地质体雕刻和属性处理等（王中和安朝晖，2007）。地质体雕刻通常需要将地质体从整体数据体中抽提或隔离出来形成子体，在子体中进一步解释。这些地质体既可以沿地层或断层生成，也可以位于地层或断层之间（图 4-59）。地质体作为单独的数据体，与其他数据体一样，可进行属性提取、断层及地层的解释和自动追踪等，这里不再累述。

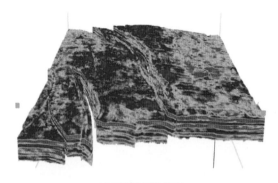 

(a) 层间地质体雕刻   (b) 断层间地质体雕刻

图 4-59   层间和断层间地质体雕刻

在 Geoprobe 软件中，地震振幅、频率和相位等基本属性可以组成很多新属性。这些属性分别代表不同的地质意义，可以帮助地质工作者更好地识别地下特殊地质体，如河道、扇体等，故属性计算在储层识别和预测中尤其重要（姜素华等，2004；周梦灵等，2007）。储层预测的方法多种多样，下面以 Geoprobe 中三种比较特色的地震预测方法为例，对属性处理在储层识别和预测中的应用进行简要阐述。

首先是交互谱分解，该方法利用短时窗离散傅氏变换，计算出某一目的层频率切片，用频率切片来观察储层在垂向和横向上的变化，并可利用储层厚度变化在频谱上引起的调谐效应，计算储层的时间厚度。这种方法在河道等地质体识别中应用尤为广泛，在时间切片上通常很难发现河道的踪迹，但在频率切片上河道反射却非常清晰（图 4-60）。

其次是沿层属性可视化，受构造起伏的影响，等时（水平）切片上常常无法观察某一特殊地质体的整体形态，而沿层属性则可消除构造因素的影响，因而，观察得更加准确和完整。图 4-61 的左侧等时切片，只能看到扇体的一部分，但在其右侧的沿层振幅属性切片上，则可轻松地识别扇体全貌。

最后是三维体透视与追踪技术，无论是等时切片，还是沿层切片，都只能在纵向上同时观察一个体积元，而三维体透视则能观察到地质体的全三维形态。用三维可视化方法发现地质体后，可用自动体追踪的方法标出地质体的每一个体积元，定量地雕刻出地质体。

e. 综合分析成图

在完成所有解释之后，就可以利用任意方向地震测线、数据体和方差切片等，对断层、层位及各类地质体的解释，进行质量控制，并反复修改，最后成图（图 4-62）。

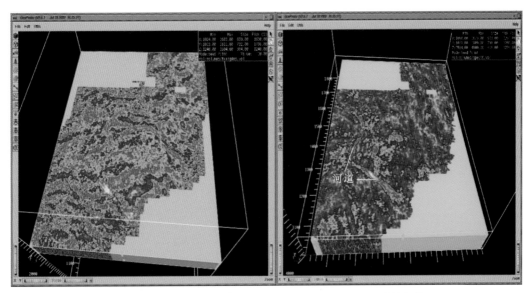

(a) 时间切片   (b) 频率切片

图 4-60   河道时间切片和频率切片

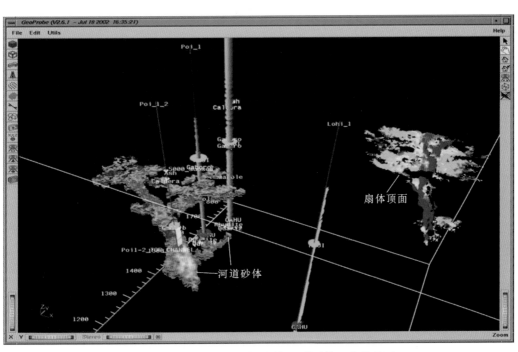

图 4-61   三维可视化追踪得到的河道砂体、扇体顶面

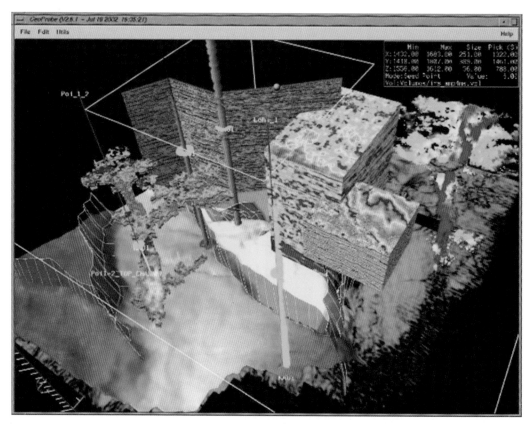

图 4-62　构造解释成果图示

4.3　虚拟现实技术

虚拟现实技术（VR）是仿真技术的一个重要方向，是仿真技术与计算机图形学、人机接口技术、多媒体技术、传感技术、网络技术等多种技术的集合，是一门富有挑战性的交叉技术前沿学科和研究领域。虚拟现实技术主要包括模拟环境、感知、自然技能和传感设备等方面。模拟环境是由计算机生成的、实时动态的三维立体逼真图像。感知是指理想的 VR 应该具有一切人所具有的感知。除计算机图形技术所生成的视觉感知外，还有听觉、触觉、力觉、运动等感知，甚至还包括嗅觉和味觉等，也称为多感知。自然技能是指人的头部转动，眼睛、手势或其他人体行为动作，由计算机来处理与参与者的动作相适应的数据，对用户的输入做出实时响应，并分别反馈到用户的五官。传感设备是指三维交互设备。

4.3.1 虚拟现实特点

（1）发展历史

虚拟现实技术的演变发展大体可以分为以下 4 个阶段：第一阶段（1963 年以前），有声形动态的模拟蕴含虚拟现实思想；第二阶段（1963～1972 年），虚拟现实萌芽；第三阶段（1973～1989 年），虚拟现实概念的产生和理论初步形成；第四阶段（1990 年至今），虚拟现实理论进一步完善和应用。

（2）技术特征

虚拟现实技术是可视化技术、数字图像处理技术、多媒体技术和传感器技术等多个信息技术融合的产物，它的出现改变了人与计算机之间枯燥、生硬和被动的现状，通过传感器装置使观察者在虚拟环境中获得身临其境和实时交互的体验。与可视化技术相比，具有三个显著的特点，即"沉浸性"（immersion）"交互性"（interaction）和"想象性"（imagination）（赵改善，2002；刘兵等，2004；赵庆国等，2005；李更想，2006；郭平平和何贞铭，2007；王月等，2010）。

沉浸性是指用户所感知的虚拟环境是三维立体的场景，可以接受多通道的信息感知，从而获得身临其境的逼真感觉。交互性是指虚拟环境为开放的环境，允许用户通过自然的方式操纵虚拟场景中的对象，使其同现实中一样做出被动响应，如改变其方位、属性或运动状态等。想象性则指虚拟现实只是一个现实系统，实际上，操作对象在现实中并不存在，只是它以夸大的形式反映了设计者的思想，其功能要比传统的显示方式更为生动强大，有助于激发使用者的想象力和创造性思维。沉浸性、交互性和想象性，构成了虚拟现实系统的本质，其体现程度依赖于系统的类型和采用的技术等因素。

（3）关键技术

虚拟现实是多种技术的融合，主要包含实时三维计算机图形技术，广角（宽视野）立体显示技术，对观察者头、眼和手的跟踪技术，以及触觉/力觉反馈、立体声、网络传输、语音输入输出技术等。

A. 实时三维计算机图形

利用计算机模型产生图形图像并不是太难的事情。如果有足够准确的模型，又有足够的时间，就可以生成不同光照条件下各种物体的精确图像。但是这里的关键是实时性。例如，在飞行模拟系统中，图像的实时刷新相当重要。同时，对图像质量的要求也很高。

B. 显示

由于人体左右眼的位置不同，得到的图像略有不同，这些图像在脑海中整合，就形成了关于周围世界的整体景象。这个景象中包括了距离远近的信息。当然，距离信息也可以通过其他方法获得，例如，眼睛焦距的远近、物体大小的比较等。

在 VR 系统中，上述双目立体视觉起了很大作用。用户的两只眼睛看到的不同图像是分别产生的，显示在不同的显示器上。也有单显示器系统，在特殊眼镜的辅助下，一只眼睛只能看到奇数帧图像，另一只眼睛只能看到偶数帧图像，奇、偶帧之间的不同即视差就产生了立体感。

用户（头、眼）的跟踪：在人造环境中，每个物体相对于系统的坐标系，都有一个位置与姿态，而用户也是如此。用户看到的景象是由用户的位置和头（眼）的方向来确定的。

跟踪头部运动的虚拟现实头套：在传统的计算机图形技术中，通过鼠标或键盘来改变视场。用户的视觉系统和运动感知系统其实是分离的。而利用头部跟踪来改变图像的视角，用户的视觉系统和运动感知系统是互相关联的，感观效果更加逼真。同时，用户不仅可以通过双目立体视觉去认识环境，而且可以通过头部的运动去观察环境。

对于三维空间来说，传统交互工具键盘和鼠标都不太适合。因为在三维空间中有六个自由度，很难找出比较直观的办法，把鼠标的平面运动映射成三维空间的任意运动。现在，已经有一些设备可以提供六个自由度，如，3Space 数字化仪和 SpaceBall 空间球等。另外，一些性能比较优异的设备是数据手套和数据衣。

C. 声音

人体具有判定声源方向的能力。在水平方向上，靠声音的相位差及强度的差别，来确定声音的方向，因为声音到达两只耳朵的时间或距离有所不同。常见的立体声效果就是靠左、右耳听到在不同位置录制的不同声音来实现的，所以会有一种方向感。现实生活里，当头部转动时，听到的声音的方向就会改变。但目前在 VR 系统中，声音的方向与用户头部的运动无关。

D. 感觉反馈

在一个 VR 系统中，用户可以看到一个虚拟的杯子。你设法去抓住它，但是手上却没有真正接触杯子的感觉，并可能穿过虚拟杯子的"表面"。这在现实生活中是不可能的。解决这一问题的常用装置是在手套内层安装可以振动的触点，以此模拟触觉。

E. 语音

在 VR 系统中，语音的输入输出也很重要。这要求虚拟环境能听懂人的语言，并能与人实时交互。语音信号和自然语言信号有其"多边性"和复杂性。例如，连续语音中词与词之间没有明显的停顿，同一词、同一字的发音受前后词、字的影响，不仅不同人说同一词会有所不同，就是同一人发音也会受到心理、生理和环境的影响而有所不同。尽管如此，随着科技的发展，这一难题也已解决。

（4）技术应用

虚拟现实应用于教育是教育技术发展的一个飞跃。在传统"以教促学"的学习方式之上，开创"自主学习"的新型学习方式。学习者通过自身与信息环境的相互作用来得到知识、技能。

当前许多大学都在积极研究虚拟现实技术及其应用，并相继建起了虚拟现实与系统仿真的实验室，将科研成果迅速转化为实用技术。有的实验室甚至已经具备独立承接大型虚拟现实项目的实力。虚拟现实技术能够为学生提供生动、逼真的学习环境，如建造人体模型、电脑太空旅行、化合物分子结构、透明地球结构显示等，为广泛的科学领域提供无限的虚拟体验，从而加速和巩固学习知识的过程。亲身去经历、亲身去感受比空洞抽象的说教更具说服力，主动去交互与被动灌输，有本质的差别。虚拟实验利用虚拟现实技术，可以建立各种虚拟实验室，如地质、地理、物理、化学、生物实验室，等等，拥有传统实验室难以比拟的优势。

1）节省成本：通常由于设备、场地、经费等硬件的限制，许多实验都无法实现。而利用虚拟现实系统，学生足不出户，便可以做各种地球物理、地球化学、古生物实验、野外地质考察、海上调查，获得与真实实验一样的体会。在保证教学效果的前提下，极大地节省了成本。

2）规避风险：真实实验在操作中往往具有一定风险因子，如地质野外考察常遇山洪、滑坡、地震等各种自然灾害的风险。利用虚拟现实技术进行虚拟实验，学生在虚拟实验环境中，可以放心地去做各种危险的实验。

3）打破空间、时间的限制：利用虚拟现实技术，可以彻底打破时间与空间的限制。例如，大到宇宙天体，小至原子粒子，人们都可以深入这些物体的内部进行观察。一些需要几十年甚至上百万年才能观察的地质、海洋变化过程，通过虚拟现实技术，可以在很短的时间内呈现。这是传统实验室无法企及的。

数字地球建设是一场意义深远的科技革命，也是地球科学研究的一场纵深变革。人类迫切需要更深入地了解地球、理解地球，进而管理好地球。

拥有数字地球等于占据了现代社会的信息战略制高点。从战略角度来说，数字地球是全球性的科技发展战略目标，地球大数据是未来信息资源的综合平台和集成，现代社会拥有信息资源的重要性更甚于工业经济社会拥有自然资源的重要性。

而从科技角度分析，数字地球与地球大数据是国家的重要基础设施，是遥感、地理信息系统、全球定位系统、互联网–万维网–物联网、仿真与虚拟现实技术等的高度综合与升华，是人类定量化研究地球、认识地球、科学利用地球的先进工具。

4.3.2 虚拟现实系统与地质应用

虚拟现实是基于可视化技术创建的能使用户沉浸其中又能驾驭其上的和谐的人机环境（赵改善，2002；刘兵等，2004）。虽然"虚拟现实"（virtual reality）一词，最先是由美国科学家 William Gibson 于 1984 年提出的，但现在公认为是 Jaron Lanier 于 1989 年第一次使用"虚拟现实"来统一表述人机交互技术（曾建超和俞志和，1996）。虚拟现实技术在多维数据分析、知识挖掘、产品演示、工程设计、技能培训、协同工作和远程协作等方面具有得天独厚的优势，因此，自出现以来，在各个领域得到广泛应用，被认为是 21 世纪信息技术的代表（朱海龙，1999；马艳平和姜波，2005；赵庆国等，2005；刘凯等，2007；南登科等，2009；王月等，2010）。

（1）虚拟现实系统的组成

虚拟现实系统融合了数据管理技术、三维可视化技术及先进的人机交互技术，将使用者置身于数据形成的虚拟环境中，以更自然的方式人机交互，这就决定了其系统组成与可视化系统具有很大的不同。虚拟现实系统由虚拟现实引擎和虚拟现实外设组成（朱海龙，1999；赵改善，2002；刘兵等，2004；杨立强等，2006）。

虚拟现实对图像显示具有极高的要求，不仅要满足实时和动态显示，还要生成立体图像。因此，虚拟现实引擎必须具有高性能计算和图形图像处理能力，支持多通道图像输出，通过包括安装高性能可视化系统的超级计算机及其配套的虚拟现实软件，负责数据存储，数据、图形图像以及音频视频信号等处理工作。

虚拟现实外设则包括各式各样显示设备和交互设备等，充当人与虚拟现实引擎之间的交互接口。虚拟现实的显示设备有很多，较为常用的有大型的监视器、电视墙和（平面、曲面、半圆形屋顶式和封闭式）显示幕等，这些设备通常还配套有幅面大、亮度高的投影仪和集中的数据、音频和光线控制系统和立体观察设备等（图 4-63）。随着科技的发展，小型化的显示设备也在不断涌现，如台式显示器、头盔式显示器和立体眼镜等也可以实现很好的立体显示功能（赵庆国等，2005）。

交互性是虚拟现实系统的重要特性，除可视化显示设备外，还需要有特殊的人机交互设备，方便用户对系统和数据进行控制以及系统对人的动作和命令进行响应等。常见的交互设备有三维位置跟踪器、数据手套、数据衣、三维鼠标和操纵杆等（图 4-64）。

图 4-63　虚拟模拟曲面显示幕及配套立体显示设备

图 4-64　头戴式虚拟现实显示器和数据手套

（2）虚拟现实技术在洋底动力学中的应用

虚拟现实是一种新型的 3D 解释环境和技术，它是基于计算机产生的，用户多感官参与的实时交互解释环境。自 1997 年休斯敦大学等安装了第一批虚拟现实地震解释系统以来，经过 20 多年的发展，虚拟现实技术在石油勘探领域得到了迅速发展。现在比较常用的沉浸式虚拟现实解释环境，是搭载 Geoprobe 等可视化解释系统的 SGI 超级计算机及满足不同环境的虚拟现实外部设备等（朱海龙，1999；赵改善，2002；刘兵等，2004；邹红等，2012；于顺安，2015）。

虚拟现实解释环境是一种更高级的可视化解释手段，把传统的地震解释和勘探部署带入沉浸式虚拟环境中。虚拟现实手段不仅具备可视化解释的所有优点，还在很多方面具有得天独厚的优势。

各类显示和传感设备可以使解释人员处在三维虚拟环境中，从地层模型和数据体内部任意角度和位置，一目了然地观察地下地质体，明确其空间关系，判断构造轮廓，感觉地质现象，寻找地质目标，并进行精细解释，设计钻井轨迹，甚至构建海上平台，等等。虚拟现实技术不仅可以大大缩短施工周期，还允许多学科专家处于同一直观数据模型中交流和协同合作，这大大提高了地震解释、钻井设计和平台建设的精度和质量，减少了不确定性（刘兵等，2004；赵庆国等，2005；李更想，2006）（图 4-65）。

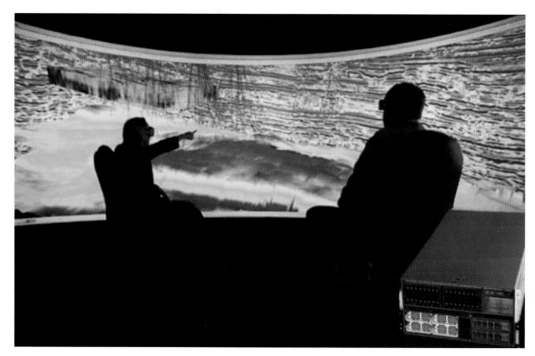

图 4-65　虚拟现实地震解释

随着虚拟现实技术的发展，其已应用于海洋地质科普和海洋能源勘探等多个方面。例如，中国海洋大学洋底动力研究所 2015 年建立了洋底动力学虚拟现实实验室，在地震资料解释和地球动力学三维模拟结果分析方面实现了突破；青岛海洋地质研究所也自主研发了一套虚拟现实科普系统，利用 VR 技术以全景式、沉浸式的展现方式能够使公众身临其境地体验和感受洋底景观，近距离观察大陆架、大陆坡、深渊海沟、深海洋盆、洋中脊、海底冷泉系统、海底热液系统等洋底地貌或现象和了解海底矿床、海洋石油和天然气水合物等能源的形成过程、赋存状态和勘探流程。

参 考 文 献

白斌. 2015. 三维地震资料构造解释技术研究. 大庆: 东北石油大学硕士学位论文.

蔡毅华, 罗尚德, 黄奕普, 等. 2002. 海底构造运动的指示物——多金属结核中的 $CaCO_3/Fe_2O_3$ 和 $MgCO_3/Fe_2O_3$ 比值. 厦门大学学报 (自然科学版), 41 (2): 225-230.

蔡毅华. 2002. 太平洋富钴结壳的生长与元素富集机理. 厦门: 厦门大学博士学位论文.

曹彤, 郭少斌. 2013. 精细地震构造解释在油田开发中的应用. 地球物理学进展, 28 (4): 1893-1899.

陈非凡, 吴英姿, 徐新盛. 1998. 多波束条带测深技术的研究. 海洋技术, 19 (2): 1-5.

陈浩林, 张保庆, 秦学彬, 等. 2014. 海上 OBC 地震勘探高精度潮汐校正方法. 石油地球物理勘探, 49 (S1): 1-4.

陈洪云, 孙有斌. 2008. 黄土高原风尘沉积的物质来源研究: 回顾与展望. 第四纪研究, 28 (5): 892-900.

陈家林. 2014. 面向海洋可控源电磁勘探的电磁数据记录仪设计. 青岛: 中国海洋大学硕士学位论文.

陈建强, 周洪瑞, 王训练. 2004. 沉积学及古地理学教程. 北京: 地质出版社.

陈露. 2017. 双检压制虚反射与鸣震技术研究. 成都: 西南石油大学硕士学位论文.

陈善. 1987. 重力勘探 (Gravity Exploration). 北京: 地质出版社.

陈树光, 陈恭洋. 2010. 三维地震构造解释技术. 内蒙古石油化工, 36 (2): 93-94.

陈文. 2003. ^{39}Ar-^{40}Ar 定年技术及其在青藏高原多期地质事件年代学中的应用研究. 北京: 中国地质大学 (北京) 博士学位论文.

陈晓洁. 2003. 基于 MapInfo 的古大陆再造软件的开发和应用. 地学前缘, 10 (1): 33.

陈鹰, 杨灿军, 等. 2006. 海底观测系统. 北京: 海洋出版社, 1-129.

陈中红, 查明. 2004. 铀曲线在沉积盆地古环境反演中的应用. 石油大学学报 (自然科学版), (6): 11-15.

成景旺. 2014. 海上 OBC 三维地震多波多分量采集并行模拟及应用研究. 武汉: 中国地质大学硕士学位论文.

程谦, 阎建国, 朱强. 2010. 三维地震资料的体解释实用流程探讨. 天然气勘探与开发, 33 (1): 25-29.

程秀丽. 2014. 多波束测量数据处理关键技术研究. 济南: 山东建筑大学硕士学位论文.

程子华, 丁巍伟, 董崇志, 等. 2014. 南海南部地壳结构的重力模拟及伸展模式探讨. 高校地质学报, 20 (2): 239-248.

邓国成. 2019. 利用正演技术识别地震解释中的假象. 地球物理学进展, 34 (1): 64-68.

丁维凤, 李家彪, 高金耀, 等. 2017. 浅水无定位拖缆观测系统定义及多次波压制效果分析. 地球物理学报, 60 (9): 3685-3692.

董刚，何幼斌．2010. 根据地层厚度恢复古水深研究．长江大学学报（自然科学版），9（7）：484-486.

杜世松，伍永秋，黄文敏，等．2015. 风成沉积物源分析方法及其应用研究进展．干旱区研究，32（1）：184-191.

杜同军，翟世奎，任建国．2002. 海底热液活动与海洋科学研究．中国海洋大学学报（自然科学版）自然科学版，32：597-602.

杜远生．2018. 关于古流分析的讨论．古地理学报，20（5）：925-926.

范嘉松，吴亚生．2002. 广西、贵州和川东二叠纪生物礁的钙藻化石及其古生态环境．微体古生物学报，19（4）：337-347.

范宜仁，朱学娟．2011. 天然气水合物储层测井响应与评价方法综述．测井技术，35：104-111.

方国庆．1991. 古地磁学在沉积学中的应用及其前景．岩相古地理，（02）：40-43.

方云峰，聂红梅，张丽梅，等．2016. 基于数据规则化和稀疏反演的三维表面多次波压制方法．地球物理学报，59（2）：673-681.

封从军，鲍志东，孙萌思，等．2010. 地震解释中构造及其陷阱的识别方法．科技导报，28（13）：62-67.

封锡盛．2000. 从有缆遥控水下机器人到自治水下机器人．中国工程科学，2（12）：29-58.

封锡盛，李一平．2013. 海洋机器人30年．科学通报，58（增刊Ⅱ）：2-7.

冯延状，宋维琪，刘仕友．2007. 利用地震资料进行古地形恢复方法研究及应用．地层学杂志，（S2）：527-531.

符超峰，宋友桂，强小科，等．2009. 环境磁学在古气候环境研究中的回顾与展望．地球科学与环境学报，31（03）：312-322.

福尔．1983. 同位素地质学原理．北京：科学出版社．

高彩霞．2010. 波动方程叠前成像数据规则化技术研究与应用．石油天然气学报，6：271-273.

高峰，曲建升，王雪梅．2007. 海岸带研究国际发展态势分析及我国对策．兰州：中国科学院兰州文献情报中心．

高兴军，于兴河，李胜利，等．2003. 地球物理测井在天然气水合物勘探中的应用．地球科学进展，18：305-311.

葛淑兰，石学法，杨刚，等．2007a. 西菲律宾海780ka以来气候变化的岩石磁学记录：基于地磁场相对强度指示的年龄框架．第四纪研究，27（6）：1040-1052.

葛淑兰，石学法，张伟滨．2007b. 地磁场相对强度研究方法．海洋地质与第四纪研究，27（2）：65-70.

葛淑兰，Lovlie R，石学法，等．2013. 菲律宾西北部岩心记录的125ka以来的地磁场强度及其影响因素．地球物理学报，56（2）：542-557.

耿建华，董良国，马在田．2011. 海底节点长期地震观测：油气田开发与CO_2地质封存过程监测．地球科学进展，26（06）：669-677.

龚福秀，陈建平，于淼，等．2009. 球面几何构建欧拉极的方法．地球物理学进展，（02）：475-480.

龚一鸣．1997. 重大地史事件、节律及圈层耦合．地学前缘，（Z2）：79-88.

龚再升，李思田，谢泰俊，等．1997. 南海北部大陆边缘盆地分析与油气聚集．北京：科学出版社．

勾福岩，刘财，刘洋，等．2015．基于 OC-Seislet 变换的海洋涌浪噪声衰减方法．吉林大学学报（地球科学版），45（3）：962-970.

管志宁．2005．地磁场与磁力勘探．第 2 卷．北京：地质出版社，372-377.

郭平平，何贞铭．2007．浅论虚拟现实技术及其在数字地球中的作用．科技资讯，（27）：106-107.

郭秋麟，倪丙荣．1990．利用化石群分异度探讨古水深．石油大学学报（自然科学版），（02）：1-7.

郭少斌，孙绍寒．2006．周家湾地区前侏罗纪古地貌恢复及油气富集规律．地球科学，31（3）：372-377.

郭彦如，于均民，樊太亮．2002．查干凹陷下白垩统层序地层格架与演化．石油与天然气地质，23（2）：166-182.

郝石生，贺志勇，高耀斌，等．1988．恢复地层剥蚀厚度的最优化方法．沉积学报，（04）：93-99.

郝维城，徐礼国，冉崇荣，等．1986．HS1 海底数字地震仪．地球物理学报，482-490.

何建军，李琼，赵锡奎，等．2011．阿克库勒凸起上奥陶统地层多期剥蚀的剖分与古构造复原．物探化探计算技术，33（05）：536-543，464.

何进勇．2014．节点采集技术在复杂水域地震资料采集中的应用．物探与化探，38（1）：87-89.

侯遵泽，杨文采．2012．小波多尺度分析应用．北京：科学出版社．

胡家明．1984．水上测量新技术．北京：人民交通出版社．

胡新亮，刁桂苓，马瑾，等．2004．利用数字地震记录的 P 和 S 振幅比资料测定小震震源机制解的可靠性分析．地震地质，26：347-354.

胡银丰，朱辉庆，夏铁坚．2008．现代多波束测深系统简介．声学与电子工程，89（1）：46-48.

黄诚，杨飞，李鹏飞．2013．利用正演模拟识别各类地震假象．工程地球物理学报，10（4）：493-496.

黄传炎，王华，周立宏，等．2009．北塘凹陷古近系沙河街组三段物源体系分析．地球科学—中国地质大学学报，34（6）：975-981.

黄明忠．2007．叠前时间偏移和共反射面叠加技术应用．油气藏评价与开发，30（4）：275-279.

黄玉龙，孙德有，王璞珺，等．2011．松辽盆地营城组玄武岩流动单元测井响应特征．地球物理学报，54：524-533.

季福武，周怀阳，杨群慧．2016．海底井下观测技术的发展与应用．工程研究，8（2）：162-171.

江卓斐，伍陆，崔晓庄，等．2013．四川盆地古近纪古风向恢复与大气环流样式重建．地质通报，32（5）：734-741.

姜丹，蒲晓东，麻志国，等．2017．子波法去鬼波在墨西哥湾的应用．物探与化探，（5）：914-918.

姜素华，庄博，刘玉琴，等．2004．三维可视化技术在地震资料解释中的应用．中国海洋大学学报（自然科学版），34（1）：147-152.

姜文亮，张景发．2012．首都圈地区精细地壳结构—基于重力场的反演．地球物理学报，55（5）：1646-1661.

姜在兴．2010．沉积体系及层序地层学研究现状及发展趋势．石油与天然气地质，31（1）：535-541.

姜在兴．2016．风场—物源-盆地系统沉积动力学：沉积体成因解释与分布预测新概念．北京：科学出版社．

姜在兴，刘晖．2010．古湖岸线的识别及其对砂体和油气的控制．古地理学报，12（5）：589-598.

姜在兴，邢焕清，李任伟，等.2005. 合肥盆地中—新生代物源及古水流体系研究. 现代地质，19（2）：247-252.

姜正龙，邓宏文，林会喜，等.2009. 古地貌恢复方法及应用——以济阳坳陷桩西地区沙二段为例. 现代地质，(05)：865-871.

蒋富清，李安春.2002. 冲绳海槽南部表层沉积物地球化学特征及其物源和环境指示意义. 沉积学报，20（4）：680-686.

焦养泉，李珍，周海民.1998. 沉积盆地物质来源综合研究——以南堡老第三纪亚断陷盆地为例. 岩相古地理，18（5）：16-20.

金丹，阎贫，唐群署，等.2011. Kirchhoff 波场延拓在 OBS 记录海水层基准面校正中的应用. 热带海洋学报，30（6）：84-89.

金鹤生.1993. 用古地磁资料计算测点古经纬度的数学方法. 湘潭矿业学院学报，(01)：28-30.

金旺林，张小路，苏丕波.2010. 利用井震联合进行三维地震精细解释. 内蒙古石油化工，36（9）：37-39.

金旭，傅维洲，田有，等.2012. 固体地球物理学——地震学、地电学与地热学. 北京：地质出版社.

金之钧，张一伟，刘国臣，等.1996. 沉积盆地物理分析——波动分析. 地质论评，42（增刊）：170-180.

康志宏，吴铭东.2003. 利用层序地层学恢复岩溶古地貌技术——以塔河油田 6 区为例. 新疆地质，(03)：290-292.

柯本喜.2012. 压制拖缆地震数据中的多次波方法研究. 北京：中国科学院研究生院博士学位论文.

李斌，冯奇坤，张异彪，等.2019. 海上 OBC-OBN 技术发展与关键问题. 物探与化探，43（06）：1277-1284.

李昌，曹全斌，寿建峰，等.2009. 自然伽马曲线分形维数在沉积物源分析中的应用——以柴达木盆地七个泉—狮北地区下干柴沟组下段为例. 天然气地球科学，20（1）：148-152.

李成凤，肖继风.1988. 用微量元素研究胜利油田东营盆地沙河街组的古盐度. 沉积学报，(04)：100-107.

李成钢，王伟伟，阎军.2007. 传统多波束系统与具有相干特点的多波束系统的研究. 海洋测绘，27（2）：77-80.

李春峰，宋晓晓.2014. 国际大洋发现计划 IODP349 航次. 上海国土资源，35：43-48.

李大明，陈文寄.1999. 年轻火山岩的 K-Ar 年龄与过剩氩：二元混合模式及过剩氩影响的定量研究. 科学通报，44：2341-2346.

李更想.2006. 基于 Windows 的三维可视化地震资料解释系统. 西安：西安科技大学硕士学位论文.

李海森，周天，徐超.2013. 多波束测深声纳技术研究新进展. 声学技术，32（2）：73-80.

李家彪，等.1999. 多波束勘测原理技术与方法. 北京：海洋出版社.

李家强.2008. 层拉平方法在沉积前古地貌恢复中的应用——以济阳坳陷东营三角洲发育区为例. 油气地球物理，(02)：46-49.

李健，陈荣裕，王盛安，等.2012. 国际海洋观测技术发展趋势与中国深海台站建设实践. 热带海洋学报，31（2）：123-133.

李军，王贵文.1995. 高分辨率倾角测井在砂岩储层中的应用. 测井技术，(5)：352-357.

李丽青，陈玺，伍宗良，等 . 2013. 深水环境下 OBS 的二次定位技术 . 海洋地质前沿，29（11）：54-61.

李亮，蒋少涌 . 2008. 钙同位素地球化学研究进展 . 中国地质，35（6）：1088-1099.

李朋武，申宁华，张世红 . 1997. 地体相对运动与绝对运动的古地磁方法概述 . 世界地质，（04）：63-68.

李朋武，高锐，管烨 . 2002. 中国及邻区古地磁数据库 . 中国地球物理学会第十八届年会，北海 .

李朋武，高锐，崔军文，等 . 2003. 滇西藏东三江地区主要地块碰撞拼合的古地磁分析 . 沉积与特提斯地质，（02）：28-34.

李三忠，金宠，戴黎明，等 . 2009a. 洋底动力学——国际海底相关观测网络与探测系统的进展与展望 . 海洋地质与第四纪地质，29（5）：131-143.

李三忠，张国伟，刘保华 . 2009b. 洋底动力学——从洋脊增生系统到俯冲消减系统 . 西北大学学报，39（3）：434-443.

李翔，张玲华 . 1989. 利用微型计算机进行世界古大陆再造成图——方法与实例 . 现代地质，（01）：17-26.

李学杰 . 1994. 珠江口盆地表层沉积物浮游有孔虫含量与水深关系定量研究 . 海洋地质与第四纪地质，14（3）：79-84.

李学杰，陈芳，陈超云，等 . 2004. 南海西部浮游有孔虫含量与水深关系定量研究 . 古地理学报，（04）：442-447.

李阳 . 2009. Geoprobe 软件 3d 可视化相干技术识别小断层在宋芳屯油田芳 231 区块的应用 . 内蒙古石油化工，（19）：36-38.

李一平，李硕，张爱群 . 2016. 自主/遥控水下机器人研究现状 . 工程研究，8（2）：217-222.

李昭兴，许树坤，郭凯文 . 2010. 海底地震观测系统咨询研究 . 中央气象局地震技术报告集编，471-482.

笠原庆一 . 1984. 地震力学 . 赵仲和，等，译 . 北京：地震出版社 .

廖卫华 . 2000. 中国泥盆纪珊瑚的生物地理及其群落生态 . 古生物学报，39（1）：126-135.

林孝先 . 2011. 陆源碎屑岩盆地综合物源分析 . 成都：成都理工大学硕士学位论文 .

凌云，林吉祥，孙德胜，等 . 2008. 基于三维地震数据的构造演化与储层沉积演化解释研究 . 石油物探，47（1）：1-16.

刘宝珺，曾允孚 . 1985. 岩相古地理基础和工作方法 . 北京：地质出版社，321-323.

刘宝珺，许校松 . 1994. 中国南方岩相古地理图集 . 北京：科学出版社 .

刘兵，刘怀山，姜绍辉 . 2004. 虚拟现实技术在石油勘探开发中的应用 . 西北地质，37（4）：107-112.

刘长松 . 2004. 三维可视化地震体追踪技术 . 西安：西安科技大学硕士学位论文 .

刘广山 . 2016. 海洋放射年代学 . 福建：厦门大学出版社 .

刘国臣，金之钧，李京昌 . 1995. 沉积盆地沉积—剥蚀过程定量研究的一种新方法——盆地波动分析应用之一 . 沉积学报，（03）：23-31.

刘国华 . 2009. 二维零偏移与共偏移距共反射面叠加研究 . 西安：长安大学博士学位论文 .

刘鸿允 . 1979. 古地理的研究方法 . 甘肃区域地质，（1）：28-36.

刘凯，毋河海，胡洁 . 2007. 虚拟现实技术在地球科学中的应用现状与前景展望 . 河南大学学报（自然科学版），37（4）：371-376.

刘立安，姜在兴 . 2011. 四川盆地古近纪沙漠沉积特征及古风向意义 . 地质科技情报，30（2）：63-68.

刘平，靳春胜，张糕，等 . 2007. 甘肃龙担早第四纪黄土—古土壤序列磁组构特征与古风场恢复 . 科学通报，52（24）：2922-2924.

刘青松，邓成龙 . 2009. 磁化率及其环境意义 . 地球物理学报，52（4）：1041-1048.

刘望军 . 2006. 海洋地震勘探装备的现状和发展趋势——漂浮拖带电缆方式采集装备 . 中国国际地质科技论坛，上海 .

刘晓燕，袁四化，徐海 . 2009. 氧同位素古高程计算研究新进展 . 海洋地质与第四纪地质，29（2）：139-147.

刘学锋 . 1997. 对 Watts 等构造沉降量计算公式的修正 . 石油勘探与开发，（03）：82-85.

刘学锋，何幼斌，张或丹 . 1999. 利用回剥分析重建古构造格局——以川、鄂、湘边区为例 . 古地理学报，（02）：53-61.

刘学锋，孟令奎，赵春宇，等 . 2003. 基于 GIS 的盆地古构造重建方法研究 . 武汉大学学报（信息科学版），（02）：197-201.

刘元龙，王谦身 . 1977. 用压缩质面法反演重力资料以估算地壳构造 . 地球物理学报，20（1）：59-69.

刘元龙，郑建昌，武传珍 . 1987. 利用重力资料反演三维密度界面的质面系数法 . 地球物理学报，30（2）：186-196.

刘振东，孙宜朴 . 2010. 白音查干凹陷巴彦花群沉积期岩相古地理 . 石油天然气学报，（02）：161-165，404.

卢明德 . 2014. 地震资料数据规则化技术研究与应用 . 地球，（11）：349.

鲁洪波，姜在兴 . 1999. 稀土元素地球化学分析在岩相古地理研究中的应用 . 石油大学学报（自然科学版），（01）：19-21.

罗冬阳，焦杨 . 2017. 勘探开发一体化远程协同工作平台 . 网络安全技术与应用，（4）：180-181.

罗冬阳，朱明，陈升义，等 . 2017. Petrel 地震解释工作平台建设 . 石油工业计算机应用，（1）：24-26.

罗维斌 . 2007. 伪随机海洋可控源多道电磁测深法研究 . 长沙：中南大学博士学位论文 .

马仁安 . 2004. 基于微机的三维地震数据可视化技术研究 . 南京：南京理工大学博士学位论文 .

马仁安，杨静宇，王洪元 . 2003. 可视化技术及在三维地震解释中的应用 . 计算机工程，29（5）：139-141.

马艳平，姜波 . 2005. 虚拟现实技术在地质科学领域中的应用 . 能源技术与管理，1：24-25.

马中平，夏林圻，夏祖春，等 . 2004. 蛇绿岩年代学研究方法及应注意的问题 . 西北地质，（3）：103-108.

毛光周，刘池洋 . 2011. 地球化学在物源及沉积背景分析中的应用 . 地球科学与环境学报，33（4）：337-348.

孟庆勇，李安春，李铁刚，等 . 2009. 西菲律宾海沉积物 200ka 以来的地球磁场相对强度记录及其年代学意义 . 中国科学（D 辑），39（1）：24-34.

牟中海，唐勇，崔炳富，等 . 2002. 塔西南地区地层剥蚀厚度恢复研究 . 石油学报，（01）：40-44.

南登科，韩建国，王同锤．2009．虚拟现实野外采集系统软件的开发及实现．断块油气田，16（1）：42-44．

宁伏龙，刘力，李实，等．2013．天然气水合物储层测井评价及其影响因素．石油学报，34：591-606．

庞军刚，云正文．2013．陆相沉积古气候恢复研究进展．长江大学学报（自然科学版），10（20）：54-56．

庞军刚，李文厚，肖丽．2009．陕北地区延长组坳陷湖盆浅湖与深湖亚相的识别特征．兰州大学学报（自然科学版），（06）：36-40．

庞军刚，杨友运，李文厚，等．2013．陆相含油气盆地古地貌恢复研究进展．西安科技大学学报，33（4）：424-430．

庞艳君，代宗仰，刘善华，等．2007．川中乐山—龙女寺古隆起奥陶系风化壳古地貌恢复方法及其特征．石油地质与工程，（05）：8-10．

漆家福，杨桥，王子煜，等．2001．关于编制盆地构造演化剖面的几个问题的讨论．地质论评，（04）：388-392．

漆家福，杨桥，王子煜．2003．编制盆地复原古构造图的若干问题的讨论．地质科学，（03）：413-424．

秦晶晶，李德春，程慧慧，等．2010．三维地震的精细构造解释方法及应用．能源技术与管理，（5）：12-14．

秦静欣，郝天珧，徐亚，等．2011．南海及邻区莫霍面深度分布特征及其与各构造单元的关系．地球物理学报，54（12）：3171-3183．

覃建雄．1995．联合古陆演化时期沉积记录的全球同时性．岩相古地理，（01）：31-43．

覃建雄，张长俊，王成善，等．1995．全球旋回地层学．地质科技情报，14（01）：17-22．

全海燕，韩立强．2005．海底电缆双检接收技术压制水柱混响．石油地球物理勘探，40（1）：7-12．

全海燕，徐朝红，罗敏学，等．2017．海洋节点地震数据采集技术及应用．中国石油学会2017年物探技术研讨会论文集，天津．

阮爱国，等．2018．海底地震勘测理论与应用．北京：科学出版社．

沈吉，王苏民，Matsumoto R，等．2000．内蒙古岱海古盐度定量复原初探．科学通报，（17）：1885-1889．

沈金松，陈小宏．2009．海洋油气勘探中可控源电磁探测法（CSEM）的发展与启示．石油地球物理勘探，44（1）：119-127．

石永红，李忠，卡香萍，等．2009．博兴注陷新生代砂岩碎屑石榴石的物源示踪及对鲁西隆起的指示．沉积学报，27（5）：967-975．

宋国奇，徐春华，樊庆真，等．2000．应用层序地层学方法恢复加里东期古地貌——以济阳坳陷沾化地区为例．石油实验地质，（04）：350-354．

宋家文，Verschuur D J，陈小宏．2014．多次波压制的研究现状与进展．地球物理学进展，29（1）：240-247．

宋建国．1999．井间地震偏移速度扫描和反射波超级叠加技术．中国石油大学学报（自然科学版），23（1）：23-26．

宋俊俊．2017．西准噶尔和华南晚泥盆世—早石炭世介形类古生物、古生态和生物古地理．武汉：中国地质大学博士学位论文．

孙继敏，丁仲礼，刘东生，等．1995．黄土与古土壤磁组构测定在重建冬季风风向上的初步应用．科学通报，40（21）：1976-1978．

孙连浦, 周祖翼 . 2003. 科学大洋钻探中的新技术 . 地球科学进展, 81 (5): 789-794.

孙小东, 李振春, 滕厚华, 等 . 2008. 共反射面元叠加技术及其在偏移成像中的应用 . 石油物探, 47 (5): 465-469.

孙振刚, 李宏图, 张晓渝, 等 . 2007. 海洋拖缆地震资料处理关键技术 . 天然气工业, (s1): 198-200.

田辉, 陈建平, 于森, 等 . 2011. 古大陆再造 GIS 系统的设计与研究 . 地质通报, (05): 683-693.

田莉丽, 史瑞萍 . 2001. 地球磁场古强度测定方法综述 . 地球物理学进展, (04): 110-116.

田纳新, 徐国强, 胡志方, 等 . 2004. 塔中地区早海西期风化壳古地貌特征 . 河南石油, (01): 1-3.

拓守挺, 潘知蔍 . 2016. 科学大洋钻探船的回顾与展望 . 工程研究, 8 (2): 155-161.

万锦峰, 鲜本忠, 佘源琦, 等 . 2011. 基于伽马能谱测井信息的古水深恢复方法——以塔河油田 4 区巴楚组为例 . 石油天然气学报, (06): 98-103.

汪品先 . 2007. 从海底观察地球——地球系统的第三个观测平台 . 自然杂志, 29 (3): 125-131.

汪品先 . 2009. 地球深部与表层的相互作用 . 地球科学进展, 24 (12): 1331-1338.

汪品先 . 2011. 海洋科学和技术协同发展的回顾 . 地球科学进展, 26 (6): 644-649.

汪品先, 闵秋宝, 卞云华, 等 . 1986. 十三万年来南海北部陆坡的浮游有孔虫及其古海洋学意义 . 地质学报, (03): 215-225.

王宝仁 . 1986. 重力校正及相应重力异常的地球物理意义—与赖仲康同志商榷 . 石油地球物理勘探, 21 (1): 98-104.

王贝贝, 郝天珧 . 2008. 具有已知深度点的二维单一密度界面的反演 . 地球物理学进展, 23 (3): 834-838.

王昌平 . 2014. 三维地震数据可视化的研究与实现 . 长春: 吉林大学硕士学位论文 .

王成善, 李祥辉 . 2003. 沉积盆地分析原理与方法 . 北京: 高等教育出版社 .

王成善, 刘志飞, 王国芝, 等 . 2000. 新生代青藏高原三维古地形再造 . 成都理工学院学报, (01): 4-10.

王成善, 郑和荣, 冉波, 等 . 2010. 活动古地理重建的实践与思考——以青藏特提斯为例 . 沉积学报, 28 (5): 849-860.

王福, 王宏 . 2011. 海岸带地区 ^{137}Cs 沉积剖面类型划分及其意义 . 地质通报, 30: 1109-1111.

王贵文, 郭荣坤 . 2000. 测井地质学 . 北京: 石油工业出版社 .

王国灿 . 2002. 沉积物源区剥露历史分析的一种新途径—碎屑锆石和磷灰石裂变径迹热年代学 . 地质科技情报, 21 (4): 35-40.

王海然, 赵红格, 乔建新, 等 . 2013. 锆石 U-Pb 同位素测年原理及应用 . 地质与资源, 22: 229-232.

王红梅, 赵建明, 刘美辉, 等 . 2009. 双检检波器在 OBC 勘探中的应用 . 物探装备, 19 (s1): 38-40.

王鸿祯 . 1985. 中国古地理图集 . 北京: 地质出版社 .

王鸿祯 . 1997. 地球的节律与大陆动力学的思考 . 地学前缘, 4 (3-4): 1-12.

王鸿祯, 杨森楠, 刘本培, 等 . 1990. 中国及邻区构造古地理和生物古地理 . 北京: 中国地质大学出版社 .

王建, 杨怀仁 . 1995. 转换函数与南黄海 13 万年来海水深度的变化 . 地理科学, 15 (4): 321-326.

王俊辉 . 2016. 东营凹陷始新统风场—物源—盆地系统沉积动力学研究 . 北京: 中国地质大学 (北京) 博士学位论文 .

王俊辉，姜在兴，鲜本忠，等 . 2018. 古风力恢复研究进展：利用介质的搬运能力 . 地学前缘，25（02）：309-318.

王丽忱，李男 . 2015. 国内外天然气水合物测井方法应用现状及启示 . 中外能源，20：35-41.

王敏芳，焦养泉，任建业，等 . 2006. 沉积盆地中古地貌恢复的方法与思路——以准噶尔盆地西山窑组沉积期为例 . 新疆地质，（03）：326-330.

王盛安，龙小敏，潘文亮，等 . 2015. 基于异地潮位资料和 BP 神经网络的潮位推算研究 . 热带海洋学报，34（2）：1-7.

王世虎，焦养泉，吴立群，等 . 2007. 鄂尔多斯盆地西北部延长组中下部古物源与沉积体空间配置 . 地球科学—中国地质大学学报，32（2）：201-208.

王守君 . 2012. 海底电缆地震技术优势及在中国近海的应用效果 . 中国海上油气，（02）：13-16，39.

王祥春，王延峰，夏常亮，等 . 2012. Kirchhoff 积分法 OBS 数据地震波场延拓 . 现代地质，26（6）：1231-1236.

王兴芝，李添才，肖二莲，等 . 2014. 基于反漏频傅里叶变换的数据规则化技术在海上三维拖缆地震资料处理中的应用 . 中国海上油气，26（4）：25-28.

王兴芝，杨薇，朱江梅，等 . 2015. 海上拖缆三维地震数据规则化技术研究 . 地质科技情报，34（2）：207-213.

王学军，王志欣，刘显阳，等 . 2008. 利用铀的测井响应恢复鄂尔多斯盆地古水深 . 天然气工业，（07）：46-48.

王叶剑，韩喜球，金翔龙，等 . 2011. 中印度洋脊 Edmond 热液区黄铁矿的标型特征及其对海底成矿作用环境的指示 . 矿物学报，31：173-179.

王英华，张绍平，潘荣胜 . 1990. 阴极发光技术在地质学中的应用 . 北京：地质出版社 .

王永红，沈焕庭 . 2002. 河口海岸环境沉积速率研究方法 . 海洋地质与第四纪，22：115-120.

王勇，潘保田，高红山 . 2007. 祁连山东北缘黄土磁组构记录的古风向重建 . 地球物理学报，50（4）：1161-1166.

王月，李晖，翟禄新 . 2010. 虚拟现实技术在"地球概论"课程教学中的应用 . 中国电力教育，34：78-79.

王中，安朝晖 . 2007. 三维地震可视化解释技术及其应用 . 上海国土资源，28（3）：54-58.

韦刚健，于津生，桂训唐，等 . 1998. 蚀变珊瑚的氧碳同位素组成的环境意义探讨——以"南永一井"为例 . 中国科学（D 辑），28（5）：448-452.

韦刚健，余克服，李献华，等 . 2004. 南海北部珊瑚 Sr/Ca 和 Mg/Ca 温度计及高分辨率 SST 记录重建尝试 . 第四纪研究，24（3）：325-330.

韦忠红 . 2006. 塔河油田 4 区奥陶系古地貌恢复研究 . 内蒙古石油化工，（07）：67-70.

魏明建，王成善，万晓樵，等 . 1998. 第三纪青藏高原面高程与古植被变迁 . 现代地质，（03）：25-33.

温庆庆 . 2008. 可视化地震资料解释系统的研究与开发 . 西安：西安科技大学硕士学位论文 .

吴登付，全海燕，徐朝红，等 . 2017. 连续采集在拖缆地震数据采集中的应用 . 中国石油学会物探技术研讨会，北京 .

吴根耀 . 2005. 造山带古地理学——在盆地构造古地理重建中的若干思考 . 古地理学报，（03）：405-416.

吴根耀. 2007. 造山带古地理学——重建区域构造古地理的若干思考. 古地理学报，(06): 635-650.

吴根耀. 2014. 中亚造山带南带晚古生代演化: 兼论中蒙交界区中—晚二叠世残留海盆的形成. 古地理学报，16 (06): 907-925.

吴海斌，陈发虎，王建民，等. 1998. 现代风成沉积物磁化率各向异性与风向关系的研究. 地球物理学报，41 (6): 811-817.

吴汉宁，岳乐平. 1997. 风成沉积物磁组构与中国黄土区第四纪风向变化. 地球物理学报，40 (4): 487-494.

吴丽艳，陈春强，江春明，等. 2005. 浅谈我国油气勘探中的古地貌恢复技术. 石油天然气学报 (江汉石油学院学报)，(S4): 25-26.

吴时国，殷鸿福，费琪. 1994. 造山带古地理重建的研究方法综述. 岩相古地理，(05): 56-61.

吴婷婷，李三忠，庞洁红，等. 2010. IODP 324 航次 FMS 成像测井资料处理及其在 Shatsky 海隆构造研究中的应用. 地球科学进展，25: 753-765.

吴信才. 1998. 地理信息系统的基本技术与发展动态. 地球科学，(04): 5-9.

吴永亭，陈义兰. 2002. 多波束系统及其在海洋工程勘察中的应用. 海洋测绘，22 (3): 26-28.

吴珍汉. 2001. 中国大陆及邻区新生代构造——地貌演化过程与机理. 北京: 地质出版社.

吴珍汉，吴中海，胡道功，等. 2007. 青藏高原渐新世晚期隆升的地质证据. 地质学报，81 (5): 577-587.

吴志强，闫桂京，童思友，等. 2013. 海洋地震采集技术新进展及对我国海洋油气地震勘探的启示. 地球物理学进展，28 (6): 3056-3065.

吴智平，周瑶琪. 2000. 一种计算沉积速率的新方法——宇宙尘埃特征元素法. 沉积学报，(03): 395-399.

吴智平，刘继国，张卫海，等. 2001. 辽河盆地东部凹陷北部地区新老第三纪界面地层剥蚀量研究. 高校地质学报，7 (1): 99-105.

吴自银，金翔龙，郑玉龙，等. 2005. 多波束测深边缘波束误差的综合校正. 海洋测绘，27 (4): 88-94.

伍光和，王乃昂，胡双熙，等. 2008. 自然地理学. 北京: 高等教育出版社.

肖波，刘方兰，曲佳. 2012. 多波束测深系统误差源分析. 海洋地质前沿，28 (12): 67-74.

肖鹏飞，陈生昌，孟令顺，等. 2007. 高精度重力资料的密度界面反演. 物探与化探，31 (1): 29-33.

邢玉清，刘铮，郑红波. 2011. 相干声纳多波束与传统型多波束测深系统综合对比与实验分析. 热带海洋学报，30 (6): 64-69.

徐惠芬，崔京钢，邱小平. 2006. 阴极发光技术在岩石学和矿床学中的应用. 北京: 地质出版社，1-77.

徐杰，姜在兴. 2019. 碎屑岩物源研究进展与展望. 古地理学报，21 (3): 379-396.

徐锦玺，邱燕，何京国，等. 2005. 滩浅海地震勘探采集技术应用. 地球物理学进展，20 (1): 66-70.

徐田武，宋海强，况昊，等. 2009. 物源分析方法的综合运用——以苏北盆地高邮凹陷泰一段地层为例. 地球学报，30 (1): 111-118.

许惠平，张艳伟，徐昌伟，等. 2011. 东海海底观测小衢山试验站. 科学通报，56 (2): 1839-1845.

许树坤，李昭兴，刘家瑄，等 . 2005. 台湾东部海域海底观测系统建置评估 . 中央气象局地震技术报告集编，361-382.

许同春 . 1985. 构造运动的古地磁研究 . 国际地震动态，(08)：1-4.

薛典军，王林飞，何辉，等 . 2014. 地球物理软件平台（Geoprobe）研发与应用 . 中国科技成果，(8)：45-47.

薛叔浩，刘雯林，薛良清，等 . 2002. 湖盆沉积地质与油气勘探 . 北京：石油工业出版社 .

薛维忠 . 2013. 双检采集资料合并处理技术研究 . 科技视界，(4)：160-162.

杨宝付，宋潜新，刘子富 . 2008. 二次定位技术在 OBC 勘探施工中的应用 . 物探装备，18 (1)：62-65.

杨彬，林承焰 . 2005. 三维地震构造精细解释技术的应用 . 西部探矿工程，17 (11)：120-122.

杨和乃 . 1986. 折射波叠加偏移技术 . 石油物探，25 (4)：48-60.

杨红满，曾大勇 . 2010. 浅谈古隆起地貌的恢复和分析方法 . 西部探矿工程，(05)：91-93.

杨克文，庞军刚，李文厚 . 2009. 坳陷湖盆湖岸线的确定方法——以志丹地区延长组为例 . 兰州大学学报（自然科学版），(03)：13-17.

杨立强，董宁，邬长武，等 . 2006. 虚拟现实技术在塔河油田油气勘探中的应用 . 新疆石油地质，27 (5)：597-599.

杨蒙蒙 . 2011. 构造解释与储层预测技术的发展和应用 . 北京：中国地质大学（北京）硕士学位论文 .

杨鹏 . 2016. 三维地震数据可视化技术研究与实现 . 成都：电子科技大学硕士学位论文 .

杨仁超，李进步，樊爱萍，等 . 2013. 陆源沉积岩物源分析研究进展与发展趋势 . 沉积学报，31 (1)：99-107.

杨守业，李从先 . 1999. REE 示踪沉积物源研究进展 . 地球科学进展，14 (2)：164-167.

杨守业，李从先，张家强 . 1999. 苏北滨海平原全新世沉积物物源研究——元素地球化学与重矿物方法比较 . 沉积学报，17 (3)：458-463.

杨守业，韦刚健，石学法 . 2015. 地球化学方法示踪东亚大陆边缘源汇沉积过程与环境演变 . 矿物岩石地球化学通报，34 (5)：902-910.

杨巍然，刘育燕，邓清禄 . 1997. 地球历史的"开"、"合"节律与古地磁变化 . 地学前缘，(4)：241-246.

业渝光，Donahue D J. 1993. 南海全新世珊瑚礁 AMS^{14}C, ^{230}Th/^{234}U 和 ESR 年龄的对比研究 . 海洋科学，17：63-65.

于彩霞 . 2000. 海洋可控源电磁法数据处理研究 . 北京：中国地质大学（北京）硕士学位论文 .

于顺安 . 2015. 油田勘探开发信息化须靠物联网与虚拟现实的结合 . 第十七届中国科协年会，广州 .

余本善，孙乃达 . 2015. 海底地震采集技术发展现状及建议 . 海洋石油，35 (2)：1-5.

余克服，黄耀生，陈特固，等 . 1999. 雷州半岛造礁珊瑚 Porites lutea 月分辨率的 δ^{18}O 温度计研究 . 第四纪研究，(01)：67-72.

俞志和，曾建超 . 1996. 虚拟现实技术：用计算机创造现实世界 . 大连：大连理工大学出版社 .

约翰 L. 1988. 海洋矿物资源 . 梅罗，马孟超，译 . 北京：地质出版社 .

云美厚，丁伟，杨凯 . 2005. 地震道空间分辨力研究 . 地球物理学进展，20 (3)：741-746.

曾华霖 . 2005. 重力场与重力勘探 . 北京：地质出版社 .

曾融生.1984.固体地球物理学导论.北京：科学出版社.

翟世奎.2018.海洋地质学.青岛：中国海洋大学出版社.

张爱印，邱兆泰，鲍五堂，等.2006.三维可视化技术在地震资料解释中的研究与应用.中国煤炭地质，18（4）：53-55.

张才利，高阿龙，刘哲，等.2011.鄂尔多斯盆地长7油层组沉积水体及古气候特征研究.天然气地球科学，（04）：582-587.

张春晓，涂锋，李东水.2010.古地貌恢复技术的研究与应用.内江科技，31（08）：97.

张德华.1982.大陆漂移与生物进化.生物学通报，（03）：35-36，30.

张二华，高林，马仁安，等.2007.三维地震数据可视化原理及方法.CT理论与应用研究，16（3）：20-28.

张宏达.1980.华夏植物区系的起源与发展.中山大学学报（自然科学版），（01）：89-98.

张宏达.1986.大陆漂移与有花植物区系的发展.中山大学学报（自然科学版），（03）：4-14.

张凯，殷裁云，徐延勇，等.2010.采区三维地震资料构造解释方法.科技信息，（25）：329-330.

张克信，王国灿，陈奋宁，等.2007.青藏高原古近纪—新近纪隆升与沉积盆地分布耦合.地球科学（中国地质大学学报），32（5）：583-597.

张克信，王国灿，季军良，等.2010.青藏高原古近纪—新近纪地层分区与序列及其对隆升的相应.中国科学（D辑），40（12）：1632-1654.

张明强，谢涛，王炜，等.2019.OBN地震资料正演模拟技术研究与开发.海洋工程装备与技术，6（S1）：238-241.

张旗.2014.镁铁-超镁铁岩的分类及其构造意义.地质科学：982-1017.

张省.2014.OBS多分量地震数据成像关键技术研究.青岛：中国海洋大学硕士学位论文.

张世红，王鸿祯.2002.古大陆再造的回顾与展望.地质论评，（02）：198-213.

张世红，王训练，朱鸿.1999.碳酸盐岩磁化率与相对海平面变化的关系——黔南泥盆—石炭系例析.中国科学（D辑），29（6）：558-566.

张树林.2007.海域多波地震数据采集技术.天然气工业，（s1）：31-33.

张松，郭智慧，刘卫杰，等.2011.Z700深海节点地震采集系统简介.物探装备，21（5）：338-342.

张涛，林间，高金耀.2011.90Ma以来热点与西南印度洋中脊的交互作用：海台与板内海山的形成.中国科学：（D辑），（06）：760-772.

张雅林，袁忠林，高志方.2004.地球发展历史概论及大陆漂移在生物地理分布研究中的应用.西北农林科技大学学报（自然科学版），（06）：69-78.

张艳伟，范代读，许惠平，2011.东海海底观测网小衢山试验站记录的2010年智利海啸信号分析.科学通报，56（32）：2732-2740.

张一伟，李京昌，金之钧，等.2000.原型盆地剥蚀量计算的新方法波动分析法.石油与天然气地质，21（1）：88-91.

张用夏，杨华.1983.中国附近海域航空磁测及区域构造特征.中国科学（B辑）：（4）：356-365.

张用夏，李卢玲，周伏洪，等.1983.中国附近海域地质构造及成因探讨.地质论评，29（2）：102-110.

张玉芬，李长安，陈亮，等.2009.长江中游砂山沉积物磁组构特征及其指示的古风场.地球物理学，52（1）：150-156.

张玉兰，王开发，张盛隆.1994.某些海生藻类在陆架沉积中的分布及其古环境意义.同济大学学报（自然科学版），（03）：340-345.

赵改善.2002.勘探开发中虚拟现实技术的应用与展望.油气藏评价与开发，25（4）：9-20.

赵红格，刘池阳.2003.物源分析方法及研究进展.沉积学报，21（3）：409-415.

赵建虎，刘经南.2008.多波束测深及图像数据处理.武汉：武汉大学出版社.

赵军，武延亮，周灿灿，等.2016.天然气水合物的测井评价方法综述.测井技术，40：392-398.

赵俊兴，陈洪德，时志强.2001.古地貌恢复技术方法及其研究意义——以鄂尔多斯盆地侏罗纪沉积前古地貌研究为例.成都理工学院学报，（03）：260-266.

赵俊兴，陈洪德，向芳.2003.高分辨率层序地层学方法在沉积前古地貌恢复中的应用.成都理工学报，30（1）：76-81.

赵庆国，赵华，湛林福，等.2005.虚拟现实技术在石油勘探中的应用.中国石油大学学报：自然科学版，29（1）：30-33.

赵玉灵，何凯涛，杨金中.2001.古大陆再造地理信息系统（PCRGIS）的建设与应用——以同位素年代学数据为例.遥感信息，（01）：31-33，30.

郑彤，周亦军，边少锋.2009.多波束测深数据处理及成图.海洋通报，28（6）：112-117.

钟广法.2018.测井技术//中国大洋发现计划办公室、海洋地质国家重点实验室（同济大学）.大洋钻探五十年.上海：同济大学出版社.

周杰.2006.相干技术在复杂断块地震构造解释中的应用.胜利油田职工大学学报，20（5）：54-55，84.

周梦灵，白玉花，李延辉.2007.Geoprobe三维可视化技术在储层预测中的应用.中国地球物理学会年会，青岛.

周仕勇，许忠淮.2010.现代地震学教程.北京：北京大学出版社.

周仰康，何锦文，王子玉.1984.硼作为古盐度指标的应用//周明.沉积学和有机地球化学学术会议.北京：科学出版社，55-57.

朱岗崑.2005.古地磁学：基础、原理、方法、成果与应用.北京：科学出版社.

朱海龙.1999.地震资料可视化解释的研究应用现状.油气藏评价与开发，（5）：1-11.

朱俊江，丘学林，徐辉龙，等.2012.南海北部洋-陆转换带地震反射特征和结构单元划分.热带海洋学报，31（3）：28-34.

朱利东，阚瑷珂，王绪本，等.2008.对古地理再造中古地磁方法的回顾与探讨.地球物理学进展，23（5）：1431-1436.

朱日祥，杨振宇，马醒华，等.1998.中国主要地块显生宙古地磁视极移曲线与地块运动.中国科学（D辑），（S1）：1-16.

朱日祥，黄宝春，潘永信，等.2003.岩石磁学与古地磁实验室简介.地球物理学进展，18（2）：177-181.

朱书阶.2008.气枪震源子波特征及应用研究.勘探地球物理进展，4：30-34.

朱文军，马成明. 2003. 地震解释中的速度上拉现象——浅析另一种速度陷阱. 青海石油，21（3）：4-7.

邹红，包竞生，陆津. 2012. 虚拟现实技术在油田生产建设中的应用. 油气田地面工程，31（9）：81.

邹少峰，朱海波，宋林，等. 2016. 基于模型数据的噪声能量对叠加、偏移结果的影响析. 科学技术与工程，（1）：24-35.

邹欣庆，葛晨东. 2000. 海岸水体中颗石在古水深定量研究中的运用——以黄海辐射沙洲海区为例. 现代地质，（03）：263-266.

Brown A. 2016. 三维地震数据解释（第7版）. 康南昌，译. 北京：石油工业出版社.

Valer'evna Dmitrienko Liudmila，王鹏程，李三忠，等. 2017. 东亚大汇聚与中—新生代地球表层系统演变. 海洋地质与第四纪地质，37（4）：33-64.

Adams K D. 2003. Estimating palaeowind strength from beach deposits. Sedimentology，50（3）：565-577.

Advocate D，Hood K. 1993. An empirical time-depth model for calculating water depth，northwest Gulf of Mexico. Geo-Marine Letters，13：207-211.

Aguzzi J，Costa C，Robert K，et al. 2011. Automated image analysis for the detection of benthic crustaceans and bacterial mat coverage using the VENUS undersea cabled network. Sensors，11：10534-10556.

Aki K，Lee W. 1976. Determination of three-dimensional velocity anomalies under a seismic array using first P arrival times from local earthquakes：1. A homogeneous initial model. Journal of Geophysical Research，81：4381-4399.

Aki K，Christoffersson A，Husebye E. 1977. Determination of the three-dimensional seismic structure of the lithosphere. Journal of Geophysical Research，82：277-296.

Allan T. 1969. A review of marine geomagnetism. Earth-Science Reviews，5（4）：217-254.

Allen P A. 1981. Wave-generated structures in the Devonian lacustrine sediments of south-east Shetland and ancient wave conditions. Sedimentology，28：369-379.

Allen P A. 1984. Reconstruction of ancient sea conditions with an example from the Swiss Molasse. Marine Geology，60：455-473.

Allen P A，Allen J R. 1990. Basin Analysis：Principles and Application. Oxford：Blackwell Scientific Publications.

Amante C，Eakins B. 2009. ETOPO1 arc-minute global relief model：Procedures，data sources and analysis. NOAA Technical Memorandum Nesdis NGDC-24，Boulder，Colorado.

Amini M，Eisenhauer A，Bohm F，et al. 2009. Calcium Isotopes（$\delta^{44}/^{40}$Ca）in MPI-DING Reference Glasses，USGS Rock Powders and Various Rocks：Evidence for Ca Isotope Fractionation in Terrestrial Silicates. Geostandars and Geoanalytical Research，33：231-247.

Anderson R E，Zoback M L，George A. 1983. Implications of selected subsurface data on the structural form and evolution of some basins in the northern Basin and Range province. Nevada and Utah. GSA Bulletin，94（9）：1055-1072.

Anderson R N，O'Malley H，Newmark R L. 1985. Use of geophysical logs for quantitative determination of fracturing，alteration，and lithostratigraphy in the upper oceanic crust. Deep Sea Drilling Project，Holes 504B and 556//Anderson R N，Honnorez J，Becker K，et al. Initial Reports of Deep Sea Drilling Project 83. Washington：U. S. Government Printing Office，443-478.

Antony J. 2011. Earthquake Monitoring for Early Tsunami Warnings//Antony J. Tsunamis: Detection, Monitoring, and Early-warning Technologies. San Diego: Academic Press, 125-148.

Araguás-Araguás L, Froehlich K, Rozanski K. 2000. Deuterium and oxygen-18 isotope composition of precipitation and atmospheric moisture. Hydrological Processes, 14 (8): 1341-1355.

Arias C. 2006. Northern and Southern Hemispheres ostracod palaeobiogeography during the Early Jurassic: Possible migration routes. Palaeogeography, Palaeoclimatology, Palaeoecology, 233 (1): 63-95.

Ask M. 1998. In situ stress at the Cote d'Ivoire-Ghana marginal ridge from FMS logging in Hole 959D//Mascle J, Lohmann G P, Moullade M. Proceedings of the Ocean Drilling Program, Scientific Results, 159. Texas: Texas A&M University, 209-223.

Augustsson C, Bahlhurg H. 2003. Cathodoluminescence spectra of detrital quartz as provenance indicators for Paleozoic metasediments in southern Andean Patagonia. Journal of South American Earth Sciences, 16: 15-26.

Austin T, James E, McGillis W, et al. 2000. The Martha's Vineyard coastal observatory: a long-term facility for monitoring air-sea processes. Proceedings Oceans 2000, 1937-1941.

Awadallah S A M, Hiscott R N, Bidgood M, et al. 2001. Turbidite facies and bed-thickness characteristics inferred from microresistivity (FMS) images of lower to upper Pliocene rift-basin deposits, Woodlark Basin, offshore Papua New Guinea. Proceedings of the Ocean Drilling Program, Scientific Results, College Station, TX (Ocean Drilling Program), 180: 1-30.

Ayadi M, Pezard P A, Laverne C, et al. 1998a. Multi-scalar structure at DSDP/ODP Site 504, Costa Rica Rift, I: stratigraphy of eruptive products and accretion processes. Geological Society London Special Publications, 136 (1): 297-310.

Ayadi M, Pezard P A, Bronner G, et al. 1998b. Multi-scalar structure at DSDP/ODP Site 504, Costa Rica Rift, III: faulting and fluid circulation. Constraints from integration of FMS images, geophysical logs and core data. Geological Society London Special Publications, 136 (1): 311-326.

Backus G, Gilbert F. 1968. The Resolving Power of Gross Earth Data. Geophysical Journal of the Royal Astronomical Society, 16: 169-205.

Backus G. 1965. Possible Forms of Seismic Anisotropy of the Uppermost Mantle under Oceans. Journal of Geophysical Research, 70: 3429-3439.

Bai Y, Fang X, Gleixner G, et al. 2011. Effect of precipitation regime on δD values of soil n-alkanes from elevation gradients-Implications for the study of paleo-elevation. Organic Geochemistry, 42 (7): 838-845.

Bangs N L B, Hornbach M J, Berndt C. 2011. The mechanics of intermittent methane venting at South Hydrate Ridge inferred from 4D seismic surveying. Earth and Planetary Science Letters, 310: 105-112.

Baranov V, Naudy H. 1964. Numerical calculation of the formula of reduction to the magnetic pole. Geophysics, 29 (1): 67-79.

Baranov V. 1957. A new method for interpretation of aeromagnetic maps pseudo-gravimetric anomalies. Geophysics, 22 (2): 359-383.

Bardet N, Falconnet J, Fischer V, et al. 2014. Mesozoic marine reptile palaeobiogeography in response to drifting plates. Gondwana Research, 26: 869-887.

Barnes C R, Tunnicliffe V. 2008. Building the world's first multi-node cabled ocean observatories (NEPTUNE Canada and VENUS, Canada): Science, realities, challenges and opportunities. Proceedings of the MTS/IEEE-OCEANS' 08, Kobe, Japan, 1-8.

Bartetzko A, Paulick H, Iturrino G, et al. 2003. Facies reconstruction of a hydrothermally altered dacite extrusive sequence: Evidence from geophysical downhole logging data (ODP Leg 193). Geochemistry, Geophysics, Geosystems, 4 (10), doi: org/10. 1029/2003GC000575.

Barton C E. 1997. International Geomagnetic Reference Field: The seventh generation. Journal of Geomagnetism and Geoelectricity, 49: 123-148.

Basile C. 2000. Late Jurassic sedimentation and deformation in the west Iberia continental margin: Insights from FMS data, ODP Leg 173. Marine and Petroleum Geology, 17: 709-721.

Beck J W, Edards R L, Ito E, et al. 1992. Sea-Surface Temperature from Coral Skeletal Strontium/Calcium Ratios. Science, 257: 644-647.

Becker K, Davis E. 1998. Advanced CORKs in the 21st Century [JOI/USSSP Workshop, San Francisco, CA]. http://www. usssp-iodp. org/Science_ Support/Work-shops/advancedcork. html [2019-10-17].

Becker K, Davis E. 2005. A review of CORK designs and operations during the Ocean Drilling Program // Fisher A T, Urabe T, Klaus A, and the Expedition 301 Scientists Proc. IODP 301, Texas A&M, College Station.

Belt S T, Massé G, Rowland S J, et al. 2007. A novel chemical fossil of palaeo sea ice: IP25. Organic Geochemistry, 38 (1): 16-27.

Belt S T, Massé G, Vare L L, et al. 2008. Distinctive ^{13}C isotopic signature distinguishes a novel sea ice biomarker in Arctic sediments and sediment traps. Marine Chemistry, 112 (3): 158-167.

Beranzoli L, Braun T, Calcara M, et al. 2000. European seafloor observatory offers new possibilities for deep-sea study. EOS, 81: 45-48.

Berger W H, Diester-Haass L. 1988. Paleoproductivity: The benthic/planktonic ratio in foraminifera as a productivity index. Marine Geology, 81 (1): 15-25.

Berndt C, Costa S, Canals M, et al. 2012. Repeated slope failure linked to fluid migration: the Ana submarine landslide complex, Eivissa Channel, Western Mediterranean Sea. Earth and Planetary Science Letters, 319-320: 65-74.

Berner R. 1994. Geo CARB. II: A revised model of atmospheric CO_2 over Phanerozoic time. American Journal of Science, 294: 56-91.

Berner R. 1998. The carbon cycle and carbon dioxide over the Phanerozoic time: the role of land plants. Philosophical Transactions of the Royal Society London B, 353: 75-82.

Berryhill J R. 1979. Wave-Equation Datuming. Geophysics, 44 (8): 1329.

Besse J, Courtillot V. 2002. Apparent and true polar wander and the geometry of the geomagnetic field over the last 200 Myr. Journal of Geophysical Research: 107 (B11): 2300, doi: 10. 1029/2000JB000050.

Bhatia M R, Crook K A W. 1986. Trace element characteristics of graywackes and tectonic setting discrimination of sedimentary basins. Contributions to Mineralogy and Petrology, 92: 181-193.

参考文献

481

Bhatia M R. 1983. Plate tectonics and geochemical composition of sandstones. Journal of Geology, 91: 611-627.

Bhatia M R. 1985. Race earth element geochemistry of Australian Paleozoic greywackes and mudrocks: Province and tectonic control. Sedimentary Geology, 45 (1/2): 97-443.

Bhattacharyya B K. 1964. Magnetic anomalies due to prism-shaped bodies with arbitrary polarization. Geophysics, 29: 517-531.

Bianchi G G, McCave I N. 2000. Hydrography and sedimentation under the deep western boundary current on Björn and Gardar drifts. Iceland Basin. Marine Geology, 165 (1-4): 137-169.

Bigarella J J, Eeden O R V. 1972. Mesozoic paleowind patterns and the problem of continental drift. Bol Parana Geocienc, 28-29: 115-143.

Binns R A, Scott S D, Binns R A, et al. 1993. Actively forming polymetallic sulfide deposits associated with felsic volcanic rocks in the eastern Manus back-arc basin, Papua New Guinea. Economic Geology, 88: 2226-2236.

Blakely R J, Cox A. 1971. Binary model for two-dimensional magnetic anomalies. Earth and Planetary Science Letters, 12 (1): 108-118.

Blakely R J, Cox A. 1972. Identification of short polarity events by transforming marine magnetic profiles to the pole. Journal of Geophysical Research, 77 (23): 4339-4349.

Blakely R J. 1974. Geomagnetic reversals and crustal spreading rates during the Miocene. Journal of Geophysical Research, 79 (20): 2979-2985.

Blum M D, Milliken K T, Pecha M A, et al. 2017. Detrital zircon records of Cenomanian, Paleocene, and Oligocene Gulf of Mexico drainage integration and sediment routing: Implications for scales of basin-floor fans. Geosphere, 13 (6): 1-37.

Blum M D, Pecha M E. 2014. Mid-Cretaceous to Paleocene North American drainage reorganization from detrital zircons. Geology, 42: 607-610.

Bonifacie M, John M F, Juske H, et al. 2017. Calibration of the dolomite clumped isotope thermometer from 25 to 350°C, and implications for a universal calibration for all (Ca, Mg, Fe) CO_3 carbonates. Geochimica et Cosmochimica Acta, 200 (Supplement C): 255-279.

Bott M H P. 1967 Solution of the linear inverse problem inmagnetic interpretation with application to oceanic magnetic anomalies. Geophysical Journal of the Royal Astronomical Society, 13: 313.

Bouligand C, Dyment J, Gallet Y, et al. 2006. Geomagnetic field variations between chrons 33r and 19r (83-41 Ma) from sea-surface magnetic anomaly profiles. Earth and Planetary Science Letters, 250 (3-4): 541-560.

Bowles J, Tauxe L, Gee J, et al. 2003. Source of tiny wiggles in Chron C5: A comparison of sedimentary relative intensity and marine magnetic anomalies. Geochemistry, Geophysics, Geosystems, 4 (6): 1049, doi: 1010. 1029/2002GC000489.

Boyce R E. 1980. IV. Schlumberger Well-Log Equipment and the Ericson-Von Herzen Temperature Probe Used During Deep Sea Drilling Project Leg 50//Lancelot Y, Winterer E L, et al. Initial Reports of the Deep Sea Drilling Project 50: Washington: U. S. Government Printing Office, 849-853.

Brandt D S, Elias R J. 1989. Temporal variations in tempestite thickness may be a geologic record of atmospheric CO. Geology, 17: 951-952.

Braun J, Van Der Beek P, Batt G. 2006. Quantitative thermochronology: numerical methods for the interpretation of thermochronological data. Cambridge: Cambridge University Press.

Brent D G, Lanphere M A. 1971. ^{40}Ar/^{39}Ar technique of K/Ar dating: A comparison with the conventional technique. Earth and Planetary Science Letters, 12: 300-308.

Brent D G, Lanphere M A. 1974. ^{40}Ar/^{39}Ar age spectra of some undisturbed terrestrial samples. Geochimica Et Cosmochimica Acta, 38: 715-738.

Brewer T S, Harvey P K, Locke J, et al. 1996. The neutron absorption cross-section, of basaltic basement samples from Hole 896A, Costa Rica Fift. Proceedings of the Ocean Drilling Program: Scientific Results, 148: 389-394.

Brewer T S, Lovell M A, Harvey P K, et al. 1995. Stratigraphy of the ocean crust in ODP Hole 896A from FMS images. entific Drilling, 5: 87-92.

Broeker W, Peng T. 1982. Tracers in the sea. Lamont-Doherty Geological Observatory, New York.

Brown A R. 2011. Interpretation of three-dimensional seismic data. Tulsa: Society of Exploration Geophysicists and American Association of Petroleum Geologists.

Brown R W, Gleadow A. 2000. Fission track thermochronology and the long-term denudational response to tectonics. New York: Geomorphology and Global Tectonics.

Brudy M, Zoback M D, Fuchs K, et al. 1997. Estimation of the complete stress tensor to 8 km depth in the KTB scientific drill holes: Implications for crustal strength. Journal of Geophysical Research: Solid Earth, 102 (B8): 18453-18475.

Brune J. 1970. Tectonic Stress and the Spectra of Seismic Shear Waves from Earthquakes. Journal of Geophysical Research, 75: 4997-5009.

Brune J. 1971. Correction: Tectonic Stress and the Spectra of Seismic Shear Waves from Earthquakes. Journal of Geophysical Research, 76: 5002.

Bullard E, Mason R. 1961. The magnetic field astern of a ship. Deep Sea Research (1953), 8 (1): 20-27.

Butler R F. 1992. Paleomagnetism: magnetic domains to geologic terranes. Cambridge: Blackwell Scientific Publications.

Butler R. 2003. The Hawaii-2 Observatory: observatory of Nanoearthquakes. Seismological Research Letters, 74: 290-297.

Byerly P E. 1965. Convolution filtering of gravity and magnetic maps. Geophysics, 30 (2): 281-283.

Böhm F A, Gussone N A, Eisenhauer A A, et al. 2006. calcium isotope fractionation in modern scheractinian corals. Geochimica et Cosmochimica Acta, 70 (17): 4452-4462.

Campbell W C. 1997. Introduction to geomagnetic fields. London: Cambridge University Press.

Cande S C, Kent D V. 1992a. A new geomagnetic polarity time scale for the late Cretaceous and Cenozoic. Journal of Geophysical Research: Solid Earth, 97 (B10): 13917-13951.

Cande S C, Kent D V. 1992b. Ultrahigh resolution marine magnetic anomaly profiles: a record of continuous paleointensity variations. Journal of Geophysical Research: Solid Earth, 97 (B11): 15075-15083.

Cande S C, Kent D V. 1995. Revised calibration of the geomagnetic polarity timescale for the Late Cretaceous and Cenozoic. Journal of Geophysical Research: Solid Earth, 100 (B4): 6093-6095.

Caputo M V, Crowell J C. 1985. Migration of glacial centers across Gondwana during Paleozoic Era. Geological Society of America Bulletin, 96 (8): 1020-1036.

Cardona J P M, Gutierrez J M, Sanchez B A, et al. 2005. Surface textures of heavy-mineral grains: A new contribution to provenance studies. Sedimentary Geology, 174: 223-235.

Caress D, Chayes D. 1996. Improved Processing of Hydrosweep Data on the R/V Maurice Ewing DS Multibeam. Marine Geophysical Researches, 18: 631-650.

Caruso M J. 2000. Applications of magnetic sensors for low cost compass systems. IEEE 2000. Position Location and Navigation Symposium (Cat. No. 00CH37062), 177-184.

CERC. 1984. Shore Protection Manual. U. S. Army Corps of Engineers. Washington D. C. : US Govt. Printing Office.

Chang C, Mcneill L C, Moore J C, et al. 2010. In situ stress state in the Nankai accretionary wedge estimated from borehole wall failures. Geochemistry, Geophysics, Geosystems, 11, doi: 10. 1029/2010gc003261.

Chave A D, Duennebier F K, Butler R, et al. 2002. H2O: The Hawaii-2 Observatory, n Science-Technology Synergy for Research in the Marine Environment: Challenges for the XXI Century//Beranzoli L, Favali P, Smriglio G. Developments in Marine Technology Series. Amsterdam: Elsevier, 12: 83-91.

Chave A D, Waterworth G, Maffei A, et al. 2004. Cabled ocean observatory systems, Marine Technology Society Journal, 38: 31-43.

Chen J, Li G. 2011. Geochemical studies on the source region of Asian dust. Science China in China: Earth Sciences Edition, 54 (9): 1279-1301.

Chivas A, de Deckker P, Michael G, et al. 1985. Strontium Content of Ostracods Indicate Lacustrine Paleosalinity. Nature, 316: 251-253.

Chivas A, de Deckker P, Shelley J M G. 1986. Magnesium Content of Non-marine Ostracod Shells: A New Palaeosalinometer and Palaeothermometer. Palaeogeogr Palaeoclimatol Palaeoecol, 54: 43-61.

Christensen N I, Stanley D. 2003. Seismic velocities and densities//Lee W H K, Kanamori H, Jennings P C, et al. International Handbook of Earthquake and Engineering, 81: 1587-1594.

Christensen N I, Blair S C, Wilkens R H, et al. 1980. Compressional Wave Velocities, Densities, and Porosities of Basalts from Holes 417A, 417D, and 418A, Deep Sea Drilling Project Legs 51 through 53. Initial Rep. Deep Sea Drill. Proj, 51-53.

Christodoulou D, Papatheodorou G, Ferentinos G, et al. 2003. Active seepage in two contrasting pockmark field in the Patras and Corinth Gulfs, Greece. Geo-Marine Letter, 23 (3/4): 194-199.

Cisowski S, Fuller M. 1986. Lunar paleointensities via the irm (s) normalization method and the early magnetic history of the moon//HartmannW, Phillips R, Taylor G. The Origin of the Moon. Lunar and Planetary Science Institute, Houston, 411-424.

Clarke G K C. 1969. Optimum second derivative and downward continuation filters: Geophysics, 34 (3): 424-437.

Cogne J P, Humler E, Courtillot V. 2006. Mean age of oceanic lithosphere drives eustatic sea-level change since Pangea breakup. Earth Planet. Sci. Lett. , 245: 115-122.

Copeland P, Harrison T M, Pan Y, et al. 1995. Thermal evolution of the Gangdese batholith, southern Tibet: A history of episodic unroofing. Tectonics, 14: 223-236.

Crook K A W. 1974. Lithogenesis and geotectonics: the significance of com positional variations in flysch arenites (greywacks) //Dott R H, Shaver R H. Mordern and ancient geosynclinals sedimentation. ESPM Special Publication, 19: 304-310.

Crough S T. 1983. The correction for sediment loading on the seafloor. Journal of Geophysical Research: Solid Earth, 88 (B8): 6449-6454.

Currie B S, Rowley D B, Tabor N J. 2005. Middle Miocene paleoaltimetry of southern Tibet: Implications for the role of mantle thickening and delamination in the Himalayan orogen. Geological Society of America, 33 (3): 181-184.

Cyr A J, Currie B S, Rowley D B. 2005. Geochemical and stable isotopic evaluation of Fenghuoshan group lacustrine carbonates, north-central Tibet [electronic resource]: implications for the paleoaltimetry of the mid-tertiary Tibetan plateau. The Journal of Geology, 113 (5): 517-533.

Dahlstrom C D A. 1969. Balanced cross sections. Canadian Journal of Earth Sciences, 6: 743-757.

Darlrymple G B, Moore J G. 1968. Argon-40: Excess in Submarine Pillow Basalts from Kilauea Volcano, Hawaii. Science, 161 (3846): 1132-1135.

Dalrymple G B, Lanphere M A. 1971. $^{40}Ar/^{39}Ar$ technique of K-Ar dating: A comparison with the conventional technique: Earth Planet. Sci. Lett. , 12: 300-308.

David L, Thurber W S B, Richard L, et al. 1965. Uranium-Series Ages of Pacific Atoll Coral. Science, 149: 4.

Davidson-Arnott R G D. 2013. Nearshore Bars//Shroder J, Sherman D J. Treatise on Geomorphology. San Diego: Academic Press, 130-148.

Davis E, Becker K. 1994. Formation temperatures and pressures in a sedimented rift hydrothermal system: ten months of CORK observations, Holes 857D and 858G//Mottl M J, Davis E E, Fisher A T, et al. Proc. ODP, Sci. Results, 139: College Station, TX (Ocean Drilling Program), 649-666.

Davis E, Petronotis K. 2010. Cascadia subduction zone ACORK observatory. IODP Sci. Prosp. , 328. doi: 10. 2204/iodp. sp. 328.

Davis E, Mottl M, Fisher A, et al. 1992. CORK: A hydrologic seal and downhole observatory for deep-ocean boreholes. Proceedings of the Ocean Drilling Program. Initial Reports, 139: 43-53.

Davis E, Becker K, Wang K, et al. 1995. Long-term observations of pressure and temperature in Hole 892B, Cascadia accretionary prism//Carson B, Westbrook G, Musgrave R, et al. Proc. ODP, Sci. Results, 146 (Pt. 1): College Station, TX (Ocean Drilling Program), 299-311. doi: 10. 2973/odp. proc. sr. 146-1. 219.

Davis E, Heesemann M, IODP Expedition 328 Scientists and Engineers. 2012. IODP Expedition 328: Early Results of Cascadia Subduction Zone ACORK Observatory, Scientific Drilling, 13: 12-18.

Day R, Fuller M D, Schmidt V A. 1977. Hysteresis properties of titanomagnetites: grain size and composition dependence. Physics of the Earth and planetary interiors, 13 (4): 260-266.

De Deckker P, Chivas A G, Shelley J M, et al. 1988. Ostracod shell chemistry: A new palaeoenvironmental indicator applied to a regressive/transgressive record from the gulf of Carpentaria, Australia. Palaeogeogr Palaeoclimatol Palaeoecol, 66: 231-241.

De La Rocha C L, DePaolo D J. 2000. Isotopic Evidence for Variations in the Marine Calcium Cycle Over the Cenozoic. Science, 289 (5482): 1176-1178.

De Larouzière F D, Pezard P A, Comas M C, et al. 1999. Structure and tectonic stresses in metamorphic basement, Site 976, Alboran Sea//Zahn R, Comas M C, Klaus A. Proceedings of the Ocean Drilling Program, Scientific Results 161, College Station, TX: Ocean Drilling Program, 319-329.

Dean W C. 1958. Frequency analysis for gravity and magnetic interpretation. Geophysics, 23 (1): 97-127.

Delaney J R, Robigou V, McDuff R E, et al. 1992. Geology of a vigorous hydrothermal system on the Endeavour segment, Juan de Fuca Ridge. Journal of Geophysical Research, 97: 19663-19682.

Delaney J R, Kelley D S, Lilley M D, et al. 1997. The Endeavour hydrothermal system I: Cellular circulation above an active cracking front yields large sulfide structures, fresh vent water, and hyperthermophilic Archaea. RIDGE Events, 8: 11-19.

Delaney J R, Heath G R, Chave A D, et al. 2000. NEPTUNE: Real-time ocean and earth sciences at the scale of a tectonic plate. Oceanography, 13: 71-83.

Dennis K J, Schrag D P. 2010. Clumped isotope thermometry of carbonatites as an indicator of diagenetic alteration. Geochimica et Cosmochimica Acta, 74 (14): 4110-4122.

DePaolo D J. 2004. Calcium isotopic variations produced by biological, kinetic, radiogenic and nucleosynthetic processes. Reviews in Mineralogy and Geochemistry, 55 (1): 255-288.

DeRosa M, Gambacorta A. 1988. The lipids of archaebacteria. Progress in Lipid Research, 27 (3): 153-175.

Dettman D L, Lohmann K C. 2000. Oxygen isotope evidence for high-altitude snow in the Laramide Rocky Mountains of North America during the Late Cretaceous and Paleogene. Geology, 28 (3): 243-246.

Dettman D L, Fang X, Garzione C N, et al. 2003. Uplift-driven climate change at 12 Ma: a long $\delta^{18}O$ record from the NE margin of the Tibetan plateau. Earth and Planetary Science Letters, 214 (1): 267-277.

Dickey T, Bidigare R R. 2005. Interdisciplinary oceanographic observations: The wave of the future. Scientia Marina, 69: 23-42.

Dickinson W R. 1985. Interpreting provenance relations from detrital modes of sandstones//Zuffa G G. Provenance of Arenites. Boston: D. Reidel Publishing Company, 333-361.

Dickinson W R. 1988. Provenance and sediment dispersal in relation to paleotectonics and paleogeography of sedimentary basins//Kleinspehn K L, Paola C. New Perspectives in Basin Analysis. New York: Springer-Verlag, 3-25.

Dickinson W R, Suczek C A. 1979. Plate tectonics and sandstone compositions. American Association of Petroleum Geologists Bulletin, 63: 2164-2182.

Diem B. 1985. Analytical method for estimating palaeowave climate and water depth from wave ripple marks. Sedimentology, 32 (5): 705-720.

Dimarco S F, Wang Z, Jochens A, et al. 2012. Cabled ocean observatories in Sea of Oman and Arabian Sea. EOS, 93: 301.

Ding Z, Yu Z, Yang S, et al. 2001. Coeval changes in grain size and sedimentation rate of eolian loess, the Chinese Loess Plateau. Geophysical Research Letters, 28 (10): 2097-2100.

Dodge R E, Fairbanks R G, Benniger L K, et al. 1983. Pleistocene Sea Levels from Raised Coral Reefs of Haiti. Science, 219 (4591): 1423-1425.

Dodson M H. 1973. Closure temperature in cooling geochronological and petrological systems. Contributions to Mineralogy and Petrology, 40: 259-274.

Dolan T J, Dean R G. 1985. Multiple longshore sand bars in the Upper Chesapeake Bay. Estuarine Coastal and Shelf Science, 21: 727-743.

Donald E, Livingstion P E D, Richard L, et al. 1967. Argon 40 in cogenetic feldspar-mica mineral assemblages. Joural of Geophysical Research, 72: 15.

Dow W G. 1977. Kerogen studies and geological interpretations. Journal of Geochemical Exploration, 7: 79-99.

Dreger D S, Ford S R, Walter W R. 2008. Source Analysis of the Crandall Canyon, Utah, Mine Collapse. Science, 321: 217.

Druffel E R M, Peter M W, Bauer James E, et al. 1992. Cycling of dissolved and particulate organic matter in the open ocean. Journal of Geophysical Research: Oceans, 97: 46.

Drummond C N, Wilkinson B H, Lohmann K C, et al. 1993. Effect of regional topography and hydrology on the lacustrine isotopic record of Miocene paleoclimate in the Rocky Mountains. Palaeogeography, Palaeoclimatology, Palaeoecology, 101: 67-79.

du Vall K, Ingle S, Snider J, et al. 2011. Cabled ocean observatories in the sea of Oman and Arabian Sea. Institute of Electrical And Electronics Engineers. Proceedings of oceans. Waikoloa: IEEE, 1-6.

Duennebier F K, Becker N, Caplan J, et al. 1997. Researchers rapidly respond to submarine activity at Loihi Volcano, Hawaii. EOS, 78: 232-233.

Duennebier F K, Harris D, Jolly J, et al. 2002a. The Hawaii-2 Observatory seismic system undersea geo-observatory. IEEE Journal of Oceanic Engineering, 27: 212-217.

Duennebier F K, Harris D, Jolly J, et al. 2002b. HUGO: the Hawaii Undersea Geo-Observatory. IEEE Journal of Oceanic Engineering, 27: 218-227.

Duennebier F K, Harris D, Jolly J. 2008. ALOHA cabled observatory will monitor ocean in real time. Sea Technology, 49: 251-254.

Duncan C C. 1994. On the breakup and coalescence of continents. Geology, 22: 103-106.

Dunlop D J. 2002. Theory and application of the day plot (Mrs/Ms versus Hcr/Hc) 2 application to data for rocks, sediments, and soils. Journal of Geophysical Research, 107 (B3), doi: 10.1029/2001JB000487.

Dunlop D J, Özdemir Ö. 1997. Rock magnetism: fundamentals and frontiers. Cambridge: Cambridge University Press.

Dupré W R. 1984. Reconstruction of paleo-wave conditions during the late Pleistocene from marine terrace deposits, Monterey Bay, California. Marine Geology, 60: 435-454.

参考文献

Eberhart-Phillips D, Henderson C. 2004. Including anisotropy in 3-D velocity inversion and application to Marlborough, New Zealand. Geophysical Journal International, 156: 237-254.

Ebuna D, Mitchell T, Hogan P, et al. 2013. High-resolution offshore 3D seismic geophysical studies of infrastructure geohazards. Abstract in Symposium on the Application of Geophysics to Engineering and Environmental Problems (SAGEEP), Denver, Colorado USA.

Edson J B, McGillis W R, Austin T C. 2000. A new coastal observatory is born. Oceanus, 42: 31-33.

Eiler J M. 2006. 'Clumped' isotope geochemistry. Geochimica et Cosmochimica Acta, 70 (18, Supplement 1): A156.

Eiler J M. 2007. "Clumped-isotope" geochemistry—The study of naturally-occurring, multiply-substituted isotopologues. Earth and Planetary Science Letters, 262 (3-4): 309-327.

Eiler J M. 2011. Paleoclimate reconstruction using carbonate clumped isotope thermometry. Quaternary Science Reviews, 30 (25-26): 3575-3588.

Elliot M, Welsh K, McCulloch M, et al. 2009. Profiles of trace elements and stable isotopes derived from giant long-lived Tridacna gigas bivalves: Potential applications in paleoclimate studies, 280: 132-142.

Elmore D E, Gove H, Ferraro R, et al. 1980. Determination of 129I using tandem accelerator mass spectrometry.

Emilia D A, Bodvarsson G. 1969. Numerical methods in the direct interpretation of marine magnetic anomalies. Earth and Planetary Science Letters, 7 (2): 194-200.

Emilia D A, Heinrichs D F. 1972. Paleomagnetic events in the Brunhes and Matuyama epochs identified from magnetic profiles reduced to the pole. Marine Geophysical Research, 1 (4): 436-444.

Emiliani C, Geiss J. 1959. On glaciations and their causes. Geologische Rundschau, 46 (2): 576-601.

Engebretson D C, Kelley K P, Cashman H P, et al. 1992. 180 million years of subduction. GSA Today, 2: 93-100.

Engels M, Barckhausen U, Gee J. 2008. A new towed marine vector magnetometer: methods and results from a Central Pacific cruise. Geophysical Journal International, 172 (1): 115-129.

Engstrom R D, Nelson R S. 1991. Paleosalinity from Trace Metals in Fossil Ostracodes Compared with Observational Records at Devils Lake, North Dakota, USA. Palaeogeogr Palaeoclimatol Palaeoecol, 83: 295-312.

Eriksson K A, Campbell I H, Palin J M, et al. 2003. Predominance of Grenvillian magmatism recorded in detrital zircons from modern Appalachian rivers. The Journal of Geology, 111: 707-717.

Eynatten H V, Dunkl I. 2012. Assessing the sediment factory: The role of single grain analysis. Earth-Science Reviews, 115 (1-2): 97-120.

Farkaš J, Böhm F A, Wallman K, et al. 2007a. Calcium isotope record of Phanerozoic oceans: Implications for chemical evolution of seawater and its causative mechanisms. Geochimica et Cosmochimica Acta, 71 (21): 5117-5134.

Farkaš J, Buhl D, Blenkinsop J, et al. 2007b. Evolution of the oceanic calcium cycle during the late Mesozoic: Evidence from $\delta^{44}/^{40}$Ca of marine skeletal carbonates. Earth and Planetary Science Letters, 253 (1): 96-111.

Faure. 1986. Principles of isotope geology. Second edition. New York: John Wiley and Sons.

Favali P, Beranzoli L. 2006. Seafloor observatory science: A review. Annals of Geophysics, 49: 515-567.

Favali P, Beranzoli L. 2009. EMSO: European Multidisciplinary Seafloor Observatory. Nuclear Instrument and Methods in Physics Research, 602: 21-27.

Fedo C M, Sircombe K N, Rainbird R H. 2003. Detrital zircon analysis of the sedimentary record. Reviews in Mineralogy and Geochemistry, 53: 277-303.

Fehn U, Snyder G T, Muramatsu Y. 2012. Iodine as a tracer of organic material: 129 I results from gas hydrate systems and fore arc fluids. Journal of Geochemical Exploration, 95: 66-80.

Ferguson J E, Henderson G M, Kucera M, et al. 2008. Systematic change of foraminiferal Mg/Ca ratios across a strong salinity gradient. Earth and Planetary Science Letters, 265 (1): 153-166.

Finck F, Kurz J H, Grosse C U, et al. 2003. Advances in moment tensor inversion for civil engineering. International Symposium on Non-Destructive Testing in Civil Engineering.

Fisher A, Wheat C, Becker K, et al. 2011. Design, deployment, and status of borehole observatory systems used for single-hole and cross-hole experiments, IODP Expedition 327, eastern flank of Juan de Fuca Ridge//Fisher A, Tsuji T, Petronotis K, and the Expedition 327 Scientists, Proc. IODP, 327: Tokyo (Integrated Ocean Drilling Program Management International, Inc.).

Flament N. 2006. Evolution à long terme de l' altitude moyenne des continents. Rapport de l' Ecole Normale Supérieure (ENS) de Lyon, France, 39 pages.

Flecker R, Kopf A, Jurado-Rodríguez M J. 1998. Structural evidence for the nature of hiatal gaps in the upper Cretaceous to Holocene succession recovered from the Eratosthenes Seamount//Robertson A H F, Emeis K C, Richter C. 1998. Proceedings of the Ocean Drilling Program, Scientific Results l60, College Station, TX: Ocean Drilling Program, 517-526.

Flögel S, Wold C, Hay W. 2000. Evolution of sediments and ocean salinity. Abstracts volume, 31st International Geological Congress, Rio de Janeiro, Brazil, August 6-17, 4 pages.

Forrester N C, Stokey R P, von Alt C, et al. 1997. The LEO-15 long-term ecosystem observatory: design and installation. IEEE Journal of Oceanic Engineering, 1082-1088.

Forsyth A J, Nott J, Bateman M D. 2010. Beach ridge plain evidence of a variable late-Holocene tropical cyclone climate, North Queensland, Australia. Palaeogeography, Palaeoclimatology, Palaeoecology, 297: 707-716.

François D L, Walker J. 1992. Modelling the Phanerozoic carbon cycle and climate: Constraints from the $^{87}Sr/^{86}Sr$ isotopic ratio of seawater. American Journal of Science, 292: 81-135.

François D L, Philippe A, Pezard M A, et al. 1996. Downhole measurements and electrical images in Hole 896A, costa rica Rift1. Proceedings of the Ocean Drilling Program, Scientific Results, 148.

Frisch W, Meschede M, Blakey R. 2011. Plate Tectonics. New York: Springer.

Fullea J, Fernandez M, Zeyen H. 2008. FA2BOUG-A FORTRAN 90 code to compute Bouguer gravity anomalies form gridded free-air anomalies: Application to the Atlantic-Mediterranean transition zone. Computers & Geosciences, 34: 1665-1681.

参考文献

Fullerton L G, Sager W, Handschumacher D W. 1989. Late Jurassic-Early Cretaceous evolution of the eastern Indian Ocean adjacent to northwest Australia. Journal of Geophysical Research: Solid Earth, 94 (B3): 2937-2953.

Galbraith R. 1981. On statistical models for fission track counts. Mathematical Geology, 13: 471-478.

Gallagher E L, Elgar S, Guza R T. 1998. Observations of sand bar evolution on a natural beach. Journal of Geophysical Research: Oceans, 103 (C2): 3203-3215.

Garzione C N, Dettman D L, Quade J, et al. 2000a. High times on the Tibetan Plateau: paleoelevation of the Thakkhola graben, Nepal. Geology, 28: 339-342.

Garzione C N, Quade J, DeCelles P G, et al. 2000b. Predicting paleoelevation of Tibet and the Himalaya from δ^{18}O vs. altitude gradients in meteoric water across the Nepal Himalaya. Earth and Planetary Science Letters, 183 (1): 215-229.

Gealy E L, Gerard R D. 1970. In situ petrophysical measurements in the Caribbean//Bader R G, et al. Initial Reports of the Deep Sea Drilling Project, Volume IV. Washington: U. S. Government Printing Office, 375-381.

Gee J, Cande S. 2002. A surface-towed vector magnetometer. Geophysical Research Letters, 29 (14): 1670.

Gee J, Schneider D, Kent D. 1996. Marine magnetic anomalies as recorders of geomagnetic intensity variations. Earth and Planetary Science Letters, 144 (3-4): 327-335.

Gee J S, Cande S C, Hildebrand J A, et al. 2000. Geomagnetic intensity variations over the past 780 kyr obtained from near-seafloor magnetic anomalies. Nature, 408 (6814): 827-832.

Gehrels G. 2014. Detrital zircon U-Pb geochronology applied to tectonics. Annual Review of Earth Planetary Sciences, 42 (1): 127-149.

Gehrels G E, Valencia V A, Ruiz J. 2008. Enhanced precision, accuracy, efficiency, and spatial resolution of U-Pb ages by laser ablation-multicollector-inductively coupled plasma-mass spectrometry. Geochemistry, Geophysics, Geosystems, 9 (3): 1-13.

Germain-Jones D T. 1957. Post-war developments in geophysical instrumentation for oil prospecting. Journal of Scientific Instruments, 34 (1): 1-8.

Gerya T. 2010. Introduction to numerical geodynamic modeling. New York: Cambridge University Press.

Ghinassi M, Ielpi A. 2015. Stratal architecture and morphodynamics of downstream migrating fluvial point bars (Jurassic Scalby Formation, UK). Journal of Sedimentary Research, 85: 1123-1137.

Ghosh P, Garzuone C, Carmala N, et al. 2006. ^{13}C-^{18}O bonds in carbonate minerals: A new kind of paleothermometer. Geochimica et Cosmochimica Acta, 70 (6): 1439-1456.

Gibbons A D, Barckhausen U, den Bogaard P, et al. 2012. Constraining the Jurassic extent of Greater India: Tectonic evolution of the West Australian margin. Geochemistry, Geophysics, Geosystems, 13 (5): doi: 10. 1029/2011GC003919.

Gibbs A D. 1983. Balanced cross-section construction from seismic sections in areas of extensional tectonics. Journal of Structural Geology, 5 (2): 153-160.

Gleadow A J W, Duddy I R, Lovering J F. 1983. Fission track analysis: a new tool for the evaluation of thermal histories and hydrocarbon potential. The APPEA Journal, 23 (1): 93-102.

Gliozzi A, Paoli G, De Rosa M, et al. 1983. Effect of isoprenoid cyclization on the transition temperature of lipids in thermophilic archaebacteria. Biochimica et Biophysica Acta (BBA) -Biomembranes, 735 (2): 234-242.

Goda Y. 1970. A synthesis of breaker indices. Transactions of Japan Society of Civil Engineers, 2: 227-229.

Goldberg D. 1997. The role of downhole measurements in marine geology and geophysics. Reviews of Geophysics, 35: 315-342.

Golonka J, Krobicki M, Pajak J, et al. 2006. Global Plate Tectonics and Paleogeography of Southeast Asia. Faculty of Geology, Geophysics and Environmental Protection, AGH University of Science and Technology, Arkadia, 1-128.

Gough D I, Bell J S. 1982. Stress orientations from borehole wall fractures with examples from Colorado, east Texas, and northern Canada. Canadian Journal of Earth Sciences, 19 (7): 1358-1370.

Gradstein F M, Ludden J N. 1992. Legs 122 and 123, northwestern Australian margin—a stratigraphic and paleogeographic summary. Proceedings of the Ocean Drilling Program, Scientific Results, 123: 801-816.

Gradstein F M, Agterberg F P, Ogg J G, et al. 1994. A Mesozoic time scale. Journal of Geophysical Research, 99: 24051-24074.

Gradstein F M, Ogg J G, Smith A G. 2004. A Geologic Time Scale. Cambridge: Cambridge University Press.

Green P F. 1986. On the thermo-tectonic evolution of Northern England: evidence from fission track analysis. Geological Magazine, 123: 493-506.

Griffith E M, Paytan A, Caldeira K, et al. 2008. A dynamic marine calcium cycle during the past 28 million years. Science, 322 (5908): 1671-1674.

Grossi V, Beker B, Geenevasen J A J, et al. 2004. C25 highly branched isoprenoid alkenes from the marine benthic diatom Pleurosigma strigosum. Phytochemistry, 65 (22): 3049-3055.

Guo W, Mosenfelder J L, Goddard Iii W A, et al. 2009. Isotopic fractionations associated with phosphoric acid digestion of carbonate minerals: Insights from first-principles theoretical modeling and clumped isotope measurements. Geochimica et Cosmochimica Acta, 73 (24): 7203-7225.

Gussone N, Eisenhauer A, Heuser A, et al. 2003. Model for kinetic effects on calcium isotope fractionation (δ^{44}Ca) in inorganic aragonite and cultured planktonic foraminifera. Geochimica et Cosmochimica Acta, 67 (7): 1375-1382.

Gussone N, Böhm F A, Eisenhauer A, et al. 2005. Calcium isotope fractionation in calcite and aragonite. Geochimica et Cosmochimica Acta, 69 (18): 4485-4494.

Gussone N, Linger G, Thoms S, et al. 2006. Cellular calcium pathways and isotope fractionation in Emiliania huxleyi Geology, 34 (8): 625-628.

Gutiérrez-Estrada M, Salisbury M H, Castro-del Rio A, et al. 1983. Atterberg limits of sediments from DSDP Leg 65 Holes, Deep Sea Drilling Project Leg 65//Lewis B T R, Robinson P. Initial Reports of the Deep Sea Drilling Project U. S. Govt. Printing Office, 65: 685-691.

Gutowski M, Bull J M, Dix J K, et al. 2008. Three-dimensional high-resolution acoustic imaging of the subseabed. Applied Acoustics, 69: 412-421.

Guyodo Y, Valet J P. 1996. Relative variations in geomagnetic intensity from sedimentary records: the past 200, 000 years. Earth and Planetary Science Letters, 143: 23-36.

参考文献

Guyodo Y, Valet J P. 1999. Global changes in intensity of the Earth's magnetic field during the past 800kyr. Nature, 399: 249-252.

Götze J, Plötze M, Habermann D. 2001. Origin, spectral characteristics and practical applications of the cath-odoluminescence (CL) of quartz—a review. Mineralogy and Petrology, 71: 225-250.

Gébelin A, Mulch A, Teyssier C, et al. 2013. The Miocene elevation of Mount Everest. Geology, 41 (7): 799-802.

Hall S H. 1962. The modulation of a proton magnetometer signal due to rotation. Geophysical Journal International, 7 (1): 131-141.

Hallam A. 1963. Major epeirogenic and eustatic changes since the cretaceous, and their possible relationship to crustal structure. American Journal of Science, 261: 397-423.

Hallam A, Cohen J. 1989. The case for sea-level change as a dominant causal factor in mass extinction of marine invertebrates [and discussion]. Philosophical Transactions of the Royal Society B (Biological sciences), London, 325: 437-455.

Hamoudi M, Quesnel Y, Dyment J, et al. 2011. Aeromagnetic and marine measurements. In: Geomagnetic Observations and Models. Berlin: Springer Netherlands.

Hansen J R, Ruedy R, Sato M, et al. 2010. Global surface temperature change. Rev. Geophys, 48, RG4004, doi: 10.1029/2010RG000345.

Haq B U, Al-Qahtani A M. 2005. Phanerozoic cycles of sea-level change on the Arabian Platform. Geoarabia, 10 (2): 127-160.

Haq B U, Schutter S. 2008. A chronology of Paleozoic sea-level changes. Science, 322: 64-68.

Haq B U, Hardenbol J, Vail P R. 1987. Chronology of Fluctuating Sea Levels Since the Triassic. Science, 235 (4793): 1156-1167.

Harrison C G A. 1994. Rates of continental erosion and mountain building. Geologische Rundschau, 83 (2): 431-447.

Harrison T M, Armstrong R L, Naeser C W, et al. 1979. Geochronology and thermal history of the Coast Plutonic Complex, near Prince Rupert, British Columbia. Canadian Journal of Earth Sciences, 16: 400-410.

Harvey P K, Brewer T S, Goldberg D S, et al. 2002. Architecture of the oceanic basement: The contribution of wireline logging//Lovell M, Parkinson N. Geological Applications of Well Logs: AAPG Methods in Exploration, 13: 199-211.

Haworth R T, Wells I. 1980 Interactive computer graphics methods for the combined interpretation of gravity and magnetic data. Marine Geophysical Researches, 4 (3): 227-290.

Hay W, Migdisov A, Balukhovsky A, et al. 2006. Evaporites and the salinity of the ocean during the Phanerozoic: Implications for climate, ocean circulation and life. Palaeogeography, Palaeoclimatology, Palaeoecology, 240: 3-46.

Hayes D E, Zhang C, Weissel R A. 2009 Modeling Paleobathymetry in the Southern Ocean. Eos, 90 (19): 165-166

Hays J D, Pitman W C. 1973. Lithospheric Plate Motion, Sea Level Changes and Climatic and Ecological Con-sequences. Nature, 246 (5427): 18-22.

Heezen B, Ewing M, Miller E. 1953. Trans-Atlantic profile of total magnetic intensity and topography, Dakar to Barbados. Deep Sea Res. , 1: 25-33.

Heine C, Müller R D. 2005. Late Jurassic rifting along the Australian Northwest Shelf: Margin geometry and spreading ridge configuration. Australian Journal of Earth Sciences, 52 (1): 27-39.

Henderson R. 1960. A comprehensive system of automatic computation in magnetic and gravity interpretation. Geophysics, 25: 569-585.

Henkes G A, Passey B H, Wanamaker Jr A D, et al. 2013. Carbonate clumped isotope compositions of modern marine mollusk and brachiopod shells. Geochimica et Cosmochimica Acta, 106 (Supplement C): 307-325.

Hey R N, Kleinrock M C, Miller S P, et al. 1986. Sea Beam/Deep-Tow investigation of an active oceanic propagating rift system. J. Geophys. Res. , 91: 3369-3393.

Hickman S H, Svitek J F, Langseth M G. 1984. Borehole Televiewer Log of Hole 395A//Hyndman R D, Salisbury M H, et al. Initial Reports of Deep Sea Drilling Project 78B. Washington: U. S. Government Printing Office, 709-715.

Higuchi Y, Yanagimoto Y, Hoshi K, et al. 2007. Cenozoic stratigraphy and sedimentation history of the northern Philippine Sea based on multichannel seismic reflection data. Island Arc, 16: 374-393.

Hill M. 1959. A ship-borne nuclear-spin magnetometer. Deep Sea Res. , 5: 309-311

Hillier J K, Watts A B. 2005. Relationship between depth and age in the North Pacific Ocean. Journal of Geophysical Research: Solid Earth, 110: B02405 (1-22) .

Hippler D, Schmitt A D, Gussone N, et al. 2003. Calcium Isotopic Composition of Various Reference Materials and Seawater. Geostandards Newsletter, 27 (1): 13-19.

Hippler D, Eisenhauer A, Nägler T F. 2006. Tropical Atlantic SST history inferred from Ca isotope thermometry over the last 140ka. Geochimica et Cosmochimica Acta, 70 (1): 90-100.

Hirt C, Claessens S, Techer T, et al. 2013. Mew ultrahigh-resolution picture of Earth's gravity field. Geophysical Research Letters, 40 (16): 4279-4283.

Hiscott, Richard N, Colella, et al. 1992. Sedimentology of deep-water volcaniclastics, Oligocene Izu-Bonin Forearc Basin, based on formation microscanner images//Taylor B, Fujioka K. Proceedings of the Ocean Drilling Program, Scientific Results, College Station, TX: Ocean Drilling Program, 126: 75-76.

Hoefs M J L, Versteegh G J M, Rijpstra W I C, et al. 1998. Postdepositional oxic degradation of alkenones: Implications for the measurement of palaeo sea surface temperatures. Paleoceanography, 13 (1): 42-49.

Hoffman K A, Day R. 1978. Separation of multi-component NRM: A general method. Earth and Planetary Science Letters, 40 (3): 433-438.

Holland H. 1973. Systematics of the isotopic composition of sulphur in the oceans during the Phanerozoicand its implications for atmospheric oxygen. Geochimica et Cosmochimica Acta, 37: 2605-2616.

Hopmans E C, Weijers J W H, Schefuβ E, et al. 2004. A novel proxy for terrestrial organic matter in sediments based on branched and isoprenoid tetraether lipids. Earth and Planetary Science Letters, 224 (1/2): 107-116.

Hornbach M, Bangs N, Berndt C. 2012. Detecting hydrate and fluid flow from bottom simulating reflector depth anomalies. Geology, 40: 227-230.

Horst A J, Varga R J, Gee J S, et al. 2011. Paleomagnetic constraints on deformation of superfast-spread oceanic crust exposed at Pito Deep Rift. Journal of Geophysical Research: Solid Earth, 116 (B12103): doi: 10. 1029/2011JB008268.

Houser C, Greenwood B. 2005. Hydrodynamics and sediment transport within the inner surf zone of a lacustrine multiple-barred nearshore. Marine Geology, 218: 37-63.

Houtz R, Ewing J. 1976. Upper crustal structure as a function of plate age. Journal of Geophysical Research, 81 (14): 2490-2498.

Howe B M, Kirkham H, Vorperia N V. 2002. Power system considerations for undersea observatories. IEEE Journal of Oceanic Engineering, 27: 267-274.

Howe B M, Chan T, El Sharkawi M, et al. 2006. Power system for the MARS ocean cabled observatory. Proceedings of the Scientific Submarine Cable 2006 Conference, Marine Institute, Dublin, Ireland.

Howe B M, Lukas R, Duennebier F K, et al. 2011. ALOHA cabled observatory installation. Proceedings of the OCEANS' 11 MTS/IEEE Conference, Kona.

Hren M T, Bookhagen B, Blisniuk P M, et al. 2009. $\delta^{18}O$ and δD of streamwaters across the Himalaya and Tibetan Plateau: Implications for moisture sources and paleoelevation reconstructions. Earth and Planetary Science Letters, 288 (1): 20-32.

Hrouda F. 1982. Magnetic anisotropy of rocks and its application in geology and geophysics. Geophysical Surveys, 5 (1): 37-82.

Hudson J D. 1977. Stable isotopes and limestone lithification. Journal of the Geological Society, 133 (6): 637-660.

Hudson J D, Anderson D F. 1989. Ocean temperatures and isotopic compositions through time. Transactions of the Royal Society of Edinburgh: Earth Sciences, 80: 183-192.

Huntington K W, Budd D A, Wernicke B P, et al. 2011. Use of Clumped-Isotope Thermometry to Constrain the Crystallization Temperature of Diagenetic Calcite. Journal of Sedimentary Research, 81 (9): 656-669.

Huntington K W, Saylor J, Quade J, et al. 2014. High late Miocene-Pliocene elevation of the Zhada Basin, southwestern Tibetan Plateau, from carbonate clumped isotope thermometry. Geological Society of America Bulletin, 127 (1-2): 181-199.

Hurford A J. 1990. Standardization of fission track dating calibration: Recommendation by the Fission Track Working Group of the IUGS Subcommission on Geochronology. Chemical Geology: Isotope Geoscience section, 80: 171-178.

Hurford A J, Hunzker J C, St Ckhert B. 1991. Constraints on the late thermotectonic evolution of the western Alps: Evidence for episodic rapid uplift. Tectonics, 10: 758-769.

Hus J J. 2003. The magnetic fabric of some loess/palaeosol deposits. Physics and Chemistry of the Earth, Parts A/B/C, 28 (16-19): 689-699.

Hustoft S, Bünz S, Mienert J, et al. 2009. Gas hydrate reservoir and active methane-venting province in sediments on < 20Ma young oceanic crust in the Fram Strait, offshore NW-Svalbard. Earth and Planetary Science Letters, 284 (1-2): 12-24.

Ienaga M, McNeill L C, Mikada H, et al. 2006. Borehole image analysis of the Nankai Accretionary Wedge, ODP Leg 196: Structural and stress studies. Tectonophysics, 426: 207-220.

Imanishi K, Ellsworth W L. 2006. Source scaling relationships of microearthquakes at Parkfield, CA, determined using the SAFOD Pilot Hole Seismic Array, Earthquakes: Radiated Energy and the Physics of Faulting. Geophysical Monograph Series, 170: 81-90, AGU, Washington D. C.

Isezaki N. 1986. A new shipboard three-component magnetometer. Geophysics, 51 (10): 1992-1998

Ishise M, Oda H. 2005. Three-dimensional structure of P-wave anisotropy beneath the Tohoku district, northeast Japan. Journal of Geophysical Research, 110: B07304, doi: 10. 1029/2004JB003599.

Jannasch H, Davis E, Kastner M, et al. 2003. CORK Ⅱ: Long-term monitoring of fluid chemistry, fluxes, and hydrology in instrumented boreholes at the Costa Rica Subduction Zone//Morris J, VIllinger H, Klaus A, et al. Proceedings of the Ocean Drilling Program. Initial Reports, 205.

Jeffreys H, Bullen K. 1940. Seismological Tables. British Association for the Advancement of Science, London.

Jeffreys H, Bullen K. 1967. Seismological Tables. British Association for the Advancement of Science, Gray Milne Trust, London, 50 pp.

Jewell P W. 2007. Morphology and paleoclimatic significance of pleistocene lake bonneville spits. Quaternary Research, 68: 421-430.

Jia G, Wei K, Chen F, et al. 2008. Soil n-alkane δD vs. altitude gradients along Mount Gongga, China. Geochimica et Cosmochimica Acta, 72 (21): 5165-5174.

Jia G, Bai Y, Ma Y, et al. 2015. Paleoelevation of Tibetan Lunpola basin in the Oligocene-Miocene transition estimated from leaf wax lipid dual isotopes. Global and Planetary Change, 126 (Supplement C): 14-22.

Jiang Z X, Liang S Y, Zhang Y F, et al. 2014. Sedimentary hydrodynamic study of sand bodies in the upper subsection of the 4th Member of the Paleogene Shahejie Formation in the eastern Dongying Depression, China. Petroleum Science, 11: 189-199.

Johnson H P, Hautala S L, Tivey M A, et al. 2002. Survey studies hydrothermal circulation on the northern Juan de Fuca Ridge. Eos (Transactions, American Geophysical Union), 83: 73-79.

Johnsson M. 1993. The system controlling the composition of clastic sediments. Geological Society of America Special Paper, 420: 1-19.

Judd A G, Hovland M. 2007. Seabed Fluid Flow: the impact on Geology, Biology, and the Marine Environment. London: Cambridge University Press, 475.

Jurado-Rodriguez M J, Brudy M. 1998. Present-day stress indicators from a segment of the African-Eurasian plate boundary in the Eastern Mediterranean Sea: results of formation microscanner data//Robertson A H F, Emeis K C, Richeter C. Proceedings of the Ocean Drilling Program, Scientific Results 160, College Station, TX: Ocean Drilling Program: 527-534.

Karstens J, Berndt C. 2015. Seismic chimneys in the southern Viking graben-implications for palaeo fluid migration and overpressure evolution. Earth and Planetary Science Letters, 412: 88-100.

Kasahara J, Sato T, Momma H, et al. 1998. A new approach to geophysical real-time measurements on a deep-sea floor using decommissioned submarine cables. Earth Planets Space, 50: 913-925.

参考文献

Kasahara J, Kawaguchi K, Iwase R, et al. 2001. Installation of the multi-disciplinary VENUS observatory at the Ryukyu Trench using Guam-Okinawa geophysical submarine cable (GOGC: former TPC-2 cable). JAMSTEC Journal of Deep Sea Research, 18: 193-207.

Katsumata A. 2010. Depth of the Moho discontinuity beneath the Japanese islands estimated by travel time analysis. Journal of Geophysical Research, 115: B04303.

Kellogg O D. 1953. Foundations of potential theory. New York: Dover Publications.

Kelson J R, Huntington K W, Schauer A J, et al. 2017. Toward a universal carbonate clumped isotope calibration: Diverse synthesis and preparatory methods suggest a single temperature relationship. Geochimica et Cosmochimica Acta, 197 (Supplement C): 104-131.

Kennedy J A, Brassell S C. 1992. Molecular stratigraphy of the Santa Barbara basin: Comparison with historical records of annual climate change. Organic Geochemistry, 19 (1): 235-244.

Kent D V, Opdyke N D. 1977. Palaeomagnetic field intensity variation recorded in a Brunhes epoch deep-sea sediment core. Nature, 266 (5598): 156-159.

Keulegan G H. 1948. An experimental study of submarine sand bars. U. S. Army Corps of Engineers Beach Erosion Board Tech. Report, (3): 40.

Kim J H, Schouten S, Hopmans E C, et al. 2008. Global sediment core-top calibration of the TEX86 paleothermometer in the ocean. Geochimica et Cosmochimica Acta, 72 (4): 1154-1173.

King J W, Channell J E T. 1991. Sedimentary magnetism, environmental magnetism and magnetostratigraphy. Reviews of Geophysics, 29 (S1): 358-370.

Kinsman D J J, Holland H D. 1969. The co-precipitation of cations with $CaCO_3$—IV. The co-precipitation of Sr^{2+} with aragonite between 16° and 96°C. Geochimica et Cosmochimica Acta, 33 (1): 1-17.

Kissel C, Laj C, Mulder T, et al. 2009. The magnetic fraction: A tracer of deep water circulation in the North Atlantic. Earth and Planetary Science Letters, 288 (3): 444-454.

Klochko K, Cody G D, Tossell J A, et al. 2009. Re-evaluating boron speciation in biogenic calcite and aragonite using 11B MAS NMR. Geochimica et Cosmochimica Acta, 73: 1890-1900.

Kluge T, John C M, Jourdan A L, et al. 2015. Laboratory calibration of the calcium carbonate clumped isotope thermometer in the 25-250℃ temperature range. Geochimica et Cosmochimica Acta, 157 (Supplement C): 213-227.

Knauth L P, Lowe D R. 1978. Oxygen isotope geochemistry of cherts from the Onverwacht Group (3.4 billion years), Transvaal, South Africa, with implications for secular variations in the isotopic composition of cherts. Earth and Planetary Science Letters, 41 (2): 209-222.

Komar P D. 1998. Beach Processes and Sedimentation. Upper Saddle River, N J: Prentice Hall.

Kominz M. 1984. Oceanic ridge volumes and sea-level change-An error analysis. AAPG Memvoir, 36: 109-127.

Kominz M, Browning J, Miller K, et al. 2008. Late Cretaceous to Miocene sea-level estimates from the New Jersey and Delaware coastal plain coreholes: An error analysis. Basin Research, 20: 211-226.

Kornei K. 2017. Seafloor data from lost airliner search are publicly released. Eos, 98, https://doi.org/10.1029/2017EO078307.

Korte C, Kozur H W, Veizer J. 2005. δ^{13}C and δ^{18}O values of Triassic brachiopods and carbonate rocks as proxies for coeval seawater and palaeotemperature. Palaeogeography, Palaeoclimatology, Palaeoecology, 226 (3): 287-306.

Kramer K V, Shedd W W. 2017. A 1.4-billion-pixel map of the Gulf of Mexico seafloor. Eos, 98, doi. org/ 10. 1029/2017EO073557.

Krist F, Schaetzl R J. 2001. Paleowind (11,000 BP) directions derived from lake spits in Northern Michigan. Geomorphology, 38 (1-2): 1-18.

Krogh T E. 1982. Improved accuracy of U-Pb zircon dating by selection of more concordant fractions using a high gradient magnetic separation technique. Geochimica Et Cosmochimica Acta, 46: 631-635.

Kroon D, Williams T, Pirmez C, et al. 2000. Coupled early Pliocene-middle Miocene bio-cyclostratigraphy of Site 1006 reveals orbitally induced cyclicity patterns of Great Bahama Bank carbonate production// Proceedings of the Ocean Drilling Program, Scientific Results, 166. Texas: Texas A&M University, 155-166.

Kroonenberg S B. 1994. Effects of provenance, sorting and weathering on the geochemistry of fluvial sands from different tectonic and climatic environments. Proceedings of the 29th International Geological Congress Part A, 69-81.

Ku T L. 1968. Protactinium 231 method of dating coral from Barbados Island. Joural of Geophysical Research, 73: 7.

Kuypers M M, Blokker P, Erbacher J, et al. 2001. Massive expansion of marine archaea during a mid-Cretaceous oceanic anoxic event. Science, 293: 92-94.

Kvenvolden K. 1993. Gas hydrates- geological perspective and global change. Review of Geophysics, 31: 173-187.

Lagroix F, Banerjee S K. 2004. Cryptic post- depositional reworking in aeolian sediments revealed by the anisotropy of magnetic susceptibility. Earth and Planetary Science Letters, 224 (3-4): 453-459.

Laj C, Kissel C, Mazaud A, et al. 2000. North Atlantic palaeointensity stack since 75ka (NAPIS-75) and the duration of the Laschamp event. Philosophical Transactions of the Royal Society of London A: Mathematical, Physical and Engineering Sciences, 358: 1009-1025.

Lanci L, Pares J M, Channell J E T, et al. 2004. Miocene magnetostratigraphy from Equatorial Pacific sediments (ODP Site 1218, Leg 199). Earth and Planetary Science Letters, 226: 0-224.

Langel R A. 1992. International Geomagnetic Reference Field: The sixth generation. Journal of Geomagnetism and Geoelectricity, 44: 679-707.

Langer G, Gussone N, Nehrke G, et al. 2007. Calcium isotope fractionation during coccolith formation in Emiliania huxleyi: Independence of growth and calcification rate. Geochemistry, Geophysics, Geosystems, 8 (5), doi: 10. 1029/2006GC001422.

Lanphere M A, Brent Dalrymple G. 1971. A test of the ^{40}Ar/^{39}Ar age spectrum technique on some terrestrial materials. Earth and Planetary Science Letters, 12: 359-372.

Laske G, Masters G. 1997. A Global Digital Map of Sediment Thickness, EOS Trans. American Geophysical Union, 78: F483.

参考文献

Laslett G, Green P F, Duddy I, et al. 1987. Thermal annealing of fission tracks in apatite 2. A quantitative a-nalysis. Chemical Geology: Isotope Geoscience section, 65: 1-13.

Lawton T F. 2014. Small grains, big rivers, continental concepts. Geology, 42 (7): 639-640.

Lea M. 1999. Controls on magnesium and strontium uptake in planktonic foraminifera determined by live cultu-ring. Geochimica et Cosmochimica Acta, 63 (16): 2369-2379.

Lear C H, Elderfield H, Wilson P A. 2000. Cenozoic Deep-Sea Temperatures and Global Ice Volumes from Mg/Ca in Benthic Foraminiferal Calcite. Science, 287 (5451): 269-272.

Lechler A R, Niemi N A, Hren M T, et al. 2013. Paleoelevation estimates for the northern and central proto-Basin and Range from carbonate clumped isotope thermometry. Tectonics, 32 (3): 295-316.

Lei J P, Jiang S H, Li S Z, et al. 2016. Gravity anomaly in the southern South China Sea: a connection of Moho depth to the nature of the sedimentary basins' crus. Geological Journal, 51 (S1): 244-262.

Lemarchand D, Wasserburg G J, Papanastassiou D A. 2004. Rate-controlled calcium isotope fractionation in synthetic calcite. Geochimica et Cosmochimica Acta, 68 (22): 4665-4678.

Leroy C. 1969. Simple Equations for Accurate and More Realistic Calculation of the Speed of Sound in Sea Water. JASA, 46 (1): 216-220.

Leu L. 1982. Use of reduction-to-the-equator process for magnetic data interpretation. Geophysics, 47: 445.

Li S Z, Suo Y H, Li X Y, et al. 2018. Microplate tectonics: new insights from micro-blocks in the global oceans, continental margins and deep mantle. Earth-Science Reviews, 185: 1029-1064.

Li Y, Oldenburg D W. 2010. Rapid construction of equivalent sources using wavelets. Geophysics, 75 (3): 51-59.

Li Y H, Shi L, Gao J Y. 2016. Lithospheric structure across the central Tien Shan constrained by gravity anomalies and joint inversions of receiver function and Rayleigh wave dispersion. Journal of Asian Earth Sciences, 124: 191-203.

Li Z X, Metcalfe I, Powell C M. 1996. Breakup of Rodinia and Gondwanaland and assembly of Asia. Australian Journal of Earth Sciences, 43 (6): 591-592.

Li Z X, Bogdanova S V, Collins A S, et al. 2008. Assembly, configuration, and break-up history of Rodinia: A synthesis. Precambrian Research, 160 (1-2): 179-210.

Liu Q S, Roberts A P, Larrasoaña J C, et al. 2012. Environmental magnetism: Principles and applications: Reviews Of Geophysics, 50: RG4002, doi: 4010. 1029/2012RG000393.

Liu X, Fehn U, Teng R T D. 1997. Oil formation and fluid convection in Railroad Valley, NV: a study using cosmogenic isotopes to determine the onset of hydrocarbon migration. Nuclear Instruments & Methods in Physics Research, 123: 356-360.

Longman I M. 1959. Formulas for computing the tidal accelerations, due to the Moon and Sun. Journal of Geophysical Research, 64 (12): 2351-2355.

Lowrie W. 1990. Identification of ferromagnetic minerals in a rock by coercivity and unblocking temperature properties: Geophysical Research Letters, 17: 159-162.

Lu H, Huissteden K, An Z, et al. 1999. East Asia winter monsoon variations on a millennial time-scale before the last glacial-interglacial cycle. Journal of Quaternary Science, 14 (2): 101-110.

Luo S, Ku T L. 1991. U-series isochron dating: A generalized method employing total-sample dissolution. Geochimica Et Cosmochimica Acta, 55: 555-564.

Macmillan S, Maus S, Bondar T, et al. 2003. Ninth generation International Geomagnetic Reference Field released. EOS Transactions of the American Geophysical Union, 84: 503.

Macrì P, Sagnotti L, Lucchi R G, et al. 2006. A stacked record of relative geomagnetic paleointensity for the past 270 kyr from the western continental rise of the Antarctic Peninsula. Earth and Planetary Science Letters, 252 (1): 162-179.

Magara K. 1976. Thickness of removed sediments, paleopore pressure, and paleotemperature, southwestern part of Western Canada Basin. American Association of Petrole-um Geologists Bulletin, 60: 554-565.

Major C O, Pirmez C, Goldberg D. 1998. High-resolution core-log integration techniques: examples from the Ocean Drilling Program//Harvey P K, Lovell M A. Core-Log Integration. London: The Geological Society of London Special Publication, 285-295.

Marin-Carbonne J, Chaussidon M, Robert F. 2012. Micrometer-scale chemical and isotopic criteria (O and Si) on the origin and history of Precambrian cherts: implications or paleo-temperature reconstructions. Geochimica et Cosmochimica Acta, 92: 129-147.

Marin-Carbonne J, Robert F, Chaussidon M. 2014. The silicon and oxygen isotope compositions of Precambrian cherts: a record of oceanic paleo-temperatures? Precambrian Research, 247: 223-234.

Marinaro G, Etiope G, GasparoniF, et al. 2004. GMM—a gas monitoring module for long-term detection of methane leakage from seafloor. Environmental Geology, 46: 1053-1058.

Marinaro G, Etiope G, LoBue N, et al. 2006. Monitoring of a methane-seeping pockmark by cabled benthic observatory (Patras Gulf, Greece). Geo-Marine Letter, 26: 297-302.

Marinaro G, Etiope G, LoBue N, et al. 2007. A cabled monitoring module for gas seepage: the first experiment in a pockmark (Patras Gulf, Greece). IEEE Journal of Oceanic Engineering, 343-348.

Marsset T, Marsset B, Thomas Y, et al. 2004. Analysis of Holocene sedimentary features on the Adriatic shelf from 3D very high-resolution seismic data (Triad survey). Marine Geology, 213: 73-89.

Mason R. 1958. A magnetic survey off the west coast of the United States between latitudes 32° and 36°N, longitudes 121°W and 128°W. Geophysical Journal of the Royal Astronomical Society, 1 (14): 320-329.

Mason R, Raff A. 1961. Magnetic survey off the west coast of North America, 32° N to 42° N. Geological Society of America Bulletin, 72 (8): 1259-1265.

Mathews M, Salisbury M H, Hyndman R. 1984. Basement logging on the Mid-Atlantic Ridge. Deep Sea Drilling Project Hole 395A (Leg 78B), 78: 717-730.

Maus S, Macmillan S. 2005. 10th generation International Geomagnetic Reference Field. EOS Transactions of the American Geophysical Union, 86: 159.

Mayeda K, Malagnini L, Walter W. 2007. A new spectral ratio method using narrow band coda envelopes: Evidence for non-self-similarity in the Hector Mine sequence. Geophysical Research Letters, 34: L11303.

Mayer L. 2006. Frontiers in seafloor mapping and visualization. Marine Geophysical Researches, 27: 7-17.

Mcdougall I, Polach H A, Stipp J J. 1969. Excess radiogenic argon in young subaerial basalts from the Auckland volcanic field, New Zealand. Geochimica Et Cosmochimica Acta, 33: 1485-1520.

McElhinny M W, McFadden P L. 1999. Paleomagnetism: continents and oceans. International Geophysics Series, 73. San Diego, USA: Academic Press.

McGill P, Neuhauser D, Stakes D, et al. 2002. Deployment of a long-term broadband sea floor observatory in Monterey Bay. AGU Fall Meeting, Abstract, S71A-1049.

McKenzie D. 1978. Some remarks on the development of sedimentary basins. Earth and Planetary Science Letters, 40 (1): 25-32.

McKenzie D, Sclater J G. 1971. The evolution of the Indian Ocean since the Late Cretaceous. Geophysical Journal International, 24 (5): 437-528.

Mendel V, Munschy M, Sauter D, et al. 2005. MODMAG, a MATLAB program to model marine magnetic anomalies. Computers & geosciences, 31 (5): 589-597.

Merrihue C, Turner G. 1966. Potassium-argon dating by activation with fast neutrons. Joural of Geophysical Research, 71: 6.

Mesko A. 1965. Some notes concerning the frequency analysis for gravity interpretation. Geophysical Prospecting, 13: 475-488.

Mikada H, Becker K, Moore J, et al. 2002. Proceedings of the Ocean Drilling Program. Initial Reports, Volume 196.

Miller K, Kominz M, Browning J, et al. 2005. The Phanerozoic record of global sea-level change. Science, 310: 1293-1298.

Miller M G. 2003. Basement-involved thrust faulting in a thin-skinned fold-and-thrust belt, Death Valley, California, USA. Geology, 31 (1): 31-34.

Mishra D C. 2011. Gravity and Magnetic Methods for Geological studies: Principles, Integrated Exploration and Plate Tectonics. Hyderabad: BS Publications.

Missiaen T. 2005. VHR marine 3D seismics for shallow water investigations: some practical guidelines. Marine Geophysical Researches, 26: 145-155.

Mitchell J G. 1968. The argon-40/ argon-39 method for potassium-argon age determination. Geochimica Et Cosmochimica Acta, 32: 781-790.

Molinie A J, Ogg J G. 1992. Formation Microscanner imagery of Lower Cretaceous and Jurassic sediments from the western Pacific (Site 801). Proceedings of the Ocean Drilling Program, Scientific Results, 129: 671-691.

Momma H, Shirasaki Y, Kasahara J. 1997. The VENUS project-instrumentation and underwater network system//Proceedings of International Workshop on Scientific Use of Submarine Cables, Okinawa, Japan, 103-108.

Moon D S, Hong G H, Kim Y I, et al. 2003. Accumulation of anthropogenic and natural radionuclides in bottom sediments of the Northwest Pacific Ocean. Deep Sea Research Part II: Topical Studies in Oceanography, 50: 2649-2673.

Moore G F, Bang N L, Taira A, et al. 2011. Three-dimensional splay fault geometry and implications for Tsunami generation. Science, 318: 1128-1131.

Moos D, Pezard P, Lovell M. 1990. Elastic wave velocities within oceanic layer 2 from sonic full waveform logs in Deep Sea Drilling Project Holes 395A, 418A, and 504B. Journal of Geophysical Research, 95 (B6): 9189-9207.

Morgan W J, Loomis T P. 1971. Correlation coefficients and sea-floor spreading and automated analysis of magnetic profiles. Marine Geophysical Researches, 1: 248-260.

Morrill C, Koch P. 2002. Elevation or alteration? Evaluation of isotopic constraints on paleoaltitudes surrounding the Eocene Green River Basin. Geology, 30 (2): 151-154.

Morton A, Hallsworth C, Chalton B. 2004. Garnet compositions in Scottish and Norwegian basement terrains: a framework for interpretation of North Sea sandstone provenance. Marine and Petroleum Geology, 21: 393-410.

Morton A C, Johnsson M J. 1993. Factors influencing the composition of detrital heavy mineral suites in Holocene sands of the Apure River drainage basin, Venezuela. Processes Controlling the Composition of Clastic Sediments, 284: 171-185.

Morton A C, Hallsworth C R. 1999. Processes controlling the composition of heavy mineral assemblages in sandstones. Sedimentary Geology, 124 (1-4): 3-30.

Morton A C, Whitham A G, Fanning C M. 2005. Provenance of Late Cretaceous to Paleocene submarine fan sandstones in the Norwegian Sea: integration of heavy mineral, mineral chemical and zircon age data. Sedimentary Geology, 182: 3-28.

Mulch A, Chamberlain C. 2006. The rise and growth of Tibet, Nature, 439: 670-671.

Mutter J C, Carbotte S, Nedimovic M, et al. 2009. Seismic imaging in three dimensions on the East Pacific Rise. Eos Trans. AGU, 90: 374.

Métivier F, Gaudemer Y. 1997. Mass transfer between eastern Tien Shan and adjacent basins (central Asia): constraints on regional tectonics and topography. Geophysical Journal International, 128 (1): 1-17.

Mühlenbachs K. 1998. The oxygen isotopic composition of the oceans, sediments and the seafloor. Chemical Geology, 145: 263-273.

Müller G. 1969. Sedimentary Phosphate Method for Estimating Paleosalinities: Limited Applicability. Science, 163: 812-813.

Müller R D, Sdrolias M, Gaina C, et al. 2008a. Long-Term Sea-Level Fluctuations Driven by Ocean Basin Dynamics. Science, 319: 1357-1362.

Müller R D, Sdrolias M, Gaina C, et al. 2008b. Age, spreading rates, and spreading asymmetry of the world's ocean crust. Geochemistry, Geophysics, Geosystems, 9 (4): Q04006.

Müller R D, Cannon J, Qin X, et al. 2018. GPlates: Building a Virtual Earth Through Deep Time. Geochemistry, Geophysics, Geosystems, 19: 2243-2261.

Nabighian M, Grauch V, Hansen R, et al. 2005. The historical development of the magnetic method in exploration. Geophysics, 70 (6): 33-61.

Naeser C, Izett G, Obradovich J. 1980. Fission-track and K-Ar ages of natural glasses. Washington: United States Government Printing Office.

Nagumo S, Walker D A. 1989. Ocean bottom geoscience observatories: Reuse of transoceanic telecom-munications cables. EOS, 70: 673-677.

Nagy E A, Valet J P. 1993. New advances in paleomagnetic studies of sediment cores using U-channels. Geophysical Research Letters, 20 (8): 671-674.

Nakajima J, Hasegawa A. 2007. Subduction of the Philippine Sea plate beneath southwestern Japan: Slab geometry and its relationship to arc magmatism. Journal of Geophysical Research, 112: B08306.

Nawrocki J, Polechonska O, Boguckij A, et al. 2006. Palaeowind directions recorded in the youngest loess in Poland and western Ukraine as derived from anisotropy of magnetic susceptibility measurements. Boreas, 35 (2): 266-271.

Nelson W B. 1967. Sedimentary Phosphate Method for Estimating Paleosalinities. Secience, 158: 917-920.

Newmark R L, Zoback M D, Anderson R N. 1985. Orientation of In Situ Stresses near the Costa Rica Rift and Peru-Chile Trench: Deep Sea Drilling Project Hole 504B//Anderson R N, Honnorez J, Becker K, et al. Initial Reports of the Deep Sea Drilling Project 83. Washington: U. S. Government Printing Office, 511-515.

Newmark R L, Anderson R N, Zoback M D. 1986. Orientation of In Situ Stresses in the Pacific Plate: Deep Sea Drilling Project Hole 597C//Leinen M, Rea D K, et al. Initial Reports of the Deep Sea Drilling Project 92. Washington: U. S. Government Printing Office, 519-525.

Nier A O. 1950. A Redetermination of the Relative Abundances of the Isotopes of Carbon, Nitrogen, Oxygen, Argon, and Potassium. Physical Review, 77: 789-793.

Nott J F. 2003. Intensity of prehistoric tropical cyclones. Journal of Geophysical Research: Atmospheres, 108 (D7): 1-11.

Nutz A, Schuster M, Ghienne J F, et al. 2015. Wind-driven bottom currents and related sedimentary bodies in Lake Saint-Jean (Québec, Canada). GSA Bulletin, 127 (9-10): 1194-1208.

Nägler T F, Eisenhauer A, Müller A, et al. 2000. The δ^{44}Ca- temperature calibration on fossil and cultured *Globigerinoides sacculifer*: New tool for reconstruction of past sea surface temperatures. Geochemistry, Geophysics, Geosystems, 1 (9): 2000GC000091.

Nürnberg D, Bijma J, Hemleben C. 1996. Assessing the reliability of magnesium in foraminiferal calcite as a proxy for water mass temperatures. Geochimica Et Cosmochimica Acta, 60 (5): 803-814.

Nürnberg D, Müller A, Schneider R R. 2000. Paleo-sea surface temperature calculations in the equatorial east atlantic from Mg/Ca Ratios in planktic foraminifera: a comparison to sea surface temperature estimates from UK'37, oxygen isotpes, and foraminiferal transfer function. Paleoceanography, 200015 (15): 124-134.

O'Neil J R, Clayton R N, Mayeda T K. 1969. Oxygen isotope fractionation in divalent metal carbonates. The Journal of Chemical Physics, 51: 5547-5558.

Ogg J G, Camoin G F, Arnaud Vanneau A. 1995. limalok guyot: depositional history of the carbonate platform from downhole logs at site 871 (lagoon) 1. Proceedings of the Ocean Drilling Program: Scientific Results, 144: 233-253.

Ogg J G, Ogg G M, Gradstein F M. 2008. The Concise Geologic Time Scale. Cambridge: Cambridge University Press.

Oldenburg D W. 1974. The inversion and interpretation of gravity anomalies. Geophysics, 39 (4): 447-455.

ORION Executive Steering Committee. 2005. Ocean Observatories Initiative Science Plan. Washington, D. C. , 1-102.

Oswald J N, Norris T, Au L, et al. 2011. Minke whale (Balaenoptera acutorostrata) boings detected at the Station ALOHA cabled observatory, The Journal of the Acoustical Society of America, 129: 3353-3360.

Otto T. 1912. Der Darss and Zingst. Jahrb, d. Geo. Gesell. zu Greifswald, 13: 393-403.

Packard M, Varian R. 1954. Proton gyromagnetic ratio. Phys Rev, 93: 941-947.

Pagani M, Lemarchand D, Spivack A, et al. 2005. A critical evaluation of the boron isotope-pH proxy: The accuracy of ancient ocean pH estimates. Geochimica Et Cosmochimica Acta, 69: 953-961.

Parker R L. 1973. The rapid calculation of potential anomalies. Geophysical Journal of the Royal Astronomical Society, 31 (4): 447-455.

Parker R L, Huestis S P. 1974. The inversion of magnetic anomalies in the presence of topography. Journal of Geophysical Research, 79: 1587-1593.

Parsons B, Sclater J G. 1977. An analysis of the variation of ocean floor bathymetry and heat flow with age. Journal of Geophysical Research, 82 (5): 803-827.

Parés J M, Ba V D P, Dinarès J. 1999. Evolution of magnetic fabrics during incipient deformation of mudrocks (Pyrenees, Northern Spain). Tectonophysics, 307 (1): 1-14.

Paterson N R, Reeves C V. 1985. Applications of gravity and magnetic surveys — The state of the art in 1985. Geophysics, 50: 2558-2594.

Pavlis G, Booker J. 1980. The Mixed Discrete-Continuous Inverse Problem: Application to the Simultaneous Determination of Earthquake Hypocenters and Velocity Structure. Journal of Geophysical Research, 85: 4801-4810.

Pavlis N K, Holmes S A, Kenyon S C, et al. 2012. The development and evaluation of the Earth Gravitational Model 2008 (EGM2008). Journal of Geophysical Research, 117 (B04406): doi: 10. 1029/2011JB008916.

Peddie N W. 1982. International Geomagnetic Reference Field: The third generation. Journal of Geomagnetism and Geoelectricity, 34: 309-326.

Pelejero C, Grimalt J O. 1997. The correlation between the 37k index and sea surface temperatures in the warm boundary: The South China Sea. Geochimica Et Cosmochimica Acta, 61 (22): 4789-4797.

Pelejero C, Calvo E. 2003. The upper end of the UK'37 temperature calibration revisited. Geochemistry, Geophysics, Geosystems, 4 (2): 2002GC000431.

Perez-Garcia C, Bernt C, Klaeschen D, et al. 2011. Linked Halokinesis and mud volcanism at the Mercator mud volcano, Gulf of Cadiz. Journal of Geophysical Research, 116, B05101, doi: 10. 1029/2010JB008061.

Person R, Aoustin Y, Blandin J, et al. 2006. From bottom landers to observatory networks, Annals of Geophysics, 49 (2-3): 581-593.

Peters L J. 1949. The direct approach to magnetic interpretation and its practical application. Geophysics, 14: 290-320.

Petersen C J, Bünz S, Hustoft S, et al. 2010. High-resolution P-Cable 3D seismic imaging of gas chimney structures in gas hydrated sediments of an Arctic sediment drift. Marine and Petroleum Geology,

27：1981-1994.

Peterson F. 1988. Pennsylvanian to Jurassic eolian transportation systems in the Western United States. Sedimentary Geology, 56 (1-4)：207-260.

Pettijohn F J, Potter P E, Siever R. 1987. Sand and Sandstone. New York：Springer-Verlag.

Pezard P A, Lovell M. 1990. Downhole images：electrical scanning reveals the nature of subsurface oceanic crust. Eos Transactions American Geophysical Union, 71 (20)：709-718.

Pezard P A, Lovell M, Hiscott R N. 1992. Downhole electrical images in volcaniclastic sequences of the Izu-Bonin forearc basin, western Pacific//Taylor B, Fujioka K. Proceedings of the Ocean Drilling Program, Scientific Results, 126. Texas：Texas A&M University, 603-624.

Pezard P A, Becker K, Revil A, et al. 1996. Porosity, fractures, and stress in the dolerites of DSDP/ODP Hole 504B, Costa Rica Rift. Proceedings of the Ocean Drilling Program Scientific Results, 148：317-329.

Phleger F B, Parker F L. 1951. Ecology of Foraminifera, Northwest Gulf of Mexico, Part I. Foraminifera Distribution. Geological Socciety of Anerica, 46：88.

Picard K, Brooke B, Coffin M F. 2017. Geological insights from Malaysia Airlines flight MH370 search. Eos, 98, doi：org/10. 1029/2017EO069015.

Pirenne B, Guillemot E. 2009. The data management system for the VENUS and NEPTUNE cabled observatories//Proceedings of the IEEE-OCEANS' 09 EUROPE, Bremen, Germany, 1-4.

Pirmez C, Brewer T S. 1998. Borehole electrical images：Recent advances in ODP. JOIDES Journal, 24 (1)：14-17.

Pirmez C, Hiscott R N, Kronen J D. 1997. Sandy turbidite successions at the base of channel-levee systems of the Amazon Fan revealed by FMS logs and cores：Unraveling the facies architecture of large submarine fans. Proceedings of the Ocean Drilling Program Scientific Results, 155：7-33.

Pitman W C III. 1978. Relationship between eustacy and stratigraphic sequences of passive margins. GSA Bulletin, 89 (9)：1389-1403.

Planke S, Berndt C. 2004. Apparatus for seismic measurements. US Patent no. US 7221620 B2.

Planke S, Eriksen N, Berndt C, et al. 2009. P-cable high resolution 3D seismic. Oceanography, 22：81.

Plaza-Faverola A, Bünz S, Mienert J. 2011. Repeated fluid expulsion through sub-seabed chimneys offshore Norway in response to glacial cycles. Earth and Planetary Science Letters, 305：297-308.

Plumb R A, Hickman S H. 1985. Stress-induced borehole elongation：A comparison between the four-arm dipmeter and the borehole televiewer in the Auburn Geothermal Well. Journal of Geophysical Research Solid Earth, 90 (B7)：5513-5521.

Pochat S, van den Driessche J, Mouton V, et al. 2005. Identification of Permian palaeowind direction from wave-dominated lacustrine sediments (Lodève Basin, France). Sedimentology, 52：809-825.

Polissar P J, Freeman K H, Rowley D B, et al. 2009. Paleoaltimetry of the Tibetan Plateau from D/H ratios of lipid biomarkers. Earth and Planetary Science Letters, 287 (1)：64-76.

Ponomarev V N, Nechoroshkov V L. 1983. First measurements of magnetic field within the ocean crust：DSDP Legs68 and 69//Cann J R, Langseth M G, Honnorez J, et al. Initial Reports of the Deep Sea Drilling Project 69. Washington：U. S. Government Printing Office, 271-279.

Poole F G. 1962. Wind directions in Late Palaeozoic to middle Mesozoic time on the Colorado Plateau, US Geological Survey Professional Papers, 450-D: 147-151.

Posamentier H, Vail P. 1988. Eustatic controls on clastic deposition II- Sequence and systems tract models// Wilgus C, Hastings B, Kendall C, et al. Sea-Level Changes: An Integrated Approach. Society of Economic Paleontologists and Mineralogists (SEPM), Special Publication, 42: 125-154.

Potter P E, Pettijonhn F G. 1977. Paleocurrents and Basin Analysis. Springer- Verlag, Berlin, Heidelberg, New York.

Prahl F G, Wakeham S G. 1987. Calibration of unsaturation patterns in long- chain ketone compositions for palaeotemperature assessment. Nature, 330: 367.

Prahl F G, Sparrow M A, Wolfe G V. 2003. Physiological impacts on alkenone paleothermometry. Paleocean-ography, 18 (2): 141-152.

Price T D, Ruessink B G. 2011. State dynamics of a double sandbar system. Continental Shelf Research, 31: 659-674.

Priede I G, Solan M. 2002. European seafloor observatory network, EVK3- CT- 2002- 80008, Final Report, 1-362.

Priede I G, Favali P, Solan M, et al. 2004. ESONET- European seafloor observatory network, in Proceedings OCEANS' 04 MTS/IEEE TECHNO- OCEAN' 04, Kobe, Japan, IEEE Journal of Oceanic Engineering, 2155-2163.

Puillat I, Lanteri N, Drogou J F, et al. 2012. Open- sea observatories: a new technology to bring the pulse of the Sea to human awareness. Oceanography, 1-40.

Quade J, Garzione C N, Eiler J. 2007. Implications for the role of mantle thickening and delamination in the Himalayan orogen. Geological Society of America, 33 (3): 181-184.

Quade J, Eiler J, Daëron M, et al. 2013. The clumped isotope geothermometer in soil and paleosol carbon-ate. Geochimica Et Cosmochimica Acta, 105: 92-107.

Raff A, Mason R. 1961. A magnetic survey off the west coast of North America, 40°N to 52.5°N. Geological Society of America Bulletin, 72: 1259-1265.

Rao B N, Kumar N, Singh A P, et al. 2011. Crustal density structure across the Central Indian Shear Zone from gravity data. Journal of Asian Earth Sciences, 42 (3): 341-353.

Raynol J H. 1960. Rare gases in tektites. Geochimica Et Cosmochimica Acta, 20: 101-114.

Rea D K. 1994. The paleoclimatic record provided by eolian deposition in the deep sea: the geologic history of wind. Reviews of Geophysics, 32 (2): 159-195.

Reford M S. 1980. History of geophysical exploration- Magnetic method. Geophysics, 45: 1640-1658.

Richter F, Mckenzie D. 1978. Simple plate models of mantle convection. J. Geophys, 44: 441-471.

Richter F, Rowley D, De Paolo D. 1992. Sr isotope evolution of seawater: The role of tectonics. Earth and Planetary Science Letters, 109: 11-23.

Rider M H. 1990. Gamma-ray log shape used as a facies indicator: critical analysis of an oversimplified method-ology. Geological Society London Special Publications, 48 (1): 27-37.

参
考
文
献

Ritsema J, Van Heijst H J, Woodhouse J H. 2004. Global transition zone tomography. Journal of Geophysical Research: Solid Earth, 109: B02302.

Robert F, Chaussidon M. 2006. A palaeotemperature curve for the Precambrian oceans based on silicon isotopes in cherts. Nature, 443: 920-921.

Roberts A P, Lehman B T, Weeks R J, et al. 1997. Relative paleointensity of the geomagnetic field over the last 200,000 years from ODP Sites 883 and 884, North Pacific Ocean. Earth and Planetary Science Letters, 152 (1): 11-23.

Roeder D, Witherspoon W. 1978. Palinspastic map of East Ten-nessee. American Journal of Science, 278: 543-550.

Rollion-Bard C, Erez J. 2010. Intra-shell boron isotope ratios in the symbiont-bearing benthic foraminiferan Amphistegina lobifera: Implications for δ^{11}B vital effects and paleo-pH reconstructions. Geochimica et Cosmochimica Acta, 74: 1530-1536.

Romanowicz B, Stakes D, Uhrhammer R, et al. 2003. The MOBB experiment: A prototype permanent offshore ocean bottom broadband station. EOS, 325: 331-332.

Romanowicz B, Stakes D, Dolenc D, et al. 2006. The Monterey Bay broadband ocean bottom seismic observatory. Annals of Geophysics, 49: 607-623.

Romans B W, Castelltort S, Covault J A, et al. 2016. Environmental signal propagation in sedimentary systems across timescales. Earth-Science Reviews, 153: 7-29.

Ross C, Ross J. 1987. Late Palaeozoic sea levels and depositional sequences//Ross C, Haman D. Timing and depositional history of eustatic sequences: Constraints on seismic stratigraphy. Cushman Foundation for Foraminiferal Research, Special Publication, 24: 137-149.

Ross C, Ross J. 1988. Eustatic controls on clastic deposition II —Sequence and systems tract models//Wilgus C, Hastings B, Kendall C, et al. Sea-Level Changes: An Integrated Approach. Society of Economic Paleontologists and Mineralogists. Special Publication, 42: 71-108.

Ross M I, Scotese C R. 1988. A hierarchical tectonic model of the Gulf of Mexico and Caribbean region. Tectonophysics, 155 (1): 139-168.

Rowland S J, Allard W G, Belt S T, et al. 2001a. Factors influencing the distributions of polyunsaturated terpenoids in the diatom, Rhizosolenia setigera. Phytochemistry, 58 (5): 717-728.

Rowland S J, Belt S T, Wraige E J, et al. 2001b. Effects of temperature on polyunsaturation in cytostatic lipids of Haslea ostrearia. Phytochemistry, 56 (6): 597-602.

Rowley D B. 2002. Rate of plate creation and destruction: 180 Ma to present. GSA Bulletin, 114 (8): 927-933.

Rowley D B, Currie B S. 2006. Palaeo-altimetry of the late Eocene to Miocene Lunpola basin, central Tibet. Nature, 439: 677.

Rowley D B, Pierrehumbert R T, Currie B S. 2001. A new approach to stable isotope-based paleoaltimetry: implications for paleoaltimetry and paleohypsometry of the High Himalaya since the Late Miocene. Earth and Planetary Science Letters, 188: 253-268.

Rozanski K, Sonntag C. 1982. Vertical distribution of deuterium in atmospheric water vapour. Tellus, 34 (2): 135-141.

Rummel R, Rapp R, Sünkel H, et al. 1988. Comparisons of global topographic/isostatic models to the Earth's observed gravity field. Columbus: Department of Geodetic Science and Surveying, The Ohio State University.

Russell A D, Hönisch B, Spero H J, et al. 2004. Effects of seawater carbonate ion concentration and temperature on shell U, Mg, and Sr in cultured planktonic foraminifera. Geochimica et Cosmochimica Acta, 68 (21): 4347-4361.

Sabeen H M, Ramanujam N, Morton A C. 2002. The provenance of garnet: constraints provided by studies of coastal sediments from southern India. Sedimentary Geology, 152: 279-287.

Sachs J, Pahnke K, Smittenberg R, et al. 2007. PALEOCEANOGRAPHY, BIOLOGICAL PROXIES | Biomarker indicators of past climate//Elias S A, Mock C J. Encyclopedia of Quaternary Science (Second Edition). Amsterdam: Elsevier, 775-782.

Sager W W. 2006. Cretaceous paleomagnetic apparent polar wander path for the Pacific plate calculated from Deep Sea Drilling Project and Ocean Drilling Program basalt cores. Physics of the Earth and Planetary Interiors, 156: 329-349.

Sager W W, Fullerton L G, Buffler R T, et al. 1992. Argo Abyssal Plain magnetic lineations revisited: Implications for the onset of seafloor spreading and tectonic evolution of the eastern Indian Ocean, Proc. Ocean Drill. Program Sci. Results, 123: 659-669.

Salimullah A R M, Stow D A V. 1992. Application of fms images in poorly recovered coring intervals: examples from odp leg 129. Geological Society London Special Publications, 65 (1): 71-86.

Salimullah A R M, Stow D A V. 1995. Ichnofacies Recognition In Turbidites/hemiturbidites Using Enhanced Fms Images: Examples From Odp Leg 129. Log Analyst, 36 (4): 38-49.

Saltus R W, Blakely R J. 1983. Hypermag: An interactive two-dimensional gravity and magnetic modeling program. U. S. Geological Survey Open-File Report: 83-241.

Sandwell D T, Müller R D, Smith W H, et al. 2014. New global marine gravity model from CryoSat-2 and Jason-1 reveals buried tectonic structure. Science, 346 (6205): 65.

Sapunov V, Denisov A, Denisova O, et al. 2001. Proton and Overhauser magnetometers metrology. Control Geophys Geodesy, 31 (1): 119-124.

Sawaragi T. 1995. Coastal Engineering-Waves, Beaches, Wave-Structure Interactions. Amsterdam: Elsevier.

Sawyer D S. 1985. Total tectonic subsidence: A parameter for distinguishing crust type at the U. S. Atlantic Continental Margin. Journal of Geophysical Research: Solid Earth, 90 (B9): 7751-7769.

Scheidhauer M, Marillier F, Dupuy D. 2005. Development of a system for 3D high-resolution seismic reflection profiling on lakes. Marine Geophysical Researches, 26: 183-195.

Scherbaum F. 1990. Combined Inversion for the Three-Dimensional Q Structure and Source Parameters Using Microearthquake Spectra. Journal of Geophysical Research, 95: 12423-12438.

Scherer C M S, Goldberg K. 2007. Palaeowind patterns during the latest Jurassic-earliest Cretaceous in Gondwana: Evidence from aeolian cross-strata of the Botucatu Formation, Brazil. Palaeogeography, Palaeoclimatology, Palaeoecology, 250 (1): 89-100.

Schettino A. 2012. Magan: a new approach to the analysis and interpretation of marine magnetic anomalies. Comput. Geosci. , 39: 135-144.

Schimmelmann A, Sessions A L, Mastalerz M. 2006. Hydogen isotopic (D/H) composition of organic matter during diagenesis and thermal maturation. Annual Review of Earth and Planetary Sciences, 34 (1): 501-533.

Schmidt T W, Radke J, Bernasconi S M. 2010. An automated method for'clumped- isotope'measurements on small carbonate sample. Rapid Communications In Mass Spectrometry, 24: 1955-1963.

Schmitt A D, Bracke G, Stille P, et al. 2001. The Calcium Isotope Composition of Modern Seawater Determined by Thermal Ionisation Mass Spectrometry. Geostandards Newsletter, 25 (2-3): 267-275.

Schouten H, McCamy K. 1972. Filtering marine magnetic anomalies. Journal of Geophysical Research, 77 (35): 7089-7099.

Schouten H, Cande S C. 1976. Palaeomagnetic poles from marine magnetic anomalies. Geophysical Journal International, 44 (3): 567-575.

Schouten S, Hopmans E, Pancost R D, et al. 2000. Widespread occurrence of structurally diverse tetraether membrane lipids: Evidence for the ubiquitous presence of low- temperature relatives of hyperthermophiles. Proceedings of the National Academy of Sciences of the United States of America, 26 (97): 14421-14426.

Schouten S, Hopmans E C, Schefuß E, et al. 2002. Distributional variations in marine crenarchaeotal membrane lipids: a new tool for reconstructing ancient sea water temperatures? Earth and Planetary Science Letters, 204 (1): 265-274.

Scotese C R. 1976. A continental drift 'flip book'. Computers & Geosciences, 2 (1): 113-116.

Scotese C R. 2014. PALEOMAP Project PaleoAtlas for ArcGIS (Vols. 1- 6) . Atlas of Phanerozoic oceanic anoxia (mollweide projection) . Evanston, IL: PALEOMAP Project.

Scotese C R, Bambach R K, Barton C, et al. 1979. Paleozoic Base Maps. The Journal of Geology, 87 (3): 217-277.

Scott D B, Medioli F S. 1978. Vetical zonations of marsh foraminifera as axxuate indicators of former sea level. Nature, 272: 528-531.

Sellén E, Jackobbsson M, Frank M, et al. 2009. Pleistocene variations of beryllium isotopes in central Arctic Ocean sediment cores. Global and Planetary Change, 68: 38-47.

Sepkoski Jr J J. 1979. A kinetic model of Phanerozoic taxonomic diversity. Ⅱ. Early Phanerozoic families and multiple equilibria. Paleobiology, 5 (3): 222-251.

Sepkoski Jr J J. 1982. A compendium of fossil marine families. Contributions in Biology & Geology, 51: 1-125.

Sepkoski Jr J J. 1992. A compendium of fossil marine animal families, 2nd edition. Contrib Biol Geol, 83 (1): 1-156.

Sepkoski Jr J J. 2002. A compendium of fossil marine animal genera. Bulletins of American Paleontology. Ithaca, NY: Paleontological Research Institution, 363: 1-560.

Shackleton M. 1974. Attainment of isotopic equilibrium between ocean water and the benthonic foraminifera genus Uvigerina: isotopic changes in the ocean during the last glacial//Labeyrie L. Méthodes quantitatives d'étude des variations du climat au cours du Pléistocène. France: Editions du C. N. R. S, 203-209.

Shackleton N, Boersma A. 1981. The climate of the Eocene ocean. J. geol. Soc, Lond, 138 (2): 153-157.

Shah A K, Cormier M H, Ryan W B, et al. 2003. Episodic dike swarms inferred from near-bottom magnetic anomaly maps at the southern East Pacific Rise. Journal of Geophysical Research: Solid Earth, 108 (B2): doi: 10. 1029/2001JB000564.

Sharko C J. 2010. IP25: A molecular proxy of sea-I ce duration in the Bering and Chukchi seas. Master Theses, University of Massachusetts Amherst: 1-72.

Shaw J H, Suppe J. 1994. Active Faulting and Growth Folding in the Eastern Santa Barbara Channel, California. Geological Society of America Bulletin, 106 (5): 607-606.

Shaw J. 1974. A new method of determining the magnitude of the paleomanetic field application to 5 historic lavas and five archeological samples. Geophysical Journal of the Royal Astronomical Society, 76: 637-651.

Shen G T, Dunbar R B. 1995. Environmental controls on uranium in reef corals. Geochimica et Cosmochimica Acta, 59 (10): 2009-2024.

Sikes E L, Volkman J K. 1993. Calibration of alkenone unsaturation ratios (Uk'37) for paleotemperature estimation in cold polar waters. Geochimica et Cosmochimica Acta, 57 (8): 1883-1889.

Sime N G, De La Rocha C L, Galy A. 2005. Negligible temperature dependence of calcium isotope fractionation in 12 species of planktonic foraminifera. Earth and Planetary Science Letters, 232 (1): 51-66.

Skulan J, DePaolo D J, Owens T L. 1997. Biological control of calcium isotopic abundances in the global calcium cycle. Geochimica et Cosmochimica Acta, 61 (12): 2505-2510.

Sloss L L. 1978. Williston in the family of cratonic basins, in Long-man, M. W., eg., Williston basin, anatomy of a cratonic oil province. Rocky Mountain Association of Geologists, Denver.

Smith A G. 1999. Gondwana: its shape, size and position from Cambrian to Triassic Times. Journal of African Earth Sciences, 28 (1): 71-97.

Smith A G, Briden J C. 1980. Mesozoic and Cenozoic Paleocontinental Maps (Cambridge Earth Science Series), Cambridge: Cambridge University Press.

Smith A G, Briden J C, Drewry G E. 1972. Phanerozoic world maps//Hughes N F. Organisms and continents through time. Special Papers in Palaeontology, 12: 1-42.

Smith P E, Farquhar R M. 1989. Direct dating of Phanerozoic sediments by the ^{238}U-^{206}Pb method. Nature, 341: 518-521.

Snowball I, Zillén L, Ojala A, et al. 2007. FENNOSTACK and FENNORPIS: Varve dated Holocene palaeomagnetic secular variation and relative palaeointensity stacks for Fennoscandia. Earth & Planetary Science Letters, 255 (1-2): 0-116.

Spencer C, Kim S T. 2015. Carbonate clumped isotope paleothermometry: a review of recent advances in CO_2 gas evolution, purification, measurement and standardization techniques. Geosciences Journal, 19 (2): 357-374.

Spero H J, Bijma J, Lea D W, et al. 1997. Effect of seawater carbonate concentration on foraminiferal carbon and oxygen isotopes. Nature, 390: 497.

Steckler M S, Watts A B. 1978. Subsidence of the Atlantic-type continental margin off New York. Earth Planet Sci Lett, 41 (1): 1-13.

参考文献

Steiger R H. 1964. Dating of orogenic phases in the central Alps by K-Ar ages of hornblende. Journal of Geophysical Research, 69: 5407-5421.

Stein C A, Stein S. 1992. A model for the global variation in oceanic depth and heat-flow with lithospheric age. Nature, 359: 123-129.

Stein S, Wysession M. 2003. An introduction to seismology, earthquakes, and earth structure. Blackwell Publishing, Oxford.

Stephen R A, Pettigrew T L, Becker K, et al. 2006. SeisCORK Meeting Report, WHOI Technical Memorandum. Woods Hole Oceanographic Institution, Woods Hole, MA, WHOI-01-2006, 1-36.

Stoner J S, Channell J E T, Hillaire-Marcel C. 1995. Late Pleistocene relative geomagnetic paleointensity from the deep Labrador Sea: Regional and global correlations. Earth and Planetary Science Letters, 134 (3): 237-252.

Stow D A V, Holbrook J A. 1984. North Atlantic contourites: an overview. Geological Society, London, Special Publications, 15 (1): 245-256.

Suess E. 1906. The Face of the Earth: (Das Antlitz Der Erde). Oxford: Clarendon Press.

Sykes T J S. 1996. A correction for sediment load upon the ocean floor: Uniform versus varying sediment density estimations—implications for isostatic correction. Marine Geology, 133 (1): 35-49.

Syvitski J P M, Milliman J D. 2007. Geology, geography, and humans battle for dominance over the delivery of fluvial sediment to the coastal ocean. Journal of Geology, 115: 1-19.

Takamasa A, Nakai S I, Sato F, et al. 2013. U-Th radioactive disequilibrium and ESR dating of a barite-containing sulfide crust from South Mariana Trough. Quaternary Geochronology, 15: 38-46.

Talwani M, Heirtzler J R. 1964. Computation of magnetic anomalies caused by two-dimensional structures of arbitrary shapes. In: Computers in the Mineral Industries. Stanford University Publication, Geological Sciences, 9: 464-479.

Tang Y J, Jia J Y, Xie X D. 2003. Records of magnetic properties in Quaternary loess and its paleoclimatic significance: a brief review. Quaternary International, 108 (1): 33-50.

Tanner L H. 1996. Gravel imbrication on the deflating backshores of beaches on Prince Edward Island, Canada. Sedimentary Geology, 101 (1-2): 145-148.

Tanner W F. 1971. Numerical estimates of ancient wave, water depth and fetch. Sedimentology, 16 (1-2): 71-88.

Tarling D, Hrouda F. 1993. Magnetic anisotropy of rocks. London: Chapman & Hall.

Tartarotti P, Ayadi M, Pezard P A, et al. 1998. Multi-scalar structure at DSDP/ODP Site 504, Costa Rica Rift, II: fracturing and alteration. An integrated study from core, downhole measurements and borehole wall images. Geological Society, London, Special Publications, 136 (1): 391-412.

Tarutani T, Clayton R N, Mayeda T K. 1969. The effect of polymorphism and magnesium substitution on oxygen isotope fractionation between calcium carbonate and water. Geochimica et Cosmochimica Acta, 33 (8): 987-996.

Tauxe L, LaBrecque J L, Dodson R, et al. 1983. U-channels-a new technique for paleomagnetic analysis of hydraulic piston cores. EOS, Transactions, American Geophysical Union, 64: 219.

Tauxe L, Pick T, Kok Y. 1995. Relative paleointensity in sediments: a pseudo-Thellier approach. Geophysical Research Letters, 22 (21): 2885-2888.

Tauxe L, Mullender T A T, Pick T. 1996. Potbellies, wasp-waists, and superparamagnetism in magnetic hysteresis. Journal of Geophysical Research, 101 (B1): 571-583.

Tauxe L, Bertram H, Seberino C. 2002. Physical interpretation of hysteresis loops: Micromagnetic modelling of fine particle magnetite. Geochemistry, Geophysics, Geosystem, 3 (10): 1-22.

Tauxe L. 2010. Essentials of paleomagnetism. Berkeley: University of California Press.

Taylor S M. 2008. Supporting the Operations of the Neptune Canada and Venus Cabled Ocean Observatories, OCEANS 2008-MTS/IEEE Kobe Techno-Ocean, 1-8.

Taylor S M. 2009. Transformative ocean science through the VENUS and NEPTUNE Canada ocean observing systems. Nuclear Instruments and Methods in Physics Research Section A, 602: 63-67.

Thellier E, Thellier O. 1959. Sur l'intensite du champ magnetique terrestre dans le passe historique et geologique. Ann Geophys, 15: 285-376.

Thomas Y, Marsset B, Westbrook G K, et al. 2012. Contribution of high-resolution 3D seismic near-seafloor imaging to reservoir-scale studies: application to the active North Anatolian Fault, Sea of Marmara. Near Surface Geophysics, 10: 291-301.

Thompson R S, Whitlock C, Bartlein P J, et al. 1993. Climatic changes in the Western United States since 18, 000 yr B. P.//Wright H E, et al. Global climates since the last glacial maximum. Minneapolis: University of Minnesota Press, 468-513.

Thornton E B, Humiston R T, Birkemeier W. 1996. Bar/trough generation on a natural beach. Journal of Geophysical Research: Oceans, 101 (C5): 12097-12110.

Thurber C. 1983. Earthquake locations and three-dimensional crustal structure in the Coyote Lake Area, central California. Journal of Geophysical Research, 88: 8226-8236.

Tivey M A, Johnson H P. 2002. Crustal magnetization reveals subsurface structure of Juan de Fuca Ridge hydrothermal vent fields. Geology, 30 (11): 979-982.

Tivey M A, Dyment J. 2010. The magnetic signature of hydrothermal systems in slow spreading environments// Rona P, Devey C, Dyment J, et al. Diversity of hydrothermal systems on slow spreading ocean ridges. American Geophysical Union. Geophysical Monograph, Series, 188: 43-66.

Tominaga M. 2013. "Imaging" the cross section of oceanic lithosphere: The development and future of electrical microresistivity logging through scientific ocean drilling. Tectonophysics, 608: 84-96.

Tontini F C, Ronde C E J, Scott B J, et al. 2016. Interpretation of gravity and magnetic anomalies at Lake Rotomahana: Geological and hydrothermal implications. Journal of Volcanology and Geothermal Research, 314: 84-94.

Torsvik T H, Smethurst M A. 1999. Plate tectonic modelling: virtual reality with GMAP. Computers & Geosciences, 25 (4): 395-402.

Torsvik T H, Smethurst M A, Meert J G, et al. 1996. Continental break-up and collision in the Neoproterozoic and Palaeozoic-A tale of Baltica and Laurentia. Earth-Science Reviews, 40: 229-258.

参
考
文
献

Torsvik T H, Doubrovine P V, Steinberger B, et al. 2017. Pacific plate motion change caused the Hawaiian-Emperor Bend. Nature communications. doi: 10. 1038/ncomms15660.

Trauth M. 2006. MATLAB Recipes for Earth Sciences, First Edition. Heidelberg: Springer-Verlag.

Trauth M. 2015. MATLAB Recipes for Earth Sciences, Fourth Edition. Heidelberg: Springer-Verlag.

Turcotte D L, Oxburgh E R. 1967. Finite amplitude convective cells and continental drift. Journal of Fluid Mechanics, 28 (1): 29-42.

Turcotte D L, Schubert G. 2002. Geodynamics-Second Edition. Cambridge: Cambridge University Press, 456 pages.

Turekian K K. 1964. The marine geochemistry of strontium. Geochim Cosrnochim Acta, 28 (9): 1479-1496.

Turner G. 1969. Thermal Histories of Meteorites by the ^{39}Ar-^{40}Ar Method//Millman P M. Meteorite Research: Proceedings of a Symposium on Meteorite Research Held in Vienna, Austria, 7-13 August 1968. Dordrecht: Springer, 407-417.

Tyce R. 1987. Deep seafloor mapping systems—a review. MTS Journal, 20 (4): 4-16.

Uhrhammer R, Romanowicz B, Neuhauser D, et al. 2002. Instrument testing and first results from the MOBB Observatory. AGU, 83 (47), Abstract S71A-1048.

Um J, Thurber C. 1987. A fast algorithm for two-point seismic ray tracing. Bulletin of the Seismological Society of America, 77: 972-986.

Umino N, Hasegawa A, Matsuzawa T. 1995. sP depth phase at small epicentral distances and estimated subducting plate boundary. Geophysical Journal International, 120: 356-366.

Vacquier V, Raff A, Warren R. 1961. Horizontal displacements in the floor of the northeastern Pacific Ocean. Geological Society of America Bulletin, 72 (8): 1251-1258.

Vacquier V. 1972. Geomagnetism in Marine Geology. Amsterdam: Elsevier.

Valdes M C, Moreira M, Foriel J, et al. 2014. The nature of Earth's building blocks as revealed by calcium i-sotopes. Earth and Planetary Science Letters, 394 (Supplement C): 135-145.

Valet J P, Meynadier L. 1993. Geomagnetic fieldintensity and reversals during the past four million years. Nature, 366 (6452): 234-238.

Valet J P, Meynadier L, Guyodo Y. 2005. Geomagnetic dipole strength and reversal rate over the past two million years. Nature, 435 (7043): 802-805.

Van Rensbergen P, Depreiter D, Pannermans B, et al. 2005a. The El Arraiche mud volcano field at the Moroccan Atlantic slope, Gulf of Cadiz. Marine Geology, 219: 1-17.

Van Rensbergen P, Depreiter D, Pannemans B, et al. 2005b. Seafloor expression of sediment extrusion and intrusion at the El Arraiche mud volcano field, Gulf of Cadiz. Journal of Geophysical Research, 110, F02010, doi: 10. 1029/2004JF000165.

Vardy M E, Dix J K, Henstock T J, et al. 2008. Decimeter-resolution 3D seismic volume in shallow water: A case study in small-object detection. Geophysics, 73: 33-40.

Vardy M E, Bull J M, Dix J K, et al. 2011. The geological 'Hubble': A reappraisal for shallow water. The Leading Edge, 154-159.

Varga R J, Karson J A, Gee J S. 2004. Paleomagnetic constraints on deformation models for uppermost oceanic crust exposed at the Hess Deep Rift: Implications for axial processes at the East Pacific Rise. Journal of Geophysical Research: Solid Earth, 109 (B2): B02104.

Veevers J J, Johnstone M H. 1974. Initial Reports of the Deep Sea Drilling Project. vol. 27, U. S. Gov. Print. Off. , Washington D. C.

Veizer J, Ala D, Azmy K, et al. 1999. ^{87}Sr/^{86}Sr, δ^{13}C and δ^{18}O evolution of Phanerozoic seawater. Chemical Geology, 161: 59-88.

Verschuur D J, Berkhout A J. 2006. Recursive Transformation of Multiples into Primaries- Data Examples. Journal of the Chemical Society Chemical Communications, 6 (6): 282-283.

Vine F J, Matthews D H. 1963. Magnetic anomalies over oceanic ridges. Nature, 199: 947-949.

Vogt P R, Crane K, Sundvor E, et al. 1994. Methane- generated (?) pockmarks on young, thickly sedimented oceanic crust in the Arctic: vestnesa Ridge, Fram Strait. Geology, 22: 255-258.

Vogt P R, Gardner J, Crane K, et al. 1999. Ground truthing 11- to 12- kHz side- scan sonar imagery in the Norwegia-Greenland Sea: Part I: pockmarks on the Vestnesa Ridge and Storegga slide margin. Geo- Marine Letters, 19 (1): 97-110.

Voigt S, Wilmsen M, Mortimore R N, et al. 2003. Cenomanian palaeotemperatures derived from the oxygen isotopic composition of brachiopods and belemnites: evaluation of Cretaceous palaeotemperature proxies. International Journal of Earth Sciences, 92 (2): 285-299.

von Alt C, Grassle J F. 1992. Leo- 15 an unmanned long term environmental observatory, IEEE Journal of Oceanic Engineering, 849-854.

von Alt C, DeLuca M P, Glenn S M, et al. 1997. LEO- 15: Monitoring and managing coastal resources. Sea Technology, 38: 105-109.

Vérard C, Hochard C. 2011. Geodynamic evolution of the Earth over 600 Ma: Palaeo- topography and-bathymetry (from 2D to 3D). Poster #PP- 13D- 1848 at the American Geophysical Union Fall Meeting (AGU), San Francisco, California, December 5-9, 2011.

Vérard C, Hochard C, Baumgartner P O, et al. 2015. 3D palaeogeographic reconstructions of the Phanerozoic versus sea-level and Sr-ratio variations: Discussion. Journal of Palaeogeography, 4: 234-243.

Wacker U, Fiebig J, Tödter J, et al. 2014. Empirical calibration of the clumped isotope paleothermometer using calcites of various origins. Geochimica et Cosmochimica Acta, 141 (Supplement C): 127-144.

Wagner G A, Haute P V D. 1992. Fission-Track Dating. Berlin: Springer.

Walker D A. 1991. Using transoceanic cables to quantify global environmental changes, EOS, 72: 393-408.

Walton D. 1984. Reevaluation of Greek archaeomagnetudes. Nature, 310: 740-743.

Wandres A M, Bradshaw J D, Weaver S, et al. 2004. Provenance analysis using conglomerate clast lithologies: A case study from the Pahau terrane of New Zealand. Sedimentary Geology, 167 (1-2): 57-89.

Wang G, Jiang S H, Li S Z, et al. 2017. Basement-involved faults and deep structures in the West Philippine Basin: constrains from gravity field. Marine Geophysical Researches, 38 (7): 149-167.

Wang J, Zhao D. 2008. P- wave anisotropic tomography beneath Northeast Japan. Physics of the Earth and Planetary Interiors, 170: 115-133.

Wang J, Zhao D. 2013. P- wave tomography for 3- D radial and azimuthal anisotropy of Tohoku and Kyushu subduction zones. Geophysical Journal International, 193: 1166-1181.

Wang Y, Han X, Jin X, et al. 2012. Hydrothermal Activity Events at Kairei Field, Central Indian Ridge 25°S. Resource Geology, 62: 208-214.

Wang Z, Dimarco S F, Stössel M, et al. 2012. Oscillation responses to tropical Cyclone Gonu in northern Arabian Sea from a moored observing system, Deep Sea Research, Part I, 64: 129-145.

Waters G, Phillips G. 1956. A new method of measuring the Earth's magnetic field. Geophysical Prospecting, 4 (1): 1-9.

Watts A B. 1982. Tectonic subsidence, flexure and global changes of sea level. Nature, 297: 469.

Watts A B, Steckler M S. 1979. Subsidence and Eustasy at the Continental Margin of Eastern North America, Deep Drilling Results in the Atlantic Ocean: Continental Margins and Paleoenvironment, 218-234.

Watts A B, Thorne J. 1984. Tectonics, global changes in sea level and their relationship to stratigraphical sequences at the US Atlantic continental margin. Marine and Petroleum Geology, 1 (4): 319-339.

Weber J N. 1973. Incorporation of strontium into reef coral skeletal carbonate. Geochimica Et Cosmochimica Acta, 37 (9): 2173-2190.

Weber J N, Woodhead P M J. 1972. Temperature dependence of oxygen-18 concentration in reef coral carbonates. Journal of Geophysical Research, 77 (3): 463-473.

Wei G, Deng W, Liu Y, et al. 2007. High- resolution sea surface temperature records derived from foraminiferal Mg/Ca ratios during the last 260ka in the northern South China Sea. Palaeogeography, Palaeoclimatology, Palaeoecology, 250 (1-4): 126-138.

Weil S M, Buddemeier R W, Smith S V, et al. 1981. The stable isotopic composition of coral skeletons: control by environmental variables. Geochimica Et Cosmochimica Acta, 45 (7): 1147-1153.

Weltje G J, von Eynatten H. 2004. Quantitative provenance analysis of sediments: review and outlook. Sedimentary Geology, 171 (1): 1-11.

Westbrook G, Carson B, Musgrave R, et al. 1994. Proc. ODP, Init. Repts, 146 (Pt. 1): College Station, TX (Ocean Drilling Program). doi: 10. 2973/odp. proc. ir. 146-1.

Wheat C, Jannasch H, Kastner M, et al. 2011. Fluid sampling from oceanic borehole observatories: design and methods for CORK activities (1990-2010) //Fisher A T, Tsuji T, Petronotis K, and the Expedition 327 Scientists. Proc. IODP, 327: Tokyo (Integrated Ocean Drilling Program Management International, Inc.).

Wiggins J W. 1984. Kirchhoff Integral Extrapolation and Migration of Nonplanar Data. Geophysics, 49 (8): 1239-1248.

Williams G E. 1981. Megacycle. Bench Mark Papers in Geology, (57): 1-434.

Williams T, Pirmez C. 1999. FMS Images from carbonates of the Bahama Bank Slope, ODP Leg 166: Lithological identification and cyclo-stratigraphy. Geological Society, London, Special Publications, 159 (1): 227-238.

Williams T, Handwerger D. 2005. A high-resolution record of early Miocene Antarctic glacial history from ODP Site 1165, Prydz Bay. Paleoceanography, 20 (2), doi. org/10. 1029/2004PA001067.

Williams T, Kroon D, Spezzaferri S. 2002. Middle and Upper Miocene cyclostratigraphy of downhole logs and short-to long-term astronomical cycles in carbonate production of the Great Bahama Bank. Marine Geology, 185: 75-93.

Williams W D. 1966. The relationship between salinity and Sr/Ca in the lake water. Aust J Mar Freshwat Res, 17: 169-176.

Wilson W. 1962. Extrapolation of the equation for the speed of sound in sea water. J. Acoust. Soc. Amer., 34 (6): 866.

Winkelstern I Z, Kaczmarek S E, Lohmann K C, et al. 2016. Calibration of dolomite clumped isotope thermometry. Chemical Geology, 443 (Supplement C): 32-38.

Winterbourne J, Crosby A, White N. 2009. Depth, age and dynamic topography of oceanic lithosphere beneath heavily sedimented Atlantic margins. Earth and Planetary Science Letters, 287: 137-151.

Wolf R A. 1997. The development of the (U-Th) /He thermochronometer. California: California Institute of Technology Dissertation (Ph. D.)

Won I J, Bevis M. 1987. Computing the gravitational and magnetic anomalies due to a polygon algorithms and Fortran subroutines. Geophysics, 52: 232-238.

Woodroffe A, Pridie S, Druce G. 2008. The NEPTUNE Canada Junction 69. Box- Interfacing science instruments to sub-sea cabled observatories. IEEE Journal of Oceanic Engineering, 1-5.

Wright R G. 1977. Planktonic- benthonic ratio in foraminifera as paleobathymetric tool: quantitative evaluation. Abstract in Ann. Am. Assoc. Pet. Geol. And Soc. Econ. Paleontol. Mineral. Conv. Washington, 65.

Wuchter C, Schouten S, Coolen M J L, et al. 2004. Temperature- dependent variation in the distribution of tetraether membrane lipids of marine Crenarchaeota: Implications for TEX86 paleothermometry. Paleoceanography, 19: PA4028, doi: 10. 1029/2004PA001041.

Xiao J, Porter S, An Z, et al. 1995. Grain- size of quartz as an indicator of winter monsoon strength on the Loess Plateau of Central China during the last 130,000yr. Quaternary Research, 43 (1): 22-29.

Xu J, Snedden J W, Stockli D F, et al. 2017. Early Miocene continental-scale sediment supply to the Gulf of Mexico Basin based on detrital zircon analysis. Geological Society of American Bulletin, 129 (1-2): 3-22.

Xu X, Lithgow-Bertelloni C, Conrad C P. 2006. Global reconstructions of Cenozoic seafloor ages: Implications for bathymetry and sea level. Earth and Planetary Science Letters, 243 (3): 552-564.

Xue E K, Wang W, Huang S F, et al. 2019. Detrital zircon U-Pb-Hf isotopes and whole-rock geochemistry of neoproterozoic-cambrian successions in the Cathaysia Block of South China: Implications on paleogeographic reconstruction in supercontinent. Precambrian Researc, 331 (1): 105348.

Yamamoto Y, Yamazaki T, Kanamatsu T, et al. 2007. Relative paleointensity stack during the last 250 kyr in the northwest Pacific. Journal of Geophysical Research, 112: B01104.

Yamazaki T. 1999. Relative paleointensity of the geomagnetic field during Brunhes Chron recorded in North Pacific deep-sea sediment cores: orbital influence? Earth and Planetary Science Letters, 169 (1): 23-35.

Yamazaki T, Ioka N, Eguchi N. 1995. Relative paleointensity of the geomagnetic field during the Brunhes Chron. Earth and Planetary Science Letters, 136 (3): 525-540.

参
考
文
献

Yang J H, Du Y S, Cawood P A, et al. 2009. Silurian collisional suturing onto the southern margin of the North China craton: Detrital zircon geochronology constraints from the Qilian Orogen. Sedimentary Geology, 220: 95-104.

Yang X, Friedrich H, Wu N, et al. 2009. Geomagnetic paleointensity dating of South China Sea sediments for the last 130 kyr. Earth and Planetary Science Letters, 284 (1): 258-266.

York D, Farquhar R M. 1972. The Earth's Age and Geochronology. Oxford: Pergamon Press.

Young I R, Zieger S, Babanin A V. 2011. Global Trends in Wind Speed and Wave Height. Science, 332 (6028): 451-455.

Zachos J C, Stott L D, Lohmann K C. 1994. Evolution of Early Cenozoic marine temperatures. Paleoceanography, 9 (2): 353-387.

Zachos J C, Schouten S, BohatyS, et al. 2006. Extreme warming of mid- latitude coastal ocean during the Paleocene- Eocene Thermal Maximum: Inferences from TEX86 and isotope data. Geology, 34 (9): 737-740.

Zakharov S V. 1992. To the theory of seafloor magnetic anomaly interpretation. Fiz. Zemli, 10: 72-79.

Zeitler P K, Herczeg A L, McDougall I, et al. 1987. U-Th-He dating of apatite: A potential thermochronometer. Geochimica et Cosmochimica Acta, 51 (10): 2865-2868.

Zelt C A, Smith R B. 1992. Seismic traveltime inversion for 2- D crustal velocity structure. Geophysical Journal International, 108: 16-34.

Zhao D. 2009. Multiscale seismic tomography and mantle dynamics. Gondwana Research, 15: 297-323.

Zhao D, Hasegawa A, Horiuchi S. 1992. Tomographic imaging of P and S wave velocity structure beneath northeastern Japan. Journal of Geophysical Research, 97: 19909-19928.

Zhao D, Hasegawa A, Kanamori H. 1994. Deep structure of Japan subduction zone as derived from local, regional, and teleseismic events. Journal of Geophysical Research, 99: 22313-22329.

Zhao D, Mishra O, Sanda R. 2002. Influence of fluids and magma on earthquakes: seismological evidence. Physics of the Earth and Planetary Interiors, 132: 249-267.

Zhao D, Todo S, Lei J. 2005. Local earthquake reflection tomography of the Landers aftershock area. Earth and Planetary Science Letters, 235: 623-631.

Zhao D, Wang Z, Umino N, et al. 2007. Tomographic Imaging outside a Seismic Network: Application to the Northeast Japan Arc. Bulletin of the Seismological Society of America, 97: 1121-1132.

Zhao D, Yanada T, Hasegawa A, et al. 2012. Imaging the subducting slabs and mantle upwelling under the Japan Islands. Geophysical Journal International, 190: 816-828.

Zhu J, Qiu X, Kopp H, et al. 2012. Shallow anatomy of a continent- ocean transition zone in the northern South China Sea from multichannel seismic data. Tectonophysics, 554-557: 18-29.

Zhu J, Li J, Sun Z, et al. 2016. Crustal thinning and extension in the northwestern South China Sea. Geological Journal, 51 (S1): 286-303.

Zhu P, Macdougall J D. 1998. Calcium isotopes in the marine environment and the oceanic calcium cycle. Geochimica et Cosmochimica Acta, 62 (10): 1691-1698.

Ziegler A M, Scotese C R, McKerrow W S, et al. 1979. Paleozoic Paleogeography. Annual Review of Earth and Planetary Sciences, 7: 473-502.

Zijderveld J D A. 1967. A. C. demagnetization of rocks: analysis of results. Methods in Paleomagnetism DW Collinson, KM Creer, SK Runcorn, 254-286.

Zivkovic S, Babić L. 2003. Paleoceanographic implications of smaller benthic and planktonic foraminifera from the Eocene Pazin Basin (Coastal Dinarides, Croatia). Facies, 49 (1): 49-60.

Zoback M D, Moos D, Mastin L, et al. 1985. Well bore breakouts and in situ stress. Journal of Geophysical Research Solid Earth, 90 (B7): 5523-5530.

参
考
文
献

索　引

后　记

　　大海的浩瀚激起了人类的好奇心，触发了人类的惊奇感。无垠的深海不断丰富着人类的想象力，海底更是蕴藏着人类的新需求。抱着一颗深入认识了解洋底的心，我们耗时多年编撰了这套《洋底动力学》。《洋底动力学》第一批 5 本书试图带领读者深度"认识海洋"，其中第一册《系统篇》的编著目的是：一本书通览地球系统。为此，编者们耗费大量时间、精力去完成这项艰巨的任务。自 2016 年动笔至今，历时 5 年，其间多次大幅调整书稿目录，不断开拓新视野、不断补充学习新理论、不断吸纳新技术、不断融合国内外新成果、不断凝练这套书的新内容、不断收集及清绘成果新图件，希望通过不断的修改、完善、补充，呈现给读者一些能传递更多信息的图文。

　　《洋底动力学：系统篇》这一册全部初稿首先由主编本人初步构架、整理、初编完成，最终经过本书其他作者的系统补充、修改和完善，总体上明确了从洋底动力学角度入手，围绕统一的地球系统过程，按不同圈层（大气圈与大气系统、水圈与河海系统、冰冻圈与冰川系统、土壤圈与地球关键带、生物圈与生态系统、人类圈与人地系统、岩石圈与板块系统、对流圈与地幔系统、地磁圈与跨圈层系统）层层深入、逐步展开内容，最后以物质、能量循环为纽带贯穿各圈层系统，强调从占地球三分之二的大洋的洋底动力过程，以窥整体地球系统的运行规律和运作模式。《洋底动力学》这套书坚持万事万物都是关联的理念，试图将与洋底动力过程有联系的一切过程，包括人类影响，合理并逻辑性地纳入。然而，撰稿过程中发现，本套书内容涉及宇宙科学、行星科学、大气科学、海洋科学、流体力学、极地科学、土壤学、环境科学、生命科学、地理科学、固体力学、地球化学、地球物理学、技术科学、数据科学、哲学等近 20 门学科，考虑涉及学科跨度之大、涉猎之广，个人能力所限，不好把握全部内容，不得不邀请相关专家先后加盟本套书的修改、补充和完善，《洋底动力学》编著者队伍也不断壮大，教授、副教授有 30 多人。值得欣慰的是，这些专家不断交流对话，互为借鉴，也逐渐融为了一个多学科交叉的研究队伍，不仅增进了友谊，还不断交流产生了一些新的学术思想，切实开始了以洋底动力学为核心，开展海-陆耦合、流-固耦合、深-浅耦合的综合集成研究。

　　地球科学博大精深，地球就像一个生命体，每个生长阶段有每个生长阶段的特征，每个圈层好比人体的一个系统，每个系统又关联着各种器官或组织，各自功能独特，却又协调作用，各分支系统合作共同支撑整个系统，协调系统的整体行为，而这种整体系统行为又不为任何一个分支系统所拥有。因此，迄今依然无法从某个单一学科用几句话来概括说清地球系统的本质过程和机理，难以找到类似物理学界那样的爱因斯坦方程、量子力学中的量子纠缠、遗传学中的 DNA 双螺旋结构等简洁表达。地球各个圈层都遵循的而非单个圈层才有的或只有系统才有的根本机制是什么，这个问题涉及的知识无比宽广。我自己边写书也边琢磨，要建立"地球系统理论"到底从何入手？地球系统的本质内涵在哪里？思考中的深切体会是：很难做到"只言片语，能通万物；究其一理，能察万端"。

书中也涉及各种各样关键过程的计算公式，但实际上很多公式、反应式都以物质、能量守恒为根本出发点。编写这些公式和反应式时，常让我回忆起研究生期间我的老师授课的场景。讲授"计算方法"的王老师、"固体力学"的常老师在讲授时一黑板一黑板地推导公式；讲授"物理化学"的李老师面对面教我们三位博士生基元反应时的复杂计算推导，也是一张纸写满接着另一张。当时的感觉是：公式好复杂啊！好麻烦啊！如今，编撰这套书的过程中，重新捡起丢失多年的数学、物理、化学、生物知识，串联起多学科知识之后，我对公式有了新的认识与感受，特别是将公式与地质现象结合理解后，更是对前人钦佩有加。尽管本套书所列公式之外还有更多重要公式未能纳入，但我深刻地感受到公式是解释、解决科学问题的利器！随着现代科学技术发展，地球科学各分支学科定量化发展、大数据驱动的发展态势越来越显著，为此，考虑到未来一代创新型人才培养需要，本套书也列举了上千个关键公式和反应式，权作引导式量化思维。

类似地，在编写生物圈部分时，各种（古）生物名称涌现。虽然读大学时，"古生物学""地史学"两门课程的老师兢兢业业教授，我也为记忆各种拉丁名称、地层名称努力过，但实在太多了，且实在拗口，之后也不从事这方面专门研究，因此几乎忘光了，现在也只有 *Trilobite*、*Fusulina* 两个还记得住。但是，编撰本套书过程中让我重新捡起了这些知识，对于枯燥的生物种类划分，若建立起它们与重大地史事件之间的联系后，从"进化"道理上理解了，才发现原来当年老师们教授的"枯燥"知识也这么有趣，不用死记硬背，趣味中就记牢了。基于这些体会，我在编写时也想着如何让编写的内容更有趣，而不是枯燥的灌输式、刻板的章节化。所以，本套书希望做到的是：从头到尾"讲理"、道法自然"过程"、顺应时空"流转"。

地球的运行是复杂的，实际不同圈层因物质构成和属性不同，运行时间尺度千差万别，不同时间跨度长短、不同空间跨度大小的过程复杂交错，导致不同领域专家难以跨界解释地球系统如何协同耦合发展进化至今。我们当前能做的就是将人类对整个地球系统现有的理解和知识先整合到一起，以地球系统过程为编撰脉络，试图让读者感受到各个圈层内部和之间各种过程的自然发生、各种作用和进程的相互协调。我们翻阅了国内外很多教材和专著，虽然不乏各个圈层独立的系统论述，但从地球46亿年以来全面且科学地介绍某个圈层的书籍寥若晨星。例如，很多气象学的书都会讲大气圈，但全面介绍从太古代到现今的大气圈物质组成、演化的几乎没有，因此，我们在书中以"深时"理念贯穿整体。对其他圈层，也是如此组织的：例如，对于生物圈，我们把古生物内容浓缩了纳入其中，给读者一个从生命起源到智慧初现的整体全面认知；对于冰冻圈，我们将地史冰期也纳入其中。最为关键的是，我们以自己的理解，试图构建各个圈层在不同地史时期之间协同演变导致的重大地史事件，试图洞察地球系统的进化历程和核心机制。我也试图以个人对地球的研究经验，来阐明对自然界结构、过程、机制的探索心得，例如，当前构造地质学专业的研究生们，他们接受的教育存在很多缺失，诸如固体力学、弹性力学、塑性力学、物理化学等基本没有为他们开设，这大大约束了他们对变形的力学分析、地球动力学运行机制的理解，就是他们比较熟悉的构造地质学也不能灵活运用。比如，研究含油气盆地，必然涉及地震剖面解释，他们在解释断层时，从地震剖面上能识别出不同几何样式的断裂就很满足了。但实际上，这是远远不够的，因为这样看到的只是一条"死"的断层或静止的影像，没有揭示断裂如何运动和演化。含油气断陷盆地构造研究的灵魂在于将各层 T_0 构造图上的断裂合理组合成体系，分清期次，进而构建出立体形态来，并从不同地震剖面的各种地质标志反复对比后，让断裂"活动"起来，在脑海中闪现或深刻理解其成核、拓展、链接、生长、死亡过程，乃至其控盆、控烃、控源、控圈效应。虽然俗话说，眼见为实，但科学研究中，真实的世界不是眼见的世界时，才是独具慧眼之时，才是创新开启之始。为此，本套丛书也始终强调五项基本内容：时空格架、运动过程、演化历史、微观机制、宏观效应。万事万物都在纷繁复杂地"流"动、进化中，宇宙、地球、生命、人类、社会、思想、宗教、科学、技术、知识等都在不断演替，这些都综合体现在地球系统过程中，地球系统的进化更是难以一时认透，难以全面把握。本套丛书只好赶海拾贝，在此拮取人类浩如烟海的部分相关知识，遗漏不可避免。

这套书的编撰实在艰辛，团队成员和科学出版社周杰编辑都付出了巨大辛劳。特别是，老师们首先要带着学生从软件的使用学起，教导学生如何甄别图件的核心内容，如何突出呈现要表达的学术思想，对书中的大多数图件，都耐心对比多家类似图件，并绘制了多次，定稿前反复修改图线、配色等以期达到科学艺术化。尽管还未达到《中国科学》或《科学通报》封面插图专家的水平，但最后竟意外地培养、锻炼、提升了学生的作图能力，更是加深了他们对每张图件内涵的理解。

如今这套书即将付梓出版，长期压在我脑海中的任务得以完成，内心倍感轻松。回顾这套书的写作和编撰，也不免有些感慨。2009 年"洋底动力学"两篇姊妹篇论文发表后，2010 年我就开始着手成书的构架、资料的收集、知识的系统整理、初稿的编辑和融合，乃至相关人才的培养，直到 2016 年《洋底动力学》书稿才初步完成。2017 年 11 月，我受国家留学基金委员会资助，到澳大利亚昆士兰大学做高级访问学者，在南半球焦金流石的炎炎夏日，我利用难得的"封闭"时段静心修整书稿，一度伏案到"扶然而起、杖然而行"的地步。回到国内至今又过去了 3 年，这期间许多的专家学者又加入作者队伍，因此更希望《洋底动力学》能编著得好一些，能超越国际上一些经典著作，在国际上能独具特色。2020 年初突如其来的新冠肺炎疫情爆发，我们都不能出门。对我来说，真是难得的整块时间，所以，2020 年 1 ~ 6 月集中修改了此套书初稿，并陆陆续续提交给出版社。希望我们的付出能让读者们收获一二。

为使书稿系统性，书中纳入了多个学科的内容，其中难免有些不是我们本行的内容，考虑系统地重建视野、重构知识、重识地球、重塑框架、重新定位的必要，确保知识的科学性，我们也一一去查找、追踪了大量原始文献的出处，其中，仅国际专著，就查阅了 2000 多本；也根据关键词下载阅读了大量最新相关国际论文，篇数已经是无法准确说清。考虑太多的引用可能导致书的可读性太差，我们只是选择性地列举了一些重要的参考文献。因此，如有特别重要的引用遗漏，还请原作者和读者谅解。

本丛书立足多层次读者需求，部分内容在中国海洋大学崇本学院的本科拔尖人才班、未来海洋学院拔尖研究生班试讲，基于学生反馈信息，也作了调整，但依然保留了很多深入的内容。所以，在基础知识和前沿研究进展方面作了一些平衡。

当我写完这 5 本书后，心里无比轻松，因而再回头集中精力准备理顺南海海盆打开模式的研究。2020 年 5 月我正好承担了一个课题，利用油田大量的地震剖面全面研究珠江口盆地的构造成因，因为"珠江口盆地"（我认为它是成因密切相关的多个独立盆地构成，可称为盆地群）耗费几代人的努力仍未明确其构造演化的前世今生，而这个盆地正是开启"南海海盆打开之谜"的金钥匙。于是，2020 年 7 月 8 日，我们团队核心成员来到深圳检查了核酸后，迫不及待地跑去了南山书城买书。这次收获巨大，我发现了四本新书：第一本是德国畅销书作家、作曲家和音乐制作人弗兰克·施茨廷（Frank Schätzing）著、丁君君和刘永强翻译的《海——另一个未知的宇宙》（四川人民出版社，2018 年 7 月出版，德语书名为：*Nachrichten aus einem unbekannten Universum-Ein Zeitreise durch die Meere*）；第二本是美国著名生物学家马伦·霍格兰（Mahlon Hoagland）和画家伯特·窦德生（Bert Dodson）合著、洋洲和玉茗翻译的《生命的运作方式》（北京联合出版公司，2018 年 12 月出版，英文书名为 *The Way Life Works*）；第三本是英国生物化学家尼克·莱恩（Nick Lane）著、免疫学研究员梅芨芒翻译的《生命进化的跃升——40 亿年生命史上 10 个决定性突变》(文汇出版社，2020 年 5 月出版，英文书名：*Life Ascending- The Ten Great Inventions of Evolution*)；第四本是英国古生物和地层学教授理查德·穆迪（Richard Moody）、俄罗斯科学院古生物研究所首席科学家安德烈·茹拉夫列夫（Andrey Zhuravlev）、英国著名科普作家杜戈尔·迪克逊（Dougal Dixon）及英国古脊椎动物和比较解剖学家伊恩·詹金斯（Ian Jenkins）合著，由古生物和地层学博士王烁及生物化学和分子生物学硕士王璐翻译的《地球生命的历程》(人民邮电出版社，2016 年 5 月出版，英文书名 *The Atlas of Life on Earth- The Earth*，*Its Landscape and Life Forms*)。我如饥似渴地花了 20 天时间一个字不漏地读完了。真是相见恨晚，万万没想到：这四本书正是我们《洋底动力学：系统篇》的科普版，非常通俗易懂，特此，激动地建议读者阅读《洋底动力学：系统篇》之前，阅读这四本科普书及国际著名大学都开设的公共课参考书——美国的大卫·克里斯蒂安、辛西娅·斯托克斯·布朗、克雷格·本杰明的《大历史——虚无与万物之间》一书，这非常有助于理解我们在这套书中对复杂自然系统的科学解读。

迄今，欣慰地看到《海底科学与技术》丛书中的 11 本在 5 年内一一付梓，这也是我们团队 20 年科研教学实践的结晶。今后，海底科学与探测技术教育部重点实验室将持续支持这套丛书其他教材或教学参考书的建设，本套丛书也作为科研反哺教学的一个成果，更希望能满足新时代国家海洋强国的人才急需，提供给学生或读者 些营养，期盼对大家有所启发。

主编：

2020 年 7 月 29 日于深圳